창조와 격변

Creation and Catastrophes

창조와 격변
Creation and Catastrophes

초판 1쇄 펴낸 날 · 2006년 7월 22일 **| 개정 2쇄 펴낸 날** · 2013년 12월 10일
지은이 · 양승훈 **| 펴낸이** · 김승태
등록번호 · 제2-1349호(1992. 3. 31.) **| 펴낸 곳** · 예영커뮤니케이션
주소 · (136-825) 서울 성북구 성북1동 179-56 **| 홈페이지** www.jeyoung.com
출판사업부 · T. (02)766-8931 F. (02)766-8934 e-mail: jeyoung@chol.com
출판유통사업부 · T. (02)766-7912 F. (02)766-8934 e-mail: jeyoung@chol.com

copyrightⓒ 2006, 양승훈

ISBN 978-89-8350-729-7 (93400)

값 22,000원

창조와 격변
Creation and Catastrophes

– 생명의 기원과 지구의 역사에 대한 창조론적 해석
-A Creationist's View on the Origins of Life and the History of the Earth

양승훈 지음
Paul S. Yang

예영커뮤니케이션

한국 창조론 운동의 모판이 되어 주신
김영길 박사님 내외분께 드립니다.

CONTENTS

과연 생물은 창조되었을까, 진화되었을까? 창조는 신앙이고, 진화는 과학인가? 창조주는 진화의 과정을 통해 생명체들을 창조했을까? 만일 창조론이 맞는다면 우주는 6천년 전에 창조되었을까, 150억 년 전에 대폭발에 의해 시작되었을까? 등등의 질문은 1980년 8월, CCC 정동 채플에서 '80 세계복음화대회의 일환으로 "창조냐? 진화냐?"란 시리즈의 세미나가 개최된 이래 한 순간도 저의 뇌리를 떠나본 적이 없는 질문이었습니다.

이제 창조론으로 인해 잠 못 이루던 흥분도 아스라한 추억 속으로 멀어져 가고, 제대로 된 창조론 책을 써 보겠다고 호기를 부린 지도 어언 24년의 세월이 지났습니다. 그동안 저는 KAIST에서 박사 학위를 마쳤으며, 이어서 14년간 모교인 경북대학교 사대에서 근무했습니다. 경북대학교 재직 중에는 한국과학재단 박사학 후 연수 과정으로 시카고대학에서 반도체 물리학을, 대학원 학생으로 위스콘신대학에서 과학사를, 위튼대학 대학원에서 신학을 공부할 수 있는 축복을 누렸습니다. 이러한 경험을 통해 그동안 창조-진화 논쟁의 과학적인 측면에만 국한되어 있던 필자의 시야가 역사와 신학의 영역으로까지 넓혀질 수 있게 되었습니다. 그러면서 기원에 관한 과학적 논쟁의 근저에 자리 잡고 있는 근본적인 문제가 무엇인지를 좀 더 깊이 이해할 수 있게 되었습니다.

본서에서는 생명의 기원으로부터 시작하여 생물의 기원, 인류의 기원, 지구와 생명 세계에 나타난 설계의 흔적, 지구와 우주의 기원 등의 내용을 창조론적 입장에서 다루었습니다. 본서에서 제시하는 바가 모든 독자들을 설득시킬 수는 없을지 모릅니다. 그러나 적어도 저는 자연에 나타나는 여러 가지 증거들로 미루어 볼 때 창조론적 견해가 진화론적 견해보다 더 타당하다는 확신을 가지고 본서를 썼습니다. 물론 사람이라면 누구나 자신의 전제로부터 완전히 자유로울 수는 없음을 인정합니다. 그러나 적어도 저는 제가 정립해 온 세계관과 그동안 받아 온 교육과 연구한 것들을 종합해 볼 때 창조론적 견해가 우주와 그 가운데 있는 생명 세계의 존재를 설명하는 바른 견해라고 믿습니다.

본서에서 사용한 자료들은 부분적으로 제 자신의 연구로부터 얻은 것들도 있지만, 훨씬 더 많은 자료들은 다양한 문헌들과 박물관 등으로부터 모은 것입니다. 어떤 것들은 창조론자들의 연구 결과로부터, 어떤 것들은 진화론자들의 문헌들로부터, 또 어떤 것들은 기원에 관한 구체적인 견해를 밝히지 않은 문헌들로부터 인용하였습니다. 하지만 본서에서 다룬 내용과 주제들이 워낙 넓은 분야에 흩어져 있는지라 천학비재(淺學菲才)한 사람이 각 주제들을 모두 전문적이고 깊이 있게 다루는 것은 역부족임을 고백하지 않을 수 없습니다. 그럼에도 불구하고 본서를 출판하는 것은, 본서를 통해 창조론적 '기원학' (Genesiology)에 대한 새로운 학문적 틀은 물론, 진화론에 대한 새로운 조망이 이루어지기를 바라는 간절한 소망이 있기 때문입니다.

물론 본서 외에도 그동안 수많은 창조론 문헌들이 출간되었지만 대부분 단편적인 주제들을 다룬 경우가 많았습니다. 또한 전체적인 내용을 다룬 책들은 깊이가 부족해서 학문적인 독자들이 창조론의 전체적인 흐름을 파악하는 데 어려움이 있었습니다. 여러 사람들이 참여하여 편집된 책들이나 학회 논문집들도 있었으나, 그런 경우에는 주제들 간의 연계성과 난이도 조정의 문제가 있었습니다. 그런 의미에서 저자가 한 사람이라는 점은 본서의 큰 강점이자 약점이라고 할 수 있습니다.

본서에는 전체적으로 수식을 적게 사용하고, 독자들이 내용을 좀 더 생생하게 이해할 수 있도록 많은 사진과 그림, 도표들을 삽입하였습니다. 본서의 모든 내용이 그런 것은 아니지만 대부분의 내용은 정상적인 고등학교 수학 및 과학 교과 과정을 이수한 사람이라면 이해하는 데 큰 어려움이 없으리라고 생각됩니다.

필자는 본서가 창조-진화 논쟁에 관심이 있는 모든 독자들에게 일종의 창조론 자료집으로서도 사용되기를 기대합니다. 본서는 중학교 상급학년 학생들로부터 시작하여 기원문제에 관심이 있는 과학사/과학철학 및 이공계 분야의 대학원생들이나 교수들까지 폭넓은 독자층을 염두에 둔 책입니다. 혹 본서를 공부하면서 궁금한 점이 있거나 코멘트하기를 원하는 독자들은 언제라도 필자에게 이메일로(viewmanse@gmail.com) 연락해 주기 바랍니다. 비록 필자가 태평양 건너편에 있지만, 이메일을 사용한다면 지리적 거리는 별 문제가 되지 않을 것입니다. 지적 호기심이 강한 사람들에게는 "무조건 믿으라"고 하는 것만이 능사가 아닙니다. 어거스틴의 지적과 같이 어떤 것들은 알기 위해서 믿어야 되는 것들도 있지만 안셀름의 말과 같이 신앙은 이해를 추구하기 때문입니다.

　아무쪼록 부족한 책이지만 본서를 통해 독자들이 생명의 기원은 물론, 자신과 주변 세계의 존재의 근원을 이해하고, 나아가 그러한 견해가 갖는 여러 가지 심층적 의미들을 발견할 수 있기를 기대합니다. 그리고 그러한 의미들이 구체적으로 자신의 삶에 어떻게 적용되어야 하는지 발견할 수 있기를 기대합니다. 또한 본서를 통해 자연주의적 진화론 일색으로 이루어지고 있는 현대의 공교육과 이를 사실인 것처럼 보도하는 매스컴에서 창조론에 대한 좀 더 진지한 논의가 이루어지기를 기대합니다. 필자는 본서가 종교적 교리에 대한 맹목적 변증보다도 진리에 대한 합리적 변증이 되기를 기대합니다. 교리가 아니라 진리가 우리를 자유케 하기 때문입니다.

　진리를 사랑하는 동학제위(同學諸位)들과 더불어 진정으로 자유케 하는 진리에 한 발 더 가까이 가기를 기대하면서….

2006. 1. 1.
밴쿠버 VIEW 연구실에서

감사의 글

본서를 완성하기까지 도움을 받은 분들을 모두 소개할 수는 없지만 다음 몇몇 분들이나 단체는 이름을 들어 감사하고 싶습니다.

우선 지난 1998년 8월부터 3년간 본서를 준비할 수 있도록 재정 지원을 해준 창조회(회장 유성감리교회 유광조 목사, 총무 대전갑동교회 윤승호 목사) 여러 회원 목사님들(본서 뒷부분 명단 참조)께 진심으로 감사드립니다. 또한 원고 정리를 위해 위스콘신 주 매디슨에서 집필 안식월을 보낼 수 있도록 물심양면으로 지원해 주신 울산 소망정형외과 이선일 박사님, 매디슨 한인장로교회 장진광 목사님, 매디슨 사랑의 교회 황원선 목사님, VIEW 원우회 여러분께도 감사드립니다.

본서의 내용을 읽고 귀중한 조언을 주신 여러분들께도 감사를 드립니다. 부족한 글을 읽고 과분한 추천사를 써 주신 경희대 생물학과 유정칠 교수님, 워싱턴(D.C.)의 윤성희 박사님, 박세범 장로님, 또한 함께 공부하면서 본서의 미비한 점들을 지적해 준 이성균, 박춘호 형제를 위시한 VIEW 창조론 연구회 멤버들에게 감사의 마음을 전합니다. 한동대 생명공학부 곽진환 교수님과 한국창조과학회 김창완 형제님은 본서의 몇몇 오류들을 지적해 주셨습니다. 바쁜 시간 중에도 원고를 읽고 교정해 주신 개혁신학연구원의 이순태 박사님(조직신학), 제자인 교원나라 오석규 실장님, 외국어대 영문과 김건이 형제님, 한미정 선생님(국어), 대전 최신혜 자매님, 2013년 개정쇄 교정에 참여해 주신 VIEW의 박기모 · 김재섭 목사님, 이영진 사모님께도 감사드립니다. 또한 어려운 출판계 현실에도 불구하고 많은 사진과 그림들이 들어가고, 분량도 많은 본서의 출판을 결정해 주신 예영 김승태 사장님께 감사드립니다.

책을 낼 때는 늘 가족들의 수고를 생각지 않을 수 없습니다. 결혼 전부터 시작하여 지난 25년간 창조론 공부를 격려해 준 사랑하는 아내 박진경 자매께 존경과 감사의 마음을 전합니다. 아내는 늘 제가 이런 저런 '외도'의 유혹을 받을 때마다 일편단심으로 창조론에 대한 '정절'을 지킬 수 있도록 격려해 주었을 뿐만 아니라 본고에 대한 가장 성실하면서도 날카로운 비판과 교정자였습니다. 또한 탐사여행 때문에 한번도 '순수한' 휴가를 갖지 못한 것을 참아 준 아이들에게는, 이번 원고 정리가 끝나면 좀 더 많은 시간을 함께 보내며 한 번이라도 휴가다운 휴가를 가지리라는 지키기 어려운 약속을 하면서 미안한 마음을 전합니다. 특히 본서에 사용된 많은 그림들을 그리고 다듬는 작업을 도와준 둘째 아들 창모에게 감사한 마음을 전합니다.

"본서의 가장 큰 업적이라면 아마 창조와 진화의 논쟁에 대한 방대한 자료의 수집과 그 것을 잘 정리한 데 있다고 생각됩니다. 사실 현재 모든 생물 관련 교과서에서 진화론을 다루고는 있지만, 생명의 기원이나 창조와 진화의 논쟁에 대해 언급된 것은 없거나 놀랄 정도로 적습니다. 그나마 언급된 것들 중에는 잘못된 것들이 많습니다. 본서는 '창조론' 을 학문의 단계로 끌어올리는 데 결정적인 역할을 할 것으로 기대됩니다. 진화론이 많은 문제점이 있더라도 그것이 그 나름대로의 방대한 자료를 토대로 논리적인 세계를 세워 왔기에 아직까지 건재하고 있듯이, 본서는 앞으로 창조론을 과학의 세계로, 그리고 논리 의 세계로 이끄는 견인차 역할을 할 것으로 기대됩니다."

– 유정칠 박사(경희대학교 생물학과 교수)

"본서는 일반 과학자들이나 과학자는 아니지만 과학에 흥미가 있는 모든 사람들에게 뛰어난 자료집이 될 것입니다. 본서를 통해 독자들은, 물리학이나 생물학, 화학, 수학, 우 주론, 지질학, 사회학, 신학 등에 관한 어느 정도의 기본적인 이해만 갖고 있다면 최대의 유익을 얻을 것으로 보입니다. 저는 본서가 창조론과 진화론에 관해 알기 원하는 대학생 들을 위한 최고의 교과서의 하나가 될 것이라고 단언합니다. … 많은 분들이 알겠지만 미 국 채플 힐에 있는 노스캐롤라이나대학(University of North Carolina at Chapel Hill) 은 가을 신학기에 입학하는 모든 신입생들에게 의무적으로 이슬람의 코란을 읽도록 요구 하고 있습니다. 말할 필요도 없이 이것은 동 대학이 회교권으로부터 많은 재정적인 지원 을 받고 있기 때문입니다. 저는 이제 그들이 코란 대신 본서를 읽게 되기를 희망합니다."

– 윤성희 박사(전 존스 홉킨스 의과대학 교수)

"성경에 '밭에 감추인 보화'라는 비유의 말씀이 있듯이 저는 본서를 읽으면서 땅 속 깊이 묻힌 보배(진리)를 찾아내는 기분이었습니다. 저는 늘 인류의 물질문명은 발달하면서도 정신문명 내지 하나님에 대한 신앙은 도리어 가려지고, 흐려지고, 퇴보해 왔다고 느껴왔습니다. 그런데 본서는 그 가려지고, 흐려지고, 퇴보된 것을 하나하나 벗겨내고, 인간의 허망한 생각이나 고집이 결국 잘못된 것임을 과학적으로 증거하고 있습니다. 여러 창조론자들과 양 교수님의 노고를 치하 드립니다. 저는 본서가 진화론의 잘못된 사상과 생각을 창조론으로 바뀌게 하며, '진화인가, 창조인가'라는 의문 속에서 방황하며 헤매는 오늘의 청소년들의 사상 정립과 자아 정립에 큰 도움이 될 것을 믿습니다."

– 박세범 장로(전 중등 영어교사)

제1장
창조론과 진화론

Creation and Catastrophes

나의 정신적 작용이 모두 나의 뇌 속에 있는 원자들의
운동에 의해 결정된다면 나는 나의 믿는 바가 진실하
다고 생각할 하등의 이유가 없다. _할데인[1]

생명은 진화되었는가, 아니면 창조되었는
가? 이 질문은 지난 수 세기 동안 과학과 종교의 관계를 다루는 데 있어서 가장 핵심적인
주제가 되어 왔다. 시간을 초월하지 못하고 시간 속에 살 수밖에 없는 사람들에게 있어서
기원에 관한 질문은, 적어도 과학적으로는 완전한 반증(反證)이나 검증(檢證)이 불가능한
질문이라고 할 수 있다. 진화론자들과 창조론자들이 같은 자료들을 두고서도 전혀 다른
해석을 하는 것도 이런 이유 때문이다.

그러면서도 기원에 관한 질문은 개인이나 사회의 세계관을 형성하는 데 매우 중요한
역할을 한다. 그래서 창조론과 진화론 중 어떤 한 이론을 선택하는 것은 여타의 한 과학
이론을 받아들이는 것과는 다르다. 다른 대부분의 과학 이론들에 있어서는 특정한 이론
의 선택이 개인의 세계관이나 신앙, 도덕관 등에 직접적인 영향을 끼치는 경우가 많지 않
다. 예를 들면, 우주론에서 화이트홀(White Hole)이나 중력자(Graviton)의 존재를 믿는
사람과 믿지 않는 사람의 세계관이 크게 다르지 않다. 그러나 창조론과 진화론의 경우에
는 어떤 이론을 선택하는가에 따라 자신의 정체성과 세계에 대한 인식이 전혀 달라질 수
있다.

그러면 과연 지구상의 생명체는 어떻게 생겨난 것일까? 어떤 사람은 진화되었다고 하

---

1 J. B. S. Haldane, "When I am Dead," *Possible Worlds*(1927). 할데인(John Burdon Sanderson Haldane,
1892–1964): 스코틀랜드 출신의 영국 수리생물학자이자 작가.

1-1 인생이 직면하는 커다란 물음들

고 어떤 사람은 창조되었다고 한다. 또 어떤 사람은 지구의 생명체는 우주 어딘가로부터 유래했다고도 한다. 만일 지구상의 생명체가 다른 우주로부터 왔다면 그 생명체는 어떻게 존재하게 되었을까? 창조론과 진화론의 두 이론을 조합하는 제3의 이론의 가능성은 없을까? 예를 들어, 창조주가 진화의 과정을 통해 창조했다고 하는 유신론적 진화론은 어떨까? 수많은 질문들이 꼬리에 꼬리를 물고 일어난다. 과연 어느 이론이 더 타당하며 어느 이론이 그렇지 못한 것일까? 사실 이런 것들은 새로운 질문들이 아니다. 인류의 역사만큼이나 오래된 질문들이다.

1. 기원에 관한 이론들

생명의 기원에 관해서는 크게 두 가지 이론, 즉 창조론과 진화론이 있다. 어떤 사람은 외계로부터 기원했다는 주장도 하고 있으나, 이 경우 '외계 생명체는 어떻게 존재하게 되었는가?' 라는 문제가 다시 제기되기 때문에 결국 생명의 기원에 관한 이론은 창조론과 진화론, 두 이론으로 귀착된다고 할 수 있다. 그러나 사람에 따라 창조론과 진화론도 매우 다양한 내용과 형태를 갖는다. 진화론도 다윈 이래 많은 '진화'를 했으며, 창조론자들도 사람들마다, 시대마다 다양한 이론들을 제시하고 있다.[2] 그러나 이렇게 많은 이론들이 있음에도 불구하고 창조론과 진화론의 뼈대와 근본적인 정신은 크게 달라지지 않았다.

진화론은 우주와 그 가운데 있는 모든 생명체들이 자연에 내재되어 있는 어떤 동인(動因)에 의해 저절로 존재하게 되었다는, 소위 '자존철학'에 근거하고 있다. 어떠한 초월적인 존재의 개입도 없는, 순수한 자연 내적인 동인만을 가정한다는 점에서 진화론은 처음부터 자연주의적 입장을 취하고 있다고 할 수 있다. 진화론은 모든 생명 현상과 과정을 자연의 힘에 의해서만 설명하려고 한다.

그러나 창조론에서는 만물이 물질계에 속하지 않은 초월적인 창조주에 의해 존재하게 되었다고 주장한다. 다시 말해 진화론은 만물이 스스로 존재하게 되었다고 주장하지만, 창조론은 누군가에 의해, 혹은 누군가로 말미암아 존재하게 되었다고 주장한다.

이처럼 창조론과 진화론의 범주를 넓게 잡으면 이 두 이론 외에 다른 기원에 관한 이론이 없을 것 같지만 문제는 그렇게 간단하지 않다. 어떤 사람들은 창조론과 진화론 사이에 있는 유신론적 진화론을 제시한다. 유신론적 진화론에서는 화학진화(무기물로부터 생명의 자연발생)와 생물진화(아메바에서 시작해서 사람까지 진화)가 실제로 일어났다고 본다. 그러나 창조주가 최초의 진화를 일으키는 물질과 진화를 일으키는 법칙을 만들었다고 본다. 이들은 생명체들을 창조주가 만들었지만 진화라는 방법을 통해 만들었다고 주장한다.[3] 유신론적 진화론은 진화 메커니즘을 그대로 받아들인다는 점에서는 진화론이지만 창조주의 개입을 인정한다는 점에서는 유신론이다.

유신론적 진화론은 기본적으로 진화론이 옳다는 가정에서 출발한다. 이 이론은 진화론과 동일한 진화 과정과 메커니즘을 가정하므로 진화론과 동일한 과학적 증거를 기대한다. 그러므로 과학적 증거를 살펴보는 한에 있어 기원에 관한 이론은 창조론과 진화론으로 양분할 수 있다고 본다. 만일 진화론이 옳다면 유신론적 진화론도 맞을 가능성이 있고 진화론이 틀렸다면 유신론적 진화론은 자동적으로 틀리는 것이다. 그러므로 아래에서는 생명의 기원에 관한 이론으로서 두 가지 이론, 즉 유신론적 창조론과 자연주의적 진화론으로 나누어 살펴보고자 한다.

2. 창조론과 진화론의 예측들

창조론과 진화론은 생명과 생물의 종(種, species), 인류의 기원 등에 대해 여러 가지 상반된 주장을 하고 있다. 그러면 창조론과 진화론이 생명의 기원에 대해 주장하는 바는 어떻게 다른가? 창조론과 진화론의 주장들을 요약하면 1-2의 표와 같다.

A. 생명의 출현

우선 창조론에서는 모든 생명체들이 초월적인 창조주의 설계와 계획 가운데 창조되었다고 본다. 이 생명체들은 하나나 혹은 몇몇 종류(kind)로부터 진화한 것이 아니라 처음부터 '그 종류대로' 따로따로, 그리고 처음부터 완전한 형태로 창조되었다고 본다. 그리

---

2 다윈(Charles Robert Darwin, 1809–1882): 영국의 생물학자. 1859년, 『종의 기원』을 발표하여 현대 생물진화론의 효시가 되었다.

3 Russell W. Maatman, *The Bible, Natural Science, and Evolution*(Grand Rapids, MI: Reformed Fellowship, 1970) – 한국어판: 황창기 역, 『성경, 자연과학, 진화론』(서울: 개혁주의신행협회, 1978), p. 205.

	진화 모델	창조 모델
생명의 출현	무생명체로부터 화학진화	생명은 생명체에서만 탄생
생물의 분포	연속적 분포	불연속적 분포
새로운 생물의 출현	끊임없이 새로운 종류 출현	새로운 종류는 나타나지 않음
생물 돌연변이	유익한 돌연변이	해로운 돌연변이
자연선택	새로운 종의 창조 과정	종을 보존하는 과정
화석 기록	무한히 많은 중간형태 존재	곳곳에 빠진 간격이 존재
인간의 출현	원숭이-인간 중간형태 존재	원숭이-인간 중간형태 없음
인간의 특성	동물보다 양적으로 우수	동물과는 질적으로 다름

1-2 창조론과 진화론의 기본적인 주장들 [4]

고 창조론자들은 모든 생명체들은 오직 생명체로부터만 유래한다는 생명속생설(生命續生說)을 받아들인다. 창조론은 태초에 이러한 생명체들을 창조한 초월적인 창조주가 있다고 보기 때문에 본질적으로 유신론적이다.

이에 반해 진화론은 현재의 다양한 생명 세계는 자연에 내재되어 있는 어떤 동인에 의한 무기물들의 조합으로 간단한 생명체가 만들어졌고, 이 생명체로부터 오늘날 우리들이 보는 다양한 생명 세계가 진화되었다고 본다. 다시 말해 생물들은 아무런 초월적 존재의 개입 없이, 초월적 존재의 의도적 설계나 목적이 없이 우연히 존재하게 되었다고 주장한다. 진화론에서는 최초의 생명체들은 단순하고 하등하며 원시적이었는데 시간이 경과할수록 점차 복잡하고 고등한 존재로 진화되었다고 본다. 즉 진화론자들은 무생명체로부터 생명이 자연발생했다는 화학진화설을 받아들인다. 진화의 과정에 어떤 초월적인 존재의 개입을 부정하고 자연적 과정만을 인정한다는 점에서 진화론은 무신론적이요, 자연주의적이라고 할 수 있다. 결국 창조론은 지적이고 초자연적인 존재를 믿는 데 반해, 진화론은 의식이 없는 자연을 믿는 것이라고 할 수 있다.

4 Henry Madison Morris, editor, *Scientific Creationism*, 2nd edition(El Cajon, CA: Master Books, 1985), p. 13의 표를 다시 편집.

1-3 곤충은 곤충의 종류대로, 식물은 식물의 종류대로, 생물은 그 종류 내에서의 변이는 무한히 다양하게 일어나지만 그 종류의 한계를 넘어서는 변이는 일어나지 않는다.

B. 소진화와 대진화

또한 창조론과 진화론은 생물의 분포나 새로운 생물의 종류가 출현하는 것에 대해서도 상이한 주장을 한다. 창조론자들은 종류 내에서의 변이인 소진화(micro-evolution)는 가능하지만 종류의 한계를 넘어서는 대진화(macro-evolution)는 불가능하다고 보는 반면, 진화론자들은 소진화는 물론 대진화도 가능하다고 본다.

창조론자들은 생명체들이 처음부터 그 종류대로 따로따로 창조되었으며, 그 종류 내에서의 변이는 얼마든지 가능하지만 종류의 한계를 넘어서는 변화는 일어날 수 없다고 주장한다. 예를 들면, 이 세상에는 수많은 개들이 있지만 이들 중에는 단 한 마리도 똑같은 개는 없다. 사람도 마찬가지다. 지구상에는 수십억의 사람들이 있지만(일란성 쌍둥이를 제외한다면) 완전히 같은 사람은 단 한 사람도 없다. 그리고 개나 사람이 아무리 번식한다고 해도 개나 사람이 아닌 다른 종류의 동물은 되지 않는다.

이에 반해 진화론자들은 종의 기원과 관련하여 하나 혹은 몇몇의 조상으로부터 시작하여 오늘날과 같은 다양한 생명 세계가 존재하게 되었다고 믿는다. 진화론에서는 모든 생명체들이 유전적으로 자연발생한 최초의 단세포 생명체에 연결되어 있다. 그리고 그 최초의 생명체로부터 점진적인 진화를 하여 현재와 같은 다양한 생물계가 형성되었다고 본다. 그렇기 때문에 모든 자연의 생명체들은 유전적으로나 형태학상으로 연속적인 분포를 하고 있다고 본다. 이것은 소진화는 물론 대진화도 일어난다고 믿는 것이다. 결국 창조론이 일정한 한계 내에서 불변을 믿는 데 반해 진화론은 무한한 변이(variation)와 변종(transmutation)을 믿는다.

23

1-4 진화론자들이 제시하는 원자-단세포생
명체-해양무척추동물-척추어류-양서류-
파충류-조류-포유류-인간에 이르는 나선
형 그림

소진화의 축적으로 인해 대진화가 일어난다는 진화론의 기본적인 주장은 곧 화석의 출토에 대해서도 창조론과 다른 예측을 하게 한다. 즉, 생물이 오랜 세월에 걸쳐 점진적인 변이를 하면서 진화를 했다면 과거에 살았던 생물의 유해나 자취인 중간형태의 화석이 무수히 많이 존재해야 한다. 다시 말해 파충류와 조류의 중간형태, 원숭이와 사람의 중간형태 등이 화석으로 출토되어야 한다. 그러나 창조론자들은 만일 생물들이 처음부터 그 종류대로 완전하게 창조되었다면 중간형태의 화석은 출토되지 않을 것이라고 생각한다.

C. 돌연변이와 자연선택

창조론과 진화론의 주장은 돌연변이(突然變異, mutation)와 자연선택(自然選擇, natural selection)에 대해서도 전혀 다른 견해를 갖는다. 창조론자들은 돌연변이는 아무리 일어난다 해도 대부분 해로운 방향으로 일어날 뿐이므로 진화의 원인이 될 수 없다고 본다. 하지만 진화론자들은 대부분의 돌연변이가 해로운 방향으로 일어날지라도 그 중 일부는 유익한 돌연변이를 일으켜서 진화한다고 주장한다. 즉 창조론자들은 돌연변이를 퇴화의 원인이라고 믿는 반면에 진화론자들은 진화의 원인이라고 믿는다. 자연에서 일어나는 돌연변이는 희귀하므로 많은 관찰이 불가능하지만, 실험실에서는 얼마든지 인공 돌연변이를 일으킬 수 있으므로 이 주장에 대해서는 5강 6절에서 좀 더 살펴보고자 한다.

또한 다윈이 생물진화의 원인으로 제시한 자연선택은 어떤가? 많은 진화론자들은 창조론자들이 자연선택 자체를 부정한다고 생각하지만 이것은 잘못된 생각이다. 창조론자들도 자연선택이 일어난다고 보며, 실제로 자연에서 자연선택의 예를 볼 수 있다고 믿는다. 다만 창조론자들은 자연선택이라는 메커니즘이 어느 정도까지 작동하느냐에 있어서 진화론자들과 의견을 달리한다. 창조론자들은 자연선택을 단지 생물이 자신의 종을 유지하기 위한 방편이라고 보는 반면, 진화론자들은 다른 종으로 진화해 가기 위한 방편으로 본다.

D. 인류의 기원

창조론과 진화론의 견해 차이는 인간의 특성이나 기원을 살펴볼 때 가장 극명하게 드러난다. 1859년 11월 24일, 다윈의 『종의 기원』 초판이 출판되었을 때 사람들은 금방 이 책의 이론이 인간에 대한 새로운 해석을 제시할 것임을 알았다. 비록 다윈은 자신의 책에서 인간 진화에 대한 얘기를 거의 하지 않았지만 사람들의 관심은 동물이나 식물이나 우주가 어떻게 생겨났는가보다는 인간, 즉 자신이 어떻게 존재하게 되었는가에 관심이 있었다. 그리고 실제로 다윈은 1871년에 발표한 『인류의 기원』에서 "인간은 모든 고상한 특성들을 갖고 있지만 … 여전히 자신이 하등한 데서 기원했음을 보여주는 지울 수 없는 흔적을 몸에 지니고 있다"고 했다.[5] 과연 인간은 하등한 생물로부터 진화된 존재인가, 아니면 창조주의 의도와 설계를 따라 초자연적으로 창조된 존재인가?

여기에 대해 창조론자들은 인간은 태초에 창조주에 의해 창조되었다고 주장한다. 인간은 처음부터 인간이었으며 현재의 모습과 같았다고 생각한다. 인간이라는 종 내에서의 다양한 변이는 일어나지만 인간이 다른 동물들로부터 유래했거나 또한 다른 동물들로 변해간다고는 생각지 않는다. 그래서 창조론자들은 인간이 본질적으로 동물과 다르다고 생각한다. 창조론자들은 인간의 생물학적 구조와 같은 하드웨어는 다른 포유동물들과 많은 유사점을 갖고 있지만 정신적인 소프트웨어는 본질적으로 다른 동물들과 구별된다고 생각한다.

인간에게는 다른 동물들과 선명하게 구별되는 특성들이 있으며, 창조론자들은 이것을 창조주의 형상이라고 한다. 인간의 종교성이나 양심, 창의성이나 초월성, 반성과 언어 능력 따위는 오로지 인간에게만 있는 독특한 능력이라고 생각한다. 인간에게 있는 초월적 사고 능력이나 주권성, 도덕성, 언어 능력, 특히 영원을 사모하는 마음, 즉 종교성 등은 동물들에게는 없다고 본다. 창조론자들은 무엇보다도 인간에게는 동물에게 없는, 창조주

---

5 "Man with all his noble qualities … still bears in his bodily frame the indelible stamp of his lowly origin." from Charles Robert Darwin, *The Descent of Man*(1871), Closing words.

1-5 로마 바티칸의 시스틴 채플 천장 벽화에 있는 미켈란젤로의 그림 중 아담의 창조. 창조론자들은 인간이 하나님의 형상을 따라 처음부터 완전하게 창조되었다고 보지만 진화론자들은 인간이 원숭이로부터, 혹은 원숭이와 같은 조상으로부터 진화되었다고 본다.

와 교통할 수 있는 영혼이 있음을 지적한다. 물론 인간에게 동물과 흡사한 부분이 없는 것은 아니지만 그것이 인간과 동물의 유전적 연관성을 나타내는 것은 아니라고 본다.

그래서 창조론자들은 여러 가지 과학적인 증거들을 해석할 때 진화론자들과 다르게 예측한다. 우선 인간이 다른 동물들로부터 진화했다는 증거가 없을 것이라고 예측한다. 진화했다면 반드시 있어야 할 중간형태는 존재하지 않을 것이며, 진화론자들이 흔히 중간형태라고 제시하는 화석들은 엄밀하게 인간이 아니면 원숭이라고 생각한다. 인간이나 원숭이라는 종 내에서의 변이는 생각보다 다양하지만 그래도 원숭이가 인간이 된다거나 인간이 다른 동물들로 변한다는 증거는 찾을 수 없다고 생각한다.

이에 반해 진화론자들은 다른 동물들이 진화한 것과 같이 인간도 다른 영장류들로부터 진화하였다고 주장한다. 그리고 인간을 가장 진화한 척추 포유동물로 본다. 진화론에서는 인간과 원숭이는 공통 조상에서 출발했다고 주장한다. 인간과 동물은 본질적인 차이가 있는 것이 아니라 정량적인 차이가 있을 뿐이라고 주장한다. 창조론과는 반대로 진화론, 특히 무신론적 진화론에서는 인간의 영혼도 믿지 않는다. 그런 면에서 진화론은 본질적으로 유물론이요, 무신론이며, 자연주의라고 할 수 있다. 결국 인간의 영혼이라는 것도 있다면 물질일 뿐이며, 인간의 초월적 사고능력이라는 것도 진화의 결과라고 주장한다.

사람과 동물 사이에서 볼 수 있는 가장 큰 골격학적, 형태학적 차이점은 사람만이 직립보행을 한다는 것이다. 그러나 현재까지 직립보행 하기까지의 진화 과정을 보여주는 화석상의 증거는 없다. 그래서 원숭이로부터 사람으로의 진화 과정을 설명할 때에는 치아의 배열 형태, 두개골의 용적, 또는 안면(顔面) 경사각 등이 주요한 해석 기준이 되어 왔다. 이러한 기준들에 근거하여 진화론자들은 다양한 그림의 진화 계열을 제시하고 있다.

3. 진화론의 '종' 과 창조론의 '종류'

이처럼 기원에 대한 창조론자들과 진화론자들의 상이한 견해는 기본적으로 생물 분류에 대한 상이한 견해로 이어진다. 진화론에서는 '종'(種, species)이라는 개념을 사용한다. 하지만 종을 구분하는 기준이 분명하지 않다. 이처럼 종의 분류에 대한 혼돈은 현대 생물분류학의 아버지인 린네까지 거슬러 올라간다.[6]

A. 형태학적 분류

린네는 종을 분류할 때 주로 형태학상의 유사성만을 기준으로 하였는데, 이러한 전통은 지금까지도 그대로 내려오고 있다. 예를 들면, 다윈이 연구했던 갈라파고스 군도(Galapagos Islands)의 핀치(Finch)는 부리의 모양에 따라 종을 분류하였다. 개와 늑대, 여우, 야생개(jackal) 등도 외형만으로 종을 분류하였다. 하지만 외형만으로 종을 분류할 때도 기준이 대상마다 많이 달랐다. 예를 들면, 원생동물(protozoa)은 운동성(motility)에 근거해서, 해면동물(sponge)은 외부 구조에 근거해서, 기생충이나 지렁이 같은 연충(worm)은 마디에 근거해서, 아종(subspecies)들은 지리적 분포에 근거하여 분류되었다.[7]

1-6 과연 인류는 다른 유인원들과 동일한 조상으로부터 유래한 것일까?

이처럼 진화론에서 종을 애매모호하게 구분하는 것은 진화론 그 자체의 특성과도 관련이 있다. 진화론에서는 모든 생명체들이 유전적으로 연결되어 있으며, 생물의 분포가 연속적이라고 보기 때문에 분류라는 것은 연구의 편의를 위한 것일 뿐이라고 생각한다. 이것은 종뿐 아니라 상위의 분류 단위들인 계(界, Kingdom), 문(門, Phylum), 강(綱, Class), 목(目, Order), 과(科, Family), 속(屬, Genus)에서도 드러난다. 사실 진화론에서는 분류가 혼돈스러울수록 생물들은 더 희미하게 구분되고, 한 종이 다른 종과 연결되어 있는 듯이 보이며, 결국 진화가 더 사실인 듯이 보인다고 생각한다.[8]

---

6 린네(Carl von Linne 혹은 Carolus Linnaeus, 1707–1778): 스웨덴 생물학자이자 창조론자. 현대 생물 분류 체계를 만들었다.
7 Randy L. Wysong, *The Creation–Evolution Controversy*(Midland, MI: Inquiry Press, 1976), p. 57.
8 Wysong, *The Creation–Evolution Controversy*, p. 58.

B. 생식성에 기초한 종

이에 비해 창조론에서는 진화론의 종 대신에 '종류'(kind)라는 단위를 사용한다. 창조론에서는 서로 다른 생물의 종류들은 혈연적으로 연결되어 있지 않으며, 이들 사이에는 생식적 격리(隔離)가 있다고 생각한다. 그리고 번식은 같은 종류 내에서만 가능하며 다른 종류에 속한 것들과는 번식이 되지 않는다고 본다. 그러므로 진화론에서와는 달리 생물을 명확히 구분하는 것이 가능하며 또한 중요하다고 본다.

창조론에서는 기본적으로 생식성에 기초하여 종을 분류한다. 예를 들어, 개와 고양이, 돼지와 양은 번식할 수 없기 때문에 다른 종으로 본다. 때로는 형태가 다름에도 불구하고 번식이 가능한 경우도 있다. 예를 들면, 얼룩말과 말은 서로 다른 종이지만 번식이 가능하다. 그 외에도 사자와 호랑이, 암소와 야크(yak), 호밀(rye)과 밀(wheat), 무(radish)와 양배추(cabbage) 등도 번식이 가능하다. 쥐(rat)와 생쥐(mouse), 양과 염소, 암소와 들소(bison), 수말과 암탕나귀 등은 교배와 수정이 가능하지만 항상 번식할 수 있는 새끼를 낳을 수 있는 것은 아니다. 예를 들어 수말과 암탕나귀 사이에서 태어난 노새는 대부분 불임이지만 드물게 새끼를 낳을 수 있는 경우도 있다. 이런 경우에는 같은 종류에 속하는 것으로 본다.[9]

진화론의 종과 창조론의 종류의 개념이 다소 다르다는 점을 생각한다면 현대 생물학에서 사용하고 있는 종의 개념만으로 창조론에서 제시하는 '종류'의 불변을 반박하는 것은 합당하지 않다. 또한 드물지만 생물학적 종의 분화가 일어나는 것만으로 수백만 종의 생물 세계가 진화에 의해 만들어졌다고 생각하는 것도 지나친 외삽(外挿, extrapolation)이라고 할 수 있다.

4. 기원 논쟁의 본질적 난점들

이 외에도 창조론–진화론 논쟁이 쉽게 해결되지 않는 이유는 무엇인가?

첫째, 앞에서 지적한 바와 같이 생명의 탄생이 오래 전 옛날에 일어났으며, 또한 재현 가능한 일이 아니기 때문이다. 생명이 무기물들의 자연적 조합을 통해 탄생했는지, 아니면 창조주의 초자연적인 창조 행위를 통해 탄생했는지 그 사건은 인간의 역사 이전에 일어난 일이며 재현할 수 없다. 재현 가능성만이 과학적 확증의 유일한 척도는 아니라 할지라도 일반적으로 재현 가능하지 않은 사건은 논쟁의 소지가 많으며, 개인의 신념이나 신앙이 논의에 개입될 가능성이 높다. 주커만은 다음과 같이 지적한다. "진화적 변화나 기적적인 신의 간섭이라고 하는 것은 둘 다 인간의 지성의 뒤에 있는 것이다."[10]

둘째, 기원 논의가 어려운 것은 사람들의 편견 때문이다. 진화론자들은 창조론은 신앙이며 진화론은 과학이기 때문에 논의의 대상이 되지 않는다고 주장한다. 반창조론자인 뉴먼은 진화론과의 경쟁 상대는 창조론밖에 없음을 인정하면서도 창조론은 논의의 대상이 아님을 강조한다. 그는 "진부하고 확실하게 부정된 특수창조의 가정 외에는 경쟁이 될 만한 가정이 없는데, 이것은 무식하고 독단적이며 편견을 가진 사람들만이 갖는 것이다"라고 했다.[11]

그러나 뉴먼의 강력한 비판에도 불구하고 고생물학자 모어는 진화론 역시 창조론과 흡사한 믿음에 근거하고 있음을 지적하고 있다. "고생물학을 연구하면 할수록 점점 더 진화는 믿음에만 근거하고 있음이 분명해진다. 이것은 커다란 종교적인 신비들에 직면할 때 가져야 하는 것과 정확하게 같은 종류의 믿음이다. … 유일한 대안이라고 한다면 진리이긴 하지만 비합리적인 특수창조론밖에 없다."[12] 모어의 주장에 의하면 결국 진화론은 틀렸지만 창조론이 비과학적이기 때문에 받아들일 수 없다는 것이다.

셋째, 기원 논쟁이 쉽게 해결되지 않는 이유는 논쟁의 '간학문성'(間學文性) 때문이다. 즉, 기원 연구가 간학문적이라는 말은 기원 연구가 여러 영역에 걸쳐 있음을 의미한다. 본서에서 다루는 주제들만 보더라도 통계학, 물리학, 화학, 생물학, 지질학, 인류학, 철학, 역사학 등에 널리 흩어져 있다. 그러므로 학문 연구가 극도로 파편화된 현대에 18세기형 팔방미인을 요구하는 기원 연구를 한다는 것은 쉬운 일이 아니다.

기원 연구의 간학문성은 이미 다윈의 진화론이 발표될 때부터 드러났다. 다윈에 의해 본격적으로 촉발된 기원 논쟁은 얼마 지나지 않아 곧 생물학 영역을 넘어 다른 영역으로까지 확대되었다. 한편으로는 별의 생성 역사나 화학원소의 형성과 같은 무생물을 다루는 주제로부터 다른 한편으로는 언어학, 사회인류학, 비교 법학이나 종교까지 진화론적 각도에서 연구되기 시작했다. 심지어 기원에 대한 논쟁은 철학이나 역사, 신학 등 인문학의 핵심 영역에까지 확대되었다. 그러면 기원 논의의 간학문성에 대해서 좀 더 살펴보자.

---

9 Wysong, *The Creation-Evolution Controversy*, p. 59.
10 Solly Zuckerman, *Functional Activities of Man, Monkeys and Apes*(1933), p. 155.
11 Horatio Hackett Newman, *Outlines of General Zoology*(New York: MacMillan, 1924), p. 407.
12 L. T. More, *Why I Believe in Creation*(Great Britain: Evolution Protest Movement pamphlet, 1968).

5. 기원 연구의 간학문성

대부분의 사람들은 기원에 관한 논쟁이 생물학과 지질학 영역에만 속한다고 생각하기 때문에, '기원학' 연구의 간학문적(間學問的, interdisciplinary) 특성에 대한 설명이 필요하다. 우주와 생명의 기원에 대한 연구는 다루는 대상에 따라 자연과학의 다양한 영역과 연관되어 있다. 이를 진화라는 말이 사용되는 경우를 중심으로 살펴보면 다음과 같다.[13]

첫째는 시간과 공간과 물질의 기원을 연구하는 우주진화(cosmic evolution)를 생각해 볼 수 있다. 우주의 기원론 혹은 우주론은 학문적 성격으로 따지자면 천문학적 관측이 중요하기는 하나 오랫동안 물리학의 영역이었다. 지금도 이 분야의 연구는 주로 물리학자들에 의해 이루어지고 있다. 현재 대폭발이론이 주류 이론으로 받아들여지고 있는 우주기원론은 대부분 소립자 물리학의 영역이다.

둘째는 천체진화(stellar and planetary evolution) 영역이다. 천체진화는 별이나 행성들의 기원을 진화론적으로 연구하는 영역이다. 이 영역 역시 물리학과 천문학이 중첩되는 영역이기는 하지만 우주진화에 비해서는 상대적으로 천문학자들의 활동이 활발한 분야다. 사실 천문학은 오랫동안 물리학의 중요한 영역이었으며, 근래에 와서야 비로소 점점 분리되고 있는 실정이다.

셋째는 화학진화(chemical evolution) 영역이다. 화학진화학에서는 원자나 각종 무기물 분자들로부터 최초의 생명체가 자연발생했다는 가정 하에 생명의 기원을 연구한다. 이 영역에서는 주로 본서의 2-3장에서 살펴볼 생명의 기원이 유기화학이나 생화학, 좀 더 나아가서는 확률론(수학), 열역학(물리학) 등과 관련된다.

넷째는 생물진화(biological evolution) 혹은 유기진화(organic evolution) 분야다. 전통적으로 기원에 관한 연구라고 할 때의 영역이 바로 이 생물진화 영역이다. 화학진화 이후, 인류의 기원을 포함하여 각종 생물 종의 기원을 다루는 대진화(macro-evolution)가 여기에 속한다고 볼 수 있다. 생물진화는 부분적으로 생화학의 영역도 있지만 주로 정통 생물학의 연구 분야라고 할 수 있다. 4-7장에서 다루어질 종의 기원 문제는 생물학에서도 분류학, 발생학, 유전학, 진화학 등이 직접적으로 관련된 분야라고 할 수 있다. 9-11장

13 Kent Hovind, "God's Big Bang" in 〈World Views〉 video tape series #1(Calvary Chapel: 3800 S. Fairview, Santa Ana, CA92704, 714-979-4422). Video Tape # OKH401.

에서 다루어질 인류의 기원 연구도 넓게는 유기진화의 영역에 속하지만, 세부적으로는 생물학이나 고생물학, 형질인류학 등의 영역이라고 할 수 있다. 종 내에서의 변이(variation)인 소진화(micro-evolution) 역시 유기진화 영역에 관련된 말이다.

비록 진화라는 용어는 사용되지 않지만 기원에 관한 논의에서 생물학과 더불어 가장 중심적인 위치에 있는 학문은 바로 지질학이다. 지질학의 여러 영역들 중에서도 지층과 화석을 다루는 층서지질학이나 고생물학은 생물의 기원과 관련하여 가장 중요한 분야라고 할 수 있다. 어떤 지질학적 이론을 받아들이는가에 따라 생명의 기원에 관한 전혀 다른 모델에 이르기 때문이다.

이 외에도 지질학과 더불어 연대측정법도 기원에 관한 연구의 중요한 부분이라고 할 수 있다. 현재 대표적인 절대연대측정법으로 받아들여지고 있는 방사성 동위원소법은 전통적으로 핵물리학의 연구 영역에 속한다. 또한 근래에 와서는 과거 지구의 기후를 연구하는 고기후학이나 지자기의 변화를 연구하는 고지자기학(Paleo-magnetism)도 기원 연구의 중요한 영역으로 등장하고 있다. 그리고 최근에는 '분자시계' 개념이 등장하면서 분자생물학도 생명의 기원에 관한 새로운 연구 분야로 부상하고 있다.

이상에서 살펴본 바와 같이 기원에 대한 연구는 생물학이나 지질학은 물론, 여타 여러 자연과학 영역들과 심지어 신학이나 역사, 철학 분야까지 포괄하는 대표적인 간학문 연구라고 할 수 있다. 그러므로 기원 연구를 생물학자들이나 지질학자들만의 연구 영역이라고 주장하는 것은 잘못된 생각이다. 그리고 이러한 간학문성 때문에 기원 논쟁은 쉽게 끝나기가 어렵다.

그러나 비록 생명의 탄생이 오래 전에 일어났고, 또한 이를 연구하는 것이 간학문적이기 때문에 기원 논쟁이 쉽게 끝나지는 않을지라도 연구 방법이 전혀 없는 것은 아니다. 두 이론이 주장하고 있는 바들이 있고, 이러한 주장들이 오늘날 알려진 여러 과학적 증거들과 어떻게 일치하는지를 살펴볼 수 있기 때문이다. 과연 창조론과 진화론 중에서 어느 이론이 기원에 관한 바른 설명일까?

1. 기원에 관한 연구의 중요성에 대하여 본인이 생각하는 바를 말해 보라.

2. 창조론과 진화론의 예측이 어떻게 다른지 말하고, 진화론적 사고와 창조론 적 사고의 근저에 있는 기본적인 세계관의 차이점을 비교해 보라.

3. 본문에서 제시한 것들 외에 주변 세계로부터 볼 수 있는 인간과 동물의 차 이점들은 어떤 것들이 있는가?

4. 자신과 주변 세계의 기원에 관한 견해가 자신의 인생관에 구체적으로 끼친 영향이 있다면, 혹은 구체적인 사건이나 경우가 있었다면 말해 보라.

제2장
외계기원론과 자연발생설

Creation and Catastrophes

모든 생명은 이미 존재했던 생명에서만 생긴다.
_파스퇴르[14]

　　　　　　　　　　　　　　최초의 생명은 어떻게 발생하였을까? 지구
상에 생명체가 나타난 메커니즘에 대해서는 크게 세 가지 가능성을 생각할 수 있다. 첫
째, 지구에서 저절로 발생했다는 자연발생설, 둘째, 다른 천체에서 왔다는 외계기원론,
셋째, 목적을 가지고 특별하게 창조되었다는 창조론 등이다. 여기서 첫째와 둘째 이론은
자연적이고, 셋째 이론은 초자연적이라 할 수 있다. 둘째 이론은 외계에서 생명이 발생하
여 지구까지 왔다는 견해인데, 그러면 외계에서는 어떻게 생명이 발생하였으며, 어떻게
지구에까지 도달했는가에 대한 의문이 생긴다. 그러므로 다시 외계 생명체가 자연발생되
었는지, 혹은 창조되었는지에 대한 논란으로 귀착된다.[15]
　그러므로 지구에 최초의 생명이 어떻게 출현했는가에 대해서는 세 가지 이론이 있지
만, 우주에 생명이 어떻게 출현했는가에 대해서는 본질적으로 두 가지 이론, 즉 자연발생
설과 특수창조론이 있다고 할 수 있다. 본 장에서는 우선 외계기원론부터 간단히 살펴본
후, 자연발생설에 대해서 좀 더 자세히 알아본다.

---

14 파스퇴르의 유명한 말, "omne vivum e vivo"(모든 생명은 이미 존재했던 생명에서만 생긴다)와 "omnis
　cellula e cellula"(모든 세포는 이미 존재했던 세포에서 생겨난다)는 생물학에서 가장 잘 확립된 개념이다.
　Encyclopedia Britannica(1973), Edition, Volume 23, p. 35에서 인용. 파스퇴르(Louis Pasteur, 1822~95): 프
　랑스의 화학자이자 미생물학자.
15 Julian Huxley, *Evolution in Action*(New York: New American Library, 1963), pp. 20-1.

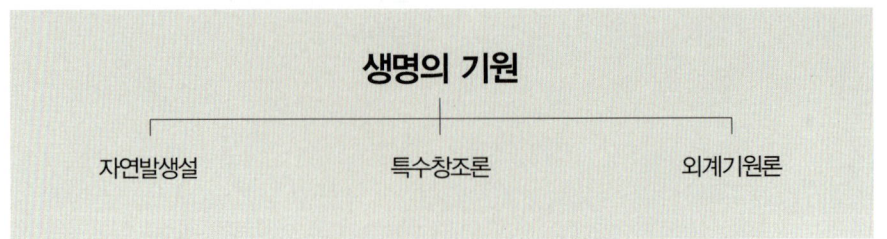

2-1 지구상에 존재하는 생명의 기원에 관한 세 가지 이론

1. 생명의 외계기원론

지구의 생명체가 우주의 어딘가로부터 기원했다는 주장은 지구가 끊임없이 우주 공간을 여행하고 있으며 또한 우주 공간으로부터 끊임없이 많은 물질들이 지구에 유입되고 있다는 사실에 근거하고 있다. 미국 《크리스천 사이언스 모니터》(*Christian Science Monitor*)의 과학부 편집인 코웬은 여기에 대해서 이렇게 말한다. "… 간단한 생명체가 지구 이외의 어떤 별로부터 운석 등에 실려 와서 지구에 도달했다는 … 이론의 증거는 최근에 지구에 떨어진 운석들로부터 나왔다. (즉) 이 운석들 중 몇 개가 유기물 분자를 포함하고 있음이 발견된 것이다…"[16]

과연 운석에 유기물질이 포함되어 있다는 사실이 생명의 외계기원설의 증거가 될 수 있을까? 생명체는 유기물질로 이루어져 있으며 유기물질을 생산하지만, 그렇다고 모든 유기물질을 생명체와 관련짓는 것은 지나친 해석이다. 또한 이 이론은 어떻게 지구가 형성된 후 그렇게 빨리 생명체가 존재할 수 있었는지를 설명할 수는 있지만 생명체 그 자체가 어떻게 형성되었는지는 설명하지 못한다.

사실 생명의 기원을 외계에서 찾으려는 움직임은 이미 오래 전부터 있었다. 생명이 외계에서 왔다는 이론은 19세기 말 스웨덴 화학자 아레니우스가 처음으로 주장하였다.[17] 그는 최초의 생명은 지구에서 자연적으로 발생한 것이 아니라 우주에서 온 미생물에 의해

16 Robert C. Cowen, "The Cosmic Cradle," *Technology Review* 80(5)(1978): pp. 6–7, 19.
17 아레니우스(Svante August Arrhenius, 1859–1927): 1887년 산·염기 등을 물에 용해시키면 물 속에서 해리(解離)되어 이온(전하를 띤 원자나 분자)으로 전리(電離)된다는 전리설을 제창하여 1903년에 노벨 화학상을 받은 스웨덴의 물리화학자.

시작되었다고 주장하였다. 우주에서 출발한 이 원시 포자(胞子)들은 우주 복사선의 압력에 의해 추진력을 갖게 되었으며 우주 공간을 돌아다니다 지구에 도달했다는 것이다. 그는 이 포자들이 우주 공간의 '모든 곳에 존재하는 종자' 혹은 '범 우주적으로 존재하는 균'이라고 생각하여 자신의 이론을 범균설(汎菌說, Panspermia)이라고 불렀다.[18]

A. 범균설의 문제

범균설은 아래에서 살펴볼 자연발생설이 갖는 문제점들에 더하여 어떻게 그 먼 행성에서 만들어진 생명체가 기나긴 여행을 통해 우주의 먼지

2-2 범균설에 기초하여 지구의 생명이 외계로부터 왔으리라 주장하는 것도 단순한 추측일 뿐 구체적인 증거가 없다.

에 불과한 지구에 도달하게 되었는지를 설명해야 하는 문제가 생긴다. 생명체가 지구에 도달하는 데는 다음 세 가지 장벽을 생각해 볼 수 있다.

⑴ 우선 외계 생명체가 존재한다고 해도 그것이 자신의 행성을 탈출할 수 있는 확률이 거의 제로에 가깝다는 점이다. 지구의 예를 생각해 보자. 현재 지구는 생명체로 가득 차 있다고 할 수 있지만 생명체들이 중력을 이기고 지구를 스스로 벗어날 확률이 얼마나 되는가? 이것은 거의 제로라고 할 수 있다.

⑵ 설사 생명체가 행성을 탈출했다고 해도 생명체가 살아가기에 지극히 적대적인 넓고 넓은 우주 공간을 살아 있는 채 여행한다는 것은 확률적으로 더더욱 불가능에 가깝다. 아무리 생명력이 강한 포자라고 해도 어떻게 살아 있는 포자가 머나먼 우주 공간을 밀려오면서도 우주 방사선에 의해 해를 받지 않고 살아 있을 수 있는가? 현재 우주 공간은 거의 완벽한 진공이며, 흑체복사 파장으로부터 추정하는 우주의 온도는 −270℃에 이른다. 게

---

18 Stanley L. Miller, Leslie E. Orgel, 『생명의 기원』(박인원 역) (민음사, 1990), pp. 19-20.

다가 지구에서 가장 가까운 항성(恒星)이라도 4광년, 즉 40조(兆)Km 이상 떨어져 있다. 그런데 그 먼 거리를 생명체가 수만 년, 수십만 년 걸려서 안전하게 도착할 수 있을까?

(3) 마지막으로 지구 근처에 이르렀다고 해도 생명체가 지구 대기권(大氣圈)을 안전하게 통과하여 지상에 도착할 확률은 거의 제로라고 할 수 있다. 생명체가 운석 등에 실려서 지구에 온다고 해도 거의 대부분의 운석들은 지구 대기권에 진입하면서 발생하는 엄청난 고열 때문에 대부분 타서 사라진다. 생명체가 지구에 도달하려면 열전도율이 극히 낮은 석질(石質)의 운석, 그것도 대기권을 통과하면서 모두 타버리지 않을 정도의 큰 운석에 실려서 지구에 떨어져야 한다. 그리고 떨어진 후에도 운석이 식고 난 후 갈라져서 그 속의 생명체가 손오공처럼(?) 나올 수 있어야 한다!

B. 정향적 범균설

이처럼 범균설이 가진 문제가 심각해지자 아레니우스 이론의 단점을 보완하여 제시된 이론이 소위 정향적 범균설(定向的 汎菌論, Directed Panspermia)이었다. 이 이론은 왓슨과 함께 DNA의 이중나선구조를 밝힘으로 노벨상을 받은 영국의 크릭이 제시하였다.[19] 그는 지구상의 생명은 35억 년 전 고도로 발달된 문명을 가진 은하계의 어느 행성으로부터 무인 우주선에 의해 실려 보내진 원시 포자에 의해 시작되었을 것이라고 제안했다. 이 이론은 범균설과는 달리 고도로 발달된 문명으로부터 생명체들이 '방향을 정해서' 지구로 날아왔다고 해서 정향적 범균설이라고 부른다. 물론 크릭은 미지의 행성에서의 생명은 화학진화의 과정을 통해서 자연발생 되었다고 믿었다. 그는 이 포자들이 지구의 원시 바다에 떨어져서 번식함으로 지구상에 최초의 생명이 시작되었다고 한다.[20]

그러나 이 이론 역시 구체적인 증거가 없기 때문에 단순한 추측일 뿐이다. 설사 최초의 지구상 생명체가 다른 우주 문명에서 왔다고 해도 그 우주 문명은 어떻게 생겨난 것인가라는 새로운 질문에 봉착하게 되므로 이야기는 다시 원점으로 돌아가고 만다. 그러므로 왈드는 생명의 기원에 관해 다음과 같이 지적하고 있다. "… 다만 두 가지 가능성밖에 없다. 생명이 자연적으로 발생했든지 … 아니면 초자연적으로 창조되었든지 … 제3의 입장

19 왓슨(James Dewey Watson, 1928-): 1953년, DNA의 이중나선구조를 밝혀서 노벨상을 받은 미국 과학자.
20 Francis Crick, *Life Itself: Its Origin and Nature*(New York: Simon and Schuster, 1981), p. 192. – 한국어판: 홍영남 역, 『생명의 출현』(서울: 안국출판사, 1985), pp. 6-7. 크릭(Francis Harry Compton Crick, 1916-): 영국의 생물학자로서 미국의 왓슨(James D. Watson), 영국의 윌킨스(Maurice Hugh Frederick Wilkins)와 더불어 DNA의 이중나선구조를 해명한 공로로 노벨상을 받았다.

2-3 현미경으로 관찰된 미생물(조류) 볼복스(volvox). 이러한 작은 미생물들도 자연적으로 발생한다는 증거는 없다.

은 없다."[21] 아직까지도 생명의 외계기원론을 주장하는 소수의 사람들이 있지만, 생명의 기원에 대한 주요한 학설은 결국 자연발생설과 특수창조론으로 양분된다고 할 수 있다. 하지만 외계 생명체에 대해서 사람들의 관심이 많고, 또한 과학자들 중에도 이것의 존재 가능성을 염두에 두고 연구하는 사람들이 많으므로 뒤에서 좀 더 자세히 살펴본다.

2. 생명의 자연발생설

생명의 기원에 대한 사색은 고대 그리스인들의 자연철학에서부터 시작되었다고 할 수 있다. 데이비스와 솔로몬은 다음과 같이 지적한다. "오늘날 우리들에게 별로 알려지지는 않았지만 고대 그리스 철학자들에게 있어서 진화론적 유추는 초자연적인 창조론 사상과 공존하고 있었다."[22] 자연철학의 일부로서 생명의 자연발생설도 그리스인들에 의해 제안된 것이다. 그리스 이오니아(Ionia)학파의 탈레스나[23] 그의 제자 아낙시만드로스와 같은

21 George Wald, "Theories of the Origin of Life," in *Frontiers of Modern Biology*(Boston: Houghton Mufflin, 1962), p. 187; George Wald, "The Origin of Life," in *The Physics and Chemistry of Life*(New York: Simon and Schuster, 1955), p. 5.
22 P. Davis and E. Solomon, *The World of Biology*(New York: McGraw-Hill, 1974), p. 395.
23 탈레스(Thales, BC c.640~c.546): 밀레투스 출신의 그리스 최초의 자연철학자로서 우주의 원물질(arche)을 물이라고 하였다.

자연철학자들은 생물이 열과 공기와 태양에 의하여 진흙에서 우연히 발생하였다고 하였다.[24] 아리스토텔레스도 그의 저서 『동물지』(Historia animalium)에서 건조하면서도 축축하거나 축축하면서도 건조한 것으로부터 생명이 저절로 발생한다고 했다.[25] 그 후 그의 제자들은 아무런 실험이나 관찰의 근거도 없이 자연발생에 대한 스승의 신앙을 점점 더 공고(鞏固)하게 만들었다. 그래서 아리스토텔레스로부터 근 2,000년 동안 기독교 문명을 꽃피웠다고 하는 유럽에서조차 간단한 생명체의 자연발생을 조금도 의심하지 않았다.

아리스토텔레스의 영향은 근대에도 끈질기게 남아 있었다. 근대 과학의 철학적 기초를 놓았다고 할 수 있는 데카르트조차도 생물은 축축한 흙에 햇볕을 쬐든지 또는 부패시킬 때 우연히 발생한다고 주장하였다.[26] 네덜란드의 레벤후크가 현미경을 발견하여 미생물 세계를 볼 수 있는 창이 열린 후에도 사람들은 여전히 자연발생의 환상을 버리지 못하고 있었다.[27] 그래서 용불용설(用不用說)을 주장했던 라마르크조차도[28] 현미경으로 보이는 무수한 '미세동물'(animalcule)은 자연발생된 것이라고 주장하였다.[29]

A. 자연발생설에 대한 논쟁

그러나 이러한 자연발생설은 17세기에 이르러 일부 학자들로부터 도전을 받기 시작하였다. 자연발생설에 대한 공격을 처음으로 시작한 사람은 레디였다.[30] 이탈리아 과학원(Academia del Cimento)의 유명한 회원이기도 했던 레디는 1668년, 두 개의 플라스크에 고기를 넣고 한쪽은 무명천으로 된 망을 씌우고 다른 쪽은 그대로 두었다.[31] 그랬더니 망을 친 플라스크에는 구더기가 안 생기고 망을 치지 않은 플라스크에는 구더기가 생겼다.

---

24 아낙시만드로스(Anaximandros, BC c.610/1-c.546/7): 탈레스의 제자이자 그리스의 자연철학자로서 온냉건습(溫冷乾濕) 등의 대립자가 분열하여 생물이나 인간 등이 발생한다는 진화론적 설명을 제시하였다.
25 아리스토텔레스(Aristoteles, BC 384/-322/1): 플라톤의 제자이자 그리스의 자연철학자로서 고대 그리스 과학을 집대성하였다.
26 데카르트(Rene Descartes, 1596-1650): 프랑스의 철학자이자 수학자로서 과학 혁명의 철학적 기초를 놓았다.
27 레벤후크(Anton van Leeuwenhoek, 1632-1723): 네덜란드의 생물학자이자 현미경 연구의 개척자. 현미경 학자로서 현미경을 사용하여 처음으로 미생물의 존재를 확인하였다. 당시 레벤후크는 미생물을 애니멀큘(animalcule)이라고 불렀다.
28 라마르크(Jean de Lamarck, 1744-1829): 다윈의 선구자로서 프랑스의 진화론자이며, 용불용설(用不用說)을 주장했다.
29 Louis Pasteur, *Memoire sur les corpuscules organisés qui existent dans l'atmosphère. Examen de la doctrine des generations spontanées* - 한국어판: 이동선 역, 『자연발생설의 검토』(서울: 안국출판사, 1987); 김학현 역, 『자연발생설 비판』(서울: 서해문집, 1998). 야마구치 세이사부로(山口淸三郎)가 위의 책 뒷부분에 쓴 '해설', pp. 184-5.
30 레디(Francesco Redi, 1626-1697): 이탈리아의 의사로서 생명의 자연발생설에 반대하였다.
31 "Academia del Cimento"는 갈릴레오(Galileo Galilei)의 제자였던 토리첼리(Torricelli), 비비아니(Viviani) 등을 중심으로 실험에 의한 자연 탐구를 목적으로 이탈리아 피렌체에 설립되었던 학회다.

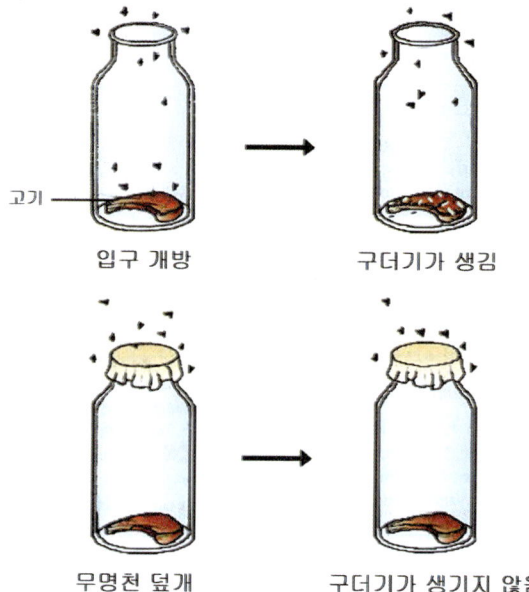

고기

입구 개방

구더기가 생김

무명천 덮개

구더기가 생기지 않음

2-4 레디는 고기를 넣은 두개의 플라스크의 하나에는 무명천으로 된 망을 씌우고 다른 한쪽은 그대로 두었다. 이 실험을 통해 그는 생명의 자연발생설을 부정하고 생물발생설을 주장하였다.

이것을 보고 레디는 생물은 반드시 생물로부터만 발생한다는 생물발생설(biogenesis)을 발표하였다. 그러나 레디의 주장이 구더기의 경우에는 맞을지 모르나 다른 모든 생물들에게까지 그 주장을 확대시킬 수 있을지에 대한 구체적인 근거는 없었다.[32]

그러던 중 레벤후크는 현미경으로 미생물에 대한 자세한 관찰을 하였다. 레벤후크가 유기 추출물들을 오랫동안 공기와 접촉시켜 두었다가 현미경으로 관찰하면 거기에는 항상 많은 새로운 미생물들이 존재했다. 그래서 그는 미생물들이 자연발생한다고 믿었다. 그러나 레벤후크는 자신이 관찰하는 새로운 미생물들이 자연발생한 것이 아니라 공기 중에서 새로 들어온 것인지에 대해 확실한 대답을 할 수 없었다.

이것을 확인하기 위해 실험을 한 사람이 바로 조블로였다.[33] 조블로는 1787년, 식물 추출물들을 몇 분간 끓임으로 멸균(滅菌)시킨 후 이 멸균액을 두 개의 그릇에 나누어 담았

32 레디의 원 논문은 Fr. Redi, "Experimenta circa res deversas naturae"(Amsterdam, 1675) – 레디, 「다양한 자연에 관한 실험」(암스테르담, 1675); Leslie E. Orgel, The Origin of Life(New York: John Wiley & Sons, 1973) – 한국어판: 소현수 역, 『생명의 기원』(서울: 전파과학사, 1974).

33 조블로(Louis Joblot, 1645–1723): 프랑스의 생물학자.

41

2-5 스팔란차니가 행하
였던 생명의 자연
발생설 부정 실험

다. 그런 다음 하나의 그릇은 열어 두었고 다른 하나는 양피지로 단단히 덮어 두었다. 얼마 후 이 두 그릇을 현미경으로 조사해 보니 뚜껑을 덮어 두지 않은 그릇에는 많은 미생물이 생겼으나 양피지로 덮어 둔 그릇에는 전혀 미생물이 생기지 않았다. 이 실험으로부터 조블로는 미생물일지라도 자연발생하지 않는다는 결론을 내렸다.[34]

그러나 생물의 자연발생에 대한 논쟁은 쉽사리 해결되지 않았다. 조블로의 실험 후에도 영국의 니덤은 다시 일련의 실험을 통해 자연발생설을 주장하였다.[35] 그는 신앙이 좋은 신부였음에도 불구하고 고온 처리를 한 밀폐 용기로 실험을 하여 다시 자연발생설을 주장하였다.[36]

여기에 대해 1765년, 이탈리아의 스팔란차니는 모데나(Modena)에서 발표한 논문을 통해 니덤의 주장을 통쾌하게 반박하였다.[37] 그는 니덤이 뚜껑을 덮은 그릇을 충분히 멸균하지 않았기 때문이라고 비판하면서 좀 더 철저한 실험을 하였다. 그리고는 이 새로운 실험을 통해 그는 다시 자연발생설을 부정하는 실험 결과를 얻었다. 여기에 대해 니덤은 스팔란차니가 플라스크를 너무 세게 가열하여 미생물이 자랄 수 있는 영양분이 없어서

34 현미경을 통한 조블로의 연구는 *Micrographia illustrata, Observations d'histoire naturelle faites avec le microscope* 등의 저서들을 통해 발표되었다.
35 니덤(John de Turbeville Needham, 1713~1781): 영국의 로마 가톨릭 신부.
36 J. T. Needham, *An Account of Some New Microscopical Discoveries*(London, 1745).
37 스팔란차니(Lazzaro Spallanzani, 1722~1799): 이탈리아 성직자이자 생리학자.

2-6 파스퇴르가 생명의 자연발
생 가능성을 부정한 백조
목(swan-necked) 플라스크
실험. S자 관은 공기는 자
유로이 통과시키지만 공기
중의 미생물은 들어갈 수
없도록 설계되었다. 이 실
험으로 파스퇴르는 생명은
미생물일지라도 오직 생명
체로부터만 발생할 수 있
음을 증명하였다.

미생물이 자라지 못했음을 조목조목 비판하였다.[38]

니덤의 비판에 대하여 스팔란차니는 다시 연구에 전념하여 니덤의 비판이 잘못이었음을 증명하였다. 그러나 당시의 기술로는 완전히 멸균된 용액을 얻는 일이 쉽지 않았을 뿐 아니라 더불어 당시 사람들이 워낙 자연발생설을 깊이 신뢰하고 있었던 터라 스팔란차니의 탁월한 실험 결과에도 불구하고 생물발생설과 자연발생설의 대립은 좀처럼 쉽게 해결되지 않았다.[39]

B. 파스퇴르의 백조목 플라스크 실험

생명의 자연발생에 대한 논쟁이 좀처럼 해결될 기미가 보이지 않자 〈프랑스 과학아카데미〉는 생명의 기원을 밝히는 가장 신빙성 있는 실험을 한 사람에게 상금을 주겠노라고 발표하였다. 이 상이 바로 그 유명한 알륑베르상(Prix Alhumbert)이다. 현상금이 걸리자 많은 학자들이 이 상에 도전하는 연구를 하였는데, 프랑스 미생물학자 파스퇴르도 그 중 한 사람이었다. 경건한 가톨릭 신자였던 파스퇴르는 이전 실험들의 문제점들을 분석하고

---

38 "Nouvelles recherches sur les decouvertes microscopiques et la generation des corps organisés (Ouvrage M. 「abbe Spallanzani, avec des notes par M. de Needham)"(Londre et Paris, 1767) ─스팔란차니 「니덤의 노트와 더불어 현미경 관찰과 미생물 발생에 관한 새로운 연구」(London & Paris, 1767).

39 Orgel, 「생명의 기원」, pp. 13-5. 스팔란차니의 원 논문은 Spallanzani, "Opuscules de physique, animale et vegetale"(traduits de l'italien par Jean Senebier)(Geneve, 1777), 2volumes.

이를 제거할 수 있도록 정교하고도 독창적인 실험을 고안하였는데, 이것이 바로 유명한 백조목(swan-neck) 플라스크 실험이다.

그는 백조의 목과 같이 입구가 S자 형으로 휘어진 플라스크를 가지고 실험을 하였다. 그는 이 실험을 통하여 미생물의 번식에 있어서 온도, 습도, 공기 및 영양이 적당하더라도 밖으로부터 미생물이 들어가지 않는 한 미생물은 생기지 않음을 발견하였다. 또한 그는 같은 플라스크라도 백조목 부분을 잘라서 플라스크의 내용물이 공기와 직접 닿게 되면 곧 미생물이 생기는 것을 발견하였다. 파스퇴르의 이 실험은 생명의 자연발생설을 결정적으로 부정하였다. 이 실험으로 인해 자연발생설은 미생물 차원에서조차 완전히 폐기되었으며, 생물은 그 생물의 모체에서만 유래한다고 결론짓게 되었다. 파스퇴르는 1861년, 그의 나이 39세 때 이 실험 결과를 『자연발생설의 검토』라는 제목의 책으로 발표하였으며, 이로 인해 파스퇴르는 알룅베르상을 수상하였다.[40] 한글로도 번역되어 있는 『자연발생설의 검토』는 불과 100여 면 정도의 작은 책이었지만, 고대로부터 19세기까지 이어져 온 생명의 자연발생 신화에 대한 종지부를 찍는 것처럼 보였다.[41]

3. 오파린-할데인 가설

그러나 이것으로 모든 논쟁이 완전히 종지부를 찍은 것은 아니었다. 파스퇴르에 의해 생명의 자연발생설이 결정적으로 부정되었음에도 불구하고, 20세기에 들어와 자연발생설은 좀 더 정교한 이론의 형태를 갖추어 부활했다. 1920년대에 유물론 혁명이 진행되던 소련의 화학자 오파린과[42] 영국의 할데인은 최초의 생명체는 지구상에서 자연발생하였다는 생명의 유기화합물설을 제시하였다.[43] 이에 앞서 다윈 역시 이들과 같은 정교한 이

---

40 Louis Pasteur, *Memoire sur les corpuscules organisés qui existent dans l'atmosphère. Examen de la doctrine des generations spontanées* – 원 제목을 그대로 번역하면 『대기 속에 존재하는 유기체성 미립자에 관한 보고서 – 자연발생설의 검토』라고 할 수 있는데 한국어판으로는 두 개의 번역이 나왔다. – 이동선 역, 『자연발생설의 검토』(서울: 안국출판사, 1987); 김학현 역, 『자연발생설 비판』(서울: 서해문집, 1998). 본서에서는 이동선 씨의 번역이 더 좋다고 생각되어 전자의 번역을 참고하였다.

41 Albert Dastre, *La vie et la mort*(Paris, 1920), 『자연발생설의 검토』 '해설', p. 195에서 재인용.

42 오파린(Aleksandr Ivanoivitch Oparin, 1894~1980): 구소련의 생화학자 생명의 자연발생 가설 제창자.

43 Aleksandr Ivanoivitch Oparin, Proiskhodh'denie zhizni(1936) – 영어판: Sergius Morgulis, translator, *The Origin of Life*, 1st edition(New York: MacMillan, 1938), 2nd edition(New York: Dover Publications, 1953) – 한국어판: 양동춘 역, 『생명의 기원』(서울: 한마당, 1990). 원래 이 책은 1923년 모스크바에서 출판되었으나, 1923년판은 일반인들이 이해하기 어렵게 쓰였기 때문에 1936년에 쉽게 다시 썼으며, 1936년에 영어판으로

창조와 격변

2-7 진화론자들이 말하는 '따뜻하고 작은 연못'. 생각하는 것은 자유지만 태초에 이런 연못으로부터 생명이 발생했을 가능성은 전무하다.

론을 제시하지는 않지만 최초의 생명체는 '따뜻하고 작은 연못'(warm little pond)에서 자연발생했을 것이라고 유추하였다.[44]

A. 코아세르베이트

오파린-할데인 가설에 의하면 지구상에는 긴 세월에 걸쳐서 무기물로부터 유기물로의 진화(화학진화)가 일어났고, 이 유기물이 최초의 생물(원시생물)을 형성했다고 하였다. 이들은 원시지구를 덮고 있던 대기는 질소, 산소, 이산화탄소 등으로 이루어진 오늘날의 산화성 대기와는 달리 산소가 없고 메탄(CH_4), 수소(H_2), 수증기(H_2O), 암모니아(NH_3), 네온(Ne), 헬륨(He), 아르곤(Ar) 등으로 된 환원성 대기였을 것이라고 가정하였다. 이들 환원성 대기는 태양으로부터 자외선(紫外線)이나 번개와 같은 공중 방전 에너지를 흡수하므로, 서로 반응하여 아미노산을 비롯한 여러 가지 간단한 유기물로 되었다고 가정하였다. 그리고 이것이 비에 용해되어 바다로 흘러 들어가 교질상태(膠質狀態)로 되었다가, 다른 종류의 교질과 반응하여 반액상(半液狀)의 코아세르베이트(coacervate)라는 작은 알맹이 형태로 만들어졌을 것이라고 가정하였다.[45]

코아세르베이트란 단백질 등의 교질입자(膠質粒子, colloidal particle)와 결합하여 주위의 매질과 명확한 경계가 이루어져 분리 독립된 입상구조(粒狀構造)를 말한다. 화학진

번역되면서 번역자 모굴리스가 일반인들이 더욱 이해하기 쉽도록 관주를 달았다: 할데인의 이론은 J. B. S. Haldane, *Rationalist Annual 148*(1928): pp. 3-10.

44 다윈은 1871년에 쓴 편지에서 'warm little pond'에 대한 언급을 하였다: Francis Darwin, editor, *The Life and Letters of Charles Darwin*(New York: D. Appleton, 1887), vol.2, p. 202.

45 Aleksandr Ivanoivitch Oparin, "생명의 기원", 성백능 편역, 『生命의 脈』(서울: 신원문화사, 1982).

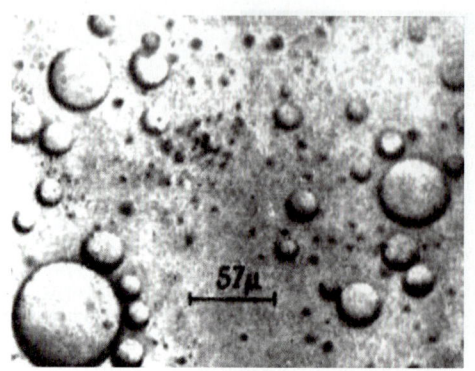

화론자들은 코아세르베이트의 내부 교질입자가 서로 정해진 위치에 붙어서 초기 구조를 이루며, 다른 한편으로는 여러 효소계가 형성되어 다른 유기물을 분해하며 그 에너지에 의해 자신을 합성하여 성장해 간다고 가정했다. 그들은 이처럼 코아세르베이트가 성장한 것이 바로 최초의 생명체로 발전되었다고 주장하였다.

2-8 코아세르베이트. 화학진화론자들은 단백질 등의 교질입자가 결합하여 주위의 매질과 명확한 경계가 이루어져 분리 독립된 입상구조를 코아세르베이트라고 부른다.[46]

B. 과연 '따뜻하고 작은 연못'이 있었을까?

결국 오파린이나 할데인은 다윈의 '따뜻하고 작은 연못'의 개념을 정교하게 만들었다고 할 수 있다. 그러나 과연 태초의 지구상에 그런 '연못'이 있었을까? 왜 그런 '연못'을 가정하였는가? 여기에 대해서는 미국 국립자연사박물관(National Museum of Natural History)의 생명의 기원 코너에 잘 요약되어 있다. 그것은 현재와 같은 지구의 상태로는 전혀 생명 형성의 가능성이 없기 때문이다. "생명이 현 지구와 같은 곳에서 자연발생한 것 같지는 않다. 현재와 같은 환경에서는 생명의 원시적인 전생체(前生體)를 닮은 어떤 것이라도 도처에 있는 미생물들(microbes)에 의해 잡아먹혔을 것이다. 원시지구의 조건은 '현재의 지구보다' 훨씬 더 생명이 형성되는 과정에 대해 우호적이었을 것이다."[47]

또한 원시지구에 대한 과학자들의 생각도 계속해서 바뀌고 있다. 처음에 과학자들은 원시지구에 수소가 많았고 '유기물 수프'로 가득 찬 바다가 있었을 것이라고 가정했지만, 지구의 중력은 대기 중에 풍부한 수소를 붙들어 둘 정도로 강하지 않다. 또한 대양에 누적되는 유기물들의 농도도 생명체를 형성할 만큼 높지 않았을 것으로 보인다. "(그렇다

46 Richard E. Dickerson, "Chemical Evolution and the Origin of Life," Evolution : *A Scientific American Book* (San Francisco: W. H. Freeman, 1978), p. 43. The 9 chapters in this book originally appeared as articles in the September 1978 issues of 〈Scientific American〉.

47 미국 워싱턴(D.C.) Smithsonian Institution의 국립자연사박물관(National Museum of Natural History) 전시물 중 '생명의 기원'에 관련된 설명문(2003. 1).

창조와 격변

2-9 진화론자들이 그리는 35억 년 전의 지구. 화산활동이 활발했고, 침식이 빠른 속도로 일어났으며, 얕은 물에는 녹조류(綠藻類)의 활동에 의해 생긴 석회암 마운드 스트로마톨라이트(stromatolite)들이 점점이 있었을 것이며, 또한 여러 해조류들의 영향으로 인해 온천수는 녹색을 띠었을 것으로 상상한다.

면) 이런 조건들은 무엇인가? 이에 대한 과학자들의 생각도 또한 진화하였다. 지금은 원시지구에 수소가 풍부한 대기와 부글거리는 '유기물 수프'로 가득 찬 대양이 있었다는 초기의 개념은 미심쩍다. 실험 결과를 보면 아미노산이나 다른 유기화합물들은 수소가 풍부한 대기에서 가장 잘 형성되는데, 그런 대기를 구성하는 가벼운 기체들은 지구 역사 초기에 (중력이 충분하지 않아서) 우주 공간으로 빠져나갔을 것으로 보인다. 그리고 유기화합물들이 원시대양에 누적되고 있었다고 해도 그들의 농도가 희박해서 생명을 형성하는 반응은 일어난다고 해도 천천히 일어났을 것으로 생각된다."[48]

대기 중에 수소가 풍부했을 것이라는 가정은 지구의 중력, 다시 말해 지구의 질량이 현재보다 훨씬 크지 않은 한 상상할 수가 없다. 그리고 대양에는 생명체를 합성할 수 있을 정도로 유기화합물의 농도가 높을 수가 없다는 점도 분명하다면 남은 선택은 무엇일까? 대기 중에는 생명의 합성을 방해하는 이산화탄소 등이 포함되어 있으므로 진화론자들은

---

48 미국 국립자연사박물관(Smithsonian), '생명의 기원' 설명문(2003. 1).

어쨌든 생명 합성은 물에서 일어났을 것이라고 가정한다. 그리고 그것은 대양이어서는 안 되기 때문에 작은 연못일 수밖에 없다. 그래서 진화론자들은 이렇게 설명한다. "… 생명을 형성하는 화학적 단위들은 해저온천 부근의 수중에서 형성되었을 것이다. 또 다르게는 이런 화합물들이 운석이나 혜성과 함께 초기 지구에 도달하였을 가능성도 있다./ 아마 생명을 구성하는 최초의 거대 분자와 첫 생명의 움직임이 있었던 곳은 대양보다는 작은 물이었을 것이다. 생명을 위해 중요한 분자 사슬이 형성되려면 그런 성분들로부터 주기적인 탈수반응이 일어나야 하는데, 이것은 건조할 때 '따뜻하고 작은 연못' 가에서 가장 잘 일어날 수 있을 것이다."[49]

이상에서 살펴본 바와 같이 '따뜻하고 작은 연못' 가정은 결국 과학적 증거가 있어서가 아니라 자연발생을 기정사실화 했을 때 다른 대안이 없기 때문에 제안된 것임을 알 수 있다. 자연발생에 대한 안경만 벗어버리면 이 '연못'에 대한 가설은 너무나 터무니없는 것임을 금방 알 수 있다. 그러나 이 안경을 쓰고 있는 한 아무리 탁월한 과학자들이 많은 연구를 한다고 해도 진리에 이를 가능성은 거의 없어 보인다.

4. 밀러-유레이 실험과 문제점들

그 탁월한 과학자들 중에 생명의 자연발생에 대한 현대적 가설을 제시한 사람이 바로 오파린과 할데인이었다. 오파린-할데인 이론은 단순한 가설로서만 남아 있지 않았다. 이들과 동일한 안경을 쓰고 이들의 가설을 실험적으로 증명해 보려고 기다리는 또 다른 탁월한 학자들이 있었기 때문이다.

노벨상 수상자인 유레이는 1952년에 오파린-할데인 가설에서 제시된 것과 같이 지구의 원시 대기는 주로 수소, 메탄, 암모니아, 수증기로 이루어져 있었을 것이라고 결론지었다.[50] 이러한 그의 가설은 부분적으로 우주의 성간물질(星間物質)이 주로 수소로 이루어져 있다는 사실에 근거한 것이었다. 이러한 가설에 근거하여 1953년, 시카고대학의 대

---

49 미국 국립자연사박물관(Smithsonian), '생명의 기원' 설명문(2003. 1).
50 유레이(Harold Clayton Urey, 1893–1981): 미국의 화학자. 중수소를 발견한 공로로 1934년 노벨 화학상을 수상하였다. 환원성 대기에 대한 그의 가정은 Harold Urey, "On the Early Chemical History of the Earth and the Origin of Life," *Proceedings of the National Academy of Sciences* USA 38(1952), pp. 351–363 을 보라.

세로로 우측 상단 세로글씨

세로 글씨: 제2장 외계기원론과 자연발생설

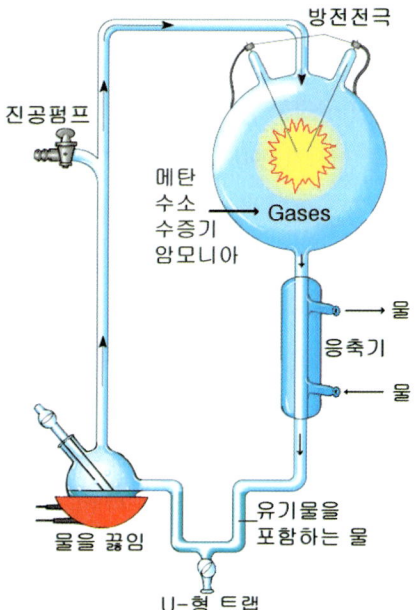

방전전극

진공펌프

메탄
수소
수증기
암모니아

Gases

물

응축기

물

물을 끓임

유기물을
포함하는 물

U-형 트랩

2-10 밀러-유레이의 실험 장치. 이 실험은 무기물로부터 유기물을 합성했다는 의미 그 이상이 없다.

학원 학생이었던 밀러는 유레이의 실험실에서 이를 실험하기 위한 구체적인 장치를 만들었다.[51] 밀러는 그림과 같은 5리터들이 플라스크에 물을 넣은 후 공기를 빼어 진공상태를 만든 후 일정한 비율의 수소, 메탄 및 암모니아의 가스 혼합물을 채웠다. 다음으로 플라스크의 물을 끓여 수증기(H_2O)가 이 기체들과 섞이게 하고, 이 혼합기체에 높은 전압을 걸어 방전이 일어나는 전극 사이를 지나가게 하였다.

밀러는 냉각장치(cold trap)에 들어 있는 물이 실험을 시작한 "그 주 주말까지 검붉고 탁하게(deep red and turbid) 되었다"고 보고했으며, 이 액체의 일부를 끄집어내어 분석하였다. 그는 이 실험을 통해 방전 에너지에 의해 화합물이 생기고, 이 화합물은 냉각장치를 통하여 냉각수에 모여 농축되었음을 확인하였다. 방전된 물질을 농축시킨 후 그 농축물을 분석한 결과 그는 글리신(Glycine), 알라닌(Alanine) 등 단백질에서 발견되는 가장 간단한 아미노산 두 종류를 확인하였다. 그 후 더 많은 실험을 통해 그는 아스파르트

---

51 밀러(Stanley L. Miller, 1930~2007): 유레이의 제자이자 미국의 화학자.

산(Aspartic Acid), 글루탐산(Glutamic Acid) 등의 아미노산과 핵산의 합성에 쓰이는 염기 등의 유기물도 얻었다.[52]

밀러와 유레이는 자신들의 실험이 원시지구에서 일어난 상황을 잘 모의한(simulate) 것이며, 유기물질이 합성되었다는 것은 곧 원시지구에서 생명체가 탄생할 수 있음을 증명하는 것이라고 생각하였다.

A. 원시의 대기가 환원성 대기였다는 증거가 없다

과연 밀러−유레이의 실험은 원시지구에서 일어난 생명의 탄생 시나리오를 잘 모의한 것일까? 이들의 실험은 방전 에너지를 이용하여 무기물질인 메탄, 암모니아, 수소, 수중기 등으로부터 유기물질을 인공적으로 합성한 훌륭한 실험이었다. 그러나 무기물질로부터 간단한 유기물질이 생겼다는 것으로 원시지구에서 무기물로부터 최초의 생명이 자연발생했음을 증명한다고 주장하는 것은 논리적인 비약이라고 할 수 있다.[53]

이 논리적인 비약에서 가장 먼저 짚고 넘어가야 할 사실은 밀러−유레이 실험에서 사용한 혼합기체의 조성이 원시지구의 대기 조성과 같음을 증명할 수 없다는 점이다. 이러한 비판은 이미 1960년대 지구화학자들이 제기하였다. 그들은 밀러−유레이 실험에서 사용한 혼합가스의 조성이 원시지구의 대기 조성과 같다는 것을 증명할 수 없음을 지적하였다. 사실 원시의 대기가 수소를 많이 포함하고 있는 환원성 대기였다는 주장은 어디까지나 가설이지 증명된 것이 아니다. 만일 대기의 조성이 현재와 같이 질소와 산소를 많이 포함하고 있는 산화성 대기라면 이들을 아무리 오랫동안 방전시킨다 해도 유기물은 절대 합성되지 않는다. 만일 산소가 존재한다면 유기물질의 합성 속도보다 분해 속도가 더 빠를 것이며, 특히 메탄가스와 산소가 공존하는 상태에서는 조그마한 전기 방전이라도 곧 폭발을 일으킨다.[54]

현재의 대기가 산화성인데도 불구하고 원시지구상의 대기를 현재와는 전혀 다른 환원성 대기로 가정하는 것은 유기물 합성을 가능하게 하기 위해 거꾸로 가정한 것에 불과하

---

52 Stanley Miller, "A Production of Amino Acids under Possible Primitive Earth Conditions," 〈Science〉 117(1953), pp. 528−9; Stanley Miller and Harold Urey, "Organic Compound Synthesis on the Primitive Earth," 〈Science〉 130(1959), pp. 245−251; Stanley L. Miller and Leslie E. Orgel, The Origin of Life on the Earth(Englewood Cliffs, NJ: Prentice-Hall, 1974) − 한국어판 : 박인원 역, 『생명의 기원』(서울: 민음사, 1990)
53 Miller−Urey 실험에 대한 좀 더 자세한 비판적 논의를 위해서는 Randy L. Wysong, The Creation−Evolution Controversy(Midland, MI: Inquiry Press, 1976), pp. 220−3을 보라.
54 Jonathan Wells, Icons of Evolution : Science or Myth?(Washington, D.C. : Regnery, 2000), p. 12.

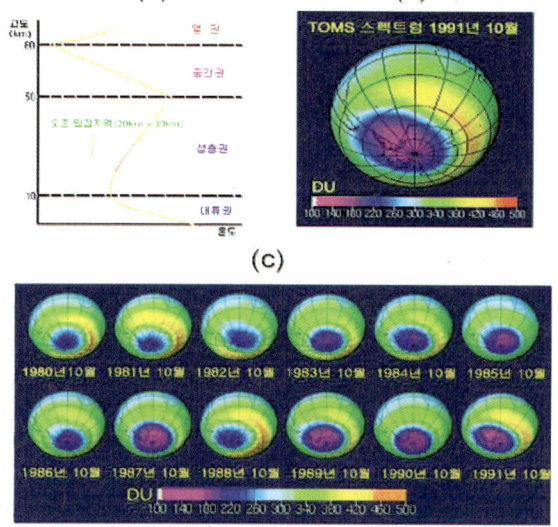

(a)

(b)

(c)

2-11 (a) 성층권에 존재하는 오존층; (b) 1991년 10월에 측정한 남극 대륙 상공의 오존층 구멍. TOMS(Total Ozone Mapping Spectrometer) 스펙트럼이 보라색 쪽으로 올수록 오존의 밀도가 점점 낮아진다. 여기서 1DU(Dobson Unit)는 표준상태(1기압, 0℃)로 압축했을 때 오존층이 0.1mm가 되는 양을 말한다; (c) 냉장고나 에어컨 등에 사용되는 CFC로 인해 오존층이 해마다 점점 더 파괴되고 있다는 경고가 계속되고 있다.[58]

다. 밀러 자신과 오르겔도 이 점을 인정했다.[55] "생물학적으로 관심 있는 화합물들의 합성은 환원성 조건에서만 가능하기 때문에, 우리는 지구의 대기가 환원성이었던 때가 틀림없이 있었을 것으로 믿는다. 약간의 지질학적 및 지구물리학적 증거들이 실제로 그러하였음을 암시하고 있기는 하지만, 결정적인 증거는 하나도 없다."[56]

B. 산소가 없다면 오존층도 존재할 수 없다

현재 지구 대기권의 성층권(stratosphere)에는 오존(O_3)이 모여 있는 오존층(ozone layer)이 있다. 이 오존층은 태양열을 흡수하여 성층권 상부의 온도를 높이고 태양광선 중에서 자외선을 흡수하여 지상 생명체들을 보호하는 보호막 구실을 한다. 특히 오존층은 태양광선 중 파장이 200nm 이하 자외선의 대부분과, 200~240nm 사이의 자외선의 일부를 차단한다.[57]

태양광선 중에서 파장이 200~290nm인 자외선(UV-C)은 미생물을 죽이고 핵산과 단

---

55 오르겔(Leslie E. Orgel, 1927-2007): 미국의 화학진화론자. 현재 캘리포니아 샌디에이고에 있는 솔크생물학연구소(Salk Institute for Biological Studies) 교수로 재직하고 있다.
56 Miller and Orgel, 『생명의 기원』, p. 59.
57 1nm는 백만분의 1mm를 말한다.
58 최근에는 국제적으로 CFC 규제가 본격화됨으로 인해 오존층 파괴가 정체 내지 감소하고 있다는 보고도 나오고 있다. http://www.eduez.co.kr/school/chemistry/content6/study4.htm (2004. 4. 10).

$$O_2 \rightarrow O + O$$ 산소 분자가 자외선에 의해 산소 원자로 분해

$$O_2 + O \rightarrow O_3$$ 생성된 산소 원자가 다른 산소 분자와 결합하여 오존 형성

$$O_3 \rightarrow O + O_2$$ 다시 오존은 자외선에 의해 산소 분자와 산소 원자로 분해

2-12 대기 중의 오존은 산소로부터 생성되고, 오존은 다시 산소로 분해되기도 한다.

백질을 파괴시키는데, 다행히 오존층에 의해 대부분 차단된다. 파장이 290~320nm인 자외선(UV–B)은 오존층 변화에 매우 민감하여 오존이 1% 감소하면 자외선은 2% 증가하고 피부암 발생률은 3% 증가한다고 보고되고 있다. 근래 들어 냉장고나 자동차 에어컨 등에 사용되는 프레온 가스(CFC: 염화불화탄소)에 의해 남극 상공의 오존층이 파괴됨으로 인해 호주와 뉴질랜드 등 남극에 가까운 나라들의 피부암 발생이 급격히 증가하는 것은 이의 한 예라고 할 수 있다.

그러면 이러한 오존층은 어떻게 형성되는가? 대부분의 사람들은 이것을 대기 중의 산소 분자가 태양광선 중 자외선에 의해 두 개의 산소 원자로 분해된 후에 다른 산소 분자들과 결합함으로 만들어졌다고 본다. "어떻게, 그리고 언제 오존층이 형성되었는지는 해결되지 않은 의문이다. 오늘날 오존은 대기층 상부에 있는 산소에 자외선이 작용하여 생성되고, 그리고 많은 과학자들은 이 층이 (식물의) 광합성을 통해 산소가 축적되기 시작한 후에 비로소 형성되었을 것이라고 추측한다."[59] 물론 오존은 다시 자외선에 의해 산소 분자와 산소 원자로 분해되기도 한다. 결국 오존의 생성과 분해가 동적인 평형(dynamic equilibrium)을 이루고 있다고 할 수 있다. 이것을 간단한 식으로 나타내면 그림 2–12와 같다.

이것은 결국 지구에 산소가 없다면 현재 성층권에 있는 오존층도 존재할 수가 없음을 의미한다. 게다가 진화론자들은 원시 태양에서 방출되는 자외선은 지금보다 훨씬 더 강했다고 생각한다. 그렇다면 더더욱 오존층의 역할은 대단히 중요하게 된다.[60] 그러므로

59 미국 국립자연사박물관(Smithsonian), '생명의 기원' 설명문(2003. 1).
60 "New Evidence on Evolution of Early Atmosphere and Life," *Bulletin of the American Meteorological Society*, p. 1329.

만일 원시의 대기에 산소가 있었다면 화학진화의 가설은 처음부터 틀린 가설 위에 세워져 있는 셈이 되며, 반대로 원시의 대기에 산소가 없었다면 오존층이 생길 수 없으므로 원시지구에 생명체가 존재할 수 없게 된다.

C. 환원성 대기 가설은 '도그마'에 불과

그렇다면 왜 진화론자들은 환원성 대기에 그처럼 목을 매고 있는가? 화학진화학자인 폭스와 도스는 지구의 원시 대기에 산소가 포함되어 있지 않았다고 믿는 주요한 이유로서 "실험 결과로 미루어 볼 때 현재와 같은 화학진화 모델은 산소가 있어서는 불가능하기 때문"임을 지적하였다.[61] 워커는 원시 대기의 조성에 관한 "가장 강력한 증거는 생명의 기원을 위한 조건에 의해 제시된다. 환원성 대기는 필수조건이다"라고 했다.[62] 결국 환원성 대기 가정은 생명의 자연발생 이론을 만들기 위해 만들어진 것이라는 말이다. 1982년, 밀러 등이 참석한 생명의 기원에 관한 학회에서는 원시 대기에 자유 산소가 없을 것이라는 데 의견을 같이하였다. 그리고 "이는 생명의 발생에 필요한 유기화합물의 합성을 위해서는 환원성 대기가 필수적이기 때문"임을 지적하였다.[63] 게다가 같은 해 영국 지질학자 클렘미와 벧햄은 "가장 오래된 37억 년 전의 암석시대로부터 이미 지구는 산화성 대기를 가지고 있었다"고 지적했다.[64] 그래서 이들은 지구의 원시 대기에 산소가 없었다고 주장하는 것은 단순한 '도그마'에 불과하다고 지적했다.[65]

또한 지구 인근에 있는 금성과 화성의 대기를 지구의 대기와 비교해 본 영국의 몇몇 학자들은 초기 이들 행성의 환원성 대기가 어떻게 산화성 대기로 바뀌었는지를 설명할 수 없음을 인정했다. 그러면서 그들은 이제는 원시지구가 환원성 대기를 가졌을 것이라는 가설을 포기해야 할 때가 되었다고 주장하였다.[66]

결국 원시지구의 대기가 환원성이었을 것이라는 가정은 생명이 무기물로부터 자연발생되었을 것이라는 가설을 주장하기 위해 거꾸로 만들어진 것일 뿐, 실제 상황과는 무관

---

61 Sidney W. Fox and Klaus Dose, *Molecular Evolution and the Origin of Life revised edition*(New York: Marcel Dekker, 1977), p. 44.
62 James C. G. Walker, *Evolution of the Atmosphere*(New York: Macmillan, 1877), p. 224.
63 S. M. Awramik et al., "Biogeochemical Evolution of the Ocean-Atmosphere System State of the Art Report," pp. 309-20 in H. D. Holland and M. Schidlowski, editors, *Mineral Deposits and the Evolution of the Biosphere*(Berlin: Springer-Verlag, 1982), p. 310.
64 Harry Clemmey and Nick Badham, "Oxygen in the Precambrian Atmosphere: An Evaluation of the Geological Evidence," 〈Geology〉 10(1982), p. 141.
65 Clemmey and Badham, 〈Geology〉, p. 145.
66 "Smaller Planets Began with Oxidized Atmosphere," 〈New Scientist〉 (July 10, 1980), p. 112.

하다. 현대의 지질학과 천문학의 여러 발견들은 원시지구의 환원성 대기 가설과 상반된 증거를 보여준다.

이 모든 것을 고려할 때 우리가 내릴 수 있는 가장 합리적인 결론은 오파린-할데인 가설은 틀렸으며, 따라서 이에 근거하여 이루어진 밀러-유레이 실험은 원시지구에서 일어난 일과는 무관하다는 것이다. 이것은 "과학이라기보다는 신화"다.[67] 사람들은 과학의 이름으로 포장된 신화를 학교에서 가르치기 위해 그처럼 귀중한 과학 시간을 소비하고 있는 것이다.

5. 밀러-유레이 실험의 비현실성

그러면 원시지구의 대기가 환원성이었다고 한다면 생명체가 자연발생할 수 있는가? 원시의 대기가 환원성 대기였다고 해도 화학진화의 문제가 해결되는 것은 아니다. 밀러-유레이 실험에서는 단백질의 합성에 필요한 아미노산이 합성되기는 했지만 그렇다고 모든 아미노산이 다 생명체와 관련된 것은 아니다.

생명체가 합성하는 아미노산은 100% L-형 아미노산인 데 비해 실험실에서 인공적으로 합성한 아미노산은 L-형 아미노산과 D-형 아미노산이 50% 정도씩 섞여 있는 소위 라세미 혼합물(Racemic mixture) 혹은 라세미체(Racemate, Racemic body)이다. 라세미체란 빛을 비추었을 때 '우회전성(右回轉性)을 갖는 광학 이성질체와 좌회전성(左回轉性)을 갖는 광학 이성질체가 같은 양으로 이루어진 광학 비활성의 물질'을 말한다. 일반적으로 각각의 화합물은 광학적 활성을 갖지만 이들을 섞어 놓으면 한쪽이 우회전성이면 다른 쪽은 좌회전성이어서 광학적 활성을 소멸시킬 수 있기 때문에 라세미체는 광학적으로 비활성이다. 이는 광학적 방법으로는 두 아미노산을 분리할 수가 없다는 말이다.[68]

67 "mythology rather than science" from Robert Shapiro, Origins: A Skeptic's Guide to the Creation of Life on Earth(New York: Summit Books, 1986), p. 112.

68 http://www.doopedia.co.kr/doopedia/master/master.do?_method=view&MAS_IDX=101013000756104 (2013. 9. 4).

A. 그렇다면 도대체 누가 아미노산을 분리하였을까?

밀러-유레이의 실험에서는 라세미체, 즉 L-형 아미노산도 생겼지만 생명 합성에 불필요하고 오히려 방해가 되는 D-형 아미노산도 함께 생성되었다. 이 두 아미노산은 질량도, 분자식도 같고 다만 광학적 활성(optical activity)만 다르기 때문에 분리하는 것이 매우 어렵다. "실험실에서 합성된 아미노산은 좌회전성과 우회전성을 갖는 아미노산의 혼합물이며 이들은 열역학적으로는 거의 구별할 수 없다"는 것이 이미 잘 알려진 사실이다.[69]

만일 생명체가 자연에서 저절로 생성되었다고 주장하려면 먼저 라세미 혼합물에서 어떻게 자연적으로 L-형 아미노산만이 분리될 수 있는지, 그리고 다음에는 분리된 L-형 아미노산이 어떻게 펩티드 결합을 만들며 적절하게 연결될 수 있는지에 대한 메커니즘을 제시할 수 있어야 한다.[70] 그런데 자연계에서 누가 그 일을 할 수 있는가? 그런 일이 자연계에서 저절로 일어나기에는 확률적 가능성이 너무 낮다. 오랜 지구의 역사를 가정한다고 해도 그런 일은 일어날 수가 없다.

물론 현대 과학은 라세미 혼합물에서 D-형과 L-형 아미노산을 정밀한 실험 장치를 통해 분리할 수 있다. 그러나 현재까지 L-형과 D-형 아미노산이 자연적으로 분리되는 메커니즘은 알려져 있지 않다. 어떤 사람들은 과거 원시지구상에는 L-형 아미노산만을 생성하는 조건이 있었을 것이라고 주장하지만 구체적으로 그것이 어떤 조건인지는 말하지 못하고 있다. 또 어떤 사람들은 물이나 달, 혹은 결정 표면에서 반사된 빛에 의해 L-형 아미노산만 선택적으로 형성되었을 것이라고 상상하지만 역시 구체적인 과정을 제시하지는 못한다. 이것은 아미노산의 분리가 얼마나 어려운지를 모르고 하는 말이다.[71]

B. 라세미 혼합물을 분리하기 위한 최근 연구

라세미 혼합물의 분리가 얼마나 어려운지는 근래 한 재미 한인과학자가 라세미 혼합물

69 H. Blum, *Time's Arrow and Evolution*(Princeton: Princeton University Press, 1968), p. 159.

70 펩티드 결합이란 아미노산 두 분자 사이, 즉 한쪽 아미노기와 다른 쪽 카르복시기(carboxyl group) 사이에서 물이 한 분자 빠져나가면서 -CO-NH- 결합, 좀 더 자세히 말하면 탄소 원자 C와 질소 원자 N 사이의 결합을 말한다. 펩티드란 "단백질 분자와 구조적으로 비슷하면서 보다 작은 유기물질"로서 "여러 가지의 호르몬, 항생제와 생물체의 물질대사 과정에 관여하는 여러 화합물들이 포함된다. 앞 각주에서 언급한 바와 같이 펩티드는 2개 이상의 아미노산으로 구성되어 있으며, 이때 각 아미노산의 카르복시기와 다른 아미노산의 아미노기가 아미드를 형성하면서 결합된다." "펩티드" 한국 브리태니커 온라인 http://preview.britannica.co.kr/bol/topic.asp? article_id=b23p2556a (2000. 12. 29).

71 J. Keosian, *The Origin of Life*(New York: Reinhold, 1968), p. 93.

(이성질체) 분리 기술을 개발한 것을 두고 해당 학계가 떠들썩한 것을 봐도 잘 알 수 있다. 미국 플로리다대학(University of Florida) 화학과 마틴(Charles R. Martin) 교수 연구실의 이상복 박사는 자체 개발한 새로운 나노—바이오 기술을 합성박막에 적용하여 고순도의 약 제조에 사용될 수 있는 획기적 이성질체(異性質體) 분리 기술을 개발했다.[72] 이 연구 결과는 《사이언스》(*Science*)에 실렸으며, 《사이언티픽 아메리칸》(*Scientific American*)과 《케미컬 엔지니어링 뉴스》(*Chemical Engineering News*) 등의 유수 학술지들은 기사를 통해 이것을 "획기적 연구 성과"로 칭찬했다.[73]

그러나 이 기술에 대하여 라세미 혼합물의 완벽한 분리에 어려움이 있었던 기존 방법을 대체할 수 있는 획기적 결과로 평가하면서도 학자들은 이 기술의 상업적 가능성을 평가받기 위해서는 적어도 5년 이상의 연구가 더 필요한 것으로 예상했다. 이상복 박사도 "이번 연구의 핵심은 이성질체를 인식하는 항체를 분리막에 고정시켜 이성질체를 분리하는 데 쓴 것"이라며 "이 기술을 생화학 물질의 분리에도 적용하기 위한 노력을 계속하고 있다"고 말했다.

이처럼 전 세계적으로 수많은 최고급 인력들이 엄청난 예산을 들여 개발하려고 해도 힘든 D—형과 L—형 광학 이성질체 분리가 어떻게 자연에서 저절로 일어날 수 있다는 말인가? 사실 위 연구에서 나노 튜브를 만드는 것은 물론, 이성질체를 선별적으로 인식하는 항체 개발이나 이를 나노 튜브 속에 붙이는 과정 하나하나가 모두 첨단 기술에 속하는 고난도 기술이다. 그러나 이렇게 해서 이성질체를 분리하더라도 자연에서 생명의 자연발생 가능성은 까마득하다. 도대체 누가 자연에서 그 일을 했다는 말인가?

C. 누가 자연계에 이런 정교한 '장치'를?

마지막으로 환원성 대기 가설에 대한 비판을 해결하고, 자연계에서 저절로 D—형 아미노산과 L—형 아미노산의 분리가 이루어졌다고 해도 피할 수 없는 비판은 바로 밀러—유레이 실험 장치 그 자체다. 어떻게 그와 같은 장치가 자연계에 존재할 수 있는가 하는 문

---

72 이상복 박사는 서울대학교에서 학사, 석사, 박사 학위를 마친 뒤, LG 세미콘(97~99년)에서 연구원으로 일하다가 지난 2000년 미국으로 건너가 플로리다대학 내 마틴 교수의 연구실에서 연구원(post-doc)으로 일해왔으며, 라세미 혼합물의 분리에 대한 연구를 인정받아 2002년 7월부터 미국 메릴랜드대학 조교수로 임용되었다.

73 S. B. Lee, D. T. Mitchell, L. Trofin, T. K. Nevanen, H. Sderlund and C. R. Martin, "Antibody-Based Bio/Nanotube Membranes for Enantiomeric Drug Separations," 《Science》 296(5576): 2198-2200(2002. 6. 21). 국내 보도자료로서는 연합뉴스 김길원 기자의(http://www.chosun.com/w21data/html/news/200207/200207020124.html(2002. 7. 2)을 보라.

제다.

캘리포니아대학 샌디에이고 분교(University of California at San Diego)에 근무했던 밀러는 50여 년 전의 자신의 실험에 대해서 "일단 그 장치만 갖게 되면 그것(실험)은 매우 쉽다"고 말했다.[74] 그러나 밀러–유레이의 실험 장치는 원리는 간단하지만 매우 정교한 장치로서 이 실험을 했던 밀러는 세계 최고의 대학인 시카고대학(University of Chicago)에서 박사 학위를 받은 수재였다. 이 실험은 기껏해야 환원성 기체들을 전기 방전시켜 유기물을 만드는 간단한 실험이지만, 이 정도라도 실험실에서 이루어지기 위해서는 탁월한 과학자의 아이디어와 정교한 실험 장치의 설계, 실험 계획이 있어야 한다. 누가 자연계에서 이러한 과정이 일어나도록 할 수 있는가?

밀러–유레이의 실험 장치에서는 합성된 후 방사선이나 방전 에너지에 의하여 합성된 유기물질이 다시 분해되지 않도록 즉시 냉각시킬 수 있는 냉각 장치가 사용되었다. 만일 재빨리 냉각되지 않으면 합성되었던 유기물은 방전 에너지에 의하여 다시 분해, 파괴되어 버리기 때문이다. 그러나 자연계에서 이와 같은 급속한 냉각 장치가 어떻게 존재할 수 있는지 설명할 방법이 없다. 화학진화론자들은 번개와 같은 방전으로 대기 중에 생성된 유기물질은 빗물에 씻겨 바다 속에 갇힌다고 하지만 이 속도는 실험실의 인위적인 순환 속도처럼 빠를 수가 없다.

결론적으로 밀러의 실험은 최초의 생명체 발생과는 무관한 하나의 화학 실험이었다. 여기에 대해서 케오시안은 "단지 한 가지 총괄적인 논지, 즉 생명이 탄생하기 전에 먼저 무생명체가 합성되었다는 점에 대해서는 일반적으로 의견이 일치하지만 … 원시 대기의 조성이나 유기화합물이 합성된 메커니즘 등에 관해서는 전체적인 의견의 일치가 없다"고 했다. 결국 원시 대기의 조성도, 생명체 합성 메커니즘도 모르면서 생명이 원시지구에서 저절로 만들어졌다고 주장하는 것은 비과학적인 신념에서 나온 것이라고 밖에 할 수 없다.[75]

---

[74] Richard Monastersky, "The Rise of Life on Earth," 〈National Geographic〉193(March 1998), pp. 54–81.
[75] J. Keosian, *The Origin of Life*(New York: Reinhold, 1968), pp. 13, 54.

6. 폭스 실험과 문제점들

　밀러 실험 다음 단계의 화학진화 실험은 1959년 폭스에 의해 이루어졌다.[76] 그는 원시지구 상에서 단백질과 같은 복잡한 유기분자가 생성되는 한 모델을 제시하였다. 폭스는 원시지구 위에서 가장 얻기 쉬운 에너지원은 화산이 폭발할 때 용암에서 나오는 열이라고 가정하고 다음과 같은 실험을 하였다.

A. 폭스 실험

　폭스는 여러 가지 다른 L-형 아미노산들을 혼합하여 150-180℃에서 4-6시간 동안 가열함으로써 단백질 같은 고분자 화합물인 프로티노이드(protenoid)를 만들었다. 그리고 프로티노이드를 따뜻한 물에 녹였다가 용액을 냉각시킴으로 미소구체(微小球體, microsphere)라는 2㎛ 정도의 작은 입자를 만들었다.[77] 폭스는 미소구체가 최초의 생명체를 만드는 전생체(前生體, prebiological system)가 되었을 것이라고 하였다. 그는 이 실험이 단백질뿐 아니라 세포와 비슷한 것이 자연적으로 합성되는 모델이라고 제안하였다. 그는 습한 대기 중에서 생성된 아미노산들이 화산 둘레의 뜨겁고 건조한 곳에 정착하여 고분자화 되고, 이들이 비에 의해 씻겨 내려가 연못 같은 곳에 모여 미소구체로 변한 후, 궁극적으로 생명세포로 된다고 가정하였다.[78]

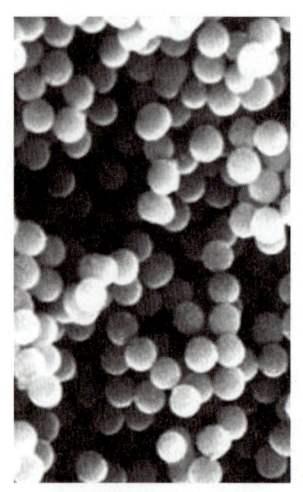

2-13 프로티노이드의 주사전자
현미경 사진

76 폭스(Sidney W. Fox): 미국의 화학진화학자로서 폭스의 실험을 할 당시에는 마이애미대학(University of Miami)의 '분자 및 세포 진화연구소'(Institute for Molecular and Cellular Evolution) 소장이었다.
77 1㎛(마이크론)은 10⁻³mm.
78 Sidney W. Fox, *The Emergence of Life*: Darwinian Evolution from the Inside(New York: Basic Books, 1988).

창조와 격변

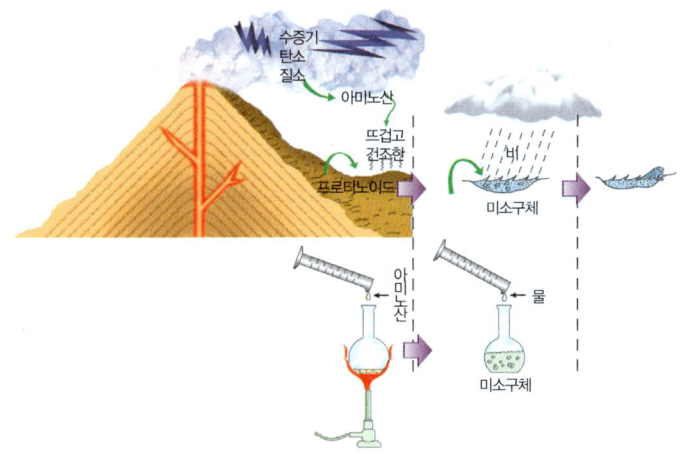

2-14 폭스의 실험과 유사
자연모델. 폭스의
실험 역시 원시지구
에서 실제로 일어난
과정이라기보다 가
상적 과정에 대한
실험실에서의 재현
일 뿐이다.

B. 폭스 실험의 문제점들

그러면 이런 폭스 실험의 문제점은 무엇인가? 첫째는 반응이 일어나는 동안 물의 존재다. 즉, 처음 아미노산이 생성되는 것은 중합반응(重合反應, polymerization)이므로 물이 있어야 되고, 그 다음 프로티노이드가 합성될 때는 축합반응(縮合反應, condensation)이므로 물이 없어야 하며, 그 다음 마이크로스피어가 합성될 때는 중합반응이므로 다시 물이 있어야 한다.[79] 이런 연속적인 반응 조건은 실험실에서 인위적인 조작에 의해서는 가능하나, 원시지구에서 일어날 가능성은 거의 없다. 그래서 밀러와 유레이도, 발렌타인도 폭스의 모델은 원시지구에서 일어나는 조건과는 무관하다고 말하고 있다.[80]

둘째는 프로티노이드의 종류다. 설사 프로티노이드가 자연적으로 합성된다고 해도 그 농도는 매우 낮을 뿐만 아니라, 생명체 내에서 합성되는 L-형 아미노산만으로 된 프로티노이드는 저절로 합성되지 않는다.[81]

---

79 중합반응(重合反應, polymerization)은 여러 개의 간단한 분자들이 결합하여 전혀 다른 물리적 성질을 갖는 복잡한 화합물이 되는 것을 말하고, 축합반응(縮合反應, condensation)은 두 가지 이상의 화합물이 반응하여 공유결합에 의해 새로운 화합물을 만들면서 물을 만드는 것을 말한다.

80 Stanley L. Miller and Harold Urey, "The Origin of Life," 〈Science〉, 130(1959), pp. 1622–24; J. Vallentyne in *The Origins of Prebiological Systems and Their Molecular Matrices*, edited by Sydney W. Fox(New York: Academic, 1965), p. 379.

81 Carl Sagan in *The Origins of Prebiological Systems and Their Molecular Matrices*, edited by Sidney W. Fox(New York: Academic, 1965), p. 377.

셋째는 온도와 시간의 문제다. 폭스의 실험 조건 중에서 온도가 아주 높아지거나, 반응 시간이 길게 되면 아미노산은 중합반응보다 분해되는 역반응이 일어나게 된다. 만일 화산이 이러한 반응을 일으키는 열원이라고 가정할 때 누가 정해진 온도를 정해진 시간만큼 유지하도록 할 것인가라는 문제가 생긴다. 분해반응이 일어나는 온도 범위는 중합반응이 일어나는 온도 범위보다 훨씬 더 넓다는 사실을 염두에 둔다면 더더욱 그러하다.[82]

7. 생명은 생명체로부터만…

과연 화학진화 가설이 생명을 발생시킬 수 있는 하나의 방법이 될 수 있을까? 지금까지 살펴본 바와 같이 그것은 다만 진화론자들의 희망 사항일 뿐 아무리 살펴봐도 생명은 자연적으로는 발생될 가능성이 없다. 이 점은 많은 진화론자들도 동의하는 바다. "우리에게는 지금 '이것이야말로 생명이 발생했던 방법이다'라는 말로 논의를 마칠 수 있는 가능성이 별로 없다. 우리가 희망하는 최선의 것은 '이것이 생명이 발생했을 수도 있는 방법들의 하나일 것이다'라는 말이다."[83] 오파린 역시 "원시적 생명 발생의 문제에서는 화학이나 물리학에서 생각하는 의미의 증명이란 얻을 수 없다"는 점을 시인했다.[84]

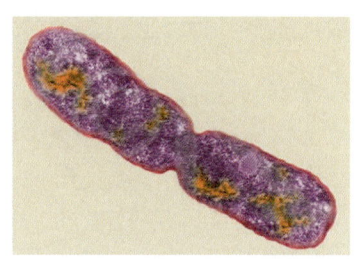

2-15 분열하는 대장균 세포의 모습. 간단한 미생물인 대장균도 저절로 발생할 수 없으며, 모(母)대장균 세포로부터만 생성된다.

생명체는 복잡할 뿐만 아니라 신비하다. 물질적인 요소만으로는 도무지 설명할 수 없는 부분도 있다. 가장 간단한 대장균(Escherichia coli)조차 정교한 메커니즘에 의해 분열, 번식하는데 하물며 다른 더 복잡한 생물들은 말할 필요가 없다. 대장균은 가장 간단한 생명체 중의 하나지만 그것의 유전자 수는 4,288개, 염기쌍 수는 464만 개로 알려져 있다. 물론 이것은 유전자 수가 대략 4만 개, 염기쌍 수가 30억 개에 이르는 사람의 것보다는 적지만, 인간이 만든 어떤 장치보다 더 정교하고 복잡한 구조임이 틀림없다.

생명이 자연적으로 발생할 수 없다면 남아 있는 유일한 대안은 생물발생설, 즉 생명은 생명체로부터만 나올 수 있다는 주장뿐이다. 생명체가 다른 생명체로부터만 나올 수 있다면 최초의 생명체는 어디에서 왔을까? 모라의 고백처럼 "… 어떻게 생명이 생겨났든지 염려스러운 것은 파스퇴르 이래로 이 의문은 과학적 영역 안에 있지 않다."[85] 우주에서 온 것도, 자연에서 저절로 발생된 것도 아니라면 결론은 간단하다. 누군가에 의해 창조된 것이다. 혹자는 자연발생되지 않았다고 해서 반드시 창조되었다고 할 수 있느냐고 항의할지 모른다. 그러나 논리적으로 볼 때 스스로 존재하게 되지 않았다면 누군가에 의해 창조되었다는 선택밖에는 존재하지 않는다. 정직하고 객관적인 사고를 하는 사람이라면 누구나 가시적 자연계 뒤에 이 모든 생명 세계를 존재하게 한 창조주가 있다는 것을 받아들이지 않을 수 없다.

82 Fox 실험에 대한 비판적 논의를 위해서는 Wysong, *The Creation–Evolution Controversy*, pp. 223–9을 참조하라.

83 N. W. Pirie, "Some Assumptions Underlying Discussion on the Origins of Life," in 〈Annals of the New York Academy of Science〉, 66(1957), p. 369.

84 A. I. Oparin, *Life : Its Nature, Origin and Development*(Edinburgh: Oliver and Boyd, 1961), p. 33.

85 P. T. Mora, "Urge and Molecular Biology," in 〈Nature〉, 199(1963), p. 212.

1. 하나의 사상은 그 시대의 정신을 반영한다고 할 수 있다. 고대 희랍 사람들의 견해로부터 시작하여 현대에 이르기까지 생명의 기원 논쟁을 개괄하면서 주요한 생명의 기원 주장들과 시대정신을 연관지어 보라.

2. 오파린이 생명의 기원에 대한 유물론적 가설을 제시한 것이 볼셰비키(Bolsheviki) 혁명이 일어난 지 불과 수년 뒤였고, 소련 천지는 유물론과 무신론의 광기에 휩싸여 있을 때였다. 이런 점을 고려하여 어떤 세계관이 오파린과 그 시대 사람들의 마음을 사로잡고 있었는지를 논의해 보라. 인터넷 등에서 오파린의 전기(傳記)를 찾아보고 오파린 이론의 시대적, 개인적 배경을 살펴보라.

3. 화학진화 가설은 근거가 별로 없는 순수한 가설임에도 불구하고 여전히 많은 사람들이 연구하고 있다. 그 이유는 무엇이라고 생각하는가? 이것으로부터 과학적 연구의 가치중립성에 대한 전통적 과학관(흔히 귀납주의적 과학관이라고도 말하는)을 비판해 보라.

제3장
열역학과 생명의 기원

Creation and Catastrophes

무(無)에서는 아무것도 창조될 수 없다.
_루크레티우스[86]

생명의 기원에 관한 연구는 간학문적이어서 생물학이나 유기화학의 영역에만 머물지 않고 열역학을 통해 물리학과도 관련된다. 열역학은 우주에 존재하는 모든 물질과 반응에 관련된 에너지의 양과 형태의 변화 및 일의 상호관계를 다루는 학문이다. 그리고 열역학은 열역학 법칙들로 대표되며, 열역학 법칙들은 19세기까지 인류가 발견한 많은 과학 법칙들 중 가장 폭넓게 적용되는 법칙이다.[87] 그러므로 열역학에 근거하여 어떤 반응의 에너지 변화를 따져 보면 그 반응이 실제로 일어날 수 있는지 여부를 판정할 수가 있다. 본 장에서는 열역학의 중요한 두 가지 법칙을 소개하고 열역학적으로 생명이 자연발생할 수 있는지, 열역학과 생명의 기원의 관계를 살펴본다.

1. 열역학 제1법칙과 창조주

열역학 제1법칙은 흔히 에너지 보존법칙이라고도 불린다. 이 법칙은 에너지는 저절로 생성되거나 소멸될 수 없으며 다만 그 형태만 변할 뿐이라는 것이 그 요점이다. 열역학

---

86 Titus Lucretius Carus, De Rerum Natura Book I, 1,155. 위 인용은 루크레티우스가 '무에서부터 창조'(creatio ex nihilo)를 반대하는 말이다. 루크레티우스(Lucretius c.96–c.55 BC): Titus Lucretius Carus 태생의 로마 시인이자 에피쿠로스학파 철학자.

87 P. W. Bridgman, "Reflections on Thermodynamics," ⟨American Scientist⟩ 41(Oct. 1953), pp. 549–55.

제1법칙에 의하면 에너지의 형태는 변환될 수 있지만 그 총량은 항상 불변한다. 아인슈타인의 상대성이론의 결과인 질량-에너지 등가원리가 발견된 후에는 에너지 보존법칙의 적용범위가 더욱 넓어졌다. 질량-에너지 등가원리가 시사하는 바와 같이 어떤 물질이

3-1 원자폭탄은 질량도 에너지의 일종이라는 아인슈타인의 이론을 증명하였다. (a) 1945년 7월 16일, 미국 트리니티에서 이루어진 최초의 원자폭탄 실험. (b) 일본 히로시마에 투하된 원자폭탄 리틀 보이(Little Boy). (c) 1945년 8월 6일, 실제로 이 폭탄이 폭발하는 모습.

보유한 에너지(E)는 그 물질의 질량(m)에 빛의 속도(c)의 제곱을 곱한 것과 같다. 즉, 이것은 에너지와 물질은 근본적으로 같은 것이며, 물질은 곧 에너지에 해당함을 의미한다. 제2차 세계대전 중 미국이 일본에 투하한 원자폭탄은 원자의 핵이 분열하면서 생긴 질량 결손이 에너지로 전환되는 것을 이용한 것으로서 물질 자체가 에너지라는 사실을 생생하게 증명하였다. 그러면 열역학 제1법칙을 어떻게 기원 논의에 적용할 수 있는가?

진화론에 의하면 사람의 조상은 원숭이이며 포유동물의 조상은 파충류, 파충류의 조상은 양서류, 물고기, 원생동물 등으로 거슬러 올라가게 되고 결국 무기물질로부터 유전자(DNA)와 단백질 등이 자연적으로 결합, 조직되어 생명이 발생된 것으로 가정한다. 단백질의 구성단위인 아미노산은 탄소, 수소, 질소 등의 원자로 되어 있는데 이 원자들이 어디에서 만들어졌겠는가를 생각해 보면 궁극적으로 화학진화 가설에서는 무(無)에서 유(有)가 만들어지는 단계가 필요하다.

그러나 상대성이론에 의하면 우주에 있는 물질도 결국 에너지이며 따라서 무(無)에서 물질, 즉 에너지가 생성된다는 것은 열역학 제1법칙에 정면으로 위배된다. 열역학 제1법칙에 의하면 이들 물질과 다양한 형태의 에너지는 저절로 생겨날 수 없기 때문에 반드시 누군가에 의해서 창조되었을 수밖에 없다. 현재 우리가 살아가고 있는 이 물질계가 허상

이 아니라면…. 대폭발 이론에서 가정하고 있는바 태초에 대폭발을 일으킨 원 물질도 (존재했다면) 결국 누군가에 의해 창조된 것일 수밖에 없다. 왜냐하면 에너지는 저절로 만들어지거나 소멸되지 않기 때문이다. 결국 열역학 제1법칙에 의하면 필연적으로 이 물질(에너지) 세계를 만든 창조주가 있을 수밖에 없다는 결론에 이르게 된다.

2. 열역학 제2법칙

열역학 제1법칙이 에너지의 양적인 보존을 다룬 것이라면 제2법칙은 에너지의 질적인 쇠퇴 현상을 다룬 것이다. 엔트로피 증가의 법칙이라고도 불리는 열역학 제2법칙에 의하면 에너지와 물질의 출입이 없는 고립된 계(系)에서는 모든 과정이 엔트로피가 점점 더 증가하는 방향으로 진행된다고 말한다. 열역학의 법칙들 중에서도 생명의 기원과 관련하여 가장 중요한 법칙은 열역학 제2법칙이라고 할 수 있으며, 이 법칙에서 가장 핵심적인 개념은 엔트로피라고 할 수 있다.

엔트로피(entropy)란 용어는 1850년 클라우지우스가 처음 도입하였다.[88] 이 말은 에너지(energy)란 말의 첫 음절과 '변화'를 의미하는 그리스어 '트로포스'(tropos)를 결합시켜 만든 합성어다. 엔트로피는 그 용어가 탄생할 때부터 개념을 이해하는 것이 어려웠다. 로스만이 지적한 것과 같이 "물리학에서 아마 엔트로피만큼 이해에 대한 혼돈의 비율이 높고 머리를 아프게 했던 개념은 일찍이 없었을 것이다."[89] 사실 엔트로피의 의미를 분명하게 확립시켜 나가는 과정이 곧 열역학 제2법칙이 다듬어져 가는 과정이었다고도 할 수 있다. 엔트로피는 어떤 물리계 내에서 일하는 데 사용할 수 없는 에너지, 즉 존재하지만 사용할 수 없는 에너지를 나타내는 척도다.

열역학 제2법칙을 자유에너지와 엔트로피 개념을 사용하여 표현하면,

자유에너지 = 내부에너지 − 절대온도 × 엔트로피

이와 같이 나타낼 수 있다. 내부에너지가 일정하다고 보면 자연에서 일어나는 모든 반

---

88 클라우지우스(Rudolf J. E. Clausius, 1822–1888): 독일 물리학자.
89 Tony Rothman, "The Seven Arrows of Time," 〈Discover〉 8(Feb. 1987), pp. 62–77.

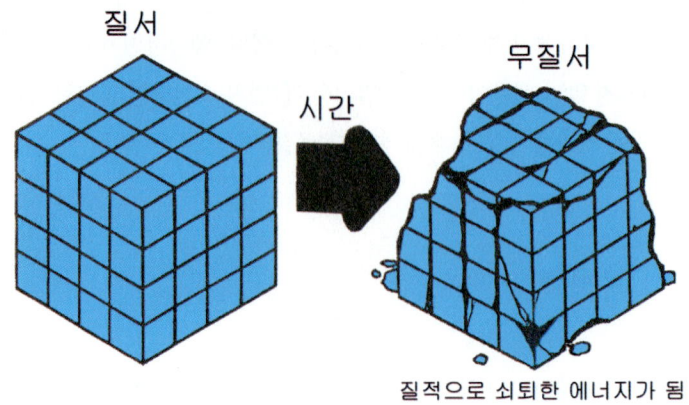

질서　　　시간　　무질서

질적으로 쇠퇴한 에너지가 됨

3-2 열역학 제2법칙에 의하면 질서 있는 계는 시간이 지남에 따라 점점 무질서한 상태로 변한다.

응은 항상 엔트로피가 증가하는 방향, 즉 자유에너지가 최소로 되어서 더 이상 일할 수 없는 에너지 상태로 진행한다. 모든 반응은 무용한 에너지 상태가 커지는 방향으로 진행하며, 이것이 바로 열역학 제2법칙의 예측이다.

한 예로 팽이를 생각해 보자. 팽이가 돌면서 꼿꼿이 서 있게 하려면 팽이채로 팽이를 계속 쳐 주어야 한다. 이때 팽이는 팽이채로 쳐 준 일의 일정 부분에 해당하는 운동에너지를 받게 됨으로 돌아간다. 그러나 팽이가 계속 돌면서 회전운동에너지는 마찰에 의해 열에너지(회전운동에너지보다 엔트로피가 높은) 등으로 형태가 바뀌어 가고 따라서 점점 낮은 운동에너지 상태가 된다. 그리고 결국에는 가장 안정한 상태, 즉 가장 낮은 자유에너지 상태가 되어 넘어지게 된다. 이것은 회전운동에너지와 같이 '품질'이 높은(엔트로피가 낮은) 에너지가 마찰 등에 의해 '품질'이 낮은(엔트로피가 높은) 열에너지 등으로 변화해 간 것이다. 팽이가 돌 때나 넘어져 가만히 있을 때나 에너지의 총량은 불변이지만 일을 할 수 있는 에너지의 '품질'은 떨어졌다.

열역학 제2법칙이 다루는 에너지의 질적인 쇠퇴 현상은 무질서도의 척도인 '엔트로피' 개념을 사용하여 설명할 수도 있다. 자연적인 모든 반응은 항상 그 계를 구성하는 요소들의 배열이 시간이 흐름에 따라 점점 무질서해지는 쪽으로 진행된다. 즉, 앞에서 언급한 에너지 상태와 비교한다면 무질서하게 될수록 자유에너지는 점점 더 낮아져서 계는 더욱더 안정된다.

한 예로 물에 잉크 한 방울을 떨어뜨리면 처음에는 잉크방울이 물의 한 부분에 고립되어 존재한다. 즉 물이 차지하는 부분과 잉크가 차지하는 부분이 뚜렷이 구별되며 우리는 이 경우 질서도가 높다고 말할 수 있다. 그러나 시간이 지남에 따라서 잉크는 확산되어 잉크 분자는 점점 물 속에 고르게 분포된다. 즉 무질서한 상태로 된다. 자연적으로 확산되어 있던 잉크가 한 곳에 모이는 일은, 즉 엔트로피가 감소하는 일은 일어나지 않는다.

엔트로피가 증가하는 것은 무질서도가 증가한다는 것이며, 엔트로피가 증가할수록 유용한 에너지는 줄어든다는 의미다. 이는 결국 에너지의 질적인 쇠퇴를 뜻한다. 열

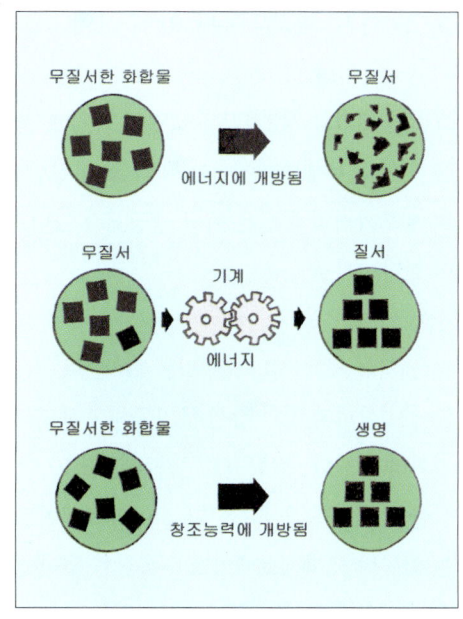

3-3 에너지에 개방된 계는 시간의 경과에 따라 더욱더 무질서하게 된다. 무질서한 계를 질서 있게 만들려면 반드시 에너지와 에너지를 받아 유용한 일을 할 수 있는 기계가 필요하다. 태초에 무엇이 무질서한 무기물들로 이루어진 계를 질서 있는 생명체가 되게 했을까?[90]

역학 제2법칙에 의하면 개방계(開放系, open system)에서는 외부의 에너지가 가해지지 않는 한 항상 무질서도가 증가되는 방향으로 반응이 일어나게 된다. 또한 외부에서 에너지가 가해지더라도 그 에너지를 질서도를 높이는 데 효과적으로 사용할 수 있는 장치가 없으면 질서도는 증가될 수 없다. 즉 무질서한 계가 질서 있는 계로 바뀌려면 외부에서 가해지는 에너지가 의도적인 목적과 설계에 따른 변환장치를 통해 계속적으로 받아들여져야 한다.

90 양승훈, 『창조론 대강좌』, p. 143.

3. 열역학 제2법칙과 화학진화

그러면 열역학 제2법칙은 생명의 기원에 관하여 무엇을 말하고 있는가? 열역학 제2법칙은 적어도 무생명체에서는 예외 없이 성립하는 것으로 알려져 있다. 무기물로부터 최초의 세포까지의 물질은 아직 생명체가 아니므로 엄격히 고전적인 열역학 제2법칙에 따라야 한다.

A. 열역학 제2법칙과 충돌하는 화학진화

앞에서 살펴본 것과 같이 무기물에서 생명의 최소단위인 세포가 이루어지는 과정을 화학진화라고 한다. 화학진화론자들은 질소, 탄소, 수소 등의 무기물들이 저절로 모여 더 복잡한 유기복합물인 간단한 코아세르베이트(coacervate)를 형성한다고 한다. 그 다음에는 간단한 코아세르베이트가 복잡한 코아세르베이트가 된다고 한다. 그리고 마지막으로 자기번식과 복제를 할 수 있는 생명의 최소 단위인 세포가 된다고 가정한다. 즉, 질소, 탄소, 수소 등이 특정한 배열로 결합하여 질서도가 높은 아미노산이 되고, 그 다음에는 더 질서도가 높은 단백질이나 핵산이 되며, 그 후에도 매우 복잡하면서도 질서도가 더 높은 특별한 배열의 결합물로 성장되어 가서 마지막으로 최초의 단세포 생명체가 된다는 것이 화학진화 가설이다.

그러나 이러한 화학진화 가설은 열역학 제2법칙과 정면으로 충돌한다. 열역학 제2법칙에 의하면 시간이 흐를수록 고립된 계의 질서도가 감소(즉, 무질서도가 증가)하는데, 화학진화 가설에 의하면 질서도가 증가해야 한다. "질서도를 증가시키는 복잡성의 증가가 실제적으로 진화의 정의"라고 본다면 화학진화 가설은 계가 질서 있는 상태에서 무질서한 상태로 된다는 열역학 제2법칙의 예측과 상치된다.[91]

이러한 사실은 최초로 화학진화의 가설을 세운 소련의 생화학자 오파린도 시인한 바 있다. 그는 "진화론의 한 단계에서 다음 단계로의 변천 과정은 복잡하고 조직된 기관으로 발달되는 과정이다. 열역학 제2법칙으로 볼 때 화학진화의 반응이 고분자로 합성되는 방향이 되기보다는, 반대로 분해의 가능성이 더 크다"고 했다. 그러므로 오파린은 화학진화론에서 점점 질서정연한 상태로 되어간다는 가설이 열역학 제2법칙과는 부합하지 않

91 Will Lepkowski, "The Social Thermodynamics of Ilya Prigogine," 《Chemical and Engineering News》 57(Apr. 16, 1979), pp. 30–3.

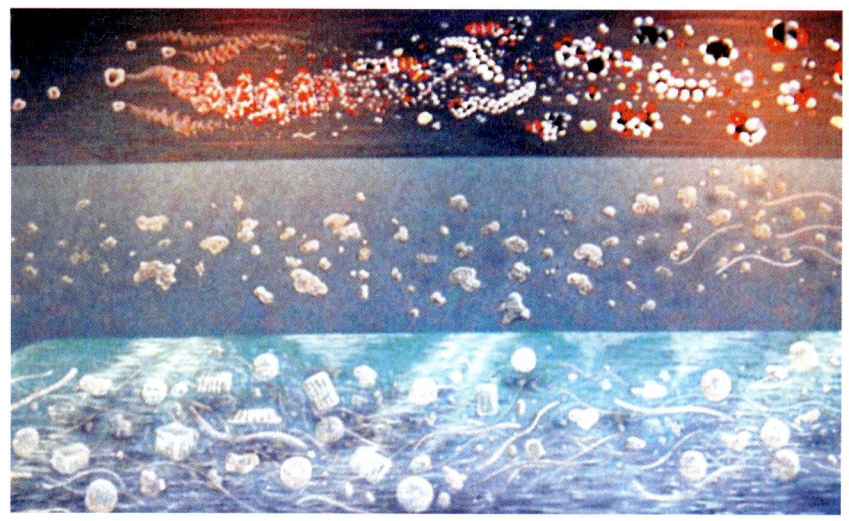

3-4 유기물이 간단한 코아세르베이트, 복잡한 코아세르베이트를 거쳐 최초의 생명세포로 진화하였다는 화학진화 가설은 질서도의 자연적 증가를 가정하고 있으며, 이는 명백하게 열역학 제2법칙에 위배된다.

는다고 말했다.[92]

B. 개방계와 에너지만으로는 충분하지 않다

진화론자들은 창조론자들이 개방계에서는 국부적으로 엔트로피가 감소할 수 있는데 이것을 무시하고 있다고 주장한다. 진화론자이자 창조론 비판의 선봉에 있는 스트랄러는 "창조론자들은 개방된 에너지 계가 존재하는 것을 무시하는데 이 개방계에서는 국부적으로, 일시적으로 엔트로피가 증가하고 무질서가 증가하는 우주적 경향을 거스를 수 있다"고 주장한다.[93] 그러나 스트랄러는 자연에서 '국부적으로, 일시적으로' 생명체와 같은 질서 있는 계를 만들 수 있는 정도의 엔트로피 감소가 일어날 확률에 대해서는 전혀 언급을 하지 않는다. 그는 그것이 수학적으로 0이라고 표현하지 않을 뿐, 실제로는 0이라는 사실을 잘 알고 있기 때문이다.

개방계라고 해서, 즉 에너지와 물질의 출입이 가능하다고 해서 모든 계가 작동되는 것

92 A. I. Oparin, "Problem of the Origin of Life: Present State and Prospects" in 〈Chemical Evolution and the Origin of Life〉 (American Elsvier, 171), p. 6.
93 Arthur N. Strahler, Science and Earth History : The Evolution/Creation Controversy(Amherst, NY: Prometheus Books, 1999), p. 90.

3-5 로켓이 하늘로 올라가기 위해서는 연료 외에도 설계된 엔진이 필요하다.

은 아니다. 자동차 엔진의 예를 생각해 보자. 자동차에서는 휘발유가 엔진 안에서 산소와 함께 연소되어 탄산가스와 열 등을 내며, 그 열이 자동차를 움직이는 데 이용된다. 그런데 이러한 반응이 계속 일어나려면 에너지를 방출시켜 일을 할 수 있도록 하는 기계가 있어야 한다. 사람이 위나 창자 등을 떼어 내고 계속 음식물을 먹는다면 살 수 없는 것과 같다. 로켓이 하늘로 올라갈 때도 설계된 엔진에 연료가 들어가 연소하여 추진력이 생길 때 중력을 이기고 공중으로 올라간다. 로켓이 하늘로 올라갈 수 있는 것은 연료 이외에 설계된 엔진이 있기 때문이다. 만일 잘못 설계되거나 고장 난 로켓이라면 아무리 좋은 연료가 많이 있어도 공중으로 올라갈 수가 없다. 마찬가지로 생명체도 밖에서 에너지가 가해지는 것만으로는 성장할 수 없으며 그 내부에 설계된 '장치'가 먼저 있어야 한다.

생명체도 미리 설계된 장치를 고려하지 않는다면 유지와 성장을 생각할 수 없다. 그러면 최초의 에너지와 설계된 장치는 누가 준 것인가? 최초 생명체의 출현은 이 창조세계에 속하지 않은 창조주의 설계와 섭리를 생각하지 않고는 상상할 수 없다.

4. 열역학과 화학진화

이런 여러 가지 부정적인 증거에도 불구하고 진화론자들은 지구에서 열역학적으로 진화가 가능하다고 주장한다. 진화론자들은 "지구를 고립계(孤立系, isolated system)로 생각, 지구에서는 무조건 엔트로피가 증가하기 때문에 질서 있는 상태가 생길 수 없다고 보고 진화 가능성을 부인한다면 이는 이미 확립된 과학 법칙을 잘못 적용하는 것이다"라고 말한다. 이에 비해 창조론자들은 "우주에 보편적으로 적용되는 열역학 법칙은 진화론 대신 창조론을 증거하고 있다"고 주장한다. 왜 동일한 열역학 제2법칙을 두고 이처럼 다르게 주장하는가? 먼저 진화론자들의 주장부터 살펴보자.[94]

A. 열역학의 세 가지 계(系)

진화론자들은 "… 일부 창조론자들이 제기하고 있는 열역학 법칙에 의한 진화론에 대한 반론은 열역학 법칙 자체를 제대로 이해하지 못하는 데에서 생기는 오류일 뿐이다"라고 한다. 그러면서 "지구는 거의 고립된 계라고 볼 수도 있으나 일부에서 태양에너지가 유입되므로 정확히 말하면 개방계"라고 한다.[95]

과연 지구를 개방계라고 할 수 있을까?

그림에서 보여 주는 바와 같이 열역학에서 에너지만 출입하고 물질의 출입이 없는(혹은 무시할 수 있는) 계는 개방계(open system)라 하지 않고 폐쇄계(closed system)라고 부르고, 에너지와 물질 모두의 출입이 없는 계는 폐쇄계와 구별하여 고립계(isolated system)라고 한다. 이렇게 본다면 지구는 에너지의 출입은 있으나 물질의 출입이 없는 폐쇄계에 해당한다고 할 수 있다. 물론 운석이나 우주선을 이루고 있는 입자들의 유입이 있기는 하지만 이들은 지구 전체의 질량에 비해서는 무시할 수 있는 양이다.

폐쇄계에서는 국부적으로 엔트로피가 낮아질 확률이 없는 것은 아니나 지극히 작으며, 그 작은 확률로 엔트로피가 감소한다 해도 폐쇄계에서는 화학진화에서 필수적인 유기물질의 중합은 일어나지 않는다.[96]

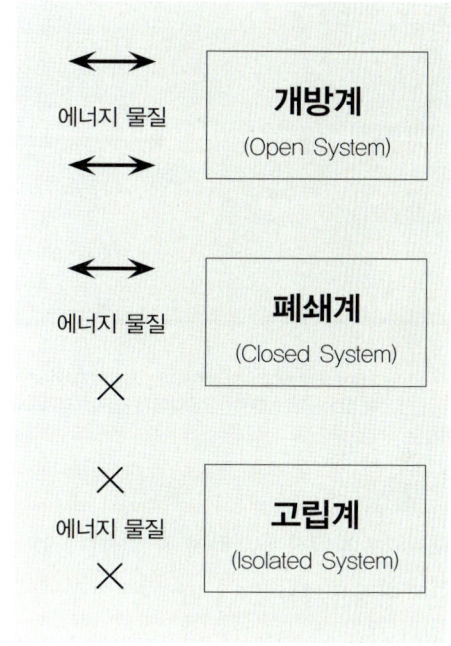

3-6 세 종류의 열역학적 계(系)

---

94 주광열 교수의 주장에 대한 논의는 양승훈, "과학적 창조론 비판에 대한 소고", 〈한국과학교육학회지〉, 7(2) (1987, 12), pp. 89–95에서 인용한 것이다. 나머지는 양승영, 이재일, 이창중, 양서영, 이웅상, 이원국, 손기철, 강신후, "진화론 vs 창조론", 〈과학동아〉 (1995, 10), pp. 79–81의 지상 토론을 중심으로 살펴본 것이다. 〈과학동아〉 기고자들 중 앞의 네 명은 진화론자들이고 뒤의 네 명은 창조론자들이다.

95 주광열 『과학과 환경』(서울대학교출판부 대학교양총서 32, 1986), pp. 190–2.

96 L. B. Bradley, 〈Thermodynamics and the Origin of Life〉 (Probe Ministry International Preprint).

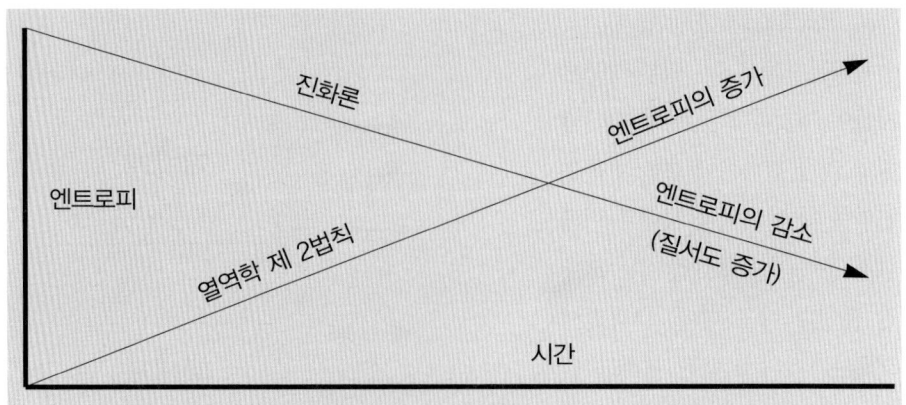

3-7 열역학 제 2법칙에 의하면 엔트로피는 시간의 경과에 따라 증가하지만 화학진화는 엔트로피가 감소할 때만 일어난다. 화학진화론은 인류역사상 열역학 제 2법칙에 정면으로 위배되면서도 폐기되지 않는 유일한 이론이다.

모로위츠의 계산에 의하면 평형상태에 있는 직전 물질로부터 50억 년 동안 간단한 대장균이 합성될 가능성도 $1/10^{100,000,000,000}$ 밖에는 되지 않는다. 아무리 작은 확률일지라도 0이 아닌 이상 오랜 시간이 지나면 일어날 수 있으리라 생각할는지 모른다. 그러나 진화론적 계산에 의해서조차 우주의 연대가 무한하지 않음을 보여주고 있기 때문에 '무한한 시간'도 더 이상 진화론의 궁극적 피난처가 될 수 없다.[97]

진화론자들은 "생명 진화는 단순한 상태에서 기능이 증대된 상태로 진행되었으므로 질서가 증대한 것이라 볼 수 있다. 언뜻 보면 무질서도가 증가한다는 열역학 제2법칙과 어긋나 보인다. 그러나 열역학 제2법칙에 따르면 고립된 계에서는 엔트로피가 반드시 증가하지만 개방계에서는 엔트로피가 감소할 수도 있다. 즉 진화의 가능성을 부정하지 않는다"고도 한다.[98] 그러나 진화론자들은 진화의 가능성만을 언급하고 그 가능성이 얼마인지에 대해서는 언급하지 않았다. 앞에서 언급한 모로위츠의 계산이 보여주는 바와 같이 진화의 가능성이 영(零, 0)과 다를 바 없이 작다는 사실을 기억해야 한다. 그 확률은 전 우주의 역사를 통틀어도 아미노산으로부터 단백질 하나 합성할 수조차 없는 작은 확률이다. 그런 작은 확률로 무기물로부터 최초의 생명체가 탄생했다고 믿는 것보다는 차라리 창조주가 있었고, 그가 이 모든 과정을 진행시켰다고 믿는 것이 훨씬 더 적은 믿음을 필

97 H. J. Morowitz, *Energy Flow in Biology*(Academic Press, 1968), pp. 2–3.
98 이재일, "진화론 vs 창조론", 〈과학동아〉, p. 80.

요로 한다.

또한 개방계라고 해도 진화가 되기 위해서는 (유용한) 에너지와 함께 에너지 변환장치가 있어야 한다. 이는 마치 물이 냉장고와 전기 둘 중 어느 하나라도 없으면 얼지 않는 것과 같다. 이 점에 대해서는 진화론자들도 인정하고 있다. 그들은 "지구는 태양으로부터 끊임없이 에너지를 받고 있고 열복사를 통해 에너지를 발산하므로 결코 고립된 계가 아니다. 따라서 태양에너지의 흐름을 적절히 이용, 자신의 엔트로피를 감소시킬 수 있는 '작동체'가 있다면 질서 있는 상태를 유지하거나 생성시킬 수 있다"고 하였다. 그는 엔트로피를 감소시킬 수 있는 '작동체'에 대하여 "이 작동체는 반드시 인위적으로 만든 기계나 신이 특별히 창조한 생명체일 필요가 없다. 물과 공기가 태양에너지를 받아 역학적 법칙에 따라 운동해서 생긴 비와 바람 등이 엔트로피를 감소시키는 작동체가 될 수 있는 것이다"라고 했다.[99]

그러나 오늘날 우리들이 알고 있는 엔트로피를 감소시킬 수 있는 작동체는 비, 바람 정도로는 어림도 없다. 비, 바람 따위가 '신묘막측'한 조화에 의해 엔트로피를 감소시키는 작동체가 될 수 있다고 믿는 것보다는 차라리 창조주가 있었다고 믿는 것이 더 합리적이다. 엔트로피를 감소시키는 작동체를 무엇으로 보느냐는 순전히 신념의 문제다. 아이러니컬하게도 화학진화를 믿는 사람들은 창조주의 개입과 간섭이 없이는 전혀 불가능한 메커니즘을 믿고 있는 것이다.

5. 법칙에 위배되는 이론

지금까지 우리는 화학진화 및 생물진화 과정이 과연 자연에서 일어날 수 있는지를 열역학적 측면에서 살펴보았다. 기원에 관한 대부분의 논의가 그렇듯이 열역학적 논의 역시 어느 한쪽의 주장을 완전히 뒤엎을 수 있는 '결정적인 증거'는 아닐지 모른다. 그러나 현재까지 우리가 알고 있는 지식으로는 이 물질계에 속하지 않은 창조주가 존재하며, 그가 생명을 창조했다고 보는 것은 피할 수 없는 논리적 귀결이라고 할 수 있다.

에너지 보존법칙으로 알려진 열역학 제1법칙에 의하면 에너지나 물질은 저절로 무에

---

99 이재일, "진화론 vs 창조론", 《과학동아》, p. 80.

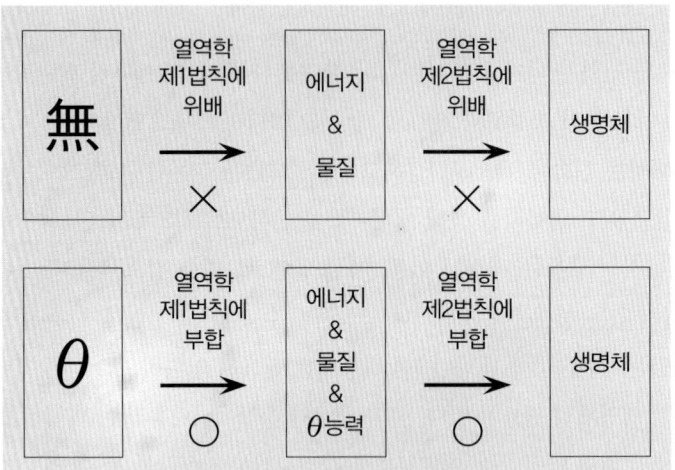

3-8 무에서 저절로 에너지나 물질이 생겼다고 하는 주장은 열역학 제1법칙에 위배되고, 임의적이고 무질서한 물질이 저절로 고도의 질서를 가진 생명체로 진화했다고 하는 주장은 열역학 제2법칙에 위배된다. 그러나 하나님의 창조를 인정하면 최초의 물질과 에너지의 창조는 물론 생명체의 존재를 무리 없이 설명할 수 있다.

서 생겨날 수가 없다. 따라서 생명체를 만드는 물질이나 에너지의 존재가 저절로 존재했다고 하는 진화론의 주장은 열역학 제1법칙에 위배된다. 또한 임의적인 물질이 정교한 생명체로 진화했다는 화학진화 가설은 엔트로피 증가의 법칙으로 알려진 열역학 제2법칙에 정면으로 위배된다. 그래서 앞에서 언급한 바와 같이 화학진화 가설을 최초로 주장한 오파린조차도 자신의 가설이 열역학 제2법칙과 어긋남을 시인한 것이었다.[100]

화학진화만의 문제가 아니라 진화론 전체도 열역학 법칙과는 명백히 상치된다. 이 사실을 알고 있는 위켄은 "우주론적 화살은 무작위(randomness)와 무질서(disorder)를 만들어 내는 데 반해 진화론적 화살은 복잡성(complexity)을 만들어 낸다. 완전한 환원주의적 진화론이라면 진화론적 화살이 우주론적 화살로부터 유도될 수 있음을 증명해야 한다"고 지적했다.[101]

결론적으로 과학사에서 가장 잘 증명된 열역학 '법칙' 은 진화 '론' 과 상치된다고 할 수 있다. 아마 과학사에서 잘 확립된 '법칙' 과 명백히 상치되면서도 이처럼 끈덕지게 살아남을 수 있는 '이론' 은 진화론뿐이지 않은가 생각된다. 이것은 진화론은 더 이상 반증이 불가능한 비과학임을 의미한다.

100 Oparin, *Chemical Evolution and the Origin of Life*, p. 6
101 Jeffrey S. Wicken, "The Generation of Complexity in Evolution: A Thermodynamic and Information-Theoretical Discussion," 〈Journal of Theoretical Biology〉 77(Apr. 1979), pp. 349–65.

창조와 격변

이 점에 대해 요키는 솔직하게 "유물론적 환원주의의 관점에서 생명의 기원이나 진화를 다루는 어떤 논의에서도 열역학적 엔트로피나 이것이 예측하는 우주의 '열적 죽음'(heat death)은 '반갑지 않은 손님'(uninvited guest) 역할을 한다"고 말했다.[102] 이것은 열역학적 관점에서 볼 때 유물론적 진화론이 틀렸음을 간접적으로 시사한 것이라고 할 수 있다. 이제는 "진화가 일어난 것은 부인할 수 없는 사실이지만 우리는 다만 그 구체적인 과정을 모를 뿐이다"라는 구차한 변명은 그만두어야 한다.

6. 생명체 형성 확률

자연적인 방법을 모를 때 통상적으로 진화론자들은 확률적 가능성을 주장한다. 자연적인 방법으로 라세미 혼합물, 즉 D-형 아미노산과 L-형 아미노산이 만들어졌다고 가정하자. 그러면 자연에서 확률적인 과정을 통해 D-형과 L-형으로 저절로 분리되고, 그리고 이들이 적절한 배열을 통해 기능할 수 있는 단백질이 형성되고, 그리고 단백질이 최초의 단세포 생명체를 형성할 수 있는 확률은 얼마나 될까?

A. 가장 간단한 세포의 형성 확률

와이송의 계산에 의하면 같은 수의 D-형 및 L-형 아미노산 혼합물(총 800개의 아미노산)로부터 L-형으로만 된 400개의 아미노산이 분리될 확률은 $1/10^{114}$ 이다. 이제까지 알려진 생물들 중 가장 간단하면서도 번식 가능한 세포인 가축의 폐렴을 유발하는 PPLO라는 균은 625개의 단백질을 갖고 있지만, 계산의 편의를 위해 가장 간단한 세포가 만들어지는 데 필요한 최소한의 단백질을 124개라고 하자. 그러면 각각 400개의 L-형 아미노산으로 된 124개의 단백질이 우연히 만들어지게 될 확률은 얼마나 될까? 400개의 아미노산이 모두 L-형태로만 존재할 수 있는 확률이 $1/10^{114}$이므로 124개의 그런 단백질이 우연히 형성될 확률은 $1/10^{114}$을 124회 곱한 숫자, 즉 $1/10^{14,136}$ 밖에 안 된다.[103]

확률의 법칙에 의하면 "확률이 극히 작은 사건은 일어나지 않는다."[104] 현대 우주론에

---

102 Hubert P. Yockey, "A Calculation of the Probability of Spontaneous Biogenesis by Information Theory," 〈Journal of Theoretical Biology〉 67(1977), p. 396.

103 Wysong, The Creation-Evolution Controversy, pp. 76-95. Wysong이 계산한 $1/10^{114}$은 다소 부정확하지만 결론에 있어서는 큰 차이가 없으므로 그대로 사용한다.

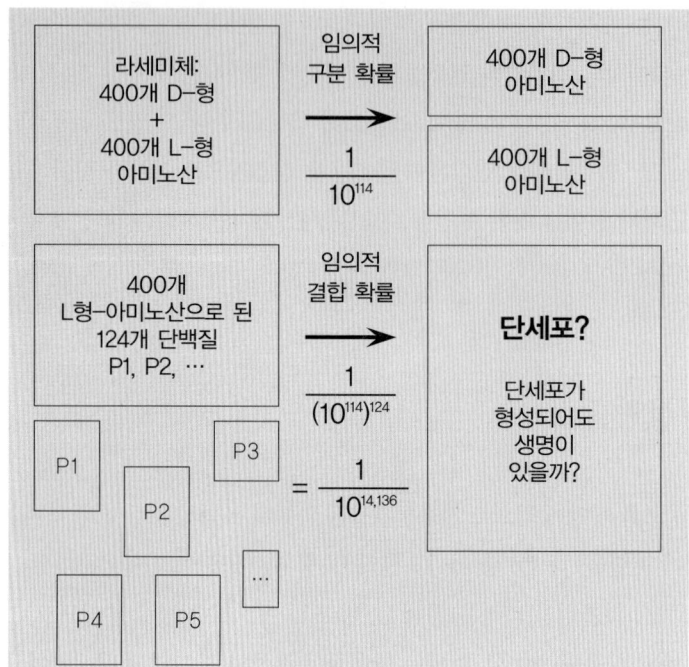

라세미체:
400개 D-형
+
400개 L-형
아미노산

임의적
구분 확률

$$\frac{1}{10^{114}}$$

400개 D-형
아미노산

400개 L-형
아미노산

400개
L형-아미노산으로 된
124개 단백질
P1, P2, …

임의적
결합 확률

$$\frac{1}{(10^{114})^{124}}$$

$$=\frac{1}{10^{14,136}}$$

단세포?

단세포가
형성되어도
생명이
있을까?

P1

P2

P3

…

P4

P5

3-9 대폭발 이론에
근거한 150억년
의 우주의 나이
를 고려해도 저
절로는 가장 간
단한 생명체 하
나도 만들어질
수 없다.

서 말하고 있는 우주의 나이를 받아들인다고 해도 전 우주에 걸쳐 $1/10^{150}$ 보다 낮은 확률
의 사건은 일어날 수 없다.[105] 이것과 비교해 보면 $1/10^{14,136}$은 얼마나 더 낮은 확률인가? 앞
의 확률 계산에서는 단백질이 기능을 수행할 수 있도록 L-형 아미노산들이 독특한 형태
로 배열될 확률은 고려하지 않았다. 이를 고려하면 100개의 L-형 아미노산들이 우연히
특정한 배열을 하여 독특한 하나의 단백질을 형성할 수 있는 확률은 $1/10^{130}$에 불과하다.
그러므로 이 확률이 앞의 확률과 곱해진다면 생명체 합성에 필요한 특별한 단백질 합성
확률은 훨씬 더 작아진다. 또한 생물학적 활성을 갖기 위해 이 단백질들은 적당히 접혀야
하는데, 500개의 아미노산으로 된 단백질이라면 10^{800}가지의 형태를 가질 수 있다. 그 중
특정한 몇 가지 형태의 단백질만이 생화학적인 활성을 가질 뿐이다. 따라서 생화학적인
활성을 가진 단백질이 저절로 만들어질 확률은 더욱 작아진다. 그러므로 이런 작은 확률

104 Emil Borel, *Elements of the Theory of Probability* (New Jersey: Prentice-Hall, 1965), p. 57.
105 어떤 사건이 우주 내에서 일어나는 것이 불가능한 기준으로 Emil Borel은 $1/10^{50}$의 확률을 제시하지만
William A. Dembski는 그의 책 *The Design Inference: Eliminating Chance through Small
Probabilities*(1998)에서 $1/10^{150}$의 확률을 제시한다.

창조와 격변

로 최초의 생명체가 만들어졌다고 믿는 것은 창조주를 믿는 것 이상의 믿음이 필요하다.

B. 생명 형성 확률의 몇 가지 비유들

그러나 위에서 제시한 확률이 얼마나 작은가를 상상하기는 쉽지 않기 때문에 몇몇 비유를 생각해 본다. 〈Nature〉에 실린 비유에 의하면 이런 방법으로 고등한 생명체가 출현할 확률은 "회오리바람이 폐차장을 휩쓸고 지나가면서 그 안에 있는 부속품들로 보잉 747을 조립할 확률"과 비슷하다.[106]

호일이 제시한 큐브의 비유를 생각해 보자.[107] 루빅 큐브(Rubik cube)에 대해서 조금만 알고 있는 사람이라면 소경이 큐브를 임의로 돌리다가 우연히 맞추는 것은 거의 불가능함을 안다. 이제 10^{50}명의 소경에게 완전히 흐트러진 큐브를 나누어 주고 이들로 하여금 큐브를 맞추게 한다고 가정해 보자. 이 모든 소경들이 동시에 큐브를 맞출 확률은 얼마나 될까? 참고로 루빅 큐브를 뒤섞을 수 있는 방법의 총 수는 4×10^{19}회임을 고려한다면 10^{50}명의 소경들이 우연히 동시에 큐브를 맞출 확률은 약 $1/10^{10,000}$에 불과하다. 그러나 이것도 위에서 언급한 $1/10^{14,136}$ 보다는 훨씬 더 큰 확률이다.[108]

호일 등이 제시한 또 다른 비유를 생각해 보자. "아무리 거대한 환경을 생각한다고 해도 생명은 임의적으로 시작될 수 없다. 아무리 원숭이 무리들이 야단법석을 떨며 타이프라이터를 친다고 해도 셰익스피어의 작품들을 만들 수는 없다. … 동일한 비유가 생명 물질에도 적용된다."[109] 호일 등은 계속해서 말하기를 "무기물로부터 생명이 자연발생할 수 있는 가능성은 $1/10^{40,000}$에 불과하다. … 이것은 다윈과 모든 진화론을 매장시키기에 충분한 크기다. 원시 수프는 지구나 다른 어디에도 존재하지 않았다. 생명이 임의적으로 시작되지 않았다면 생명의 시작은 목적을 가진 지혜(purposeful intelligence)의 산물이라고 봐야 한다."[110]라고 했다.

106 "Hoyle on Evolution," 〈Nature〉 294(Nov. 12, 1981), p. 105.
107 호일(Sir Fred Hoyle): 영국 물리학자이자 천문학자. 런던왕립협회 회원(FRS)이었으며 우주의 기원에 대하여 정상상태이론을 제창하였다. 그러나 후에 자신이 주장한 정상상태이론은 물론 대폭발이론까지도 부정하였다.
108 Fred Hoyle, "The Big Bang in Astronomy," 〈New Scientist〉 92(Vov. 19, 1981), p. 527.
109 Fred Hoyle and Chandra Wickramasinghe, *Evolution from Space* (New York: Simon & Schuster, 1984), p. 176.
110 Hoyle and Wickramasinghe, *Evolution from Space*, p. 176.

1. 열역학 법칙은 가장 잘 확립된 과학의 법칙이다. 그러나 이것은 진화론과 정면으로 배치된다. 특히 열역학 법칙은 화학진화 가설과는 도저히 양립할 수 없다. 화학진화 가설이 열역학 법칙, 특히 열역학 제2법칙에 모순 되지 않는다는 진화론자들의 주장의 문제점들을 반박해 보라.

2. 한 번도 직접 검증되지 않은 '진화 가설' 이 한 번도 틀린 적이 없는 '열역학 법칙' 과 충돌하는 데도 진화론은 사라지지 않고 있다. 진화론의 '개념적 관성' 이 이처럼 큰 이유는 무엇이라고 생각하는가?

3. 생명의 자연발생 확률이 거의 제로임에도 불구하고 생명의 자연발생에 대한 사람들의 확신이 사라지지 않는 이유는 무엇인가?

4. 반증주의자들이 제시하는 과학의 정의에 의하면 반증이 불가능한 이론은 과학이 아니다. "진화론은 반증이 불가능하므로 과학이 아니다" 라는 말의 의미를 설명해 보라.

제4장
외계 생명체는 존재하는가?

Creation and Catastrophes

이 넓은 우주에 우리만 산다는 것은 엄청난 공간 낭비다.
_영화 "콘택트"에서

생명이 지구에서 자연발생했다는 주장이 여러 가지 문제점에 봉착하게 되자 일부에서는 생명체가 다른 천체에서 발생했으며, 이것이 지구에 왔다고 주장하는 사람들도 있다. 그러나 20세기 중엽까지만 해도 그런 주장들은 대부분 '신화적' 수준을 벗어나지 못했다. 외계 생명체에 대한 관심이라고 해도 기껏 달이나 화성에 생명체가 살지 않을까, 혹은 1940년대 후반부터 본격적으로 보고되기 시작한 UFO(미확인 비행물체)가 실재하는 것이 아닌가 하는 정도였다.

그러다가 20세기 중엽을 넘어서면서 외계 생명체를 찾으려는 사람들의 관심은 단순한 호기심을 넘어 본격적인 연구 수준에까지 이르게 되었다. 광학 및 전파망원경을 통한 연구는 물론 운석이나 혜성에 대한 연구, 우주선 발사를 통한 연구 등이 이어지고 있다. 본 장에서는 그동안 과학자들이 발견한 천문학적 지식들이 외계 생명체의 존재에 관해 무엇을 말해 주고 있는지에 대해 살펴보고자 한다.

1. 운석, 외계에 대한 창

외계 생명체에 관해 지구상에서 가장 쉽게 연구할 수 있는 대상은 운석(隕石)이다. 운석이란 외계로부터 지구에 떨어지는 모든 물체들을 말하며 구성 성분에 따라 크게 철이나 니켈 등으로 이루어진 철질(鐵質) 운석, 석철질(石鐵質) 운석, 석질(石質) 운석 등 세 가

4-1 다양한 운석들 : (a) 호주 남부 만나힐
(Mannahill)의 위커루 스테이션(Weekeroo
Station)에서 발견된 철질 운석. (b) 남극
틸 산맥(Thiel Mountains) 지역에서 발견된
석철질 운석. (c) 미국 오클라호마 주 비버
카운티(Beaver County)에서 발견된 석질
운석. 결정의 모양이 잘 보이도록 운석들
의 한 면을 연마하였다.

지로 나누어진다. 현재까지 확인된 운석의 비율은 철질 운석이 5%, 석철질 운석이 1%,
석질 운석이 94% 정도다.

  이들 중에서 대기를 통과할 때 발생하는 고열에도 불구하고 유기화합물이 파괴되지 않
을 수 있는 운석은 석질 운석이다. 다른 운석들은 대기권에 진입할 때 백열(白熱) 상태가
되므로 유기화합물이 파괴되지만 석질 운석은 열전도도가 작아 표면이 백열 상태가 되더
라도 내부 온도가 별로 올라가지 않는다. 석질 운석은 다시 실리카(silica)를 많이 함유하
는, 직경 1mm 정도의 둥근 입자인 콘드룰(chondrule)을 포함하고 있는 콘드라이트
(chondrite) 운석, 콘드룰과 탄소를 함께 포함하고 있는 탄소질 콘드라이트
(carbonaceous chondrite) 운석, 콘드룰을 포함하지 않는 아콘드라이트(achondrite) 운

석으로 나뉜다.

석질 운석 가운데서도 생명체가 존재할 가능성이 있는 운석은 탄소질 콘드라이트 운석이며, 이 운석의 유기화합물을 최초로 분석했던 사람은 유명한 화학자 베르젤리우스였다.[111] 베르젤리우스는 1834년, 알라이 산맥(Alai Mountains)에 떨어진 운석을 분석한 결과 운석에 포함된 유기화합물은 생명체에서 유래한 것이 아니라는 결론을 내렸다.

1864년에 낙하한 오르게이유 운석에 대한 질량 분석 결과는 1961년에 발표되었는데, 여기에서는 여러 가지 포화 탄화수소(飽和炭化水素)의 존재가 확인되었다. 그러나 일부 사람들은 이 포화 탄화수소가 생체활동에 의한 것이라고 주장하지만 밀러와 오르겔은 이 운석의 포화 탄화수소가 어떻게 생성되었는지는 모르지만 생명체의 활동에 의한 것은 아니라는 결론을 내렸다.[112] 또 일부에서는 이 포화 탄화수소는 운석이 낙하한 후 지표면에서 오염된 것이라고 주장하기도 한다. 사실 운석을 분석하는 데 있어서 지표면 물질들에 의한 오염 가능성은 매우 심각한 문제였다. 대부분의 운석들은 낙하한 후 상당한 시간 동안 자연에 방치된 후 조사되기 때문이다.

오염에 대한 가능성이 비교적 적은 예는 멀치손(Murchison)에 떨어진 탄소질 콘드라이트 운석이었다. 1969년 9월 28일, 호주 빅토리아 지방의 멀치손에 떨어진 이 운석은 대부분 1970년 2월과 3월에 채집되었으며, 전체 무게는 약 100Kg이었다. 그러나 일부분은 떨어진 당일에 채집되었기 때문에 전 세계는 이 운석의 분석 결과에 비상한 관심을 기울였다. 오염되지 않은 시료에 대하여 기체 색층분석기(氣體 色層分析機)와 질량분석기를 사용한 정밀한 분석이 이루어졌다.[113]

분석 결과 멀치손 운석은 다량의 아미노산을 함유하고 있었으며, 이 아미노산은 D-형과 L-형이 혼합된 라세미 혼합물을 형성하고 있었다.[114] 또한 방사성 동위원소법으로 이 운석의 나이가 46억 년이나 된, 다시 말해 태양계가 형성되던 당시의 운석이라는 결론을 내렸다. 그래서 진화론자들은 이런 탄소질 콘드라이트(carbonaceous chondrite) 운석이 운반한 유기물질들이 지구상의 생명체를 만들었다고 했다.

그러면 이런 분석 결과는 외계 생명체에 관해 우리에게 무엇을 말해 주는가? 어떤 사

---

111 베르젤리우스(Baron Jons Jakob Berzelius, 1779~1848): 스웨덴의 유기화학자.
112 Stanley L. Miller and Leslie E. Orgel, *The Origins of Life on the Earth*(Englewood Cliffs, NJ: Prentice Hall, 1974) – 한국어판: 박인원 역, 『생명의 기원』(서울: 민음사, 1990), p. 284.
113 기체 색층분석기(氣體 色層分析機 gas chromatography): 혼합기체의 성분을 분석하는 화학기기.
114 멀치손 운석이 포함하고 있었던 유기물질에 관해서는 『생명의 기원』, pp. 284~88을 참고하라.

반응

<table>
<tr><td>2-메틸알라닌</td></tr>
<tr><td>L-발린 D-발린 D-알라닌</td></tr>
<tr><td>L-알라닌 사르코신</td></tr>
<tr><td>글리신</td></tr>
<tr><td>D-프롤린 L-프롤린</td></tr>
<tr><td>D-글루탐산 L-글루탐산</td></tr>
</table>

4-2 (a) 멀치손 운석. (b) 멀치손 운석을 기체 크로마토그라피로 분석한 그림. 다양한 유기물질들이 검출되었다.[115]

람은 멀치손 운석에 포함된 아미노산이 선생체적(先生體的, prebiotic)으로 합성된 아미노산과 유사하다고 하여 우주 어디선가 생명체의 화학진화가 이루어졌으리라고 유추한다. 그러나 좀 더 객관적 시각으로 본다면 우리는 이 분석 결과로부터 단지 두 가지 결론만을 말할 수 있을 뿐이다. 즉, 운석에는 명백히 아미노산이 존재했다는 사실과, 또한 그 아미노산은 지표면으로부터 오염된 것이 아닌, 운석에 고유하게 존재하고 있었던 것이라는 사실이다. 분석 결과는 이런 결론 이외에 외계 생명의 존재에 관해서는 어떤 실마리도 제공하지 않는다. 또한 운석에 포함된 아미노산이 D-형과 L-형의 혼합체였음은 그 아미노산이 생명체에 의해 합성된 것이 아닌, 밀러 실험과 같은 유기화학적 반응을 통해 생성된 것임을 말해 준다. 생명체에 의해 합성된 것은 L-형 아미노산만을 함유하고 있기 때문이다.

115 《Nature》 228(1970), p. 923. Stanley L. Miller and Leslie E. Orgel, *The Origins of Life on the Earth*(Englewood Cliffs, NJ: Prentice Hall, 1974) - 한국어판: 박인원 역, 『생명의 기원』(서울: 민음사, 1990), p. 287에서 재인용.

2. 혜성이 생명체를 운반할 수 있을까?

외계 생명체가 우주로부터 지구에 도착했다고 할 때 또 하나의 가능성은 혜성에 의한 운반 가능성이다. 일반적으로 혜성의 머리는 직경이 10~100 Km, 무게는 5×10^{11} 내지 5×10^{14}톤, 내부온도는 −263℃ 이하로서 물, 암모니아, 메탄 등이 고체상태로 존재하는 것으로 추정된다. 혜성이 태양에 근접하면 태양열로 인해 혜성의 일부분이 증발하여 수백만 Km에 이르는 발광 꼬리를 만든다. 이 발광 꼬리를 분광기로 분석해 본 결과 혜성에는 시안(CN) 및 탄소(C_2)를 위시하여 상당한 양의 시안화물, 아세틸렌 및 다른 고분자 물질들이 포함되어 있는 것으로 추정된다. 온도가 낮더라도 유기물질로 된 얼음을 고에너지 광선으로 비추어 주면 유기화합물이 생길 수 있다는 것이 알려져 있으므로 혜성에도 유기물질이 존재할 가능성은 배제할 수 없다.

4-3 지구 근처를 지나는 혜성. 혜성에 상당한 탄소 화합물이 함유되어 있다고 해도 혜성의 온도가 생명체를 합성하거나 운반하기에는 너무 낮다. 또한 생명체가 합성되었다고 해도 대기권에 진입할 때의 지나친 고온으로 인해 어떤 생명체도 생존할 수 없다.

과연 혜성이 지구에 생명을 싣고 왔거나 생명이 출현하는 데 기여했을까? 여기에 대해서는 일반적으로 부정적인 시각이 지배적이다. 비록 혜성에 상당한 탄소 화합물이 함유되어 있다고 해도 혜성의 온도가 생명체를 합성하거나 운반하기에는 너무 낮기 때문이다. 과거 언젠가 혜성이 지구에 충돌하여 지구에 상당한 유기물질을 보태었더라도 앞서 설명한 바처럼 어떤 천체에서든지 유기물질의 합성이 생명 합성으로 연결될 가능성은 전혀 없다고 할 수 있다.

3. 전파천문학은 무엇을 말하는가?

운석이나 혜성과 같이 지구에 떨어지는 물체를 조사하는 것에서 한 걸음 더 나아가 20세기 후반부터 천문학에서는 전파망원경을 사용하는 전파천문학이란 새로운 천문학 분야가 탄생하였다. 전파망원경은 다양한 분자들의 흡수나 방출 스펙트럼을 분석함으로 우주 공간에 산재하는 분자들을 분석할 수 있다. 지금까지의 분석 결과에 의하면 우주 공간에는 선생체적(先生體的) 물질에 속하는 여러 가지 물질들이 존재하는 것으로 알려져 있다.

그러면 이런 물질들은 외계 생명체의 존재와 어떤 관계가 있는가? 단도직입적으로 말하자면 이러한 물질들과 외계 생명체의 존재는 무관하다. 생명체는 유기물질로 이루어져 있지만 유기물질이 존재하기 때문에 생명체도 존재해야 한다는 논리는 타당하지 않다. 혹자는 이런 물질들이 자연적으로 생성되는 메커니즘이 우주 어딘가에 있었다면 화학진화를 통해 생명체도 만들어질 수 있을 것이라고 막연히 추측한다. 그러나 이것은 파리가 방안에서 날 수 있기 때문에 항성까지 날아갈 수도 있다고 믿는 것처럼 지나친 추론이다.

4-4 (a) 미국 뉴멕시코 사막, 소코로(Socorro) 서쪽에 있는 Very Large Array 전파망원경들. (b) 27개의 움직일 수 있는 안테나가 철로 위에서 Y자 형태로 배열되어 있으며, 각 안테나의 직경은 25m에 이르고, Y자의 한쪽 팔의 길이는 21Km에 이른다. 각각의 망원경들은 간섭기술을 통해 하나로 통합되어 골프공 크기의 전파원을 150Km 떨어진 곳에서 찾아낼 수 있다 (0.04 arcsec). 이는 지금까지 만들어진 어떤 전파망원경보다 더 높은 감도다.

4-5 달 표면에 착륙한 아폴로 17호의 착륙선과 우주인들, 그리고 달 표면에 처음으로 찍힌 발자국. 20세기 후반에 진행되었던 달에 대한 집중적인 연구는 달에서의 생명체 존재 가능성이 전무하다는 결론을 내렸다.

4. 달에는 생명체가 있을까?

그러면 지구를 제외한 태양계 내의 다른 별들에는 생명체가 존재할 가능성이 있는가? 먼저 지구에 가장 가까이 있는 달을 생각해 보자. 사실 1950년대까지만 해도 달에 대하여 '계수나무 한 나무 토끼 한 마리'와 비슷한 생각을 가졌던 사람들이 있었다. 1960년대 후반, 아폴로 우주선이 가져온 월석(月石)을 분석하기 전까지만 해도 월석에 어떤 유기물질들이 있을 것인지에 대해 의견이 분분하였다. 그러나 월석의 분석 결과는 달에서의 유기화합물의 존재 가능성을 완전히 부정하였다.

지구상의 흙과 각력암(角礫岩)이 25-250ppm의 탄소를 함유하는 데 비해 월석은 불과 10-70ppm의 탄소를 함유할 뿐이었기 때문이다.[116] 또한 아미노산 분석기와 기체 색층분

4-6 화성. 태양계에서는 가장 생명체가 존재할 가능성이 높은 행성이라고 생각되었다.

석기(Gas Chromatography)의 분석 결과 월석이 포함하고 있는 아미노산은 0~70ppb 정도였으며, 이는 극도로 조심하더라도 분석 과정에서 오염될 수 있는 정도의 아미노산 양에 불과하다.[117] 또한 설사 월석에 유기물질이 존재했다고 하더라도 월면이 끊임없이 고에너지 하전입자들로 이루어진 태양풍(太陽風, solar wind)을 받고 있으므로 쉽게 분해될 것이다. 그러므로 달에서의 생명 존재 가능성은 없다고 할 수 있다.

5. 그러면 화성은 어떤가?

아마 외계 생명체와 관련해서 가장 많이 입에 오르내리는 별은 역시 화성이라고 할 수 있다. 태양계의 네 번째 행성인 화성은 지름이 6,780Km로서 지구의 절반 정도이며, 달의 두 배 정도다. 질량은 지구의 10분의 1정도, 중력은 지구의 38%, 밀도는 3.9(지구 밀도는 5.5)이다. 대기는 주로 탄소 산화물(95.3%), 질소(2.7%) 그리고 아르곤(1.6%)으로 이루

116 1ppm(part per million)은 백만분의 일.
117 1ppb(part per billion)는 십억분의 일.
118 Adam Rogers, "Come in, Mars," 〈Newsweek〉(August 19, 1996), pp. 40-5; 맥케이(David McKay)와 헌트레스(Wesley Huntress).

창조와 격변

어져 있으며, 지면 대기압은 지구의 100분의 1보다 작으며, 표면에는 초속 40미터 정도의 강풍이 분다. 평균 기온은 −53℃지만 극지방의 밤 온도는 최저 −128℃(최고 −98℃)까지 내려가고, 태양에 가장 가까운 적도는 여름 정오에 30℃(최저 −98℃)까지 올라가는 등 연교차와 일교차가 매우 크다.

화성은 태양으로부터 평균 227.7만 Km(최대 249.2만 Km, 최소 206.7만 Km), 즉 지구−태양 거리의 1.5배 정도 되기 때문에 춥고 공전주기가 687일에 이른다. 하지만 자전주기는 지구와 거의 동일하게 24시간 37분 23초이며, 특히 화성은 지구와 흡사하게 공전면에 대해 자전축이 25도로 기울어져 있기 때문에 계절이 있다. 그래서 태양계 내에서 지구 외에 생명체가 있다면 화성이 가장 가능성이 높은 행성임에는 의문의 여지가 없다. 그래서 지난 세기 중엽부터 구소련과 미국을 중심으로 화성 탐사에 열을 올리고 있다. 특히 1975년에 발사된 미국의 바이킹 1, 2호는 착륙선을 보내어 생생한 화성 표면의 사진을 지구에 전송하여 사람들을 열광시켰다.

그러나 바이킹 착륙선들은 화성 표면에서 생명체의 존재를 확인하기 위한 일련의 실험들을 했지만 결과는 부정적이었다. 그래서 바이킹 계획 이후 화성 탐사는 생명체를 찾는 것보다 화성의 기후와 지질을 연구하는 데 집중되었으며, 천문학적 예산이 소요되는 탐사선을 동원한 화성 탐사는 한동안 주춤하였다. 그러다가 다시 화성 생명체 논쟁에 불을 붙인 것은 스탠포드대학과 미 항공우주국(NASA) 팀이 화성에서 온 것으로 보이는 운석이 고대 박테리아 화석과 흡사한 것을 함유했다고 발표한 것에 의해서였다.

1996년, NASA의 존슨우주센터의 맥케이와 헌트레스 팀은 화성에 생명체가 존재했을 수도 있다는 간접적인 증거를 제시했다.[118] 이들은 1984년 미국과학재단(NSF)이 지원하는 연례 연구를 위해 남극을 탐사하던 중 빅토리아 랜드의 앨런 힐즈(Allan Hills)라는 얼음 황무지 언덕배기에서 12개의 운석들을 발견했다. 그런데 그 중 소프트볼만 한 1.9 Kg의 석질 운석 하나에서 생명체의 흔적을 발견했다는 것

4-7 NASA 과학자들이 화성의 생명체 흔적의 증거를 갖고 있다고 주장하는 운석 Allan Hills 84001. 이 석질 운석은 무게가 1.9Kg으로 소프트볼 정도의 크기다.

91

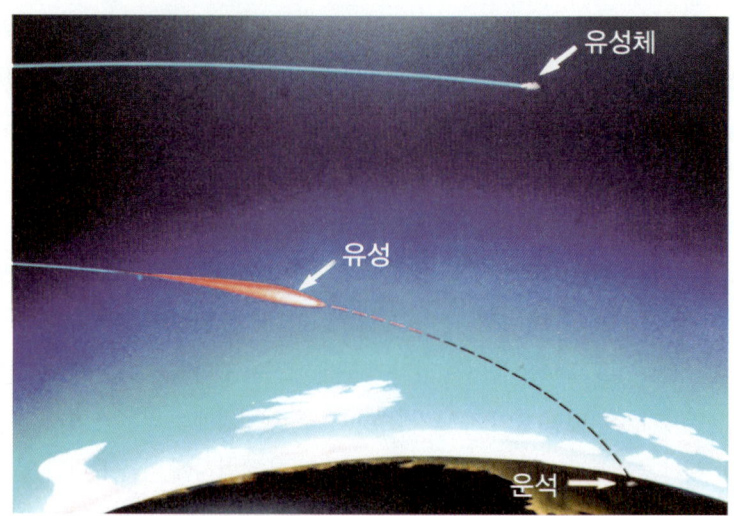

유성체

유성

운석

4-8 운석이 대기권에 진입하여 지표면에 떨어지는 모습. 대부분의 운석은 지구 대기권을 스쳐 지나가며, 설사 운석이 대기권에 진입한다고 해도 대부분 타버리기 때문에 지표면에 떨어지는 운석은 극히 일부에 지나지 않는다. 그러므로 화성 표면의 일부가 떨어져 나와서 지구의 남극에 '안착' 할 수 있는 가능성은 거의 없다고 할 수 있다.

이다. 그들은 운석이 발견된 지역의 이름을 따서 운석을 Allen Hills 84001(ALH 84001)이라고 불렀다. 이 운석을 조사한 후 과학자들은 36억 년 전에 단세포 박테리아가 화성에 살았다고 주장했다.

그러나 이들의 주장은 몇 가지 문제가 있다. 우선 도대체 어떻게 화성에서 운석이 떨어져 나올 수 있었겠느냐는 것이다. NASA 과학자들은 이 운석은 40억 년 전에 화성에 존재했으며 1,500만 년 전에 다른 큰 운석이나 혜성이 화성 표면에 충돌할 때 튀어나왔다고 추정했다. 그 후 태양 주위를 돌다가 1,300만 년 전에 지구 궤도에 진입하여 남극에 떨어졌으며, 지난 1984년에 발견되었다는 시나리오를 제시하고 있다. 그러나 화성에서 튀어나온 메커니즘이나 연대, 운석 내부에 탄산염의 진입 과정, 지구로 진입한 연대 등은 모두 추측이다. 설령 화성 표면의 일부가 튀어나왔다고 해도 그 조각이 지구보다 훨씬 큰 목성이나 태양을 비롯한 행성들의 중력에 끌리지 않고 지구 남극에 떨어질 가능성은 거의 전무하다고 할 수 있다.

NASA 과학자들이 운석을 화성에서 떨어져 나온 것이라고 추정하는 유일한 이유는 이 운석을 가열했을 때 방출된 기체가 화성의 대기 성분과 비슷하기 때문이었다. 그러나 그러한 기체의 성분만 가지고 그 운석이 화성에서 왔다고 추정하는 것은 어떤 사람이 흑인이기 때문에 아프리카에서 왔으리라고 추정하는 것보다 훨씬 더 비과학적이다.

운석 탐사 팀의 일원인 화학자 제이어(Richard Zare)는 생명체 흔적으로 제시되고 있는 다핵방향족탄화수소(PAHs)가 이 운석의 깊숙한 곳에서 발견되었다는 점과 그 속에 들어 있던 PAHs 밀도가 남극의 평균 PAHs 밀도보다 훨씬 높다는 점을 들어 이 운석이 지구의 돌이 아니라고 주장한다. 그러나 이것은 다른 여러 가능성들 중의 하나일 뿐이다. 그 돌 속의 PAHs 밀도가 화성 표면 암석이나 화성 대기의 PAHs 밀도와 같음을 증명할 수도 없고, 다른 곳에서 온 운석일 가능성도 얼마든지 있기 때문이다.

PAHs는 탄소와 수소로 이루어진 매우 안정된 유기물이다. 이것은 벤젠고리들로 이루어져 있으며, 평면구조를 가지며 다양한 크기와 모양을 갖는다. PAHs는 생명활동에 의해서 만들어지는 물질이기는 하지만 이 물질이 있다고 반드시 생명체가 존재했다고는 할 수 없다. PAHs는 다른 원인에 의해서도 얼마든지 형성될 수 있는 유기화합물이다. 예를 들면, 자동차나 비행기와 같은 내연기관이 연소할 때, 특히 불완전 연소한 검댕 속에서 많이 발견되며, 담배 연기나 흙, 해저 퇴적물, 나무가 탈 때의 연기, 심지어 프라이한 음식이나 숯불로 구운 햄버거 따위에도 (benzo[a]pyrene 형태로) 들어 있다.

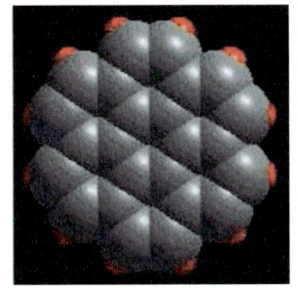

4-9 왕관모양 PAHs(PAHs coronete)($C_{24}H_{12}$) 모형도

게다가 이 운석은 이미 1984년에 발견된 것인데 여러 해가 지난 후에 그 결과를 발표하는 것은 뭔가 석연치 않은 구석이 있다는 것이 전문가들의 지적이다. 일부에서는 NASA의 화성 생명체 소동은 우주개발에 대한 미국 정부의 예산 삭감 방침을 차단하기 위하여 내놓은 선전용이라고 비판하기도 한다.[119] 하여튼 이 운석 소동이 난 후 당시 미국 클린턴 행정부는 화성 탐사를 위한 대규모의 재정 지원을 약속하고 나섰으며, 과학자들은 실제로 10년 정도 후에는 화성에 유인 탐사선을 파견할 계획까지 세웠다. 화성 운석 소동이 다만 NASA의 화성탐사 예산을 따내기 위한 선전용이었다면 소기의 목적을 달성한 셈이다.[120]

119 이원국, "최초 생명은 하나님의 창조", 〈기독신보〉(1996. 9. 7).
120 Sharon Regley, "Mission to Mars," 〈Newsweek〉(September 23, 1996), pp. 42-9.

(a)

(b)

4-10 (a) NASA 과학자들이 남극 운석에서 생명체의 흔적이라고 주장하는 탄산염 덩어리(carbonate globs)의 전자현미경 사진. 현미경 사진에서 머리카락 굵기의 1/1000 정도 되는 관 모양의 존재는 고대 지구상의 미생물 화석과 흡사하다. 한 예로 그림 (b)는 헤모필러스 인플루엔자 (Haemophilus influenzae)와 같은 지상의 박테리아로서 운석에서 관찰된 미세 구조보다 100배 정도 크다.

6. 재연된 화성 열풍

NASA는 재연된 화성 열풍 속에 정부의 재정 지원을 받아 화성 지도 작성을 위해 마스 글로벌 서베이어(Mars Global Surveyor)를 발사하였고, 이어 마스 패스파인더를 발사하였다. 패스파인더 이후 미국은 오디세이, 화성 탐사 로버 등 탐사선을 계속 발사하고 있다. 2003년 6월에는 유럽도 화성탐사선 마스 익스프레스를 발사했다. 다시 불어 닥친 화성 열풍으로 인해 60% 내외의 낮은 탐사 성공률에도 불구하고 세계 여러 나라들은 앞을 다투어 천문학적 예산이 소요되는 탐사선을 쏘아 보내고 있다.

2005년 12월까지 화성 표면에서 활동을 하고 있는 탐사 로버는 2004년 1월에 착륙한 마스 익스플로레이션 로버 2대(스피릿, 오퍼튜니티)이며, 궤도에 진입하여 선회하고 있는 우주선은 마스 글로벌 서베이어(1997년에 도착), 마스 오디세이(2001년에 도착), 마스 익스프레스(2003년에 도착) 등 세 개이고, 2005년 8월 10일에 발사된 마스 리코니슨스 오비터는 2006년 3월에 화성에 도착하도록 발사되었다.[121]

1996년 11월 7일에 발사된 마스 글로벌 서베이어는 화성을 근 1만여 회 선회하면서 이전의 어떤 다른 탐사선보다도 화성 지형에 관한 더 많은 정보를 수집하였다. 이 자료들을 근거로 과학자들은 최근에 화성 표면에서 물의 존재 가능성에 대한 증거, 화성의 초기 역사에서 널리 퍼져 있던 연못이나 호수를 보여 주는 암석층에 대한 증거, 물과 침전물의 이동을 제어하였던 남극과 북극의 경사에 대한 지형적 증거, 그리고 최근의 화성 환경을 재형성하는 먼지의 역할에 대한 자세한 증거 등을 제시했다.

이어 NASA는 1996년 12월 4일에 마스 패스파인더(Mars Pathfinder)를 발사했다. 그리고 화성 운석 소동이 일어난 지 1년 후, 한국 시간으로 1997년 7월 5일 새벽 2시경, 격변적인 홍수로 만들어졌다고 생각하는 화성 아레스 발리스(Ares Vallis)에 착륙함으로써 온 세계는 다시 한 번 화성 열풍에 휩싸였다. 패스파인더는 지구-달 거리의 50배에 해당하는 1억 9천백만 Km를 장장 7개월 동안 비행한 다음 화성 대기권에 정확하게 14.2도의 각도로 진입한 후 낙하산을 펴서 화성 표면에 착륙했다.

화성에 착륙한 후 착륙선 패스파인더에서 분리되어 나온 탐사선 소저너(Sojourner)호는 초속 1cm의 느린 속도지만 화성 표면을 거닐면서 각종 사진을 전송했다. 소저너가 보

---

121 Robert Burnham, "The Red Planet: Seeking far Horizons," 〈Explore the Universe 2006〉 (〈Astronomy〉 Special Issue), p. 16.

4-11 소저너

내온 사진을 보면 화성 표면은 마치 미국 남서부 사막지대를 연상케 하는 바위투성이의 황량한 벌판과 같았다. 과연 화성에 생명체, 아니 생명의 흔적이라도 있을 것인가?

이를 위해 소저너는 7월 8일부터 화성 표면에서 채취한 암석과 토양 성분을 자체 내에 부착된 초소형 X-선 분광계로 분석하고 그 결과를 지구로 전송하기 시작했다. 패스파인 더는 화성 암석과 토양에 대한 15종류의 화학적 분석 및 바람과 다른 타입의 기후에 대한 심층적인 데이터뿐만 아니라 17,000장의 이미지들을 포함하여 23억 비트의 정보를 얻었 다. 이 자료를 근거로 과학자들은 화성은 과거에 따뜻하였고 축축하였으며 표면에 물과 더 두꺼운 대기를 가지고 있었다는 결론을 내렸다.

그러나 현재까지의 결과를 종합한다면 소저너는 화성 생명체 존재 가능성에 대하여 비 관적인 결과를 보내왔다. 일부 사람들은 아직도 화성에 얼음이 존재할 가능성과 더불어 "화성 표면으로부터 지하 0.5-2m 지하에 습기가 많아 생명체가 존재할 가능성이 있다" 는 등 미련을 버리지 못하고 있다. 그렇지만 소저너가 보내온 자료를 분석하고 있는 NASA 과학자들은 화성 표면은 여름에조차 -90℃에 이르고 매우 건조하며, 이러한 상 태가 지난 20-30억 년간 지속되었기 때문에 설사 지하에 물이 있다고 해도 생명체가 존 재할 가능성은 거의 없다고 생각한다.[122]

화성 생명체에 대한 소망이 사라지면서 화성 탐사의 초점은 점점 물의 존재로 옮겨 갔

122 Burnham, 〈Explore the Universe 2006〉(《Astronomy》 Special Issue), p. 19.

다. 과연 화성에 물이 있을까? 있다면 얼마나 있을까? 그런데 지금은 그 물이 어디로 갔는가? 오늘날 사람들이 얼마나 그 물에 접근 가능한가?

오늘날 화성은 표면에 물을 가지고 있기에는 너무 희박한 대기를 가지고 있으며 너무 춥다. 하지만 바이킹 우주선 이래, 화성 표면 사진들을 분석하는 과학자들은 흐르는 물에 의해 형성된 듯이 보이는 지형을 밝혀냈다. 지형들 중에는 깊은 운하와 굽이치는 협곡, 그리고 과거에 호수였을 것으로 보이는 지형도 있었다. 더욱이 2000년 6월, 마스 서베이어 영상 팀의 지질학자들도 물의 재빠른 방출에 의해 형성된 협곡과 그것과 관련된 암석과 토양의 침전물과 엄청나게 닮은 놀라운 지형을 제시하였다. 그래서 과학자들은 화성 '시스템' 안의 몇몇 수원들은 가깝게는 수백 미터 지하에 매장되어 있을 것이라고 추측한다.

이를 증명하기 위해 NASA가 발사한 화성 탐사선은 오디세이(2001 Mars Odyssey)였다. 2001년 4월 7일 발사된 오디세이는 화성 표면의 상부에 존재하는 기본적인 화학물질들과 광물의 지도를 작성하였다. 오디세이는 특히 화성에 물(얼음)이 존재하는지를 집중적으로 조사하였다. 물의 존재를 확인하려는 것은 결국 생명체를 찾기 위한 첫 단계였다. 오디세이의 지질학 연구책임자(Principal Investigator)인 크리스텐슨은 "오디세이의 목표는 생명체를 찾는 것이며 이는 곧 물의 존재 여부와 직결된다"고 했다.[123]

미국 항공우주국(NASA)은 2003년 6월 10일 화성 표면을 탐사한 골프 카트 크기의 소형차량인 화성탐사로버(Mars Exploration Rovers : MER) 2대 중 첫 번째 1대를 발사했다. 스피릿(Spirit)이란 이름의 이 탐사 차량은 7개월여 동안의 우주여행을 거쳐 2004년 1월 4일, 과거에 호수였다고 추정되는 화성의 구세프 분화구(Gusev Crater)에 도착하였다. 두 번째 탐사 차량 오퍼튜니티(Opportunity)는 7월 7일에 발사되었으며, 2004년 1월 24일, 화성의 메리디아니 플래넘(Meridiani Planum)에 도착하였다.[124]

과거 화성 탐사에서는 화성에 과거에 물이 존재한 흔적을 찾았으나 이번 탐사에 참여하는 과학자들은 물이 얼마나 오랫동안 존재했고 얼마나 많이 존재했는지를 파악하려고 한다. 과학자들은 물의 존재가 화성에 과거 생명체가 존재했음을 보여줄 가능성이 높다고 믿고 있다. 이 탐사 차량들은 물이 존재했을 가능성이 높은 지점에 착륙하였으며 바위들이 어떻게 형성되었는지, 바위들이 물 속에 잠겨 있던 적이 있는지 등을 조사하였다.

---

123 크리스텐슨(Phil Christensen): 애리조나 주립대학(Arizona State University)의 행성지질학자.
124 Mark Peplow, "Missions to Mars," 《Nature》(2004. 1. 26), 인터넷판.

4-12 화성 탐사 로버들. ⓐ 오퍼튜니티 ⓑ 스피릿
ⓒ 비이글 2호

그러나 지금까지 스피릿은 착륙 지점 근처에서 화산암을 발견했을 뿐 물 흔적을 찾지는 못했다. 그래서 NASA에서는 스피릿의 '기력'을 믿고 착륙 지점에서 2,700m 떨어진 컬럼버스 구릉 탐사를 시도하였다. 드디어 스피릿은 2005년 9월, 높이 82m에 이르는 구릉 언덕의 한 꼭대기에 올랐으며, 여기서 물 흐름으로 형성되었거나 변형된 암석과 물 속에 침전되어 있던 것으로 보이는 황산염을 발견했다. 하지만 이것 역시 물 흔적일 뿐 아직 물은 발견되지 않았다.[125]

비슷한 시기에 유럽우주국(ESA)도 유럽 최초의 화성탐사선 마스 익스프레스(Mars Express), 즉 '화성 특급'을 발사했다. 익스프레스는 6개월간 4억 Km를 비행한 후에 2003년 12월, 화성 궤도에 도착한 뒤 크리스마스인 25일, 착륙선 비글 2호(Beagle 2)를 화성에 착륙시켰다. 그러나 비글 2호는 착륙한 직후부터 고장을 일으켜 통신이 두절되었으며, 현재 모선 익스프레스만이 궤도를 돌면서 화성 표면 사진을 전송하고 있다. 유럽 최초의 화성 탐사 미션인 익스프레스는 앞으로 적어도 2014년까지는 계속 탐사를 할 것으로 기대된다.[126]

1960년 이래 인류는 많은 우주선을 화성으로 보냈다. 이것은 태양계 내에서 지구를 제외하고 생명체가 존재할 가능성이 가장 높은 행성은 화성이라고 생각했기 때문이었다. 그러나 그동안 탐사선들을 통해 조사한 바에 의하면 화성은 대기의 주성분이 이산화탄소로서 기압은 지구의 1/100정도이며 적도에서의 온도는 -98℃에서 32℃까지, 극지방에서는 -128℃에서 -98℃까지 변하는 등 적어도 대기압이나 표면 온도만으로 미루어 볼 때 화성에는 생명체가 존재할 가능성이 별로 없다. 지난 100여 년 이상, 끈질기게 버티어 온 화성 생명체 신화도 이제 서서히 역사의 뒤안길로 넘어가고 있다.

125 이진, "여기는 화성 … 생명체 찾는 중!" 《동아 사이언스》(2005. 11. 23).
126 《연합뉴스》(2003. 6. 3); 〈한국과학기술정보연구원〉(KISTI) 2003. 6. 23; Mark Peplow, "Martian 'pebbles' don't prove watery past," 《Nature》(2004. 2. 10), 인터넷판. Wikipedia에서 "Mars Express" 참조 (2013. 9. 4.)

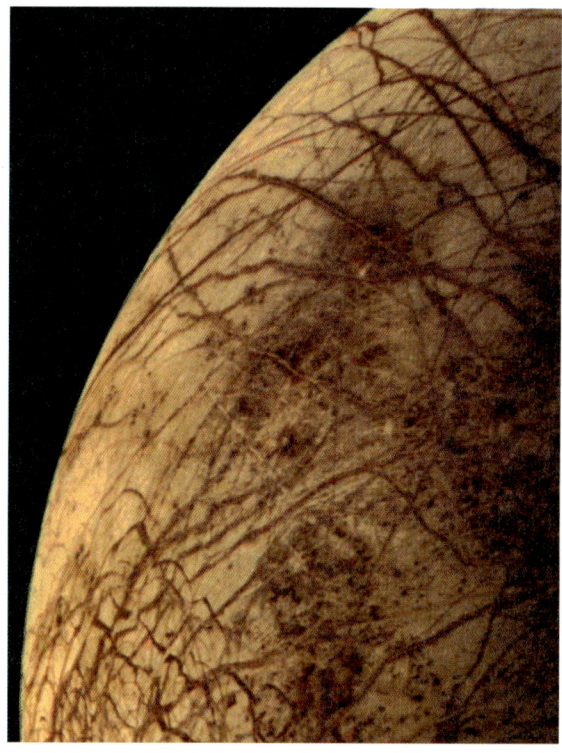

4-13 얼음으로 뒤덮인 목성 위성 유로파의 표면과 결빙층. 커다랗게 갈라진 틈이 보이는 결빙층 아래에 무엇이 있을까? 과학자들은 생명체가 존재할 가능성이 있다고 생각하지만 이것은 어디까지나 추측일 뿐이다.

7. 목성 위성에 생명체가 있을까?

화성에 생명체가 존재할 가능성이 희박하다는 주장이 나오자 일부 과학자들은 "화성 생물체는 잊어라. 대신 목성의 위성인 유로파에 주목하라"고 촉구한다. 행성지질학자이자 슈메이커-레비 혜성의 공동 발견자인 슈메이커는 "태양계에서 생물체를 발견해 낼 수 있는 최적의 장소는 바다를 가진 행성"이라고 지적하였다.[127] 이들은 1979년 보이저호가 보내온 자료와 1996년 목성 탐사선 갈릴레오호(1989년 발사)가 보내온 자료에 근거하여 목성 행성인 유로파(Europa) 표면에 물 혹은 진흙과 같은 유동체 위에 떠 있는 두꺼운 결빙층(結氷層)이 있다고 추정했다. 그리고 결빙층과 더불어 95Km나 되는 깊이의 숨은

---

127 슈메이커(Eugene Shoemaker, 1928-1997): 미국의 천문학자로서 레비와 더불어 목성에 충돌한 슈메이커-레비 혜성을 발견하였다.

바다를 가진 것으로 추정되는 유로파에 생명체가 존재할 가능성이 높다는 주장을 하고 있다.

온도가 −130℃에 이르는 유로파 지표면 밑에 물이 있다는 주장은 갈릴레오호가 1997년 12월에 전송해온 자료로부터도 제기되었다. 이 자료를 분석한 미 항공우주국(NASA)은 유로파 위성의 얼어붙은 지표면 아래에 액체 상태의 물이 슬러시(slush) 상태로 존재한다는 증거가 있다고 발표했다. NASA는 빙하와 비슷한 구조, 엄청난 크기의 얼음판 모습, 따뜻하고 부드러운 물질로 이루어진 분화구 등을 볼 때 유로파 위성에 현재 물이 존재하고 있거나 근래에 존재했을 가능성이 높다고 했다. 일부에서는 유로파에 물이 존재하고, 유로파가 목성 및 다른 위성들과의 중력적 상호작용으로 인해 지표면 내부에 열이 발생하며, 여기에 혜성이나 운석 등에 의해 유기물질이 유입되면 생명체에 필요한 주요 성분은 모두 갖춰지는 것이라고 흥분하기도 한다.[128]

또 일부 과학자들은 당구공처럼 하얗고 매끈한 표면을 가진 유로파의 결빙층 밑에는 큰 바다가 있을 것이며, 해저화산의 영향으로 인해 바닷물이 따뜻할 것이라고 추정하기도 한다. NASA에서는 유로파에 진짜 바다가 있는지를 검증하기 위해 로봇 탐사위성을 파견할 계획까지 세우고 있다. 그러나 목성 위성에 대한 연구는 화성에 대한 연구에 비하면 아직 초보 단계라고 할 수 있다. 보이저가 전송해 온 사진에서 얼음이라고 추정되는 형상도 아직은 어디까지나 추정일 뿐 확실한 것은 아니다.[129]

8. 다른 행성들에는?

그러면 태양계의 다른 행성들은 어떤가? 먼저 지구보다 안쪽 공전 궤도를 도는 내행성(內行星)부터 생각해 보자. 지구 질량의 0.054배인 수성은 중력이 너무 작아 대기가 없고, 행성 전체의 평균 흑체복사(黑體輻射) 온도가 170℃이므로 생명이 존재할 수 없다. 지구와 크기가 거의 같고 구름으로 뒤덮여 있는 금성은 대기의 주성분인 이산화탄소의 압력이 90기압, 표면온도가 477℃까지 이르므로 지구에서와 같은 생명체가 존재할 가능

128 "목성 위성에 물 존재 가능성" 〈경향신문〉(1998. 3. 4).
129 "목성 위성 유로파에 생명체 존재 가능성" 〈영남일보〉(1996. 11. 16).
130 Miller and Orgel, 『생명의 기원』, p. 296에서 재인용.

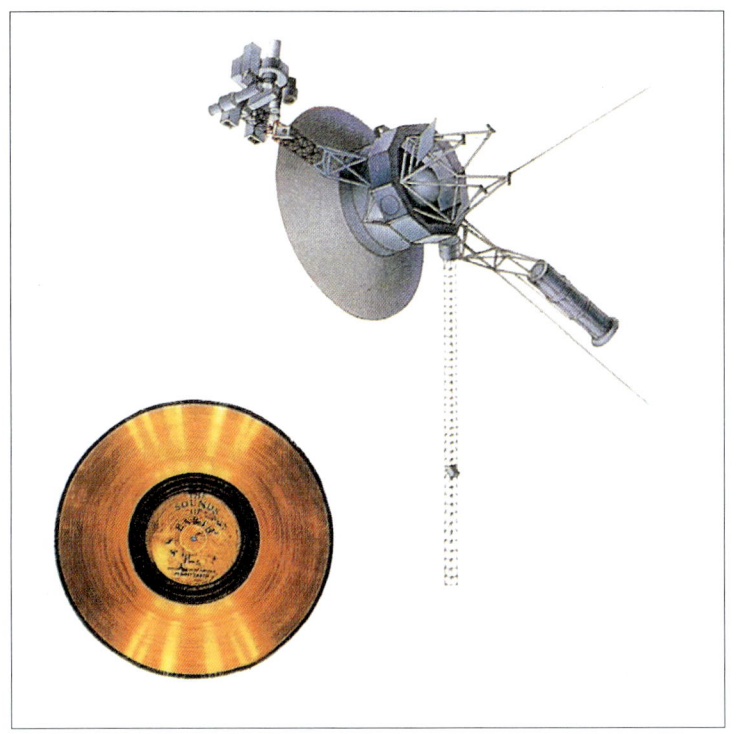

4-14 1979년과 1981년 사이에 목성과 토성을 지난 보이저 1, 2호. 외계인들에게 전달하는 지구인들의 메시지를 담은 LP판이 실려 있다. 언젠가 우주인들이 LP판을 돌리면서 지구인을 기억하기를 기대하면서….

성은 전혀 없다.[130]

외행성(外行星)인 경우에도 상황은 크게 다르지 않다. 다만 천왕성, 해왕성, 명왕성의 경우에는 수성이나 금성의 경우와는 반대로 흑체온도가 각각 -218℃, -230℃, -231℃이므로 너무 추워서 생명체가 존재할 수 없다. 목성과 토성의 경우도 앞의 세 외행성들보다는 사정이 다소 낫기는 하나 여전히 생명체가 발생하거나 존재하기에는 온도가 너무 낮다.

1978년 7월과 8월에 발사된 보이저 1호, 2호의 조사에 의하면 목성과 토성 대기의 최고온도는 -150℃ 내지 -145℃ 정도였다. 일부 학자들은 1980년 보이저 1호가 토성을 지나면서 조사한 토성의 위성 타이탄과 1979년 보이저 2호가 목성을 지나면서 조사한 목성의 위성 유로파에서는 화학진화의 관점에서 생명체가 존재하거나 혹은 앞으로 생명체가 발생할지도 모른다고 말한다. 그러나 타이탄의 경우에도 온도가 -180℃이며, 앞에서 언

101

급한 유로파도 온도가 매우 낮고 표면이 두꺼운 얼음으로 뒤덮여 있으므로, 이들 위성에서의 생명체 존재 가능성도 거의 없다고 말하는 것이 정직한 표현이다.

과학자들은 그래도 수성보다 더 크고 태양계 전체에서 두 번째로 큰 위성인 타이탄에 대한 미련을 버리지 못하고 있다. 그래서 이에 대한 근접 조사를 위해 유럽우주국(European Space Agency)은 타이탄에 착륙할 탐사선 호이겐스(Huygens)를 실은 카시니(Cassini) 우주선을 발사하였다. 2004년 6월 30일 토성에 도착한 카시니는 토성 고리와 같은 평면 궤도를 돌면서 2008년까지 토성에 관한 1차 연구를 진행할 예정이다. 2004년 12월, 카시니가 타이탄을 향해 발사한 호이겐스 탐사선은 성공적으로 대기권 진입과 착륙에 성공하였으며, 2005년 1월 14일 지구의 해수면 대기압보다 1.5배나 높은 타이탄 표면에 착륙했다. 그러나 아쉽게도 호이겐스는 단 한 장의 표면 사진만을 전송하고 더 이상의 활동을 하지 못하고 있다. 그나마 이 사진은 흐리며 얼음 덩어리들이 지평선에 깔려 있는 정경을 보여줄 뿐이었다. 현재까지 알려진 바로는 여기에도 생명체 존재의 가능성은 전혀 없으며, 우주에서 지구만이 생명체들이 존재할 수 있는 유일무이한 오아시스일 가능성을 강하게 시사하고 있다.[131]

9. 태양계 바깥에는…

그러면 태양계 바깥 우주는 어떤가? 진화론자들은 하나의 행성이 화학진화를 통해 지구에서와 같은 생명체를 탄생시키기 위해서는 천체의 온도가 적어도 100만 년 동안 −80℃에서 100℃ 사이에 머물러야 한다고 한다. 만일 지구에서와 같이 탄소와 물에 기초한 유기체라면 100℃를 넘는 온도에서는 단백질이나 핵산과 같은 생체 고분자물질들이 재빨리 가수분해 될 것이고, −100℃ 이하에서는 생명 합성에 필수적인 중요한 화학반응들의 속도가 너무 느릴 뿐 아니라 액체로 존재하는 용매가 없기 때문에 원천적으로 반응이 일어날 수가 없기 때문이다.

131 John Shibley, "Cassini's 4-Year Odyssey" 〈Explore the Universe 2006〉 〈Astronomy〉의 Special edition(2006), pp. 8-15.
132 Miller and Orgel, 『생명의 기원』, pp. 305-11.
133 H-R 도표란 헤르츠슈프룽(Ejnar Hertzsprung)과 러셀(Henry Norris Russell)이 제안한 별들의 스펙트럼형과 실시등급(實視等級)을 두 축으로 한 도표를 말한다.

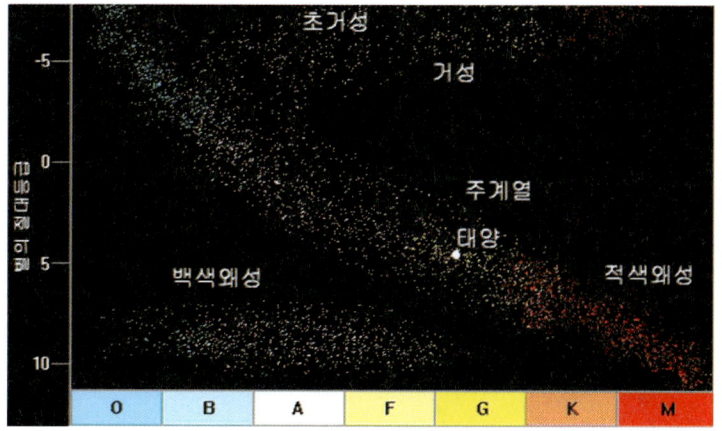

4-15 H-R 도표. 좌표에서 왼쪽으로 갈수록 온도가 높아지고 위로 갈수록 별의 크기가 증가한다. 별들의 밝기와 스펙트럼 모양(온도)에 따라 분류하면 대부분의 별들이 주계열(Main Sequence)이라는 띠 안에 들어온다. 그 외에도 작으면서 온도가 높은 백색왜성(white dwarf), 크면서 온도가 낮은 적색거성(red giant), 작으면서 온도가 낮은 적색왜성(red dwarf) 등이 있다.

  어떤 사람들은 지구상의 몇몇 생명체들은 -196℃의 액체질소나 심지어 -269℃의 액체헬륨의 온도에서 유지될 수 있는 것들도 있다고 주장한다. 그러나 그런 온도에서 생명이 유지될 수 있는 생명체들은 있지만 -15℃보다 낮은 온도에서 성장할 수 있는 유기체는 없다. 물론 지구상의 생명체와는 전혀 다른 규산염 따위에 근거한 생명체들에게는 이런 조건을 부과할 수 없을 것이다. 그러나 밀러와 오르겔의 지적대로 이런 있을 법하지 않은 생물들은 "칵테일 파티의 화제로서 거론될 가치밖에 없다."[132]

  생명체가 존재하기 위한 천체의 조건은 그 자체가 빛을 발하는 항성이어서는 안 되며, 지구와 같이 빛을 발하는 항성 주변을 공전하는 행성이어야 한다. 스스로 빛을 발하는 항성이라면 별 전체에서 핵융합 반응이 일어나고 있기 때문에 표면 온도가 수천만 도에 이르기 때문이다. 전체 별들의 절반 가까이를 차지하는 이중성이나 삼중성, 혹은 사중성 따위의 쌍성들도 가능성이 없는 것은 아니지만 그런 별들은 공전하는 동안에 온도의 변화가 너무 크기 때문에 생물이 살 수 없다.

  항성이 생명체가 살 만한 행성을 갖기 위해서는 별의 밝기를 세로축으로 하고 스펙트럼형(온도나 질량에 관련되어 있는)을 가로축으로 그린 H-R 도표(Hertzsprung-Russell Diagram)에서 태양과 비슷한 주계열성(主系列星) 영역에 속한 별들이어야 하며, 그리고 그 항성 주위를 공전하는 지구와 비슷한 행성이 있어야 한다.[133] 이런 주계열

103

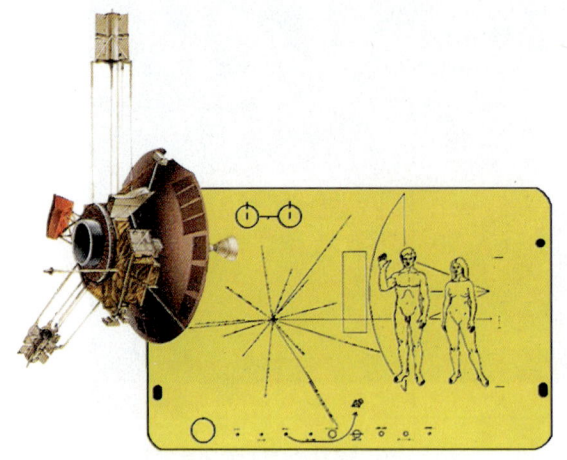

4-16 인류 역사상 처음으로 태양계를 떠난 파이오니어 10, 11호와 이에 실어 보낸 알루미늄 판의 그림. 아령 모양의 연결된 두 개의 원은 우주에 가장 풍부한 수소 원자를 나타내며, 중간에 방사상형으로 뻗어가는 모습은 은하계 내에 있는 태양계의 위치를, 아래에 있는 화살표는 파이어니어가 지구로부터 출발하여 목성과 토성 사이를 지나 태양계를 떠난다는 것을 표시한 것이다.[134]

성은 전체 별들의 약 10%에 해당하며, 말할 필요도 없이 태양도 여기에 포함된다. 이런 조건을 만족시키기 위해서는 행성과 항성 사이의 거리나 항성의 에너지 복사율 등이 매우 정확하게 조절되어야 한다. 그러나 불행하게도 태양계 바깥에 있는 가장 가까운 항성에 속하는 행성이라도 지구와 비슷한 크기의 행성은 미국에서 로켓으로 대기권 밖으로 쏘아 올린 허블망원경으로도 관측이 어렵다.

10. 외계 생명 탐사 프로젝트

외계 생명체를 탐지하는 또 하나의 방법은 직접 우주 탐사선을 외계로 보내어 적극적으로 외계와의 교신을 시도하거나 혹은 외계로부터 오는 전파를 분석하는 방법이다. 최초의 시도는 1972년 3월 3일, 미국이 파이어니어(Pioneer) 10호를 쏘아 보낸 것이었다. 이 우주선에서는 그림 4-16과 같은 그림을 식각(蝕刻)하고 그것을 도금한 알루미늄 판을 안테나 지지대에 부착시켜 놓았다. 우선 이 그림의 가운데는 남자와 여자의 모습이 있다. 그리고 그 아래에는 태양계의 그림과 더불어 세 번째 행성에서 우주선을 쏘아 보냈으며 목성과 토성 사이를 지나 외계로 빠져나가는 그림이 있다. 이 우주선은 그 해 12월에 인류 역사상 최초로 태양계를 빠져나갔지만 가장 가까운 별에 도달하기까지는 아직 8만 년을 더 비행해야 한다. 언젠가 비행하다가 이 알루미늄 판의 메시지를 해독할 문명을 만나기를 기대하면서….

또한 잘 알려진 바와 같이 지구상에는 외계로부터 무수한 전파들이 쏟아지고 있다. 1960년에는 이 전파들을 전파망원경으로 수신하여 지성을 가진 생명체가 쏘아 보냈음직한 전파를 찾아내려는 연구가 '오즈마 프로젝트'란 이름으로 시작되었다. 이 프로젝트에 참여한 사람들은 1986년 초까지 엄청난 연구비와 총 125,000시간을 외계로부터 오는 전파 신호를 탐지, 분석하는 데 소비하였지만 생명체 존재에 관한 단 하나의 긍정적인 결과도 얻지 못했다. 아직까지 포기하지 않고 연구를 계속하는 이유는 단지 "성공할 확률은 추정하기 어렵지만 탐색 연구를 하지 않는다면 성공할 확률은 제로가 된다"는 사실 때문이다.[135]

11. 외계 생명체와 기독교

그렇다면 화성이나 목성 위성에 생명체가 없다고 해서, 혹은 외계로부터 지능을 가진 어떤 존재가 보냈다고 생각되는 전파 신호를 찾지 못했다고 해서 외계 생명체가 없다고 확정적으로 말할 수 있는가? 결론부터 말하자면 우리는 아직까지 외계 생명체가 없다고 속단할 수 없다. 과학적 진술은 일반적으로 규범적(normative)이라기보다 기술적(descriptive)이다. 예를 들면 "외계에는 생명체가 없다"는 진술은 과학적 진술이지만 "외계에는 생명체가 없어야 한다"라고 한다면 그것은 과학적 진술이 아니다. 성경이 분명한 언급을 하고 있지 않은 과학적 사실들에 대해 '그런 것은 존재해서는 안 된다', 혹은 '그런 것은 일어나서는 안 된다'는 식의 규범적 주장을 하게 되면 자칫 중세 가톨릭의 오류를 되풀이할 수 있다. 그리스도인들은 성경의 '구조'에 해당하지 않는 과학적 사실들에 대한 규범적 진술을 하는 것에 대해 신중해야 한다.

한때 일부 기독교인들은 화성의 생명체 탐사와 관련하여 혹 생명체가 발견된다면 어찌 될까 하고 마음을 졸였다. '십자가연구소' 한춘근 소장은 "갈보리 십자가의 현 주소는 한 개지 여러 개가 있을 수는 없다. 골고다 언덕의 갈보리 산은 지구 외에는 없기 때문에 인

134 Couper and Henbest, Is Anybody out There?, p. 30; Wysong, *The Creation-Evolution Controversy*, p. 14.
135 M. D. Papagiannis, 〈Nature〉, 318(1985), p. 135; A. Scott, *The Creation of Life*(1986), p. 178. 이 내용은 『생명의 기원』, p. 315에서 재인용하였다.

간이 사는 지구는 하나일 수밖에 없다. 그러므로 지구 외에는 인간이 없다. 십자가는 인간과 연계된다. 지구는 예수 그리스도의 십자가의 피가 있기 때문에 우주의 중심이 되는 것이다. 그러므로 지구 외계에는 인간이 없다"고 말한다.[136] 또 어떤 사람은 "외계 생명체의 존재가 확인될 경우 일단 신에 의한 만물 창조설은 간단하게 부인될 것이며, 이는 크리스천들의 세계관과 종교적 신념체계를 근본적으로 뒤흔드는 것은 물론 전통적인 기독교 교리의 붕괴"를 가져올 것이라고 예측한다.[137]

과연 그럴까? 화성에 생명체가 있다면 그것은 비성경적인 것인가? 외계 생명체가 존재한다는 것은 성경의 가르침과 배치되며 기독교 신앙을 위태롭게 하는 것인가? 과학적으로 볼 때 외계 생명체가 존재하지 않는다고 확언하거나 성경적으로 볼 때 생명체가 존재해서는 안 된다고 주장하는 것은 매우 조심해야 한다. 성경은 외계에 생명체가 있다는 언급도 하지 않지만 그렇다고 지구에만 생명체가 존재한다는 직접적인 언급도 하고 있지 않다. 성경이 언급하고 있지 않기 때문에 외계 생명체가 없다거나 혹은 없어야 한다고 주장하는 것은 잘못이다.

성경의 주된 목적은 죄인인 인간을 구원하시려는 하나님의 구속 계획을 제시하는 것이다. 그러므로 오늘날 현대인들에게는 중요하게 보이는 일일지라도 성경의 원래 목적에 직접적으로 관련된 일이 아니면 성경은 자세하게 기록하고 있지 않다. 외계 생명체의 존재는 인간의 죄의 문제를 해결하는 것이나 예수 그리스도의 대속적 사역을 설명하는 데 직접적인 관련이 없기 때문에 성경은 기록하고 있지 않을 뿐이다. 외계 생명체의 존재에 대하여 기독교인들이 말할 수 있는 바는 "만일 외계 생명체가 있다면 그것도 하나님의 피조물이다"라는 것이다.[138]

136 한춘근, "지구 외에는 인간이 없다" 〈크리스챤 신문〉(1996. 11. 30).
137 "화성 생명체 흔적 발견 논란 – 사실일 땐 기독교 세계관 및 창조 신앙 붕괴 우려" 〈크리스챤 신문〉(1996. 8. 24).
138 황인순, "하나님은 생명을 지구에만 허락하셨다" 〈크리스챤 신문〉(1996. 8. 24).

1. 지구는 생명체가 살 수 있도록 최적으로 설계되었다는 증거들을 찾아보자. 그리고 이런 증거들을 모두 갖춘 별이 우연히 존재할 수 있는 가능성에 대해서 말해 보자.

2. 지구상의 생명의 역사를 연구할 때 진화론자들은 '현재는 과거의 열쇠'라는 동일과정설을 전제로 하고 있다. 또한 외계에 생명체가 있다고 주장하는 사람들은 우주는 지구나 태양계를 이루고 있는 물질들이나 과학적 법칙들과 동일한 것들에 의해 운행되고 있다는 소위 균일설을 전제로 하고 있다. 동일과정설과 균일설 전제의 가장 큰 문제점은 무엇인가?

3. 현재까지 외계 생명체의 존재에 대한 증거가 거의 전무함에도 불구하고 엄청난 예산을 들여가며 이를 조사, 연구하는 이유는 무엇이라고 생각하는가? 외계 생명체 탐사를 주도하는 이면에 어떤 이데올로기적 요소가 있다면 말해 보자.

제5장
진화는 과학적 사실인가?

Creation and Catastrophes

송아지, 송아지, 얼룩송아지, 엄마소도 얼룩소 엄마
닮았네. _한국 동요

다윈의 『종의 기원』이 출판된 지 100여 년
정도 되었을 때 영국의 진화론자 헉슬리는 진화의 사실성을 강조하기 위하여 진화론을
지동설의 사실성에 비교하였다. "다윈의 이론에 관해 지적해야 할 첫 번째 사실은, 이것
은 하나의 이론이 아니라 사실이라는 점이다. 진지한 과학자라면 마치 지구가 태양의 주
위를 돈다는 사실을 부정할 수 없듯이 진화가 일어났다는 사실을 부정할 수 없을 것이
다."[139] 새비지 또한 "오늘날 진지한 생물학자라면 아무도 진화가 사실임을 의심하지 않
는다. … 진화가 사실임은 매우 분명하다. … 진화가 사실임을 증명하기 위해서는 증거들
을 열거할 필요도 없다…"고 했다.[140]

과연 생물진화는 이론이 아니라 사실인가? 과연 진화론은 지동설처럼 확실한가? 더 이
상의 증거들을 열거할 필요도 없이 진화는 분명한 사실인가? 진화론을 지지하지 않는 그
많은 과학자들은 모두 진지하지 않은 과학자들인가? 그런데 왜 아직도 진화론에 대한 논
쟁이 이렇게 뜨거운가? 왜 아직까지 진화론이 진화법칙으로 바뀌지 않는가? 본 장에서는
기원, 생물의 기원에 대한 과학적인 측면을 살펴보고자 한다. 생물의 기원, 특히 다윈 이
후의 논쟁들을 중심으로 창조론과 진화론 중 어느 이론이 더 타당한지 살펴본다.

---

139 Julian Sorrell Huxley, "At Random: A Television Preview," in *Evolution after Darwin*, edited by S. Tax(Chicago: University of Chicago Press, 1960), p. 41. Julian Sorrell Huxley(1887–1975): 영국의 생물학자. 다윈의 불독으로 알려진 토머스 헉슬리(Thomas Huxley, 1825–1895)의 손자다.

140 J. Savage, *Evolution*(New York: Holt, Rinehart, Winston, 1965), Preface.

1. 생물진화 사상

흔히 진화론이라고 하면 다윈을 생각하지만 다윈은 결코 최초의 진화론자가 아니다.[141] 그는 다만 동시대에 살았던 월레스와 더불어 새로운 종이 나타나는 구체적인 진화 메커니즘을 제시하였을 뿐이며, 진화 사상 자체는 매우 오랜 역사를 갖고 있다.[142] 다윈은 진화가 일어나는 요인으로서 자연선택(Natural Selection) 혹은 자연도태를 제안하였다. 그러나 자연선택에 의한 진화 개념도 이미 다윈 이전에 발표된 것이었다. 다만 다윈은 많은 필드 연구를 통해 자연선택에 대한 여러 가지 증거들을 제시하였고, 자연선택을 통해 새로운 종이 탄생하는 구체적인 메커니즘을 제시하였다는 점이 달랐다.

사람들이 사물이 변천한다는 것을 알아차린 것은 오랜 옛날부터였다. 그러나 생물이 변천해 간다는 생각을 한 것은 기원전 5, 6세기 경의 그리스의 자연철학자들이었다. 대표적인 몇몇 사람들을 들면 아낙시만드로스, 엠페도클레스, 아리스토텔레스, 에피쿠로스 등이다. 이들 중에서 아리스토텔레스는 자연은 간단하고 불완전한 것으로부터 복잡하고 완전한 것으로 변하려고 애쓴다고 생각하면서 생물은 점차 진화하는 것이라고 하였다. 엠페도클레스는 동물들은 사지(四肢)들이 원래 따로 떨어져서 다니다가 서로 조합하여 만들어졌다는 원시 진화론을 주장하였다. 로마의 시인 카루스는 〈사물의 본성에 관하여〉(De Rerum Natura)라는 시에서 무신론적인 견해를 표방하고 대지가 모든 생물을 낳는다는 주장을 하였다.[143]

이러한 원시적, 철학적 진화론적 생각은 중세로 들어오면서 기독교의 창조론에 밀려 설 자리가 없게 되었다. 그러나 중세가 끝나고 르네상스를 지나면서 박물학자들은 다시 진화론을 들고 나오기 시작하였다. 특히 지질학, 분류학, 고생물학 등이 발달하던 18세기부터 진화론은 조직적으로 창조론과 경쟁하기 시작하였다. 몇몇 예를 들어보면, 프랑스의 뷔퐁은 환경의 영향, 특히 온도와 먹이가 진화의 원인이 된다고 하였다. 다윈의 할아버지인 영국의 에라스무스 다윈, 독일의 시인이며 정치가이자 식물학자였던 괴테 등은

---

141 다윈(Charles Darwin, 1809–1882): 영국 잉글랜드의 Shrewsbury 출신의 박물학자이자 진화론자. 1859년 『종의 기원』을 발표하여 현대 생물진화론의 시조가 되었다.
142 월레스(Alfred Russel Wallace, 1823–1913): 영국의 박물학자이자 진화론자, 지리학자, 인류학자, 사회비평가.
143 아낙시만드로스(Anaximandros, c. BC 611–545): 그리스의 자연철학자이자 탈레스의 제자; 엠페도클레스(Empedocles, BC 490–430): 그리스의 자연철학자로서 최초의 진화론을 주장; 아리스토텔레스(Aristoteles, BC 383–322): 그리스의 자연철학자이자 플라톤의 제자. 고대 그리스 과학을 집대성; 에피쿠로스(Epicurus, BC 341–270): 그리스의 쾌락주의 철학자이자 진화론자; 카루스(Titus Lucretius Carus, BC 99–55): 로마의 시인으로, 생명의 자연발생설을 주장하였다.

비슷한 시대에 살면서 생물의 진화를 인정하고 진화의 방법에 대한 나름대로의 이론을 제시하였다.[144]

2. 다윈의 선구자들

19세기에 들면서 진화론은 좀 더 구체적인 이론으로 등장하기 시작하였다. 라마르크, 생띨레르, 다윈, 월레스 등은 매우 구체적인 진화론을 제시하였으며, 그 중 다윈은 대표적인 저술 『종의 기원』을 통해 현대 생물 진화의 체계를 세웠다. 다윈은 『종의 기원』 나중 판에서 자신의 이론에 대한 선행 연구자들로서 여러 사람들을 언급하였는데, 그 중에서 뷔퐁, 라마르크, 오웬, 매튜 등이 있다.

A. 라마르크

이들 중에서 다윈에게 특히 많은 영향을 미친 인물로는 라마르크를 들 수 있다.[145] 라마르크는 진화라는 용어를 한 번도 사용한 적이 없었지만 생물에게 있어서 변화가 일어나는 진화론적 방법과 이유를 제시한 최초의 사람이었다.[146] 그는 생물에게는 발전하려고 하는 자연적인 경향이 있으며, 유용한 특성들은 다음 세대로 전달된다고 믿었다. 1809년에 발표한 『동물철학』(Philosophie Zoologique)에서 라마르크는 단순한 형태의 생명체는 무생물로부터 끊임없이 생겨나며 그들은 점차 변화되어 복잡한 생명체가 된다고 주장했다. 그는 이 책에서 소위 자신의 '용불용설'(用不用說, Use and Disuse Theory)이라는 자신의 진화론을 전개했다. 이 이론에 의하면 동물의 기관(器官)에서 잘 쓰이는 것은 점점 발달하고, 반대로 잘 쓰이지 않는 것은 퇴화하는데 이런 변화의 결과는 자손에게 유전되며 이런 과정이 여러 대를 지나면서 거듭되면 조상보다 훨씬 나은, 다시 말해 진화된

---

144 뷔퐁(Louis Leclerc de Buffon, 1707-1788): 프랑스 진화론자. 생명의 자연발생을 주장. 생물 종의 연속성 주장; 다윈(Erasmus Darwin, 1731-1802): 영국 진화론자이자 다윈의 조부. 진화론 책인 『동물지』(Zoonomia) 저술; 괴테(Johann Wolfgang von Goethe, 1749-1832): 독일의 시인, 정치가, 식물학자. 식물의 원형(Prototype) 개념 주장.
145 라마르크(Jean Baptiste Pierre Antoine de Monet, Chevalier de Lamarck, 1744-1829): 프랑스 생물학자로서 '용불용설'(用不用說)을 제창했다.
146 진화를 유기체의 변화를 지칭하는 말로 처음 사용한 것은 1832년 영국 지질학자 라이엘(Charles Lyell, 1797-1875)이었다. 그는 라마르크의 진화설을 논의하면서 처음으로 진화라는 말을 사용하기 시작했으며, 후에 이 말은 다윈에 의해 간간이 사용되다가 현대적인 의미로 완전히 정착된 것은 스펜서(Spencer, 1820-1903)에 의해서였다. cf. 조희형, 『잘못 알기 쉬운 과학개념』(서울: 전파과학사, 1994), p. 143.

113

종이 된다는 것이다. 그는 또한 동물에게서는 내부적 욕구에 대한 직접적인 반응으로 새로운 기관이 만들어진다고도 하였다.

　　라마르크 역시 다윈과 흡사한 자연선택의 개념을 제시했지만 다윈과는 달리 자연선택을 새로운 종이 만들어지는 메커니즘으로 보지 않았다. 그는 자연선택을 환경에 적응하지 못하는 부적자(不適者, the least fit)를 도태시키는 메커니즘으로 보았다. 즉 그는 자연선택을 통해 환경에 잘 적응하는 적자(適者, the fittest)에게는 창조된 모습 그대로 아무런 변화도 일어나지 않는다고 보았다. 여기에 반해 다윈은 자연선택은 변화를 일으키는 힘이라고 보았다. 다윈은 부적자를 도태시킴으로 후대들의 특성은 끊임없이 환경에 적응되었다고 가정했다. 그러므로 엄격히 구별하자면 다윈은 자연선택설을 주장했고, 라마르크는 자연도태설을 주장했다고 할 수 있다.[147] 결국 다윈의 자연선택 메커니즘의 선구자는 라마르크였다고 할 수 있다.

5-1 기린의 긴 목은 높은 곳에 있는 나뭇잎을 따먹는 데는 적합하지만 물을 먹는 데는 매우 불편하다.

　　라마르크는 자신의 이론을 설명하기 위하여 기린의 목을 예로 들었다. 그는 기린의 긴 목을 이렇게 설명했다. 원래는 기린도 목이 짧았을 것이다. 그런데 언젠가 아프리카 대륙에 큰 가뭄이 들었고 이로 인해 모든 풀들이 말라 죽었다. 풀이 말라 죽자 기린은 나뭇잎을 따먹기 시작했다. 처음에는 낮은 곳에 있는 잎을 먹었지만 점점 더 높은 곳에 있는 잎을 먹어야 했다. 그래서 목을 뻗다가 목이 길어졌다. 그리고 이렇게 길어진 목을 가진 기린이 새끼를 낳았을 때 역시 목이 긴 새끼가 태어났다. 그 새끼 역시 높은 곳에 있는 나뭇잎을 따먹기 위해 목을 뻗게 되었다. 그 결과 목은 더욱 길어지게 되었고 또한 더 길어진 목을 가진 새끼를 낳게 되었다. 라마르크는 이런 과정을 거듭하면서 기린은 오늘날과 같이 긴 목을 갖게 되었다고 설명했다.

　　그러나 다윈은 라마르크가 제시한 '기린 시나리오'를 약간 수정했다. 그의 이론은 아프리카에 큰 가뭄이 든 것까지는 같다. 그 후 긴 목을 가진 기린은 높은 나무로부터 식물을 구하는 경쟁에서 이겨 생존하였다. 그리고 그들의 후손에게 약간 더 긴 목을 유전시켜 주어 이것이 여러 세대 반복됨으로 목이 긴 오늘의 기린이 나오게 되었다. 다윈의 진화론은 개체변이 혹은 획득형질의 유전에 기초를 두었다.

그러면 이러한 자연도태설은 과연 진화의 메커니즘이 될 수 있는가? 먼저 유전학의 진보에 따라 개체변이나 획득형질은 유전되지 않음이 밝혀졌다. 후천적인 훈련에 의해, 혹은 환경적 영향으로 변화된 생물의 특성은 유전되지 않음이 증명된 것이다. 한 예로 19세기 말엽 독일의 바이스만(August Weismann)은 교미하기 전에 생쥐의 꼬리를 잘라 줌으로써 꼬리 없는 생쥐를 만들어 보려는 실험을 하였다. 그는 연속적으로 20세대에 걸쳐 생쥐의 꼬리를 잘라 주었지만 마지막 세대까지도 조상과 똑같은 길이의 꼬리를 가진 생쥐가 태어남을 보았다. 이러한 그의 실험은 후천적 획득형질이 유전되지 않는다는 것을 증명한 최초의 시도였다.[148]

획득형질이 유전되지 않는다는 것 외에도 라마르크나 다윈의 이론은 가뭄이 끝난 후에는 왜 길고 불편한 기린의 목이 줄어들지 않았는지를 설명할 수 없다. 현재 기린은 심장이 높은 곳에 위치하고 있기 때문에 물을 마시기 위해 고개를 앞으로 기울일 때는 과도한 혈압으로 머리로 가는 동맥이 파열되지 않도록 혈액순환을 잠시 멈추게 되어 있다. 이처럼 위험하고 불편한 듯이 보이는 기린의 커다란 키가 가뭄이 끝나서 더 이상 필요치 않은데도 왜 아직까지 그대로 있는가? 이것은 진화론적 사고로서는 설명하기가 어렵다. 또한 아프리카의 모든 풀들이 말라 죽을 정도의 심한 가뭄이 들었다면 어찌하여 나무들은 멀쩡하게 살아 있었는지? 그리고 기린 외에도 초식동물들이 얼마든지 있는데 왜 하필 기린의 목만이 길어졌는가? 기린에 대한 라마르크나 다윈의 설명은 동화나 이솝 우화와 같은 가치는 있을지 모르나 과학적인 이론으로서는 별 가치가 없는 것으로 보인다.

B. 맬더스

다윈의 진화론의 핵심적인 이론은 생물의 자연선택설 혹은 자연도태설이었다. 그러나 다윈으로 하여금 자연선택을 진화의 메커니즘으로 채택하게 하는 데 가장 강력한 영향을

147　David Burne, *Get a Grip on Evolution* (Lewes, England: Ivy Press, 1999), p. 63.
148　바이스만(August Weismann, 1834–1914): 독일의 발생학자이자 유전학자. 그는 모든 생물체는 변하지 않고 자손에게 전달되는 유전물질을 가지고 있다는 생각을 바탕으로 라마르크의 획득형질의 유전을 부정했으며, 유전이 염색체라는 물질에 의해 일어난다는 사실도 밝혀냈다.

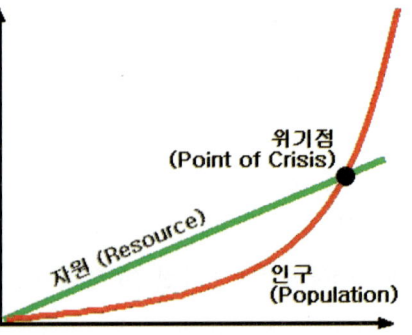

5-2 다윈이 진화론을 만드는 데 중요한 영향을 미쳤던 맬더스와 그의 이론을 나타내는 그림

미친 사람은 생물학자가 아니라 바로 영국의 경제학자인 맬더스였다.[149] 흥미 있는 사실은 다윈에게 강력한 영향을 끼쳤던 맬더스는 다윈의 할아버지 에라스무스 다윈으로부터 많은 영향을 받았다는 것이다. 에라스무스 다윈은 자신의 진화사상을 일찍이 『동물지』라는 책을 통해 발표한 적이 있었다.[150]

맬더스는 1798년에 출판한 『인구론』에서 "식량은 인간의 생존에 절대 필요하고 남녀 간의 성욕은 필연적"이라는 가정에서 출발하여 인구와 식량의 증가 속도를 비교하였다. 그리고 인구가 억제되지 않으면 인구증가가 식량증가를 앞질러 빈곤과 죄악은 필연적이라는 결론을 내렸다.[151] 그러면서 한편으로 그는 사람들이 인류의 생존을 위해 필요한 개체수 이상으로 다산(多産)하는 것을 인간의 형질을 개량하기 위한 노력으로 보았다. 구체적으로 그는 인간이 사용할 수 있는 식량공급은 산술급수적으로(1→2→3→4→…) 증가하는 데 비해 인구는 기하급수적으로(1→2→4→8→…) 증가하는 것에 주목하였다. 그는 증가하는 인구의 위협이 사람들에게 생존을 위한 활력을 불러일으켜 사회에 '점진적이고 진보적인 개량'을 가져다 줄 것이라고 보았다. 다시 말해 부족한 식량으로 인해 생존경쟁이 일어날 것이며, 이 경쟁에서 이기는 개체는 생존하고, 지는 개체는 도태될 것이며

149 맬더스(Thomas Robert Malthus, 1766-1834): Adam Smith, D. Ricardo 등과 더불어 영국의 고전 경제학을 대표하는 학자. 주저로서 『인구론』(An Essay on the Principle of Population)이 있다.

150 Patricia G. Horan, "Forward," in Charles Darwin, The Origin of Species(Avenel, NJ: Random House Value Publishing, 1979), p. viii: 에라스무스 다윈(Erasmus Darwin, 1731-1802): 영국의 자연학자이자 의사이자 시인. 다윈(Charles Robert Darwin)의 할아버지.

151 "맬더스," 『철학대사전』(서울: 학원사, 1974), p. 300.

152 Charles Darwin, from his Autobiography(1876), from http://www.ucmp.berkeley.edu/history/malthus.html.

창조와 격변

이로 인해 점점 더 나은 개체로 발전할 것이라고 하였다.

1838년에 다윈은 이 원리를 인간 이외의 생물 세계에도 적용시켰다. 그는 맬더스의 주장을 따라 생물들이 과도하게 많은 후손들을 생산하는 것을 가리켜 "구조를 선별하고 환경의 변화에 적응시키는 힘"이라고 했다. 다윈은 맬더스의 저서를 읽으면서 자신의 변이이론을 더욱 정밀하게 다듬었으며, 드디어 1859년에 『자연선택에 의한 종의 기원』이라는 책을 출판하기에 이르렀다. 다윈이 맬더스에게 얼마나 많은 영향을 받았는지는 그의 자서전에 잘 나타나 있다.[152]

> *1838년 10월, 즉 내가 조직적인 연구를 시작한 지 15개월이 지난 후, 나는 심심풀이로 맬더스의 『인구론』을 읽으면서 동식물들의 습성에서 오랫동안 관찰되어 온 생존경쟁이 어디서나 이루어지고 있음을 잘 이해하게 되었다. 그러자 이들 환경 아래에서 잘 적응하는 변이들은 보존되고 그렇지 않은 것들은 멸종한다는 생각이 갑자기 내게 떠올랐다(struck). 이 결과로 새로운 종이 형성될 것이다. 여기서 그 때 나는 드디어 (진화를) 설명하는 한 이론을 갖게 되었다.*

3. 다윈과 『종의 기원』

다윈은 1809년 2월 12일, 미국의 제16대 대통령 링컨(Abraham Lincoln)과 같은 날 태어났다. 그의 아버지는 지방의 존경받는 의사였으며, 그는 자기 아들이 자기의 뒤를 이어 의사가 되기를 바랐다. 그러나 다윈은 수술하는 광경을 본 첫날 질려서 의사로서의 길을 포기하고 말았다. 그 후 그는 생물학과 박물학 등에 관심을 가지고 많은 관찰을 했다. 이로 인해 그는 아버지와 관계가 극도로 나빠졌다. 언젠가 다윈의 아버지가 다윈에게 쓴 편지를 보면 그의 아들에 대한 실망과 분노가 그대로 나타나 있다. "너는 도대체 사냥이나 하고 개나 데리고 다니며 쥐나 잡으니

5-3 청년 시절의 다윈

117

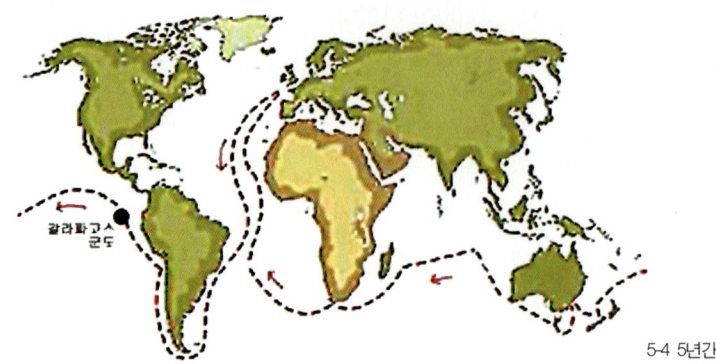

5-4 5년간의 비글호의 항해 루트

너 자신에게나 우리 가문에 큰 망신거리가 되겠구나."[153]

A. 비글호 탐사

그러나 아버지의 예언과는 달리 다윈은 22세가 되던 1831년 12월 27일, 열 문의 대포를 장착한 쌍돛대 범선(ten-gun brig) 비글호(The H. M. S. Beagle)를 타는 행운을 얻었다. 비글호는 길이 약 30m, 넓이 약 8m 정도 크기의 탐사선으로 배에는 74명이 승선하였다. 비글호의 선장은 26세의 종교적이고 귀족적이며 권위주의적인 피츠로이(FitzRoy)였으며, 다윈은 급료를 받지 않는 자원 박물학자로 승선하였다. 이때 그는 라이엘이 바로 전 해에 균일설에 근거하여 저술한 지질학 서적인 『지질학 원리』 제1권을 갖고 승선했다.[154]

그 후 1836년까지 5년간 다윈은 64,000Km에 이르는 항해와 수백 Km에 이르는 내륙 여행을 하는 지구 일주의 대장정을 하였다. 다윈 일행은 남아메리카와 에콰도르의 갈라파고스 군도(1835. 9. 16-10. 20)를 포함한 태평양, 남대서양의 여러 섬들, 호주, 브라질의 열대 정글 지역에서 해발 3,600m에 이르는 안데스 산맥 정상까지 탐사하였다. 이 항해는 다윈의 일생은 물론, 자연을 보는 그의 눈을 송두리째 바꾸어 놓았다.[155]

153 Charles Robert Darwin, *The Origin of Species*(Avenel, NJ: Random House Value, 1979), "Forward" by Patricia G. Horan.
154 영국 지질학자 라이엘(Sir Charles Lyell, 1797-1875)이 쓴 『지질학 원리』(Principles of Geology) 제1권은 1830년에, 제2권은 다윈이 항해를 떠난 후인 1832년에 출판되었다.
155 Charles Darwin, Autobiography from http://www.ucmp.berkeley.edu/history/ malthus.html.(2004. 4. 10).

창조아 격변

B. 종의 기원

1836년, 비글호 항해를 마치고 하선한 다윈은 자료 수집과 연구에 박차를 가하였다. 그리고 그는 그때까지 사람들이 믿어 왔던 종의 불변성에 도전하였다. 그는 생물은 기하급수적으로 과대한 번식을 하는데 개체수가 많으므로 서로 생존경쟁을 하게 되어 그 환경에 가장 잘 적응하는 유리한 특성을 가진 개체들이 살아남아 그들의 자손을 낳게 된다고 보았다. 이것은 흔히 최적자생존(最適者生存) 혹은 자연선택으로 알려져 있다. 이 메커니즘에 의하면 생존경쟁에서 이긴 개체들의 유리한 특성들은 보존, 유전되며 이것이 되풀이되어 누적되면 '유종'(幼種, incipient species)이 형성되고, 결국에는 독립된 새로운 종이 된다는 것이다. 사실 이것은 복잡한 이론은 아니었다. 그러나 다윈은 자신의 이론을 지지할 만한 많은 자료들을 정리하였다. 다윈의 가까운 친구이자 열렬한 진화론의 지지자였던 헉슬리가 "그런 생각(진화)을 갖지 않는다는 것은 얼마나 어리석은 일인가!"라고 탄식한 것도 이상한 일이 아니었다.[156]

다윈의 이론을 담은 『자연선택에 의한 종의 기원』(The Origin of Species by Means of Natural Selection)은 드디어 1859년에 초판을 발행하였고, 초판은 발행 당일 매진되었다.[157] 계몽주의와 낭만주의 시대의 열매라고 할 수 있는 『종의 기원』에 대한 독자들의 반응은 엄청났으며, 특히 당시

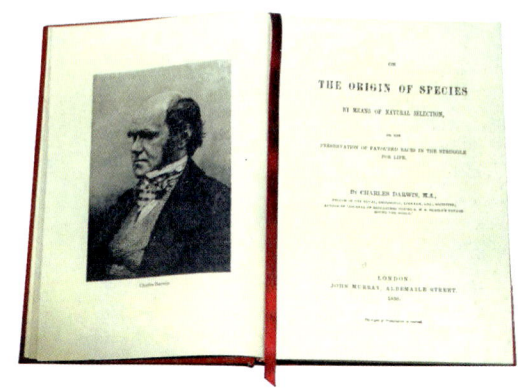

5-5 1859년에 발간된 『종의 기원』 초판. 다윈은 비글호 항해 기간 동안의 꽃과 새들의 관찰을 기초로 하여 이 책에서 자연선택이 생물의 종의 기원에 결정적인 역할을 한다고 주장했다.

유럽 지식인들에 의해 폭발적으로 받아들여졌다. 이 책의 영향은 단순히 생물학의 영역에만 머물지 않고 사람들의 근본적인 세계관을 변화시켰다. 존 듀이가 지적한 것과 같이 "『종의 기원』은 하나의 사고방식을 도입했는데 결국 그것은 지식의 논리, 나아가 도덕

---

156 Darwin, *The Origin of Species*, "Forward" by Patricia G. Horan; 헉슬리(Thomas Huxley, 1825–1895): 영국의 생물학자이자 진화론자.

157 『종의 기원』 초판이 배포 당일에 매진된 것은 단순히 다윈의 이론에 대한 관심 때문이라기보다는 초판이 후에 높은 경제적 가치를 갖는다는 점을 알고 사재기를 한 서점업자들의 농간 때문이기도 했다.

과 정치, 그리고 종교를 변화시키게"되어 있었다.[158] 다윈은 일종의 새로운 종교를 시작하였다고 할 수 있다. 톰슨은 "… 『종의 기원』은 대부분의 독자들에게 하나님의 뜻에 의한 지배의 증거를 사실상 없어지게 하였다."[159] 라고 지적하였다.

4. 품종개량의 한계

다윈이 진화에 대한 확신을 갖는 데 도움을 준 것은 19세기에 유행하던 품종개량에 대한 연구였다. '인위선택'(artificial selection)이라고 할 수 있는 품종개량 기술은 다윈으로 하여금 개체가 종의 한계를 뛰어넘는 변이를 일으킬 수 있다는 확신을 심어 주었다.

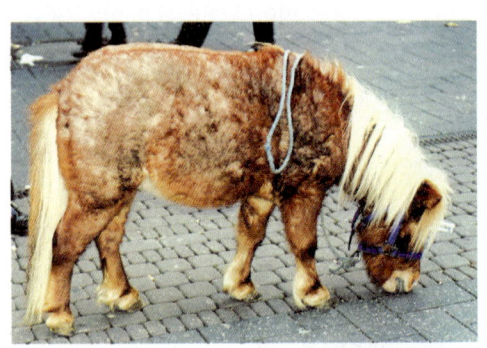

5-6 육종을 통해 다 자라도 키가 70cm 내외인 말들을 만들 수도 있다. 그러나 과도한 근친교배를 통한 선발 육종은 동물의 체격 균형을 망가뜨릴 수가 있다. 예를 들면 팔라벨라종은 신체의 강인함을 거의 잃어버렸다.

근대적인 품종개량은 1760년대부터 영국에서 시작되었다. 끊임없는 노력으로 인해 다윈이 살고 있던 시절에는 레스터셔(Leicestershire)라는 양과 디쉴리(Dishley)라는 소가 생산되었다. 다윈은 이 기술에 큰 감명을 받아 자신의 이론을 지지하는 예로서 채택하였다. 그러나 이렇게 개량된 양과 소는 더 이상 개량되지 않았기 때문에 품종개량은 명백한 한계를 갖고 있음이 일찍이 증명된 셈이다.

농작물 등에서도 품종개량을 하는 것은 현대 농업에서 흔히 있는 일이다. 그러나 유전학은 품종개량, 즉 인위적 형질 변화에는 분명한 한계가 있음을 보여준다. 한 예로 사탕수수의 설탕 함량을 증가시키기 위한 품종개량을 생각해 보자. 1800년부터 1878년 사이

창조와 격변

---

158 John Dewey, "The Influence of Darwinism on Philosophy," in *Great Essays in Science*, edited by M. Gardner(New York: Pocket Books, 1957), p. 16.
159 W. R. Thompson, "Introduction" *Origin of Species*, by Charles Darwin(Dutton: Everyman's Library, 1956); 톰슨(W. R. Thompson): Ottawa에 있는 Commonwealth Institute of Biological Control의 Director.

에 사람들은 사탕수수의 설탕 함량을 증가시키기 위하여 많은 노력을 하였다. 그 결과 설탕 함량을 6%에서 17%로 증가시킬 수 있었다. 그러나 그 후 계속 더 실험했으나 20% 이상을 올릴 수는 없었다. 분명한 유전적 한계가 있음을 말해 주는 것이다. 옥수수도 지난 7천여 년 동안 품종개량을 했으나 옥수수의 기본 특성은 그대로 있다. 이는 유전적 변이에는 한계가 있으며 따라서 품종개량을 통한 대진화는 불가능한 것임을 시사해 준다.[160]

5. 진화론과 유전법칙

다윈 진화론의 또 하나의 문제는 유전법칙과의 충돌이다. 오스트리아(현재의 체코) 부린(Brunn)의 수도원장이었던 멘델은 1856년부터 1864년 사이에 수도원 뜰에서 완두로 식물의 유전에 관한 연구를 하였다.[161] 그는 이 연구 결과를 1865년, 부린에서 열린 작은 학회에서 "식물 잡종에 관한 연구"라는 제목의 논문으로 발표하였다.[162] 그러나 유명한 식물학자도 아닌 일개 시골 수도원장이, 그것도 국제적인 학술회의도 아닌 지방 식물학회에서 발표한 이 논문에 대해 당시에는 아무도 관심을 갖지 않았다. 오늘날에는 유전학의 기초라고 인정받고 있는 대단한 업적이었지만, 멘델이 세상을 떠날 때까지 아무도 이 연구의 중요성을 인정하지 않았다.

멘델의 업적은 그가 세상을 떠난 지 16년 뒤인, 즉 그가 논문을 발표한 지 35년 뒤인 1900년에 이르러서야 비로소 널리 알려지게 되었다. 드프리스, 코렌스, 체르막 등 세 사람의 식물학자에 의해 독립적으로 멘델의 유전법칙의 놀라운 정확성이 재발견된 것이다.[163]

이들의 발표를 통해 사람들은 멘델의 유전법칙의 위대함을 알게 되었다. 오늘날 멘델

---

160 생물학적 변이의 한계에 대한 논의는 Lane P. Lester and Raymond G. Bohlin, *The Natural Limits to Biological Change*(Grand Rapids, MI: Zondervan, 1984)를 참고하라.

161 멘델(Gregor I. Mendel, 1822–84): 오스트리아 부린 수도원 원장이자 유전법칙의 발견자.

162 영어로 번역된 멘델의 논문은 Gregor Johann Mendel, *Experiments on Plant Hybridization*(Cambridge, MA: Harvard University Press, 1965).

163 1900년에 멘델의 유전법칙을 재발견한 세 사람 – 드프리스(Hugo De Vries, 1848–1935): 네덜란드 식물학자로서 멘델의 유전법칙을 재발견했으며, 처음으로 돌연변이(突然變異, mutation)란 말을 만들었다 ; 코렌스(Carl Erich Correns, 1864–1933): 독일 식물학자이자 유전학자; 체르막(Erich von Tschermark, 1871–1962): 오스트리아 농업경제학자(agronomist). 어떤 학자들은 체르막은 멘델의 법칙을 재발견한 인물로 인정하지 않는다. 심지어 어떤 사람은 드프리스의 역할조차 의심한다. 이를 위해 Peter J. Bowler, *Evolution: The History of an Idea*, Revised Edition(Berkeley and Los Angeles, CA: University of California Press, 1989), p. 275와 거기에 실린 참고문헌들을 보라.

의 법칙은 생물학 최초의 정량적 법칙이자, 19세기 3대 생물학 혁명(세포설, 진화론과 함께)의 하나로 평가되고 있다.

멘델의 유전법칙에 의하면 부모에게 없는 형질은 절대로 자손에게 나타나지 않는다고 할 수 있다. 즉, 이 법칙은 부모의 형질이 어떻게 자손에게 유전되는가를 정량적으로 밝힌 것이다. 따라서 이것은 한 생물의 종류로부터 다른 생물이 진화될 수 있다는 다윈의 진화론과는 정면으로 충돌하는 주장이라고 할 수 있다. 실제로 멘델의 유전법칙은 다윈의 『종의 기원』보다 6년 뒤에 발표되었기 때문에, 당시 대부분의 학자들이 다윈의 진화론을 믿고 있던 분위기 속에서 무시되었다. 그러나 멘델의 유전법칙을 인정한 일부 학자들은 분명히 "그것을 다윈의 진화설을 보완, 설명해 주는 것으로 보기보다는 대안적 이론으로 취급하였다."[164] 세기적인 대 발견이 사람들의 편견으로 인하여 빛을 보지 못한 것이다. 멘델은 자신의 업적을 인정받지 못한 채 1884년 "언젠가 나의 시대가 올 것이다"라는 유언을 남기고 세상을 떠났다.

멘델법칙을 요약하면 한 세대에서 다음 세대로 유전 정보가 전달되는 데는 일정한 질서가 있으며, 그 종의 유전인자에 포함된 정보 내에서만 변이가 가능하고, 새로운 것은 생기지 않는다는 것이다. 얼룩송아지는 얼룩 엄마소로부터만 나올 수 있다. 오늘날 지구상에 엄청난 종류의 생물들이 존재하게 된 것은 그 종류들 내에서의 변이가 엄청나게 다양하다는 유전학적 가능성으로 설명될 수 있다.

멘델의 유전법칙은 수많은 실험으로 증명된 과학적 사실임에 반해 진화론은 아직까지도 가설의 단계를 벗어나지 못하고 있다. 만일 어떤 가설이 증명된 다른 과학적 법칙과 상치된다면 우리는 당연히 가설이 틀렸다고 할 수밖에 없다. 그러므로 유전 '법칙'과 상치되는 진화 '가설'은 잘못된 것이다. 영국의 생물학자 베이트슨은 말하기를 "멘델의 실험 결과를 다윈이 보았더라면 『종의 기원』이란 책을 내놓지 않았을 것"이라고 했다.[165]

---

164 조희형, 『잘못 알기 쉬운 과학개념』, p. 148.
165 Bowler, Evolution : The History of an Idea, Revised Edition, p. 27; 베이트슨(William Bateson, 1861–1926): 영국 생물학자. 1905년, 멘델의 법칙을 영국에 소개할 때 처음으로 유전학(genetics)이라는 말을 도입하였다.

6. 돌연변이와 신다윈설

진화론에 있어서 다윈의 자연선택설 다음으로 중요한 메커니즘은 돌연변이(突然變異, mutation)다. 돌연변이가 진화의 메커니즘으로 등장한 것은 1901년 드프리스가 달맞이꽃의 연구에서 돌연히 나타난 형질이 자손에게 유전된다는 돌연변이 형질의 유전을 발견한 이후였다. 자연에서 일어나는 돌연변이에는 유전자 돌연변이와 염색체 돌연변이가 있다. 또는 유전자나 염색체에 X-선이나 자외선, 방사능 등을 쬐거나 화학약품 처리를 함으로 인공 돌연변이를 일으킬 수도 있다. 이러한 돌연변이의 대부분은 비연속적이며 정해진 방향도 없다.

돌연변이의 발견과 더불어 제안된 진화론을 흔히 신다윈설(Neo-Darwinism)이라고 한다. 1937년, 도브잔스키가 제시한 신다윈주의의 신조에서는 "돌연변이와 염색체 변화는 … 꾸준히, 완화되지 않고 진화의 재료를 제공한다"고 했다.[166] 신다윈설에서는 다윈의 자연선택설과 드프리스의 돌연변이를 결합하여 진화를 설명한다. 즉, 어느 생물체 내에 유익한 작은 돌연변이가 나타났다고 하면, 그 돌연변이의 결과로 생물체는 자기의 경쟁자들보다 생존하는 데 더 유리하게 되며 따라서 자연선택된다. 자연선택된 동일한 생물계통 가운데서 다른 유익한 돌연변이가 계속 일어나고 그 유익한 작은 돌연변이가 여러 세대를 거쳐 유전되어 수백만 년을 지나게 되면 처음의 생물체가 완전히 다른 종으로 진화된다는 학설이다.[167] 과연 돌연변이, 혹은 돌연변이체의 자연선택이 진화의 메커니즘으로 적합한가?

A. 종 내에서의 돌연변이

돌연변이를 대진화의 메커니즘으로 인정하는 데 있어서 가장 큰 문제는 자연계에서의 관찰이나 실험실에서의 증거가 없다는 사실이다. 자연 돌연변이를 발견한 지 거의 한 세기, 인공돌연변이를 발견한 지 반세기가 훨씬 더 지났다. 그동안 돌연변이가 대진화의 메커니즘일 수 있는지를 찾기 위한 수많은 조사가 이루어졌다. 그러나 돌연변이를 통해 새로운 종이 탄생한 예는 없다. 한 세대의 길이가 짧기 때문에 과일 초파리에 대한 인공 돌

166 도브잔스키(Theodosius Dobzhansky, 1900-1975): 러시아 네미로프(Nemirov) 태생의 미국 유전학자. 1927년에 미국으로 건너와서 모건(Thomas Hunt Morgan) 팀에서 일하기 시작했다.
167 Theodosius Dobzhansky, *Genetics and the Origin of Species*(New York: Columbia University Press, 1937), p. 13.

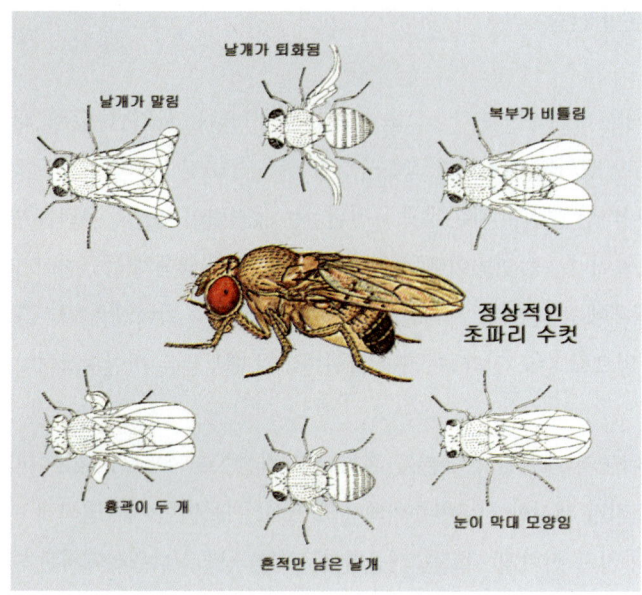

날개가 퇴화됨

날개가 말림

복부가 비틀림

정상적인
초파리 수컷

흉곽이 두 개

눈이 막대 모양임

흔적만 남은 날개

5-7 과일초파리(Drosophila Melanogaster)의 다양한 변이. 가운데 있는 것이 정상적인 야생 초파리이고 나머지는 돌연변이를 일으킨 것이다. 아무리 변이를 일으켜도 초파리의 한계를 벗어나지 않는다.

연변이 실험이 제일 많이 이루어졌는데, 아무리 돌연변이를 시도해도 크기, 모양, 색깔 등은 변화시킬 수 있었지만 초파리가 아닌 다른 무엇을 만들지는 못하였다.

개를 가지고 실험해도 역시 개는 개로 끝났고, 박테리아를 가지고 여러 가지 변이 실험을 해도 종 내에서의 변이를 보일 뿐 끝까지 박테리아였다. 줄리안 헉슬리의 말처럼 작은 변이들이 있기는 하지만 파충류의 다리가 새의 날개로 되었다든가 하는 것을 보여주지는 않는다.[168] 물론 유전학적 한계 내에서, 즉 종 내에서의 변이는 다양하여 초파리 종류(아종)만 해도 600여 가지나 되고, 조개 종류도 250여 가지나 되며, 사람도 60여 인종으로 다양하게 구분할 수 있다.

그러나 개는 언제나 개이며 초파리는 여전히 초파리, 조개는 조개로 남아 있을 뿐이다. 즉, 수평적인 유전변이는 일어나지만 진화론이 요구하는 수직적인 변이는 일어나지 않는다. 모든 생물은 그 종류대로 존재하는 것이다. 물론 드물게 지리적 격리 등으로 같은 종 간에도 생식적 격리가 일어나는 경우가 있다. 그러나 그렇다고 해서 그것이 현재의 다양한 생물계를 진화론으로 설명할 수 있는 근거가 될 수는 없다.[169]

B. 드물게 일어나는 돌연변이

대진화의 메커니즘으로서 돌연변이의 두 번째 문제는 자연계에서 일어나는 돌연변이의 빈도다. 일반적으로 자연계에서는 외계로부터 쏟아지는 우주선(宇宙線, cosmic ray)이나 기타 방사선이 생식세포 내의 대사 과정 또는 유전자 복제 과정에서 실수를 유발시키는 것이다. 대표적인 실수를 보면 염색체 일부가 잘라져 나가거나 여분으로 들어 있는 경우, 잘라진 일부가 다른 염색체에 부착되는 경우, 잘라져서 거꾸로 된 경우 등을 들 수 있다.

그러나 이런 유전적 실수는 자연계에서 극히 드물게 일어난다. 후에 살펴볼 돌연변이 교정 장치에 의해 돌연변이는 원상복귀 되기 때문에 자연 돌연변이는 10억분의 1 정도의 확률로 일어난다. 진화론자들이 주장하는 것처럼 돌연변이가 만에 하나 일어난다 해도 다섯 개의 돌연변이가 한 핵에서 일어날 확률은 10^{-22} 정도라고 한다. 대진화가 일어나려면 한 세포에서 수많은 연속적 돌연변이가 일어나야 하므로 자연계에서 돌연변이를 통한 대진화란 확률적으로 불가능하다.

물론 과거에는 현재보다 자연 돌연변이의 빈도가 높았을 것이라는 추측도 가능하다. 진화론자들의 추측으로는 원시 지구상에는 현재보다 자외선, 우주선 등이 더 강하게 들어왔을 것이므로 돌연변이가 더 많이 일어났을 것으로 본다. 일반적으로 돌연변이는 쬐어 준 X-선의 양에 직선적으로 비례하여 일어나기 때문이다. 그러나 원시지구에 오늘날보다 더 많은 자외선, 우주선이 들어왔다는 증거도 없을 뿐더러, 설사 그러한 일이 일어났다고 해도 그러한 상황 하에서의 돌연변이는 오늘날 실험실에서 인공 돌연변이 실험을 통해 얼마든지 검증해 볼 수 있다. 그러나 오늘날 실험실에서의 인공 돌연변이 결과도 새로운 종을 만들지는 않는다.

C. 해로운 돌연변이

돌연변이의 빈도와 더불어 돌연변이를 대진화의 메커니즘으로 주장하는 데 대한 또 다른 문제는 돌연변이의 유해성이다. 즉 돌연변이가 일어난다 할지라도 대부분의 돌연변이

---

168 줄리안 헉슬리(Sir Julian Sorrell Huxley, 1887-1975): 영국의 진화론자이자 생물학자. 다윈의 열렬한 지지자였던 토머스 헉슬리(Thomas Henry Huxley)의 손자이자 현대종합이론 주창자.

169 새로운 종이 나타난다는 주장에 대해서는 Joseph Boxhorn, "Observed Instances of Speciation", http://www.talkorigins.org/faqs/faq-speciation.html (2004. 4. 10)을 보라. 아마 600여 종의 초파리들 중에는 상당수가 생물학적인 단일 종이 아닌, 독립된 종일 것으로 생각된다.

5-8 해로운 돌연변이의 예: (a) 머리가 두 개인 거북 (b) 앞다리가 없는 개 (c)깃털이 없는 수탉 (d) 등이 붙은 이란의 삼쌍둥이(Siamese)

는 생물체에 해롭게 나타나기 때문에 돌연변이는 진화의 실질적 메커니즘이 될 수 없다. '진화'(進化)라는 것은 말 그대로 유익한 변이들의 축적으로 개체가 점점 더 고등한 상태로 변화하는 것이므로 돌연변이가 진화의 메커니즘이 되려면 변화가 유익한 방향으로 일어나야 한다. 그러나 사실은 이와 반대 방향으로 일어난다.

실례로 1945년 나가사키와 히로시마에 떨어진 원자탄으로 발생된 돌연변이의 경우 백혈병, 기형, 죽음을 초래했을 뿐 유익한 돌연변이를 일으키지 못했다. 인공 돌연변이 실험에서도 머리가 두 개 달린 물고기, 눈이 하나밖에 없는 물고기 등 기형적인 것이 생기거나 여러 가지 부작용이 나타나기만 했다. 그러므로 유익한 변이가 나타나야 한다는 것은 진화를 설명하기 위한 필요성에서 나온 논리일 뿐, 실제의 돌연변이는 대부분 해롭게만 일어난다. 대부분의 돌연변이가 해로운 방향으로 일어난다면 유익한 돌연변이의 자연 선택을 주장하는 신다윈설은 처음부터 틀린 주장이다. 돌연변이는 퇴화의 메커니즘은 될 수 있을지 모르나 진화의 메커니즘은 될 수 없다.

물론 보는 관점에 따라 생존에 유익한 돌연변이라고 할 수 있는 것이 지금도 관찰되고 있다. 진화론자들은 박테리아가 항생제에 내성(耐性)을 갖는 것이나 곤충들이 살충제에 내성을 갖는 것은 유익한 돌연변이의 예라고 말한다. 실제로 어떤 해충들은 특정한 살충제에 대해서 자연적으로 내성을 갖는 유전자를 갖고 있다. 그러므로 DDT를 계속 사용하게 되면 DDT에 약한 해충들은 죽게 되지만 유전적 내성을 가진 해충들은 상대적으로 더욱 번성하게 되어 생태계의 균형을 깨뜨릴 수 있다. 그러나 어떤 경우에도 이런 방법으로 다른 종의 생물이 생기지는 않는다. 이것은 살충제 내성이 진화와는 무관함을 의미한다.

박테리아의 내성은 형태적, 구조적 변이가 아니라 생화학적 변이일 뿐이다. 생화학적 변이만으로는 생명의 역사에서 나타나는 대진화를 설명할 수가 없다. 돌연변이가 생명체의 형

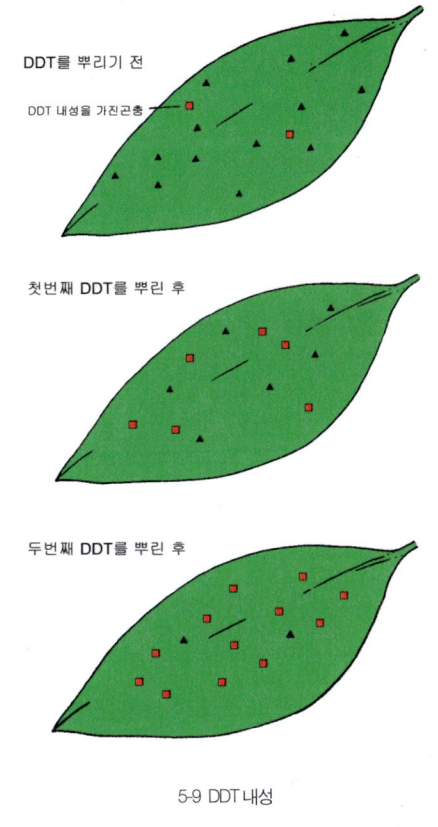

DDT를 뿌리기 전
DDT 내성을 가진 곤충

첫번째 DDT를 뿌린 후

두번째 DDT를 뿌린 후

5-9 DDT 내성

태나 구조에 영향을 미치지 못한다면 대진화의 메커니즘이 될 수 없다. 그래서 진화론자들은 형태와 구조의 변화를 일으키는 돌연변이를 찾는 연구를 계속했다.

D. 과일 초파리

이때 등장한 것이 바로 과일 초파리(Drosophila melanogaster, fruit fly)였다. 사과 등이 부패할 때 몰려드는 작은 과일 초파리는 한 세대가 10-14일 정도로 짧아서 실험 결과를 쉽게 볼 수 있을 뿐만 아니라, 사육하기가 쉽고 염색체도 4쌍밖에 없기 때문에 돌연변이 연구에 용이하다. 그동안의 많은 유전형질들을 연구한 결과 이제는 과일 초파리의 눈의 색깔, 날개의 모양, 강모(剛毛)의 모양 등이 어느 염색체의 어떤 부위에 의해 결정되는가도 알 수 있게 되었다. 모건 등은 과일 초파리의 성 결정 과정을 유전학적으로 규명

127

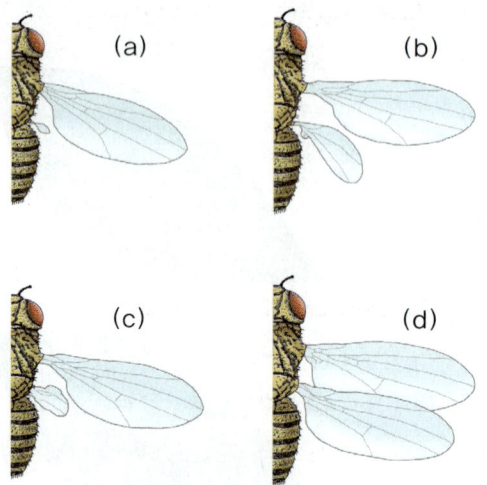

5-10 두 쌍의 날개를 가진 과일 초파리
를 만드는 과정. 정상적인 초파리
(a)에서 출발하여 (b)와 (c)의 단계를
거친 후에 한 번 더 돌연변이를 일
으키면 2쌍의 날개를 가진 초파리
가 만들어진다.

하였고 성과 관련된 유전양식도 밝혔다.[170]

많은 사람들이 초파리에 대한 돌연변이 실험에 매달린 가장 큰 이유는 앞에서 언급한 것처럼 바로 여기서 형태와 구조의 돌연변이를 볼 수 있었기 때문이었다. 그리고 이러한 돌연변이가 진화를 설명할 수 있지 않을까 하는 기대 때문이었다. 그러나 외형적 변화가 없이 유전자만 변하는 경우는 형태의 변화를 수반하는 대진화를 설명할 수 없다.

1927년, 유전학자 뮬러는 과일 초파리나 다른 생물에게 X-선을 조사(照射, irradiation)하면 돌연변이가 일어나는 것을 발견했다. 과일 초파리의 여러 가지 유전형질들 중에서 가장 쉽게 눈에 띄는 것은 바로 초파리의 날개 모양이었다. 정상적인 과일 초파리는 1쌍의 날개가 있는데 돌연변이를 일으킨 과일 초파리들 중에는 2쌍의 날개를 가진 것들이 있었다. 그래서 1978년부터 두 쌍의 날개를 가진 과일 초파리가 많은 교과서나 매스컴에 소개되었다.

170 모건(Thomas Hunt Morgan, 1866-1945): 미국 유전학자.
171 2쌍의 날개를 가진 과일 초파리를 만드는 과정에 대해서는 Wells, *Icons of Evolution*, pp. 182-5를 보라.
172 과일초파리 돌연변이체의 두 번째 날개 쌍에 비행근육이 없다는 점에 대해서는 J. Fernandes, S. E. Celniker, E. B. Lewis, and K. VijayRaghavan, "Muscle Development in the Four-Winged *Drosophila* and the Role of the *Ultrabithorax* Gene," 〈Current Biology〉 4(1994), pp. 957-64; Sudipto Roy, L. S. Shashidhara, and K. VijayRaghavan, "Muscles in the *Drosophila* Second Thoracic Segment are Patterned independently of Autonomous Homeotic Gene Function," 〈Current Biology〉 7(1997), pp. 222-7. 좀 더 오래된 문헌을 위해서는 Wells, *Icons of Evolution*, p. 315를 참고하라.

그러나 과연 2쌍의 날개를 가진 과일 초파리가 진화를 증명한다고 할 수 있는가? 우선 2쌍의 날개를 가진 초파리는 저절로 만들어지지는 않음을 기억해야 한다. 이러한 초파리를 만들어 내려면 조심스럽게 실험실에서 길러야 하며, 인위적인 세 종류의 돌연변이가 처리를 해야 한다.[171] 더욱이 첨가된 1쌍의 날개는 날기 위한 근육이 없기 때문에 2쌍 날개를 가진 과일 초파리는 비행에 심각한 장애를 갖는다.[172] 2쌍 날개를 가진 과일 초파리는 초파리의 발생 과정에서 유전학자들의 탁월한 솜씨와 유전자의 역할을 보여주기는 하지만 외적 형태가 진화한다는 증거는 아니다.

E. 돌연변이 교정 장치

돌연변이를 진화의 메커니즘으로 선택하는 데 대한 마지막 난점은 자연계에 존재하는 돌연변이 교정 장치(repair system)다. 과학자들은 X-선이나 자외선 등으로 DNA의 염기 배열에 변화를 주는 변이가 생기면 세포 내에는 이것을 정상으로 돌이키려는 교정 장치가 있다는 사실을 발견했다. 예를 들어, 염기 배열이 A-T-G-C … 로 되어야 할 것이

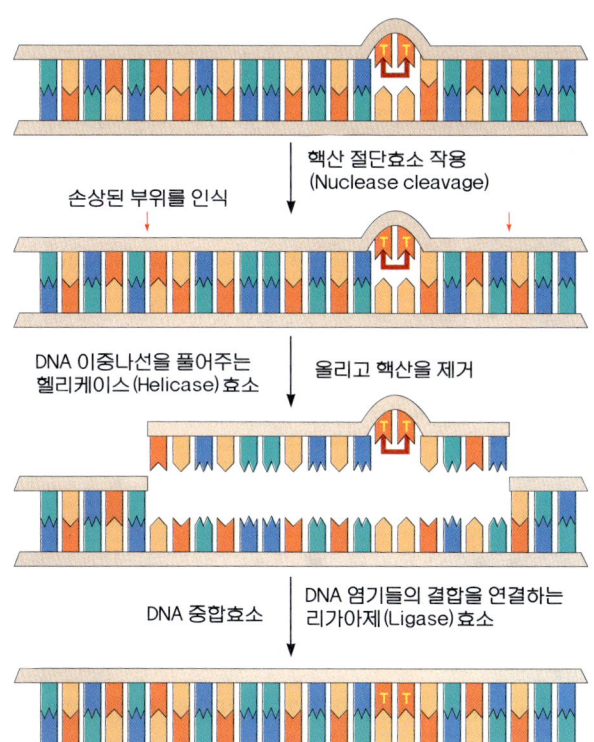

핵산 절단효소 작용
(Nuclease cleavage)

손상된 부위를 인식

DNA 이중나선을 풀어주는
헬리케이스(Helicase) 효소

올리고 핵산을 제거

DNA 중합효소

DNA 염기들의 결합을 연결하는
리가아제(Ligase) 효소

5-11 돌연변이 교정 장치의 예. 자외선 등에 의해 손상된 DNA(그림에서 T-T 부분) 부위가 효소에 의해 제거되고 다시 온전한 DNA로 대체된다.

129

A-A-G-T … 로 되었다면 효소가 작용하여 이것을 즉시 본래대로 돌려놓는다. 이런 교정 장치가 있기 때문에 생물들은 DNA가 수백만 번 혹은 그 이상 복제되어도 염기 배열이 변하지 않고 유전인자에 이상이 없이 번식할 수가 있는 것이다.

어떤 유전병은 이 교정 장치에 이상이 있을 때 생기는 것으로 알려져 있다. 즉 돌연변이가 일어나는 것을 방지해 주는 장치에 고장이 있으면 병이 생기는 것이다. 진화론에서는 돌연변이가 일어나서 더 좋고 복잡한 고등동물로 전환해 나간다고 하지만, 실제로는 DNA 교정 장치라는 것이 있어서 변이가 무한히 확대되는 것을 막는다. DNA 교정 장치란 유전인자의 정보를 '있는 그대로' 자손에게 물려줄 수 있도록 돕는 장치라 할 수 있다. 그러므로 새로운 유전 정보의 출현을 요구하는 진화론의 주장과는 상치되는 메커니즘이다.

7. 현대종합이론

지금까지 살펴본 것과 같이 돌연변이와 자연선택의 결합을 통해 오늘날과 같은 다양한 생물계가 출현하게 되었다는 신다윈설의 주장이 여러 가지 난관에 부딪히게 되자 진화론자들은 새로운 진화론을 제시하고 있다. 흔히 현대종합이론(Modern Synthesis Theory)이라고 불리는 이 이론에서 진화의 단위는 집단(population)이며, 진화 과정의 기본 메커니즘은 한 집단의 개체들 중에 나타나는 유전적인 변이(variation)라고 본다. 여기서 집단이라 함은 지리적으로 서로 떨어져 있는 생물들의 각 군을 말하는데, 한 집단 안의 개체들은 서로 교잡할 수 있을 뿐 아니라 이웃 집단들과도 교잡할 수 있다. 따라서 여러 세대를 지나는 사이에 한 집단의 모든 유전물질은 서로 섞여서 유전자 풀(gene pool)을 형성하게 되며, 진화는 유전자 풀 속의 유전자 빈도(gene frequency)의 점진적인 변화라고 본다.

현대종합이론에서는 돌연변이는 무방향성이며 해로운 것이 많이 나타나지만 때때로 이로운 것도 나타난다고 보고, 돌연변이에 의하여 생긴 형질 가운데 유리한 것은 집단에서 생존할 기회가 더 커진다고 본다. 대집단이 몇 개의 소집단으로 갈라지면 이들은 전체적인 유전자 풀과는 아주 다른 유전자 풀을 가지게 된다. 그리고 이들이 격리되어 유전자 교환이 없으면 각각 새로운 변이가 생기게 되며, 이것이 신종(新種) 형성의 초기 단계가 된다고 본다.

그러나 이 이론 역시 신다원설의 주장이 당면하는 문제에 부딪치게 된다. 신다원설의 대상이 되는 개체에서와 같이 현대종합이론의 대상이 되는 집단에서도 유익한 돌연변이의 가정이나 돌연변이 교정 장치 등에 대한 대안이 없다. 돌연변이의 빈도에 대해서는 집단이라는 개념을 도입하여 다소 모호하게 만들었지만 역시 대안이 없다. 이 이론 역시 실험적 증거가 없으며 자연에서 관찰된 적이 없다는 점에서는 다원설이나 신다원설과 큰 차이가 없다.

오늘날 지구상에는 알려진 종만도 200여만 종에 이르는 수많은 동식물들이 존재하고 있다. 이러한 생물들은 주어진 종의 한계 내에서는 다양한 변이를 보여주지만 어떤 한계를 넘어 다른 생물로 진화되지는 않는다. 오늘날 자연계에 존재하는 다양한 생명 세계의 존재는 처음부터 창조주가 '그 종류대로' 자신의 설계를 따라 창조했다는 주장을 반증할 수 있는 증거가 없다.

8. 평형파괴이론

이처럼 진화론적 시각에서 해석되던 종래의 여러 증거들에 대한 반론이 제기되자 진화론자들은 최근 종래의 진화 개념을 완전히 바꾸어야 할 다른 이론을 제안하였다. 다윈의 『종의 기원』이 발표된 이래 가장 획기적인 변혁이라고 할 수 있는 진화 개념의 변화가 일어난 것이다.

1980년 10월 16부터 19일까지 미국 시카고 미시간 호숫가에 있는 자연사필드박물관 (Field Museum of Natural History)에서 진화론 사상 큰 전환점이 될 것이라고 평가되는 중요한 진화론 학술회의가 개최되었다. 이 학회에서는 진화론과 관련된 여러 분야, 즉 생물학, 분자생물학, 진화유전학, 화석학, 해부학 등에서 세계적인 권위를 가진 진화론자들 160여 명이 모여 "대진화"(macro-evolution)라는 주제로 학회를 열었다. 이때 논의된 내용의 중요한 부분을 진화론적 생물학자 르윈이 《사이언스》에 "격론이 일어나고 있는 진화론"이란 제목으로 요약하여 발표하였다.[173]

이 학회에서 논의된 것들을 요약하면 소진화가 일어난다고 하여 그것을 연장해서 대진

---

[173] Roger Lewin, "Evolutionary Theory under Fire," 〈Science〉 210(21)(November 1980).

화가 일어난다고 할 수 없다는 것이다. 종래의 진화 개념은 물고기가 수백만 년 혹은 수천만 년 동안 점점 진화하여 양서류가 되었고 또 오랜 세월이 흘러 파충류로, 또 다음은 조류로, 포유류로 진화하였으며 결국은 원숭이에서 사람으로 되었다는 것이다. 즉, 오랜 세월 동안 점진적으로 하등동물에서 고등동물로 변했다는 것이 진화론의 요지였다. 그렇게 오랜 세월이 걸렸고 또 점진적으로 진화한 것이 사실이라면 점점 진화해 가는 과정을 보여주는 종과 종 사이의 중간형태들(transitional forms)의 생물이 당연히 화석으로 나타나야만 한다.

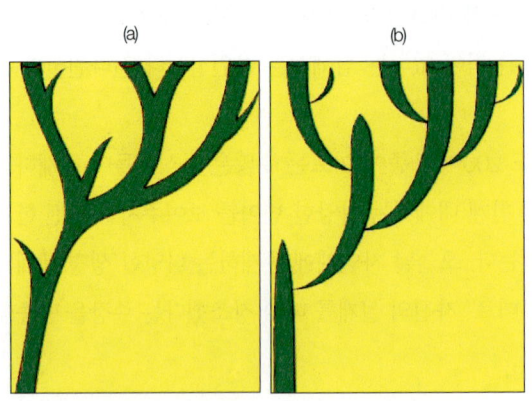

5-12 시카고 학회에서는 종래의 점진적 진화설이 부정되고(a), 급격한 진화설이 제시되었다(b).

화석 연구에서도 진화의 중간형태임을 명백히 보여주는 화석이 아직까지는 거의 없다. 《뉴스위크》(Newsweek) 과학 난에는 "과학자들이 종 사이를 연결하는 전이형태의 화석을 찾으려고 하면 할수록 더 낙담하게 된다. 화석 기록에서는 중간형태의 전이화석이 없는 것이 법칙이다"라고 하였다.[174] 현대종합이론의 권위자로 알려진 아얄라는 "화석학자들이 말하는 것처럼 작은 변이들이 축적되지 않는다는 사실을 이제 확신한다"고 했다.[175]

위의 시카고 학회에서는 중간형태 화석이 없다는 사실로부터 종래 진화 개념과는 다른 이론이 하버드대학의 굴드에 의해 제안되기도 했다.

굴드 교수는 생물진화는 장기간에 걸친 점진적 변이가 축적되어 일어난 것이 아니라 수백만 년 동안 서서히 변화하다가 몇 세대 동안 갑작스럽게 도약하여 새로운 종류의 생물이 생긴다는 평형파괴이론(Punctuated Equilibria Theory)을 제시하였다. 급격한 유

174 《Newsweek》, Nov. 3, 1980.
175 아얄라(Francisco Ayala): 미국의 진화론자.
176 Stephen Jay Gould, "The Return of Hopeful Monsters," 〈Natural History〉 86(June/July 1977), p. 24. 굴드(Stephen Jay Gould, 1941~2002): 하버드대학의 생물학자였다.
177 Gould, 〈Natural History〉 86(June/July 1977), p. 24.

창조와 격변

전인자의 변화로 '괴물'이 나올 수도 있으므로 이 이론은 '괴물 이론'(Monster Theory) 이라고도 부른다. 그러나 이러한 '괴물'은 지금까지 한 번도 관측되거나 실험실에서 만들어진 적이 없었다. 진화론자들은 이 괴물을 '유망한 괴물'(Hopeful Monster)이라고 불렀지만 실은 '있기를 바라는' 괴물이었을 뿐이었다.[176]

5-13 굴드 등이 제시한 괴물이론. 파충류의 알에서 조류가 나왔다는 가정은 중간형태 화석 없이 진화했음을 설명해 줄 수는 있을지 모르나 실제로 자연계에서 이런 일이 일어났는지 여부와는 아무런 상관이 없다.[177]

　시카고 학회에서 제기된 '괴물 이론'은 지금까지의 진화론이 잘못이었음을 인정하면서 종래의 진화 개념을 크게 바꾸어야 한다는 요구가 진화론자들에 의해 제기된 것이다. 새로운 '괴물 이론'은 종래의 점진적 진화를 부인하고 갑작스럽게 새로운 종이 출현하는 것으로, 소진화가 쌓여 대진화가 일어날 수 없음을 인정하였다. 어쩌면 이것은 진화론이 창조론의 주장에 한발 더 다가선 것이라고 긍정적으로 평가할 수도 있을 것이다.

9. 끝없는 진화론의 '진화'

  다윈의 『종의 기원』 이후 진화 사상은 전 세계로 퍼져갔다. 그러나 아직 진화의 구체적인 메커니즘이 무엇인지는 아무도 확증하지를 못했다. 정향진화설(定向進化說, Orthogenesis), 격리설(隔離說, Isolation Theory), 신다윈설(Neo-Darwinism), 신라마르크설(Neo-Lamarckism), 잡종설(雜種說, Hybridization Theory), 돌연변이설(突然變異說, Mutation Theory), 평형파괴이론 등 많은 이론들이 제시되었지만 어느 하나 만족스럽게 진화를 증명하지도, 설명하지도 못했다. 20세기에 들어와 유전학이 더욱 발달하고 분자생물학, 유전공학 등의 새로운 학문 분야가 눈부신 발달을 했지만 여전히 진화는 증명되지 않고 있고, 진화론은 끝없이 '진화'하고 있을 뿐이다. 오히려 이런 학문의 발달로 인해 진화론의 허구성이 더욱 드러나고 있다고 할 수 있다.

  이러한 진화론의 문제는 진화론자들에 의해서도 지적되고 있다. 진화론의 문제점을 지적한 많은 학자들 가운데서도 프랑스 과학원(French Academie des Sciences)의 전 총재이자 30여 년 간 프랑스 소르본느대학에서 진화를 가르친 그라세 교수의 지적은 핵심을 찔렀다고 할 수 있다.

> 생물학적 진화의 설명적 이론들은 객관적이고 철저한 비평에는 견디지 못한다. 그 이론들은 실제와 모순되거나 혹은 … 그것과 연관된 주요 문제들을 해결하지 못한다. 숨겨진 공준(公準)들과 대담하고 잘못된 외삽법의 사용과 남용을 통해 하나의 유사과학(pseudo-science)이 탄생되었다. 그것은 바로 생물학의 중심에 뿌리를 내리고 있으면서 많은 생화학자들과 생물학자들을 잘못 인도하고 있다. 이들은 (진화에 대한) 기초적 개념들이 정확하다는 것이 증명되었다고 믿지만 이 믿음은 사실이 아니다.[178]

  이처럼 많은 사람들이 진화론의 문제점을 지적하였는데도 왜 오늘날 진화론은 사라지지 않고 있는가? '천(千)의 얼굴'을 가진 것처럼 끝임없이 '진화'되고 있는 진화론은 왜 그처럼 많은 사람들에 의해 지지되고 있는가? 여기에 대해서는 이미 오래 전에 프린스턴

178 Pierre-Paul Grasse, *Evolution of Living Organisms*(New York: Academic Press, 1977), pp. 202, 206.

대학의 생물학 교수였던 콩클린이 지적한 바가 좋은 답이 되리라고 믿는다. 그는 "다른 생물학 분야에서 채택되는 혹독한 방법론적 비판이 진화론적 사변에는 왜 아직까지 영향을 미치도록 하지 않았는가는 아마도 종교적 헌신이 … 그 이유일 것이다"라고 하였다. 많은 사람들이 진화론은 과학적이고 창조론은 종교적이라고 믿지만 콩클린은 진화론 역시 강력한 신앙적 헌신에 의해 지지되고 있음을 지적한 것이다.[179]

10. '그 종류대로'

진화론자 도브잔스키는 "역사적 사실로서 진화는 19세기를 마감하는 후반 몇십 년 이내에 합리적 의심의 단계를 넘어 증명되었다"고 큰소리쳤다.[180] 그러나 앞에서 우리는 진화론의 중요한 증거들이라고 제시된 것들이 얼마나 부당한가를 살펴보았다. 우리는 편견으로 인해 진화와는 무관한 것들이, 때로는 도리어 창조의 증거로 인용될 수 있는 것들이 어떻게 진화를 보여주는 증거로 잘못 사용되어 왔는지를 살펴보았다. 1859년, 다윈의 『종의 기원』이 출판된 이후 진화론자들은 진화의 타당함을 증명하기 위하여 여러 가지 증거들을 제시해 왔다. 이들이 제시한 증거들은 일부 그럴듯한 것들도 있지만 대부분 진화라는 안경을 통해 잘못 해석한 것들이었다.

다윈 진화론의 뼈대를 이루고 있던 획득형질의 유전은 이미 오래 전에 멘델, 바이스만 등에 의해 부정되었다. 한 종의 유전인자에 포함된 정보 내에서만 질서 있게 일어나며, 유전자의 한계를 넘어선 새로운 종은 생겨날 수 없음을 밝힌 유전법칙은 진화가 불가능함을 보여주었다. 오히려 유전법칙은 창조주의 설계를 따라 이루어졌다는 사실에 대한 증거로 보는 것이 자연스럽다. 복잡하지만 질서 있는 유전 메커니즘을 보면 이 모든 생물학적 현상이 우연히 저절로, 아무런 지적 존재의 개입 없이 이루어졌다고 보기 어렵다. 지금까지 진화의 증거로 사용되던 많은 증거들은 보는 각도에 따라 도리어 생물들은 처음부터 "그 종류대로"(After its kind) 창조되었음을 보여주는 과학적 증거가 될 수 있다.

그러면 유전법칙 이외의 생물학 연구들은 진화에 대해서 뭐라고 말하는가? 과연 다윈

---

179 Edwin Conklin, *Man Real and Ideal*(New York: Scribners, 1943), p. 52.
180 Theodosius Dobzhansky, *Evolution of Man*, edited by L. B. Young(New Jersey: Oxford University Press, 1970), p. 58.

의 핀치, 불나방의 암화, 계통발생설 등을 진화의 증거로 사용하는 것은 타당한가? 진화의 증거로 많이 활용되는 생물 종의 분류 체계, 비교해부학적 증거, 발생학적 증거 또는 흔적기관 등에 대해서는 다음 장에서 살펴본다.

1. 한 시대의 사상은 그 시대의 '자식'이라고 할 수 있다. 진화론 역시 등장할 수 있는 배경이 있었다. 다윈의 진화론이 등장하게 된 개인적, 가정적, 지역적, 시대적 배경들을 살펴보라.

2. 유전법칙과 진화론은 상호 모순적임에도 불구하고 오늘날 대부분의 생물 교과서들은 '유전과 진화'라는 장이나 단원을 포함하고 있다. 한두 권의 생물 교과서를 선택하여 저자들이 어떻게 유전법칙과 진화론을 조화시키고 있는지를 살펴보고 이의 문제점을 지적해 보라.

3. 주변에 그리스도인이면서 진화론에 대한 확신을 갖고 있는 사람들을 찾아보고 그런 사람들의 공통점이 있다면 어떤 것인지 말해 보라.

제6장
생물학적 증거들

Creation and Catastrophes

과학의 커다란 비극은 흉측한 사실이 아름다운 가설
을 살해하는 것이다. _T. 헉슬리[181]

        진화론자들은 지금까지 축적된 수많은 증거
들이 진화를 증거한다고 말한다. 도브잔스키는 "생물학에서 어떤 것도 진화의 관점을 제
외한다면 의미가 통하지 않는다"고 했다.[182] 도대체 얼마나 분명한 증거가 있기에 토머스
헉슬리는 『종의 기원』을 읽은 후 "내가 어떻게 어리석게도 그 (진화) 생각을 못했을까"라
고 탄식했을까?[183]

  본 장에서는 지난 100여 년 이상 진화의 대표적인 증거라고 제시되어 오던 것들, 즉 다
윈의 핀치들, 불나방의 암화, 흔적기관, 상동기관 등을 웰스의 『진화의 아이콘들』에서 다
루고 있는 내용을 중심으로 살펴볼 것이다.[184] 과연 이러한 진화의 증거들은 타당한 것이
며 바르게 정당하게 해석된 것인가?[185]

---

181 Thomas H. Huxley, *Collected Essays*(1893–4), 'Biogenesis and Abiogenesis'. 헉슬리(Thomas Huxley, 1825–95): 영국 생물학자이자 다윈 진화론의 열렬한 신봉자로서 "다윈의 불독"이라 불린다.

182 http://emuseum.mnsu.edu/information/biography/abcde/dobzhansky_theodosius.html (2004. 4. 10).

183 http://www.ucmp.berkeley.edu/history/thuxley.html (2004. 4. 10).

184 Jonathan Wells, *Icons of Evolution*(Washington, D.C.: Regnery Publishing, Inc., 2000). Wells는 현재 미국 시애틀에 있는 디스커버리 연구소(Discovery Institute)에 근무하고 있다.

185 Wells, *Icons of Evolution*에 대한 반론을 보려면 http://ib.berkeley.edu/courses/ ib160/padian.html.old을, 반론에 대한 Wells의 답변을 보려면 http://www.discovery.org/viewDB/index.php3?program=CRSC%20 Responses&command=view&id=1180(2004. 4. 10)을 참고하라.

6-1 적도 직하에 있는 갈라파고스 군도

1. 다윈의 핀치

다윈은 1831년부터 1836년까지 영국 탐사선인 비글호(The H. M. S. Beagle)를 타고 5년간 항해를 했다. 항해 기간 중 1835년 9월 15일부터 10월 20일까지 그는 에콰도르(Ecuador) 서쪽 태평양 해안에서 약 1,000Km 떨어진 갈라파고스 군도(Galapagos Archipelago)를 방문했다. 그는 그곳에서 핀치새를 포함하여 여러 야생 동물들을 수집, 관찰하였다.

당시 갈라파고스에는 13종의 핀치들이 24개 이상의 화산섬에 흩어져 살고 있었다. 이 핀치들은 몸집의 크기와 부리의 모양이 조금씩 달랐다. 그런데 다윈은 이것을 핀치들이 먼 과거에 육지에 있던 공동 조상으로부터 유래한 증거라고 생각하였다. 다윈의 이론에 의하면 단일 종은 여러 변이들을 일으키게 되고, 변이를 일으킨 개체들은 부단한 자연선택에 의해 결국은 여러 다른 종들로 진화해 나간다고 하였다. 갈라파고스 핀치들의 부리 모양을 그들이 먹는 서로 다른 음식에 적합하도록 적응한 결과라고 보고 이로부터 다윈은 자연선택에 의해 다양한 종들이 생겨날 수 있다고 결론지었다. 이로부터 소위 '다윈의 핀치'(Darwin's finches)는 진화의 중요한 증거로 사용되었다.

다윈의 핀치라는 말은 다윈의 비글호 항해 100주년이 되던 1936년, 로우가 처음 사용하기 시작했다.[186] 그러나 이 용어를 전 세계적으로 유행시켰던 사람은 조류학자 랙이었

6-2 본토의 핀치들(왼쪽)과
갈라파고스에 있는 다
윈의 핀치들(오른쪽).
진화론자들은 본토의
핀치들이 갈라파고스
핀치들로 진화되었으
리라고 가정한다.

다. 랙은 『다윈의 핀치』라는 저서에서 핀치 부리들의 변이는 이들의 음식과 상관관계가
있다고 주장하면서 이것은 바로 자연선택에 의해 생겨난 적응력의 결과라고 결론지었
다.[187]

A. 핀치에 대한 다윈의 관심?

그러나 진화의 대표적인 증거로 알려진 다윈의 핀치들이지만 실제로 다윈은 핀치에 별
관심이 없었다. 다윈은 『비글호 항해기』의 참고문헌에서 단 한 번 핀치에 대한 언급을 하
였을 뿐, 『종의 기원』에서는 전혀 언급하지 않았다. 사실 다윈은 갈라파고스에 있는 동안

---

186 Percy Lowe, "The Finches of the Galapagos in Relation to Darwin's Conception of Species," 〈Ibis〉
6(1936), pp. 310–21.
187 David Lack, Darwin's Finches(Cambridge: Cambridge University Press, 1947).

13종의 핀치들 중에서 9종만을 채집했으며, 그 중에서도 단지 6종만을 핀치로 확인하였다. 다윈은 이 6종 중에서도 두 경우를 제외하고는 핀치 부리 모양에 영향을 미쳤으리라 생각되는 핀치들의 음식물의 차이를 발견하지 못했다. 물론 그는 음식물과 부리 모양 사이의 상관관계를 찾아내지도 못했다. 그래서 다윈은 갈라파고스에 있는 동안 핀치들에 대해 큰 관심이 없었으며, 당연히 흩어져 있는 여러 섬들에 따라 핀치들을 구분하지도 않았다.[188]

핀치에 대한 관심이 시작된 것은 다윈이 영국으로 돌아온 후였다. 처음으로 핀치들의 지리적 분포에 관심을 가졌던 사람은 다윈이 아니라 조류학자 굴드(John Gould)였다. 굴드의 연구를 통해 다윈이 제공한 많은 정보들이 틀린 것이었음도 밝혀졌다.[189] 과학사가 설로웨이에 의하면 다윈은 "이 새들의 먹는 습관과 지리적 분포에 관한 단지 제한된, 그리고 크게 잘못된 개념을 갖고 있었다"고 했다. 갈라파고스 핀치들이 다윈에게 분명한 진화의 증거였다고 주장하는 사람들에게 설로웨이는 "전혀 진실과는 무관한 얘기"라고 했다.[190] 다윈이 기록한 갈라파고스의 15개의 현장들 중에서 8개의 현장은 의문이 많았고, 다른 대부분의 현장들도 같이 항해를 하던 동료들의 자세한 조사 기록으로부터 재구성한 것이었다. 이는 핀치로부터 진화론이 나온 것이 아니라 진화론을 핀치에게 적용시킨 것임을 의미한다.

B. 사라지지 않는 신화

'다윈의 핀치' 신화를 만든 주역은 다윈이 아니라 앞에서 언급한 조류학자 랙이었다. 그는 핀치에게 진화론적 의미를 부여하였고, 핀치가 다윈의 생각을 형성하는 데 중요한 역할을 했다는 신화를 만들었다. 다윈은 별 관심이 없었는데 랙은 다윈이 대단한 관심을 가진 것처럼 자기 나름대로의 새로운 시나리오를 썼다. 여기에 대해 설로웨이는 "1947년 이후 다윈에게는 그가 보지도 못했던 핀치와 그가 행하지도 않았던 관찰과 그가 제시하지도 않았던 통찰력에 관해 점점 더 많은 공로가 돌아갔다"고 했다.[191]

그러나 지금까지 보아온 것처럼 다른 과학의 분야에서와는 달리 진화론 분야에서는 한

---

188 Wells, *Icons of Evolution*, p. 160.
189 Wells, *Icons of Evolution*, p. 160.
190 Frank J. Sulloway, "Darwin and His Finches: The Evolution of a Legend," 〈Journal of the History of Biology〉 15(1982), pp. 1–53: "Darwin and the Galapagos," 〈Biological Journal of the Linnean Society〉 21(1984), pp. 29–59.
191 Sulloway, 〈Journal of the History of Biology〉, pp. 1–53.

번 만들어진 신화는 좀처럼 사라지지 않는다. 셜로웨이가 이미 20여 년 전에 이러한 신화를 깨뜨렸음에도 불구하고, 다윈이 진화론을 만드는 데 결정적인 역할을 하였다는 잘못된 '다윈의 핀치' 신화는 지금도 수많은 교과서에 버젓이 실리고 있다. 어떤 책은 핀치가 "다윈으로 하여금 자연선택에 의한 진화론을 만들도록 이끄는 데 주요한 역할을 했다"고 기술한다.[192] 또한 어떤 책은 "13종의 핀치의 부리와 그들의 음식물이 대응하는 것을 보고 다윈은 즉각 진화가 핀치들을 그렇게 만들었다고 생각했다"고 기술한다.[193]

C. 대프니 메이저와 중간땅 핀치

'다윈의 핀치' 신화에 대한 비판에도 불구하고 갈라파고스 핀치들로부터 자연선택의 증거를 찾으려는 진화론자들의 노력은 계속되었다. 1970년대의 가장 중요한 연구를 든다면 그랜트 부부(Peter and Rosemary Grant)를 중심으로 대프니 메이저(Daphne Major)라는 갈라파고스 군도의 작은 섬에서 이루어진 연구일 것이다.

그랜트 부부는 1973년에 처음으로 갈라파고스에 갔다. 그리고 동료들의 도움을 받아 그곳에 사는 핀치들의 체중, 날개, 다리, 발가락 길이, 부리의 길이, 부리의 넓이, 부리의 두께(윗부리와 아랫부리 사이의 거리)를 치밀하게 측정하였다. 그러다가 1975년부터는 대프니 메이저라는 작은 섬을 집중적으로 조사했다. 대프니 메이저는 크기가 작았기 때문에 이상적인 야외 실험실이었다. 이곳에서 그들은 중간땅 핀치(medium ground finch, Geospiza fortis)라는 종을 집중적으로 조사했다.

그들은 강우량과 식물들이 생산하는 중간땅 핀치의 먹이, 그리고 핀치의 변화를 주의 깊게 관찰하였다. 그 결과 비가 많이 와서 중간땅 핀치의 먹이가 많아지면 핀치의 숫자도 비례해서 늘어나고 가뭄이 오게 되면 핀치의 숫자도 줄어들 뿐 아니라(예를 들어, 1977년의 가뭄에서는 15% 감소) 몸집이 약간 더 크고 부리가 5%(0.5mm) 정도 더 두꺼운 중간땅 핀치들이 번성하는 것을 발견하였다. 그래서 그랜트 팀은 자연선택으로 인해 단단하고 큰 씨들을 깨뜨려 먹을 수 있는 두꺼운 부리의 핀치들만이 살아남게 되었다는 결론을 내렸다. 부리의 두께가 약간 두꺼워진 사실을 두고 와이너는 "지금까지 다윈의 (자연선택) 과정의 능력을 증명하는 최상의, 최고의 상세한 증명"이라고 격찬하였다.[194]

---

192 James L. Gould and William T. Keeton, *Biological Science*, 6th edition(New York: W. W. Norton, 1996), p. 500.
193 Peter H. Raven and George B. Johnson, *Biology*, 5th edition(Boston: WCB/McGraw-Hill, 1999), p. 410.

D. 자연선택의 역전

과연 중간땅 핀치의 부리가 두꺼워진 것이 자연선택의 증거가 될 수 있는가? 1970년대 이후 갈라파고스의 기후를 조사한 바에 의하면 대프니 메이저 섬의 기후는 가뭄과 홍수가 반복되는 것이었다. 가뭄이 와서 중간땅 핀치의 부리가 두꺼워졌다가도 다시 비가 많이 와서 먹을 것이 풍부해지면 핀치의 부리는 다시 정상적으로 돌아왔다. 예를 들면, 1982년과 1983년에는 엘리뇨(El Niño)로 인해 대프니 메이저의 연 강수량이 평균 강우량의 10배인 1,250mm에 이르렀다. 이로 인해 1977년 가뭄으로 두꺼워진 중간땅 핀치들의 부리는 다시 얇아졌다. 이를 가리켜 그랜트와 그의 대학원 학생이었던 깁스는 "(자연)선택 방향의 역전"이라고 표현했다.[195] 와이너는 이를 가리켜 새들의 "엄청난 전진 후에 엄청난 후퇴"라고 표현했다.[196]

그랜트 팀이 보여준 결과는 진화가 아니라 반복이었다. 핀치의 부리는 어느 한 방향으로 변해가는 것이 아니라 기후에 따라 두꺼워졌다가 얇아졌다가 하는 과정을 반복하는 것이었다. 그러므로 이러한 과정에 의해 핀치가 다른 종류로의 진화가 일어난다고 추측하는 것은 지나친, 아니 잘못된 외삽이다. 갈라파고스의 핀치는 진화와는 아무런 관련이 없다. 잘못된 선입견으로 인한 잘못된 해석이었을 뿐이다.

2. 불나방

다윈은 자신의 저서에서 진화가 일어나는 과정 중 "자연선택이 변화(modification)의 유일한 방법은 아니지만 가장 중요한 방법"이라고 했다.[197] 그런데 문제는 자연선택에 대한 직접적인 증거가 없다는 사실이었다. 생물계에서는 다양한 변이나 생존경쟁의 증거들이 많았지만, 또한 집에서 사육하는 동식물들의 경우에 인위선택(품종개량)의 경우도 흔히 볼 수 있었지만 자연에서 저절로 자연선택이 일어나는 경우는 관찰된 적이 없었다. 그

194 Jonathan Weiner, *The Beak of the Finch*(New York: Vintage Books, 1994), pp .9, 112 – 한국어판: 이한음 역, 『핀치의 부리: 갈라파고스에서 보내 온 '생명과 진화에 대한 보고서'』(서울: 이끌리오, 2002).
195 H. Lisle Gibbs and Peter R. Grant, "Oscillating Selection on Darwin's Finches," 〈Nature〉 327(1987), pp. 511–3.
196 Weiner, *The Beak of the Finch*, pp. 104–5.
197 Darwin, "Introduction," *The Origin of Species*, p. 14. 한국어 번역에서는 "Natural Selection"을 자연도태라고 번역한 경우가 있지만(예를 들면 박동현 역, 『종의 기원』(서울: 동서문화사, 1976, p. 22) "자연선택"이 더 정확한 번역이라고 생각된다.

래서 진화론자들은 눈에 불을 켜고 자연에서 저절로 일어나는 자연선택의 증거를 찾고 있었다. 이러한 진화론자들의 목마름 속에 자연선택의 가장 중요한 증거로 등장한 것이 바로 불나방(Peppered moth, Biston betularia)이었다.

6-3 두 가지 색깔의 불나방

A. 불나방의 암화(暗化)

영국에서 19세기 초반의 불나방들은 대부분 연한 색깔을 가진(light-colored) 흰불나방이었다. 그러나 18세기 후반,

영국 산업혁명의 여파로 공해가 점점 누적되어 가기 시작하자 심하게 오염된 공업도시 인근에서는 검은불나방(melanic or dark-colored)의 비율이 증가하기 시작했다. 1811년에는 몇몇 검은불나방이 관찰되었으나 그 이후 검은불나방의 숫자는 점점 증가하였으며, 그 다음 세기에 접어들 무렵 잉글랜드의 맨체스터(Manchester) 근처에서는 전체의 90% 이상이 검은불나방이었다.[198]

이러한 현상은 흔히 '공업암화'(産業暗花, industrial melanism) 혹은 '공업흑화'(工業黑化)로 알려져 있다. 불나방에서 공업암화가 발견된 이후 이러한 현상은 불나방뿐만 아니라 무당벌레(ladybird beetle), 거미, 빈대, 일부 비둘기들에서도 관찰되었다.[199] 또한 이러한 현상은 맨체스터뿐만이 아니라 인근 공업지역인 버밍햄(Birmingham), 리버풀(Liverpool) 지역에서도 관찰되었다. 이렇게 공업암화의 현상이 곳곳에서 관찰되고 있었지만 왜 공업암화가 일어나는지는 오랫동안 밝혀지지 않았다.[200]

그러다가 1896년, 영국 생물학자인 터트는 처음으로 공업암화가 주변 색깔에 대한 불

---

198 Wells, *Icons of Evolution*, p. 140.
199 Laurence M. Cook, *The Encyclopedia of Animals*, R. J. Berry, editor,(Oxford, England: Equinox, 1986) – 한국어판: "압력과 내성," 〈동물대백과 18권–진화와 유전〉, p. 132.
200 Wells, *Icons of Evolution*, p.140.

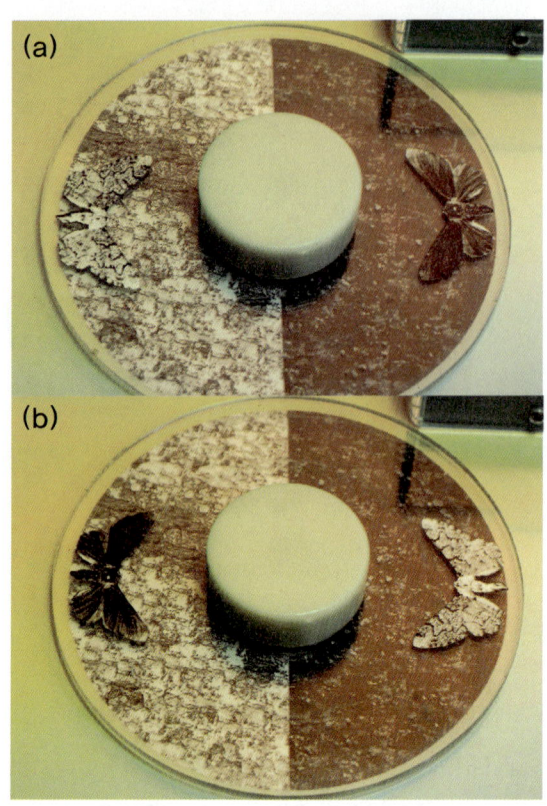

6-4 흰불나방과 검은불나방. (a) 밝은 이끼가 있을 때는 흰불나방이 보호색이 되고(좌), 이끼가 없을 때는 검은불나방이 보호색이 된다. (b) 반면에 밝은 이끼가 있는 곳에서는 검은불나방이 새들의 눈에 잘 보이고, 검은 배경에서는 흰불나방이 새들의 눈에 잘 보인다. 그러나 과연 그렇다고 진화가 일어날까?

나방의 위장(camouflage)과 관련된 것이라는 제안을 하였다.[201] 즉 오염되지 않은 삼림지대에서는 나무둥치에 자라는 밝은 색의 이끼(lichen)에 붙어 있는 흰불나방들이 새와 같은 천적의 눈에 잘 띄지 않기 때문에 더 잘 보호될 수 있었고, 반면 공업지대의 삼림에서는 이끼가 자라지 못하고 오염물질이 나무둥치를 검게 만들기 때문에 검은불나방이 천적(天敵)으로부터 더 잘 보호될 수 있었다는 것이다. 이런 과정이 지속되면 결국 오염된 지역에서는 검은불나방, 오염되지 않은 지역에서는 흰불나방이 번성하여 자연선택이 이루어진다고 하였다. 이런 터트의 주장은 1950년대 초 영국의 내과의사이자 유전학자인 케틀웰의 실험을 통해 가장 중요한 자연선택의 예로 교과서에 소개되기 시작했다.[202]

B. 케틀웰의 실험

케틀웰은 터트와 같이 불나방의 암화는 보호색으로 인한 천적으로부터의 위장 때문이라고 믿었다. 그리고 이것을 증명하기 위해 다음과 같은 실험을 하였다. 우선 그는 새들이 불나방을 먹는지를 알기 위해 둥지를 틀고 새끼를 키우는 한 쌍의 새가 들어 있는 새장에 불나방을 몇 마리 집어넣었다. 떨어진 곳에서 쌍안경으로 보니 불나방들은 이곳저곳에 자리를 잡았고 얼마 지나지 않아 새들에게 잡아먹혔다.[203]

새들이 불나방을 먹는 첫 번째 실험 결과를 확인한 후에 케틀웰은 야외로 실험을 확대하였다. 그는 잉글랜드 버밍햄의 오염된 삼림지대에 있는 나무둥치들 위에서 불나방들을 풀어놓고 역시 떨어진 곳에서 쌍안경으로 관찰했다. 풀려난 불나방들은 곧 인근 나무둥치들 위에 앉았고, 사람 눈으로 보기에도 검은불나방은 눈에 잘 띄지 않았다. 그는 새들이 눈에 잘 띄지 않는 검은불나방보다 흰불나방을 더 쉽게 잡아먹는 것을 관찰했다.

세 번째 실험으로 케틀웰은 수백 마리의 불나방 날개 아래에 작은 점을 찍고, 낮 시간에 버밍햄 인근의 오염된 삼림지역의 나무둥치 위에서 불나방들을 풀어놓았다. 그리고 그날 저녁부터 며칠 동안 그는 덫을 놓고 가능하면 많은 불나방들을 다시 잡아들였다. 그 결과 놓아 준 검은불나방 447마리 중에서는 27.5%인 123마리가 잡혔는데, 놓아 준 흰불나방 137마리 중에서는 불과 13.1%에 해당하는 18마리가 잡혔을 뿐이었다. 그래서 그는 "진화론의 가정대로 새들이 (불나방을) 선택하는 요인으로 작용한다"는 결론을 내렸다.

2년 후에 케틀웰은 잉글랜드 도르셋에 오염되지 않은 삼림에서 날개 아래 점을 찍은 불나방들을 가지고 같은 실험을 했다. 다만 이번에는 지난번과는 달리 밝은 색의 이끼로 덮인 나무둥치 위 가까이에서 불나방을 내보냈다. 예상한 대로 밝은 색의 이끼 위에 앉은 검은불나방이 흰불나방보다 훨씬 더 잘 보였고 천적들에 의해 쉽게 잡아먹혔다. 그는 이전과 같이 그날 저녁부터 다시 불나방들을 잡기 시작했는데, 496마리의 흰불나방 중에서는 12.5%인 62마리가 다시 잡혔고, 473마리의 검은불나방 중에서는 불과 6.3%에 해당하는 30마리만 잡혔다. 케틀웰은 2년 전 버밍햄 지역에서 다시 잡힌 2:1의 검은불나방 대 흰불나방의 비가 이번에는 1:2로 역전된 것을 확인하였다.

---

201 J. W. Tutt, British Moths(London: George Routledge, 1896).
202 케틀웰(Henry Bernard Davis Kettlewell, 1907-1979): 영국 Yorkshire 태생의 내과의사이자 생물학자. 흰불나방과 검은불나방의 번성 혹은 쇠퇴의 이유가 천적인 새의 눈에 잘 띄는지, 아니면 보호색인지에 달려 있다고 발표하였다. 케틀웰에 관해서는
– http://www.wolfson.ox.ac.uk/library/archives/Kettlewell/bio.html (2004.4.10) 혹은
– http://www.wolfson.ox.ac.uk/library/archives/Kettlewell/obit.html (2004.4.10)을 참고.
203 이하 케틀웰의 실험에 대해서는 H. B. D. Kettlewell, "Selection Experiments on Industrial Melanism in the Lepidoptera," 〈Heredity〉 9(1955), pp. 323-42; H. B. D. Kettlewell, "Further Selection Experiments on Industrial Melanism in the Lepidoptera," 〈Heredity〉 10(1956), pp. 287-301; Bernard Kettlewell, The Evolution of Melanism(Oxford: Clarendon Press, 1973).

케틀웰의 실험은 그 후에도 계속 지지를 받았다. 1950년대에는 공해방지법이 발효되면서부터 공업암화는 줄어들기 시작했다. 보호색–천적 이론의 예측대로 검은불나방 숫자는 줄어들기 시작했고 흰불나방의 숫자는 증가하기 시작했다. 이런 공업암화 실험 결과를 두고 케틀웰은 스스로 "생물에서 실제로 관찰된 가장 놀라운 진화적 변화"라고 추켜세웠다.[204] 영국 유전학자 쉐퍼드는 이 결과를 두고 "지금까지 인간이 목격하고 기록한 가장 놀라운 진화적 변화"라고 했는가 하면,[205] 생물학자 라이터는 "명백한 진화 과정이 실제로 관측된 가장 분명한 경우"라고 격찬했다.[206]

C. 지나치게 단순화된 케틀웰의 설명

처음으로 케틀웰의 실험이 발표되던 1950년대 쏟아진 이런 찬사들에도 불구하고 시간이 지나면서 학자들은 점차 케틀웰이 실험을 했던 버밍햄과 도르셋 지역 외에서는 케틀웰의 설명과 검은불나방 실제 지리적 분포가 일치하지 않는다는 사실을 발견하게 되었다. 예들 들면, 웨일즈 시골 지역에서는 검은불나방이 기대했던 것보다 훨씬 많이 발견되었다.[207] 또한 거의 오염이 되지 않은 이스트 앵글리아(East Anglia) 지방에서는 흰불나방이 더 나은 보호색이지만 검은불나방이 80%에 이르렀다.[208] 한편 웨일즈 남부 지역은 검은불나방이 흰불나방보다 더 효과적인 보호색이지만 검은불나방은 전체의 20%에 불과했다. 공해방지법안이 통과된 후에 런던 북쪽에서는 예상대로 검은불나방이 감소했지만 런던 남쪽에서는 도리어 증가하는 현상이 나타나기도 했다.[209]

이런 결과들을 두고 학자들은 불나방의 상대적 비율을 설명하기 위해서는 보호색–천적 요소 외에 다른 요소들을 고려해야 할 것이라고 주장한다. 스튜어트는 공업암화와 대기오염 물질인 아황산가스(SO_2) 사이에 상관관계가 있다고 보고하였다. 결국 케틀웰의

204 H. B. D. Kettlewell, "Selection Experiments on Industrial Melanism in the Lepidoptera," ⟨Heredity⟩ 9(1955), pp. 323–42.

205 P. M. Sheppard, *Natural Selection and Heredity*, fourth edition(London: Huchinson University Library, 1975), p. 70.

206 Sewell Wright, *Evolution and the Genetics of Populations*, vol. 4: Variability within and among Natural Populations(Chicago: The University of Chicago Press, 1978), p. 186.

207 J. A. Bishop, "An Experimental Study of the Cline of Industrial Melanism in *Biston beturalia*(L.) between Urban Liverpool and Rural North Wales," ⟨Journal of Animal Ecology⟩, 41(1972), pp. 209–43.

208 D. R. Lees and E. R. Creed, "Industrial Melanism in Biston betularia: the Role of Selective Predation," ⟨Journal of Animal Ecology⟩ 44(1975), pp. 67–83.

209 R. C. Steward, "Industrial and Non–industrial Melanism in the Peppered Moth, *Biston beturalia*(L.)," ⟨Ecological Entomology⟩ 2(1977), pp. 231–43.

창조와 격변

설명은 너무 단순하며, 보호색—천적 요소 외에 다른 요소들을 고려해야만 불나방의 상대적 비율의 변화를 설명한다고 할 수 있다.[210]

D. 이끼와 암화는 관계가 없다

케틀웰의 설명과 일치하지 않는 불나방의 지리적 분포에 더하여 불나방의 보호색과 관련이 깊은 이끼의 역할이 지나치게 과대평가되었다는 비판도 흥미롭다. 만일 암화가 공해로 인해 이끼가 없어진 거무칙칙한 나무둥치 때문에 생긴 것이라면 공해가 줄어들면 먼저 이끼도 되살아나고 그 후에 공업암화의 역전 현상이 나타나야 할 것이다. 그러나 공해가 줄어들면 검은불나방이 감소하고 흰불나방이 증가하는 공업암화의 역전 현상이 나타나는데 이것은 이끼가 되살아나는 것과는 별 관계가 없었다.[211]

예를 들면 1970년대, 영국 서부의 위럴 반도(Wirral Peninsula)에서는 이끼가 나타나기도 전에 검은불나방이 감소하기 시작했다. 리스와 그의 동료들은 영국 전체를 조사한 후에 공업암화와 이끼는 상관이 없다는 결론을 내렸다.[212] 1980년대 초, 클라크와 그의 동료들은 공업암화의 감소와 아황산가스 사이에 어떤 '적정한 상관관계'(a reasonable correlation)가 있음을 발견했다.[213]

1988년, 미국 생물학자 그랜트와 케임브리지 생물학자 하우렛은 공업암화가 나무의 이끼가 사라지는 것 때문에 생긴다면 "일상적인 형태의 흰불나방(typical moth)이 회복되기 전에 먼저 이끼가 되돌아올 것이 예상된다. 즉, 은신처가 은신자보다 먼저 회복되어야 하는 것"이라고 했다. 그러나 그들의 필드 연구 결과는 그렇지 않음을 보여주었다.[214]

E. 불나방의 방출 시간

케틀웰 실험의 문제점 중 하나는 대부분의 실험에서 불나방들을 낮 시간에 풀어놓고 관찰하였다는 점이다. 1955년 6월 18일, 단 한 번 케틀웰은 해 뜨기 직전에 불나방들을 풀어놓았을 뿐이었다.[215] 하지만 낮 시간이 아닐 때 불나방들을 풀어놓기 위해서는 풀어

---

210 Steward, 〈Ecological Entomology〉, pp. 231–43.

211 Wells, *Icons of Evolution*, p. 147.

212 D. R. Lees, E. R. Creed, and L. G. Duckett, "Atmospheric Pollution and Industrial Melanism," 〈Heredity〉, 30(1973), p. 227–32.

213 C. A. Clarke, G. S. Mani, and G. Wynne, "Evolution in Reverse : Clean Air and the Peppered Moth," 〈Biological Journal of the Linnean Society〉, 26(1985), pp. 189–99.

214 Bruce S. Grand and Rory J. Howlett, "Background Selection by the Peppered Moth (*Biston betularia* Linn.): Individual Differences," 〈Biological Journal of the Linnean Society〉, 33(1988), pp. 217–32.

놓기 전에 미리 자동차 엔진 위에서 불나방들을 따뜻하게 해주어야 하는 등의 어려움들 때문에 더 이상 사용하지 않았다. 그러나 불나방들은 야행성이기 때문에 햇빛 아래서는 무기력하며 잘 움직이지 못한다. 그래서 낮 시간에 불나방들을 풀어놓으면 멀리 자기들이 원하는 곳까지 충분히 날아가지 못한다.

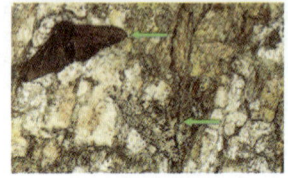

6-5 서로 다른 나무 둥치에 앉은 불나방들. 배경 색에 따라 천적의 눈에 띌 가능성이 전혀 달라진다.

불나방들은 대부분 새벽이 되기 전에 나무 위에서 낮 동안의 쉴 곳을 찾는다. 케틀웰이 낮에 풀어놓은 불나방들은 대부분 적절한 은신처를 찾지 못하고 노출된 채로 있을 수밖에 없었고, 따라서 쉽게 새들의 먹이가 될 수밖에 없었다. 케틀웰 실험에서 불나방들을 낮에 풀어놓았기 때문에 새들이 불나방을 잡아먹을 때 불나방들이 자기가 스스로 선택한 은신 위치에 있지 않았다는 점은 실험 결과의 해석에 치명적인 문제를 제기한다.[216]

F. 불나방의 방출 위치

다음으로 케틀웰이나 그 외 1960년대, 70년대에 행해진 대부분의 불나방 실험들의 가장 큰 문제는 이들이 불나방들을 풀어놓은 장소가 불나방들이 자연적으로 서식하는 장소가 아니었다는 점이었다. 케틀웰은 "많은 불나방들은 자기들이 선택해서 나무의 높은 곳에 자리를 잡았다"고 했다.[217] 그러나 그의 방법은 자연적인 불나방들의 위치와는 거리가 있었다. 밤에는 실험하기가 어렵기 때문에 어떤 사람들은 심지어 죽은 불나방들을 나무에 풀로 붙이거나 핀으로 꽂아 두고 새들이 어떻게 먹는가를 실험하기도 했다.[218]

그런데 1980년대부터 "불나방은 정상적으로는 나무둥치에 앉지 않는다"는 증거가 점

215 Bernard Kettlewell, *The Evolution of Melanism*, p. 129.
216 Giuseppe Sermonti and Paola Catastini, "On Industrial Melanism: Kettlewell's Missing Evidence," ⟨Rivista de Biologia⟩, 77(1984), pp. 35–52.
217 H. B. D. Kettlewell, "Selection Experiments on Industrial Melanism in the Lepidoptera," ⟨Heredity⟩, 9(1955), pp. 323–42.
218 Jim A. Bishop and Laurence M. Cook, "Moths, Melanism and Clean Air," ⟨Scientific American⟩ 232(1975), pp. 90–9. 케틀웰도 죽은 불나방을 사용하는 것에 대해 우려했다. Kettlewell, *The Evolution of Melanism*, p. 150. 실제로 매스컴 등에 보도되는 대부분의 불나방 사진들은 죽은 불나방을 풀로 붙이거나 핀으로 꽂아서 촬영한 것이다.

창조와 격변

차 쌓이기 시작했다. 핀란드의 미콜라는 새장을 사용하여 불나방의 자연스런 휴식 장소를 연구한 결과 "불나방의 정상적인 휴식 장소는, 작지만 어느 정도 수평한 큰 가지(branch) 밑이며-가는 잔가지(twig)가 아님-새장의 천장까지 올라가기도 했으나 나무둥치에 붙는 것은 예외적인 경우였다"고 했다. 그러면서 그는 "밤에 활동하는 나방들을 사람들이 보기에도 충분히 밝은 조명 아래에서 풀어놓으면 가능하면 빨리, 그리고 정상적이지 않은 곳에 앉을 것이다"라고 했다.[219]

미콜라는 새장을 사용했지만 야생 불나방을 가지고 한 실험도 이와 비슷한 결과를 보여주었다. 25년간 야외 실험을 한 클라크와 그의 동료들은 단지 한 마리의 불나방만이 나무둥치에 앉는 것을 발견했을 뿐이었다.[220] 그래서 그들은 "불나방들이 낮 시간을 보내지 않는 곳이 어디인가"에 대한 결론을 내렸다. 영국의 여러 지방에서 야생 불나방의 서식지를 조사한 하우렛과 마저러스도 미콜라의 결과가 타당함을 발견했다.[221] 그들은 "대부분의 불나방들은 그들이 숨어서 보이지 않는 곳에서 쉰다"는 결론을 내렸다. 그리고 "나무둥치와 같이 노출된 장소는 어떤 불나방에게도 중요한 쉼터가 아니었다"고 했다. 영국 생물학자 리버트와 브레이크필드도 미콜라와 같이 "불나방들은 대부분 가지에서 쉬며 … 많은 불나방들은 새장 캐노피에 있는 좁은 가지(branch)의 밑이나 옆에서 쉰다"고 했다.[222] 1998년의 최근 저서에서 마저러스는 케틀웰의 주장을 지지하면서도 대부분의 실험이 "야생에서는 불나방들이 (나무) 표면을 휴식 장소로 선정하는 것이 드문데도 수직하게 선 나무둥치에 불나방들을 둔다"고 비판했다.[223] 시카고대학의 진화생물학자 코인은 불나방이 나무둥치에 머무르지 않는다는 사실만으로도 "불나방들이 나무둥치에 직접 안착하도록 방출된다면, 케틀웰의 방출-재포획 실험은 무효다"라고 선언했다.[224]

219 K. Mikkola, "On the Selective Forces Acting in the Industrial Melanism of *Biston and Oligia Moths*(Lepidoptera : Geometridae and Noctuidae)," 〈Biological Journal of the Linnean Society〉, 21(1984), pp. 409-21.

220 C. A. Clarke, G. S. Mani, and G. Wynne, "Evolution in Reverse : Clean Air and the Peppered Moth," 〈Biological Journal of the Linnean Society〉, 26(1985), pp. 189-99.

221 Rory J. Howlett and Michael E. N. Majerus, "The Understanding of Industrial Melanism in the Peppered Moth(Biston betularia)(Lepidoptera: Geometridae)," 〈Biological Journal of the Linnean Society〉, 30(1987), pp. 31-44.

222 Tony G. Liebert and Paul M. Brakefield, "Behavioural Studies on the Peppered Moth Biston beturalia and a Discussion of the Role of Pollution and Lichens in Industrial Melanism," 〈Biological Journal of the Linnean Society〉, 31(1987), pp. 129-50.

223 M. E. N. Majerus, *Melanism*: Evolution in Action, p. 116; cf. Jeremy Cherfas, "Exploding the Myth of the Melanic Moth," 〈New Scientist〉(Dec. 25, 1986-Jan. 1, 1987), p. 25에는 간단한 리뷰가 있다.

224 Jerry Coyne, "Not Black and White," a review of Michael Majerus's *Melanism*: Evolution in Action, 〈Nature〉 396(1998), pp. 35-6.

G. 불나방은 아직도 불나방

같은 종 내에서의 작은 변이(소진화)가 쌓여서 다른 종이 되었다고(즉 대진화가 일어났다고) 주장하는 다윈의 진화론은 유전학적 근거가 없으므로 돌연변이와 자연선택을 결합시킨 소위 신다윈설이 출현했다. 그리고 이러한 신다윈설을 증명하는 예로 가장 빈번히 인용되어 온 예가 바로 영국의 불나방이었다. 그런데 과연 불나방은 신다윈설을 증명하는가?

지금까지 살펴본 바와 같이 이 주장은 시간이 지나면서 여러 가지 문제점이 드러나기 시작했다. 즉, 이것은 흰불나방이 검은불나방으로 바뀐 것이 아니라 주변 환경의 변화에 따라 두 종류의 불나방의 생존 비율이 바뀐 것일 뿐이다. 그리고 이때 비율을 바꾸게 한 메커니즘은 보호색-천적의 요인만으로는 설명할 수 없다. 설사 터트의 가정과 케틀웰의 실험대로 이것이 자연선택에 의해 일어난 것이라고 해도 환경에 따라 흰불나방, 검은불나방의 비율이 달라진 것은 진화와는 무관한 것이다.

영국왕립협회 회원(FRS)인 매튜스가 말한 것처럼 "이 실험은 깨끗한 환경과 매연으로 오염된 환경에서 천적에 의해 잡아먹히는 것이 흰불나방과 검은불나방의 생존에 미치는 영향을 보여줄 뿐이다. 이 실험은 자연선택(혹은 적자생존)이 실제로 일어남은 증명했으나, 진화가 일어난다는 것은 증명하지 못했다. 불나방의 숫자는 흰색, 중간색, 검은색 등에 따라 변했지만 모든 불나방은 처음부터 끝까지 불나방(Biston betularia)으로 남아 있었다."[225] 불나방 사건은 진화론적 선입견이 어떻게 잘못된 해석을 만들어 낼 수 있는가를 보여주는 고전적인 한 예라고 할 수 있다.

3. 생물의 분류 체계

지구상에는 약 1,000여만 종의 생물이 있는 것으로 추정되며, 그 가운데 200여만 종(150여만 종의 동물과 50여만 종의 식물)이 알려져 있다. 이처럼 다양한 생물들이지만 근대에 들어와 몇몇 기준에 따라 이들을 분류할 수 있음이 밝혀졌으며, 오늘날에는 생물분류학이라는 거대한 분야로 발전하기에 이르렀다. 생물분류학은 원래 생물의 종이 불변한

225 L. Harrison Matthews, Introduction to Darwin's *The Origin of Species*(London: J. M. Dent & Sons, 1971), p. xi.

6-6 린네와 현대적 생물
분류 체계를 제시한
그의 저서

다는 사실에 근거한다. 19세기 전반, 다윈의 『종의 기원』이 출판되기 전까지만 해도 생물
의 분포는 불연속적이며, 모든 생물들은 독특하며 독립적인 것이라는 것이 일반적으로
받아들여졌다.

　이러한 생물 종의 불변 개념으로부터 린네의 분류 체계가 나왔다. 스웨덴의 분류학자
린네는 창조주에 의해 창조된 종은 완전하며 이상화된 종이라는 신념을 가지고 생물을
분류했다. 현재 널리 사용되고 있는 분류법은 린네의 이명법(二名法, Two-Name
System)에 따른 것이다. 린네의 연구 결과는 그의 불후의 저서 『자연의 체계』를 통해 발
표되었다.[226]

　오늘날 일반적으로 생물학자들은 종(種, species), 속(屬, genus), 과(科, family), 목(目,
order), 강(綱, class), 문(門, phylum), 계(界, kingdom) 등의 분류 단위에 따라 간단한 형

226 Carolus von Linnaeus, 『자연의 체계』(Systema naturae, 1758). 린네(Carolus von Linnaeus, 1707-1778):
스웨덴의 생물학자이자 분류학자.

태의 생물(amoeba 등)로부터 점점 복잡한 생물로 분류한다. 분류 기준으로서 초기에는 외적 형태나 기관의 기능상의 유사성, 생식 가능성 따위가 분류의 기준이 되었으나, DNA의 구조를 비롯한 유전자에 대한 연구가 많이 발달한 오늘날에는 훨씬 더 미시적인 차원에서 종을 분류하려는 시도가 이루어지고 있다.

그러면 이러한 생물의 분류에 대하여 진화론자들은 무엇을 말하는가? 진화론자들은 생물을 분류할 수 있다는 자체가 곧 진화의 증거라고 주장한다. 생물들이 개체마다 완전히 다른 형태와 기능을 갖고 있다면 이들의 분류는 불가능할 것이다. 진화론자들은 분류학상 유사한 점이란 곧 공통 진화조상을 가졌음을 시사한다고 주장한다. 분류학적으로 가까운 생물들은 진화적으로 가깝다는 것이다.

그러나 이러한 주장은 마치 여러 가지 신발들을 크기나 혹은 닳은 순서에 따라 분류해 놓은 후 작은 신발에서 큰 신발로, 혹은 헌 신에서 새 신으로 진화했다고 말하는 것과 비슷한 논리다. 엄밀하게 말한다면 분류 그 자체는 생물이 진화되었다는 것도, 창조되었다는 것도 증거하지 않는다. 그렇게 분류해 놓은 것은 지구상의 많은 생물들을 더 체계적으로 관찰하고 연구하는 데 도움이 되기 때문이다. 만일 하나나 혹은 몇몇 종으로부터 생물이 진화했기 때문에 체계적인 분류가 가능하다고 한다면 왜 한 창조주에 의해 창조되었기 때문에 분류가 가능하다는 해석은 하지 않는가? 생물들 간에 비슷한 점이 있는 것은 한 창조주가 설계했기 때문이라고도 볼 수 있는 것이다.

4. 상동기관

그러면 생물들의 해부학적 유사성은 진화의 증거인가? 동물들의 구조를 자세히 관찰한 해부학자들은 동물들 사이에 뼈, 근육, 신경 등에서 서로 비슷한 점이 많음을 발견했다. 이러한 구조적 유사성을 가진 기관을 상동기관(homologue)이라고 한다.

A. 진화의 증거인가?

상동기관은 1859년, 다윈의 『종의 기원』이 출판되기 전까지만 해도 이상적 원형(ideal prototype)의 증거로 받아들여졌다. 그러나 『종의 기원』이 출판된 후부터 상동기관은 같은 조상으로부터 유래한 증거로 받아들여졌다. 즉 상동기관은 어떤 목적을 가지고 창조되었기 때문이 아니라 유전적으로 '변형된 후손'(descent with modification)이 자연적

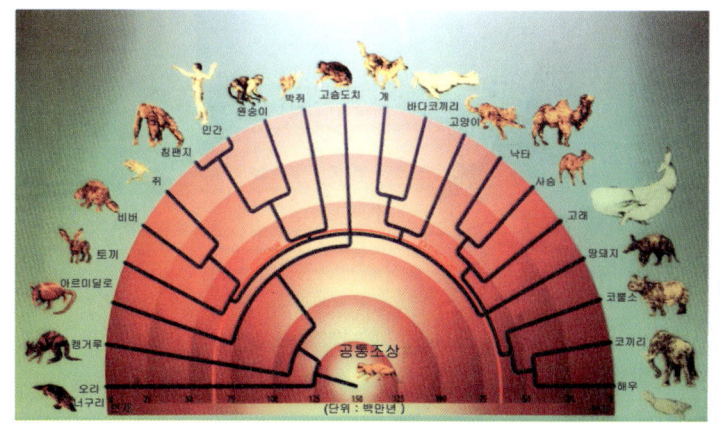

6-7 진화론자들의 공통
조상에 대한 신념.
상동기관은 공통
조상에 대한 신념
과 순환논리의 고
리를 이루고 있다.

발달 과정에 의해 생긴 것으로 해석되었다. 실제로 『종의 기원』에서 다윈은 상동기관을 진화의 중요한 증거로 간주하였다. 그는 '변형된 후손' 개념을 통해서 진화의 개념을 확립하였다.[227]

진화론자들은 다윈과 같이 동물들의 해부학적 유사성을 곧 진화의 증거라고 해석한다. 그러면서 다른 한편으로는 진화되었기 때문에 해부학적 유사성이 있을 수밖에 없다고 생각한다. 진화론적 생물학자 마이어는 다윈 이후 생물학적으로 가장 의미 있는 상동기관의 정의를 제시했다고 생각되는데 그는 "두 개 이상의 생물군에 있는 특징은 이들이 공통 조상의 동일한, 혹은 대응하는 특징으로부터 유래할 때 유사하다"라고 정의했다.[228] 결국 상동기관과 진화는 순환 논리적 관계를 맺고 있다고 할 수 있다.

B. 상동기관의 예들

앞에서 살펴본 것처럼 진화론자들은 구조적으로 비슷한 것은 곧 같은 조상으로부터 진화된 증거라고 주장한다. 몇 가지 예를 살펴보자. 진화론자들이 고전적으로 사용하는 진화의 증거로서 상동기관의 예는 많은 척추동물들에서 나타나는 앞다리(forelimb)다.[229] 상동기관으로서의 유사한 앞다리 모양은 대부분의 생물 교과서에서 결정적인 진화의 증

---

227 Steve Jones, *Darwin's Ghost: The Origin of Species Updated*(New York: Random House, 2000).
228 Ernst Mayr, *The Growth of Biological Thought*(Cambridge: Harvard University Press, 1982), p. 45.
229 Neil A. Campbell, Jane B. Reece and Lawrence G. Michell, *Biology*(Menlo Park: The Benjamin/Cummings Publishing Company, 1996), p. 41.

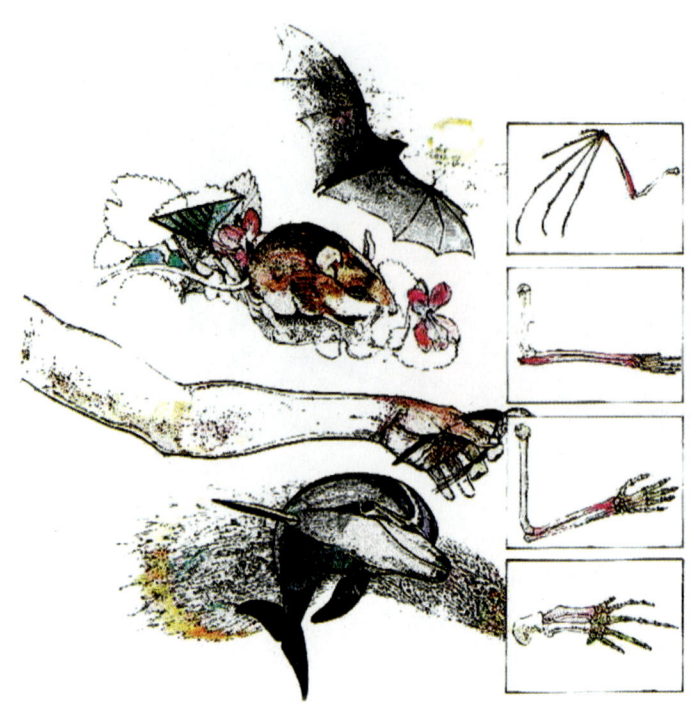

6-8 위에서부터 박쥐의 날
개, 쥐의 앞발, 사람의
손, 돌고래의 지느러미.
이들이 모두 비슷한 구
조를 갖는다는 사실은
한 창조주의 설계를 보
여준다. 이것은 마치 비
슷한 건물들은 설계자
가 같았음을 보여주는
것과 같다는 논리다.

거로 제시되고 있다.[230]

이 외에도 진화론자들은 척추동물들의 두개골, 목뼈, 팔, 팔뼈 등이 골격과 구조가 매
우 유사한 것으로 미루어 한 조상으로부터 진화했다고 주장한다. 목이 긴 기린이나 목이
짧은 고래의 목뼈는 다 일곱 개로 되어 있기 때문에 같은 진화 조상을 가졌다는 것이다.
과연 해부학적 유사성이 진화의 증거로 채택될 수 있는가?

C. 창조의 증거

동물들 간에는 해부학적 유사성이 있는 것이 사실이나 그것이 공통조상에서 진화했음
을 증거한다고 유추하는 것은 논리적으로 타당치 않다. 진화론자들의 논리는 마치 대한
민국 공립 중학교 건물들이 비슷한 것을 진화의 증거로 보는 것과 흡사하다. 공립 중학교
건물들이 외양은 조금씩 다르지만 기본 모양과 구조는 비슷함을 관찰했다고 하자. 그렇
다고 하여 이들이 한 건물로부터 진화해서 만들어졌다고 할 수 있는가? 오히려 이것은
교육부가 만든 표준 설계도를 근거로 건축했기 때문이라고도 볼 수 있는 것이다.

창조와 격변

마찬가지로 생물체의 구조가 비슷하다 해서 진화를 증거하는 것은 아니다. 오히려 생물들 간에 구조적인 유사성이 있다는 것은 이들을 한 창조주가 설계했음을 나타낸다고도 볼 수 있다. 창조주가 여러 종류의 생물을 창조할 때 한 가지 기본 모형을 마음에 둔 다음 그 생물들이 살아갈 환경에 맞게, 다른 생물들과 조화롭게 살아갈 수 있도록 조금씩 다르게 지었다고 볼 수 있지 않은가?

창조주는 사람의 발을 세 개, 팔은 아홉 개, 손은 다섯 개 등으로 만들수도 있었을 것이다. 그러나 사람뿐 아니라 많은 동물들도 비슷하게 창조한 이유가 있다고 생각된다. 모든 동물들이 한 지구상의 비슷한 환경에서 같은 공기로 숨 쉬고 물도 마시며 비슷한 음식물을 먹으며 살아가기 때문에 비슷하게 만들었고, 다만 필요에 따라 조금씩 변화를 준 것이라고 본다. 오늘날 해부학이나 인체공학 등의 학문 분야에서 연구된 결과들은 인체가 지구상에서 생존하는 데 최적으로 설계되었음을 보여주고 있는데 이것은 우연이 아니다.

따라서 해부학상의 유사성이 동물들의 진화를 증명한다고 말하는 것은 타당하지 않다. 고래는 물에서 사는 행태나 모양을 보면 물고기라고 할 수 있다. 그러나 고래는 고양이, 말, 원숭이처럼 주변 온도에 따라 체온이 변화하지 않는 온혈동물이며, 또한 알을 낳지 않고 새끼를 낳아서 젖을 먹이는 포유동물이다. 이처럼 내부적인 것들은 육상동물들과 비슷한데도 사는 환경은 물고기와 비슷하기 때문에 고래는 육상동물로부터 진화했다고 보아야 할 것이다. 그래서 혈액검사를 해보고 어떤 사람들은 고래가 돼지 또는 소에서 진화했다고 한다. 또 어떤 진화론자들은 고래가 물고기에서 진화했다고 주장하기도 한다. 이처럼 일관성 없는 추측이 난무하는 것은 신체적 유사성을 진화의 증거로 삼을 수 없음을 시사해 주는 것이라고 할 수 있다.

D. 분자생물학의 반격

동물들 간의 해부학적 유사성이 진화의 증거로 사용될 수 없다는 가장 중요한 증거가 유전학과 최근의 분자생물학 연구로부터 제시되었다. 분자생물학이 출현하기 전에 많은 진화론자들은 상동기관은 동물군들 간에 존재하는 비슷한 유전자 때문일 것이라고 추정하였다.[230] 특히 1930년대에 신다원주의자들은 상동기관은 공통조상으로부터 유래한 비

230 Jonathan Wells, *Icons of Evolution* (Washington, DC: Regnery Publishing, 2000), pp. 257-8.
231 Isaac Asimov, *A Short History of Biology* (New York: The Natural History Press, 1964), p. 73.

숫한 유전자 때문에 나타난 것임이 틀림없다고 생각하였기 때문에,[232] 많은 분자진화생물학자들은 '유전자형'(genotype)이 '표현형'(phenotype)으로 나타나는 복잡한 메커니즘을 설명하려고 노력했다.

그러면 이러한 분자생물학 연구 결과는 상동기관의 분자적 기초를 제공하고 있는가? 흥미롭게도 최근 분자생물학의 연구 결과는 점점 더 상동기관이 동일한 유전자들에 의해 결정되지 않음을 보여주고 있다. 그래서 웨어리는 솔직하게 "상동 유전자(homologous genes)와 상동기관(homologous morphological features) 사이에 진화적 분리(evolutionary dissociation)를 보여주는 많은 예들이 이제는 보편적이다"라고 시인했다.[233]

생물들 간의 비슷한 구조는 각 생물마다의 비슷한 유전자에 의해 나타나는 것이 아니라 전혀 다른 유전자들의 작용에 의해 나타난다. 그리고 또한 각 생물들마다 같은 유전자에 의해 나타나는 기관들이 해부학적으로 전혀 다르다는 것이 밝혀지고 있다. 즉, 비 상동구조가 동일한 유전자에 의해 나타나고, 상동구조가 전혀 다른 유전자에 의해 나타나는 것이다.[234] 진화론이나 발생생물학의 가장 큰 수수께끼의 하나가 바로 이것이다. 어째서 세포가 같은 유전자를 가지고 다른 기관을 만드는가?[235] 이것은 진화론자들의 기대와는 정면으로 배치되는 결과다.

5. 혈액 조성의 유연성(類緣性)

진화론자들은 모든 생물계들의 혈장(血漿, plasma)의 화학적 성분과 기능이 공통점을 갖고 있다는 사실로부터 모든 생물들이 공동의 진화 조상으로부터 유래했다는 주장을 한다. 1902년, 넛탈(Thomas Nuttall)은 비교혈청학(comparative serology) 분야에서 진화론에 유의한 실험을 하였다.[236]

232 Wells, *Icons of Evolution*, p. 61.
233 Gregory A. Wary and Ehab Abouhief, "When is Homology is not Homology?" 〈Current Opinion in Genetics and Development〉 8(1998), pp. 675~80.
234 Neil Shbin, Clif Tabin and Sean Carroll, "Fossils, Genes and the Evolution of Animal Limbs," 〈Nature〉, 388(1997), pp. 639~48.
235 Scott F. Gilbert, *Developmental Biology*(Sunderland, MA: Sinaur Associates Publishers, 1996), p. 911.
236 넛탈(Thomas Nuttall): 미국의 생물학자.

창조와 격변

그는 사람 혈청(血淸)을 토끼에게 주사하여 항원(抗原, antigen)이 되게 하고, 그것이 항체(抗體, antibody)를 형성하게 하였다. 이 항체를 그는 4개의 시험관에 같은 양만큼 넣었다. 그리고 시험관 속에 사람, 침팬지, 비비(沸沸 baboon), 그리고 개에게서 얻은 혈청을 같은 양만큼 넣었다. 이 실험에서 넛탈은 사람, 침팬지, 비비의 혈청을 섞은 시험관에서는 침전물이 생기지만 개의 경우에는 생기지 않음을 확인하였다. 게다가 사람과 침팬지의 경우에는 침전량이 거의 같지만 비비의 경우에는 아주 적음을 확인하였다.[237] 또 다른 실험에서는 사람의 혈청과 섞었을 때의 침강량을 100으로 하였을 때 고릴라는 64, 곰은 8, 개는 3, 염소는 2, 토끼는 0이라는 결과를 얻었다.[238]

그는 이 실험 결과로부터 침팬지나 고릴라의 혈청은 사람의 혈청과 비슷하지만 비비나 곰의 혈청은 사람의 것과 상당히 다르며, 개나 토끼의 혈청은 사람의 것과 거의 같지 않다는 해석을 하였다. 그는 침전이 많이 될수록 사람과 유전적 관련이 더 많을 것이라고 가정하고, 이 실험 결과를 동물들 간의 유연관계(類緣關係)의 멀고 가까움을 나타내는 것이라고 해석하였다. 구체적으로 그는 침강량은 곧 생물들 간의 유연성(類緣性)을 나타내며, 이를 진화의 증거라고 주장하였다.[239]

종류	침강량 비교치
사람	(100)
고릴라	64
곰	8
개	3
염소	2
토끼	0

6-9 토끼에게 사람 혈청을 주어 만든 항체와 여러 동물의 혈청을 섞었을 때의 침강량 비교. 사람의 피와 비슷한 것일수록 많이 침전되고 진화적 유연성이 크다고 주장하지만 근거가 없다.[240]

그러나 앞의 상동기관을 논의하면서 언급한 것과 같이 피의 성분이든, 두개골의 용적이든, 근육이든, 신경이든 비슷한 점 그 자체가 진화적 관계를 증명하는 것은 아니다. 만약 비슷한 점이 진화를 증거하는 것이라면 갑상선에서 분비되는 티록신 호르몬

237 김영길 외, 『진화는 과학적 사실인가?』, p. 75.
238 대학생물학교재연구회 편저, 『신교 최신생물학』(집현사, 1976), pp. 374-5.
239 자세한 논의를 위해서는 소책자로 출판된 Arthur Isaac Brown, *Evolution and the Blood-Precipitation Test*(Oak Park, Il: Designed Products)를 보라.
240 김영길 외, 『진화는 과학적 사실인가?』, p. 75.

(thyroxine hormone)이 양에 있는 것이나 사람에게서 나오는 것이나 똑같다는 것은 무엇을 증거한다고 하겠는가? 당나귀 젖이 다른 어떤 동물의 젖보다도 사람의 젖 성분과 비슷하다고 하는데 이것은 또 무엇을 증거한다고 보아야 하겠는가? 상동(相同, homology)이나 상사(相似, analogy) 현상에서와 같이 혈액 조성이 비슷한 것도 한 창조주의 설계를 보여주는 것이라고 볼 수 있다.

6. 흔적기관, 진화의 증거?

1844년, 스코틀랜드의 출판업자였던 챔버스(Robert Chambers, 1802-71)는 라마르크의 진화론을 옹호하면서 『창조의 자연사적 흔적기관』(Vestiges of the Natural History of Creation)이라는 책을 익명으로 출판하였다. 그는 이 책에서 생명은 '전기화학적 과정'(chemico-electric process)을 통해 탄생했으며, 인간은 지금은 사멸했지만 개구리와 같은 동물로부터 유래했다는 주장을 했다. 그리고 그 증거로서 소위 흔적기관(痕迹器官, vestigial organ)을 제시했다.[241]

처음 인류 진화론이 주창되었을 때 사람들은 만일 사람이 정말 원숭이로부터 진화되었다고 한다면 사람이 원숭이로 있을 때에만 필요했을 많은 인체기관들이 퇴화되어 그들의 흔적이 남아 있을 것이라고 추측하였다. 그래서 찾아본 결과 흔적기관이 200여 가지나 된다고 했다. 그 중에는 꼬리뼈(tailbone), 맹장(appendix)의 충수(蟲垂), 귀를 움직이는 귓바퀴 근육, 수염을 비롯한 몸의 털(體毛), 남자 유방, 사랑니, 눈의 깜박막, 편도선(tonsil), 뇌하수체(腦下垂體) 등이 있었다. 반월주름(semilunar fold)이라고도 불리는 눈의 깜박막에 대하여 진화론자들은, 다른 동물들의 순막(瞬膜, nictating membrane)에 해당하는 깜박막은 동물들에게는 중요하지만 사람에게는 별로 소용이 없다고 한다.

그러나 해부학과 의학이 발달해 가면서 한때 흔적기관이라고 생각했던 인체의 많은 기관들이 실은 흔적기관이 아니라 자기의 고유한 기능이 있고 인체에 꼭 필요한 기관임이 발견되었다. 한때 아무 쓸모도 없는 줄 알았던 맹장에는 임파조직이 잘 발달되어 있어서 창자에 염증이 생기지 않게 하는 등 인체의 면역체계에 중요한 역할을 하고 있음이 밝혀

241 Blackmore & Page, *Evolution the Great Debate*, pp. 51-3.

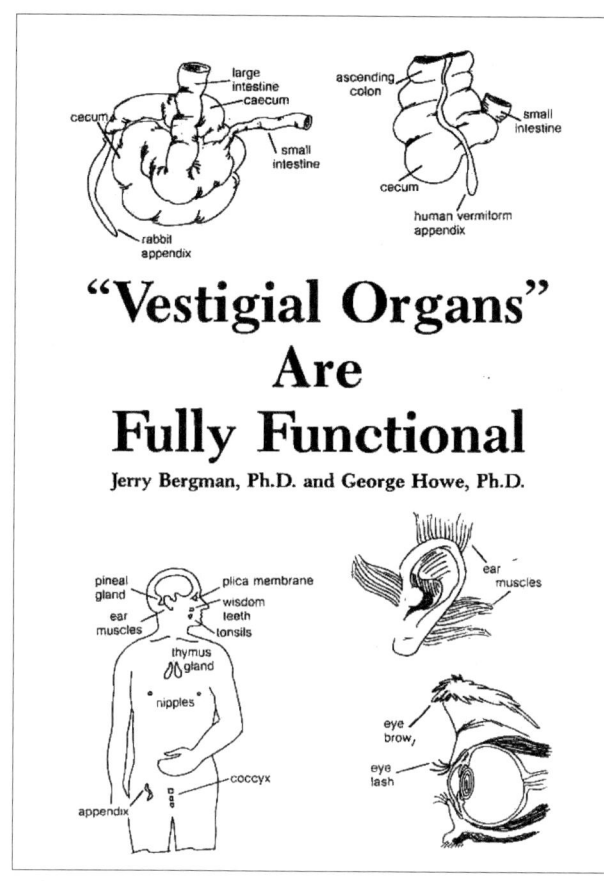

6-10 한때 사람에게 불필요한 흔적기관이라고 했던 기관들. 버그만(Jerry Bergman)과 하우(George Howe)의 저서 『흔적기관은 완전하게 기능한다』의 표지. 이들은 흔적기관이 더 이상 흔적기관이 아니라며 고유한 기능을 밝혔다.

졌다. 맹장은 사람만 있는 것이 아니고 토끼, 원숭이 등 다른 하등동물에도 있으나 그 기능은 동물에 따라 다르다고 한다. 꼬리뼈는 원숭이의 꼬리가 떨어져 나간 흔적이 아니라 인체의 균형과 골반의 안정적인 유지를 위해 필요한 기관으로서 오늘날에는 미저척추골(coccygeal vertebrae)이라고 한다. 척추동물의 간뇌(間腦)에 있는 뇌하수체는 대사 과정을 조절하는 성장 호르몬, 성선(性腺) 자극 호르몬, 유선(乳腺) 자극 호르몬, 갑상선 호르몬 등을 분비하는 내분비선(內分泌線)으로서 인간의 생존에 절대적으로 필요한 기관이다. 그래서 처음에는 흔적기관이 200여 가지가 있다고 했으나 최근에는 줄어서 여섯 개뿐이라고 하며, 그나마도 흔적기관인지 의심스럽다고 한다.

　인체 내에서 어느 기관의 기능을 모른다고 해서 흔적기관이라고 부르는 것은 진화론적 편견에서 나온 것이다. 사람이 진화한 것이 아니라 창조되었다고 해서 사람의 육체가 다른 동물과 기본적으로 달라야 할 이유는 없다. 사람의 육체를 만든 창조주가 다른 모든 동물들의 육체도 만들었다면 사람과 다른 동물들의 신체구조 사이에 유사성이 있음은 당연한 것이다. 사람이 다른 동물들과 완전히 다르고 우월한 점은 사람이 영적 존재라는 사실이다.

7. 처음부터 '종류대로'

지금까지 진화의 증거로 제시되어 온 증거들은 다시 해석되어야 한다. 갈라파고스 핀치의 변화, 불나방의 암화나 생물 분류학의 증거, 상동기관이나 흔적기관과 같은 비교해부학적인 증거들, 혈액 조성의 유연성과 같은 비교생리학적인 증거들은 진화론적으로 해석할 수도 있지만 창조론적으로 해석하는 것이 더 자연스럽다.

이것은 생물진화의 경향이 연속적이기보다 불연속적이라는 결론과 일치한다. 생물진화의 불연속성은 분자진화학에서 문제를 제기하기 이미 오래 전에 다른 분야에서 제기되어 온 주장이다. 하버드대학의 굴드와 아메리칸 박물관 관장인 엘드리지가 1972년에 제창한 평형파괴이론(平衡中斷理論, Punctuated Equilibria Theory)도 화석 증거의 불연속을 인식하고 제안된 진화이론이다.[242]

지금까지의 논의를 종합해 보면 진화는 확실한 근거가 없다. 물론 창조를 증명할 결정적인 증거도 없다. 하지만 알려진 여러 증거들을 근거로 판단해 볼 때 모든 생물들은 하나나 혹은 몇몇의 종으로부터 진화했다고 보기보다는 처음부터 그 종류대로 따로따로 창조되었다고 해석하는 것이 더 자연스럽다.

242 Stephen Jay Gould, "The Return of Hopeful Monsters," 〈Natural History〉, 86(1977), p. 24; Roger Lewin, "Evolutionary Theory under Fire," 〈Science〉, 210(1980), pp. 883-7. 굴드(Stephen Jay Gould, 1941-2002): 하버드대학 고생물학 교수였다; 엘드리지(Niles Eldridge): 뉴욕의 미국자연사박물관(American Museum of Natural History in New York) 관장.

1. 여러 가지 반증의 증거들이 속출하고 있음에도 불구하고 진화에 대한 신념은 사라지지 않고 있다. 사람들이 진화에 대한 강한 신념을 갖는 배경은 무엇이라고 생각하는가?

2. 진화의 증거로 사용되는 핀치와 불나방의 암화를 창조론적으로 재해석해 보라.

3. 본 장에서 제시한 여러 예들은 선입견이 기원 연구에서 어떻게 전혀 다른 결론을 도출하게 하는지를 보여준다. 진화론적 선입견으로 인해 (명시적이든, 암시적이든) 잘못된 결론에 이르게 한 다른 예들이 있다면 말해 보라.

Creation and Catastrophes

거짓된 견해들이라도 증거만 있다면 별로 나쁠 것이
없다. 왜냐하면 모든 사람들은 그들의 거짓됨을 증명
하면서 유익한 즐거움을 누릴 것이기 때문에 _다윈[243]

기원에 관한 연구는 그것의 이데올로기적인
특성으로 인해 다른 어떤 학문의 분야보다 사기극들이 발생할 가능성이 높다고 할 수 있
다. 이러한 사기극들은 처음부터 범인이 그 사건을 의도적으로 조작했다는 점에서 지난 장
에서 살펴본 것과 같은 증거들에 대한 잘못된, 혹은 편향된 해석들과는 근본적으로 성격이
다르다. 기원 논쟁에서 근래에 밝혀진, 가장 큰 사기극이 바로 헥켈의 계통발생설이다.

본 장에서는 발생학 분야에서 지금까지 진화의 가장 중요한 증거로 제시해 오고 있는
헥켈의 계통발생설을 웰스의 『진화의 아이콘들』에서 다루고 있는 내용을 중심으로 살펴
보고자 한다. 먼저 계통발생설의 배경을 살펴보고, 계통발생설에 대한 최근 연구의 동향
과 더불어 오랫동안 제기되어온 헥켈의 배아 그림 조작 시비에 대해서 살펴본다. 특히
1995년과 1997년 리처드슨과 그의 동료들이 다시 제기한 헥켈의 배아 그림 변조 주장을
자세히 살펴본다.[244]

---

243 Charles Darwin, *The Decent of Man*(1871), Ch. 4.
244 Michael K. Richardson, "Heterochrony and the Phylotypic Period," 〈Developmental Biology〉 172(1995),
pp. 412–21; M. K. Richardson, J. Hanken, M. L. Gooneratne, C. Pieau, A. Raynaud, L. Selwood, and
G. M. Wright, 〈Anatomy & Embryology〉 196(1997), pp. 91–106; 그 후 이 내용은 리처드슨(Richardson)이
여러 차례에 걸쳐 〈Science〉를 비롯한 여러 잡지에 게재하였다. 예를 들면 Richardson, 〈Science〉
279(1998. 2. 27); Richardson, "The Forgotten Fraud," 〈The Physiological Society Magazine〉, No.29(1997),
p. 30; Richardson, et al., "Haeckel, Embryos, and Evolution," 〈Science〉 280(1998. 5. 15), pp. 983–5;
Richardson, "Haeckel's Embryos, Continued," 〈Science〉 281(1998), p. 1289; Richardson, & Gerhard
Keuck, "A question of intent: when is a 'schematic' illustration a fraud?," 〈Nature〉 410(2001), p. 144.

1. 다윈과 헥켈

다윈은 『종의 기원』에서 "발생학에서 가장 중요한 사실들은 어떤 하나의 고대 조상으로부터 유래한 여러 자손들에게서 나타나는 변이의 원리로 설명된다"고 하였다. 그리고 가장 중요한 사실들은 "같은 강(綱)에 속했으면서도 전혀 다른 종들은 배아의 모습은 매우 비슷하지만 완전히 자라면서 전혀 달라지는 것"이라고 하였다.

7-1 예나대학의 비교해부학 교수였던 헥켈. 그는 다윈의 진화론을 증명하기 위해 일생을 보냈다.

다윈은 "배아 구조의 공통성은 가계의 공통성을 드러내는 것이다"라고 유추하면서, 동물들의 초기 배아의 모습은 "성체가 되었을 때 전체 집단의 조상이 될 조건이 무엇인지 어느 정도 완전하게 보여준다"고 결론지었다. 다시 말해, 배아 모습의 유사점은 그들이 공통조상으로부터 유래했음을 보여줄 뿐 아니라 그 공통조상의 모습이 어떤 것이었을까를 드러낸다는 것이다.[245] 다윈은 이것이 자신의 이론을 지지하는 '가장 강력한 증거'라고 생각했다.[246]

다윈은 자신의 이론을 지지하는 데 있어서 발생학의 중요성을 절감하고 있었다. 그러나 막상 자신은 발생학자가 아니었기 때문에 다른 발생학자의 도움을 받을 수밖에 없었다. 그래서 그가 찾은 사람이 바로 독일 예나대학(University of Jena)의 비교해부학 교수였던 헥켈이었다.[247] 다윈은 『종의 기원』에서 헥켈이 "계통발생, 즉 모든 생물들의 가계에 대한 대단한 지식과 능력을 가진" 사람이라고 극찬했다. 헥켈은 일생 동안 많은 동물의 발생 과정을 묘사하는 그림을 그렸는데, 그 중에 다윈의 구미에 가장 맞는 그림이 바로 여러 척추동물들의 배아가 발생하는 그림이었다. 이 그림에서 그는 다양한 척추동물 배아들의 모습을 비슷하게 그렸으며, 그리고 이들이 자라가면서 점점 달라지는 모습을

---

245 Darwin, *The Origin of Species*, Ch. XIV, pp. 333-45.

246 "가장 강력한 증거"(by far the strongest single class of facts)라는 말은 Darwin's Letter to Asa Gray(Sep. 10, 1860), in Francis Darwin, editor, *The Life and Letters of Charles Darwin*(New York: D. Appleton & Company, 1896), Vol. II, p. 131에서 사용하였다.

247 Ernst Haeckel, *The Evolution of Man*, vol. I(3rd English edition) (H. L. Fowle, NY, 1876), pp. xxxiv-xxxv (preface). 헥켈(Ernst Heinrich Haeckel, 1834-1919): 독일 생물학자이자 생물철학자로서 다윈의 진화론을 증명하는 데 일생을 바쳤다.

그렸다. 다음 몇 절에서는 다윈이 그토록 신뢰했으며, 자신의 이론을 뒷받침한다고 믿었던 헥켈의 그림이 어떻게 조작되었는지를 살펴본다.[248]

다윈은 『종의 기원』에서 헥켈이 그린 척추동물 배아들의 그림을 보고 "우리는 포유류, 조류, 어류, 파충류의 배아들로부터 이 동물들이 과거의 어떤 조상으로부터 변형되어 내려온 후손들임을 알 수 있을 것이다"라고 했다.[249] 그 후 다윈은 자신의 『인류의 기원』에서 인간도 같은 조상에서 출발한 변형된 후손의 하나라고 확대 해석했다. 그는 "(인간의) 배아도 아주 초기에는 척추동물 계(界, kingdom)에 속하는 다른 동물들의 배아와 구별하기 어렵다"고 했다. 그는 이어서 인간과 다른 척추동물들은 "같은 초기 발달단계를 거치기 때문에 우리는 솔직히 같은 혈통에 속한 공동체임을 인정해야 한다"고 했다. 이러한 다윈의 이론에 대하여 헥켈의 배아 그림은 더할 나위 없이 강력한 증거를 제시해 주는 듯이 보였다.[250]

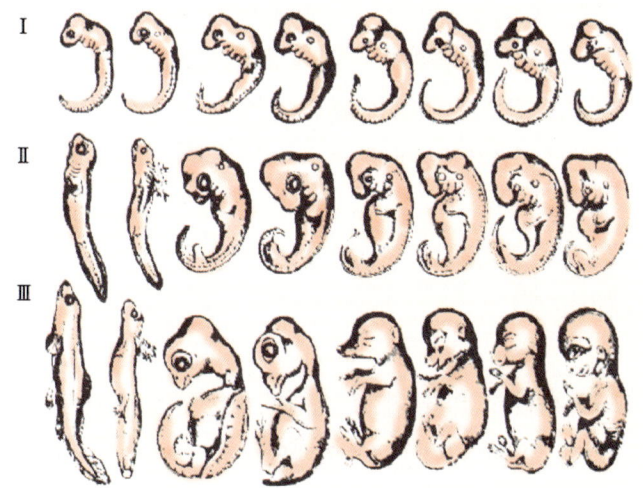

7-2 헥켈이 그린 여러 척추동물들의 배아 그림. 왼쪽부터 물고기, 도롱뇽, 거북, 병아리, 돼지, 송아지, 토끼, 사람의 배아. 배아들의 모습이 초기에는 비슷하다가 점점 자라면서 달라지는 이 그림을 보고 다윈은 사람을 포함한 모든 척추동물들이 한 조상으로부터 진화했다는 확신을 가졌다.[251]

248 아래 몇몇 절의 내용은 Wells, *Icons of Evolution*, Ch. 5의 내용을 정리한 것이다.

249 Darwin, *The Origin of Species*, Ch. XIV, pp. 333–45.

250 Darwin, *The Descent of Man*, pp. 398, 411 in Ch. 1.

251 이것은 헥켈의 많은 그림 중에 가장 널리 인용되는 그림으로서 Wells, *Icons of Evolution*, p. 83에서 재인용하였다. 원래 이 그림은 흑백이 바뀌어서 Ernst Haeckel, *Anthropogenie, oder Entwicklungsgeschichte des Menschen*(Leipzig: Verlag von Wilhelm Engelmann, 1877), p. 297에 이어지는 Tafel VI & VII에 소개된 것이며, 이 책의 영역판은 Ernst Haeckel, *The Evolution of Man*(New York: D. Appleton and Company, 1896), p. 362에 이어지는 Plates VI & VII.

2. 계통발생설

헥켈은 1860년 경, 생식세포가 수정되어 태내에서 성장하는 과정이 그 생물까지의 생물군 전체의 진화 과정을 보여준다고 하였다. 헥켈은 개체의 배아 발생을 나타내는 말로서 '개체발생'(ontogeny)이란 용어를, 종의 진화 역사를 나타내는 말로서 '계통발생'(phylogeny)이란 용어를 만들었다. 그는 "배아는 자신의 진화 역사를 '되풀이하면서'(recapitulate) 모태에서 자란다"고 주장했다. 그리고 새로운 신체적 특성은 배아 발달의 각 단계 끝부분에서 추가된다고 하였다. 굴드는 이 '최후 추가'(terminal addition)의 과정을 통해 배아는 자기 조상의 성체 모양을 갖는다고 하였다.[252] 헥켈은 이것을 '생물발생법칙'(biogenetic law) 혹은 '계통발생설'(系統發生說)이라고 불렀으며, "한 개체의 발생과정은 그 개체군의 진화 계통을 반복한다"(Ontogeny recapitulates phylogeny)는 말로 요약했다.

개체발생은 계통발생을 반복한다는 생각을 가지고 여러 동물들의 발생 과정을 관찰한 후 헥켈은 이들의 발생 초기 배아(embryo) 모양이 매우 비슷하다고 하였다. 즉, 물고기, 닭, 소 등의 발생 초기 단계는 그 모양이 비슷하며, 사람, 고양이, 개, 새들의 배아는 초기 발생 단계에서 모두 아가미의 흔적 같은 것이 나타남을 발견하였다. 그리고 이 아가미 흔적을 보고 진화론자들은 물고기가 이들의 조상이었음을 보여주는 것이라고 해석하였다.

3. 헥켈의 변조된 배아 그림

그러나 헥켈의 그림은 교묘하게 변조되었다. 헥켈은 자신의 계통발생설을 설명하기 위해 많은 척추동물 배아 그림들을 그렸다. 그러나 그는 이 배아들을 의도적으로 최초의 단계에서 매우 흡사하도록 그렸다. 사실 그가 그린 초기 배아들은 상당한 정도로 조작되었다. 과학사가인 오펜하이머에 의하면 "…때로 정당화가 되기는 했지만 헥켈은 과학 논문 변조로 인해 한 번 이상 빌헬름 히스(Wilhelm His, Sr.)와 다른 여러 사람들에 의해 고소당했다."[253] 1874년, 라이프치히대학(Leipzig University)의 히스는 헥켈이 논문의 그림을 조작했다고 대학법정에 고소하였다. 히스 외에도 바젤대학(Basel University)의 루티마이어(Rutimeyer), 케플러 그룹(the Keplerbund group of Protestant scientists)의 브래스(Brass) 등도 헥켈의 변조와 부정직을 지적했다.[254]

때로 헥켈은 한 종의 배아를 묘사하는 목판화를 만들어서는 다른 강(綱)에 속한 배아들을 묘사하는 데 사용하기도 했다. 그는 배아의 모양이 실제보다 더 실감나게 하기 위해 그림을 변조하였다. 헥켈과 동시대 사람들조차 그가 일생 동안 많은 거짓 그림들을 그렸다고 거듭 비난했다.[255] 그러면 헥켈의 변조를 좀 더 구체적으로 살펴보자.[256]

우선 헥켈은 자신의 이론에 가장 잘 맞는 배아들만 선택해서 그렸다. 척추동물 문(門)에는 7개의 강(綱)이 있지만-무악어류(jawless fishes), 연골어류(cartilaginous fishes), 경골어류(bony fishes), 양서류, 파충류, 조류, 포유류-헥켈은 첫 두 개를 제외한 나머지 5개만을 골랐다. 더욱이 양서류의 대표로서는 가장 흔한 개구리를 택하지 않고 도롱뇽(salamander)을 선택했다. 개구리의 배아는 다른 것들과 매우 다르기 때문이었다. 게다가 그의 그림의 절반은 포유동물의 것이었고 이들은 모두 하나의 목(目)(placentals)에서만 선정했다. 나머지 포유류목들(예를 들면 단공류, 유대류)은 아예 포함시키지도 않았다.[257] 그러므로 헥켈은 처음부터 선입견을 가지고 대상을 선정했음을 알 수 있다.

둘째, 헥켈은 편향적으로 선택한 배아들의 그림조차도 자신의 이론에 맞도록 왜곡시켰다. 1995년, 영국 발생학자 리처드슨은 "헥켈의 그림에서 맨 윗줄(최초 단계)의 배아 그림들은 이 종들의 발생에 대한 다른 데이터들과 맞지 않는다"고 지적했다. 헥켈의 그림을 자세히 조사한 후 그는 "이 유명한 그림들은 부정확하고 배아 발달에 잘못된 견해를 갖게 한다"는 결론을 내렸다. 1997년에 리처드슨과 전문가들은 헥켈의 배아 그림들을 실제 배아들의 사진과 비교했다. 그리고 척추동물의 7개 문(門)에 속한 모든 배아들을 조사한 후에 그들은 헥켈의 그림이 실제와는 다름을 발견했다. 여러 가지 중에서 리처드슨과 동료들은 특히 양서류들 가운데서 "배아 형태의 커다란 변형이 있었음"을 발견했다. 또한 연구 팀들은 척추동물 배아들의 경우에는 크기가 1mm부터 10mm에 이르는 등 큰 변화가

252 Gould, *Ontogeny and Phylogeny*, p. 168.
253 Jane M. Oppenheimer, "Haeckel's Variations on Darwin," in *Biological Metaphor and Cladistic Classification*, Henry M. Hoenigswald and Linda F. Wiener, editors(Philadelphia: University of Pennsylvania Press, 1987), p. 134(in pp. 123-35)
254 Troy Britain, "Haeckel's embryos," http://www.antievolution.org/topics/law/ ar_hb2548/Haeckels _embryos.htm(2004. 4. 10).
255 헥켈의 조작에 대한 다른 문헌들로서는 "Accused of Fraud, Haeckel Leaves the Church," 〈The New York Times〉(Nov. 27, 1910), Part 5, p. 11; J. Assmuth and Ernest R. Hull, *Haeckel's Fraud and Forgeries*(Bombay: Examiner Press, 1915); Gunter Rager, "Human Embryology and the Law of Biogenesis," 〈Rivista di Biologia〉 79(1986), pp. 449-65.
256 Wells, *Icons of Evolution*, pp. 91-2.
257 알을 낳는 단공류(單孔類, egg-laying monotremes)로서는 오리너구리나 바늘두더지를 들 수 있고, 대표적인 유대류(有袋類, pouch-brooding marsupials)로서는 캥거루를 들 수 있다.

▼ 헥켈이 말한 배아의 '초기' 단계

▼ 그 단계에서 배아의 실제모습

7-3 헥켈의 배아 그림과 실제 척추동물 배아들의 모양 비교

있는데도 헥켈은 이들을 같은 크기로 그렸음을 발견했다.[258]

　헥켈의 그림을 실제 모양과 나란히 두고 보면 의심할 여지없이 그의 그림은 자신의 이론에 맞추기 위해 조작되었음을 알 수 있다. 하버드대학 교수였던 굴드도 헥켈의 그림은 "부정확하고 노골적인 변조"로 특징지어진다고 결론지었다.[259] 이 결과를 발표한 후에 리처드슨은 《사이언스》(Science)지와의 인터뷰에서 노골적으로 "이것(헥켈의 배아 그림 조작)은 생물학에서 가장 유명한 조작의 하나로 드러나고 있다"고 말했다.[260]

4. 전혀 다른 '최초' 단계의 배아들

　헥켈의 그림은 이미 오래 전에 조작임이 드러났지만, 그가 그린 그림은 다윈을 비롯하여 많은 사람들에 의해 계속 인용되었다. 그리고 인용되는 과정에서도 계속 조작이 추가되었다. 한 예로 다윈은 공통조상에 대한 자신의 주장에서 배아 발달의 최초 단계 모습이 매우 흡사하다는 확신을 갖고 있었는데 이것은 헥켈이 제시한 그림에 근거하고 있었다.

그러나 헥켈의 그림에는 배아의 '최초' 단계(first stage) 그림이 아예 없으며 배아 발생 중간부터 시작한다. '최초' 단계의 배아들은 상호간에 모양이 완전히 다르다. 그러면 '최초' 단계의 배아가 발생할 때까지의 과정을 간단히 살펴보자.

우선 난자가 수정되면 첫 번째로 거치는 과정이 바로 난할(卵割, cleavage) 과정이다. 이 단계에서 수정란의 전체 크기는 변함이 없으면서 수백, 수천 개의 세포로 분할된다. 난할이 끝나면 장배 형성(腸胚 形成, gastrulation) 단계가 시작된다. 이 단계에서는 동물의 일반적인 신체 구성 계획이 세워지고 기본적인 조직과 장기들(피부, 근육, 창자 등)이 만들어진다. 난할과 장배 형성의 과정 후에 비로소 배아는 헥켈이 말한 바 '첫째' 단계에 이른다.[261]

그림 7-4에서 보는 바와 같이 '최초' 단계의 배아 모습은 완전히 다르다. 우선 난자의 크기부터 제 각각이다. 얼룩말 관상어(zebra fish)와 개구리의 알은 직경이 1mm 정도이나 거북과 닭의 경우에는 직경 3-4mm의 디스크 형태의 난자가 커다란 노른자 위쪽에 위치한다.[262] 반면에 사람의 난자는 직경이 0.1mm에 불과하다. 그리고 다윈과 헥켈이 말한 것처럼 '최초' 단계의 배아가 비슷하려면 난할이나 장배 형성 단계부터 비슷해야 하는데, 그림에서 보는 바와 같이 다섯 개의 강에 대한 발생 과정의 배아들 모습은 수정란 단계부터 완전히 다르다. 포유류의 난할은 나머지 것들과 완전히 다르며, 파충류와 조류의 장배 형성은 나머지 셋과 완전히 다르다.[263]

5. 오래 전부터 알려진 사실

사실 배아들의 초기 모습이 다르다는 것은 생물학자들에게 100년 이상 잘 알려져 온 사실이었다. 이미 1894년에 발생학자 세지윅은 초기에 비슷하던 모습의 배아가 나중에

258 M. K. Richardson, J. Hanken, M. L. Gooneratne, C. Pieau, A. Raynaud, L. Selwood, and G. M. Wright, "There Is no highly Conserved Embryonic Stage in the Vertebrates : Implications for Current Theories of Evolution and Development," 〈Anatomy & Embryology〉, 196(1997), pp. 91-106.

259 Stephen Jay Gould, "Abscheulich!(Atrocious!)," 〈Natural History〉(March 2000), pp. 42-9.

260 Elizabeth Pennisi, "Haeckel's Embryos: Fraud Rediscovered," 〈Science〉 277(1997), p. 1435.

261 장배 형성의 중요성에 대해서는 영국 발생학자 Lewis Wolpert, The Triumph of Embryo(Oxford: Oxford University Press, 1991), p. 12; Jonathan Wells, "Haeckel's Embryos and Evolution: Setting the Record Straight," 〈The American Biology Teacher〉 61(May 1999), pp. 345-9.

262 zebra fish은 우리말로 얼룩말 관상어(觀賞魚), 혹은 흔줄 까만 송사리라고도 불린다.

263 이들 다섯 강들의 발생 과정에 대해서는 Wells, *Icons of Evolution*, p. 96을 참고하라.

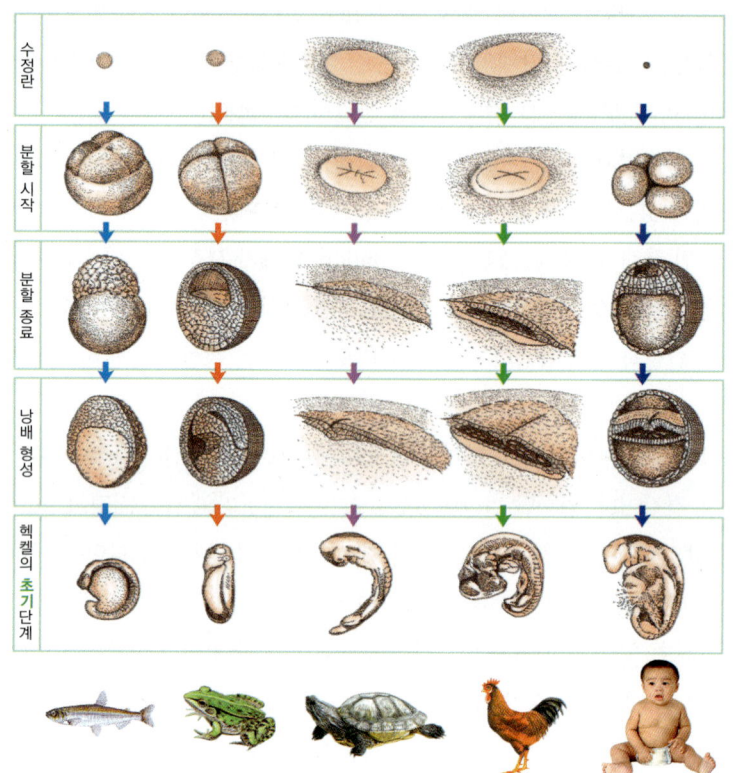

수정란

분할 시작

분할 종료

낭배 형성

헥켈의 **초기** 단계

7-4 척추동물 배아들의 초기 모습

달라진다는 주장은 "발생학의 사실들과 일치하지 않는다"고 지적했다. 그는 계속해서 "배아의 차이는 더 이상 강조할 필요가 없다. 이는 모든 발생학자들이 알고 있는 바이며 수많은 예들을 제시할 수 있기 때문이다. 이에 관해 다만 내가 말할 수 있는 바는 하나의 종은 발생 과정 전체를 통하여 가장 초기의 상태부터 다른 동류들(allies)과는 다르고 구분할 수 있다"고 했다.[264]

현대의 발생학자들도 이 점을 확신한다. 1977년, 블랙슈미트는 "인간 배아 발달의 초기 단계들은 다른 종들의 초기 발달과는 다르다"고 했다.[265] 1987년, 엘린슨은 개구리, 닭, 쥐는 "난자의 크기, 수정 메커니즘, 난할 패턴, (장배 형성) 운동과 같은 근본적인 특성이 완전히 다르다"고 지적한다.[266]

그러나 대부분의 발생학자들은 처음에 매우 다르게 보이던 배아들이 점차 비슷해졌다

176

가 성체로 발달하면서 다시 완전히 달라진다는 점에 동의한다.[267] 처음에는 완전히 달랐다가 점점 비슷해졌다가 다시 달라지는 이 발달 패턴을 두고 라프는 "발생학적 모래시계"(developmental hourglass)라고 불렀다.[268]

6. 발생학적 딜레마에도 불구하고

앞에서 언급한 바와 같이 다윈은 배아들이 발달하는 최초 단계의 모습이 비슷하다는 점을 공통 조상의 증거라고 하였다. 그러므로 최초에는 배아들의 모습이 완전히 달랐다가 그 다음에 비슷하게 되었다가 성체가 되어가면서 다시 달라지는 배아 발달 과정은 전혀 예상치 않은 것이었다. 발생학적 증거가 다윈의 진화론을 지지하는 것이 아니라 도리어 딜레마에 빠지게 한 것이었다. 그래서 진화론자들은 이것을 설명하기 위해 몇몇 시도를 했으나 신통치 않았다. 일단 진화론적 선입견을 가지고 발생학적 현상을 설명하려는 시도는 어떤 경우에도 잘 맞지 않았다.[269]

발생학적 증거를 먼저 받아들이고 후에 진화론적 논리와 함의를 추구한다면 불가피하게 다양한 척추동물 강(綱)들은 공통조상에서 유래한 것이 아니라 독립적인 기원을 갖는다는 결론을 내릴 수밖에 없다. 이 점에 대해서 웰스는 "이미 다윈의 이론이 진리라고 결정한 사람들은 이러한 결론을 받아들일 수가 없었기 때문에 그들은 발생학적 증거를 액면 그대로 받아들일 수가 없었으며, 진화론에 맞도록 재해석하지 않으면 안 되었다"고 지적한다.[270] 폰베어는 19세기 다윈주의자들이 "배아들을 관찰하기도 전에 다윈의 진화 가

---

264 Adam Sedgwick, "On the Law of Development commonly Known as von Baer's Law: and on the Significance of Ancestral Rudiments in Embryonic Development," 〈Quarterly Journal of Microscopical Science〉 36(1894), pp. 35–52.

265 Erich Blechschmidt, *The Beginning of Human Life*, translated by Transemantics(New York: Springer–Verlag, 1977), pp. 29–30.

266 Richard P. Elinson, "Change in Developmental Patterns: Embryos of Amphibians with Large Eggs," in *Development as an Evolutionary Process*, Vol. 8, R. A. Raff and E. C. Raff, editors,(New York: Alan R. Liss, 1987), p. 3(in pp. 1–21).

267 Michael K. Richardson, "Vertebrate Evolution: The Developmental Origins of Adult Variation," 〈BioEssays〉 21(1999), pp. 604–13.

268 Rudolf A. Raff, *The Shape of Life*: Genes, Development, and the Evolution of Animal Form(Chicago: The University of Chicago Press, 1996), p. 197.

269 Wells, *Icons of Evolution*, p. 99.

270 Wells, *Icons of Evolution*, p. 101.

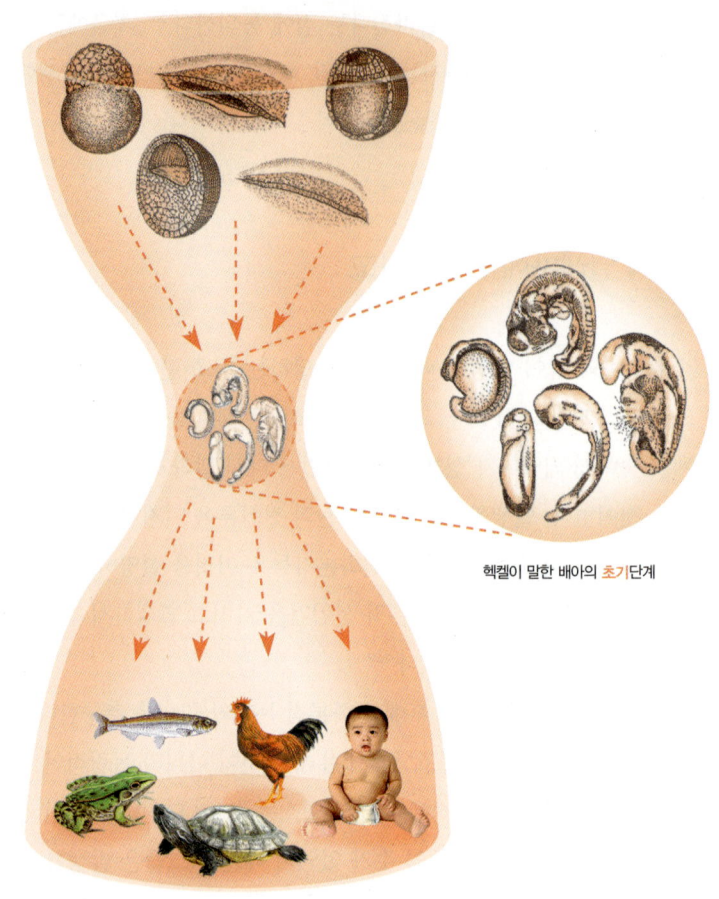

헤켈이 말한 배아의 초기단계

7-5 "발생학적 모래시계"

설을 받아들였다"고 비난했는데 그 상황은 현대 다윈주의자들에게서도 별로 변하지 않았다. 웰스는 현대의 상황을 이렇게 요약한다. "아무리 많은 발생학적 증거가 진화론과 모순이 되더라도 그것은 문제가 아니었다─그 (진화) 이론은 의심해서는 안 되는 것이었다. 이것이 바로 거듭되는 반증 자료들에도 불구하고 헤켈의 계통발생설과 그의 변조된 그림들이 사라지지 않는 이유다."[27]

7. 반증되지 않는 진화 신념

앞에서 제시한 헥켈의 날조를 요약하면 다음 네 가지라고 할 수 있다.

(1) 헥켈은 자신의 이론에 가장 잘 맞는 강(綱)과 목(目)에 속한 배아들만을 선별적으로 제시했다.

(2) 헥켈은 배아들의 초기 모양이 아닌, 그 후의 단계를 그렸다.

(3) 헥켈은 그렇게 선별된 배아들의 모양조차도 의도적으로 비슷한 모습이 되도록 변조했다.

(4) 헥켈은 전혀 다르게 보이는 척추동물 배아의 최초의 모습은 전혀 싣지 않았다.

지금까지 살펴본 것처럼 이러한 헥켈의 날조는 명백히 의도적이며, 사실에 근거한 것이 아니었다. 그러나 다윈의 진화론이나 헥켈의 계통발생설은 증거에 무관하게 받아들여진 것이므로 이들을 부정하는 수많은 증거가 쏟아져 나오더라도 쉽게 부정되지 않는다. 웰스는 "어떻게 생명 발생 법칙의 역사가 이렇게 왜곡될 수 있는지 상상하기가 어렵다. 그러나 그러한 왜곡은 현대의 많은 생물 교과서들을 통해서 여전히 반복되고 있다"고 했다.[272]

헥켈의 그림 변조는 오래 전에 알려졌음에도 불구하고 그의 그림은 1998년 판, 푸투이마의 『진화생물학』에도, 커티스와 반즈의 『생물학으로의 초대』에도, 미국 국립과학원(National Academy of Science) 총재인 앨버츠와 DNA 구조 해명으로 노벨상을 받은 왓슨 등이 저술한 『세포 분자 생물학』에도 여전히 실려 있다. 말할 필요도 없이 이들 교과서에는 헥켈이 말한 바와 같이 초기 배아의 모습이 흡사하다는 주장도 그대로 실려 있다.[273]

최근 리처드슨 등이 헥켈의 척추동물 배아 그림이 날조되었음을 증명하고 이를 널리 발표한 후에도 많은 생물학 교과서들은 여전히 "개체 발생은 계통발생을 되풀이한다"는

---

271 Wells, *Icons of Evolution*, p. 101.
272 Wells, *Icons of Evolution*, p. 102.
273 Douglas Futuyma, *Evolutionary Biology*, 3rd. edition(Sunderland, MA: Sinauer Associates, 1998), p. 653: Helena Curtis and N. Sue Barnes, *Invitation to Biology*, 5th edition(New York: Worth Publishers, 1994), p. 405; Bruce Alberts, Dennis Bray, Julian Lewis, Martin Raff, Keith Roberts, and James D. Watson, *Molecular Biology of the Cell*, 3rd edition(New York: Garland Publishing, 1994), pp. 32-3.

헥켈의 오래된 주장이나 계통발생설이 진화의 중요한 증거라는 다윈의 주장을 그대로 싣고 있다. 저자들은 헥켈의 그림을 다시 그려서 책에 실었지만 논지는 변함이 없었다.

일반적으로 물리학이나 화학 등에서는 어떤 이론이나 모델을 제시했더라도 그것에 대한 반증이 나오게 되면 무대에서 사라진다. 어떤 것은 오랜 세월에 걸쳐, 어떤 것은 즉각 사라지지만 어떤 경우라도 결정적인 반증이 이루어지면 사라진다. 예를 들면, 천동설이나 열소설(熱素說), 에테르 이론 등은 천천히 사라졌지만 저온 핵융합에 대한 주장은 불과 2-3년 이내에 무대에서 사라졌다. 그런데 이상하게 진화론과 관련된 주장들은 수많은 결정적인 반증들이 나와도 도무지 무대에서 물러갈 줄을 모른다. 이것은 더 이상 진화는 과학이 아님을 보여주는 증거라고 할 수 있다.

8. 헥켈의 다른 얼굴

지금까지 살펴본 바와 같이 학자들은 헥켈의 계통발생설은 유전학적 측면에서 잘못된 것일 뿐 아니라 명백한 사기극임을 지적하고 있다. 헥켈은 많은 동물들이 같은 진화 조상을 갖고 있음을 증명하기 위해 동물들의 배아 그림을 의도적으로 날조했다. 헥켈의 이러한 사기극은 이미 1874년에 발각되었으나 진화론의 태풍 속에 있었던 당시 유럽 지식인들의 관심을 끌지 못했다.[274]

톰슨(W. R. Thompson) 교수는 다윈의 『종의 기원』 1956년판의 서문을 쓰면서 헥켈이 제시한 그림은 배아들이 서로 비슷하게 보이게 하려고 조작한 것임을 지적했다. "배아들의 모양이 완전히 만족스럽게 하나로 '수렴'(convergence)되지 않을 때는 헥켈은 자신의 이론에 끼워 맞추기 위해 그림을 수정하였다." 피트만(Michael Pitman)에 의하면 헥켈은 사기죄로 고소당하여 대학 법정(university court)에 소환되었으며, 그의 그림들의 일부가 위조되었다는 것에 동의했다. 그럼에도 불구하고 헥켈의 그림은 계속 많은 교과서들을 통해 진화의 가장 중요한 증거의 하나로 퍼져나갔다.

마지막으로 1997년, 리처드슨(Michael Richardson) 등이 헥켈이 제시한 배아 그림과

274 Wilhelm His, *Unsere Koerperform*(Voegel: Leipzig, 1874).
275 《Origins》, No. 25(October 1998), p. 9: 헥켈이 그린 원래의 그림을 보려면 Berry 편, 「동물대백과」 18권, p. 95를 보라.

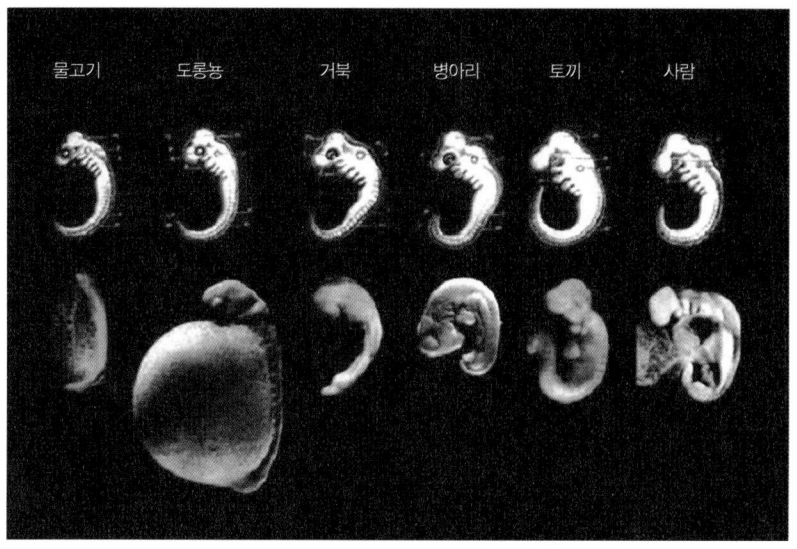

7-6 왼쪽에서 오른쪽으로 물고기, 도롱뇽, 거북, 병아리, 토끼, 사람의 배아. 윗줄 그림은 헤켈이 발표한 그림
이고 아랫줄은 리처드슨(Richardson) 박사가 대응하는 배아들의 정확한 사진을 제시한 것이다. 헤켈의 배
아 그림과 실제 배아의 사진은 매우 다르다.[275]

그 그림에 해당하는 동물들의 실제 배아 사진을 비교하면서 이들 그림이 너무나 다르다
는 사실을 보고하였다. 리처드슨 등의 보고 이후로 사람들은 이렇게 분명한 사기극이 어
떻게 그처럼 오랫동안 진화의 증거로 많은 사람들을 속일 수 있었는지 의아해하였다. 헤
켈은 유전이 세포의 핵과 관련되어 있음을 처음으로 시사하는 등 동물학에 상당한 공헌
을 했지만 놀랍게도 진화론에 심취하여 이러한 사기극을 꾸미는 또 하나의 얼굴을 갖고
있었다.

1. 헥켈의 배아 그림 조작은 이미 그의 생전에 발각되었으며, 그의 사후에도 끊임없이 여러 사람들에 의해 지적되어 왔다. 그럼에도 불구하고 그의 그림은 진화의 대표적인 'Icon' 으로서 사라지지 않고 있다. 그 원인은 무엇이라고 생각하는가?

2. 헥켈의 학문적 부정직의 예는 배아 그림 조작 사건만이 아니었다. 헥켈의 전기들을 참고하여 그가 배아 그림을 조작하면서까지 진화를 주장하려 한 배경이 무엇인지 살펴보고, 그의 성장 배경이나 성품이 그의 학문적 부정직과 어떤 관계가 있는지 논의해 보라. 헥켈이 히틀러에게 미친 구체적인 영향에 대해서도 살펴보자.

3. 과학사로부터 헥켈의 사건과 비슷한 사기극들을 살펴보고, 이들을 통해 과학적 연구의 중립성에 대한 과학 철학자들의 비판을 논의해 보라. 특히 기원 논쟁과 관련하여 과학의 중립성을 논의해 보라.

제8장
화석의 증거들

Creation and Catastrophes

그러나 우리들에게는 바닷물 속에서 창조되었으면서도 다시 바다에서 멀리 떨어진 산에서 발견된 이들(화석들)의 증거로 충분하다. _레오나르도 다빈치

화석은 퇴적암층에 보존되어 있는 과거에 살았던 생물의 유해나 자취를 말한다. 이 유해나 자취 속에는 뼈나 이빨 등과 같이 신체의 단단한 부분뿐만 아니라 배설물이나 발자국, 알 등도 포함된다. 화석은 생물이 지구상에 나타난 이후의 자취를 직접 보여주기 때문에 생물이 창조되었는지, 진화되었는지를 알아볼 수 있는 가장 중요한 과학적 증거다. 그러므로 지층과 화석으로 나타난 과거 생물들의 자취나 유해를 연구하는 고생물학(古生物學)은 생물의 기원을 다루는 데 있어서 가장 중요한 학문이라고 할 수 있다.

여기서는 먼저 화석의 형성과 해석에 대한 대표적인 두 가지 이론, 즉 창조론과 진화론의 기본 입장을 비교한다. 하등동물의 화석으로부터 포유류에 이르는 화석들을 살펴보면서 이들이 생물의 기원에 관해 무엇을 말하고 있는지 살펴본다.

1. 화석의 형성

화석은 생물이 죽어서 분해되기 전에 만들어져야 하므로 생물의 유해가 급속히 매몰될 때만 화석이 만들어진다. 특히 동물의 경우 죽으면 사후경직(死後硬直)으로 인해 24시간 정도는 굳어 있지만 경직이 풀리면 곧장 세포 자체의 효소 작용으로 분해되면서 대장균 등 세균의 활발한 활동이 일어난다. 그래서 내장이 먼저 부패하는데 이때 가스가 생겨 복

	진화론의 예측	창조론의 예측
화석이 보여주는 변이는…	다른 종으로의 변이(대진화)를 보여줄 것이다.	종 내에서의 변이(소진화)만 보여줄 것이다.
중간형태(전이형태, 혹은 빠진 고리)를 찾는다면…	수없이 많은 중간형태 화석이 존재할 것이다.	화석은 중간형태 없이 그 종류대로 출토될 것이다.
아래 지층으로 내려갈수록…	점점 원시적이고 하등하고 단순한 화석이 출토될 것이다.	화석은 어느 지층에서 발견되더라도 완전한 형태로 출토될 것이다.
아래 지층에서 위로 올라오면서 화석의 순서는…	진화의 순서를 보여준다.	홍수와 같은 대격변시 매몰의 순서를 보여준다.

8-1 진화론과 창조론은 화석에 대한 서로 다른 해석을 제시한다.

부가 팽만해진다. 이렇게 며칠이 지나면 살이 썩으면서 복부가 터져 가스가 갑자기 배출되는데 이때 심하면 갈비뼈 등이 튀어나와 흩어지기도 한다. 그 다음에는 목, 다리, 발목 등의 관절이 썩거나 약해지면서 분리되기 시작한다. 물에서 죽은 동물도 비슷한 과정을 거쳐 물에 떠 있다가 가라앉으면서 여러 조각으로 분해되기 시작한다.

이처럼 대부분의 동물은 죽으면 오래지 않아 유해가 갈라지면서 분해되기 때문에 생생한 화석이 만들어지려면 분해되기 전에 급속히 땅 속에 묻혀 산소의 공급이 차단되어 세균들에 의한 분해가 이루어지지 않아야 한다. 또한 급속하게 매몰된다고 해도 생체 내에 단단한 신체의 골격이나 껍데기 등이 있어야 사람들의 눈에 띌 만한 좋은 화석이 만들어진다.[276]

A. 화석 해석의 입장들

진화론자들과 창조론자들은 지층에 대한 판이한 해석을 하기 때문에 지층 속에서 발견되는 화석에 대해서도 전혀 다른 예측과 해석을 한다. 만일 생물 세계에 진화(여기서는 종이 변하는 대진화를 의미)가 일어났다면 무엇보다도 먼저 수많은 중간형태(혹은 전이형태, 빠진 고리라고도 부른다)의 화석이 나타나야 한다. 뿐만 아니라 아래 지층에서 발

창조와 격변

186

276 장순근, 『화석, 지질학 이야기』 (서울:대원사, 1994), pp.23-4.

견된 화석들은 오래된 화석들이고 따라서 덜 진화된 생물의 화석이기 때문에 위 지층에서 발견된 화석들보다 하등하고 원시적이고 단순해야 한다.

반면에 생물들이 창조되었고 이들이 대홍수 등의 격변에 의해 매몰되어서 나타난 것이 화석이라고 한다면 화석은 처음부터 "그 종류대로" 중간형태 없이 나타나야 한다. 그리고 또한 지층의 위, 아래와 무관하게 발견되는 화석들은(비록 지금은 멸종된 생물이라고 할지라도) 불완전한 형태가 아니라 "보시기에 좋도록" 완전한 형태로 출토될 것이라고 예측한다.

2. 창조론과 진화론의 화석 해석 모델

이러한 화석과 지층을 해석하는 데는 앞에서 언급한 것과 같이 두 모델이 있다. 하나는 지층이 오랜 시간에 걸쳐 점진적으로 형성되었다고 가정하는 점진론적 모델이다. 동일과정설(gradualism) 혹은 균일설(uniformitarianism)이라고도 불리는 이 이론에 의하면 모든 지층은 매우 천천히 쌓였으며, 따라서 아래에 있는 지층일수록 더 오래 전에 쌓인 지층이며, 위에 있는 지층은 최근에 쌓인 지층이라고 생각한다. 지층 속에 들어 있는 화석도 이와 비슷하게 해석한다. 즉 아래 지층에 있는 화석일수록 오래된 생물의 화석이고 위 지층에 있는 화석일수록 최근 화석이라고 생각한다. 많은 복음주의자들이 받아들이고 있는 국부홍수론도 균일설에 속한다고 볼 수 있다.

이에 비해 다른 한 견해는 격변설(catastrophism)로서, 이것은 다시 대홍수설(diluvialism)과 다중격변설(multiple catastrophism)로 나누어진다. 대홍수설에 의하면 지층은 과거에 일어난 한 번의 거대한 전 지구적 홍수에 의해 형성되었으며, 지층들 속에 있는 화석도 홍수 때 한꺼번에 형성되었다고 본다. 이 이론에 의하면 지층과 화석이 대홍수와 같은 천재지변에 의하여 급속히 형성되었기 때문에 아래 지층이나 위 지층들 간에는 연대적으로 큰 차이가 없다고 본다. 물론 이 지층들 속에서 발견되는 화석들 간에도 큰 시간적인 차이가 없다고 본다. 그러나 대홍수설은 오늘날 널리 받아들여지고 있는 방사성 동위원소를 이용한 연대측정 결과와 양립할 수 없다는 문제가 있다.

다중격변설에서는 지구 역사에서는 전 지구적인 격변이 여러 차례 있었으며, 최후의 격변이 노아의 홍수였다고 본다. 다중격변설에서는 오늘날 지질학에서 받아들이고 있는 지질시대를 그대로 인정하고 방사성 동위원소 연대도 받아들이지만 균일설에서와 같이 지층들이 현재 지표면에서 일어나는 동일한 과정에 의해 형성되었다고 보기보다는 운석 충돌과 같은 대격변과 이로 인해 일어나는 대홍수나 화산 폭발, 지진 등의 2차적인 대격변에 의해 형성되었다고 본다. 이 이론에서는 전 세계적으로 온전한 지층 기둥이 발견되지 않는 것도 자연스럽게 설명한다.

그러면 지층에 따라 화석들은 어떤 패턴을 보여주고 있는가? 옆 지질주상도에서 보여주는 바와 같이 일반적으로 아래에 있는 지층일수록 단순하고 하등한 생물들의 화석이 발견되며 위로 올라올수록 복잡하고 고등한 생물들의 화석이 발견된다. 이러한 화석의 배열에 대하여 앞에서 언급한 이론은 전혀 다른 해석을 한다.

A. 진화론적 해석

진화론자들이 지지하는 동일과정설에서는, 아래 지층에서 단순하고 하등한 생물의 화석이 발견되고, 위로 갈수록 복잡하고 고등한 생물의 화석이 발견되는 것은 진화를 보여준다고 해석한다. 진화론자들은 모든 생물들이 하나, 혹은 몇몇의 단세포 생물로부터 출발하여 점차적으로 진화되었다고 믿는다. 이러한 진화 과정은 수천만 년, 수억 년에 걸쳐 일어난다고 가정하기 때문에 맨 아래에 있는 지층에서는 가장 간단한 형태의 생물 화석만 있어야 하고 위로 올라갈수록 점점 더 복잡한 생물이 나타나야 한다고 본다. 그리고 화석 기록에는 어떤 종과 종 사이를 이어 주는 중간형태가 반드시 있으리라고 기대한다. 진화론에서는 무척추 어류 → 척추 어류 → 양서류 → 파충류 → 조류 → 포유류 등으로 진화되었다고 본다. 그러므로 화석을 발굴하면 이들의 진화 과정을 보여주는 많은 중간형태(transitional form) 화석이 존재할 것이라고 예측한다.

B. 대홍수론적 해석

이에 비해 창조과학자들이 지지하는 대홍수설에서는 생물의 화석이 아래 지층과 위 지층에서 서로 다르게 분포되는 것은 홍수가 일어났을 때 생물들의 매몰되는 순서가 다르기 때문이라고 본다. 즉 먼저 매몰된 생물들의 화석은 아래 지층에서, 나중에 매몰된 생물들의 화석은 위 지층에서 발견된다고 해석한다. 일반적으로 매몰의 순서는 생물 서식지의 고도, 홍수가 났을 때 생물의 이동 속도, 생물이 죽은 후 시체들의 부유성 등에 의해 결정된다고 본다. 즉, 낮은 곳에 서식하는 생물일수록 홍수가 났을 때 아래 지층에 매몰되고, 높은 곳에 서식하는 생물일수록 위 지층에 매몰된다고 본다. 또한 홍수가 났을 때 빨리 움직일 수 있는 생물일수록 높은 곳에 매몰되고 그렇지 않은 것들은 아래 지층에 묻

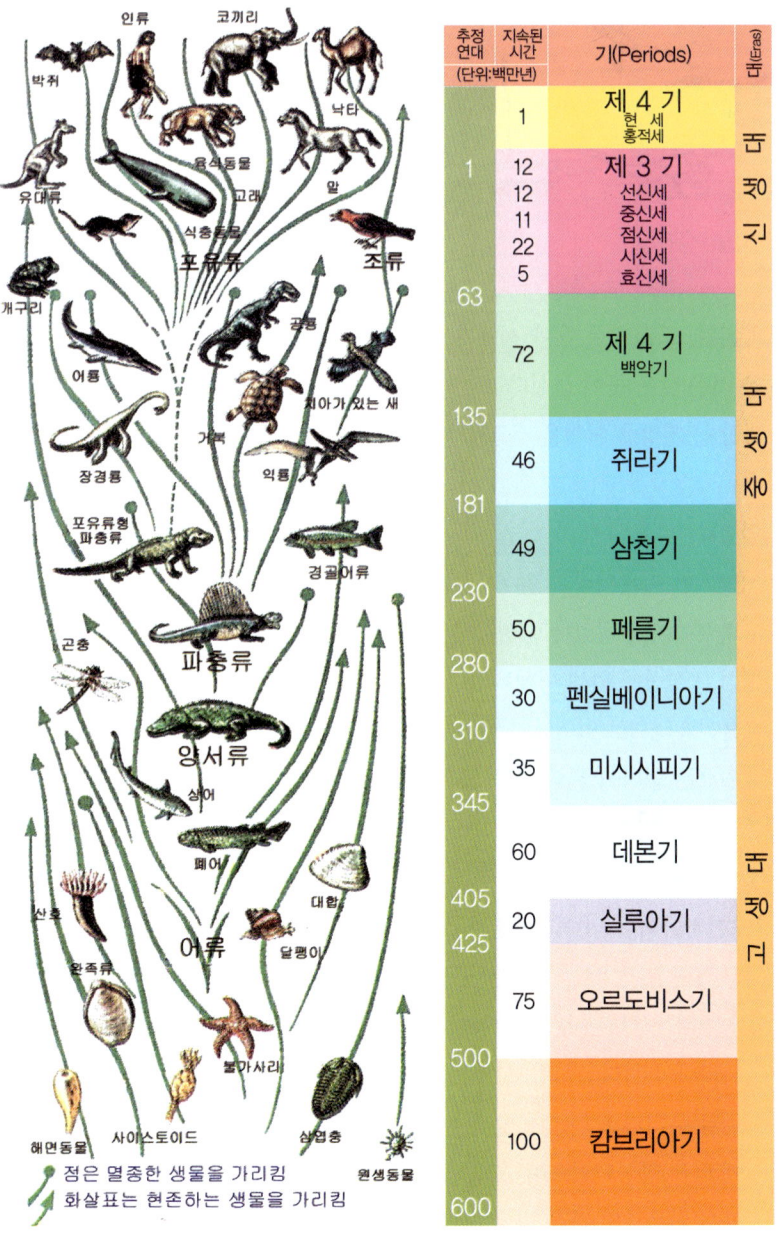

추정 연대 (단위:백만년)	지속된 시간	기(Periods)	대(Eras)
	1	제 4 기 현 세 홍적세	신생대
1	12 12 11 22 5	제 3 기 선신세 중신세 점신세 시신세 효신세	
63	72	제 4 기 백악기	중생대
135	46	쥐라기	
181	49	삼첩기	
230	50	페름기	
280	30	펜실베이니아기	
310	35	미시시피기	
345	60	데본기	고생대
405	20	실루아기	
425	75	오르도비스기	
500	100	캄브리아기	
600			

인류　코끼리
박쥐　낙타
유대류　용식동물　고래　말
개구리　식충동물
포유류　조류
어룡　공룡
장경룡　치아가 있는 새
　　　거북
포유류형　익룡
파충류　경골어류
곤충
파충류
양서류
상어
폐어
산호　대합
어류　달팽이
완족류
불가사리
해면동물　사이스토이드　삼엽충
　　　　　　　　　　　원생동물

점은 멸종한 생물을 가리킴
화살표는 현존하는 생물을 가리킴

8-2 진화론에 근거한 지층 기둥. 이 세상에서 12개의 지층이 완전히 갖추어진 곳은 어디에도 없다. 현재의 지층 기둥은 서로 다른 곳에서 불완전하게 발견된 지층들을 조합한 것이다.

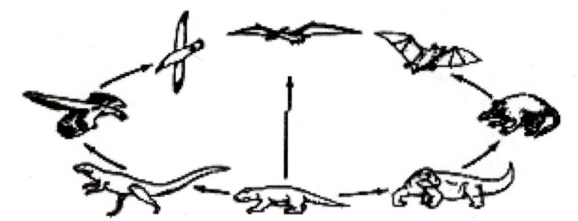

8-3 진화론이 더 타당하려면 다양한 생물의 종들의 진화 과정을 보여주는 중간형태의 화석이 반드시 존재해야 한다.

힌다고 본다. 또한 죽은 후에 시체가 물 위에 잘 뜨는 생물일수록 높은 곳에 묻히고 그렇지 않은 것은 낮은 곳에 묻힌다고 본다. 이들 중 서식지에 따른 생물의 분포가 화석의 형성에 가장 큰 영향을 미쳤을 것으로 본다.

C. 다중격변론적 해석

창조론의 한 이론이라고 할 수 있는 다중격변설에서는 대홍수설과 같이 격변에 의해 지층과 화석이 형성되었다고 생각하지만, 한 번의 대홍수가 아니라 대홍수를 포함한 여러 차례의 대격변에 의해 형성되었다고 본다. 그리고 이런 대격변들은 지구 역사 전체에 걸쳐서 불연속적으로 일어났기 때문에 지층과 그 속에서 발견되는 화석들의 연대가 모두 동일할 필요는 없다고 본다. 화석들은 대홍수설과 같이 중간형태가 없이 출토될 것이라고 예측하지만 화석들의 분포가 반드시 매몰의 순서라고 보지는 않으며, 도리어 창조의 순서라고 본다.

대홍수론자들이나 다중격변론자들은 모두 창조론자들이며 모든 생물은 창조주에 의해 처음부터 근본적으로 서로 다른 종류로 창조되었다고 믿는다. 따라서 화석에는 그들 사이를 연결하는 불완전한 중간형태가 없고, 화석들은 각기 독립적이며 완전한 형태로 갑자기 나타나야 한다. 그러므로 이들은 여러 화석들의 기본적 형태는 사멸한 종이 아니라면 오늘날 우리가 보는 생물들과 비슷할 것을 기대한다. 이들에 의하면 대부분의 화석은 격변에 의해 형성되었으며, 지층의 화석 분포는 생물의 진화와는 아무런 관계가 없다. 모든 생물은 처음부터 각각 서로 다른 종류대로 창조되었으며, 변이는 주어진 종류 안에서만 일어나며(소진화, micro-evolution) 종에서 종으로 바뀌는 대진화(macro-evolution)는 없다고 본다.

그러면 실제로 발견되는 화석들은 동일과정설과 대홍수설, 다중격변설 중 어느 이론을 지지하는가? 이 이론의 지지자들은 오랫동안 논쟁을 해 왔지만 아직까지 그 논쟁은 끝나

창조와 격변

지 않고 있다. 그 이유는 동일과정론자들이 진화의 순서라고 하는 화석 배열 순서가 대홍수론자들이 주장하는 대홍수 시의 매몰되는 순서, 다중격변론자가 주장하는 창조의 순서와 비슷하기 때문이다. 그러면 과연 화석은 진화론에서 가정하는 종에서 종으로 바뀐다는 대진화를 보여주는가, 아니면 창조론에서 가정하는 대로 처음부터 모든 생물들은 그 종류대로 완전한 형태로 창조되었음을 보여주는가? 만일 진화하고 있는 중간형태 화석들이 계열별로 나온다면 진화론이 창조론보다 더 타당할 것이다. 그러나 화석들이 처음부터 완전한 형태를 가지고 그 종류대로 나타난다면 진화론보다 창조론이 더 타당하다고 볼 수 있다.

3. 캄브리아기와 어류의 기원

이러한 두 이론의 차이와 서로 다른 예측들을 염두에 두고 오늘날 발견되고 있는 화석들을 살펴보자. 과연 화석 자료들은 진화론적 예측에 더 부합하는가, 아니면 창조론적 예측에 더 부합하는가? 아래에서는 캄브리아기 화석들로부터 시작하여 최근 화석들의 순서로 살펴본다.

한때 사람들은 어류는 데본기 지층에서만 공통적으로 발견되며 캄브리아기 지층에는 없다고 생각했다. 그래서 많은 진화론자들은 캄브리아기 시대에 무척추동물로부터 어류가 진화되었다고 생각했다. 그런데 근래에 와서는 어류의 화석이 캄브리아기 지층의 윗부분에서도 발견되었기 때문에 이제는 어류의 조상을 캄브리아기 지층의 아랫부분이나 선캄브리아기 지층에서 찾아야 할 형편이다. 캄브리아기 지층에서 무척추동물과 척추 어류가 함께 발견되는 것을 진화론으로 어떻게 설명할 것인가?

고생대 캄브리아기나 데본기에서부터 출현하는 어류 화석은 진화론적으로 설명하기가 어렵다. 지층으로부터 어류의 진화 조상이 없기 때문이다. 어류는 처음부터 그 종류대로 완전하고도 독립된 종으로 창조되었다고 보는 것이 타당하다.

척추동물이 무척추동물에서 생겼다고 하는 진화론의 가정도 화석으로부터 증명된 것이 아니다. 진화론자 오매니(F. D. Ommaney)는 무척추동물에서 척추동물인 물고기로 변하는 데 약 1억 년이 걸렸다고 하는데,[277] 그러면 그 기간 동안에 여러 형태로 진화가 진

---

277 F. D. Ommaney, *The Fishes*(New York: Life Nature Library, Time–Life, 1964), p. 60.

8-4 캄브리아기 바닷속의 상상도. 이미 고생대 아래 지층에서부터 온전히 발달한 다세포 생명체들이 출현하는데 그 아래에 있는 선캄브리아기 지층에서는 미화석 외에는 발견되지 않는다.

행되었을 것임에도 불구하고 진화했다는 증거가 화석으로 나타나지 않는다. 수많은 물고기 화석들이 중간형태 없이 대량으로 갑자기 출현하는 것은 창조론을 뒷받침하는 증거이며, 진화론의 예측과는 반대된다.

4. 캄브리아기 '대폭발'

지층을 조사할 때 진화론자들을 당황하게 하는 첫 번째 의문은 선캄브리아기와 캄브리아기 지층을 비교할 때 나타나는 생물 화석의 갑작스런 출현이다. 이것을 흔히 캄브리아기 '대폭발'(Cambrian Explosion)이라고 한다. 선캄브리아기 지층에서는 다세포 생물 화석이 없다가 캄브리아기에 들어와서는 다양한 종류의 바다 생물, 즉 삼엽충, 해파리 등 무척추동물과 산호류 등이 갑자기 나타나는 것은 진화론의 가장 큰 딜레마 중의 하나다. 비록 선캄브리아기 지층에서 현미경으로 관측될 수 있는 단세포 박테리아나 해초 식물의 미화석(microfossil)이 간혹 발견된다고 하지만, 현미경으로나 볼 수 있는 단세포 생물과

8-5 그랜드캐니언에 있는 대부정합(The Great Uncon-formity). 사진의 아래 틈새를 경계로 선캄브리아기와 고생대 캄브리아기가 구분된다. 이 틈새 위쪽은 많은 다세포 화석들이 발굴되지만 아래쪽에서는 미화석(微化石)들만이 존재한다. 진화론에서는 이 틈새에 수억 년의 간격이 있다고 하지만 그런 증거가 없다.

캄브리아기에 발견되는 복잡 다양한 다세포 생물들 간에는 엄청난 간격이 있다. 진화론적 지질학자인 클라우드(Preston Cloud)는 선캄브리아기 암석에는 다세포 후생동물의 화석기록이 전혀 없다고 말했다.[278]

많은 진화론적 고생물학자들은 캄브리아기 동물의 조상을 찾기 위해 선캄브리아기 지층을 열심히 조사해 보았으나 찾지 못했다. 미국의 고생물학자 악셀로드(D. Axelrod)는 "지질학과 진화론의 가장 큰 수수께끼는 모든 대륙의 캄브리아기 지층에서 다양하고도 복잡한 해양 무척추동물이 출현하는 것이다. … 우리는 이들 초기 캄브리아기 지층에서 발견되는 화석의 조상을 찾기 위해 선캄브리아기 지층을 조사했으나 찾지 못했다. 우리가 조사한 지층은 두께가 1천5백여 미터나 되며, 최초의 캄브리아기 화석을 발견했던 지층은 조금도 손상되지 않고 이어져 있었으므로 화석이 보존되기에 적합한 환경이지만 화석은 발견되지 않았다"고 말한다.[279]

278 P. Cloud, 《Geology》, vol. 1, p. 123(1973).
279 D. Axelrod, 《Science》, vol. 128, p. 7(1958).

이 말은 캄브리아기의 많은 생물들이 한 조상으로부터 연속적으로 분화되어 나온 것이 아니고 갑자기 매우 다양하고 복잡한 생물들이 출현했음을 보여준다. 따라서 악셀로드의 말은 창조론적 견해와 비슷한 점이 있다. 하버드대학의 진화론자였던 굴드(Stephen Jay Gould) 교수 역시 "복잡한 생명체들이 캄브리아기 바다 근처에서 놀라운 속도로 출현했다"고 하면서,[280] "그러면 모든 선캄브리아기 조상들은 어디에 있는가? 만일 그들이 알아볼 수 있는 형태로 존재하지 않았다면 어떻게 현대적인 복잡한 생물들이 그처럼 빨리 나타날 수 있었는가?"[281]라고 했다. 도킨스(Richard Dawkins)도 선캄브리아 지층에서 조상을 볼 수 없었던 복잡한 생물들이 캄브리아기에 갑자기 나타나는 것은 창조론자들을 매우 기쁘게 하는 것이라고 하였다.[282]

5. 어류에서 양서류까지

그러면 양서류는 어류로부터 진화했는가? 진화론에 의하면 양서류는 어류에서 생겼다고 한다. 그리고 인간은 실러캔스(Coelacanth), 폐어(lungfish), 크로소프테리기안 어류(Crossopterygian fish)에 속하는 유스테노프테론(Eusthenopteron), 익티오스테가(Ichthyostega) 등과 동일한 조상에서 진화했다고 한다. 과연 양서류는 어류에서 진화하였을까?

어류에서 양서류로의 진화는 수백만 년 동안에 서서히 일어났다고 가정하므로 중간형태가 화석으로 발견되어야 할 것이다. 그러나 어류로부터 양서류가 진화했음을 확증할 만한 화석 기록은 아직 발견되지 않았다.[283]

280 Stephen Jay Gould, "The Interpretation of Diagrams: Is the Cambrian Explosion a Sigmoid Fraud?" 〈Natural History〉, vol. 85(August/September 1976), p. 18.

281 Stephen Jay Gould, "A Short Way to Big Ends", 〈Natural History〉, vol. 95(January 1986), p. 18.

282 Richard Dawkins, The Blind Watchmaker(New York: W. W. Norton, 1987), p. 229. 도킨스(Clinton Richard Dawkins, 1941–): 케냐 나이로비 태생의 영국 동물학자이자 옥스퍼드대학의 교수. 확고한 무신론자로서 대표적 저서로는 『이기적 유전자』(The Selfish Gene), 『눈먼 시계공』(The Blind Watchmaker), 『에덴으로부터 흘러나오는 강』(River out of Eden) 등이 있다.

283 Duane T. Gish, The Amazing Story of Creation from Science and the Bible(El Cajon, CA: Institute for Creation, 1990), p. 36.

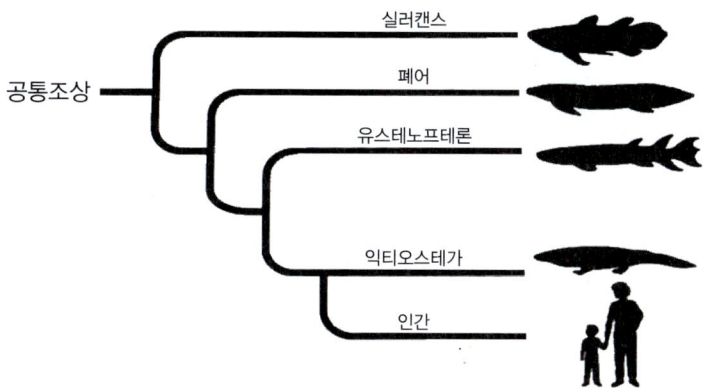

8-6 진화론자들은 인간은 실러캔스, 폐어, 유스테노프테론, 익티오스테가 등과 공통 조상을 갖는다고 한다.

A. 변태는 진화가 아니다

변태(變態, metamorphosis)란 동물이 알에서 부화하여 완전한 성체가 되기까지의 과정에서 시기에 따라 여러 가지 형태로 변하면서 자라는 현상을 말한다. 어떤 사람들은 이러한 변태를 진화의 흔적 내지 증거로 말하는 사람들이 있다. 그러나 변태는 진화와는 무관하다. 변태는 한 세대 내에서 성장 단계에 따른 다양한 변화의 일부일 뿐이며 진화와는 아무런 상관이 없다. 한 개체가 발생하는 동안 서식 환경에 적합하게 외형이 변하는 것은 창조주의 오묘한 설계와 섭리를 보여줄 뿐이다.

B. 크로소프테리기안 어류와 익티오스테가

진화론자들은 어류가 양서류로 진화했다고 생각한다. 양서류의 발과 다리는 판형 지느러미(lobed-fin)를 가진 물고기들의 지느러미로부터 진화했다고 생각한다. 이들의 논리는 이렇다. 어류가 번성하던 시대에 지구에 심한 한발이 닥쳐 대부분 호수들의 물이 말랐다. 물고기들은 살아남기 위해 뭍으로 올라와 다른 웅덩이나 호수로 이동할 수밖에 없었다. 그리고 이동하는 중에는 공기를 마셨을 것이다. 이러한 능력으로 인해 물고기들은 살아남아 번식할 수 있었을 것이다. 진화론자들은 결국 판형 지느러미를 가진 물고기들은 더욱더 발전하여 최초의 육상 척추동물인 양서류가 탄생했을 것이라고 한다. 과연 이런 일이 일어났을까? 이에 대한 어떤 증거가 있는가?

195

8-7 올챙이의 변태는 진화가 아니다.

진화론자들은 양서류와 가장 가까운 어류로 크로소프테리기안(Rhipidistian crossopterygian)을, 어류와 가장 가까운 양서류로 데본기 후기에 나타난 익티오스테가 (Ichthyostega)를 들고 있다. 이들에 의하면 크로소프테리기안의 꼬리지느러미가 뒷발로 변화했고 가슴지느러미가 앞발로 변화했다고 보며 이런 변화는 수백만 년에 걸쳐 일어났다고 추정한다.

진화론자들이 데본기 어류인 크로소프테리기안을 양서류의 조상으로 선택한 이유는 그보다 더 나은 다른 것이 없었기 때문이다. 그 이유를 좀 더 구체적으로 살펴본다면 이들은 (1) 익티오스테가와 비슷한 '아치'(arch) 형태의 척추골을 가진 점과, (2) 진화론자들이 양서류의 다리로 진화했으리라고 추측하는 쌍으로 된 지느러미의 뼈, (3) 그리고 '미로형 치아'(labyrinthine teeth)를 비롯하여 두개골이 양서류의 두개골과 비슷하기 때문이었다.[284] 또한 익티오스테가를 최초의 양서류라고 주장하는 이유는 이것의 두개골이 크로소프테리기안을 닮았고, 이것의 판형뼈로 지탱되는 꼬리가 물고기의 지느러미와 비슷하기 때문이었다.

8-8 (a) 양서류의 어류 조상이라고 하는 크로소프테리기안 어류의 유스테노프테론 (Eusthenopteron) (b) 어류에 가장 가까운 최초의 양서류라고 하는 익티오스테가 (Ichthyostega)

C. 그러나 이들도 중간형태는 아니다

그러나 크로소프테리기안의 가슴지느러미와 꼬리지느러미가 양서류의 발과 다리로 변해 가는 중간형태의 화석이 반드시 존재해야 하지만 실제에 있어서는 중간형태의 화석이 하나도 발견되지 않았다. 익티오스테가의 사지와 사지의 환상골(環狀骨)은 이미 기본적인 양서류 형태를 가졌으며 지느러미의 흔적은 없다.

로머(Alfred Sherwood Romer)는 어류를 양서류로 진화하게끔 강요한 진화 압력을 고생대 데본기의 주기적인 가뭄이라고 추측한다.[285] 즉, 가뭄으로 인해 호수와 시냇물이 말라갈 때 물 속에 있던 리피디스티안 크로소프테리기안은 다른 수원을 찾아 이동해야 했으며, 이런 이동이 여러 번 반복됨에 따라 이들이 결국 양서류로 진화하게 되었다는 것

---

284 '미로형 치아'(labyrinthine teeth): 크로소프테리기안들의 치아가 마치 내부 구조가 복잡한 미로와 같이 되어 있다는 데서 붙여진 이름이다.

285 A. S. Romer, *Vertebrate Paleontology*, 3rd edition(Chicago: University of Chicago Press, 1966) Romer, p. 36.

이다. 이 가정은 언뜻 보기에 그럴 듯하나 사실을 살펴보면 모순에 빠진다. 만일 로머의 말이 옳다면 데본기는 크로소프테리기안들과 그 외의 다른 민물 어류들이 대량으로 멸종하는 것을 보여주어야 하는데 사실은 그 반대다.[286]

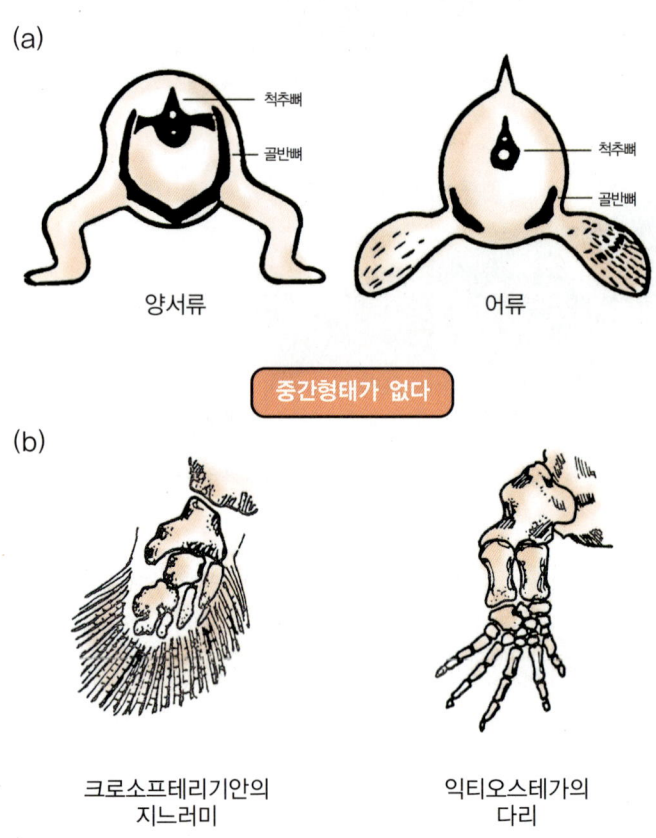

8-9 (a) 양서류와 어류는 근본적으로 골반의 구조가 다르다. 양서류의 골반뼈는 척추뼈와 연결되어 있어서 몸의 무게를 다리로 지탱하지만 어류는 몸무게를 지탱할 필요가 없기 때문에 골반뼈와 척추뼈가 떨어져 있다.[287]
(b) 크로소프테리기안의 지느러미와 익티오스테가의 다리. 진화되었다면 반드시 있어야 할 중간형태가 없다.

D. 물고기의 지느러미와 개구리의 다리

앞에서 언급한 바와 같이 크로소프테리기안의 가슴과 꼬리에 있는 지느러미와 익티오스테가의 앞다리와 뒷다리 사이에는 엄청난 해부학적 차이가 있다. 익티오스테가의 네 다리의 골격은 이미 기본적인 양서류의 형태를 완전히 갖추었으며 지느러미의 흔적은 전혀 없다. 그리고 어류와 양서류 사이에 중간형태로는 도저히 메울 수 없는 해부학적인 차이가 있다.

해부학적으로 볼 때 양서류와 어류 사이의 기본적 차이는 양서류의 다리와 어류의 지느러미, 골반뼈의 위치와 크기에서 발견된다. 어류는 화석으로 발견되는 것이나 현존하는 것이나 걸어다니지 않기 때문에 골반뼈가 작고, 또 이 골반이 척추와 연결되어 있지도 않으며 근육 속에 느슨하게 파묻혀 있지만, 양서류의 골반뼈는 걸을 때 받는 압력을 견디기 위해 척추에 단단히 붙어 있다. 그런데 이 두 해부학적 차이를 메워 줄 만한 중간형태들은 발견되지 않았다.[288]

6. 실러캔스

또 한 가지 재미있는 사실은 진화론에서 양서류를 발생시켰다고 추정하는 어류 실러캔스(Coelacanth)가 실제로 잡힌 것이다. 지금까지 진화론자들은 실러캔스가 4억 년 전에 나타났다가 9천만 년 전에 멸종되었다고 믿었다. 그동안 이 물고기는 화석으로만 발견되었으며, 담수 퇴적층이나 염수 퇴적층 모두에서 발견되었다. 그러나 놀랍게도 1938년, 아프리카 남동부 해역의 인도양 심해에서 실러캔스가 잡혔다. 처음으로 발견된 것은 마다가스카르(Madagascar) 서북쪽에 있는 그란데 코모레(Grande Comore)라는 작은 섬 근방이었다. 남아프리카공화국 그레이엄즈타운(Grahamstown)의 스미스(J. L. B. Smith) 교수는 잡힌 물고기의 대략적인 스케치만 보고도 그 물고기가 오래 전에 사멸한 실러캔스임을 확인했다.

A. 실러캔스와 폐어도 그 종류대로

진화론에 의하면 이들 어류의 사촌들(?)은 인간으로까지 진화했다고 한다. 그런데 유

---

286 Romer, *Vertebrate Paleontology*, p. 36: Gish, *Evolution: The Fossils Say NO!*, p. 81에서 재인용.
287 한국창조과학회 편, 『기원과학』, p. 153.
288 Gish, *Evolution, The Fossils Say NO!*, p.80.

8-10 실러캔스. 처음에는 화석으로만 출토되었으나 1938년 마다가스카르 해협에서 처음으로 살아 있는 실러캔스가 잡혔다. 진화론에서는 이것의 화석을 어류와 양서류의 중간 형태라고 제시하지만 화석과 살아 있는 실러캔스의 모습이 조금도 다르지 않다. ⓐ 실러캔스 화석 ⓑ 현존하는 실러캔스 ⓒ 실러캔스의 구조

독 이들만이 수억 년 동안 유전적으로나 골격학적으로 전혀 변화되지 않고 그 모양 그대로 남아 있다는 것은 도저히 믿을 수 없는 일이다. 더구나 어떤 생물이 지구상에 9천만 년 동안이나 전혀 변화하는 화석의 흔적을 남기지 않은 채 존재했다고 하는 것은 진화의

8-11 폐어(Lungfish) 역시 아직도 살아 있는 물고기다.

기본적인 가정에 문제가 있음을 나타내는 것이라 할 수 있다. 밀로(J. Millot)는 "수억 년을 통하여 실러캔스는 똑같은 형태와 구조를 유지해 오고 있다. 이것은 진화의 가장 불가사의한 것 중의 하나다"라고 했다.[289]

창조론적 입장에서 볼 때 실러캔스는 독립된 심해어의 한 종에 불과하다. 그것은 불완전한 중간형태가 아니라 처음부터 "그 종류대로", 그리고 "보시기에 좋도록" 창조된 것이다. 실러캔스처럼 지느러미에 뼈가 들어 있는, 판형(板型) 지느러미를 가진 물고기(lobed-finned fish)는 양서류로 진화되어 가는 중간형태가 아니라 나름대로의 특별한 목적을 위해 설계된 것이다. 대부분 물고기들의 지느러미는 수영을 하는 데만 필요하기 때문에 강할 필요가 없지만 실러캔스의 경우는 해저 밑바닥을 파헤치면서 유기물질들을 먹으면서 살아갈 수 있도록 창조주가 강한 '지느러미'를 준 것이다.

실러캔스와 더불어 폐어(lungfish)도 화석종과 현생종이 다르지 않은 물고기 중 하나다. 크로소프테리기안 어류에 속한 폐어는 물이 정체되어 있는 곳에서는 수면으로 올라와 공기를 마시면서 아직도 살아 있다. 진화론자들은 4억 년 전에 폐어와 가까운 조상들이 뭍으로 올라와 진화하기 시작했다고 한다. 그리고 이들은 결국 인간으로까지 진화했다고 한다. 그러나 폐어는 아직도 살아 있을 뿐 아니라 이들의 골격이나 모양도 화석으로 발견되는 것과 다를 바가 없다. 이것은 폐어 역시 처음부터 그 종류대로 창조되었음을 보여주는 것이다.

7. 양서류에서 파충류로?

흔히 진화론자들은 양서류는 어류에서 진화했으며, 양서류는 다시 파충류로 진화했다고 말한다. 개구리는 가장 흔히 볼 수 있는 양서류이며 이의 화석도 꽤 풍부하게 발굴된다. 그러나 어떤 화석도 개구리가 어류에서 진화했거나 파충류로 진화해 가는 모습을 보여주지는 않는다. 이것은 개구리는 처음부터 "그 종류대로", 그리고 완전하게 존재했다는 창조론의 예측과 부합한다.

8-12 다양한 개구리들. 그러나 이들이 진화했다는 증거는 어디에서도 찾을 수 없다.

A. 양막란의 출현

파충류와 양서류 사이에는 여러 가지 면에서 커다란 간격이 있다. 뱀, 거북, 악어 등과 같은 파충류는 피부가 비늘로 덮여 있고, 양서류와는 달리 양막(羊膜, amnion)으로 싸인 알을 육지에 낳는다. 양막란(amnionic egg)은 매우 부드럽고 쉽게 깨어지기 때문에 알의 골화(骨化)된 껍질(calcified shell)이 화석으로 남기가 어렵다. 가장 오래된 양막란은 중생대 1억 년 전에 낳았다고 하는 공룡알이다. 그러나 진화론에서는 육지에서 양막란으로 번식한 최초의 척추동물인 파충류가 적어도 3억 년 전에 나타났기 때문에 양막란은 훨씬 일찍부터 진화했을 것이라고 본다.

진화론자들은 양막란의 출현과 더불어 육상 척추동물들은 수중 환경과 완전히 결별했다고 본다. 양막란의 껍질과 그 속에 들어 있는 양분이 태아들을 보호했기 때문에 그들은 알에서 깨자마자 육지 환경에 살 수 있는 준비가 되어 있었다. 이것은 양서류가 수중에서

8-13 양막으로 둘러싸인 화석알

유충 상태를 지나면서 다른 수중동물들의 먹이가 되었던 것과는 대조적이었다. 그래서 진화론자들은 식물의 씨앗이 그러했던 것과 같이 양막란의 출현은 진화의 획기적인 약진이었다고 본다. 그러나 이것은 하나의 해석일 뿐이다. 어디에서도 양서류의 알이 양막란으로 진화하고 있는 것을 보여주는 흔적이나 증거는 없다.

B. 조상이 후손보다 뒤에 출현할 수는 없다

진화론에서는 양서류와 파충류의 중간형태로서 세이모리아(Seymouria)와 디닥테스(Didactes) 화석을 제시한다. 세이모리아는 진화론에서 파충류와 가장 가깝다고 생각하

8-14 세이모리아의 골격. 파충류의 조상이라고 하지만 오히려 이들의 화석은 파충류보다 훨씬 후에 나타난다.

는 양서류로, 지금은 멸종되었으며 네 다리가 있고 길이는 80cm 가량이다.

초기 페름기(2.8-2.5억 년 전)에 살았다고 하는 디닥테스는 여러 가지 면에서 이상한 동물이었다. 두개골 골격을 해부학적으로 보면 이것은 파충류다. 그러나 이의 두개골 외형과 귀의 구조를 보면 양서류인 세이모리아와 흡사하다. 한편 디닥테스의 치아는 파충

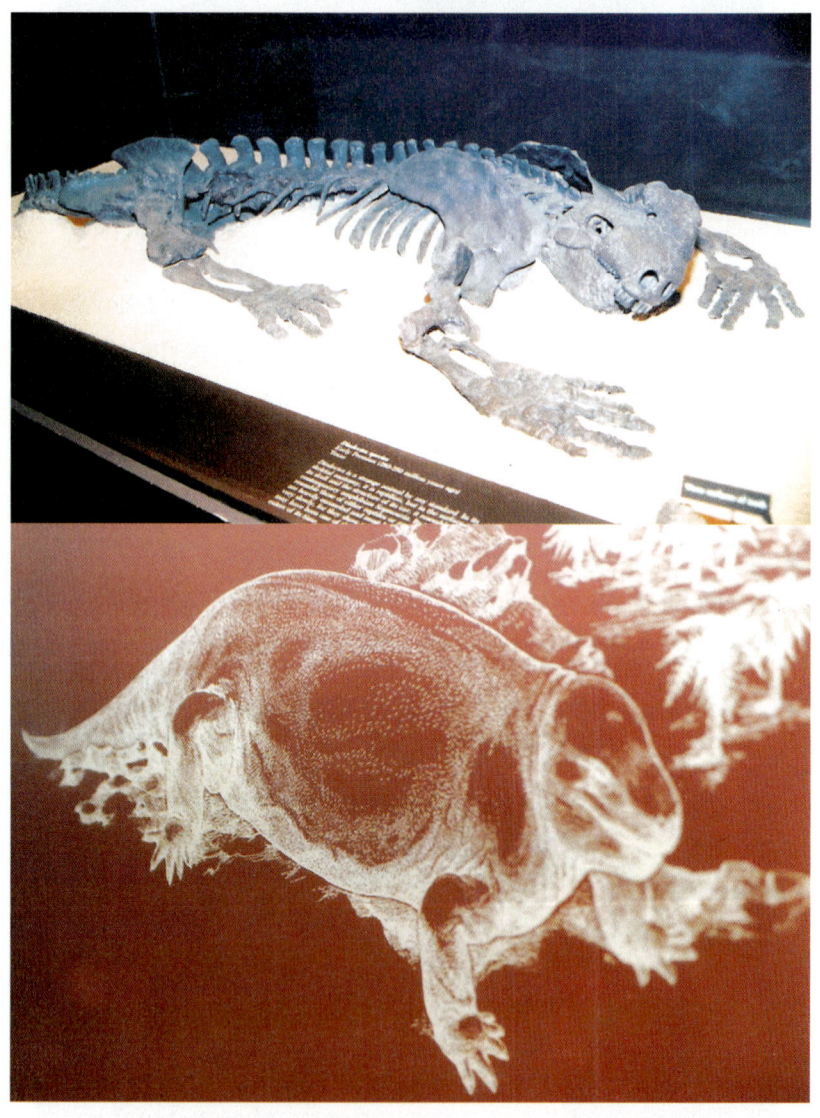

8-15 텍사스에서 발견된 디닥테스 화석과 이를 재구성한 것.

류나 양서류 어느 쪽도 닮지 않았다. 치아는 두꺼운 법랑질(琺瑯質, enamel)로 덮여 있어서 매우 천천히 마모되었을 것으로 보이며 따라서 새로운 이로 대체되는 것은 매우 천천히 진행되었을 것으로 보인다. 디닥테스는 당시 몇몇 안 되는 육상 식충 동물이었을 것으로 생각된다.

하지만 이 양서류 화석들은 파충류의 조상이 되기에는 시기적으로 맞지 않는다. 세이모리아의 화석이 초기 페름기에 나타나는 데 반해 파충류의 화석은 이것보다 이천만 년이나 앞선 펜실베이니아기에서부터 나온다. 그러므로 만일 세이모리아에서 파충류가 진화했다면 후손이 조상보다 먼저 살았다는 모순에 빠진다. 이것은 디닥테스의 경우도 마찬가지다.

8. 공룡의 기원

다음에는 파충류의 대표격인 공룡에 관해 알아보자. 영화 "쥐라기 공원"으로 인해 전 세계적으로 붐이 일고 있는 공룡의 화석은 한국을 포함한 전 세계의 모든 대륙에서 발견되며 북극해의 스피츠베르겐에서부터 남아메리카의 남쪽 끝에 이르는 넓은 지역에서 발견된다. 그들의 모양은 매우 다양하고 크기도 천차만별이어서 작은 것은 닭만한 것으로부터 큰 것은 길이 30m, 체중 50톤이 넘는 것도 있다. 공룡은 지층 기둥의 중생대 지층, 즉 삼첩기, 쥐라기, 백악기에서만 발견되므로 진화론에서는 중생대를 파충류 시대라고도 한다.

8-16 경남 고성의 공룡 발자국 화석

이러한 공룡과 관련해서는 크게 두 가지 의문이 제기되고 있다. 첫째는 이처럼 다양하고 독특한 공룡의 조상이 무엇인가라는 질문이다. 중생대에 이르러 갑자기 등장하는 공룡을 진화론적으로 설명하기 위해서는 반드시 고생대 말기 지층에서 공룡을 발생시켰으리라고 추정되는 조상 화석들을 발견할 수 있어야 한다. 그러나 콕스(Barry Cox)가 말한 것과 같이 공룡의 기원은 수수께끼다. 진화론자들은 공룡을 발생시켰으리라고 생각되는 파충류를 열심히 찾고 있지만 아직까지 그럴 듯한 중간형태를 찾지 못하고 있다.

이에 반해 창조론자들은 공룡의 기본 모양은 전이형태 없이 갑자기 나타났으며, 앞으로도 이들 중간형태의 화석은 발견되지 않으리라고 말한다. 실제로 공룡들 가운데 가장 전형적인 스테고사우루스나 안킬로사우루스, 트라코돈조차 전이형태 없이 갑작스럽게 나타난다. 창조론에서는 공룡이 발견되는 지층을 중생대 또는 파충류 시대로 분류하지만 이들은 중생대를 진화를 위한 긴 기간이라기보다 생태학적, 층서학적인 지층으로 본다.

8-17 다양한 모습의 공룡. 공룡의 기원과 멸종은 아직까지 설명할 수 없는 수수께끼로 남아 있다.

9. 파충류에서 포유류까지?

파충류와 포유류를 구별하는 해부학적, 생리학적 특징으로는 번식, 형태, 온혈성, 가로막의 유무로 인한 호흡법의 차이, 수유(授乳), 털의 유무 등 많이 있지만 화석으로는 이런 것들이 잘 나타나지 않으므로 몇몇 골격적인 특징만을 살펴보자.

현존하거나 화석에 나타난 모든 포유류는 아래턱에 각각 하나씩의 치골(齒骨, dentary)을 가지며 세 개의 귀뼈인 추골(椎骨, malleus), 침골(枕骨, incus), 등골(stapes)을 가진다. 이 귀뼈들은 전체적으로 청각소골편(聽覺小骨片, auditory ossicles)이라고도 부른다. 포유류에 비해 파충류는 현존하는 것이든, 화석으로 나타난 것이든 모두 아래턱

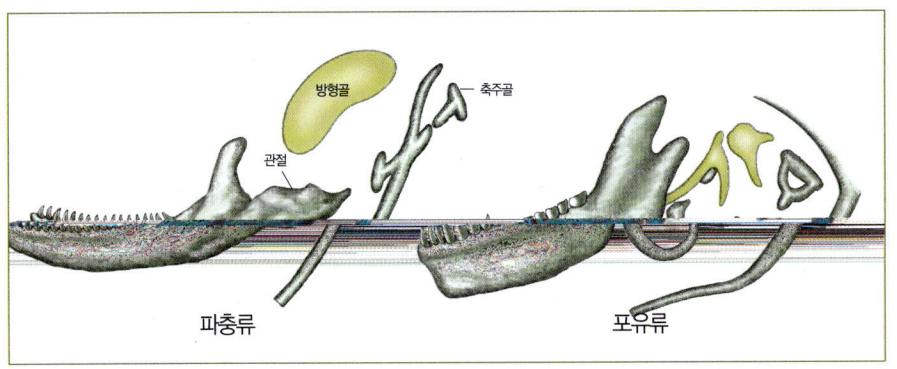

방형골

축주골

관절

파충류

포유류

8-18 진화론에서는 왼쪽의 파충류의 턱뼈가 오른쪽의 포유류의 귀뼈로 진화했다고 한다.
그러나 어디에서도 진화를 보여주는 이러한 중간형태는 없다.

에 네모난 방형골(方形骨, quadrate)과 기둥 형태의 축주골(軸柱骨, columella)만을 가지
고 있다. 그런데 이들의 사이를 이어줄 만한 중간형태는 발견된 적이 없다. 또한 파충류
와 포유류의 골격 중 근본적으로 다른 기관은 입이다. 포유류의 턱뼈는 광대뼈에 붙어 있
지만 파충류의 턱뼈는 붙었다 떨어졌다 한다. 그런데 포유류처럼 씹는 운동을 하면서 동
시에 파충류처럼 붙었다 떨어졌다 하는 턱뼈를 가진 중간형태가 화석으로 발견된 적은
없다.[290]

A. 변온동물이 항온동물로?

파충류와 포유류의 차이는 혈액의 항온 여부에서도 나타난다. 조류나 포유류는 주위
온도나 자신의 활동에 의해 체온이 거의 변하지 않고 일정하게 유지되므로 항온동물(恒
溫動物)이라고 불린다. 이들은 대부분 주위의 온도보다 체온이 높기 때문에 온혈동물(溫
血動物)이라고도 한다. 반면에 무척추동물, 어류, 양서류, 파충류 등은 주위 온도에 따라
체온이 변하므로 변온동물(變溫動物)이라고 하며, 일반적으로 온혈동물에 비해 체온이

---

290 Gish, *Evolution: The Fossils Say NO!* p. 85. Gish의 주장에 대한 반박으로는 Douglas Theobald가
http://www.talkorigins.org/ faqs/comdesc/ (2004. 4. 10)에 쓴 "29+ Evidences for Macroevolution: The
Scientific Case for Common Descent"(Version 2.83, updating Jan. 24, 2004)를 보라. Theobald가 쓴
글은 우리말로도 번역되어 http://www.rathinker.co.kr/creationism/comdesc/index.html (2004. 4. 10)에 게
재되어 있다. 이들은 파충류와 포유류의 중간형태의 골격이 있다고 주장을 하지만 자세히 살펴보면 분명한
골격의 간격을 볼 수 있다.

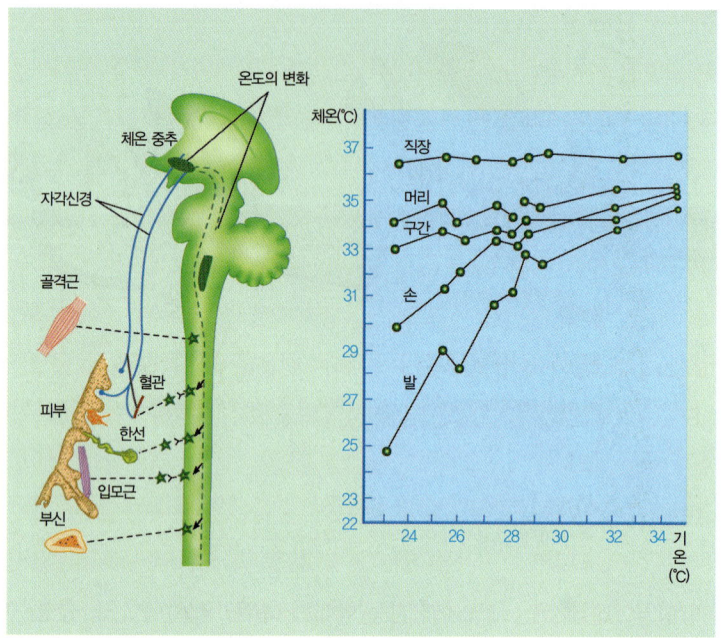

체온(℃)
37 직장
35 머리
33 구간
31 손
29
27 발
25
23
22
24 26 28 30 32 34 기온(℃)

8-19 인체의 체온조절 장치와 주변 온도에 따른 신체 부위별 체온의 변화. 신체 깊은 곳에 있는 기관 일수록 외부 온도와 무관하게 일정한 온도를 유지한다. 이처럼 정밀한 체온 조절 장치는 누가 만든 것인가?

낮기 때문에 냉혈동물(冷血動物)이라고도 한다.

진화론에서는 변온동물인 파충류가 항온동물인 포유류로 진화되었다고 한다. 그러나 이러한 변화는 단순히 혈액의 온도에만 관련된 문제가 아니다. 체온이 너무 올라가면 동물은 죽어버리며 체온이 너무 내려가면 전체적인 몸의 기능이 둔해진다. 평균 체온이 36.7℃인 사람의 경우 체온이 40℃를 넘거나 30℃ 이하가 되면 생명이 위험하다. 건강한 사람의 경우 평균적인 체온의 변화 범위는 0.92℃로써 매우 정밀하게 조절된다.[291]

그러므로 파충류의 진화가 사실이라면 시행착오나 우연적 돌연변이를 통해 위에서 언급한 체온조절 장치가 발생되어야 한다. 체온을 변화시키는 동시에 신체의 모든 기관들이 특정한 온도에 맞추어 잘 작동될 수 있도록 할 수 있는 장치가 필요하다. 파충류가 이

창조와 격변

291 「학원세계백과대사전」 18권(서울: 학원출판공사, 1983), pp. 194-5.

러한 체온조절 장치를 저절로 갖추면서 포유류로 진화되었다는 것은 믿기 어려운 일이다. 포유류의 체온조절 장치는 창조주가 처음부터 설계한 것이라고 할 수 있다. 원래 파충류에 없던 체온조절 장치가 저절로 생겼다고 믿는 것은 창조주의 존재를 믿는 것 이상으로 큰 믿음을 필요로 한다.

10. 말의 기원

진화론자들이 진화의 증거로 제시하는 단골 메뉴 중에 시조새와 말의 화석이 있다. 진화론에서 말의 화석을 진화의 강력한 증거로 내세우는 이유는 시조새가 전혀 비슷한 화석 조상의 형태 없이 나타나는 데 반해, 말은 어느 정도 진화되었다고 추측되는 화석들을 순서대로 배열할 수 있기 때문이다. 어떤 사람들은 시조새보다 말이 진화를 보여주는 더 좋은 보기라고 말한다.

교과서 등에서 말의 최초 진화 조상이라고 할 때는 흔히 신생대 제3기의 아래 지층에서 발견되는 에오히푸스(Eohippus) 또는 하이라코데륨(Hyracotherium)이라 불리는 화석을 제시하고 있다. 말의 진화 조상이라는 에오히푸스는 안면이 짧고 초식 치아와 날카로운 송곳니를 가지며 앞뒤 다리의 발굽이 각각 네 개, 세 개로 갈라진 사냥개만한 동물이다. 에오히푸스가 제3기의 아래 지층에서 발견되는 데 비해 중간 지층에는 안면이 좀 더

8-20 가상적인 말의 진화 계열. 왼쪽에서부터 에오히푸스 →
메소히푸스→메리키푸스→플리오히푸스→에쿠스

길고 발굽의 수가 적은 메소히푸스(Mesohippus), 메리키푸스(Merychippus), 플리오히푸스(Pliohippus) 등 세 종류의 조금 더 큰 동물화석이 있다. 그리고 제일 나중에는 현재의 말처럼 안면이 길고, 초식 어금니가 있으며, 치아 사이에 틈이 있는 에쿠스(Equus)라는 동물 화석이 나온다. 에쿠스는 발굽이 앞뒤 모두 하나이며 조그마한 배골이 있는데 진화론자들은 그것이 선조에게 있었던 다른 발굽의 흔적이라고 추측한다.

8-21 말들 중에는 다 자라도 키가 70cm 내외인 말들도 있다. 그러므로 말의 신장을 진화의 기준으로 사용해서는 안된다.

A. 치아와 신장과 발굽의 증거?

그러면 말의 진화를 보여주는 구체적인 증거는 무엇인가? 먼저 이들 말의 계열에서 지적할 수 있는 것은 치아다. 이들이 갖고 있는 치아는 명백하게 송곳니형과 어금니형 둘 중의 하나이지 그 중간형태가 없다.

또한 진화론에서는 진화의 증거로 말의 신장의 증가(30 → 45 → 75 → 100cm)와 안면 길이의 변화를 들고 있는데 이것 역시 진화의 증거가 되지 못한다. 현존하는 말들 가운데도 아르헨티나의 팔라벨라(Fallabella)라는 애완용 말은 다 자란 경우에도 신장이 50cm밖에 안 되는 데 비해 경기용 말은 키가 2m 내외이므로 신장이 이들 중간쯤 되는 말들은 얼마든지 찾을 수 있다. 우리나라 제주도의 조랑말은 이의 좋은 예라고 할 수 있다.

또한 말의 진화를 주장하는 사람들은 화석에 나타난 말의 가상적 계열에서 발굽의 숫자가 줄어드는 것을 증거로 제시한다. 그러나 발굽의 숫자가 감소하는 것도(5 → 4 → 3 → 2 → 1개) 진화의 증거가 되지 못한다. 이는 제3기 중간에서 발견되는 말의 발가락 숫자가 변해 가는 것을 보여주는 중간형태가 없기 때문이다. 또 영국산 샤이어(Shire)라는 말은 현존하는 말임에도 발마다 하나 이상의 발굽을 갖고 있는 것으로 미루어 발굽의 숫자가 많다고 덜 진화한 것이라고도 볼 수 없다.[292]

8-22 말 화석에서도 뒷발굽이 세 개 있는 Eohippus로부터, Merychippus, 한 개 있는 Equus가 있는가 하면, 현존하는 유제류(有蹄類) 중에도 뒷발굽이 세 개 있는 Macrauchenia, Diadiaphorus, 한 개 있는 Thoatherium 등이 있다. 그러므로 말 발굽의 숫자를 두고 진화의 기준을 삼을 수는 없다.

B. 말은 진화하지 않았다

만일 신장의 증가와 발굽 수의 감소를 진화의 증거로 본다면 진화와는 무관한 듯이 보이는 갈비뼈의 수(18 → 16 → 18개)나 허리뼈의 수(6~8 → 8 → 6개)의 변화는 어떻게 설명할 것인가? 그리고 현대형 말 화석인 에쿠스 네바덴시스(Equus nevadensis)와 에쿠스 옥시덴탈리스(Equus occidentalis)의 화석이 에오히푸스의 화석과 같은 지층에서 발견되는 것은 어떻게 설명할 것인가? 또한 많은 사람들이 에오히푸스는 말과 전혀 무관한 오소리 비슷한 동물이거나 아프리카산의 하이렉스(Hyrax)라는, 토끼 비슷한 짐승이라고 주장하는 것에 대해서는 어떻게 대답할 것인가?

여러 가지 증거들을 기초로 더럼(Durham)대학의 베스탈(Westall) 교수는 "에오히푸스로부터 에쿠스까지의 말의 진화는 결코 증명된 것이 아니다"라고 했다. 창조론자들은 화석 말의 진화 계열이 점진적인 진화를 보여주기 보다 원숭이와 사람의 화석이 같은 시대의 지층에서 서로 다른 것으로 발견되는 것처럼, 오히려 같은 시대에 살았던 서로 다른 종류의 동물들이라고 생각한다.[293]

292 R. B. Goldschmidt, "Evolution as viewed by one geneticist," 〈American Scientist〉, 40(1952), p. 97.
293 "Little Eohippus not direct ancestor of horse," 〈Science News Letter〉, 60(August 25, 1951), p. 118: Wysong, The Creation-Evolution Controversy, pp. 301-2에서 재인용.

11. 고래의 기원

다음에는 물에 사는 포유동물인 고래의 기원을 생각해 보자. 포유류의 화석은 오래된 지층에서는 거의 나타나지 않다가 주로 신생대 제3기 지층에서부터 나타난다. 고래의 화석도 포유류가 많이 나타나는 지층에서 독특하게 발견된다. 흔히 고래는 육지 포유동물에서 진화했다고 하지만 역시 이 경우에도 중간형태 화석이 전무하다. 만일 고래가 육지 포유동물에서 진화했다고 한다면 우선 육지 동물의 다리가 사라지고 고래의 지느러미가 생기는 외형적인 변화에 더하여 호흡과 심폐기능의 변화 등 내부적인 변화도 일어나야 한다. 이 중 내부적인 변화는 화석으로 남기가 어렵지만 외부적인 변화는 골격의 변화를 동반하는 것이기 때문에 반드시 화석상의 변화로 나타나야 한다.

지금까지 고래 화석도 많이 발견되었고 육지 포유동물의 화석도 많이 발견되었지만 이들을 연결시켜 줄 만한 중간형태의 화석은 어디에서도 발견된 적이 없다. 비록 물고기로서의 특징과 육지 포유동물로서의 특징을 공유하고 있지만 고래는 처음부터 "그 종류대로", 그리고 완전하게 창조된 피조물이라고 보는 것이 타당하다.

8-23 육지 포유동물이 고래로 진화했다면 고래로 진화해 가는 중간형태가 존재해야 한다.

12. 오리너구리

대부분의 포유동물들은 육지에 살고 있지만 일부는 그렇지 않은 것들도 있다. 고래, 돌고래, 해우(海牛, seacow)는 바다에 살고 있고, 박쥐는 날아다닌다. 그러나 어디에 살든 관계없이 모든 포유동물들은 온혈동물 혹은 항온동물이다. 또한 대부분의 포유동물들은 털로 덮여 있으며 알(난생)이 아닌 새끼(태생)를 낳고, 젖을 먹여 키운다. 그런데 이들 중 유독 바늘두더지(spiny anteater)와 호주의 오리너구리(duck-billed platypus)만이 알을 낳는다.

이 중 오리너구리를 살펴보면 오리너구리는 파충류처럼 알을 낳지만, 털이 있고 젖으로 새끼를 키우며 오리처럼 부리와 물갈퀴가 있다. 그러나 오리너구리의 알과 젖샘의 구조는 완전하게 발달되어 있고 그것의 화석은 일반적인 포유류의 화석보다 위 지층에서 발견되며 그 화석은 오늘날의 오리너구리와 꼭 같기 때문에 아무도 그것을 포유류와 파충류 혹은 조류와 포유류의 중간형태라고 생각하지는 않는다. 비록 다른 포유동물들의 일반적인 특징과는 다르지만 오리너구리는 처음부터 "그 종류대로", 완전하게 창조되었다고 보는 것이 자연스럽다.

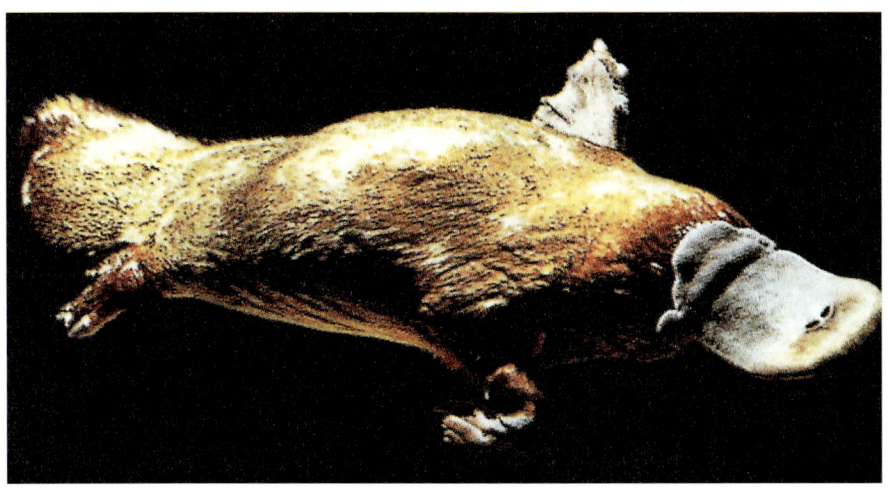

8-24 오리너구리. 진화론자들은 중간형태라고 하지만 창조론자들은 완전한 종이라고 말한다.

13. 시조새

  다음에는 조류의 기원을 알아보자. 진화론에서 파충류와 조류의 전이 형태라고 내세우는 가장 유명한 것은 시조새(Archaeopteryx)의 화석이다. 이제까지 발견된 많은 시조새의 화석 중 가장 선명한 것은 1861년, 독일 남부의 졸른호펜(Solnhofen)에 있는 쥐라기 후기 석회암에서 발견된 화석이다. 화석으로 미루어 본 이 시조새의 길이는 50cm 정도다. 시조새의 모든 화석들은 대부분 독일의 비교적 좁은 지역에서만 발견되는 것으로 미루어 시조새는 중부 유럽에서만 서식한 것으로 보인다. 그러면 과연 시조새는 파충류와 조류의 중간형태인가?

(a)

(b)

8-25 (a) 시조새의 골격. 시조새 부리의 차이나 앞날개 끝의 발톱, 연장된 척추 뼈 등은 중간형태의 증거로는 미흡하다. (b) 시조새의 화석과 이를 기초로 재구성한 시조새의 모습

창조와 격변

흔히 시조새를 파충류와 조류의 진화를 보여주는 중간형태라고 말하는 이유는 다음과 같다. 우선 파충류로서의 특징을 살펴보면 (1) 부리에 있는 이빨(jaws with teeth), (2) 앞날개(forelimb) 전면에 있는 세 개의 발톱(wing claw), (3) 긴 꼬리와 그 속에 있는 뼈마디(bony tail), (4) 채워져 있는 뼈 속 등을 들 수 있다. 또한 조류로서의 특징을 보면 (1) 온몸에 나 있는 깃털, (2) 발달한 날개 등이다. 그러면 시조새가 정말로 진화론에서 말하는 파충류와 조류의 중간형태인가?[294]

A. 시조새의 깃털

진화론자들은 시조새의 깃털이 파충류의 비늘에서 진화했다고 한다. 그러나 시조새의 깃털은 다른 종류의 새들과 마찬가지로 완전히 발달한 형태. 실제로 완전하게 나는 새와 날지 못하는 펭귄, 타조 등의 깃털을 시조새의 깃털과 비교한 그림에서 시조새는 완전히 날 수 있는 새의 깃털을 가지고 있었다. 그러므로 깃털로서는 조류가 파충류에서 발생

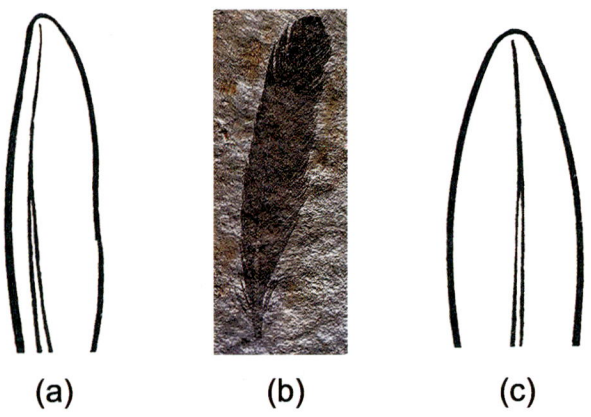

(a)   **(b)**   **(c)**

8-26 (a) 완전히 날 수 있는 새의 깃털. 완전하게 날 수 있는 왼쪽 새들의 깃털은 날 때 공기의 저항을 최소화하기 위해 깃털의 중앙선이 한쪽으로 치우쳐져 있다. 비둘기 등 완전히 날 수 있는 새들의 깃털과 같이 비대칭이다. (b) 시조새의 깃털 화석. (c) 잘 날지 못하는 새의 깃털. 잘 날지 못하는 펭귄, 타조 등의 깃털은 깃털의 중앙선이 가운데 있어서 억세다. (a), (c)의 모양과 비교해 보면 가운데 있는 시조새의 깃털은 완전히 날 수 있는 새의 깃털이다.

---

294 시조새의 특징에 대한 진화론적 요약을 위해서는 Walker and Ward, *Eyewitness Handbooks: Fossils*, p. 258을 보라.

했다는 어떠한 증거도 찾을 수 없다. 진화론적 조류학자 스윈톤(W. E. Swinton)은 "조류의 기원은 추론의 문제다. 파충류에서 조류까지 진화를 보여주는 화석은 전혀 없다. … 시조새는 파충류가 아니라 완전한 새다. … 왜냐하면 그것의 깃털이 명백히 새로 분류되기 때문이다"라고 했다.[295]

B. 시조새의 앞 발톱과 치아

진화론에서 시조새가 파충류와 비슷하다고 주장하는 또 하나의 특징은 앞날개 끝에 있는 날개 발톱이다. 그러나 날개 발톱이 시조새가 파충류와 조류의 전이형태라는 증거가 되지 못하는 이유는 현존하는 새들 중에도 날개 발톱을 가진 새가 있기 때문이다. 예를 들면, 현재 남미에서 뱀을 잡아먹으면서 서식하고 있는 호애친(Opisthocomus Hoatzin)이나 비둘기의 일종인 투래코(Touraco), 타조 등의 새는 성장 과정에서 날개 발톱이 나타

8-27 현존하는 새로서 성장 과정에서 앞날개 전면에 발톱을 가지고 있는 호애친

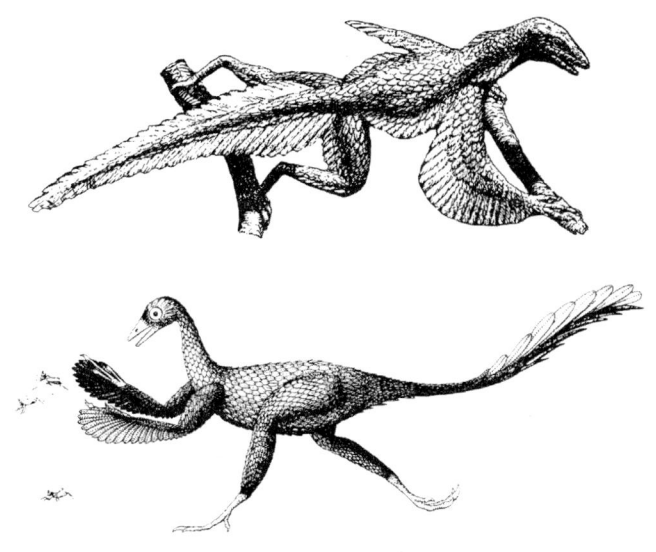

8-28 진정한 중간형태가 되려면 파충류의 비늘이 조류의 깃털로, 파충류의 앞다리가 조류의 날개로,
파충류의 꼬리가 조류의 깃털 꼬리로 진화하고 있는 중간형태의 화석이 있어야 한다. 물론 그
중간형태의 비행능력은 불완전하고 점차 발전하고 있음을 보여주는 화석이어야 할 것이다.

난다. 호애친이나 이들 새들은 100% 새이면서 날개 발톱을 가지므로 날개 발톱은 시조새
가 중간형태라는 증거로 사용될 수 없다.

그 다음으로 진화론자들이 내세우는 것은 시조새의 치아다. 그러나 시조새의 치아도
시조새가 파충류와 조류 사이의 중간형태라는 증거가 될 수 없다. 그 이유는 화석으로 나
타나는 날아다니는 것들 중에는 시조새 외에도 치아를 가진 새들이 있으며, 오늘날 파충
류에도 거북이 같은 경우처럼 치아가 없는 것도 있기 때문이다. 만일 치아가 없는 새들이
치아가 있는 새들보다 더 진보된 것이라면 치아가 없는 포유류인 오리너구리와 바늘두더
지는 가장 진화된 형태인가? 알을 낳는 포유류인 오리너구리 등은 여러 모로 볼 때 모든
포유류들 중에서 가장 "원시적인" 동물이다. 그러므로 치아의 유무가 시조새를 전이형태
로 주장하는 근거가 될 수 없다.[296] 진정한 중간형태가 되려면 파충류의 비늘이 조류의 깃

295 W. E. Swinton, *Biology and Comparative Physiology of Birds*, edited by A. J. Marshall(New York:
Academic Press, 1960), vol. 1, p. 1.
296 Gish, *Evolution: The Fossils Say NO!*, pp. 91–2.

털로, 파충류의 앞다리가 조류의 날개로, 파충류의 꼬리가 조류의 깃털 꼬리로 진화하고 있는 중간형태의 화석이 있어야 한다.

C. 조상보다 앞선 후손?

시조새를 모든 새의 조상으로 보기 어려운 마지막 이유는 시조새와 비슷하거나 오히려 더 오래된 지층에서 완전한 새의 화석이 발견된다는 사실이다. 《사이언스 뉴스》(*Science News*)는 "서부 콜로라도의 드라이 메사 채석장(Dry Mesa Quarry)에서 모르몬대학인 브리검영대학(Brigham Young University)의 고고학자들은 1억 4천만 년 된, '지금까지 발견된 화석들 중 가장 오래된 새의 화석'이라고 할 수 있는 것을 발견했다"고 보도했다. 이 발견에 대해 예일대학의 오스트롬(John H. Ostrom)은 "우리는 이제 시조새가 살았던 시기보다 훨씬 오래된 시기로부터 날아다니는 조류의 조상을 찾아야 한다"고 했다.[297]

이에 대해 《사이언스》에서도 "비록 시조새가 일반적으로는 기록으로 남은 최초의 새라고 생각되지만 최근에 발견된 것을 보면 1억 3천만 년 전에 살았던 그 생물(시조새)은 그 때 살았던 유일한 새는 아니었던 것으로 보인다. 브리검영대학의 젠센(James Jensen)이 발견한 새로운 한 화석은 연대가 (시조새와) 같은 시기인 후기 쥐라기로 거슬러 올라가는데, 새의 대퇴골인 것처럼 보인다"고 했다.[298]

이상을 종합해 볼 때 시조새를 파충류와 조류 사이의 중간형태로 채택한 것은 객관적인 증거에 기인한 것이라고 볼 수 없다. 만일 실제로 새가 시조새와 같은 시대에 존재했다면 시조새는 명백히 조류의 조상이 될 수 없으며 파충류와 조류 사이의 중간형태도 아니다. 페두시아(Allan Feduccia)는 "공룡—새의 관련성을 부정하는 충분한 이유가 있다. 어떻게 새가 그 육중하고 두 발로 기어 다니는, 그러면서도 몸집이 깊고 몸의 균형을 위한 무거운 꼬리를 가졌으며 앞발이 짧은 파충류로부터 유래할 수 있다는 말인가! 그것은 생물 물리학적으로 불가능한 일이다"라고 말했다.[299] 시조새는 비록 지금은 멸종되었지만 처음부터 "그 종류대로", 그리고 완전하게 창조된 것이다.

297 "Bone Bonanza: Early Bird and Mastodon," 〈Science News〉 vol. 112(September 12, 1977), p. 198.
298 "The Oldest Fossil Bird: A Rival for Archaeopteryx?", 〈Science〉(January 20, 1978), vol. 199, p. 284.
299 〈Geotimes〉, vol. 41, p. 7.
300 E. C. Olson, *The Evolution of Life*(New York: New York American Library, 1965), p. 182.

14. 박쥐의 기원

진화론에서는 박쥐가 두더지나 고슴도치와 같은 식충동물, 또는 날지 못하는 포유류에서 진화했다고 추측한다. 그러나 박쥐의 구조는 다섯 개 손가락 중 네 개가 날개의 막을 지탱해 주기 위해 특별히 길다는 것 등 이들과 구조가 매우 다르다. 만일 박쥐가 다른 동물로부터 진화했다면 이들에게만 독특하게 있는 이런 구조들의 기원을 증명할 중간형태가 발견되어야 할 것이나 화석기록에는 중간형태의 흔적이 없다.

가장 오래 된 박쥐 화석이라고 한다면 신생대 제3기 초기 시신세 지층에서 발견된 이카로닉테리스(Icaronicteris index)라고 할 수 있다. 5천만 년이나 되었다고 하는 박쥐 화석이지만 현존하는 박쥐와 같이 날개가 완전히 발달해 있다. 다른 점이 있다면 긴 꼬리가 있다는 것과 엄지에 발톱이 있다는 점이지만 전체적으로는 현존하는 박쥐와 크게 다르지 않다. 올손은 "…날아다니는 포유류의 최초 화석은 제3기 시신세의 박쥐인데 이 박쥐는 오늘날의 박쥐와 조금도 다르지 않다"고 말한다.[300]

5천만 년 동안이나 박쥐의 모양이 조금도 변하지 않았다는 것과, 박쥐의 독특한 구조

8-29 (a) 미국 와이오밍 주에서 발견된 시신세 화석 박쥐(Icaronycteris index)의 골격.
(b) 박쥐의 가상적 진화 과정. 실제로 박쥐가 쥐로부터 진화되었다면 많은 중간
형태의 화석이 있어야 할 것이다.

를 발생시켰으리라고 추측되는 중간형태의 화석이 전혀 존재하지 않는다는 사실은 박쥐가 다른 기어 다니는 동물로부터 진화했다기보다 처음부터 "그 종류대로", 그리고 "보시기에 좋도록" 창조되었음을 지지한다고 볼 수 있다.

15. 그러므로 조류의 기원은…

지금까지 화석들의 증거들은 날아다니는 동물들의 기원에 대해서 뭐라고 말하는가? 진화론자들은 나는 동물이 각각 독립적으로 네 종류, 즉 곤충, 새, 포유류(박쥐), 파충류(지금은 사멸한 익룡) 등으로 진화했으리라고 추측한다. 그러나 각각의 경우 날기까지 진화하는 데는 수백만 년 이상의 세월이 걸렸을 것인데도 중간형태라고 인정할 만한 화석은 없다.

이에 대해 진화론자이며 지질학자인 올손(E. C. Olson)은 "날아다니는 생물의 화석기록에는 매우 큰 간격들이 있다. … 곤충이 날게 된 기원에 관해서는 거의 알려진 것이 없고 … 최초로 날아다닌 파충류인 익룡은 쥐라기에 나타난다. 이들 중 최초의 것이 후의 것들보다 비행 동작이 덜 분화되긴 했지만 중간단계의 흔적은 전혀 없다. … 시조새를 파충류와 비슷한 것이라고 하지만 깃털을 가졌다는 점에서 완전한 새임이 틀림없으며 … 날아다니는 포유류인 박쥐는 최초로 출현하는 제3기 시신세에서부터 완전히 발달된 채로 나타난다"고 말한다.[301] 올손의 지적은 조류는 처음부터 조류의 종류대로, 보시기에 좋도록 완전하게 창조되었다는 창조론의 예측과 부합한다.

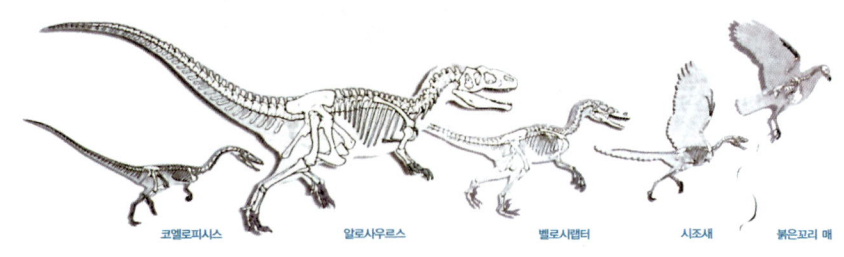

코엘로피시스　　　　알로사우르스　　　　벨로시랩터　　　시조새　　붉은꼬리 매

8-30 진화론자들은 공룡의 일종인 벨로시랩터가 최초의 새라고 하는 시조새로 진화했다고 하지만 이 사이를 메워 줄 중간형태의 화석이 없다.

16. 중간형태의 화석이 없다

지금까지 우리는 화석이 생물의 기원에 관해 무엇을 증거하고 있는지 살펴보았다. 이러한 논의로부터 우리가 말할 수 있는 것은 적어도 화석은 점진적이고 연속적인 진화를 보여주지 않는다는 사실이다. 특히 1980년 시카고 학회에서 진화하고 있는 중간형태의 화석이 부재함을 인정하고 평형파괴이론과 같이 중간형태의 화석 없이 진화를 설명하려고 한 모델이 제시되었다는 것은 고전적 진화론자들에게는 충격적인 일이다.[302]

앞에서 언급한 바와 같이 중간형태가 나타나지 않는 것에 대하여 엘드리지(Niles Eldridge)와 굴드(Stephen Jay Gould)를 비롯한 몇몇 고생물학자들은 "새로운 종은 모집단에서 변이가 누적돼 서서히 나타나는 것이 아니라 모집단에서 이탈, 새로운 환경에 도전하는 소수의 개체에서 새로운 종이 비교적 짧은 시간에 출현한다"는 새로운 모델을 제시하고 있다.[303] 즉 "소수의 개체에서 새로운 종이 비교적 짧은 시간에 출현한다면 화석으로 보존되는 것을 기대하기 어렵다"고 주장한다.[304] 그러나 파충류의 알에서 조류가 부화되어 나온다는 생각은 화석의 증거는 물론 유전학적으로나 발생학적으로나 터무니없는 생각이다.

옥스퍼드대학 동물학과 교수였던 리들리(Mark Ridley)는 "어떤 경우라도 진정한 진화론자라면 점진론자이건 평형파괴이론자이건 화석 기록을 특수 창조를 반대하고 진화론을 지지하는 증거로 사용한다"고 말했다. 그러나 그는 이상하게도 곧이어 같은 면에서 화석은 진화를 증거하지 않는다고 말한다. "그러면 종이 진화했다는 증거는 무엇인가? 여기에는 전통적으로 세 가지의 증거가 있는데 그것은 진화론 비판자들이 생각하는 화석 증거가 아니다. 세 가지 논증은 관찰된 종의 진화로부터, 생물지리학으로부터, 분류학의 위계적 구조로부터 나온다"라고 했다.[305]

그는 또한 다른 책에서 "단일 진화론적 계보 내에서 진화론적 변화를 보여주는 화석 기록이란 매우 빈약하다. 진화가 진실이라면 종들은 조상 종의 변화를 통해 유래했을 것이며 사람들은 이것을 화석기록에서 볼 수 있을 것이라고 기대할 것이다. (그러나) 사실 이

301 E. C. Olson, *The Evolution of Life* (New York: The New American Library, 1965).
302 Roger Lewin, "Evolutionary Theory under Fire," 〈Science〉 Vol. 210(November 21, 1980), pp. 883-7.
303 Stephen Jay Gould, "The Return of Hopeful Monsters," 〈Natural History〉, p. 24.
304 양승영, 이재일, 이창중, 양서영, "진화론 vs 창조론," 〈과학동아〉, 1995년 10월호, p. 77.
305 Mark Ridley, "Who Doubts Evolution?" 〈New Scientist〉, vol. 90(June 25, 1981), pp. 830-2.

것은 거의 나타나지 않았다. 1859년 다윈도 단 하나의 예도 인용할 수 없었다."[306]

　글라스고대학의 지질학 교수였던 조지(T. N. George)와 같은 진화론자들은 엘드리지와 굴드가 위의 모델을 제시하기 훨씬 전에, 즉 출토된 화석이 훨씬 적을 때에 이미 "더 이상 화석유물이 빈약하다고 변명할 필요는 없다. 어떤 면에서는 화석유물이 거의 다루기 힘들 정도로 너무 많아서 발견한 것들을 다 모을 수 없는 경우도 있다. … 그럼에도 불구하고 화석기록에는 간격들이 존재한다"라고 했다.[307] 이 말은 화석은 찾으면 찾을수록 처음부터 "그 종류대로" 분리되어 나오며 불연속적인 분포를 보여준다는 것이다. 화석들이 갑자기, 중간형태 없이 나타난다는 것은 모든 생물들은 처음부터 "그 종류대로", 완전하게 창조되었다는 창조론의 예측과 일치한다.[308]

306　Mark Ridley, *The Problem of Evolution*(New York: Oxford University Press, 1985), p. 11.
307　T. Neville George, "Fossils in Evolutionary Perspective," 〈Science Progress〉, vol. 48(January, 1960), pp. 1–3.
308　Luther D. *Sunderland, Darwin's Enigma*: Ebbing the Tide of Naturalism(Green Forest, AR: Master Books, 1988), p. 108.

1. 진화론자들조차 명백한 중간형태 화석이 없음을 인정하는 데도 불구하고 진화에 대한 신념이 사라지지 않는 이유는 무엇이라고 생각하는가?

2. '살아 있는 화석들' (living fossils)은 진화하지 않는 것을 보여주는 대표적인 증거들이다. 앞에서 제시한 몇몇 화석들 외에 알고 있는 '살아 있는 화석들'이 있다면 말해 보라.

3. 인근에서 화석을 발굴할 수 있는 곳이 있다면 찾아서 발굴해 보자. 그렇지 않다면 화석을 파는 상점이나 자연사 박물관 등을 방문하여 화석이 현존하는 것들과 어떤 점이 다른지, 혹은 어떤 점이 같은지를 조사해 보자. 이 화석들로부터 생물의 기원에 대한 나름대로의 결론을 내려 보라.

제9장
인류의 기원 논쟁

Creation and Catastrophes

만일 마귀가 없었는데 사람이 그를 만들었다면 사람
은 마귀를 자기의 모양과 형상대로 만들었을 것이다.
_도스토예프스키[309]

생물이 한 종에서 다른 종으로 진화한다는
가설의 문제점에 대해서는 이미 앞에서 밝혔으나, 아직까지 많은 사람들이 인류가 원숭
이로부터 진화한 것은 많은 연구에 의해, 특히 중간형태 화석들의 연구에 의해 증명되고
있다고 생각한다. 오늘날 진화론에서는 인간이 원숭이가 진화했거나 원숭이와 동일한 조
상을 갖는다고 생각한다. 그리고 그 사실을 증명하는 화석 증거들을 라마피테쿠스
(Ramapithecus), 오스트랄로피테쿠스(Australopithecus), 직립원인(Homo erectus), 네
안데르탈인(Neanderthal), 크로마뇽인(Cro-Magnon) 등으로 분류하여 제시하고 있다.
진화론에서는 원숭이로부터 현대인까지의 모든 형태들을 유인원(類人猿, Anthropoid)
이라 부른다. 그 중에서 '사람과 사람의 진화 조상'(humans and their evolutionary
ancestors)을 통틀어 호미니드(hominid)라고 부른다.[310]
아래에서는 유인원의 분류 체계로부터 시작하여 근래에 와서 화석이 대량으로 발굴되
고 화석의 절대연대측정 기술이 발달함에 따라 화석에 대한 종래의 해석이 어떻게 변해
가고 있는가를 소개하며, 이들을 어떻게 창조론적 입장에서 재조명할 수 있는지를 살펴
본다.

---

309 Fedor Dostoevsky, *The Brothers Karamazov*(1879-80) Ch.4 of Book 5. 도스토예프스키(Fyodor Mikhailovich Dostoevskii, 1821-81): 러시아 소설가.
310 Marvin L, Lubenow, *Bones of Contention: A Creationist Assessment of Human Fossils*(Grand Rapids, MI: Baker, 1992), p. 12.

1. 유인원 분류 체계

창조론에서는 처음부터 사람은 사람대로, 원숭이는 원숭이의 종류대로 창조되었다고 보고 사람과 원숭이 사이에는 중간형태 화석이 존재하지 않으리라고 예측한다. 창조론에서는 오늘날 중간형태라고 제시되는 화석들은 원숭이 또는 사람 중 어느 한편이지 중간형태가 아니라고 본다.

이에 반해 진화론에서는 여러 유인원 화석을 원숭이와 사람의 중간형태로 본다. 계속적으로 변하는 유동적인 진화론에서는 아메바와 같은 단세포 생명체로부터 어류, 양서류, 파충류, 조류 및 포유류로, 그리고 포유류에 속하는 원숭이는 최후의 진화단계인 사람으로 점진적이고 연속적인 진화를 하였다고 본다. 그러면 과연 인류는 진화했는가? 다시 말하면 진화의 증거가 있는가? 이를 위해 먼저 현대 생물학에서 사용하는, 인류에 대한 분류 체계를 살펴보면 다음과 같다.

분류 단위	명칭
계(界, kingdom)	동물계(Animalia)
문(門, phylum)	척색(脊索)동물문(Chordata)
강(綱, class)	포유류강(Mammalia)
목(目, order)	영장목(Primates)
과(科, family)	사람과(Hominidae)
속(屬, genus)	사람속(Homo)
종(種, species)	슬기사람(Homo sapiens)

9-1 생물의 분류 체계를 따른 인류의 분류

진화론자들은 앞의 분류 중에서 사람이 진화 계열에 있는, 현존하는 동물들로부터 분리되기 시작하는 것은 목(目, order)부터라고 한다. 목(目)은 생물의 분류 단위로서 강(綱, class)과 과(科, family) 사이에 있다. 그래서 목부터 종에 이르는 분류를 좀 더 자세히 하기 위해 아목(亞目) 등을 삽입하기도 한다.

진화론자들은 이러한 분류를 할 수 있다는 사실 자체가 진화를 증거하는 것이라고 주장한다. 그러나 이러한 분류는 진화론적 선입견을 가진 사람들이 인류와 다른 유인원들의 혈연적인 관계를 가상하여 만든 것이다. 가상적으로 만든 분류표인데도 많은 사람들이 인류가 다른 유인원들과 진화적 관계를 가진 것처럼 오해하는 것은 진화론자들이 증명되지도 않은 이론을 사실인 것처럼 주장하기 때문이다. 원숭이에서 사람으로 진화된 계통도는 자료가 충분치 않아 진화론자들 간에도 여러 가지 학설이 있다. 이것은 부분적으로 진화 기준이 불분명하기 때문이다.

2. 진화 기준의 문제들

사람과 동물 사이에서 볼 수 있는 가장 큰 골격학적, 형태학적 차이점은 사람만이 직립보행을 한다는 것이다. 이들 유인원의 화석자료는 비교적 많이 발굴되고 있으나 정확한 해석이 어려워 인류 진화론자나 화석학자들 간에 이견이 많다. 특히 현재처럼 직립보행을 하기까지의 진화 과정을 보여주는 화석상의 증거가 없다. 그래서 원숭이로부터 사람으로의 진화 과정을 설명할 때에는 치아의 배열 형태, 두개골의 용적, 또는 안면(顔面) 경사각 등이 주요한 해석 기준이 되어 왔다. 과연 이런 것들이 진화의 기준이 될 수 있을까?

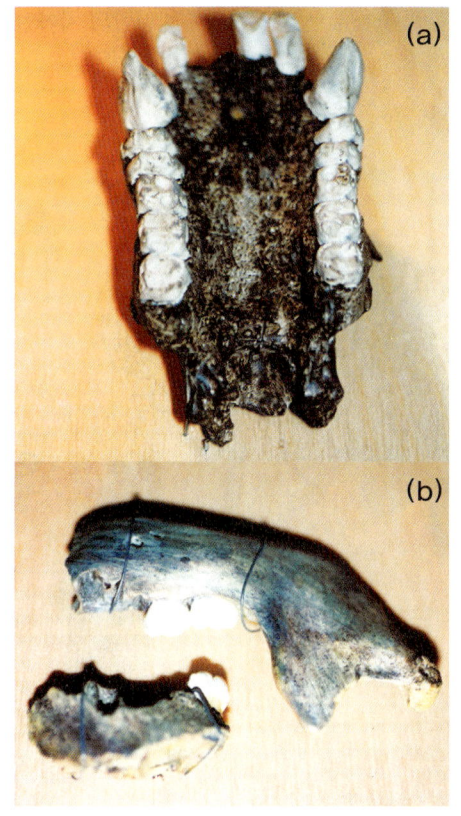

(a)

(b)

9-2 ⓐ 유인원들의 말굽형의 치아 배열. ⓑ 부서진 채로 발견되는 치아들의 경우에는 재구성하는 사람의 선입견에 따라 해석이 달라질 수 있다.

A. 치아의 배열

먼저 치아를 살펴보자. 그동안 원숭이의 치아 배열 형태(dental arch)가 말굽형(U자형)인데 비해 사람은 포물선형이라는 사실은 유인원 턱뼈의 화석이 나올 때 원숭이의 것인지 사람의 것인지를 판별하는 하나의 기준이 되었다. 그러나 이러한 기준은 몇 가지 점에서 문제가 있다.

우선 치아로부터의 판단은 치아의 형태가 완전하게 보존되어 있지 않으면 쉽지 않다. 실제로 오래된 치아의 화석들이 원래 모습 그대로 보존되어 발굴되는 경우는 드물다. 대부분 여러 조각으로 부서져서 발굴되기 때문에 이들을 재구성할 때 세심한 주의가 필요하며, 따라서 부정확하게 해석될 가능성이 높다. 즉 어떤 각도로 재구성하는가에 따라 사람에 더 가깝게 되기도 하고 원숭이에 더 가깝게 되기도 한다. 한 예로, 라마피테쿠스는 1977년 이전에는 좀 더 사람에 가깝게, 이후에는 좀 더 원숭이에 가깝게 재구성되었다.

다음에는 현존하는 사람들도 머리 모양에 따라 서로 다른 치아의 배열 형태를 갖는다는 점을 들 수 있다. 그림 9-3에서 보는 바와 같이 머리 모양이 납작한 단두형(短頭型, brachycephalic)인 사람의 치아는 U자형에 가깝고, 머리 모양이 긴 장두형(長頭型, dolichocephalic)인 사람의 치아는 V자형에 가깝다. 중간쯤 되는 중두형(中頭型, mesocephalic)의 두골을 가진 사람의 치아만 포물선 형태의 배열을 갖는다.

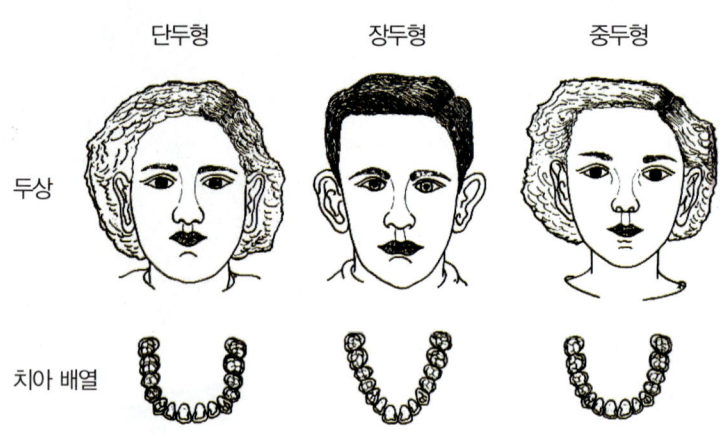

9-3 두개골의 모양에 따른 치아 배열의 차이. 두상이 단두형인 사람의 치아는
U자형에 가깝고 장두형인 사람의 치아는 V자형에 가깝다.

B. 두개골의 모양과 크기

다음으로 유인원의 진화 순서를 안면(顔面)의 경사각이나 모양에 따라 설명하는 경우가 많다. 즉, 원숭이에 가까울수록 안면 경사가 완만하며 사람에 가까울수록 수직형태로 변해 간다는 것이다. 그러나 오늘날 발굴되는 대부분의 유인원 화석의 안면 경사각은 현존하는 사람이나 원숭이들의 무리로부터 찾아낼 수 있는 변이(變異)의 한계를 넘지 못하

창조와 격변

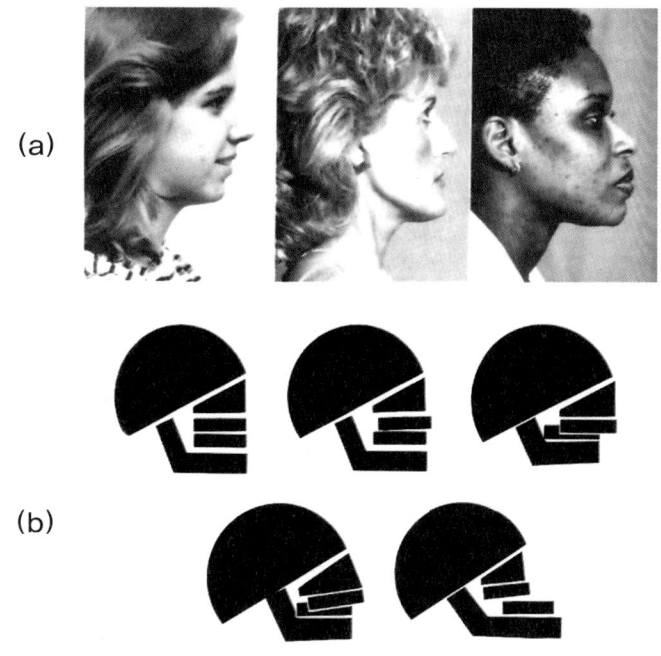

(a)

(b)

9-4 (a) 안면 모양은 사람마다 다르다. (b) 이렇게 서로 다른 다양한 안면 모양을 분류한다면 대체로 다섯 가지 형태로 분류해 볼 수 있다.

고 있다. 현존하는 종 내에서의 변이의 한계를 넘지 못하는 화석 골격의 특징을 진화의 증거로 사용하는 것은 바른 자세라고 볼 수 없다.

또한 진화론자들은 눈두덩의 두께도 진화의 기준으로 사용하곤 한다. 즉, 원숭이에 가까울수록 눈두덩이 두툼하고 사람에 가까울수록 눈두덩이 얇다는 것이다. 그러나 화석으로 발견되는 두개골의 눈두덩의 변화도 현존하는 인종들 간에 존재하는 변화의 정도를 넘지 못하고 있다. 예를 들면 흑인들은 백인들에 비해 유난히 눈두덩이 두텁다. 눈두덩이 두터울수록 덜 진화되었다는 해석은 일반적으로 흑인들에 비해 눈두덩이 얇은 백인들의 편견에서 나온 것이라 생각된다. 눈두덩 역시 진화의 절대적인 척도는 될 수 없다.

두개골 용적(cranial volume)은 가장 중요한 진화의 기준으로 사용되었다. 실제로 현존하는 유인원과 인간은 두개골의 용적이 다르다. 그러나 두개골의 크기를 진화의 기준으로 사용할 때는 남자와 여자의 차이, 어린아이와 어른의 차이, 종족마다 다른 두개골의 크기 등이 고려되어야 한다. 일반적으로 두개골 용적은 신장에 비례하는데, 아프리카에

231

사는 코이코이(Khoikhoi) 족이나[311] 피그미(Pygmy) 족과 같이 키가 작은 종족의 경우에는 성인이 되더라도 키가 160cm에 이르지 못한다. 이들의 두개골이 키가 큰 서구인들에 비해 용적이 작을 것은 당연하다.

두개골의 종류	두개골 용적(cc)
현생인류	1450
네안데르탈인	1625
자바원인(직립원인)	914
오스트랄로피테쿠스	650
고릴라	543
침팬지	400
긴팔원숭이	97

9-5 유인원 두개골과 이들의 평균 용적[312]

C. 직립 여부

직립 여부도 중요한 진화의 기준으로 흔히 사용된다. 그러나 직립 여부를 알기 위해 가장 중요한 것은 골반뼈와 척추뼈의 화석이라고 할 수 있으며, 이 중에서도 골반뼈는 가장 중요하다고 할 수 있다. 이러한 화석들이 온전히 남아 있을 때 우리는 비로소 직립 여부를 정확하게 말할 수 있다. 그러므로 두개골의 일부와 대퇴골만이 발견된 자바원인의 화석으로부터 직립 여부를 결정하게 되면 잘못된 결론에 이를 수 있다. 라미피테쿠스의 모든 화석들과 대부분의 오스트랄로피테쿠스의 화석들도 직립 여부를 정확하게 알 수 있을 정도로 완전하게 발견된 화석은 없다. 예를 들어, 오스트랄로피테쿠스 화석들 중에서 가장 완전하게 발견되었다고 하는 루시(Lucy)도 전체 골격에 비해 일부만이 발견되었을 뿐이다. 하지만 이것조차도 여러 조각으로 흩어진 채 발견되었기 때문에 이들을 재구성하여 루시가 남자인지, 여자인지는 물론 루시의 직립 여부 등을 결정하는 데는 많은 상상력이 필요하다.

311 코이코이 족은 흔히 호텐토트(Hottentotes) 족이라고도 불려 왔다. 그러나 인류학자들은 호텐토트라는 말보다는 그들 스스로가 자신을 부를 때 사용하는 코이코이라는 말을 사용한다. 호텐토트라는 말은 '야만인'(savage, barbarian)이라는 모욕적인 의미인 반면에 코이코이라는 말은 '사람들 중의 사람들'(men of men)이란 의미다. cf. "Khoikhoi" in The Worldbook Encyclopedia(Chicago: Worldbook, 1994).
312 New York City에 있는 American Museum of Natural History에 전시된 것을 Lubenow, Bones of Contention, p. 82에서 재인용.

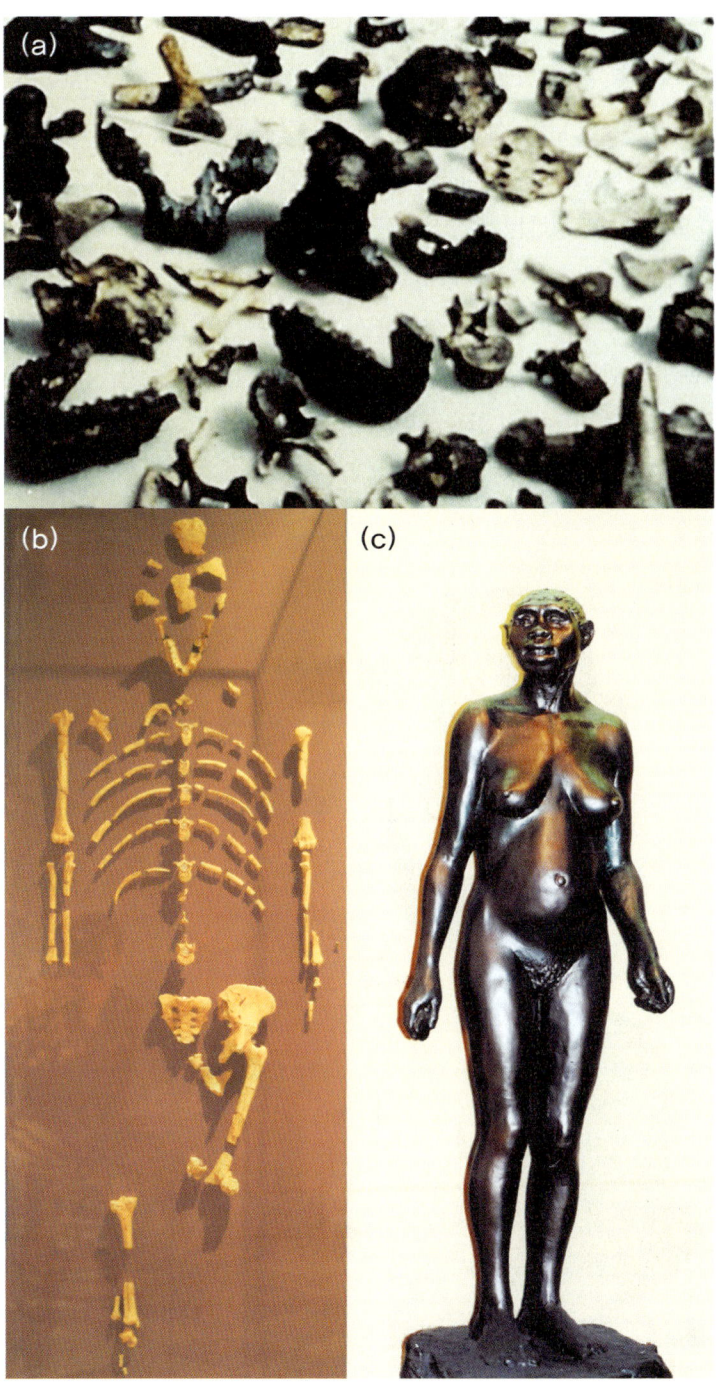

9-6 (a) 오스트랄로피테쿠스의 하나인 '루시' (Lucy)가 속했던 소위 '첫번 가족' (the First Family)의 뼈들 (b) 이 뼈 조각들로부터 만든 루시의 골격 (c) 이 골격을 근거로 재구성한 루시의 모습

D. 재구성의 문제

화석은 골격만을 보여주고 생존 시 실제 형태와 근육 및 신경계통은 보여주지 못하므로 화석을 보고 생물의 나이, 성별 등을 추정하는 것은 쉽지 않다. 특히 오래되어서 신체의 일부분만이 화석으로 나오거나 화석들이 부서진 조각으로 나올 때 그것으로 화석의 생전(生前) 모습을 재구성하는 데는 상당한 오차가 있을 수밖에 없다. 이를테면 두개골의 한 조각으로부터 두개골의 용적, 두개골 윗부분과 턱뼈의 조합 관계, 털의 존재 정도 등을 유추하는 경우이다. 이것은 재구성하는 사람이 어떤 선입견을 가지고 있는가에 따라 전혀 다른 모습을 만들 수 있음을 의미한다. 인류의 기원을 연구하는 사람들마다 재구성한 모습이 전혀 다른 것은 흔히 있는 일이다.

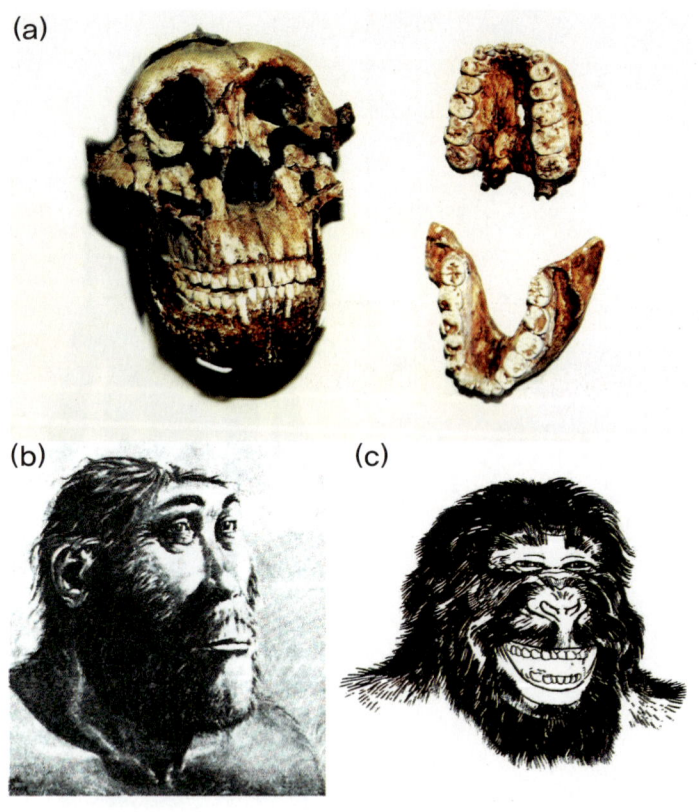

9-7 (a) 진잔트로푸스의 두개골과 치아 (b) 리키(L. S. B. Leakey)가 파커(N. Parker)에게 부탁하여 그린 그림 (c) 오클리(K. P. Oakley)가 윌슨(M. Wilson)에게 부탁하여 그린 그림. 동일한 화석을 근거로 재구성한 그림이지만 그린 사람에 따라 이렇게 달라질 수 있다.

화석을 근거로 살아 있을 때의 모습을 재구성하는 것이 어려움을 보여주는 한 예는 진잔트로푸스(Zinjanthropus)이다. 1959년, 루이스 리키 부부(Mary and Louis Leakey)가 동부 아프리카의 탄자니아 올두바이 계곡(Olduvai Gorge)에서 발견한 진잔트로푸스 화석을 생각해 보자. 이 화석의 생전 모습은 그린 사람마다 달랐다. 원숭이에 가깝게 그린 사람도 있었고 사람에 가깝게 그린 사람도 있었다. 진잔트로푸스와 같이 많은 조각으로 발견된 뼈일 경우에는 더더욱 재구성의 문제가 심각하다.

3. 네브래스카인

이처럼 오래된 유인원 화석들은 신체의 일부분만 남아 있거나, 또한 남아 있는 화석들조차도 온전한 모습을 유지하고 있는 경우가 드물기 때문에 화석들에 대한 해석에서 심각한 문제가 발생하곤 했다. 특히 진화론적 편견을 갖게 되면 문제가 발생할 소지가 훨씬 더 커진다. 실제로 인류의 기원을 연구하는 인류 고생물학 분야에서는 그런 일들이 종종 있었다. 의도적이지 않은 경우도 있었지만, 때로는 의도적으로 화석을 인류의 진화 조상처럼 조작하는 경우도 있었다. 네브래스카인의 화석은 그 중의 한 예다.

9-8 포레스티어(Amedee Forestier)가 〈런던화보뉴스〉를 위해 그린 네브래스카인의 상상도. 네브래스카인의 뼈는 사람도 원숭이의 것도 아닌 사멸한 멧돼지의 뼈였다.

네브래스카인(Nebraska Man)은 1917년에 헤럴드 쿡(Harold Cook)이 미국 서부 네브래스카에서 발견한 하나의 치아를 기초로 하고 있다. 고생물학자였던 오스본과 다른 전문가들은 처음에는 이것이 직립원인에 속하는 자바원인과 사람의 특징을 연결시켜 주는 듯이 보인다고 발표했다.[313] 오스본은 발견자의 이름을 따라 이 화석을 헤스페로피데쿠스 헤롤드쿠키(Hesperopithecus haroldcookii)라 명명하였는데,

---

313 오스본(Henry Fairfield Osborn, 1857-1935): 미국의 부유한 진화론자이자 고생물학자. 1908년, 미국자연사 박물관(American Museum of Natural History) 총재를 역임했다.

일반적으로는 네브래스카인으로 알려졌다. 그리고 네브래스카인과 이것이 살던 시대의 생물들에 대한 상상도가 1922년 주간지인 〈런던화보뉴스〉(The Illustrated London News)에 발표되었다.[314]

두 개의 어금니로부터 그 동물의 전체를 재구성하는 것이 옳지 않다는 많은 비판이 있었음에도 불구하고, 일단 잡지의 그림을 통해 발표된 네브래스카인은 사람들에게 인간의 진화 조상에 대한 확신을 심어 주기 시작했다. 일부에서는 이 화석이 1925년에 열린 스콥스 원숭이 재판(Scopes Monkey Trial)에까지 영향을 미쳤다고 보았다.

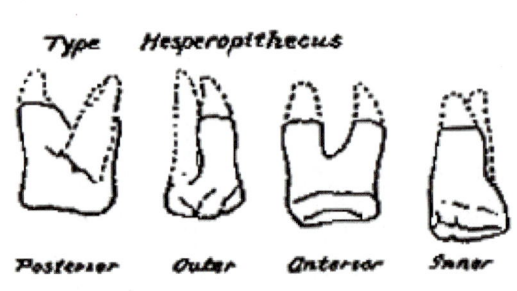

9-9 네브래스카인의 치아를 여러 방향에서 그린 것. 이 치아는 보는 각도에 따라 실제로 유인원들의 것과 흡사한 면도 있었다.[315]

그러나 이 화석에 대한 논쟁은 그 후 불과 몇 년 뒤에 진상이 밝혀짐으로 끝이 났다. 1927년에 이 뼈가 발견된 인근 지역에서 네브래스카인의 치아를 가진 완전한 동물의 시체가 발견된 것이다. 그런데 그것은 원숭이도 사람도 아닌 멧돼지에 불과했다. 이 멧돼지는 한때 북아메리카 대륙에서 번성한 종류로 현재는 멸종한 것이었다. 결국 헤스페로피테쿠스 헤롤드쿠키라는 거창한 이름의 네브래스카인은 사람을 닮은 원숭이도 아니고 원숭이를 닮은 사람도 아닌 멸종된 멧돼지로 판명되었다. 결국 과학자가 돼지를 사람으로 만든 셈이 되었다.

4. 필트다운인 사기극

이러한 사건은 네브래스카인에만 국한된 것이 아니었다. 1912년 12월 18일, 변호사

314 Grafton Elliot Smith, "Hesperopithecus: the Ape-Man of the Western World," 〈Illustrated London News〉 160(1922. 6. 24.), pp. 942-4.
315 Smith, 〈Illustrated London News〉(1922. 6. 24) http://www.talkorigins.org/faqs/homs/a_nebraska.html (2004. 4. 10)에서 재인용.

창조와 격변

(solicitor)이자 아마추어 고생물학자인 도슨(Charles Dawson)과 대영박물관(British Museum) 고생물학자 우드워드(Arthur Smith Woodward)는 인간의 진화 조상이라고 할 수 있는 뼈를 영국의 필트다운(Piltdown)에서 발견했다고 공식적으로 발표했다. 필트다운은 런던 시내에서 남쪽으로 60Km 정도 떨어진 곳에 있는 서섹스 주의 작은 마을이다. 이곳에서 도로 보수를 위해 자갈을 파낸 작은 구덩이에서 필트다운인(Piltdown Man)의 화석이 '발견' 되었다. 그리고 1908년, 도로 보수 작업을 하던 인부 한 사람이 인근 도시에서 변호사 사무실을 열고 있던 도슨에게 인간 두개골의 일부(頭頂部)를 건네주었다. 1911년 후반까지 도슨은 자갈 구덩이 옆에 쌓아둔 자갈 더미에서 몇몇 두개골 조각을 더 발견하였다. 1912년 초, 도슨은 자기가 발견한 두개골 조각들을 대영박물관의 고생물학자인 우드워드에게 가져갔다.[316]

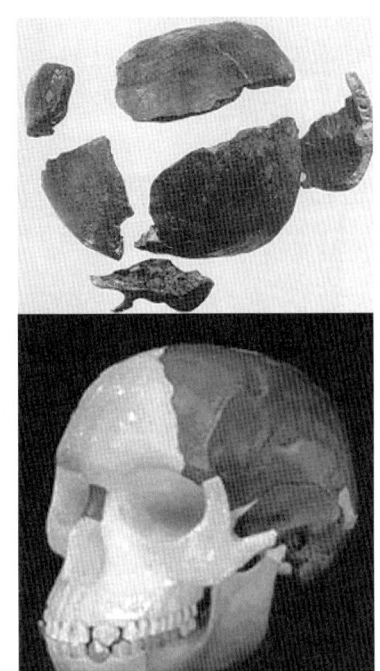

9-10 필트다운인의 뼈들과 재구성한 두개골

도슨은 자기가 발견한 것이 1907년, 독일에서 발견된 하이델베르크원인(Mauer Mandible)에 견줄 만하다고 생각했다. 물론 우드워드도 관심이 많았다. 유럽 대륙에서는 크로마뇽인, 네안데르탈인을 비롯하여 많은 오래된 인류 화석들이 발견되는데 이상하게도 영국에서는 내세울 만한 화석이 전무했다. 그런데 드디어 기다리던 화석이 발견된 것이다. 조상 화석에 대한 영국인들의 열망은 필트다운인 등장의 배경이 되었다.

316 C. Dawson and A. S. Woodward, "On the Discovery of a Palaeolithic Human Skull and Mandible in a Flint-bearing Gravel overlaying the Wealden (Hastings Beds) at Piltdown (Fletching), Sussex," 〈Quarterly Journal of Geological Society of London〉, 69(1913), pp. 117-44.

9-11 1912년에 발견된 필트다운인의 화석의 검증작업에는 당시 유명한 인류학자들이 참여했지만 그것이 사기극이었음을 발견하지 못했다. 앞줄 좌에서 우로 W. P. Pycraft, Arthur Keith, A. S. Underwood, Ray Lankester. 뒷줄 좌에서 우로 F. O. Barlow, Grafton Elliot Smith, Charles Dawson, Arthur Smith Woodward. 유명한 고생물학자 Keith가 Smith의 지시 하에 두개골을 측정하고 있다. 이때 Teilhard de Chardin은 전쟁에 나가고 없었다.

A. 영국 지질학회도 인정했다

이렇게 해서 1912년 6월 초, 도슨과 우드워드는 당시 인근 헤이스팅스(Hastings)에서 공부하고 있었던 31세의 프랑스 신부이자 고생물학자 샤르댕(Pierre Teilhard de Chardin)과 더불어 필트다운의 자갈 구덩이에 대한 일련의 발굴을 시작하였다. 이로 인해 더 많은 두개골 조각들이 발견되었으며 샤르댕은 코끼리의 어금니를 발견하였다. 이때 다른 포유동물들의 뼈들과 함께 필트다운인의 아랫턱뼈도 발견되었다.

필트다운인 사건은 도슨과 우드워드가 런던지질학회(Geological Society of London)에 최초의 영국인 화석을 발견했다고 보고함으로 본격적으로 시작되었다. 이 뼈들은 턱뼈와 두개골의 일부이며, 턱뼈는 치아를 제외하면 원숭이와 비슷했고 치아는 원숭이보다 사람을 닮은 마모된 형태였다. 한편 두개골은 현대인의 것과 비슷했다. 이 두 뼈들은 최초 발견자의 이름을 따라 이안트로푸스 도소니(Eoanthropus dawsoni)라 명명되었고, '처음 사람'(Dawn Man) 혹은 일반적으로는 필트다운인이라고 알려졌으며, 50만 년 전의 것이라고 추정되었다.

B. 처음부터 사기극이라는 주장이 있었다

파리 자연사박물관의 불(Marcellin Boule)이나 미국 고생물학자 오스본과 같은 전문가들은 이미 그때 원숭이의 것과 흡사한 턱뼈를 가지고 사람의 것과 비슷한 두개골과 결합시키는 것을 반대했다.[317] 고생물학자들은 이 두 개를 결합시키기 위해서는 송곳니가 있어야 한다고 말했는데 바로 다음해 8월, 구덩이 옆의 자갈 더미에 앉아 있던 샤르댕의 발

창조와 격변

9-12 필트다운인은 정말 사람과 원숭이의 중간 정도인 것처럼 보이도록 재구성되어 발표되었다.

밑에서 송곳니가 '발견'되었다. 이 뼈들 외에도 필트다운 구덩이에서는 코끼리, 매스토돈(mastodon), 물소(rhinoceros), 하마, 비버, 사슴 등의 뼈 화석과 원시적인 도구와 얇은 부싯돌들이 발견되었다. 마지막으로 화석 코끼리의 대퇴골까지 발견되었는데 그것은 크리켓 경기에서 사용하는 배트와 비슷했다.

이러한 화석들을 보고 이미 그때 일부에서는 이 모든 뼈들은 사기극이라고 주장했다. 그러나 유럽 대륙보다 오래된 자기의 '뿌리'를 발견하려는 열망으로 가득 찬 영국인들에게 이러한 의혹은 아무런 문제가 되지 않았다. 그들은 코끼리 대퇴골이 용도는 모르지만 어떤 원시적인 도구일 것이라고 쉽게 생각하였다.

그러나 일부에서는 여전히 필트다운인에 대하여 회의적인 사람들이 있었다. 이런 사람들의 의심을 완전히 없애 준 사건이 1915년에 일어났다. 1915년 초, 도슨은 제1필트다운인을 발견했던 곳에서 수마일 떨어진 다른 자갈 구덩이에서 제2필트다운인을 발견했다고 발표하였다. 그러나 아무도 제2필트다운인이 발견된 정확한 위치는 몰랐다. 우드워드는 발굴된 뼈들을 공개하고 있지 않다가 도슨이 죽은 다음해인 1917년에 공개하였다. 그런데 놀랍게도 그 뼈들은 필트다운인을 증명하는 데 필요한 정확한 바로 그 뼈들이었다. 놀랍게도 원하는 뼈들은 무엇이든지 발견되는 듯했다.

---

317 파리 자연사박물관(Museum National d' Historie Naturelle in Paris), 마르셀린 불(Marcellin Boule, 1861–1942): 프랑스 고생물학자.

사람들은 이 뼈들의 두개골 윗부분은 사람에 가깝고 아랫턱뼈는 원숭이에 가까웠기 때문에 필트다운인이야말로 사람의 진화 과정을 증명해 주는 완벽한 중간형태라고 생각했다. 필트다운인은 1938년 12월, 《사이언스》(*Science*)의 표지 기사로까지 등장하였고, 권위 있는 『대영백과사전』(*Britannica Encyclopedia*)에 인류의 진화 중간형태로 수록되기까지 하였다.

C. 연대의 불일치와 드러난 사기극

그런데 1908년에 처음 발견된 이 필트다운인의 뼈는 45년 뒤에 그 전모가 드러났다. 1953년, 오클리(Kenneth P. Oakley), 위너(Joseph Weiner), 클라크(Wilfred Le Gros Clark) 등은 필트다운인의 뼈가 완전히 조작된 것임을 밝혔다. 1953년에 화석 뼈의 상대적 연대를 정하는 새로운 방법이 도입된 것이다. 이 방법은 땅 속의 물에 녹아 있는 불소(원소기호 F)는 뼈나 치아 속에 천천히 축적되기 때문에 땅 속에 묻혀 있는 화석 뼈 속의 불소의 양이 연대에 따라 증가한다는 사실을 이용한 것이었다. 이 방법을 사용하면 한 곳에서 출토된 뼈들의 상대적 연대를 정확히 측정할 수 있었다. 즉, 오래된 뼈일수록 불소가 많을 것이며, 최근의 뼈일수록 불소의 양이 적을 것이라고 예측할 수 있었다.[318]

이 방법으로 필트다운인 화석의 두개골과 턱뼈를 검사한 결과 두개골 윗부분에는 불소가 검출되었으나 턱뼈에는 불소가 전혀 함유되어 있지 않았다. 따라서 턱뼈는 그렇게 오래된 화석이 아니라는 것이 판명되었다. 또한 두개골 윗부분에도 불소가 많이 함유되었으나 50만 년이 아닌 수천 년 전의 것으로 추정되었다.[319] 또한 방사능탄소 연대측정법으로 조사한 결과 두개골 윗부분은 520–720년 정도 된 것으로 드러났다. 1348–1349년에 그 지역을 휩쓸었던 전염병으로 인해 수많은 사람들이 죽었고, 그 시체들이 필트다운 공유지(Piltdown Common)에 집단으로 매장되었음도 밝혀졌다.

이런 정보들을 토대로 다시 조사한 결과 이 뼈들은 오래된 것처럼 보이게 하려고 화학약품(potassium bichromate)으로 처리하였다는 사실이 밝혀졌다.[320] 다른 석기들과 뼈들은 의도적으로 미리 묻어둔 것으로 드러났으며, 두개골은 오래된 듯 보이게 하려고 암

318 K. P. Oakley, "Fluorine and the Relative Dating of Bones," 〈Advancement of Science〉, 16(1948), pp. 336–7.
319 J. S. Weiner, *The Piltdown Forgery* (Oxford University Press, 1955).
320 이것은 화석을 단단하게 하여 오래 보존하기 위하여 당시에 흔히 사용하던 방법일 수도 있다는 주장도 있다. Lubenow, *Bones of Contention*, p. 42.
321 Weiner, *The Piltdown Forgery*, pp. 140–53.

창조와 격변

9-13 1913년 7월 12일, 영국지질학회(The Geologists' Association)에서는 발굴 현장이었던 필트다운으로 단체 방문을 하기도 했으며, 발굴 기념비까지 세웠다. 이처럼 편견의 위력은 이들 모두의 눈을 멀게 하기에 충분했다. 어떤 사람들은 필트다운 사기범이 쉽게 드러나지 않는 이유가 영국지질학회가 관련되었기 때문이라고 의심한다.

갈색으로 착색하였다. 아랫턱뼈는 어린 암컷 오랑우탄의 것이었다. 턱뼈를 두개골과 이어 주는 관절 부위는 두개골과 맞지 않는다는 사실을 숨기기 위하여 파손하였다. 아랫턱뼈의 치아는 윗턱뼈의 치아와 맞추기 위하여 줄로 갈았으며, 송곳니도 심하게 마모된 것처럼 보이게 하려고 줄로 갈았다. 턱뼈와 송곳니가 오랑우탄의 것임은 1982년에 결정적으로 증명되었다.

그렇다면 도대체 누가 이러한 것들을 그 구덩이에 집어넣었을까? 아직까지 누구의 소행인지 확실하게 밝혀지지 않았다. 그러나 여행을 많이 한 사람으로서 화석들이나 고고학적 발견물들을 다량 소장하고 있는 사람의 소행이었던 것으로 추측된다.

필트다운 사기극과 관련하여 놀라운 것은 적어도 12명의 서로 다른 사람들이 사기극 연출 혐의를 받았던 것으로 밝혀졌다. 이들은 모두 그 분야의 전문가들이었고 사기극을 위한 자료들을 사용할 수 있는 위치와 기회를 가진 사람들이었다. 그러나 아직까지도 과학 역사상 가장 큰 사기극으로 평가되는 필트다운인 사기극의 주범이 누구인지는 정확하게 알지 못한다.[321]

조금만 주의를 기울였더라면 이 사기극은 초기에 발각되었을 것이다. 화학약품으로 처리된 것은 물론, 아랫턱뼈에 있는 오랑우탄의 치아는 줄로 연마된 자국이 있었다. 아랫턱

241

과 윗턱뼈의 어금니들이 서로 맞게 정렬되지 않았고, 또한 서로 다른 각도로 연마되었다. 송곳니는 너무 많이 연마되어 치수(齒髓, pulp) 구멍이 드러났기 때문에 이를 메웠다. 이런 분명한 많은 사기극의 증거가 있음에도 불구하고 48년이나 온 세계를 속일 수 있었다는 것은 편견이 얼마나 잘못된 결론에 이를 수 있는가를 보여주는 고전적인 예다.

5. 인류 진화의 난맥상

인류 진화론에는 이처럼 명백한 사기극 외에도 전혀 상반되는 주장들이 제시되기도 한다. 한 예로, 다윈 이래 진화론자들은 원숭이에서 사람이 진화했다고 주장해 왔으나 미국 에모리대학(Emory University)의 여키스 지역 영장류연구소(Yerkes Regional Primate Research Institute) 소장인 본(G. Bourn) 박사는 진화론의 종래 주장에 정반대되는 의견을 제시하고 있다. 그는 "다윈이 사람은 영장과의 자손이라는 학설을 널리 보급시킨 데 반해 나는 정반대의 가설을 주장한다. 즉, 꼬리 있는 원숭이와 꼬리 없는 원숭이 및 다른 모든 하등 영장 종들이 사실은 사람의 후손이라고 주장한다"고 했다.[322]

영장류 전문가인 본이 그 학설을 주장하는 이유는 원숭이의 태아가 출생하기 전 초기 발달 단계에서 사람의 태아처럼 보이며, 원숭이 태아가 전형적인 원숭이의 특징을 보여주기 시작하는 것은 임신 후반기라는 데 근거를 두었다. 이것은 원숭이 태아의 발달이 그의 계통을 되풀이함을 의미한다. 즉 원숭이는 태아 상태일 때 사람을 닮은 동물에서 원숭이를 닮은 동물로 변해간다는 것이다. 위의 말은 진화론자들의 초기 주장, 곧 사람의 태아가 초기에는 원숭이를 닮았다가 점점 자라 감에 따라 사람을 닮아 간다는 것과는 정반대다.

이미 앞에서 헥켈에 의해 시작된 계통발생설은 터무니없는 것임을 살펴보았다. 그러나 어떻게 같은 자료를 가지고 한 진화론자는 원숭이로부터 사람이, 다른 진화론자는 사람으로부터 원숭이가 진화되었다고 주장하는 정반대의 학설이 나올 수 있는가? 이것은 먼저 인류 진화론의 가설이 신빙성이 없기 때문이며, 또한 고대 인류의 화석을 연구하는 분야가 갖는 어려움 때문이라고 할 수 있다.

하버드대학의 진화론자였던 굴드(Stephen Jay Gould) 교수는 "진화 생물학의 경우, 인간과 유인원에 대한 터무니없는 전제보다 더 교훈적이며 또 자주 되풀이되는 실수를 본 적이 없다"고 말한다. 그러면서도 그는 다른 한편에서 "만일 진화가 사실이라면 우리

9-14 사람이 원숭이로부터 진화했을까, 원숭이가 사람으로부터 진화했을까?

는 유인원으로부터 진화되었음에 틀림없는데, 왜 아직도 유인원들은 살아 있는가?"라고 말한다. 물론 이것은 굴드가 인간이 유인원으로부터 진화한 것이 아니라 인간과 유인원이 공통의 조상으로부터 진화했다는 이론을 제시하기 위해 제시한 가설이지만, 다른 한편으로는 인류 진화론의 난맥상을 잘 보여주는 것이라고도 할 수 있다.[323]

6. 화석은 "그 종류대로" 출토된다

1859년, 다윈이 『종의 기원』에서 진화론을 발표했을 때 다윈은 그 당시까지 발굴된 화석들이 자기의 학설을 지지하기에 충분치 못함을 시인하였다. 그러면서 그는 앞으로 화석들이 많이 발견되면 화석이 진화를 증명할 것이라고 예측했다. 그러나 헤아릴 수 없을 만큼의 화석이 발견된 오늘날 사정은 어떤가?

《뉴스위크》(Newsweek)는 오늘날 화석 연구의 현실을 요약하여 "화석 기록에서 중간형태(missing link)가 발견되지 않는 것은 하나의 법칙이다. 과학자들이 종과 종 사이를 이어 주는 전이형태(transitional form)의 화석을 찾으려고 하면 할수록 찾지 못하고 실

---

322 G. Bourn, 《Modern People》 vol.1(1976. 4. 18), p. 11.
323 Lewin, 『인류의 기원과 진화』, pp. 33-4.

망만 한다"고 말한다.[324] 즉 원숭이와 사람 사이의 중간형태뿐 아니라 모든 생물의 종 사이를 연결하는 중간형태도 없는 것이 화석 기록상의 법칙이라는 것이다. 이러한 사실은 점진적인 진화를 주장하는 진화론보다는 모든 종이 처음부터 각각 종류대로 창조되었다고 하는 창조론 주장과 일치한다.

지금까지 살펴본 바와 같이 사람이 유인원으로부터 진화했다는 진화론의 가설은 중간형태의 화석이 발견되지 않으므로 확정된 것이 아니다. 이제까지 진화론자들에 의해 원숭이와 사람의 중간형태라고 인용되던 많은 화석들을 자세히 검토해 보면 원숭이가 아니면 사람이었지 결코 원숭이와 사람의 중간형태의 동물은 아닌 것으로 알려지고 있다. 화석상의 증거로 볼 때 사람과 원숭이뿐 아니라 모든 동식물의 종과 종 사이를 연결시켜 주는 전이형태도 없다. 결국 인류 진화론에서 진화의 중간형태라고 말하는 라마피테쿠스로부터 직립원인에 이르는 화석들은 대부분 명백한 원숭이의 것이고, 그 이후의 화석들은 현생인류의 것이라고 할 수 있다. 이제부터 진화의 중간형태로 제시되는 많은 화석들이 어떻게 사람과 유인원으로 나누어지는지 살펴보자.

324 〈Newsweek〉, 1980년 11월 3일자.

1. 필트다운인 조작 사건의 주역인 도슨의 간단한 전기를 작성해 보라. 도슨의 성격과 더불어 필트다운인 조작 사건이 나타날 수 있는 영국 사회의 배경을 조사해 보라.

2. 동일한 네안데르탈인의 두개골 사진을 기초로 살아 있을 때의 모습을 재구성해 (그려) 보라. 그리고 다른 사람들의 그림과 비교하여 어떻게 다른지 논의해 보라.

3. 필트다운인 사건은 영국의 민족주의가 빚어낸 사기극의 표본이라고 할 수 있다. 인류의 기원과 관련하여 민족주의나 인종차별 등 과학 외적인 이데올로기로 인한 오류나 편견, 사기극 등의 또 다른 예가 있다면 말해 보라.

제10장
라마피테쿠스에서 도구인간까지

Creation and Catastrophes

인간은 본성적으로 공백, 특히 계보상의 공백을 두려
워한다. _ 질만 등[325]

진화론자들은 인간이 원숭이에서 진화하였
거나 혹은 원숭이와 같은 조상을 갖고 있다고 말한다. 진화론자들이 인류의 기원을 말할
때는 흔히 아시아, 아프리카, 유럽 지역에서 중신세에 걸쳐 살았던 드리오피테쿠스
(Dryopithecus)와 중신세 후기와 선신세 초기에 동아프리카로부터 인도 및 중국에까지
분포되었다고 추정되는 라마피테쿠스로부터 시작한다. 그 후 이들은 화석으로만 남아 있
는 원인류(猿人類)인 오스트랄로피테쿠스로 진화되었다고 하며, 이는 다시 아프리카누스
와 로부스투스 두 개의 종으로 나누어진다. 오스트랄로피테쿠스 이후에는 자바원인, 하
이델베르크원인, 북경원인 등으로 대표되는 직립원인으로 진화되었으며, 이 직립원인으
로부터 호모속에 속하는 네안데르탈인과 현생인류의 조상인 크로마뇽인이 진화되었다
고 한다. 그러면 과연 이러한 인류 진화 계열은 증명된 것인가? 다음에서는 인류의 가상
적 진화 계열 중에서 라마피테쿠스로부터 직립원인까지의 유인원(類人猿)의 화석들을 중
심으로 살펴보고자 한다.

---

325 Adrienne L, Zihlman and Jerold M, Loewenstein, "False Start of the Human Parade," 〈Natural
History〉 88(Aug./Sep. 1979), pp. 86–91.

1. 라마피테쿠스

1960년대 이전까지 진화론자들이 인류와 비슷한 특징들을 가졌다고 생각한 첫 유인원은 라마피테쿠스(Ramapithecus)였다. 최초의 라마피테쿠스 화석은 1934년 예일대학의 연구학생 루이스(G. Edward Lewis)가 인도 서북쪽에 있는 시왈릭 언덕(Siwalik Hills)을 탐사하면서 발견하였다. 루이스는 이 뼈들을 후기 중신세(Miocene)에서 초기 선신세 (Pliocene)에 이르는 지층에서 발견하였다. 그러나 이 지층에는 절대연대를 측정할 수 있는 암석이 없어서 뼈들의 절대연대를 측정할 수 없었지만 루이스는 1,400만 년에서 8백만 년 사이라고 추정하였다.

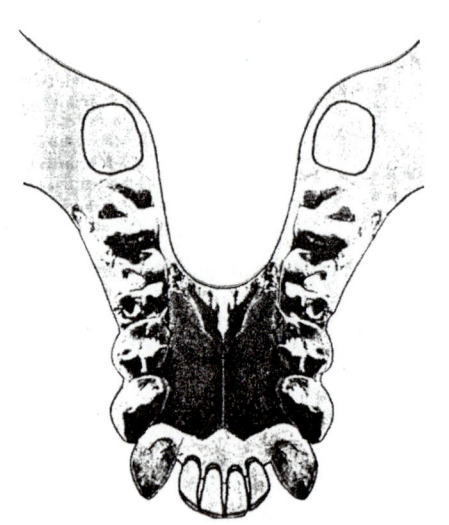

10-1 루이스가 발견한 라마피테쿠스의 윗턱뼈 조각

A. 중간형태로서의 라마피테쿠스?

루이스가 발견한 뼈들 중에는 아랫턱뼈와 윗턱뼈가 있었다. 이들은 사람의 것과 비슷하였지만 아랫턱뼈와 윗턱뼈는 서로 잘 맞지 않았다. 시간이 흐른 후에 루이스는 조심스럽게 윗턱뼈 조각은 라마피테쿠스이고 아랫턱뼈 조각은 브라마피테쿠스(Bramapithecus)라고 설명하였다. 그는 두 개의 어금니와 두 개의 작은 어금니, 송곳니 잇몸(canine socket), 앞니 치근(incisor root)을 가진 윗턱뼈 단일뼈를 가지고 라마피테쿠스 브레비로스트리스(R. brevirostris)라는 새로운 종을 만들었다. 이렇게 조합한 뼈들은 원숭이를 닮았기보다는 사람을 닮았기 때문에 루이스는 라마피테쿠스는 '진보하고 있는'(progressive) 원숭이(pongid)이거나 아주 초기의 유인원이라고 생각했다.[326]

라마피테쿠스가 원숭이로부터 인류가 되는 최초의 혈통에 속해 있었다는 주장을 학계에 퍼지게 한 대표적인 학자로는 예일대학의 진화론자 필빔(David R. Pilbeam) 교수와 그의 동료 시몬즈(Elwyn Simons) 교수를 비롯한 몇몇 진화론자들을 들 수 있다. 그러면 이들은 어떤 근거로 라마피테쿠스를 진화의 중간형태라고 하였는가?[327]

창조와 격변

10-2 턱뼈 조각과 치아들을 근거로 그린 라마피테쿠스의 상상도. 사람의 헤어스타일만 달라도 모습이 달라지는 것을 생각한다면 일부 턱뼈와 치아를 근거로 나머지 모든 부분을 상상으로 그린 그림의 오류 가능성은 매우 커진다.

라마피테쿠스는 이빨 몇 개와 턱 조각 등 아주 단편적인 화석을 근거로 하고 있다. 인도에서는 약 12-20명의 것으로 보이는 턱뼈 조각 15개와 이빨 40개가 출토되었다. 라마피테쿠스에 속한 화석들은 케냐의 포트 테르난(Fort Ternan)에서도 발견되었으며, 그 후 라마피테쿠스라고 할 수 있는 화석들이 중국, 스페인, 남부 독일 등에서도 발견되었다. 이 중에서 특히 케냐에서 발굴된 화석은 그것이 포함된 지층의 연대가 포타슘—아르곤(K-Ar) 연대측정법에 의해 1,400만 년 전의 것으로 확인됨에 따라 라마피테쿠스의 대체적인 연대가 결정되었다.[328]

B. 멸종한 원숭이?

그러면 라마피테쿠스는 정말 인류의 최초의 진화 조상인가? 최근에 라마피테쿠스의

---

326 Pilbeam, *The Evolution of Man*, pp. 100-2.

327 라마피테쿠스에 대한 문헌으로는 Elwyn L. Simons와 David R. Pilbeam의 문헌이 대표적이다. E. L. Simons, 〈Annals New York Academy of Sciences〉 167(1969), p. 319; E. L. Simons, 〈Annals New York Academy of Sciences〉 211(1964), p. 50; David R. Pilbeam, 〈Nature〉 219(1968), p. 1335; David R. Pilbeam, 〈Advancement of Science〉 24(1968), p. 368; E. L. Simons and David R. Pilbeam, 〈Science〉 173(1971), p. 23.

328 Brian M. Fagan, *World Prehistory: A Brief Introduction*, 5th edition(Upper Saddle River: Prentice Hall, 2001) – 한국어판: 최몽룡 역, 『인류의 선사시대』(서울: 을유문화사, 1987), p. 107.

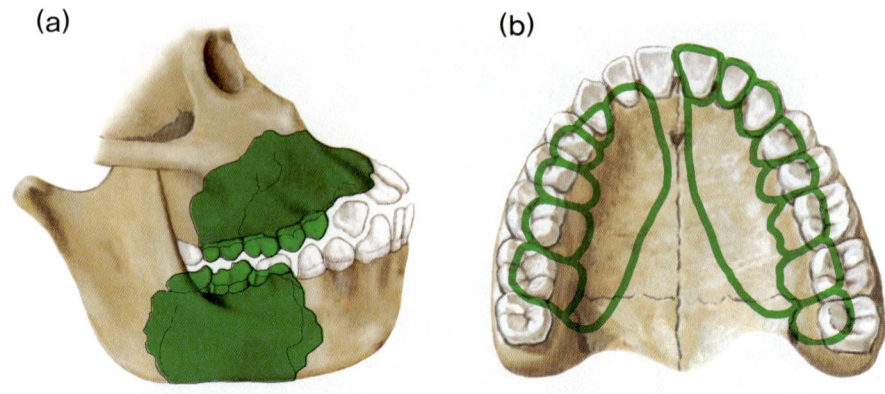

(a)   (b)

10-3 (a) 아랫턱뼈와 윗턱뼈를 근거로 필빔이 재구성한 라마피테쿠스(Ramapithecus punjabicus). 초록색으로 칠한 부분만이 실제로 발견된 뼈일 뿐 나머지 부분은 상상력을 동원하여 재구성한 것이다. (b) 라마피테쿠스의 치아 배열을 현대인의 치아 배열과 중첩하여 그린 것. 여기서 라마피테쿠스의 턱뼈는 두 조각으로 나뉘어져 있기 때문에 이들을 결합하는 방법에 따라 치아의 배열 형태가 달라질 수 있다.

화석을 검토한 과학자들은 라마피테쿠스가 멸종된 원숭이에 불과하며, 그들의 치아가 독특한 이유는 사람과의 어떤 진화론적 혈족관계에 의한 것이 아니라 그들이 서식하고 있었던 지방의 특이한 음식물 때문이라고 설명한다. 질만(Adrienne L. Zihlman)과 레벤스타인(Jerold M. Loewenstein)에 의하면 "결론적으로 영장류 진화에서 라마피테쿠스의 위치에 관해 우리가 말할 수 있는 것은 무엇인가? 중신세에 살았던 여러 원숭이들 가운데 한 종류가 넓은 곳에 와서 음식물을 먹게 됨으로 말미암아 억센 뿌리와 섬유질을 씹기에 적당한 턱뼈와 치아가 발달하게 되었을 것이다"라고 한다.[329]

골격의 일부분 화석으로부터 그 생물의 완전한 모습을 재구성한다는 것은 소설가 이상의 상상력을 요구한다. 대중 과학 잡지에서는 숲속을 돌아다니고 있는 라마피테쿠스의 모습이 소개되고 있지만, 그러한 모습을 재구성한 기초는 신체의 극히 일부분에 불과하다. 그림 10-3은 필빔 교수가, 발견된 라마피테쿠스의 턱뼈를 기초로 재구성한 것이며, 여기서 실제로 발견된 뼈는 초록색으로 칠한 부분에 불과하다. 그래서 리키는 "호미니드

329 Adrienne L. Zihlman and Jerold M. Loewenstein, "False Start of the Human Parade," 〈Natural History〉 88(August/September 1979), p. 91. 질만은 University of Californai(Santa Cruz)의 고인류학자다.
330 Richard E. Leakey, "Hominids in Africa," 〈American Scientist〉 64(March/April 1976), p. 174.
331 Lewin, 『인류의 기원과 진화』, p. 50.
332 김영길 외, 『진화는 과학적 사실인가?』, p. 144에서 재인용.

로서의 라마피테쿠스의 증거(case)는 실재하는(substantial) 것이 아니다. 단편적인 자료들(fragmentary material)은 의심의 여지가 많다"고 했다.[330]

치아를 포함하는 턱뼈도 하나로 온전하게 발견된 것이 아니라 크게 두 조각으로 나뉘어져 발견되었다. 그러므로 이들을 어떻게 조립하느냐에 따라 치아의 배열 형태가 사람과 같은 포물선이 되기도 하고 원숭이와 같은 말굽형이 되기도 한다. 매우 단편적인 화석으로부터 화석의 살아 있는 모습을 재구성하기 때문에 편견이 개재될 소지가 매우 크다. 그림에서 필빔은 라마피테쿠스의 치아 배열을 현대인의 치아 배열과 흡사하도록 제시하고 있다.

C. 필빔의 개정된 학설

라마피테쿠스를 인류의 진화 조상으로 받아들이는 데 대한 반대는 아이러니컬하게도 이것을 인류의 조상이라고 처음 주장했던 필빔에 의해서도 제기되었다. 필빔은 1976년 파키스탄에서 라마피테쿠스의 많은 화석을 발굴하여 턱뼈와 이빨 등을 조사한 후에 라마피테쿠스가 인류의 조상이라던 종전의 자기 학설을 번복했다. 그는 라마피테쿠스는 인류와는 아무런 관계가 없는 새로운 독립적 유인원의 일종이라고 발표하여 진화론 학계에 큰 충격을 주었다.[331] 필빔이 주장한 자신의 종전 학설과 개정 학설을 비교해 보면 종전

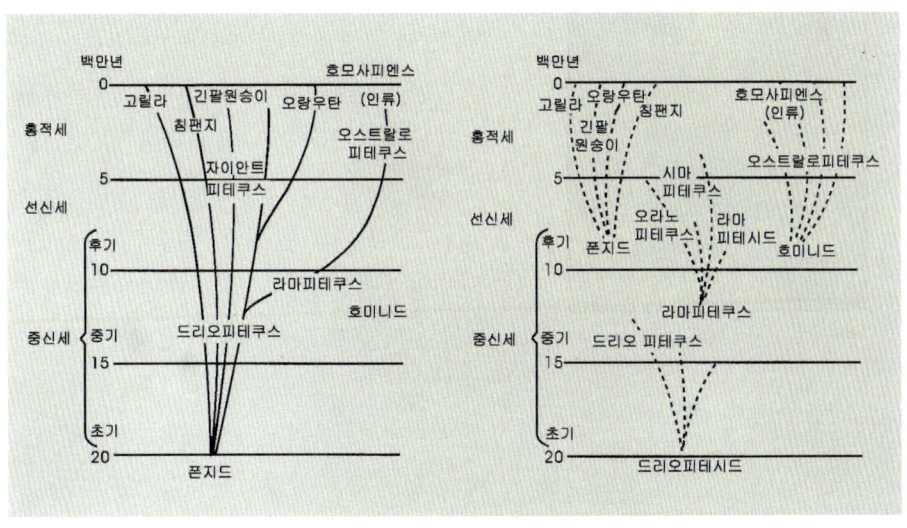

10-4 라마피테쿠스에 대한 필빔의 주장. 왼쪽의 종전 주장에 비해 오른쪽의 개정된 주장은 처음부터 종류대로의 창조를 주장하는 창조론자들의 주장과 흡사하다.[332]

학설에서는 라마피테쿠스와 인류는 한 조상을 갖는 것으로 표시되어 있어서 진화론 계통수와 비슷하지만, 새로운 학설은 원숭이와 사람은 처음부터 서로 별개의 조상을 갖는다고 하여 결과적으로는 창조론 모델과 유사하다.

2. 투마이 화석

인류 진화론의 여러 가지 문제점들 중에서도 가장 심각한 문제점 중의 하나는 라마피테쿠스와 오스트랄로피테쿠스 사이의 500만 년 이상의 간격을 이어 줄 적절한 화석이 없다는 사실이었다. 그런데 근래에 과학자들은 이 간격을 메워 줄, 지금까지 발견된 원인(原人) 화석 가운데 가장 오래된 700만 년 전의 두개골 화석이 발견되어 유인원과 인류의

조상이 분화되는 시기의 수수께끼를 풀 수 있는 길이 열리게 되었다고 발표했다.[333]

프랑스 쁘와띠에대학(University of Poitiers) 고생물학자인 브뤼네(Michel Brunet)와 비뇨(Patrick Vignaud)가 이끄는 연구 팀은 〈네이처〉(Nature)에 기고한 논문에서, 아프리카 중부 차드 공화국에서 가장 오래된 원인(原人)의 두개골과 아래턱, 이빨 화석을 1년 전에 발굴했다고 밝혔다.[334] 프랑스, 차드, 미국에서 온 40여 명의 다국적 연구 팀은 이 화석에 차드 현지어(Goran language of Chad)로 '삶의 희망' (hope of life)이라는 뜻의 '투마이'(Toumai)라는 별명을 붙였다. 브뤼네는 이 원인의 화석 두개골 용적은 350cc 정도로서 현재의 침팬지와 비슷하고, 직립보행을 했으며, 송곳니가 짧고 성인 수컷 원인과 유사한 얼굴 특징을 지녔다고 했다. 연구 팀은 이 두개골의 학명(學名)으로는

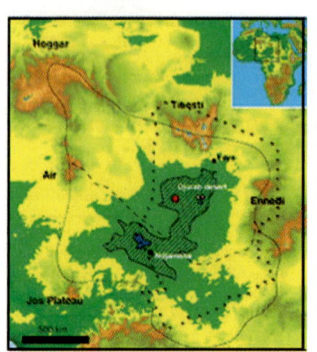

10-5 2001년 차드 사막에서 브뤼네 팀에 의해 발견된 투마이 두개골과 두개골이 발견된 위치. 지난 수십 년간 발견된 화석들 중에서 가장 중요한 화석이라고 한다.

사하라 사막의 남부 지역을 가리키는 사헬과, 국가명 차드를 따라 사헬란트로푸스 차덴시스(Sahelanthropus tchadensis)라는 이름을 붙였다.

A. 중간형태일까?

브뤼네 박사는 700만 년 전의 투마이 화석이 발견됨으로써 500–700만 년 전에 인류가 원숭이에서 분화했다는 기존의 학설과는 달리 인류와 원숭이의 분화 시기가 최소한 700만 년 전으로 거슬러 올라가게 될 것이라고 말했다.

진화론자들은 이 화석이 가장 초기의 인류 조상이라고 주장한다. 캘리포니아대학 버클리 분교(University of California at Berkeley)의 인류학자인 화이트(Tim White)는 이 화석을 보고 "이것은 인류 족보의 뿌리"(It is the root of human family tree)라고 했다. 투마이 화석은 에티오피아에서 발견된 인류의 조상이라고 불리는, 400만 년 되었다는 루시와 900만 년 되었다는 원숭이 두개골 사이의 500만 년의 간격을 메우는 것이라고 했다. 또한 하버드대학의 리버먼(Daniel Lieberman) 교수도 "투마이 화석의 발굴은 소형 핵폭탄과 같은 위력을 지닌 중대한 발견"이라며 "우리가 이번 발견의 중요성을 깨닫기 위해서는 몇 년이 걸릴 것"이라고 평가했다.

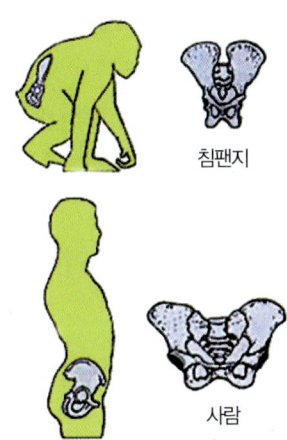

침팬지

사람

10-6 직립보행의 여부를 결정하는 가장 중요한 뼈는 골반뼈다. 투마이는 직립 여부를 판단할 수 없다.[335]

그러나 투마이는 다음 몇 가지 이유로 인해 '빠진 고리'(missing link)로서의 자격이 없다. 우선 안면 경사를 포함하여 다소 사람에 가까운 면이 있다고 하지만, 투마이는 여러 조각으로 발견되어 재구성된 것임을 기억해야 한다. 조각으로 발굴되는 화석들의 경우는 재구성하는 사람의 선입견에 따라 상당 부분 달라질 수 있다. 그림 10-5에서 보는 바와 같이 투마이는 두개골의 아랫부분, 즉 하악골(下顎骨)이 온전하지 않기 때문에 더욱 해석하는 사람의 입장에 따라 다른 해석을 할 여지가 있다.

333 http://www.chosun.com/w21data/html/news/200207/200207110081.html(2002. 7. 11); http://www.chosun.com/w21data/html/news/ 200207/200207110302.html(2002. 7. 11); http://www.theaustralian.news.com.au/common/story_page/0,5744,4681878%255 E601, 00.html(2004. 4. 10).

334 Brunet, M. et al., "A New Hominid from the Upper Miocene of Chad, Central Africa," 〈Nature〉418 (2002. 7. 11), pp. 145–51; John Whitfied, "Oldest member of human family found," http://www.nature.com/nsu/020708/020708-12.html(2002. 7. 12).

335 남병곤, "인간? 침팬지 공동조상? … 투마이 화석은 '과학적 허구'", 〈국민일보〉 (2002. 7. 12).

둘째, 진화론자들은 투마이의 목 근육과 연결되는 뒷부분의 두개골 형태로 봐서 직립보행 했을 것으로 판단하고 있다. 그러나 대퇴골이나 골반(pelvic), 척추 등의 화석이 없이 두개골과 아래턱의 일부, 이빨 화석만으로 투마이가 직립보행 했다는 결론을 내리는 것도 무리다. 특히 직립보행 여부는 해부학적으로 골반뼈를 근거로 해야 정확히 판단할 수 있는데, 두개골 뒷부분만을 보고 직립보행 했다고 추정하는 것은 성급한 판단이다.

마지막으로 투마이의 송곳니에 대한 문제다. 진화론자들은 투마이의 송곳니가 작고 무디다고 해서 인간과 흡사하다는 주장을 하는데 이것도 진화론적 편견에서 나온 것이다. 현존하는 원숭이들 중에서 개코원숭이의 송곳니는 짧고 무디어도 지금까지 원숭이일 뿐이다. 송곳니의 모양으로 진화 유무를 결정하는 것은 잘못된 것이다. 진화의 안경을 쓰면 온갖 억측이 떠오르지만 객관적인 입장에서 보면 이 화석은 원숭이의 화석이다. 투마이의 두개골 크기는 전형적인 침팬지의 것이다.

3. 오스트랄로피테쿠스

비록 투마이의 발견으로 논란의 여지가 있지만 지금까지 대부분의 인류 진화론자들은 라마피테쿠스 다음의 인류 조상은 오스트랄로피테쿠스(Australopithecus)라고 추측하고 있다. 이것은 1924년, 젊은 해부학 교수 다트(Raymond A. Dart)가 최초로 발견하였으며 오스트랄로피테쿠스 아프리카누스(A. africanus)라고 명명되었다.

오스트랄로피테쿠스의 두개골은 크기는 원숭이와 비슷했지만 모양은 완전히 원숭이와 같지는 않았다. 전체적인 치아 배열(dentition)은 전형적인 호미니드의 것과 같았으며, 젖니인 앞니, 송곳니, 어금니는 호모 사피엔스의 것보다는 컸지만 원숭이보다는 사람의 것에 가까웠다. 간니인 첫 번째 어금니도 크기는 더 컸지만 형태는 사람의 것과 같았다. 치아와 치근이 컸기 때문에 턱뼈도 컸다. 이 뼈들이 발견된 지역의 지층 연대는 후기 선신세(Pliocene)에서 초기 홍적세(Pleistocene), 즉 100만 년에서 200만 년 사이의 것이라고 추정되었다. 후에 이 화석이 발견된 곳은 채석 작업으로 인해 파괴되었고 더 이상의 연구는 이루어지지 않았다.

1925년에 발표한 논문에서 다트는 이 두개골의 용적은 500cc 내외로서 성장한 고릴라의 것과 같으며, 머리가 앞으로 매어 달려 있는 것이 아니라 척추 끝에 평행으로 달려 있음을 지적하였다. 또한 입천장이 유인원보다 오히려 인간의 것을 닮았고, 비록 치아는 인

학명	다른이름	추정연대 (백만 년)	발견자	발견연도	발견장소	발견내용	해석
A.africanus	Taung's Baby	1.0~2.0	Raymond Dart	1924	Botswana의 Taung	두개골 (500cc)	6~7세의 아이
A.africanus	Mrs. Ples	2.5~3.0	Robert Broom & John T. Robinson	1947	South Africa의 Sterkfontein	두개골(평균 450cc), 턱뼈, 치아, 후두부 물질	
A.robustus		1.5~2.0	Robert Broom & John T. Robinson	1949 ~1952	South Africa의 Swartkrans	두개골 일부분, 치아, 입천장 등	
A.afarensis	Lucy	3.0	Donald C. Johanson & T. Gray	1974	Ethiopia의 Hadar	두개골의 40%	체중60lb, 신장3.5ft의 여자
A.afarensis		3.6~3.8	M. Muluila & Mary Leakey	1974	Tanzania의 Laetoli	턱뼈	
A.boisei	Zinjan- thropus	1.75	Mary & Louis Leakey	1959	Tanzania의 Olduvai	거의 완전한 두개골과 치아	최초의 방사능 연대측정

10-7 주요한 몇몇 오스트랄로피테쿠스 종류들(Australo-pithecine)의 요약

간의 것보다 크지만 송곳니가 치아선에서 튀어나오지 않은 점으로 미루어 인간을 닮은 것이라고 해석했다. 이 두개골을 좀 더 자세히 조사해 본 후에 그는 이것을 인류의 초기 화석인 호미니드라고 결정했다.

다트의 발견이 이루어진 10여 년 후에 남아프리카의 내과의사이자 고생물학자인 브룸(Robert Broom)은 요하네스버그에서 가까운 트란스발(Transvaal)의 스테르크폰테인(Sterkfontein)에서 네 개의 오스트랄로피테쿠스 두개골 화석을 추가로 발견했다. 이 두개골들의 평균 용적은 485cc로서 현대의 고릴라 두개골과 거의 비슷했다. 이 두개골도 타웅에서 다트가 발견한 두개골처럼 용적이 작고 턱이 큰 것은 원숭이를 닮았으나 두개골의 모양은 원숭이와는 달랐다. 진화론자들은 이들의 치열이 원숭이의 U자형과 사람의 포물선형 중간형태이며 보통 원숭이의 것보다 작았기 때문에 인간과 원숭이의 중간이라고 주장했다.

10-8 해부학자 다트와 그가 발견한 오스트랄로피테쿠스 아프리카누스

257

10-9 고생물학자 브룸이 스테르크
폰테인에서 발견한 오스트랄
로피테쿠스 아프리카누스

A. 아프리카누스와 로부스투스

오스트랄로피테쿠스에 속하는 화석들은 많이 발견되었지만 크게 두 종으로 분류된다. 하나는 다소 작은 턱과 치아를 가진 오스트랄로피테쿠스 아프리카누스(A. africanus)이고, 다른 하나는 좀 더 큰 치아와 턱, 그리고 고릴라와 오랑우탄에서 발견되는 화살촉처럼 뾰족한 목덜미, 앙상한 뼈 등을 가진 오스트랄로피테쿠스 로부스투스(A. robustus)이다. 이들은 둘 다 두개골 용적이 평균 500cc 정도로서 고릴라와 비슷하고 사람의 약 3분의 1에 해당한다. 아프리카누스의 두개골과 턱은 원숭이와 비슷하고 로부스투스의 경우는 더욱 비슷하다.

로부스투스는 무엇보다도 치열 때문에 보통 원숭이들에 비해 특이하게 보였고, 이로 인해 진화론자들은 그를 유인원이라고 주장하였다. 로부스투스의 앞니와 송곳니는 비교적 작고, 치열 또는 턱의 곡선이 전형적인 현대의 원숭이보다 더 포물선형이며 U자형이 아니다. 이의 앞어금니와 어금니는 아프리카누스보다 크다. 아프리카누스는 몸무게가 약 30Kg으로 조그마한 침팬지 정도지만, 어금니는 침팬지와 오랑우탄보다 더 크고 어떤 것은 180Kg이나 되는 고릴라의 어금니만큼 크다. 따라서 턱이 큰 셈인데 로부스투스의 경우는 특히 더 크다.

오스트랄로피테쿠스의 골반과 팔다리와 발의 뼛조각 중 일부가 발견되었고, 이들에 대한 연구를 기초로 진화론자들은 이들이 직립했다고 주장했다. 특히 브룸과[336] 클라크(LeGros Clark)는[337] 이 결론을 강력히 지지했다. 그러나 그 후 영국의 해부학자 쥬커만(Solly Lord Zuckerman)과 시카고대학의 해부학 및 인류학 교수인 옥스나드(Charles Oxnard)는 이러한 견해에 반대하였다.

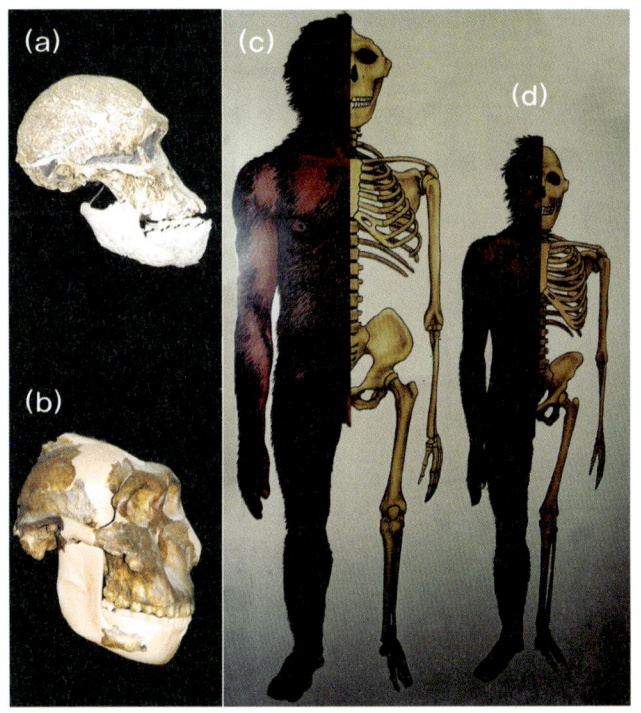

10-10 오스트랄로피테쿠스의 두개골들과 이를 재구성한 것. (a) 남아프리카공화국 스테르크폰테인에서 발견된 아프리카누스의 두개골(Skull 5-female). 두개골 용적은 482cc, 키는 120cm의 여자 두개골로 추정된다. (b) 탄자니아 올두바이 계곡에서 발견된 로부스투스의 두개골(Olduvai Hominid 5-male). 두개골 용적은 530cc, 키는 150cm의 남자 두개골로 추정된다. (c) 로부스투스를 재구성한 것. (d) 아프리카누스를 재구성한 것.

B. 학자들의 반대

쥬커만이 이끄는 연구 팀은 15년 이상 사람, 꼬리 있는 원숭이, 꼬리 없는 원숭이 및 오스트랄로피테쿠스에 속하는 화석들의 해부학적 특징들을 연구했다. 실제로 쥬커만은 수백 개체의 꼬리 있는 원숭이와 꼬리 없는 원숭이, 인류의 해부학적 표본들과 오스트랄로피테쿠스 종류들의 이용 가능한 중요 화석들을 모두 비교하였다. 사실 오스트랄로피테쿠스에 관해 쥬커만보다 더 철저하고 세밀하게 연구한 사람은 없다고 할 수 있다.[338] 그런데

---

336 R. Broom and G. W. H. Schepers, 〈Transvaal Museum Memoirs〉, vol. 2(1946), pp. 1–272.

337 W. E. LeGros Clark, 〈Journal of Anatomy London〉 81(1947), pp. 300–33.

338 Gish, *Evolution: The Fossils Say No!*, p. 120.

쥬커만은 "나는 전혀 납득할 수 없다. 내가 오스트랄로피테쿠스의 진화론적 지위에 관한 해부학적 주장을 검토할 때마다 거의 실패로 끝났다"라고 말했다. 쥬커만의 결론은 오스트랄로피테쿠스는 원숭이에 불과하며 인류의 기원과 전혀 관계가 없다는 것이다.[339]

옥스나드 역시 오스트랄로피테쿠스의 지위에 관하여 쥬커만과 비슷한 견해를 가졌다. 그는 오스트랄로피테쿠스는 결코 사람처럼 직립보행하지 않았으며, 오랑우탄과 비슷하게 걸었을 것이라고 결론지었다. "…대부분의 (오스트랄로피테쿠스) 화석들은 현생인류나 혹은 유전학적으로 인류와 가장 가깝다는 침팬지, 고릴라와 완전히 다르다. 그들은 현존하는 형태로는 오랑우탄과 비슷한 경향이 있다"고 말했다. 즉, 옥스나드는 오스트랄로피테쿠스가 오늘날 현존하는 인류나 원숭이와 아주 다르다고 결론지었다.[340] 옥스나드와 쥬커만의 견해가 옳다면 오스트랄로피테쿠스는 확실히 인류의 조상도, 원숭이와 인간 사이의 중간형태도 아니다.[341]

오스트랄로피테쿠스 화석들이 인류 진화의 중간형태라는 주장은 이들의 독특한 치아 배열과 직립보행 했으리라는 생각 때문이었다. 이들의 치아는 비교적 작은 앞니를 가졌지만 어금니는 넓고 크며 턱은 크고 중후했다. 흥미 있는 것은 이러한 점들이 현존하는 개코원숭이(비비, Theropithecus galada)의 치아 배열과 턱뼈, 안면의 여러 특징들과 흡사하다는 사실이다. 그래서 창조론자 기쉬는 작은 앞니, 넓고 큰 어금니, 큰 턱뼈와 치아의 수, 얼굴 모양 및 두개골 용적으로 볼 때 오스트랄로피테쿠스는 현존하는 비비(baboon)와 매우 유사하다고 했다.[342] 이상의 여러 논의로 볼 때 오스트랄로피테쿠스는 원숭이와 비슷한 동물이지 인류 진화의 중간형태는 아니다.

339 Solly Lord Zuckerman, *Beyond the Ivory Tower*(New York: Taplinger Pub. Co, 1970), p. 77.
340 Charles Oxnard, 〈University of Chicago Magazine〉(Winter 1974), pp. 11–2. 옥스나드 외에도 오스트랄로피테쿠스의 직립을 믿지 않는 학자들이 있다. 예를 들면 "Australopithecus, a Long-armed, Short-legged, Knuckle-walker," 〈Science News〉, vol.100(November 27, 1971), p. 357; Christine Berg, "How Did the Australopithecines Walk? A Biomechanical Study of the Hip and Thigh of Australopithecus Afarensis," 〈Journal of Human Evolution〉, vol. 26(April 1994), pp. 259–73.
341 Gish, *Evolution: The Fossils Say No!*, p. 122.
342 Gish, *Evolution: The Fossils Say No!*, pp. 122–3.
343 Marvin L. Lubenow, *Bones of Contention: A Creationist Assessment of Human Fossils*(Grand Rapids, MI: Baker, 1992), p. 158; University of California(Berkeley)의 Garniss Curtis는 K-Ar 방사능 연대측정법으로 진잔트로푸스가 발견된 Olduvai의 Bed I의 연대를 180만 년 되었다고 했다.

4. 도구인간

인류 진화론에서는 흔히 인간은 라마피테쿠스(Ramapithecus) → 오스트랄로피테쿠스(Australopithecus) → [호모 하빌리스(Homo habilis)] → 직립원인(Homo erectus) → 현생인류(Homo sapiens)의 과정을 거쳐 진화했다고 한다. 그리고 몇몇 사람들은 호모 하빌리스(Homo habilis)는 오스트랄로피테쿠스와 직립원인 사이에 위치하는 인류 진화의 중간형태라고 한다. '호모'라는 말은 '사람'을, '하빌리스'라는 말은 '도구'를 뜻하므로 우리말로 번역한다면 최초로 '도구를 사용한 인간', 이를 줄여서 '도구인간'이라고 할 수 있다.

최초의 도구인간은 1959년 탄자니아 올두바이 계곡에서 유인원 화석을 발견한 것으로 유명해진 리키 부부(Louis and Mary Leakey)에 의해 발견되었다. 그들은 두개골이 매우 큰, 남아프리카의 오스트랄로피테쿠스 로부스투스를 닮은 화석을 발굴했다. 이 화석과 더불어 석기가 발견되었기 때문에 루이스 리키는 이 화석은 도구를 만들었을 것이라고 믿었다. 루이스 리키는 이 화석을 진잔트로푸스(Zinjanthropus), 혹은 '동아프리카인'이라고 불렀다. 그리고 방사능 연대측정 결과를 근거로 진잔트로푸스는 180만 년 전의 것이라고 했다.[343]

그러나 진잔트로푸스는 발견될 당시부터 많은 논란이 되었다. 일부에서는 루이스 리키가 발견 당시부터 진잔트로푸스는 오스트랄로피테쿠스 로부스투스의 변종임을 알고 있

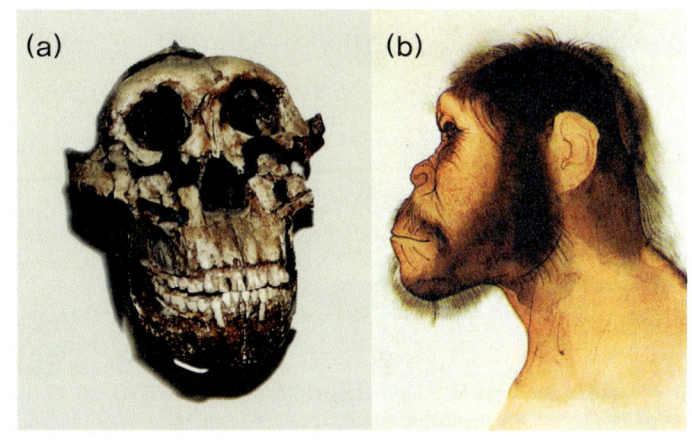

10-11 (a) 진잔트로푸스의 두개골 (b) 재구성한 모습

었으나 이것이 인류의 직접적인 조상이라는 주장을 하지 않으면 연구비를 받기가 어려워서 그렇게 발표했다고 생각한다. 리키는 진잔트로푸스가 단순한 영장류의 화석이라고 해서는 연구비를 받을 수 없다는 것을 누구보다도 잘 알고 있었다. 실제로 진잔트로푸스를 발표한 후부터 오랫동안 리키는 《내셔널 지오그래픽》(*National Geographic*)으로부터 자금 지원을 받았다.

진잔트로푸스에 대한 다른 사람들의 평가도 엇갈렸다. 발견 당시부터 일부에서는 진잔트로푸스가 오스트랄로피테쿠스와 직립원인의 혼합일 뿐이며 새로운 진화 종이 아니라고 하는가 하면, 성인 개체의 뼈와 어린 개체의 뼈를 혼합한 것이라고도 하였다. 그러나 《내셔널 지오그래픽》에서는 진잔트로푸스를 마치 사람의 진화 계열의 새로운 속(屬)인 '도구인간'의 한 종(種)인 것처럼 그럴듯한 그림을 그려 발표했다. 이로 인해 많은 사람들이 '도구인간'을 새로운 인류의 진화 중간 속(屬)인 것처럼 받아들이게 했다.[344]

그러나 몇 년 후, 이 화석에 대한 자세한 조사를 한 사람들은 이 화석이 몇 년 전에 다트가 발견한 것과 근본적으로 다를 바 없음을 밝혀냈다. 후에는 리키조차도 자기들이 발견한 진잔트로푸스는 몇 년 전 다트 등이 남아프리카에서 발견한 오스트랄로피테쿠스의 변종(變種), 즉 오스트랄로피테쿠스 보이세이임을 시인했다.[345]

5. KNM-ER 1470과 도구인간

앞에서 설명한 바와 같이 진화론에서는 인류는 약 200-300만 년 전에 살았다고 추정하는 원숭이형 조상 오스트랄로피테쿠스에서 시작하여, 50-150만 년 전에 살았다고 추정하는 자바원인과 북경원인을 거쳐서 진화했다고 한다. 그러나 1972년 7월, 리처드 리키가 이끄는 조사 팀은 거의 300만 년 전의 것으로 추정되는 퇴적물에서 북경원인보다

---

344 Louis S. B. Leakey, "Finding the World's Earliest Man," 《National Geographic》(September 1960), p. 421.

345 Duane T. Gish, *Evolution: The Fossils Say No!*(San Diego: Creation-Life Publishers, 1979), p. 114.

346 리처드 리키(Richard E. Leakey): 루이스와 메리 리키의 아들로서 부모의 대를 이어 아프리카에서 인류 화석을 연구하고 있다.

347 리처드 리키의 최대의 업적이라고 여겨지는 KNM-ER 1470의 발견 과정은 Herbert Thomas, *Human Origins: The Search for Our Beginnings*(New York: Harry N. Abrams, Inc., 1995), pp. 140-1을 보라. KNM-ER 1470에서 KNM은 이 화석을 보관하고 있는 Kenya National Museum의 약자이며, ER은 East Rudolf의 약자이고, 1470은 박물관에서 취득한 일련번호나 카탈로그 번호다.

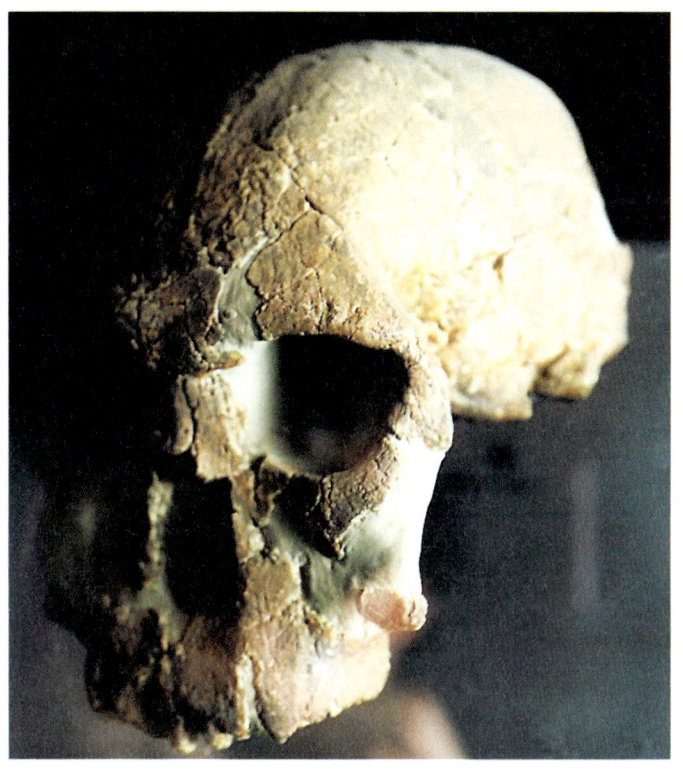

10-12 1972년, 리키 팀이 북부 케냐 쿠비 포라에서 발견한 KNM-ER 1470. 리키는 이
것이 '도구인간'에 속한다고 생각했는데 만일 그렇다면 이 화석은 Homo 속
(屬)에 속한 화석으로는 가장 오래되고 완전한 화석이라고 할 수 있을 것이다.
그러나…

훨씬 더 현대적인 유인원의 두개골을 발견했다고 보고했다.[346]

리처드 리키는 케냐 북부에 있는 쿠비 포라(Koobi Fora)에서 발굴 작업을 하다가
KNM-ER 1470으로 알려진 두개골 화석과 KNM-ER 1481로 알려진 다리뼈 화석을 발
견했다. 1470 두개골 화석은 그때까지 발견된 도구인간 화석들 중에서 가장 오래되고 완
전한 화석이었다.[347] 이 화석은 두개골 용적이 800cc 정도로 크고 모양이 현대인과 비슷
하게 두개골 윗부분이 높은 돔형이었다. 두개골은 크로마뇽인처럼 눈두덩이 두툼하지도
않고 두개골 벽도 현대인처럼 얇았다. 리처드 리키 팀이 재구성한 바에 따르면 두개골의
모양이 오늘날 살고 있는 현대인과 비슷하였다. 다리뼈들도 현대인의 것과 구별할 수 없
었다. 리키는 이 뼈를 도구인간, 즉 도구인간에 속하는 유인원으로 분류하였다.

만일 이 다리뼈와 두개골의 주인이 같다면 그들은 우리와 똑같이 걸어다녔을 것이다.

이 보고가 사실이고 앞에서 말한 오스트랄로피테쿠스와 직립원인(자바원인, 북경원인 등)의 연대를 그대로 받아들인다면 오스트랄로피테쿠스와 자바원인, 북경원인은 인류의 조상이 될 수 없다. 왜냐하면 리처드 리키 팀이 발견한 유골은 거의 모든 점에서 현대인과 비슷하지만 연대는 원숭이형 인류조상이라고 추정하는 북경원인과 자바원인보다는 250만 년이나 더 오래된 것이기 때문이다. 후손이 그들의 조상보다 나이가 많을 수는 없는 것이다. 이 사실은 오스트랄로피테쿠스와 자바원인과 북경원인이 인류의 기원과 관련이 없는 원숭이에 불과하다는 것을 말해 준다.

1973년 초, 리처드 리키는 샌디에이고에서 KNM-ER 1470에 대한 자신의 연구 결과에 관한 강의를 하면서 "이러한 발견물들이 이제까지 인류의 기원에 관해 배웠던 모든 것

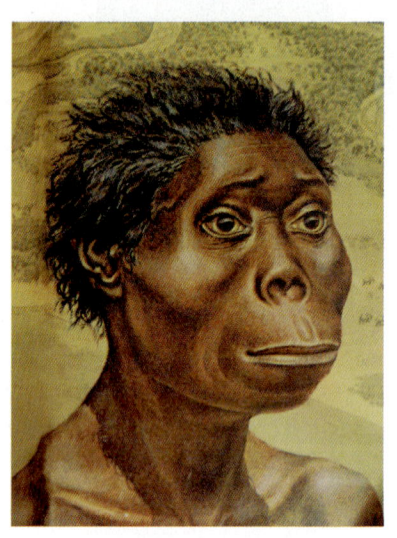

10-13 KNM-ER 1470 두개골 소유자의 살아 있을 때의 모습. 코만이 원숭이를 닮았을 뿐, 나머지는 현대인과 별 차이가 없다.

을 간단하게 백지로 만들며, 그것을 메울만한 다른 아무 것도 없다"는 자신의 소신을 밝혔다. 이것은 진화론에서 예측하는 것과는 너무나 다르기 때문에 리처드 리키는 "이 두개골을 버리든지 초기 인간에 대한 우리들의 이론들을 버려야 한다. 이것은 인간의 시작에 관한 기존의 어떤 모델에도 전혀 맞지 않는다"고 했다.[348] 그는 "1470 두개골은 직립원인과는 전혀 다르다…"고 했다.[349]

리키의 발표는 예상대로 인류의 진화에 대한 현재의 학설을 개정하려는 움직임과 많은 논쟁을 불러 일으켰다. 몇몇 고생인류학자들은 당황한 나머지 리키의 주장을 거짓이라고 반박하지만, 많은 사람들은 리키의 주장을 사실로 인정하며 현존 학설의 개정을 촉구하고 있다.

A. 재구성의 문제

KNM-ER 1470의 재구성 과정에도 의문이 많다. 1470의 두개골은 수백 개의 조각으로 발견되었다. 이 두개골을 세 사람이 6주간에 걸쳐 재구성하면서 여러 가지 편견이 게

창조와 격변

재되었다는 의문이 제기되고 있다.[350] 비록 리처드 리키는 가능한 유일한 방법으로 재구성했으며 다른 선택의 여지는 없었다고 주장했지만 리키와 오랫동안 같이 연구를 해온 르윈은 다른 얘기를 하고 있다.[351] 중간형태처럼 보이기 위해 안면 경사각이 의도적으로 조정되었다는 지적이 나오고 있는 것이다.[352]

이 같은 의도적 조정의 문제는 두개골의 재구성 때문만 아니라 재구성된 두개골을 기초로 살아 있을 때의 모습을 그릴 때 훨씬 더 심각하다. 매턴스(Jay Matternes)는 1973년 6월 호 〈내셔널 지오그래픽〉에 KNM-ER 1470 두개골을 젊은 흑인 여자로 그렸다. 매턴스는 이 여자가 원숭이와 같은 코를 가진 것을 제외하고는 인간의 모습과 같게 그렸다. 그러나 어떤 유인원 화석에서도 코의 모양을 정확하게 알 수 있는 방법은 없다. 코는 연질부위이기 때문에 화석으로 남아 있지 않기 때문이다.[353]

얼굴의 여러 부위들 중에서 화석에 근거하지 않고도 살아 있을 때의 모습을 그려야 하는 부위가 바로 코다. 그리고 코를 어떻게 그리느냐에 따라 미녀가 추녀가 되기도 하고 사람이 원숭이가 될 수도 있다. 진화론적 선입견을 갖고 원숭이 코를 그린다면 멀쩡한 사람도 원시인 내지 원숭이에 가까운 존재로 만들 수 있는 것이다. 진화에 대한 확고한 신념을 가진 발굴자와 이를 진화론적으로 채색시키는 데 천재적 소질을 가진 화가들이 모인 〈내셔널 지오그래픽〉이 협력한다면 진화에 필요한 어떤 그림이라도 그려낼 수가 있다. KNM-ER 1470은 화가의 편견으로 인해 사람의 두개골에 원숭이 코를 그려 붙여 진화의 증거를 만든 대표적인 예라고 할 수 있다.

6. 거꾸로 가는 진화?

진화론자들이 오스트랄로피테쿠스 아프리카누스 → 도구인간 → 직립원인 → 현생인류의 순서로 진화되었다고 할 때 가장 큰 문제는 두개골의 변화 과정이 진화론의 예측과

348 Richard E. Leakey, "Skull 1470," 〈National Geographic〉 (June 1973), p. 819.
349 Richard E. F. Leakey, "Evidence for an Advanced Plio-Pleistocene Hominid from East Rudolf, Kenya," 〈Nature〉 242(13 April 1973), p. 450.
350 이때 재구성에 참가한 사람은 Alan Walker, Bernard Wood, 그리고 Meave Leakey(Richard Leakey의 부인)였다.
351 Lubenow, Bones of Contention, p. 160. 르윈(Roger Lewin): 미국 진화론적 생물학자.
352 Lubenow, Bones of Contention, p. 163.
353 Lubenow, Bones of Contention, pp. 163-4.

맞지 않는다는 점이다. 아래 표에서 보여주는 것과 같이 두개골 벽의 두께, 두개골 윗부분의 모양, 두개골의 외형 등이 순차적으로 변하지 않는다. 종래의 주장과 같이 A. 아프리카누스 → 직립원인 → 현생인류로 진화되었다고 하면 두개골의 모양이 역전된다. 도구인간을 삽입하여 A. 아프리카누스 → 도구인간 → 직립원인 → 현생인류라고 해도 역전된다. 이것을 피하기 위해 루이스 리키는 A. 아프리카누스 → 도구인간 → 현생인류의 진화 계열을 주장하기도 했지만 대부분의 인류 진화론자들은 여전히 직립원인을 받아들이고 있다.

진화의 규칙인 돌로의 법칙(Dollo's Law)에 의하면 "역전(reversal)은 결코 일어나지 않는다." 인류 진화 계열에서 나타나는 이러한 역전 현상은 진화의 기본 가설 자체에 문제가 있음을 보여준다. 지금까지 발굴된 수많은 유인원 화석들을 편견 없이 평가하면 이들은 결코 일관성 있게 변화하지 않는다. 이것은 이 화석들의 주인이 진화하고 있는 중간 형태의 유인원이 아니라 현존한 종 내에서의 변이 한계 내에 있거나 멸종한 다른 종임을 보여줄 뿐이다.[354]

신체 부위	A.아프리카누스	도구인간	직립원인	현생인류
두개골 두께	얇음	얇음	두꺼움	얇음
두개골 윗부분	높은 돔	높은 돔	낮은 돔	높은 돔
두개골 외형	약하게 보임	약하게 보임	억세게 보임	약하게 보임

10-14 거꾸로 가는 진화?

7. 화석은 인류 진화를 부정한다

지금까지 살펴본 것을 종합한다면 라마피테쿠스나 오스트랄로피테쿠스의 화석은 제한적이며, 따라서 그들의 생전 모습이나 생태를 확인한다는 것은 매우 어렵다고 할 수 있다. 많은 연구가 이루어지고 있지만 연구자들의 대부분이 진화를 배경 신념으로 갖고 연구를 하고 있기 때문에 이들로부터 새로운, 혹은 창조론적인 해석을 기대하기는 쉽지 않다. 그러나 지금까지의 연구 결과들을 종합한다면 라마피테쿠스나 오스트랄로피테쿠스는 사멸했거나 현존하는 원숭이들의 것으로 보인다. 이들 화석 골격들의 변이 정도가 현존하는 원숭이들의 변이 정도를 넘지 않기 때문이다.

화석들의 이름 (진화론자들이 주장하는 진화의 순서대로 배열)		화석에 대한 해석 혹은 평가
라마피테쿠스		1979년 오랑우탄의 조상으로 판명됨
투마이		라마피테쿠스와 오스트랄로피테쿠스의 중간형태라고 하지만 논란 중임
오스트랄로피테쿠스	아프리카누스	1972년 KNM-ER 1470 두개골의 발견으로 중간형태로는 부적합한 것으로 판명됨
	로부스투스	1960년대 도구인간의 발견으로 중간형태로는 부적합한 것으로 판명됨
	아파란시스 (Lucy)	중간형태로서 여러 문제점들이 있으며 1980년대 초반에 이에 대한 많은 논란이 있었음
	진잔트로푸스	중간형태라는 평가는 1960년대 리키의 도구인간 발견으로 인해 바뀜
도구인간		독립된 인류의 조상인지는 아직도 불확실함
직립원인	자바원인	1972년 KNM-ER 1470 두개골의 발견으로 중간형태로서의 의문점이 많이 제기됨
	하이델베르그인	현대인들 중에도 비슷한 골격을 가진 사람들이 있기 때문에 중간형태로는 부적합한 것으로 판명됨
	북경원인	2차대전 중 미국 군인들이 훔쳐가다가 분실되어 정확한 평가가 어려움
네안데르탈인		1960년대와 70년대 많은 인류학자들에 의해 인류의 조상이라는 평가가 파기됨
크로마뇽인		두개골 용적이나 신장 등이 현대인과 별다른 차이가 없음

10-15 인류의 진화 중간형태라고 주장하는 화석들과 이들에 대한 해석 355

반면 도구인간에 대한 해석은 종류에 따라 달라진다. KNM-ER 1470의 두개골은 지금도 찾아볼 수 있는 현대인의 것이라고 볼 수 있으며, 그 외의 도구인간 화석들은 독립된 속이 아니라 오스트랄로피테쿠스 속에 속하는 변종들이라고 보는 것이 타당하다. 이것은 도구인간이라는 종은 아예 존재하지 않았음을 의미한다. 이것은 모든 유인원들이 처음부터 "그 종류대로" 창조되었다고 해석하는 창조론자들의 주장이기도 하다.

354 Marvin L. Lubenow, "Reversals in the Fossil Record: The Latest Problem in Stratigraphy and Evolutionary Phylogeny," 〈Creation Research Society Quarterly〉 13(March 1977), pp. 185–90; See also in Lubenow, Bones of Contention, pp. 160–1.

355 이 표는 William Fix, The Bone Peddlers: Selling Evolution(New York: Macmillan, 1984)에 소개된 표를 기준으로 근래에 발견된 투마이 화석을 추가한 것임.

1. 오래된 유인원들의 뼈를 재구성하는 데는 재구성자의 편견이 게재될 소지가 많다. 대부분 산산조각이 난 뼈 조각들로 발견되고 있는 라마피테쿠스와 오스트랄로피테쿠스의 화석들 중 하나를 선택하여 이들이 살아있을 때의 모습을 그려보자. 그리고 다른 사람들의 것과 비교해 보자. 어떻게 다른가?

2. 투마이 화석 역시 많은 조각으로 부서진 채 발견되었다. 인터넷에서 이 화석에 대한 기사들을 검색해 보고 이들이 어떻게 인류의 진화를 설명하는지 나누어 보자.

3. 동부 아프리카에서 오래된 인류의 많은 화석이 발견되는 까닭은 무엇일까? 혹 성경 기록으로부터 이 질문에 대한 어떤 힌트를 얻을 수는 없는지 나누어 보자.

Discussion & Questions

제11장
직립원인에서 현생인류까지

Creation and Catastrophes

　　　　　　　　　　　　　　오스트랄로피테쿠스와 호모 하빌리스, 즉 도구인간에 이어 인류 진화론자들이 현대인에게 가까워졌다고 믿는 화석은 직립원인, 그리고 네안데르탈인, 크로마뇽인이다. 진화론자들은 이 화석들이 현생인류를 출현시킨 조상들이었다고 믿는다. 인도네시아, 중국, 유럽 등지에서 발견된 이 화석들은 고인류학을 학문의 한 영역으로 만들었던 두개골이기도 했다. 과연 이들은 현생인류의 조상인가? 그렇다면 이들은 창세기에 나타난 최초의 인간 아담과 하와와는 어떤 관계가 있는 것일까? 본 장에서는 소위 현생인류의 직접적인 진화 조상이라고 하는 이들 화석들을 살펴본다.

1. 직립원인

　　진화론자들은 인류 진화 계열에서 오스트랄로피테쿠스에 이어 현생인류인 호모 사피엔스의 중간 계열에 속한다고 하는 화석종을 직립원인(直立原人, Homo erectus)이라고 한다. 진화론자들 사이에서도 정의가 정확하게 통일되어 있지 않지만 직립원인은 대체로 다음 표와 같은 특징들을 갖는다고 말한다.

부위	특징	부위	특징
두개골 모양	낮고(low), 넓고(Broad), 길쭉함(elongated)	뒤통수 모양	융기(Occipital bun or torus)
두개골 용적	750–1,250cc 정도	앞이마 모양	함몰(Receding frontal contour)
두개골 벽	전체적으로 매우 두꺼움	안면 구조	중후함
두개골 후부	무겁고 두꺼움	치아 단면	일반적으로 넓음

11-1 직립원인의 일반적 특징[357]

이름	추정 연대	최초 발견자	최초 발견 연도	발견 장소	주요 발견물	기타
Java Man (Pithecan–thropus)	50만 년	Eugene Dubois	1890	Indonesia 자바섬 Solo 강변	두개골 윗부분, 대퇴골, 치아들	
Pithecan–thropus IV	100만 년 미만	R. von Koenigswald & F. Weidenreich	1939	Indonesia의 Sangiran	두개골 윗부분, 윗턱뼈 일부분, 치아	
Peking Man	23– 46만 년	Robert Broom	1934	중국 주구점 (Choukoutien)	두개골(485cc), 턱뼈, 치아, 후두부 물질	1941년에 분실
Heidelberg Man (Homo heidelber–gensis)	50만 년	노동자들이 발견, 발견 직후 O. Schoetensack 이 자세히 연구	1907	독일 라인 강변의 Mauer	완전한 아랫턱뼈, 치아	Mauer인 이라고도 불림

11-2 주요 직립원인(Homo erectus) 화석들

진화론자들이 직립원인이라고 부르는 화석 그룹은 자바원인으로부터 시작하며, 적어도 222개 이상이 발견되었다. 이 그룹에 속한 대표적인 화석으로는 자바원인, 북경원인, 하이델베르크원인, 메간트로푸스 등의 두개골을 들 수 있다. 직립원인에 속하는 유인원들은 아프리카, 유럽, 아시아 등 전 세계에 걸쳐 살았다고 생각된다. 아래에서는 이들 중 자바원인, 북경원인, 하이델베르크원인 등 대표적인 직립원인들에 대해서 살펴보고자 한다.

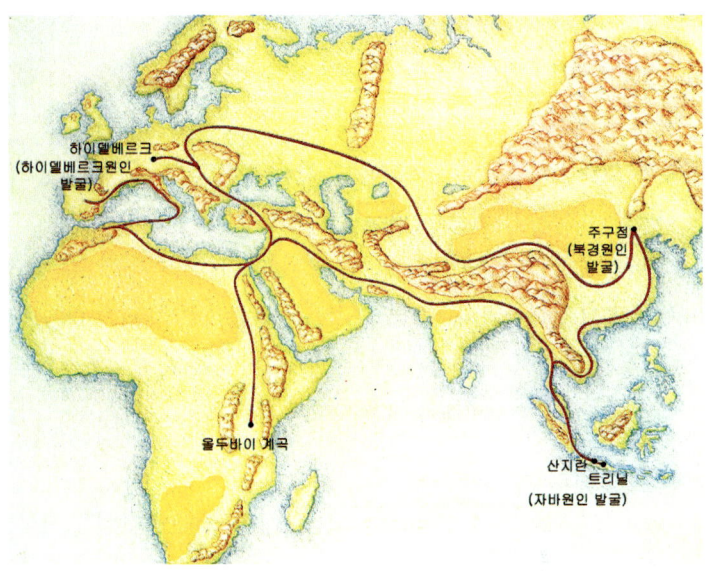

11-3 직립원인의 분포. 직립원인은 스페인에서부터 중국의 주구점에 이르기까지 전 세계적으로 분포한 것으로 보인다.358

2. 자바원인

자바원인(Java Man)은 19세기 후반, 네덜란드 해부학자이자 의사인 듀보아(Eugene Dubois, 1858-1940)가 자바에서 찾은 화석이다. 듀보아는 1877년에 암스테르담대학 (University of Amsterdam) 의과대학에 입학하였다. 의사가 된 후 다윈의 진화론에 매료된 그는 원숭이와 인간의 진화 고리를 찾기 위해 당시 네덜란드가 식민 통치하고 있던 인도네시아에 갔다. 그는 자신의 존경하는 독일인 스승 헥켈(Ernst Haeckel)로부터 인류 진화에 대한 매력적인 이론을 듣고 인류 진화에서 '빠진 고리'(missing link)를 찾기로 결심하고 인도네시아로 간 것이다. 그러나 그의 계획이 너무나 터무니없어 보였기 때문에 아무도 그에게 연구비를 지원해 주지 않았다. 그래서 그는 네덜란드 군에 군의관으로 입대하여 1887년 수마트라로 갔다. 그는 거기서 수년 동안 화석을 찾았으나 성공하지 못

357 Lubenow, *Bones of Contention*, pp. 132-3.
358 Editors of Time-Life Books, *The First Men*(New York: Time-Life Books, 1973), p. 111.

했다. 그러던 중 그는 자바의 환경이 다양하여 수마트라보다 원시인의 뼈를 찾을 가능성이 높다고 생각하고 1889년 자바로 갔다.[359]

A. 자바원인의 발굴

듀보아는 자바에서 5년간 머물면서 발굴을 계속했다. 자바 섬에서 화석 발굴 작업을 시작한 지 1년 뒤인 1890년, 드디어 그는 트리닐(Trinil) 마을 가까이에 있는 솔로 강(Solo River) 언덕에서 조그만 아랫턱뼈(下顎骨) 조각을 발견했다. 그리고 그 다음 해인 1891년에는 그 주변에서 어금니 하나를, 다음 달에는 1m 떨어진 곳에서 두개골 윗부분을 발견했다. 솔로 강이 듀보아에게 일생 최대의 선물을 준 것이다.

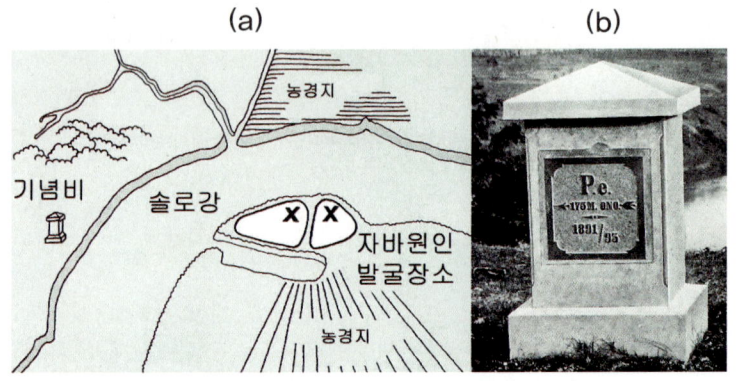

(a)   (b)

11-4 (a) 듀보아가 자바원인을 발굴한 솔로 강과 인근. 그림은 듀보아 가족이 보관하고 있는 스케치에 근거한 지도로서 X 표시한 두 곳이 발굴 장소다. (b) 강 건너편에 듀보아가 세웠던 기념비. 기념비에는 Pithecanthropus erectus의 첫 글자를 따서 P. e.라는 글씨와 발굴 장소와 연대가 표시되어 있다.

발견된 두개골은 이마가 높고 경사졌으며 눈두덩이 두터웠다. 듀보아는 그 두개골 용적을 현대인의 약 3분의 2정도인 900cc로 추정했다. 듀보아는 그 두개골의 용적이 작았기 때문에 처음에는 원숭이를 닮은 사람의 두개골이라고 생각했다. 그래서 그는 그것을 처음에는 안트로포피테쿠스(Anthropopithecus), 즉 유인원(類人猿, man-ape)이라고 불렀다.

359 Bert Theunissen, *Eugene Dubois and the Ape-Man from Java*(Dordrecht: Kluwer Academic Publishers, 1989), p. 49. Theunissen은 University of Utrecht의 Institute for the History of Science의 스태프이며, 이 책은 1985년에 네덜란드어로 출판된 저자의 박사 논문이다. 영어판은 증보판이다.

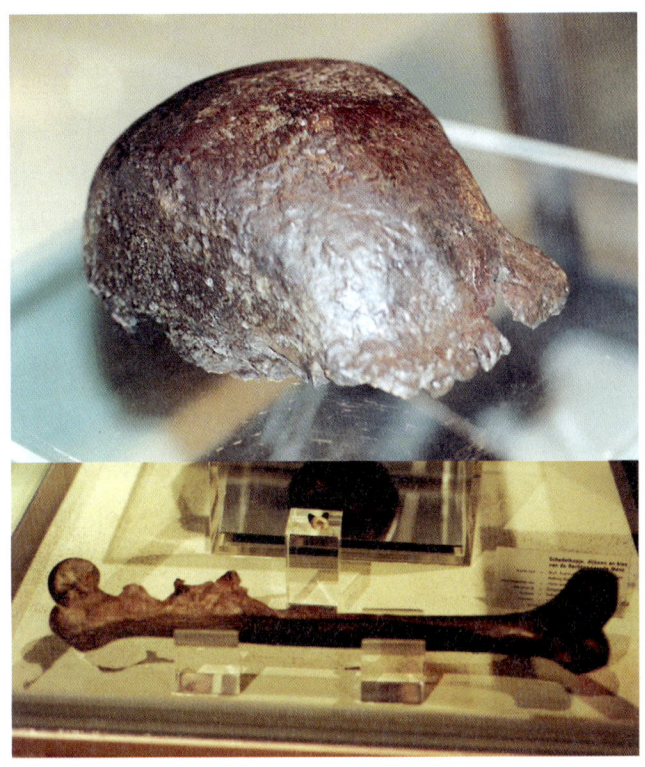

11-5 자바원인의 두개골,
대퇴뼈와 치아

 이어 1892년 8월에는 두개골 윗부분을 발견했던 곳으로부터 15m 정도 떨어진 곳에서
사람의 골반과 무릎관절을 연결하는 대퇴골(넓적다리뼈)을 발견하였다. 대퇴골은 직립보
행을 한, 168cm 정도 신장의 평균적인 현대인의 것과 흡사했다. 10월에는 또 다른 어금
니를 발견했으며, 이어 동시에 두개의 어금니를 더 발견하였다. 그 후 1898년에 그는 먼
저 발견했던 동물의 어금니에 해당한다고 추측되는 앞어금니 하나를 더 발견했다. 이런
방법으로 모아서 만들어진 것이 자바원인이며 진화론자들은 이 뼈들의 연대를 50만 년
정도 되었다고 추정했다.
 듀보아는 대퇴골이 직립한 존재의 것으로 보였기 때문에 원숭이를 닮은 사람(ape-like
human)으로부터 나온 것이라고 결론지었다. 그래서 그는 후에 그 화석을 '직립보행 하
는 유인원'이라는 의미를 가진 피테칸트로푸스 에렉투스(Pithecanthropus erectus)라
는 이름으로 고쳐 불렀다.
 이 이름은 1868년, 헥켈(Ernst Haeckel)이 아시아의 열대지방에서 인류 진화의 중간

275

형태가 발견되리라고 예상하여 가상적으로 명명한 것이었다.[360] 이 논문에서 듀보아는 "자바원인은 인간도, 원숭이도 아닌, 인간과 원숭이의 특징을 공유하는 진짜 중간형태" 라고 주장했으며, 그는 일평생 이 주장을 한 치도 양보하지 않았다.[361] 이 발견으로 인해 듀보아는 일약 세계적인 명사가 되었고, 1899년 그는 암스테르담대학의 지질학 교수가 되어, 1921년까지 그곳에서 가르쳤다.[362]

11-6 재구성한 자바원인의 두개골 모습. 두개골 윗부분과 대퇴골, 치아 몇 개 이외의 부분들은 순수한 상상의 산물이다.

그러나 이렇게 한 무명의 의사를 세계적인 지질학 교수로 만들었던 자바원인의 생전의 실제 모습은 어떠했을까? 자바원인의 생전 모습에 대해서는 그리는 사람마다 많이 달랐지만, 모든 재구성들이 사람과 원숭이의 중간형태로 그리려고 했다는 점에서는 대동소이했다. 두개골 윗부분과 대퇴골, 그리고 치아 몇 개를 근거로 자바원인의 턱뼈가 복원되었다. 온 몸에 원숭이와 비슷하게 털이 많이 나게 그린 것도 공통적이며 코가 원숭이와 비슷한 것도 공통적이었다.

B. 자바원인의 연대와 발굴 과정의 문제

듀보아는 자바원인을 발굴한 지층이 신생대 제4기 홍적세(160만–1만 1,000년 전)와 제3기 선신세(530만–160만 년 전) 경계면(Pleistocene–Pliocene boundary)보다 아래에 있다고 주장했다. 그래서 그는 인간은 홍적세 중기로부터 진화했다고 주장했다. 하지만 후에 다른 자바원인을 발굴했던 쾨니히스발트(G.H.R. von Koenigswald)는 듀보아가 자바원인의 연대를 의도적으로 변경시켰음을 지적하였다. "듀보아가 처음 자바의 화석

360 山井直人(가와이 나오도), 池邊展生(이께베 노부오), 藤則雄(후지 노리오), 中井信之(나가이 노보유기), 「人類の現われた日」(日本: 講談社, 1979) – 한국어판: 한명수 역, 『인류가 나타난 날 I』(서울: 전파과학사, 1979), p. 127.
361 Lubenow, *Bones of Contention*, pp. 96–7.
362 Duane T. Gish, *Evolution: The Fossils Say No!*(San Diego: Creation–Life Publishers, 1979), pp. 123–4; Gish, *Evolution: The Challenge of the Fossil Record*, pp. 180–4; Pilbeam, *The Evolution of Man*, pp. 170–4.

창조와 격변

동물군에 대하여 발표했을 때 그는 홍적세의 것이라고 했다. 그러나 피테칸트로푸스를 발견하자마자 그는 갑자기 그 동물군들은 제3기에 속하는 것이라고 발표하였다. 그는 그 동물군들의 홍적세적 특성을 없애기 위해 온 힘을 기울였다. … 이런 듀보아의 주장은 별 논의 없이 받아들여졌다." 다행히 그 후 K-Ar 방사성 동위원소법으로 절대연대를 측정해 본 결과 화석이 발견된 트리닐 지층이 상부는 50만 년, 바닥은 70만 년으로 홍적세 중기에 해당하였으며, 이는 인류 진화론자들의 기대와 잘 부합하였다.[363]

연대 문제와 더불어 자바원인 발굴자들의 자질도 문제였다. 듀보아는 공병부대로부터 두 명의 기술병을 배정받아서 발굴 작업을 했는데, 그렇다고 듀보아 자신이 직접 이 두 기술병들과 더불어 발굴 작업을 한 것도 아니었다. 기술병들은 50명의 현지인 강제 노역자들을 감시하는 역할을 했고, 듀보아 자신은 대부분 부대 본부에 있었으며, 가끔 말을 타고 발굴 현장을 시찰하러 나오곤 했을 뿐이었다. 그는 발굴 상황에 관해서는 현장에 있는 기술병들과 서신으로 접촉을 했다. 그리고 일단 화석이 발굴되면 기술병들은 그것들을 듀보아에게 보내어 처리, 감식하게 하였다.

듀보아가 발견했다고 알려진 주요한 화석들 중에 그가 직접 발굴한 것은 하나도 없다. 후에 발견된 현대인의 두개골인 와드잭 두개골 II(Wadjac Skull II)를 제외하고는 듀보아 자신이 땅에 묻혀 있는 '그대로의'(in situ) 모습을 본 것은 하나도 없었다. 듀보아는 화석의 위치를 결정하는 것을 전적으로 두 기술병에게 의존하였다. 물론 이 기술병들은 지질학이나 발굴에 대해서는 듀보아보다도 더 문외한들이었다.[364] 오늘날 발굴 전문가들의 기준으로 볼 때 발굴 위치에 대한 정확한 정보도 없는 자바원인은 학술적 가치를 가진 자료로서의 가치가 없는 것들이라고 할 수 있다.[365]

C. 지질학자 듀보아?

듀보아 자신이 발굴 현장에 없었다는 점과 함께 그가 의사이자 해부학자였을 뿐 지질학자가 아니었다는 것도 문제가 된다. 자바원인에 대한 듀보아의 보고서를 보면 지질학적 얘기는 별로 없고 대부분 그 화석들의 해부학적 특성들에 대한 설명만 장황하게 제시된 것은 흥미 있는 일이다. 처음 두개골 윗부분과 턱뼈가 발견되었을 때, 화석 그 자체에

---

363 Pilbeam, *The Evolution of Man*, p. 170, 174.
364 Theunissen, *Eugene Dubois and the Ape-Man from Java*, p. 44, 68.
365 Alan Houghton Brodrick, *Early Man*(London: Hutchinson's Scientific and Technical Publications, 1948), p. 85.

대해서는 자세히 설명하면서도 화석이 발견된 장소나 주변의 지질학적 정황에 대해서는 간단한 언급만이 있을 뿐이었다. 그가 매긴 자바원인의 연대는 그 화석들과 더불어 발견된 다른 포유동물들의 화석에 근거하였으며, 이에 대한 증명도 개략적인 몇 마디 얘기뿐이었다.

그는 두개골 윗부분이 침팬지의 것과 흡사하고 대퇴골은 직립하는 현대인과 흡사한 점을 들어 자바원인을 사람과 원숭이의 진화 중간형태라고 주장하였지만, 자바원인의 가장 큰 문제는 두개골과 대퇴골이 같은 장소에서 발견되지 않았다는 점이다. 가장 중요한 정보인 두 뼈의 떨어진 거리도 확실하지 않다. 1892년 8월, 네덜란드 당국에 화석 발견을 보고할 때 듀보아는 대퇴골이 1년 전에 발견한 두개골 윗부분으로부터 10m 떨어진 곳에 있었다고 했다. 그러나 9월 초에 발표할 때는 두 뼈가 12m 떨어져 있었다고 했다. 그러다가 같은 달, 피테칸트로푸스에 관한 공식적인 발표를 할 때는 두 뼈가 15m 떨어져 있었다고 했다. 그리고 훨씬 후인 1930년에 발표된 논문에서는 다시 12m 떨어져 있었다고 했다.[366] 이처럼 그는 두개골과 대퇴골이 멀리 떨어진 곳에서 발견되었지만 뚜렷한 근거 없이 같은 생물의 것이라고 가정하였다.

D. 두개골의 평가

듀보아는 이 화석들을 1895년 네덜란드 라이텐(Leyden)에서 열린 제3차 국제동물학회(The Third International Congress of Zoologists)에서 발표했다. 이때 참석한 전문가들은 듀보아의 화석을 두고 격렬한 논쟁을 했다. 토론에 참여한 많은 사람들은 화석에 대해 상당히 회의적이었으며 의견도 여러 갈래로 나뉘어졌다. 독일의 저명한 병리학자 피르호(Rudolph Virchow) 박사는 대퇴골과 두개골이 너무 멀리 떨어진 거리에서 발견되었으므로 한 동물의 것으로 볼 수 없다고 주장했다.[367] 케임브리지대학의 저명한 해부학자인 케이스(Sir Arthur Keith)는 자바원인의 두개골은 분명히 사람이라고 하였다. 흥미롭게도 터너(Sir William Turner)는 자바원인의 대퇴골은 병에 걸린 것 같으며, 두개골도 환자의 것으로 보인다고 했다. 그리고 그는 에든버러대학 박물관에 자바원인처럼 앞이마가 평평한, 소두증(小頭症)에 걸린 여자의 두개골 주형(鑄型)이 있는데 자바원인의

366 Theunissen, *Eugene Dubois and the Ape-Man from Java*, p. 68, 77.
367 Nelson, After Its Kind, p. 128. 자바원인과 그 외 다른 빠진 고리에 대한 진화론자들의 해석이 학자들마다 얼마나 다른지에 대해서는 G. S. Miller, "Controversy over Missing Links", *Smithsonian Institute Report*(1928), pp. 413-65.

것과 매우 흡사하다고 지적했다.[368]

처음 발표되었을 때부터 듀보아를 제외한 대부분의 학자들은 자바원인의 대퇴골이 현대인의 것과 구별할 수 없다는 것에 이의가 없었다. 두개골과 대퇴골이 15m나 떨어져서 발견되었다는 사실을 고려하지 않더라도, 두개골에 비해 대퇴골은 현대인의 것과 너무나 흡사했다. 같은 직립원인에 속한다는 북경원인의 경우 두개골은 자바원인과 비슷하지만 대퇴골들(femora)은 자바원인과 전혀 달랐다. 이미 1938년에 바이덴라이히(Franz Weidenreich)는 북경원인과 자바원인의 두개골은 비슷하지만 대퇴부가 전혀 다른 것을 보고 자바원인의 대퇴골은 직립원인의 것이 아니라 현대인의 것이라고 주장했다.[369]

이런 결과들로부터 볼 때 만일 자바원인의 두개골과 대퇴골이 한 개체에 속한 것이라면 한 종 내에 직립원인(호모 에렉투스)과 호모 사피엔스가 함께 존재했다는 이상한 결론에 이르게 된다. 만일 자바원인의 두개골이 직립원인에, 대퇴골이 호모 사피엔스에 속한 것이라면 – 불소 연대측정법으로 조사해 본 결과 두개골과 대퇴골의 연대가 같은 것으로 판명되었으므로 – 직립원인과 호모 사피엔스가 동시대에 존재했다는 결과가 나온다. 자바원인의 두개골과 대퇴골이 한 개체에 속해 있었다고 해도 문제가 되고 다른 개체에 속해 있었다고 해도 문제가 되는 셈이다. 이것은 자바원인이 인류 진화와는 아무런 관계가 없음을 보여준다.[370]

발로아와 프랑스 고생물학연구소(French Institute of Paleontology) 소장이었으며 두개골 화석의 권위자인 불(Boule)은 듀보아가 발견한 두개골 윗부분을 자세히 연구한 후, "전체적으로 이들의 구조는 침팬지나 긴팔원숭이(gibbon)와 매우 비슷하다"고 말했다.[371] 후에 트리닐 근처에서 방대한 발굴 작업을 했던 네덜란드 고생물학자 쾨니히스발트는 그 두 개의 어금니는 오랑우탄의 것이고 앞어금니는 완전한 사람의 것이라고 말했다.[372]

1936년부터 1939년까지 쾨니히스발트는 트리닐에서 약 40마일 떨어진 산지란(Sangiran)에서 더욱 자세한 조사를 했다. 그리고 그곳에서 치아를 포함한 턱뼈 조각과

368 Heizer, *Man's Discovery of His Past*, pp. 135-6. 좀 더 자세한 자바원인의 두개골 사진을 위해서는 Johanson, From Lucy to Language, p. 187을 보라.
369 Theunissen, *Eugene Dubois and the Ape-Man from Java*, p. 158.
370 G. H. R. von Koenigswald, *Meeting Prehistoric Man*, Micheal Bullock, translator(New York: Harper and Brothers, 1956), p. 34.
371 Marcellin Boule and H. M. Valois, *Fossil Men*(Les Hommes Fossiles, 1952)(New York: Dreyden Press, 1957), p. 118.
372 Boule and Valois, *Fossil Men*, p. 118.

두개골 조각 및 두개골의 윗부분을 발견했다. 그러나 팔과 다리의 뼈는 발견되지 않았다. 쾨니히스발트는 그가 발견한 것들을 피테칸트로푸스 II, III, IV라고 불렀다. 발로아와 불(Boule)은 산지란에서 발견된 두개골들을 조사해 본 결과 듀보아의 것과 동일한 것임을 밝혀냈으며, 치아들도 사람의 것이 아닌 원숭이의 것임을 알아냈다. 그리고 대퇴골은 틀림없는 사람의 것이라고 결론지었다.[373]

E. 와드잭 두개골

듀보아는 1887년, 인도네시아(Dutch East Indies) 수마트라에 가서 화석을 찾았으나 동물들의 화석만을 찾았고 인류 화석들은 찾지 못했다. 그러던 중 네덜란드 광산 기술자인 반 리초텐(B. D. van Rietschoten)이 1888년, 동부 자바 남쪽 해안에 있는 와드잭이란 마을 인근에서 대리석을 찾다가 인간 두개골 화석을 찾았다. 이것이 바로 오늘날 와드잭 두개골 I(Wadjac Skull I)로 알려진 두개골이다. 그는 이 두개골을 처음에는 바타비아(Batavia, 현 Jakarta)에 있는 자연과학박물관(National Science Museum) 관장에게 보냈다가 다음에는 듀보아에게 보냈다.

이 두개골을 보고 듀보아는 뛸 듯이 기뻐하며 1889년 자바로 갔다. 그리고 그 다음 해인 1890년, 후에 트리닐 지층으로 알려진 지층에서 두 번째 두개골을 발굴하였는데 이것이 바로 와드잭 두개골 II로 알려진 두개골이다. 와드잭 두개골 II는 와드잭 두개골 I처럼 완전하지는 않으나 듀보아는 후에 그곳에서 다른 두개골 조각들도 더 찾았다. 듀보아는 이들 두개골에 대하여 호모 와드잭켄시스(Homo wadjakensis)라는 학명을 붙었다. 하지만 와드잭 두개골의 용적은 각각 1,550cc와 1,650cc로서 1,000cc 정도였던 자바원인의 두개골보다 훨씬 컸으며 형태상으로도 현대인과 전혀 다를 바가 없었다.

와드잭 두개골 II를 발견하던 1890년부터 시작하여 듀보아는 와드잭 두개골을 발견한 트리닐 지층에서 자바원인 화석들을 발굴하기 시작했다. 그러나 자바원인의 뼈가 발굴되면서, 그리고 그 뼈들이 인간과 원숭이를 이어 주는 진화 조상의 것이라고 발표하면서 듀

373 Boule and Valois, *Fossil Men*, p. 122.
374 Bert Theunissen, *Eugene Dubois and the Ape-Man from Java*(Dordrecht: Kluwer Academic Publishers, 1989), p. 41, 43.
375 Sir Arthur Keith, *The Antiquity of Man*, revised edition, 2 vols.(London: Williams and Norgate, Ltd., 1925) 2, pp. 440-1.
376 Lubenow, *Bones of Contention*, pp. 102-3.
377 Gish, *Evolution: The Fossils Say NO!*, p. 127.

보아는 와드잭 두개골들을 숨겼다. 1895년, 듀보아는 와드잭 두개골들을 자바에서 자신의 집이 있는 네덜란드 하를렘(Haarlem)으로 후송하였으며, 그 후에는 아무에게도 공개하지 않았다. 그러다가 1920년 5월, 스미스(Stuart A. Smith)가 '탈가이인'(Talgai Man)의 유골을 발표하면서 이들이 최초의 '호주 원주민의 조상'(proto-Australian)이라고 주장하자 듀보아는 즉각 자신은 이미 30년 전에 그 뼈들을 찾았노라고 발표하였다.

그렇다면 왜 듀보아는 와드잭 두개골의 발견을 그렇게 오랫동안 숨겼을까? 이 점에 대해서 튀니센은 인류 진화의 '빠진 고리'를 찾으려고 인도네시아에 간 듀보아에게 와드잭 두개골은 '빠진 고리'가 되기에는 용적이 너무 컸기 때문이라고 했다.[374] 케이스는 자바원인을 발표할 때 직전에 발견된 와드잭 두개골들을 함께 발표하면 듀보아가 그렇게 애지중지하던 자바원인이 '빠진 고리'로 인정받지 못할 것이기 때문이라고 했다.[375] 와드잭 두개골 외에도 듀보아는 '빠진 고리'로서 자바원인의 유일성을 강조하기 위해 의도적으로 자바원인보다 더 현대적인 화석들이 발견되면 자바원인과 같은 연대를 지정하지 못하도록 하였다.[376] 그가 와드잭 두개골의 발표를 고의적으로 회피한 것은 고생물학계에 자신이 발견한 자바원인, 즉 피테칸트로푸스를 유인원으로 받아들이도록 하기 위해서였다고 볼 수밖에 없다.[377]

11-7 듀보아의 자바원인이 사슴뿔을 들고 서 있는 모습. 보통 사람들은 이러한 모습의 시체가 발굴되었다고 생각할 뿐, 그것이 단지 두개골 윗부분과 대퇴골, 몇몇 치아 조각들로부터 재구성된 것인지는 알지 못한다.

F. 의문투성이의 자바원인

듀보아가 트리닐에서 발견한 대퇴골은 그가 후에 발견하여 추가한 몇 개의 다른 대퇴골들과 함께 현대인의 것과 구별할 수 없다. 따라서 자바원인, 즉 피테칸트로푸스를 원숭이 이상의 것으로 보는 이유는 단지 사람의 대퇴골이 유인원 유해들과 비슷한 장소에서 발견되었기 때문이다. 당시 듀보아가 수집했던 두 개의 어금니와 한 개의 앞어금니가 각각 오랑우탄과 현대인의 것과 같다는 것이 판명되었는데도 불구하고 사람들은 계속해서 대퇴골과 두개골 윗부분을 같은 개체의 것으로 연결시키려고 애쓰는 것이다.

　피테칸트로푸스로 알려진 자바원인의 두개골과 대퇴골은 같은 개체에 속하지 않은 것이 분명하다. 대퇴골은 현대인의 것이 분명하고 두개골 윗부분은 확실하지는 않지만 사람의 것으로 보인다. 그러나 분명한 것은 자바원인은 서로 다른 개체들의 유골을 조합한 것이며, 사람과 원숭이의 중간형태의 두개골은 아니라는 사실이다. 대부분의 해부학자들과 전문가들은 처음부터 지금까지 거의 일관되게 두개골과 대퇴골이 같은 개체의 것이라는 주장에 대하여 의문을 제기하고 있다. 그런데 놀랍게도 이 뼈들이 일반인들에게는 항상 같은 개체에 속해 있는 것처럼 소개된다. 의도적이든, 아니든 자바원인을 인류 진화의 증거로 제시했거나 지지한 사람들은 수많은 사람들을 속였다고 할 수 있다. "과학의 이름으로…"(In the name of science…).[378]

3. 북경원인

　자바원인과 더불어 직립원인의 하나라고 하는 북경원인(Peking Man)의 화석은 1920년대와 1930년대에 북경에서 서남쪽으로 25마일 가량 떨어진 주구점(Choukoutien)의 석회암 동굴에서 발견되었다. 이때 발견된 것은 두개골 30개, 아랫턱뼈 11개, 치아 147개였다. 두개골들의 평균 용적은 약 930cc 정도로서 자바원인과 비슷하였다. 북경에 있는 유니온 의과대학의 해부학 교수였던 블랙(Davidson Black)은 치아를 조사한 후 중국의

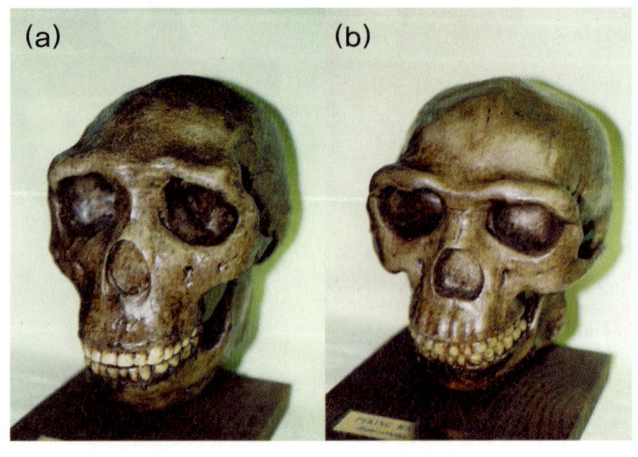

11-8 북경원인의 원본은 분실되었으며, 당시에 만들어 둔 석고 모형에 의존하여 만든 북경원인. (a) 남자 모형 (b) 여자 모형

창조와 격변

고대 유인원, 혹은 사람과 유사한 동물이 존재한 증거라고 제시했다. 그는 이 동물을 시난트로푸스 페키넨시스(Sinanthropus Pekinensis)라고 이름 붙였으며, 이것이 곧 북경원인으로 알려졌다. 이들이 존재한 연대는 지금부터 약 20만 년 내지 40만 년 전이라고 추정하였다.

이 북경원인 자료를 평가하는 데 있어 가장 치명적인 사실은 치아 두 개를 제외한 나머지 모든 자료가 분실되었다는 점이다. 이 화석들은 1941년 12월 7일, 제2차 세계대전 와중에 미군들이 본국으로 훔쳐 가는 과정에서 중국 진양 부두에서 선적하기 직전 감쪽같이 없어졌다. 이 자료들이 없어진 것에 대하여 많은 이야기들이 있지만, 가장 유력한 것은 북경으로부터 미 해군부대로 옮기다가 잃어버렸거나 탈취당했다는 것이다. 사실 아무도 이 자료가 어떻게 없어졌는지 모른다. 1990년 초에는 이 화석을 되찾기 위한 범세계적인 캠페인을 벌이기도 했지만 아직까지 나타나지 않고 있다.

11-9 재구성된 북경원인. 대부분의 고대 호미니드 화석들의 재구성과 같이 북경원인의 재구성도 순전히 진화론적 관점에서 이루어졌다.

북경원인에 대한 연구는 전적으로 그 당시에 연구한 사람들이 남겨 둔 기록과 모형 등에 의존하고 있는데, 그 중에 대표적인 사람은 독일의 바이덴라이히(Franz Weidenreich)였다. 그는 북경원인에 관한 긴 논문을 발표했으며 이것은 오늘날까지 북경원인 연구에 결정적인 자료가 되고 있다. 그러나 당시 연구에 참여했던 학자들이 모두 진화론자들이었기 때문에 오늘날 학자들은 그 당시 진화론자들로만 구성된 북경원인 연구학자들이 남긴 자료에만 의존하고 있다. 그러므로 북경원인은 인류의 기원에 관한 객관적인 증거물로는 충분하지 않다고 할 수 있다.

---

378 F. Barbara Orlans, *In the Name of Science*(Oxford University Press, 1993). 이 책은 과학주의나 고생물학, 인류의 기원과 관련된 책은 아니며, 생물학이나 생리학 실험에서 동물들을 사용하는 것에 관한 윤리적인 문제를 다룬 책이다.

4. 하이델베르크원인

직립원인에 속한다는 하이델베르크원인(Heidelberg Man)은 1907년, 독일 하이델베르크 근교에 있는 마우어(Mauer) 지방의 라인 강변 모래 구덩이에서 발견된 턱뼈 하나로부터 재구성한 것이다. 사람들은 이것을 인간의 가장 가까운 조상이며, 지금부터 50-60만 년 전에 아프리카와 아시아에 퍼져 살았던 직립원인으로 해석하였다. 그리고 듀보아의 자바원인도 이 속에 포함된다고 생각하였다. 그 후 진화론자들은 하이델베르크원인의 연대를 좀 더 줄여 25만 년 전으로 잡고 인류 진화를 증명하는 중요한 빠진 고리라고 주장하였다. 이렇게 주장하는 중요한 근거는 턱뼈의 크기로 보아서는 매우 큰 유인원의 것이나 치아의 배열이나 형태로 보아서는 전형적인 사람의 것이었기 때문이다.

그러나 하이델베르크원인도 진화의 중간형태로 받아들이기에는 몇 가지 어려움이 있다. 우선 그 턱뼈와 똑같은 구조의 턱을 가진 종족이 오늘날에도 남태평양 뉴칼레도니아(New Caledonia) 군도에 살고 있으며, 그 턱뼈에 대응하는 두개골 형태는 오늘날 흑인들이나 에스키모들 중에서도 발견할 수 있기 때문이다. 또한 하이델베르크원인의 치아는 현대인의 치아와 완전히 같다. 그러므로 하이델베르크원인 역시 중간형태라고 보기는 어렵다.

또한 지금까지 하이델베르크원인의 턱뼈를 조사한 학자들이 간과한 것은 이의 치아 부분이다. 이 화석은 앞니의 윗부분 사기질이 일정한 높이로 마모되어 있다. 일반적으로 치

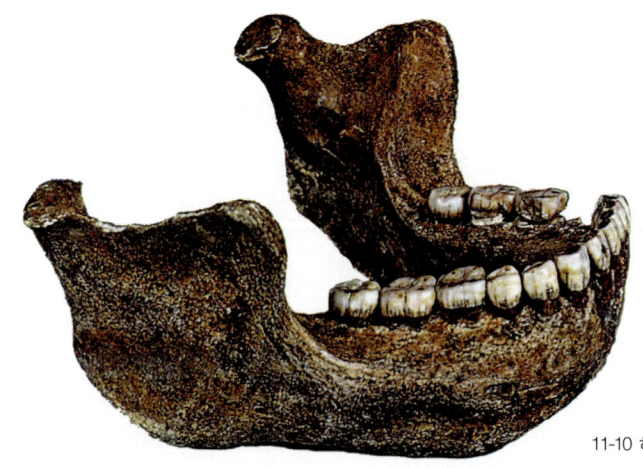

11-10 하이델베르크원인의 커다란 턱뼈

창조와 격변

11-11 하이델베르크원인의 턱뼈를 근
거로 재구성한 모습. 그러나 이런
턱뼈를 가진 종족이 현존하고 있
으며, 그들의 모습은 이 그림과
전혀 다른 현대인이다.

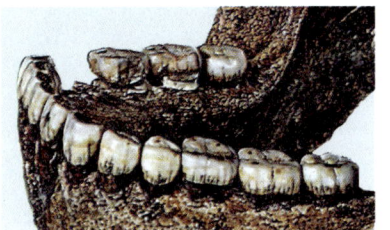

11-12 하이델베르크원인의 앞니. 누군가가
의도적으로 마모시키지 않았다면 설명
하기 어려운 흔적이 있다.

아의 바깥 부분을 싸고 있는 사기질은 매우 단단하여 쉽게 부식되지 않는다. 그런데 하이델베르크원인의 턱뼈에서 어금니는 멀쩡하게 그대로 존재하는데 앞니는 줄(file)과 같은 도구를 사용하여 의도적으로 마모시킨 듯한 흔적이 있다. 누군가 도구를 가지고 이 치아를 마모시켰다면 하이델베르크원인이 살았을 때 이미 정교한 도구를 사용하는 사람들이 살고 있었다는 의미가 된다. 만일 그렇다면 하이델베르크원인은 50-60만 년 전에 살았던 직립원인이라고 보기보다는 정교한 도구를 사용했던 현생인류들과 더불어 살았던 한 개체라고 해석해야 할 것이다.

5. 네안데르탈인

진화론자들은 자바원인, 북경원인, 하이델베르크인 등 소위 직립원인에 속한 화석인류에 이어서 인류의 진화 조상이 된 것은 네안데르탈인이라고 믿는다. 네안데르탈인을 호모 네안데르탈렌시스(Homo neanderthalensis)로서 호모 사피엔스의 직전 조상으로 볼 것인지, 아니면 호모 사피엔스 네안데르탈렌시스(Homo sapiens neanderthalensis)로서 호모 사피엔스에 속한 아종(亞種)으로 볼 것인지에 대해서는 진화론자들 사이에 아직 논란의 여지가 있다. 하지만, 대부분의 진화론자들은 네안데르탈인이 현생인류의 직전 단계, 혹은 직전에 살았던 다른 종이라고 본다.

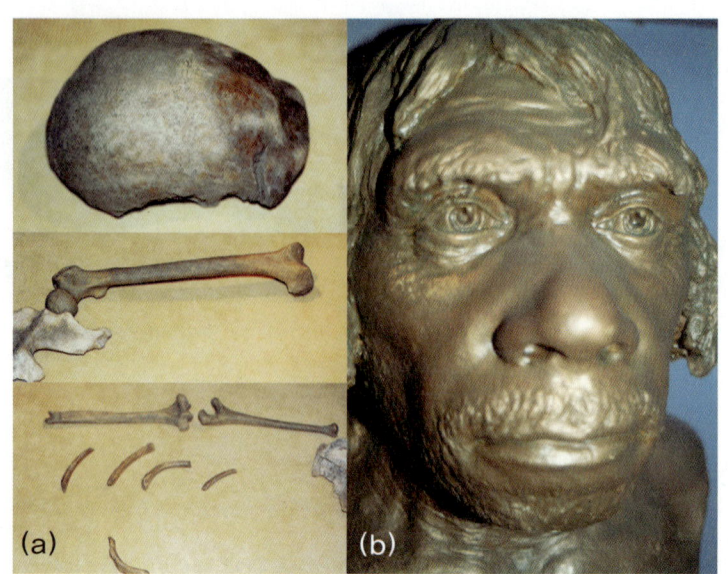

11-13 ⓐ 처음 발견된 네안데르탈인의 화석 ⓑ 이를 재구성한 것

A. 네안데르탈인의 발견

17세기 후반 루터교 신학자이자 교구목사(vicar)였던 네안데르(Joachim Neander)의 이름을 따라 지은 네안데르 계곡(네안데르탈)에는 석회암이 많이 있었다. 1856년 어느 날, 석회암을 캐내던 채석장 인부들은 계곡의 옆 벽면에서 석회암 동굴들을 발견하였다. 그곳에서 그들은 처음에 두개골의 윗부분을 발굴했고 이어서 두 개의 대퇴골과 세 개의 오른팔 뼈들, 두 개의 왼팔 뼈들, 왼쪽 장골(ilium)의 일부, 어깨뼈와 갈비뼈 조각들 등을 발굴하였다. 아마 진흙 속에는 더 많은 뼈들이 매장되어 있었으리라고 생각되지만, 채석장 인부들은 석회암 채석에만 관심이 있었기 때문에 대부분의 뼈들을 파기해 버렸다. 그 결과 두개골 윗부분과 갈비뼈, 골반의 일부, 팔, 다리의 뼈들만이 남았는데, 이들이 바로 처음으로 발견된 네안데르탈인(Neandertal man)의 뼈였다.[379] 이 뼈들은 다윈의 『종의 기원』이 출판되기 2년 전이었던 1857년, 네안데르탈인이라는 이름으로 발표되었다.

---

379 Vincent Sarich, 〈Creation–Evolution Debate〉, (Fargo, North Dakota State University, April 28, 1979).
380 피르호(Rudolf Virchow, 1821–1902) : 독일 베를린대학의 병리학 교수. 피르호는 색전증(塞栓症, embolism), 백혈병(leukemia)을 발견하였으며 육종(肉腫, sarcoma)과 흑색종(melanoma)에 대해 재정의하였다.

그 후 네안데르탈인의 뼈들은 다시 베를린대학(University of Berlin)의 병리학 교수였던 피르호에게 보내졌다.

피르호는 이 뼈가 호모 사피엔스에 속했으며, 어릴 때 구루병(rickets)을 앓았고 나이가 들어서는 관절염을 앓았으며, 머리에 심한 타박상을 입었다고 생각했다. 어떤 사람들은 네안데르탈인의 허벅지뼈가 굽은 것은 이들이 말을 많이 탔기 때문이라고 추정하면서 네안데르탈인은 코사크 기병(Cossack cavalryman)의 뼈라고 했다. 코사크(The Cossacks) 족 기병대는 러시아 짜르의 군대에 속해서 활동하였으며, 러시아가 시베리아와 중앙아시아를 정복하는 데 결정적인 역할을

11-14 유니폼을 입은 코사크 기병의 모습. 그림은 아케프트 소장(General Major-Constantine Agoeft)의 모습.

했다. 코사크 기병대는 탁월한 기동성으로 곳곳에 진출했기 때문에 피르호[380]는 네안데르탈 계곡에 이들 코사크 기병대의 패잔병들이 숨었다가 죽은 것이 아닌가 생각하였다.

네안데르탈인의 유해는 그 이후에도 계속 발견되었다. 1886년에는 벨기에 스피(Spy)

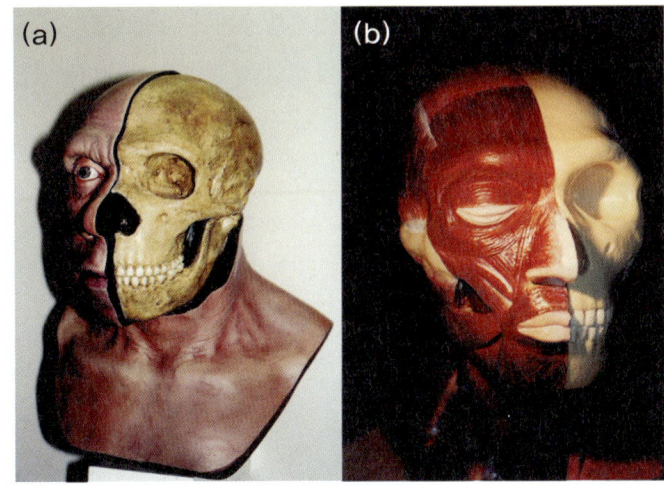

11-15 (a) 라사뻴오샘에서 발견된 네안데르탈인의 두개골을 재구성한 것 (b) 벨기에 스피에서 발견한 네안데르탈인 두개골을 재구성한 것

287

인근에 있는 동굴에서 두 개의 유골이 더 발견되었다. 이 두개골들은 1856년에 발견되었던 네안데르탈인의 뼈가 변종이 아니고 정상적인 고대인들의 골격임을 보여주었다. 스피 두개골과 더불어 곰, 매머드, 털이 많은 무소의 유해도 발견되었다. 1908년에는 프랑스 남서부, 보르도에서 동쪽으로 200Km 정도 떨어진 라샤뻴오생(La Chapelle-aux-Saints)이라는 마을에서 거의 완전한 네안데르탈인의 유골이 발견되었다.

루브노프는 지금까지 발견된 300여 점 이상의 네안데르탈인 유해를 종합하여 이 유골의 특징을 다음과 같이 요약하였다.

부위	특징	부위	특징
두개골 모양	낮고(low), 넓고(Broad), 길쭉함(elongated)	눈두덩 (browridge)	크고 무거움
두개골 용적	현대인의 평균치보다 큼	앞이마 모양	낮음
두개골 벽	전체적으로 매우 두꺼움	턱 모양	약하고 둥그스레함
두개골 후부	뾰족하게 튀어나와 (pointed) 타래머리 (bun)를 한 것 같음	얼굴 모양	크고 길며 중심이 앞으로 튀어나옴

11-16 네안데르탈인의 일반적 특징381

전형적인 네안데르탈인은 적어도 1,400cc이상의 두개골 용적을 갖고 있었으며, 두개골의 두께는 7.2mm, 키는 152cm정도이며 정강이가 비교적 짧았던 것으로 추정된다. 여러 가지 흔적으로 미루어 네안데르탈인은 사냥을 하였고 불을 사용하였으며 장식품이나 석기를 시체와 함께 부장하는 관습도 가지고 있었다. 이러한 증거를 바탕으로 진화론에서는 네안데르탈인을 홍적세(洪積世) 후기의 유럽지역에 살았던, 절반쯤 서서 다녔던 '유사 인간' 이라고 하였다.

B. 재구성의 문제

프랑스 라샤뻴오생에서 발견된 네안데르탈인의 두개골은 그때까지 유럽에서 발견된

381 Lubenow, *Bones of Contention*, p. 61.
382 Kenneth A. R. Kennedy, *Neandertal Man*(Minneapolis: Burgess Publishing Company, 1975), p. 33.
     Lubenow, *Bones of Contention*, p. 37에서 재인용.

11-17 이 그림은 네안데르탈인의 뼈가 재구성하는 사람의 선입견에 따라
얼마나 다르게 재구성될 수 있는지를 보여준다.

네안데르탈인의 두개골 중 가장 완벽하게 보존된 것이었다. 그래서 사람들은 이 화석으
로부터 네안데르탈인의 진짜 모습을 볼 수 있을 것이라고 기대하고 고생물학자 불
(Boule)에게 그 화석을 재구성하도록 요청하였다. 불은 네안데르탈인의 낮고 넓은 두개
골이나 완만한 안면 경사각 등으로 미루어 볼 때 그것은 인류 진화 계보에서 후손을 남기
지 않고 멸종한 종류라고 생각하였다. 라샤뻴오생의 두개골 용적은 1,620cc로서 현대인
의 평균 두개골 용적인 1,450cc보다 근 200cc나 더 컸다. 하지만 불은 네안데르탈인의 지
적인 능력이 인간보다 원숭이에 가까우며 정신적인 능력의 흔적은 있으나 언어 능력은
으르렁거리는 정도의 능력밖에 없었을 것이라고 생각하였다.[382]

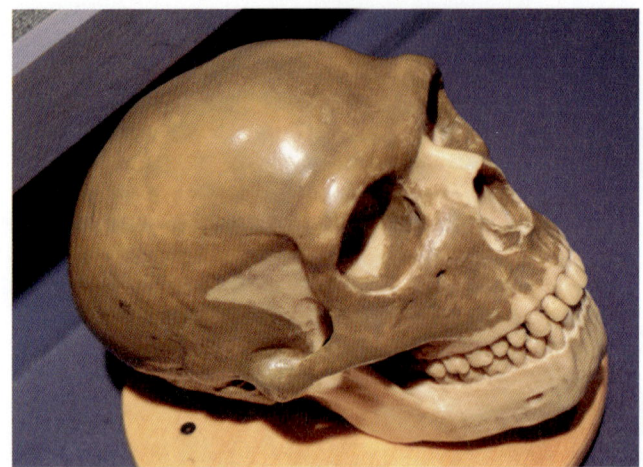

11-18 네안데르탈인 라샤뻴
오생의 완만한 안면

네안데르탈인에 대한 불(Boule)의 보고서는 1911년과 1913년 사이에 3권으로 된 『고생물학연보』(Annals de Paleontologie)에 연재되었다. 이러한 불의 보고서로 인해 스트라우스와 케이브가 1957년에 네안데르탈인에 대한 재조사 결과를 발표할 때까지 44년간 온 세계 사람들이 네안데르탈인에 대한 잘못된 견해를 갖게 되었다.[383][384] 스트라우스와 케이브는 1955년 파리에서 열린 해부학회에 참석했다가 라샤뻴오생의 두개골을 다시 한 번 조사했는데 그들은 그 두개골을 보자마자 즉각적으로 불(Boule)의 재구성에 심각한 문제가 있다는 것을 발견했다. 그들의 연구 결과 오늘날 우리들이 알고 있는 것과 같이 네안데르탈인은 건장하고 직립했으며 현대인처럼 걸어다녔음이 드러났다.[385]

383 스트라우스(William L. Straus): 미국 존스 홉킨스 의과대학(Johns Hopkins Medical College) 교수.

384 케이브(A. J. E. Cave): 런던 바돌로매 의과대학 병원(St. Bartholomew's Hospital Medical College, London) 근무.

385 Lubenow, *Bones of Contention*, pp. 36–9.

386 J. Lawrence Angel, "History and Development of Paleopathology," 〈American Journal of Physical Anthropology〉, 56(4)(December 1981), p. 512. 엔젤(J. Lawrence Angel, 1915–1986): 영국 런던 태생의 미국 인류학자(forensic anthropologist). 하버드대학에서 Ph.D.를 마친 후 스미스소니언 박물관의 관장 등을 역임했다.

387 Lubenow, *Bones of Contention*, pp. 76–7.

388 "Rudolf Virchow," in *Encyclopedia Americana*, 1963 edition.

창조와 격변

6. 네안데르탈인에 대한 논쟁

과연 네안데르탈인은 인간의 진화를 증거하는 중간형태인가? 네안데르탈인을 빠진 고리로 생각한 주요 원인은 앞이마가 낮을 뿐 아니라 두개골이 낮고(low), 넓으며(broad), 길쭉하다(elongate)는 점, 즉 두개골의 안면 경사각이 완만하다는 점이었다. 그러나 네안데르탈인의 안면 경사각이 평균적인 현대인에 비해 완만한 것에 대해서는 건강의 문제라고 말하는 사람들도 있다. 스미스소니언 박물관(Smithsonian Institution)의 엔젤은 "골반과 두개골 받침은 음식물에서 단백질이나 비타민 D가 부족하면 평평해지려는 경향이 있다"고 지적했다.[386] 이것은 이미 1872년, '병리학의 아버지'라고 불리는 피르호가 첫 네안데르탈인의 두개골의 안면 경사각이 완만한 것을 보고 내린 진단이다.[387]

A. 곱추병 환자?

앞에서 언급한 "피르호는 아마 19세기 후반에 살았던 세계에서 가장 유명한 의료인이었다고 할 수 있을 것이다."[388] 하지만 그는 다윈의 자연선택에 기초한 진화론은 증거가 불충분하다는 이유로 회의적이었을 뿐 아니라 네안데르탈인이 인류의 진화 조상이라는 것에 대해서도 단호하게 반대하였다. 그리고 그는 네안데르탈인이 곱추병 혹은 구루병 환자였다는 진단을 내렸다.

11-19 네안데르탈인들의 안면 경사가 완만하고 목 척추가 굽어 있다고 해서 원숭이에 가까운 것은 아니다.

그는 개인적으로 네안데르탈인 원본 화석에 대한 연구를 충분히 했고, 또한 누구보다도 곱추병에 대해 잘 알고 있었던 사람이다. 곱추병은 18, 19세기 유럽의 주요 공업지역에서 흔한 병이었기 때문이다. 공업지역에서는 매연으로 인해 햇볕이 줄어들었고, 이로 인해 많은 어린이들, 특히 2-6세의 아이들과 잘 먹지 못한 사람들이 곱추병에 걸렸다. 물론 구체적으로 비타민 D의 부족이 곱추병을 일으킨다는 사실은 1차 세계대전 이후에 알려진 것이지만, 햇볕의 감소와 곱추병의 증가는 피르호 시대 전문가들 사이에서는 잘 알려진 사실이었다. 오늘날은 공해 지역에서조차 곱추가 적은데 이것은 우유 등을 통해 비타민 D를 충분히 섭취했기 때문이다.

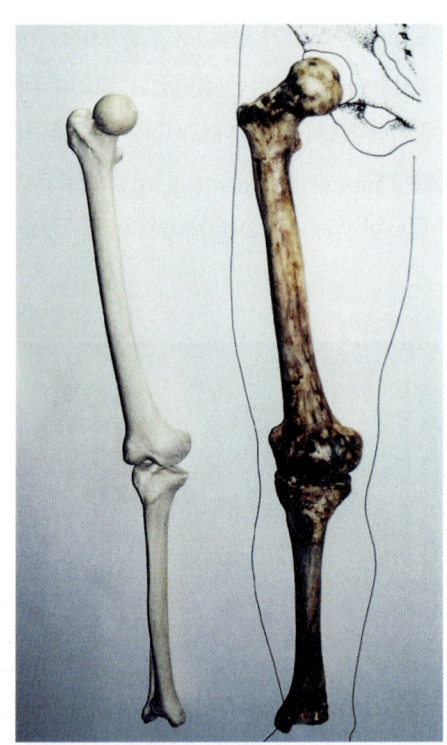
11-20 현대인의 대퇴골(왼쪽)과 네안데르탈인의 대퇴골(오른쪽). 네안데르탈인의 것이 약간 변형되어 있음을 볼 수 있다.

피르호와 더불어 아이반호도 네안데르탈인의 목 척추가 원숭이들처럼 굽은 것은 원숭이로부터 진화한 흔적이라기보다 비타민 D의 부족으로 생긴 병 때문이었다고 주장한다. 위에서 소개한 피르호의 주장과 관련하여 인류 화석과 곱추병의 관계에 대해 많은 연구를 한 아이반호는, "네안데르탈인의 모습이 그와 같은 이유는 그가 큰 유인원과 아주 밀접한 관계가 있었기 때문이 아니라 구루병을 가졌기 때문이다. 35,000년 동안 지구에 살면서 섭취한 그들의 음식물에는 분명히 비타민 D가 부족했던 것으로 보인다"라고 했다.[389]

B. 그런데 왜 곱추병을 알아보지 못했을까?

많은 화석들이 곱추병의 증세를 보여주고 있는데 왜 많은 화석학자들이 이 사실을 간과하고 있는가? 여기에 대하여 루브노프는 몇 가지 설득력 있는 이유를 제시한다.[390]

우선 현대의 발달한 의학이 화석에서의 곱추병을 보지 못하게 하는 원인이 되고 있다. 실제로 대부분의 선진국들에서는 곱추를 보기가 매우 어렵다. 선진국에서는 심지어 의사들조차 곱추를 보기가 어려우며, 미미한 곱추인 경우에는 X-선 촬영을 통해서 겨우 곱추병이 있음을 알게 되는 정도다. 그러므로 화석에서 곱추병 환자가 발견되어도 이것이 과거에 얼마나 흔한 병이었는지를 이해하지 못하며, 따라서 잘 알아채지 못한다.

다음에는 진화론적인 편견으로 인해 곱추병의 가능성을 배제하였다. 진화론적 편견으로 인해 필트다운 사기극이 40년간 사람들을 속일 수 있었던 것과 같이 인간 진화에 대한 편견이 네안데르탈인의 곱추병을 보지 못하게 했다. 진화를 입증하기 위해 진화론자들은 네안데르탈인의 특징과 같은 '중간형태' 화석을 찾고 있었고, 실제로 그러한 뼈들이 발견되었을 때는 다른 해석의 가능성을 배제한 것이다.

만일 네안데르탈인이 곱추병자였고, 그것이 비타민 D의 부족 때문이었다면 이는 대홍수론으로 설명할 수 있다. 홍수 후 빙하기 동안의 추운 기후를 이겨내기 위하여 인간은 동굴과 같은 자연적인 피난처에 깊숙이 들어가 살았으며, 또한 추위를 이기기 위하여 동물들의 가죽과 같은 것으로 두꺼운 옷을 만들어 입었을 것이다. 동굴 생활과 두꺼운 옷을 입는 것에 더하여 아직도 남아 있는 두꺼운 구름으로 인하여 사람들은 자외선을 쬘 기회가 없었을 것이고, 이로 인해 피부 깊숙한 곳에서 자외선을 받아 생성되는 비타민 D가 부족했을 것이다. 이때 사람들이 비타민 D를 섭취할 수 있는 음식으로는 물고기 지방과 달걀노른자인데 직립원인이나 네안데르탈인, 초기 호모 사피엔스가 이러한 음식을 충분히 먹었다는 증거가 별로 없다.[391]

반면에 빙하기 말기에 있었기 때문에 구름도 많이 걷히고 건조해진 기후로 인해 햇볕을 많이 쬘 수 있었던 크로마뇽인의 경우는 그렇지 않았다. 크로마뇽인 시대에는 햇볕을 많이 쬐고 물고기를 많이 섭취하였기 때문에 비교적 풍부하게 비타민 D를 섭취하였으며, 따라서 이들의 골격은 현대인과 거의 같다.

C. 두개골이 인위적으로 변형되었을까?

네안데르탈인의 안면 경사와 관련하여 또 하나의 가능성은 인위적인 두개골 변형(artificial cranial deformation)이다. 흥미 있는 것은 아메리카 인디언들 중 치누크(Chinook) 족의 관습이다. 치누크 족은 오래 전부터 어린아이가 태어나면 아이들의 머리를 쐐기모양의 나무틀 속에 끼워 안면 경사각을 완만하게 만드는 이상한 풍습을 갖고 있었다. 남아메리카 잉카의 귀족들도 아이를 낳으면 안면 경사가 정해진 각도에 이르기까

389 Francis Ivanhoe, "Was Virchow Right about Neandertal?" 〈Nature〉, 227(1970. 8. 8), pp. 577-9; "Neanderthals had Rickets," 〈Science Digest〉, 69(February 1971), pp. 35-6; 아이반호의 견해에 대한 비판을 보려면 http://www.jackcuozzo.com/rickets.html(2002. 7. 1)을 보라.
390 Lubenow, Bones of Contention, pp. 151-2.
391 Lubenow, Bones of Contention, pp. 148-9.

지 아이의 머리를 변형시켰다. 안면 경사가 완만한 것이 귀족스럽게 보인다고 생각했기 때문이다.[392]

이처럼 인위적으로 신체의 발육을 변형시킨 것은 역사적으로 드문 일이 아니다. 우리 나라에서도 비슷한 예를 찾아볼 수 있다. 여자들의 뒷머리가 납작해야 머리의 쪽을 만들 때 보기가 좋다고 하여 여자아이들은 어릴 때부터 반듯하게 눕혀서 키웠다. 그러다가 1960년대 후반부터 아이들을 엎어서 키우는 것이 폐를 튼튼하게 하고 뒷골을 발달시켜 머리를 좋게 한다는, 의학서에서는 아무 데서도 찾아볼 수 없는 희한한 얘기가 서양으로부터 들어왔다. 이 풍문은 곧 젊은 엄마들에게 유포되기 시작했고, 이어서 태어난 많은 아이들의 머리가 좌우로는 좁고 앞뒤로는 길쭉한 이상한 모습으로 바뀌기 시작했다.

11-21 치누크(Chinook) 족이라는 미국 인 디언들은 오랜 옛날부터 아이들의 앞이마를 평평하게 만드는 관습이 있었다. 요즘 엄마들이 아이들을 앞뒤 짱구로 만드는 것처럼.[393]

또한 네안데르탈인의 독특한 모습은 현존하는 사람들 중에서도 볼 수 있음을 지적하는 사람들도 있다. 실제로 현대인들 중에도 네안데르탈인과 같이 안면 경사각이 완만한 이들이 얼마든지 있다. 이들의 두개골 모양은 진화와는 아무런 관련이 없으며 다만 개인차일 뿐이다. 목 척추가 굽은 것이나 안면 경사가 완만한 것은 중간형태의 확실한 증거가 되지 못한다. 네안데르탈인의 안면 경사각이 현존하는 개인 혹은 종족들 간의 안면 경사각 변이의 한계를 벗어나지 못한다면 안면 경사각의 완급은 중간형태의 증거, 혹은 진화의 증거로는 불충분하다.

D. 문화인 네안데르탈인

또한 네안데르탈인이 문화생활을 했다는 증거도 발견되고 있다. 슬로베니아의 한 동굴

392 Lubenow, *Bones of Contention*, p. 155.
393 이 그림의 원본은 미국 워싱턴 주에 있는 세인트 헬렌스 화산의 Visitors' Center에 있다.
394 "Neandertal Noisemaker," 〈Science News〉, 150(November 23, 1996), p. 328.

11-22 네안데르탈인은 (a) 도구
제작 (b) 사체 매장 등 여러
면에서 현대인과 비슷한
흔적이 있다.

(Slovenian cave)에서 발견된 네안데르탈인의 뼈들은 문화적인 생활을 한 것으로 보인다. 《사이언스 뉴스》는 다음과 같이 보도하고 있다. "학자들은 작년 슬로베니아 동굴에서 발견된 유럽 네안데르탈인의 많은 석기들을 발굴하면서 어린 곰의 대퇴골을 하나 발견했다. 그 뼈에는 네 개의 인위적으로 만든 구멍이 있었는데 이것은 플루트를 닮았다. … 뉴욕 플러싱에 있는 뉴욕시립대학의 퀸즈대학 지질학자인 블랙웰(Bonnie Blackwell)은 '이 뼈는 소리를 내기 위해, 아마 음악 소리를 내기 위해 사용되었을 것이다. 이것이 네안데르탈인의 악기였다고 해도 별로 놀라운 일은 아니다' 라고 주장했다."[394]

또한 네안데르탈인은 현대인들과 같이 사체를 매장했으며, 비슷한 도구를 사용했고,

짐승을 도축하는 방법도 비슷했다.[395] 평균 두개골 용적이나 체구도 오히려 현대인보다 더 컸다. 두개골 용적으로만 보면 네안데르탈인은 현대인보다 더 진화된 존재다.[396] 또한 체구도 현대인에 비해 30% 정도 더 컸던 것으로 보인다.[397] 네안데르탈인은 크로마뇽인처럼 완전히 직립이었으며 현대인과 전혀 구별할 수 없다. 네안데르탈인은 인류의 진화 조상이라기보다 멸종한 한 종족으로 보는 게 타당한 듯하다.

또한 네안데르탈인은 언어를 사용한 흔적이 있다. 1989년 텔아비브대학(Tel Aviv University)의 아렌스버거(Baruch Arensburg)가 이끈 탐사 팀은 이스라엘 갈멜 산(Mount Carmel) 인근에 있는 케바라(Kebara) 동굴에서 오래된 네안데르탈인의 뼈를 발굴하고, 이 유해에 말을 하는 데 중요한 설골(舌骨, hyoid)이 있음을 발견하였다.[398] 이것을 근거로 1992년 2월, AAAS 연례 모임에서 캔자스대학(University of Kansas)의 고인류학자인 프레이어(David Frayer)는 대담하게 "네안데르탈인에게 현대적 언어 능력이 없었다는 개념을 버려야 할 때가 왔다"고 선언했다.[399]

네안데르탈인에 대한 지금까지의 논의를 요약하면 다음과 같다.

(1) 네안데르탈인은 현대인에 비해 두개골 용적이나 체구가 현대인보다 더 컸다.
(2) 네안데르탈인의 안면 경사각이 완만한 것이나 목 척추가 굽은 것은 현생인류 내에서의 변이이거나 건강상의 문제였던 것으로 보인다.
(3) 네안데르탈인은 음악 등의 문화생활을 영위했으며, 언어도 사용하였다.

이러한 연구 결과들로부터 볼 때 네안데르탈인은 사람과 원숭이의 진화 중간형태가 아니라 과거에 존재했다가 사멸한 현대인의 한 종족이었을 가능성이 가장 높은 것으로 보인다.

---

395 Bruce Bower, "Neandertals' Disappearing Act," 《Science News》, 139(June 8, 1991), pp. 360-3.
396 T. Dobzhansky, "Changing Man," 《Science》, vol. 155(1967).
397 John Kappelman, "They Might Be Giants," 《Nature》, 387(8 May 1997), pp. 126-7. 카펠만(John Kappelman)은 텍사스대학(University of Texas, Austin)의 인류학과에 재직하고 있다.
398 Sarah Bunney, "Neanderthals Weren't So Dumb After All," 《New Scientist》, 123(July 1, 1989), p. 43.
399 Ann Gibbons, "Neandertal Language Debate: Tongues Wag Anew," 《Science》, 256(April 3, 1992), p. 33.

7. 크로마뇽인

네안데르탈인에 이어 현생인류로서 현대인의 조상이라고 하는 화석 인간은 크로마뇽인(Cro-Magnon Man)이다. 1868년, 프랑스의 도르도뉴(Dordogne)에 있는 크로마뇽이란 동굴에서 다섯 개체의 골격을 발굴한 것이 최초였다. 그 후 스페인 등지에서도 크로마뇽인의 화석이 발견되었다. 진화론자들은 이들이 27,000년 전, 유럽의 홍적세(洪績世, Pleistocene) 빙하기 후기에 나타났다고 한다. 이들은 현대인과 아주 비슷하므로 호모 사피엔스(Homo sapiens)로 분류되었으며 남자는 키가 평균 180cm, 여자는 165cm로 네안데르탈인에 비해 특히 정강이가 길었다. 두개골은 현대 유럽인과 같아서 이마는 높고 눈두덩이 거의 없으며 턱도 앞으로 나오지 않았고 턱 끝은 현저하게 돌출했다. 다른 여러 발견물들로 미루어 크로마뇽인은 고도의 석기문화를 갖고 있었다.

진화론자들은 크로마뇽인을 원숭이와 사람 사이의 '빠진 고리'라고 주장하지만 크로마뇽인은 현대인과 별 차이가 없으므로 이를 인간의 원시조상으로 볼 만한 분명한 근거가 없다. 이에 관해 오스본은 "진화론적 관점에서 볼 때 크로마뇽인은 우리들과 전혀 다를 바가 없으며, 그들의 머리와 두개골을 보면 그들의 도덕적, 정신적 능력의 수준을 짐작할 수가 있다. 그들은 어떤 조상보다도 뛰어난 용사이자 사냥꾼이었으며, 화가이자 조각가였다. 인류학자들은 유럽의 크로마뇽인이 남긴 동굴벽화나 조각품들이 원시성을 보

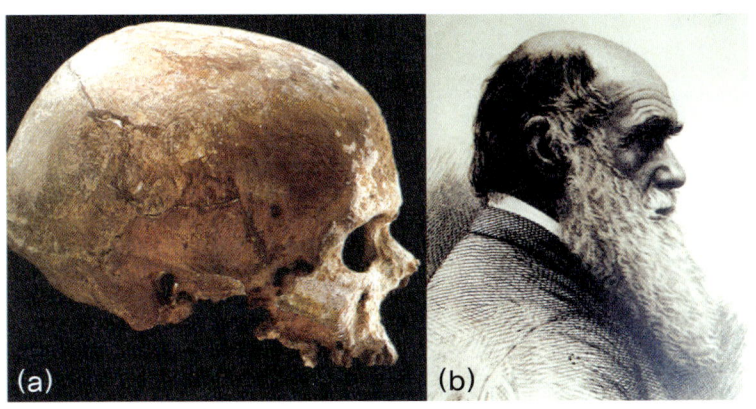

11-23 (a) 크로마뇽인의 두개골 (b) 크로마뇽인의 두개골을 현대인이라고 할 수 있는 다윈의 옆모습과 비교해 보면 별로 큰 차이를 발견할 수 없다. 크로마뇽인은 종교적인 의식이나 동굴벽화를 그리는 등 예술활동을 하였다.

여주기는커녕 오히려 그들 예술의 높은 수준을 보여준다고 생각한다"고 말했다.[400] 크로마뇽인은 돌로 도구를 만들어 사용했으며 낚시 바늘도 만들었다. 크로마뇽인은 신체적 특징과 그들이 남긴 여러 가지 문화활동의 흔적으로 미루어 현대인과 조금도 다를 바 없는 존재들이다.

8. "아니요"라고 할 수 있는 용기

사실 인류의 기원 분야만큼 많은 편견과 이데올로기의 개입 가능성이 큰 분야도 없다. 그동안 진화론적 편견으로 인해 빚어졌던 수많은 오류를 생각할 때, 이제는 과학이라는 이름으로 이루어지는 많은 연구들 속에 포함된 진화론적 편견을 벗겨 내는 작업이 필요한 때가 되었다. 고대 유인원들의 뼈들이 거의 대부분 신체의 일부분만이, 그것도 여러 조각으로 발견되며, 그 숫자도 (상대적으로) 많지 않고, 발견된 뼈들에 대하여 거의 '주먹구구'라고 할 수 있을 정도의 어설픈 연대측정이 이루어지고 있다. 이러한 현실을 생각한다면, 그리고 진화론이 연구자들에게 강력한 '지배신념'(control belief)으로 작용하는 것을 감안한다면 우리는 현대 인류 진화의 뿌리부터 의심해 보는 용기가 필요하다. 과학자들의 말이라면 무조건 '아멘'으로 화답하는 과학주의적 무지를 더 이상 용납해서는 안 될 것이다. 지금은 진리를 사랑하는 모든 사람들이 잘못된 진화론적 편견에 대해 "아니요"라고 말할 수 있는 용기가 필요한 때다.

---

400 오스본(Henry Fairfield Osborn, 1857–1935): American Museum of Natural History의 척추고생물학(Vertebrate Paleontology) 책임자였다.

1. 자바원인에 대한 후속 연구가 제대로 이루어지지 못했던 한 가지 이유로 자바원인의 발견자 듀보아의 폐쇄적 성격을 들 수 있다. 간단한 듀보아의 전기문을 작성해 보라. 자바원인이 발견 초기부터 많은 비판을 받았음에도 불구하고 여전히 진화의 증거로 채택되고 있는 이유는 무엇인가?

2. 주변에 있는 사람들 중에서 진화론자들이 말하는 기준으로 가장 원숭이에 가까운 모습의 사람과 가장 진화된 모습의 사람이라고 생각되는 사람의 사진을 찍어서(같은 각도에서) 비교해 보라. 사진들을 비교하면서 진화론자들이 어떤 잘못을 범하기 쉬운지 토의해 보라.

3. 본 장에서 언급한 것 외에 현존하는 인종에 따른 다양한 신체적 특징들 중에서 사람 이외의 영장류들과 유사하다고 생각되는 것들이 있다면 말해 보라.

4. 네안데르탈인과 크로마뇽인의 특징들을 비교하고, 이들이 진화를 보여주는 중간형태가 아니라 완전한 현대인이라는 증거를 제시해 보라.

Discussion & Questions

제12장
과학적 연대 논쟁

Creation and Catastrophes

주의 목전에는 천 년이 지나간 어제 같으며
밤의 한 경점 같을 뿐임이니이다 _ 시편 90:4

창조론과 진화론의 논쟁을 고찰하려고 할
때 가장 중심적인 사안의 하나는 연대에 관한 논쟁이라고 할 수 있다. 일반적으로 진화론
자들은 생명의 발생이 무기물로부터 유기물, 단세포 생물, 하등동물 등을 거쳐 고등동물
로 진화되었으며, 그것이 확률적 과정에 의한 우연의 산물이라고 보기 때문에 시간이 길
면 길수록 더 타당성이 있다고 본다. 즉 작은 확률의 사건이라도 시간이 오래 지나면 일
어날 가능성이 높아지기 때문이다.

한편 창조론자들은 모든 생물이 창조주의 설계에 의하여 처음부터 각 종류대로 창조되
었다고 보기 때문에 시간의 길고 짧음에는 관계하지 않는다. 그러면서 과학적인 증거들
도 반드시 오랜 증거만을 보여주는 것이 아니라고 주장한다. 특히 창조론자들 중에서도
성경의 축자영감설을 믿는 창조과학자들은 1만 년 이내의 젊은 연대를 주장하면서 창조
가 최근에 일어났음을 보여주는 여러 증거들을 제시하고 있다.

본 장에서는 과학적 입장에서 우주와 지구, 인류와 생물의 연대를 보여주는 여러 증거
들을 살펴보면서 이들 연대측정법들의 문제점들이 무엇인지 논의하고자 한다. 먼저 지구
의 나이가 오래되었음을 말해주는 몇몇 연대측정법들과 이들에 대한 비판으로부터 시작
해본다.

1. 지층의 퇴적 속도

지층의 퇴적 속도를 이용하여 지구가 매우 오래되었음을 주장하기 시작한 것은 200여 년 전부터였다. 스코틀랜드의 지질학자이자 박물학자였던 허튼(James Hutton)은 『지구의 이론』(*Theory of the Earth*, 1788)이라는 저서에서 지구의 과거 역사는 현재 관찰되고 있거나 혹은 가까운 과거에 기록된 현상으로 설명될 수 있다고 가정하였다.[401] 즉, '현재는 과거의 열쇠'가 된다는 가설을 제시했는데, 흔히 이 가설을 동일과정설(同一過程說) 혹은 균일설이라고 한다. 현대 지질학의 기초가 되고 있는 동일과정설은 지구의 암석에 대해 현재 관찰되고 있는 물리 화학적인 작용으로부터 간단하게 과거를 추적할 수 있다는 점에서 대단히 편리한 가설이다. 그리고 이 이론은 때때로 지구에서 일어날 수 있는 지진이나 화산 폭발, 홍수 같은 급격한 변화도 어느 정도 고려해줄 수 있는 융통성을 갖기도 한다.

동일과정설에 근거하여 지구의 나이를 추정하는 방법 중의 하나는 퇴적암의 두께를 재고 퇴적하는 속도를 관측하여 지구의 나이를 계산하는 방법이다. 이 방법으로는 지구가 캄브리아기 이후에 약 9,500만 년 정도 경과되었다고 계산된 적이 있다. 동일과정설 지질학에 의하면 캄브리아기는 바로 해양 무척추동물이 발생하였던 시기다. 그러나 이 방법은 지구 탄생 이래로 끊임없이 퇴적되어 온 전 지층이 지구의 어느 곳에도 없다는 사실과, 퇴적 속도가 시간과 장소에 따라 변한다는 사실을 무시하고 일률적으로 1cm 퇴적되는 데 수백 년의 기간이 소요된다고 가정하였다.

하지만 이러한 동일과정설은 격변론자들, 그 중에서도 홍수론자들에 의해 비판을 받고 있다. 홍수론자들에 의하면 지표면에 있는 지층과 지층에 매몰된 화석들은 과거에 있었던 전 지구적 홍수에 의해 한꺼번에 형성되었다고 주장한다. 그러므로 현재 하천이나 바다에서 퇴적되고 있는 바와 같이 과거에도 지층이 퇴적되었다고 한다면 이는 크게 잘못된 것이라고 주장한다. 홍수뿐 아니라 때로는 화산 폭발 때 흘러나오는 토사 등에 의해서도 급격히 지층이 형성된다는 것이 알려져 있다.

또한 화석을 이용하여 지층의 연대를 측정하기도 한다. 동일과정설에서는 생물체나 생체 조직의 진화 과정을 가상하여 미리 진화 연대표를 만들어 놓고 어떤 암석층에서 이미

401 허튼(James Hutton, 1726~1797): 스코틀랜드 에든버러 출신의 지질학자.

창조와 격변

12-1 세인트 헬렌스 산(Mount St. Helens)의 캐니언 벽(Canyon wall). 1980년 이래 화산 폭발로 여러 지층이 한꺼번에 퇴적되었으며, 이 지층들은 5년 이내에 암석으로 굳어졌다.

멸종되어 없는 동식물의 화석이 대량으로 출토되면 이것을 표준화석(標準化石, guide 혹은 index fossil)으로 정해 놓은 다음 이 연대표와 비교하여 그 지층 내에 있는 화석은 물론 그 지층의 연대도 함께 산출한다. 그러면 그 지층의 아래 위 지층들도 자동적으로 연대가 정해진다. 그러나 여기에 대해서 홍수론자들은 대부분의 화석이나 지층이 홍수와 같은 천재지변에 의해서 갑작스럽게 형성되었다고 한다면 동일과정설의 가정에 근거한 화석의 연대는 의미가 없다고 주장한다.

2. 지구의 냉각 속도

다음은 지구의 냉각 속도를 이용한 연대측정이다. 화산이나 온천 등을 통해 지구 내부가 매우 뜨겁다는 사실은 오래 전부터 알려진 사실이었지만 지구의 냉각 속도로부터 지구의 연령을 계산하려는 최초의 시도는 뉴턴에 의해 이루어졌다. 그는 최초의 지구를 백열상태로 보고 현재와 같은 상태로 식는 데 걸리는 시간을 이론적으로 계산하여 5만 년이라는 결론에 이르렀다. 그러나 그는 이 시간이 6천 년보다 훨씬 길었기 때문에 뭔가 계산에 잘못된 것이 있었을 것이라고 생각했다.

뉴턴 다음으로는 프랑스의 뉴턴주의자 뷔퐁이 지구의 냉각 속도로부터 지구의 나이를 계산했다. 뷔퐁은 지구는 혜성이 태양 근처를 지나면서 태양의 일부를 떼어 내어 만들어졌으므로 최초의 지구는 태양과 같이 백열상태였으며 시간이 경과함에 따라 점점 식어져 현재와 같이 되었다고 생각했다.[402]

그는 실제로 다양한 물질로 만들어진 다양한 크기의 구를 백열상태로 만들어 냉각 속도를 측정하였다. 백열상태의 구가 손으로 만질 수 있을 정도로 식는 시간을 측정한 후 구의 크기를 지구와 같은 크기로 외삽한 결과 74,832년을 얻었으며 지구가 현재 상태로부터 얼어붙는 데까지 걸리는 시간은 93,291년이 걸린다는 결과를 얻었다.[403]

뷔퐁 다음으로 영국의 물리학자 켈빈 경(Lord Kelvin, 원래 이름은 William Thomson, 1824–1907)은 지구가 태초에는 지각이나 속이 모두 균일한 온도의 불덩이였을 것으로 가정하고, 지각의 냉각 속도로부터 지구의 나이를 2,500만 년 내지 1억 년으로 계산하였다.

위 세 사람의 판이한 결과가 보여주듯이 이 방법 역시 미지의 가정들을 근거로 하고 있다. 예를 들면, 태초에 지각이 정말로 현재의 지구 내부의 마그마와 같이 뜨거웠는가? 그런 지구가 식는 속도는 또한 어떻게 알 수 있는가? 등이다. 그러므로 이 방법도 결국 증명할 수 없는 가정에 근거하고 있다고 할 수 있다.

3. 바닷물의 염분 농도

다음으로는 혜성 발견으로 유명한 영국의 핼리(Edmund Halley, 1656–1722)가 제안한 바닷물의 염분 농도로부터 바다 나이를 계산하는 방법을 생각해 보자. 이 방법에서는

402 G. Buffon, *The Natural History of Animals, Vegetables, and Minerals, with the Theory of the Earth in General* (London, 1976), pp. 358–73.
403 G. Buffon, *Les Epoques de la Nature* (Paris: Editions du Museum, 1962), pp. XC–XCI, 70–1.

바다가 태초에는 민물이었으며, 육지에서 고체로 존재하던 소금이 빗물에 씻겨 내려가서 지금과 같이 짠 바닷물을 만들었다는 가정을 한다. 만일 태초의 바다에 전혀 염분이 없었다고 가정하고 현재 바다로 유입되고 있는 소금의 양을 계산할 수 있다면 대략적인 지구의 연령을 알 수가 있을 것이다. 하지만 핼리 당시에는 이를 계산하기 위한 정량적인 데이터가 거의 없었으므로 원리만 제시되었을 뿐 믿을 만한 연대를 계산할 수 없었다.

근래에 와서 다니엘 리빙스턴(Daniel Livingstone)은 나트륨의 수지 균형으로부터 바다의 나이를 계산하였는데, 그는 현재 바다에 녹아 있는 나트륨의 양을 약 1.41×10^{16}톤으로 추정하였다. 바다에서 염분 농도가 포화상태 이상이 되면 녹았던 소금이 침전되어 깊은 바다에 깔릴 수가 있고, 침전물은 다시 지각 변동에 의하여 해저에 묻히거나 육지로 올라올 수도 있으며, 또 일부는 암염으로 존재할 수도 있다. 이 모든 나트륨의 합계는 2.76×10^{16}톤으로 추산되고 있다. 그런데 오늘날 하천을 통하여 바다로 유입되는 나트륨의 양은 해마다 약 2.39×10^{8}톤이므로 바다의 나이는 대략 1억 년이 된다. 그러나 이 결과가 발표될 당시는 캄브리아기 암석의 연대가 최고 5억 년은 된 것으로 알려지던 때였다. 그래서 리빙스턴은 바다 안개와 해저 지각의 팽창에 의하여 많은 양의 나트륨이 육지로 환원되었을 것으로 보고 이를 다 고려하여 바다의 나이를 5억 년으로 계산하였다.

그러나 이 방법에는 다음과 같은 근본적인 문제점이 있다. 즉, 지구가 가진 총 나트륨의 양은 2.76×10^{16}톤인데 만약 태초에 바다가 민물이었다면 이 나트륨은 다 땅에 있어야 한다. 만약에 이 나트륨을 염화나트륨으로 환산하여 반경 6,370Km, 평균 공극률(空隙率) 25%인 지구 표면에 골고루 덮는다면 염화나트륨의 두께는 200m 이상이 된다. 그것도 바다 밑에 깔린 소금은 물에 녹아서 바닷물을 짜게 만들 것이므로 이 소금을 모두 육지에만 올려놓는다면 육지의 소금 두께는 700m 가까이 된다는 말이다. 즉, 땅은 소금 덩어리여야 한다는 말이 된다. 그러므로 태초에 바다가 민물이었다는 가정은 그 자체가 신빙성이 없다.

4. 방사성 동위원소 연대측정법

연대에 대한 논의 중에서도 방사성 동위원소의 생성과 붕괴 속도를 이용하여 연대를 산출하는 방사성 동위원소 연대측정법(radioactive dating)은 연대 논쟁의 출발점이요 핵심이라고 할 수 있다. 지구의 절대 연대를 측정하는 대표적인 방법인 방사능 연대에 대

307

해 비판자들이 제기하는 의문은 크게 다음 세 가지로 요약할 수 있다. (1) 방사능 원소의 반감기는 일정한가? (2) 용융상태의 마그마가 굳기 시작했을 때 모원소만 있었는가? (3) 외부로부터 모원소나 자원소의 유출이나 유입이 없었는가? 등이다.[404]

이것은 마치 대야에 남아 있는 얼음 덩어리와 물을 보고 맨 처음 얼음 덩어리가 언제 그곳에 있게 되었는가를 계산하는 것과 같다. 만일 어떤 사람이 얼음 덩어리를 대야에 넣고 처음부터 지켜보았다면 언제부터 얼음이 그곳에 있게 되었는지를 정확히 알 수 있을 것이다. 그러나 중간에 들어와서 보는 사람이라면, (1) 외부 조건이 변하지 않아 얼음의 녹는 속도가 일정하며, (2) 처음에 대야에는 얼음만 있고 물은 없었으며, (3) 중간에 얼음이 승화하거나 물이 증발하지 않아야 한다는 등의 가정이 맞는다고 할 때 비로소 얼음이 그곳에 있게 된 연대를 정확히 알 수 있을 것이다. 그러면 방사성 연대 비판자들이 제시하는 논점을 하나씩 살펴보자.

A. 반감기는 안정적인가?

만일 방사성 원소들이 붕괴하는 반감기가 외부적인 자극들, 즉 높은 온도나 압력, 강한 전장이나 자장, 습도나 여타 다양한 환경에 의해 상당히 변한다면 방사성 연대는 신뢰도에 심각한 문제가 생긴다. 방사능을 띤 모원자(mother element)의 숫자를 N, 모원자가 붕괴하여 생긴 자원자(daughter element)의 숫자를 N′ 라고 한다면,

$$N' = Ne^{-\frac{0.693t}{T}}$$

으로 주어진다. 여기서 t는 경과한 시간, T는 반감기(half-life)를 나타낸다. 이 식에서 볼 수 있는 바와 같이 반감기는 지수 부분에 들어가기 때문에 조금만 변해도 계산 결과에 큰 영향을 미칠 수 있다. 그러면 과연 방사성 동위원소의 반감기는 환경에 따라 변하는가?

여기에 대답하기 위해서는 우선 방사능이 원자와 원자 사이의 반응으로 인한 것이 아니라 핵 내부에서의 반응으로 인한 것임을 유의해야 한다. 즉 핵을 이루고 있는 중성자, 양성자, 중간자 등과 같은 핵자들이 개입되어 있는 반응이라는 점이다. 이러한 핵자들을

404 Larry Vardiman, *Rocks of Ages or Rock of Creation*(Answer in Genesis / Institute for Creation, 2003) DVD series.

묶어 주고 있는 핵력, 즉 결합에너지는 아래 그림에서 보여주는 것처럼 MeV(100만 eV) 단위로 측정되며, 일반적으로 7–9 MeV 내외다.[405]

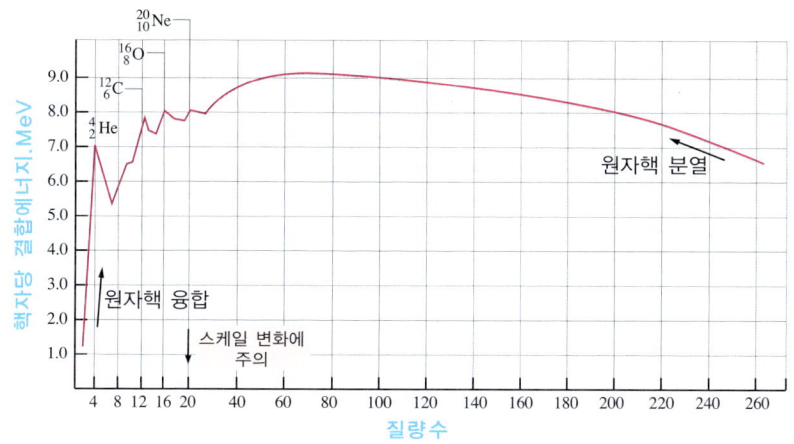

12-2 질량수(원자번호)에 다른 핵자들의 결합에너지

그러면 방사성 동위원소들이 지각의 구성 과정에서 받을 수 있는 열이나 압력, 자장 등의 에너지는 얼마나 될까? 여기에 대해서는 대부분 10eV 미만임이 잘 알려져 있다. 예를 들면, 에너지 E와 절대온도 T의 관계는 볼츠만 법칙 $E = 3kT$으로 표시된다. 여기서 k는 볼츠만 상수로서 8.62×10^{-5} eV/K 값을 갖는다. 지표면이나 지각에서 생각할 수 있는 최고의 온도로서 10,000℃(10,273K)를 가정한다고 해도 이 온도는 2.67eV로서 10eV를 넘지 않는다. 이런 정도의 에너지는 원자나 분자들 간의 반응에는 영향을 미치지만 핵자들의 반응에는 별 영향을 미치지 않는다고 할 수 있다. 그러므로 현재 지구 표면이나 지각 내에서 일어나는 현상에는 방사성 동위원소의 반감기에 큰 영향을 미칠 만한 요인은 거의 없다고 할 수 있다.

방사성 연대측정에 많이 사용하는 원소들 중에서는 레늄(Rhenium, 5%), 류테튬 (Lutetium, 3%), 베릴륨(Beryllium, 3%) 등을 제외하고는 반감기가 2% 이내의 정확도로 잘 알려져 있다. 그리고 이러한 반감기는 수십만 년에 걸쳐 변화하지 않은 것으로 알려지

---

405 Irving Kaplan, *Nuclear Physics*, 2nd edition(Reading, MA: Addison–Wesley, 1963), p. 222에 있는 Fig. 9–11을 보라.

고 있다.[406] 그러므로 방사성 원소들의 반감기의 가변성이 방사성 연대에 약간 영향을 미칠 수는 있지만 크지 않다고 할 수 있다.

B. 최초에는 모원소만 있었을까?

방사성 연대측정에 대한 두 번째 주장은 모원소와 자원소의 초기 조건이 불확실하다는 점과 중간에 자원소나 모원소가 오염되었을 가능성이다. 방사성 연대를 받아들이기 위해서는 최초에 모원소만 있고 자원소는 없었으며, 현존하는 자원소는 모두 모원소가 붕괴해서 생겼다는 가정이 합당해야 한다. 여기에 대해 비판자들은 모원소만 있었던 최초의 순간을 직접 확인할 수 없는 한 방사성 연대는 신뢰할 수 없다고 말한다. 그러면 방사성 시료의 초기 조건이나 시료의 오염 여부를 알 수 있는 방법은 없는가?

이를 위한 한 가지 방법은 동시 연대측정법 혹은 동시법(isochron dating)이다. 일반적으로 방사성 연대측정에서는 자원자와 모원자의 비율, 그리고 모원자의 붕괴 속도를 근거로 연대측정이 이루어지지만, 동시법에서는 이 세 가지에 더하여 자원자와 같은 원소이면서도 방사능 붕괴에 의해 생기지 않은, 다른 한 동위원소(non-radiogenic isotope)의 양을 더 측정해야 한다. 그리고 모원자를 P, 자원자를 D, 비방사능 기원의 (자원소의) 동위원소를 Di라고 하고, x-축은 P/Di를, y-축은 D/Di로 두고 그래프를 그린다.

우선 암석이 형성되기 전 용융상태의 마그마를 생각해보자. 암석이 용융상태에 있는 동안에는 모든 원자들이 자유롭게 움직이고 P, D, Di가 균일하게 용융체 전체에 균일하게 퍼져 있으므로 P/Di와 D/Di의 값이 만나는 점이 하나뿐이다. 즉 '동시점'만 존재할 뿐 동시선(isochron line)을 그릴 수가 없다. 그러나 일단 용융체가 응고되어 암석이 되면 원자들이 자유롭게 움직일 수 없게 되고 암석 속에 들어 있는 광물질들마다 서로 다른 비율로 P, D, Di와 결합하게 된다. 이때 D와 Di는 동위원소이므로 화학적 특성이 거의 같아서 특정한 광물질들과 결합하는 데 있어서 차이가 없다.[407] 그러므로 각 광물질마다 D/Di 값이 동일하며 다만 P/Di 값만 달라지므로 그래프에서 x-축과 평행한 직선(동시선)이 만들어진다.

406 Wiens, "Radiometric Dating: A Christian Perspective," from http://www.asa3.org/ASA/resources/Wiens.html

407 물론 동위원소들 사이에도 특성이 약간씩 다를 때도 있다. 흔히 이것은 isotope fractionation이라고 알려져 있다. non-isochron age에서 0.002 half-life의 오차가 생기기도 한다. 그러나 이 정도의 오차는 오랜 연대를 설명하는 데 큰 문제가 되지 않는다. http://www.talkorigins.org/faqs/isochron-dating.html#isochron을 보라.

창조와 격변

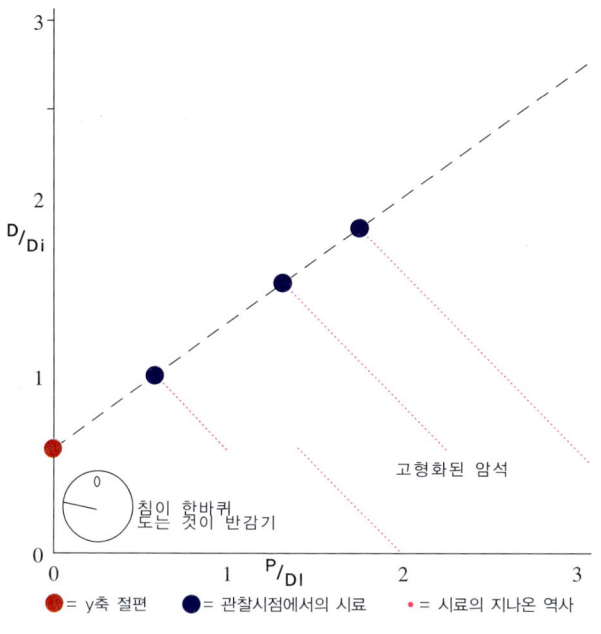

12-3 아이소크론 연대측정법의 원리

이번에는 응고된 후 어느 정도 시간이 경과했을 때, 즉 사람들이 응고된 시료의 연대를 측정할 때를 생각해보자. 일단 응고된 후 시간이 경과하면 Di는 불변이지만 P는 계속 붕괴하여 D로 변해갈 것이므로 P는 점점 줄고 D는 점점 증가하여 동시선은 그림과 같은 양의 기울기를 갖게된다. 이때에도 외부에서 P나 D, Di의 유입이나 유출이 없다면 동시선은 직선을 유지하며 시간이 경과할수록 동시선의 기울기는 점점 더 커진다. 이때 **암석의 연대는 초기 조건과는 무관하게 동시선의 기울기로부터 결정된다.** 이것은 방사성 연대측정이 정확하려면 반드시 초기 조건을 알아야만 한다는 비판자들의 주장이 합당하지 않음을 의미한다. 만일 오랜 세월이 지나면서, 혹은 연대를 측정하기 위해 시료를 처리하는 과정에서 모원소나 자원소의 유입이나 유출이 있었다면, 다시 말해 D, P, Di의 값이 변했다면 동시선은 직선에서 벗어나므로 쉽게 감지될 수 있다. 따라서 방사성 연대를 측정하는 시료의 오염 가능성은 크지 않다고 할 수 있다.

동시 연대측정에서 가장 중요한 사실은 외부로부터 원소의 유출이나 유입이 없었다면 언제 측정하더라도 그래프의 y-축 절편값이 일정하다는 점이다. 즉 동시선을 내삽하여 y-축과 만나는 절편값은 응고 직후, 즉 동시선이 x-축에 평행할 때나 오랜 시간이 지나

311

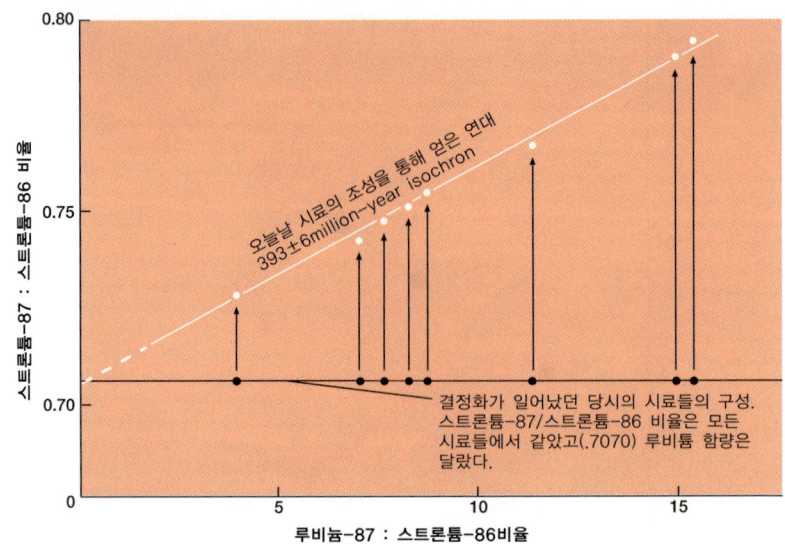

12-4 한 시료 내에 있는 8개의 광물질을 가지고 측정한 동시 연대측정 결과. 매우 좋은 직선을 보여주며 이는 방사성 연대측정에서 초기조건을 정확하게 알 수 있을 뿐만 아니라 시료의 오염 여부를 정확하게 확인할 수 있음을 의미한다.

서 동시선이 상당한 기울기를 가지고 y-축에 가까워졌을 때나 동일하게 유지된다. 이 y-절편값은 불변량이며 초기 조건, 즉 용융 당시의 D/Di 값을 나타낸다. 여기서 Di는 불변이므로 D/Di 값을 정확하게 안다면 D의 값도 정확하게 알 수 있게 되고, 따라서 정확한 연대측정이 가능하다. 결국 동시 연대측정법은 연대측정의 방법이면서 동시에 암석의 초기 조건에 대한 정보와 시간의 경과에 따른 시료의 오염 여부를 확인할 수 있는 믿을 만한 방법이라고 할 수 있다.[408]

위 그림은 Rb-Sr ID 결과를 보여주는 예다. 이 그림에서 볼 수 있는 바와 같이 Sr-87/Sr-86의 초기 비율은 Sr-87/Sr-86의 비로부터 정확하게 알 수 있으며, 따라서 초기 조건에 대한 문제는 더 이상 방사성 연대측정 결과의 신뢰성에 대한 심각한 문제를 제기하지 않는다.

C. K-Ar 연대측정과 방사성 연대측정의 문제들

동시 연대측정 외에도 K-Ar 연대측정법은 초기 조건에 대한 정보를 제공하는 좋은 연대측정법이다. 대부분의 방사성 연대측정은 고체 모원소와 고체 자원소를 대상으로 이루어지지만 K-Ar 연대측정은 고체 모원소와 기체 자원소를 사용하여 이루어진다. 자원소인 아르곤이 기체라는 사실은 매우 중요한 의미를 갖는다. 즉 연대측정의 시료가 되는 화성암은 마그마가 식어서 만들어진 것인데, 마그마는 뜨거운 액체이기 때문에 그 속에 기체가 포함되어 있기가 어렵다. 게다가 아르곤은 불활성 기체이기 때문에 다른 암석들이나 기체들과 거의 반응하지 않으며 암석이나 마그마로부터 쉽게 빠져나올 수 있다. 이 점에 대해서 달림플(G. B. Dalrymple)은 이렇게 말한다.

> K-Ar 연대측정 방법은 초기 암석에 자원소가 전혀 존재하지 않을 때에만 사용될 수 있는 측정 방법이다. Ar-40은 불활성 기체이기 때문에 열을 받았을 때 다른 원소와 화학적으로 반응을 일으키지 않고 암석으로부터 쉽게 빠져나간다. 그래서 암석이 녹아 있었을 때 K-40의 붕괴에 의해 형성된 Ar-40는 액체로부터 모두 빠져나간다.[409]

물론 여기에 대해 이견이 없는 것은 아니다. 때로 과도한 Ar-40이 용암 안의 광물 속에 포함되어 있는 것이 보고되기도 하고,[410] 13,000년 이내의 최근 용암의 감람석(olivine phenocrysts)에 대한 K-Ar 연대측정결과 1.1억 년 이상의 결과를 나타내었다는 보고도 있다.[411] 또한 실험실에서 인위적으로 만들어진 화산용암과 그 구성광물에 대한 아르곤의 용해도 실험에서 0.34ppm의 Ar-40이 감람석에 함유된 것으로 나타나는 등의 결과도 보고되었다.[412] 이 외에도 용암 속에 과도한 아르곤이 포함되어 있다는 주장이 제기되고

---

408 아이소크론법에 대해서는 http://www.talkorigins.org/faqs/isochron-dating, html#isochron을 보라.

409 G. B. Dalrymple, *The Age of the Earth*(Stanford, CA: Stanford University Press, 1991), p. 91.

410 A. W. Laughlin, J. Poths, H. A. Healey, S. Reneau and G. WoldeGabriel, "Dating of Quaternary Basalts Using the Cosmogenic 3He and 14C Methods with Implications for Excess 40Ar," 〈Geology〉, 22(1994), pp. 135–8: D. B. Patterson, M. Honda and I. McDougall, "Noble Gases in Mafic Phenocrysts and Xenoliths from New Zealand," 〈Geochimica et Cosmochimica Acta〉, 58(1994), pp. 4411–27: J. Poths, H. Healey and A. W. Laughlin, "Ubiquitous Excess Argon in Very Young Basalts," 〈Geological Society of America Abstracts With Programs〉, 25(1993), pp. A–462.

411 P. E. Damon, A. W. Laughlin and J. K. Precious, "Problem of Excess Argon-40 in Volcanic Rocks," in *Radioactive Dating Methods and Low-Level Counting*(Vienna, International Atomic Energy Agency, 1967), pp. 463–81.

412 C. L. Broadhurst, M. J. Drake, B. E. Hagee and T. J. Benatowicz, "Solubility and Partitioning of Ar in Anorthite, Diopside, Forsterite, Spinel, and Synthetic Basaltic Liquids," 〈Geochimica et Cosmochimica Acta〉, 54(1990), pp. 299–309: C. L. Broadhurst, M. J. Drake, B. E. Hagee and T. J. Benatowicz, "Solubility and Partitioning of Ne, Ar, Kr and Xe in Minerals and Synthetic Basaltic Melts," 〈Geochimica et Cosmochimica Acta〉, 56(1992), pp. 709–23.

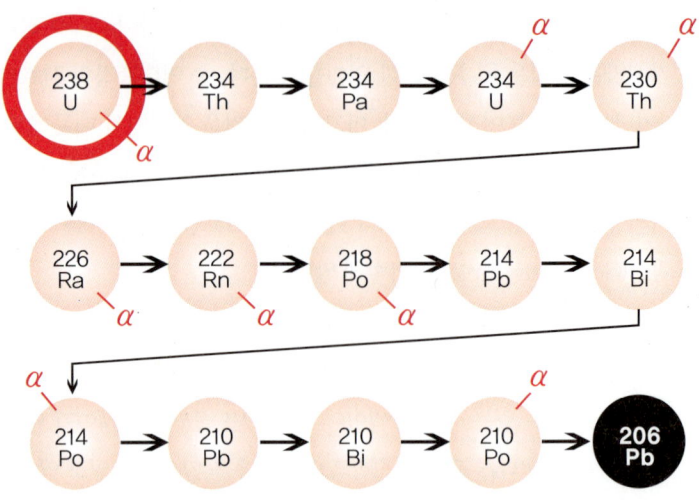

12-5 우라늄 238(U²³⁸)의 붕괴 과정. 중간에 여러 과정을 거쳐서 최종적으로는 안정된 납 206(Pb²⁰⁶)이 된다.

있기도 하다.[413]

그러나 이런 경우는 드물며, 또한 대부분 그 이유가 알려져 있다. 그러므로 몇몇 예외적인 경우를 제외하면 기체 자원소인 아르곤이 용융상태의 마그마 속에 포함되어 있지 않았다는 가정은 신뢰할 만하다.[414] 따라서 암석 속에서 방사능 포타슘과 함께 발견되는 기체 아르곤은 100% 포타슘이 붕괴해서 생긴 것이라고 할 수 있다.

물론 아르곤 기체가 암석을 통해 새어나갔을 가능성도 생각해 볼 수 있다. 그렇기 때문에 방사성 연대측정을 할 때 사람들은 같은 암석의 여러 곳에서 시료를 채취하여 연대를 측정하고 그 결과를 서로 비교하는 것이다. 그리고 방사능 붕괴로 생긴 아르곤은 암석 내부의 매우 작은 밀폐된 공간에 갇혀 있으며 이들은 방사성 연대측정 장치 내에서 가열에 의해 터져 나오는(pop) 것이므로 대부분의 경우 샐 염려가 없다. 만일 암석에 작은 구멍이라도 있어서 그것이 샌다면 오랜 세월 동안 아르곤이 암석 내에 남아 있을 수가 없다.

413 한국창조과학회 홈페이지에 소개된 Andrew A. Snelling, "과도한 아르곤 용암에 대한 K-Ar, Ar-Ar 연대측정에 있어서 아킬레스 건" 논문 참고. cf. http://www.kacr.or.kr/library/itemview.asp?no=422&param=category=L00

414 Wiens, "Radiometric Dating: A Christian Perspective," from http://www.asa3.org/ASA/resources/Wiens.html

415 W. F. Libby, *Radiocarbon Dating* (Chicago: University of Chicago Press, 1952).

창조와 격변

또한 아르곤이 샌다면 남아 있는 아르곤이 적으므로 원래 연대보다 더 젊게 나오지, 오래된 연대는 나오지 않는다.

이상의 논의로부터 방사성 연대측정에서 동위원소의 붕괴 속도는 다소 변하기는 하지만 전체적인 결과에 큰 영향을 미치지 않는다고 할 수 있다. 또한 방사성 연대측정에서 모원자와 자원자의 초기 조건이나 측정 시료의 오염 가능성도 동시 연대측정법으로 확인 가능하다. 결국 방사성 연대측정은 암석 연대를 측정하는 비교적 신뢰할 수 있는 방법이라고 할 수 있다.

5. 탄소-14 연대측정법

지금까지 논의한 것처럼 암석에 대한 연대측정은 다양한 방사성 원소들을 사용할 수 있으나 생물체의 절대연대(絶對年代)를 측정하는 방법에는 역사적이나 고고학적인 방법 이외에는 미국의 화학자 리비 (Willard Frank Libby)가 발명한 방사성 탄소(C-14) 방법이 유일한 것이다.[415]

탄소 연대측정은 다음 몇 가지 가정 위에 세워져 있다. (1) C-14는 대기 중에 있는 질소(N-14)가 우주선의 작용에 의해서 C-14로 변하고, (2) 생성된 C-14는 산소와 반응하여 이산화탄소 ($C^{14}O_2$)를 만들어 동물의 호흡이나 식물의 탄소동화작용을 통해 생물들의 체내에 들어가며, (3) 일단 생물이 죽으면 더 이상 C-14는 체내에 쌓이지 않고 점점

12-6 윌라드 리비와 탄소 연대측정 장치

붕괴하여 없어지며, (4) 현재 살고 있는 동식물 속에 있는 C-14의 양은 과거에 살았던 것들 속에 들어 있는 양과 같고, (5) C-14의 반감기(시료 속에 존재하는 C-14의 양의 절반

이 붕괴하는 데 필요한 시간)는 5천 7백 년으로 과거나 지금이나 불변이라고 가정한다. C-14 방법으로는 약 8만 년까지를 추정할 수 있다.[416]

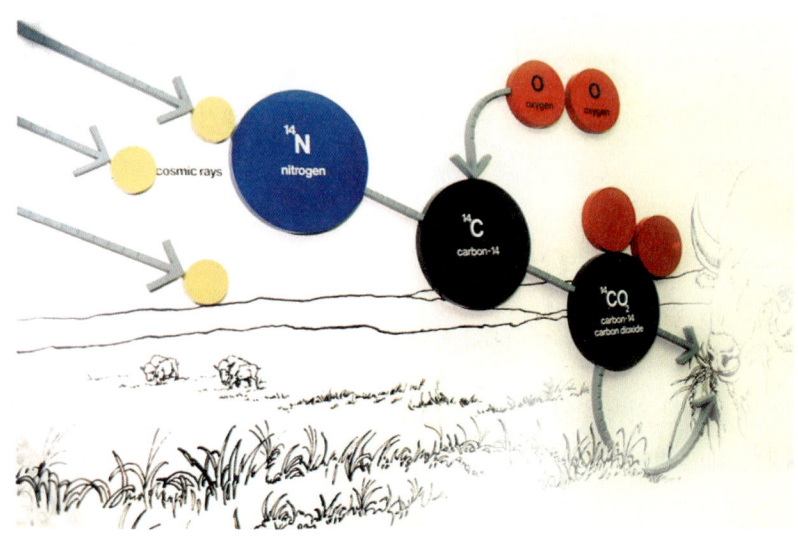

12-7 연대측정의 원리. 우주선(宇宙線)에 의해 대기 중의 질소가 C-14로 바뀌며 이것이 다시 산소와 결합하여 $C^{14}O_2$가 된다. $C^{14}O_2$는 호흡을 통해 동식물의 체내에 들어가서 붕괴한다. 생물이 살아 있는 동안에는 생체 내에 유입되는 $C^{14}O_2$와 붕괴되는 $C^{14}O_2$의 양이 평형을 이루고 있으나 일단 죽어서 호흡이 멈추게 되면 붕괴만 일어나고 유입은 일어나지 않는다. 살아 있을 때의 평형치를 기준으로 남아있는 $C^{14}O_2$의 양을 측정하면 그 생물의 연대를 측정할 수 있다.[417]

그러면 C-14 방법은 신뢰할 수 있는가? 와이송(Randy L. Wysong)의 C-14의 생성 속도나 붕괴 속도가 일정하다는 가정에 대해 이 방법을 고안한 리비의 UCLA 실험실은 쥐스(Suess)의 연구 결과를 인용하면서 "최근의 자세한 연구 결과 C-14 시료의 초기 방사능, 즉 C-14의 생성율은 시간에 따라 변한다는 것이 결정적으로 증명되었다"고 했다.[418][419]

이 외에도 와이송은 탄소 연대의 문제점들을 지적하면서 몇 가지 예를 제시하였다.[420] 예를 들면, 살아 있는 달팽이의 껍질을 C-14 방법으로 측정한 연대는 2,300년이었다거나,[421] 자라는 나무를 측정해 보니 1만 년으로 나왔다거나,[422] 영국 잉글랜드 지방의 옥스퍼드 성(Oxford Castle)은 785년 전에 건축된 것인데도 그 성의 회반죽(mortar)을 측정해 보니 7,370년으로 나왔다거나,[423] 갓 잡은 물개가 1,300년 된 것으로, 죽은 지 30년밖에 안 된 말린(mummified) 물개는 4,600년 된 것으로 나왔다는 등이다.[424]

또 탄소 연대 비판자들은 이라크 북동부 키르쿠크의 동쪽 56Km에 위치한 선사시대

유적을 남긴, 자르모(Jarmo) 종족을 예로 든다. BC 6000년경의 것으로 추정되는 자르모 유적은 획득경제에서 생산경제로 옮겨가는 과정을 나타낸 것으로 보인다. 이것을 남긴 자르모 족은 약 5백 년간 존속한 것으로 알려져 있다.[425] 그런데 자르모 족의 유해를 가지고 탄소연대를 측정한 수치들은 실제 거주 연대와 수천 년의 차이를 보인다. 이에 대하여 리드(C. A. Reed)는 "C-14 연대측정법이 처음 발표되었을 때 이것은 선사시대 연구자들의 기도에 응

12-8 이라크 북동부 키르쿠크의 동쪽 56Km에 위치한 자르모 유적의 위치

답으로써 대환영을 받았지만 연대의 불확실성으로 인해 그 방법에 관한 실망이 점점 커지고 있다"고 했다.[426]

이러한 예들로부터 방사성 탄소를 이용한 연대측정은 원리적으로는 훌륭한 방법이지만 부정확한 가정 때문에 생기는 오차를 인정해야 함을 알 수 있다. 그러면 이런 예외적인 탄소 연대들이 전체 탄소 연대 결과에서 차지하는 비율은 얼마나 될까? 여기에 대해서 정확한 보고는 없지만 대체로 2% 미만으로 알려져 있다. 그나마 중요한 결과의 경우에는 대부분 부정확한 데이터가 나온 원인이 밝혀져 있다. 비록 2% 내외의 예외적인 결과가 있다고 해도 나머지 98% 이상의 다른 결과들이 정확하다면 우리는 그 연대측정을

416 C-14 연대측정에 관해서는 Seung-Hun Yang, "Radiocarbon Dating and American Evangelical Christians," 〈Perspectives on Science & Christian Faith〉 (〈Journal of American Scientific Affiliation〉), 45(4), pp. 229-400에 발표되었다.

417 Randy L. Wysong, The Creation-Evolution Controversy (Midland, MI: Inquiry Press, 1976), p. 149.

418 Wysong, The Creation-Evolution Controversy, pp. 150-1.

419 W. F. Libby, "On the Accuracy of Radiocarbon Dates," 〈Geochronicles〉, 2(1965); Suess, 〈Journal of Geophysical Research〉, 70(1965), pp. 5937, 5952.

420 Wysong, The Creation-Evolution Controversy, p. 151.

421 M. Kieth and G. Anderson, "Radiocarbon Dating: Fictitious Results with Mollusk Shells," 〈Science〉, 141(1963), p. 634.

422 B. Huber, "Recording Gaseous Exchange under Field Conditions," The Physiology of Forest Trees, edited K. V. Thimann(New York: Ronald, 1958).

423 E. A. von Fange, "Time Upside Down," 〈Creation Research Society Quarterly〉, 11(1974), p. 18.

424 W. Dort, "Mummified Seals of Southern Victoria Land," 〈Antarctic Journal of the U. S.〉, 6(1971), p. 210.

425 "Jarmo", 〈두산세계대백과 EnCyber〉. 홈페이지는 http://100.naver.com/search.naver?where=100& command=show & mode=m&id=131386&sec=1

426 C. A. Reed, "Animal Domestication in the Prehistoric near East," 〈Science〉, 130(1959), p. 1630.

신뢰할 수 있다고 할 수 있다. 1940년대 후반, 탄소 연대측정법이 발명된 후 적어도 1960년까지 이미 연대측정 케이스가 2만 건을 넘어섰으며 이들은 대부분 다른 방법으로 측정된 결과들과 잘 일치하였다.

끝으로 탄소 연대측정의 몇 가지 가정들을 생각해보자. (1) 대기 중의 질소 양은 일정하며, 이에 대한 우주선의 작용은 항상 일정량의 C-14를 만든다. (2) C-14의 반감기는 정확하며, C-14의 붕괴 속도는 시간에 따라 항상 일정하다. (3) 시료는 취급하는 동안 오염되지 않았다. (4) 측정 방법은 정밀하며, 항상 재현 가능하다.[427] 이 가정들에 대해서 한때 (1987-1994) 미국 창조과학연구소(Institute for Creation Research) 천체물리학/지구물리학 교수이자 탄소연대실험실 책임자였던 아스마(Gerald E. Aardsma) 박사는 노아 홍수 이후 C-14이 증가하는 속도를 여러 가지로 가정해서 탄소 연대측정의 정당성을 시험하였으나, 어떤 방법으로도 6,000년 이상 된 모든 탄소 연대를 부정하는 것은 가능하지 않음을 밝혔다.[428]

6. 젊은 지구 연대

지금까지 살펴본 오랜 연대에 대해서, 젊은 연대를 지지하는 사람들은 이는 지구의 나이가 오래 되어야만 진화론이 성립할 수 있기 때문이라고 비판한다. 그러면서 이들은 지구가 오래 되었다고 보기 힘든 증거들도 많이 있다고 주장한다. 아래에서는 먼저 젊은 연대를 보여주는 몇 가지 예를 소개한다.[429]

A. 지구의 자전 속도

먼저 지구의 자전 속도를 생각해보자. 지구의 회전은 점점 느려지고 있다. 즉, 자전 시간이 길어지고 있어 밤낮의 길이가 점점 길어지고 있다. 이와 같이 자전이 느려지는 요인

427 Wysong, *The Creation-Evolution Controversy*, pp. 145-158.
428 Geral E. Aardsma, *Radiocarbon and the Genesis Flood*(San Diego: Institute for Creation Research, Monograph 16, 1991).
429 Randy L. Wysong, *The Creation-Evolution Controversy*(Midland, MI: Inquiry Press, 1976), Ch. 10.
430 A. Fisher, "The Riddle of the Leap Second", 〈Popular Science〉, 202(1973), p. 110; "Towards a Longer Day", *Time* 87(Feb. 25, 1966), p. 102; Thomas G. Barnes, "Physics: A Challenge to 'Geologic Time'", 〈Acts and Facts〉, 3(July-August, 1974). - Wysong 책으로부터 재인용.

은 지구에 영향을 주는 태양과 달의 중력을 포함하여 조수와 지표면의 마찰 등 여러 요인
이 있다. 만일 과거에도 현재와 같이 일정한 속도로 지구의 자전 속도가 줄어들었다고 가
정한다면, 지구의 연대가 10억 년이라 해도 현재의 지구 자전 속도는 거의 영이 되어야
할 텐데 지구는 여전히 돌고 있다. 즉, 지구의 자전 속도가 느려져서 자전 주기가 일정하
게 1년에 0.0001초 만큼만 길어진다 해도 10억 년 동안에는 10억 년×0.0001초/년=
100,000초가 길어져 오늘날의 하루의 길이 86,400초보다 많다.

현재의 자전 속도로부터 거꾸로 거슬러 올라간다면 10억 년 전 지구의 자전 속도는 상
상할 수 없을 정도로 빨라서 원심력은 모든 육지를 적도 지역으로 끌어당기고 대양은 양
극으로 밀려나 있어야 할 텐데, 지구는 구형이며 더욱이 육지는 적도 근처에 밀집되어 있
지도 않고, 대양이 양극에 몰려 있지도 않다. 현재 대부분의 육지는 북반구에 몰려 있으
며 남극은 대륙이나, 북극은 얼어붙은 바다로 알려져 있다. 젊은 지구 지지자들은 이것은
지구가 그렇게 오래되지 않았음을 말해 주는 증거라고 한다.[430]

B. 석순과 종유석

석순(石筍, stalagmite)과 종유
석(鐘乳石, stalactite)은 어떤가?
현재 지구상에는 수많은 석회암 동
굴이 존재하고 있으며 이러한 동굴
속에는 무수히 많은 석순과 종유석
이 있다. 우리나라에도 많은 석회
암 동굴이 있으며, 울진의 성류굴
은 대표적인 예라고 할 수 있다. 이
러한 석순과 종유석은 천천히 성장
하고 있으며 이들의 성장속도로부
터 어떤 사람은 동굴의 연대, 나아
가 지구의 연대가 매우 오래되었다
는 주장을 한다.

그러나 와이송은 이들의 성장 속
도가 물의 흐름, 온도, 물속의 석회
암의 밀도 등에 크게 의존한다고

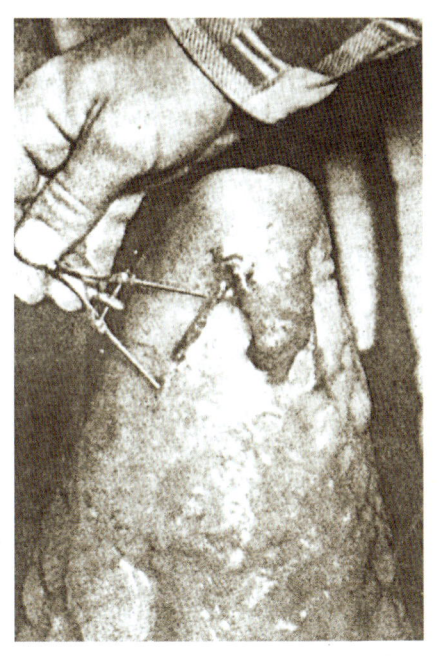

12-9 석순이 너무 빨리 자라서 박쥐는 도망갈 겨를도
없이 발이 묻혀 버렸다. 이것은 석순이 천천히
자란다는 종래의 상식을 뒤엎는 중요한 증거다.

한다. 한 예로, 어떤 종유석은 근래에 세워진 다리 밑이나 터널 속에 수 인치씩 자란 상태로 발견되기도 한다.[431] 종유석이 극히 빠른 속도로 자랄 수 있다는 또 다른 예로는 미국 칼즈배드 동굴 속에 거꾸로 매달려 있던 박쥐가 빠른 속도로 자라나는 종유석에 파묻혀 화석이 되었는데 이 박쥐는 동굴 바닥에 떨어져 죽은 뒤 석순에 파묻힌 것이 아니라 동굴 천정에 산 채 매달려 있다가 급속히 자란 종유석에 발부터 파묻혀 화석이 된 것이다. 그래서 젊은 지구 지지자들은 종유석과 석순의 성장 속도가 오래 된 지구를 보여준다는 주장은 신빙성이 없다고 말한다.[432]

C. 지자기의 감퇴

지난 한 세대 동안 젊은 지구 지지자들이 제시하는 대표적인 증거의 하나는 지자기 감퇴였다. 미국 엘파소에 있는 텍사스 주립대학(University of Texas at El Paso)의 반즈(Thomas G. Barnes) 교수(후에 ICR 교수로 일하다가 별세)는 1835년에서 1965년 사이에 지구의 자장 붕괴 속도를 연구한 결과 지자기(地磁氣) 세기의 반감기가 1,400년이 됨을 밝혔다. 그러므로 만일 지구 자장이 과거에도 현재와 같은 속도로 붕괴했다고 가정한다면 지구 자장은 지금부터 1,400년 전에는 현재보다 2배, 2,800년 전에는 4배, 5,600년 전에는 16배, 11,200년 전에는 현재보다 64배였다고 계산된다.[433] 이러한 지구 자장의 붕괴율을 이용하여 반즈는 지구의 나이가 1만 년 미만이라는 결론을 내렸다. 그는 지구가 2만 년만 되었다고 하더라도 강한 지구 자장으로 인해 발생하는 줄열 때문에 지구는 아무런 생물도 살 수 없을 만큼 뜨거울 것이며, 1백만 년을 가상하면 지구는 완전히 증발하여 기체가 된다고 하였다. 따라서 반즈는 이 방법에 의하면 지구의 나이는 몇 만 년까지도 생각할 수 없으며 단지 1만 년 내외일 것이라는 결론을 내렸다.

D. 젊은 지구 증거들의 한계

그러면 이런 증거들은 정말 지구가 젊은 것을 지지하며 문제가 없는가? 과연 압도적으로 많은 과학적 증거들이 젊은 지구를 지지하고 있는가? 젊은 지구의 증거라고 하는 것들은 문제가 없는가?

431 Wysong, *The Creation-Evolution Controversy*, p. 172.
432 C. E. Hendrix, *The Cave Book*(Massachusetts: Earth Science, 1950), p. 26: M. Sutherland, "Carlsbad Caverns in Color", 〈National Geographic〉, 104(October 1953), p. 442.
433 Thomas G. Barnes, "Depletion of the Earth's Magnetic Field," 〈Impact〉, No. 100.

창조와 격변

우선 이런 대부분의 증거들은 젊은 지구 지지자들이 반대하는 균일설적인 가정 위에 세워져 있다는 점을 고려해야 한다. 예를 들면 "과거에도 현재와 같이 일정한 속도로 지구의 자전 속도가 줄어들었다고 가정하면", "과거에도 표토의 퇴적 속도가 일정했다고 가정한다면", "조산운동과 조륙운동이 지금과 같은 속도로 일어났다면", "과거에도 현재와 같은 속도로 화산수와 용암이 분출했다고 하면" 결과는 이러이러하다는 논리다. 그러나 많은 창조론자들은 격변설을 지지하고 있으며, 격변설에 따른다면 위의 주장들은 다시 검토되어야 한다.

둘째, 젊은 지구 지지자들은 자신의 연구 데이터보다는 다른 사람들의 데이터에서 출발하여 계산하는 경우가 많기 때문에 계산이 틀릴 수 있다. 한 예로, 이들은 지표면의 우주진 혹은 운석의 양을 젊은 지구의 증거로 제시한다. 현재 지표면에는 연간 약 1,400만 톤의 운석이 떨어진다고 한다.[434] 그러므로 지구의 연대를 십억 년 단위로 본다면 지구 표면에는 평균 약 15m 이상의 우주진으로 뒤덮였을 것이지만 현재 지표면의 운석 양은 단지 몇 천 년의 역사에 해당하는 양밖에 없다고 주장한다.

하지만 이것은 간단한 계산만으로도 정확하지 않음을 알 수 있다. 연간 지표면에 떨어지는 운석 및 우주진 무게 $m = 1,400$만 톤 $= 1.4 \times 10^{10} Kg$, 지구의 표면적 $S = 4 \times 3.14 \times (6.4 \times 10^6 m)^2 = 5.1 \times 10^{14} m^2$이다. 운석의 평균 밀도 $d = 5g/cm^3 = 5,000 Kg/m^3$라고 가정하면 연간 지표면에 쌓이는 운석 및 우주진의 두께 $t = m/(d \times S) = 5.5 \times 10^{-9} m/$년으로 주어지고, 지구가 10억 년 되었다고 할 때 운석 및 우주진의 두께 $T^{10억} = 5.5m$에 불과하다. 어디서 10억 년간 15m 두께로 쌓인다는 계산 결과가 나왔는지 이해하기가 어렵다. 그나마 여기서 제시하는 값도 풍화나 침식, 퇴적 등 지표면의 변화로 인한 운석 및 우주진의 소실을 계산에 넣지 않는 것이다. 만일 이런 요소들을 고려한다면 지표면 운석의 밀도나 두께 수치는 훨씬 더 작아질 것이다.

---

434 Isaac Asimov, "14 Million Tons of Dust per Year," 〈Science Digest〉, 45(1959), pp. 34–5.

7. 젊은 바다 연대

젊은 지구 지지자들은 지구의 나이와 더불어 바다의 나이를 계산할 수 있는 여러 가지 방법도 제시하고 있다. 바다는 지구형성의 초기부터 존재하였다고 생각되므로 바다의 연대는 지구의 연대와 불가분의 관계가 있다는 것이다. 여기서는 편의상, 지구의 나이와 분리하여 바다의 나이를 설명하고자 한다.

A. 바다로 유입되는 각종 원소들의 양

젊은 지구 지지자들은 바다의 나이를 바다 속에 녹아 있는 여러 물질들의 양과 이들의 유입률을 계산하면 대단히 젊게 나타나기도 한다고 한다. 예를 들어, 생물에 있어서 필수적인 영양소인 인(P)은 현재 해마다 약 1,400만 톤이 빗물에 씻겨 바다로 유입되고 있는 것으로 추정된다고 한다. 이 중 바닷새와 어부들이 바다의 생물에 축적되어 있는 인을 육지로 환원시키고 있는데, 이 양은 연간 약 7만 톤에 지나지 않아 바다에 유입되는 양에 비하여 거의 무시될 정도다. 바다에 있는 인의 총량은 약 9.7×10^{10}톤으로 추정됨으로 단순히 태초에 바다에 인이 없었고 인의 유입이 현재와 같은 속도로 진행되어 왔다고 가정한다면 바다는 약 7,000년 만에 현재와 같은 상태에 이른다는 계산이 나온다.

이 외에도 바닷물 속에는 각종 원소가 함유되어 있다. 이러한 원소들이 현재 바다로 흘러들어가고 있는 속도는 어느 정도 추정 가능하므로 처음 바닷물 속에 이들 원소가 하나도 용해되어 있지 않았고, 이들 원소들이 바닷물 속으로 유입되는 속도가 변함이 없었다고 가정하면 바다의 연대를 어느 정도 추정할 수 있다. 아래 그림은 바닷물 속에 함유된 각종 원소를 기초로 바다의 연대를 추정한 것이다. 이러한 방법으로 연대를 측정하면 바다의 연대는 80년(Ce)으로부터 2억 6천만 년(Na)에 이르기까지 다양하다.[435]

B. 퇴적속도

바다에는 생물들의 유해나 육지로부터 흘러들어간 물질들에 의해 다양한 퇴적물들이 쌓이고 있으며 이들의 두께나 양은 연대측정에 사용될 수 있다.

첫째, 바다 연니(軟泥, sea ooze)를 생각해 볼 수 있다. 연니란 바닷물 속에 있는 동물이나 식물의 유해가 해저에 침적하여 형성된 부드러운 점토를 말하는데, 현재 관찰되고 있는 바로는 바다의 동물이나 식물이 죽게 되면 이들의 시체가 10년 내지 5,000년마다 2.5cm 정도의 두께로 해저에 보드라운 바다 연니를 형성하는 것으로 추정된다. 이를 근

원소	밀도(mg/ml)	추정연대(년)	원소	밀도	추정연대(년)	원소	밀도(mg/ml)	추정연대(년)	원소	밀도(mg/ml)	추정연대(년)
Li	0.17	2×10^7	Fe	0.01	140	Cd	0.00011	5.0×10^5	Ho	8.8×10^{-7}	530
Be	6.0×10^{-7}	150	Co	0.0001	1.8×10^4	Sn	0.0008	1.0×10^5	Er	2.4×10^{-6}	690
Na	10500	2.6×10^8	Ni	0.002	1.8×10^4	Sb	0.0005	3.5×10^5	Tm	5.2×10^{-7}	1800
Mg	1350	4.5×10^7	Cu	0.003	5.0×10^4	Cs	0.0005	4.0×10^4	Yb	2.0×10^{-6}	530
Al	0.01	100	Zn	0.01	1.8×10^5	Ba	0.03	8.4×10^4	Lu	4.8×10^{-7}	450
Si	3.0	8.0×10^3	Ga	0.00003	1.4×10^3	La	1.2×10^{-5}	440	W	0.0001	10^9
K	380	1.1×10^7	Ge	0.00006	7.0×10^3	Ce	5.2×10^{-6}	80	Au	4.0×10^{-6}	5.6×10^5
Ca	400	8.0×10^6	Rb	0.12	2.7×10^6	Pr	2.6×10^{-6}	320	Hg	0.00003	4.2×10^4
Sc	0.00004	5.6×10^3	Sr	8.0	1.9×10^7	Nd	9.2×10^{-6}	270	Pb	0.00003	2.0×10^3
Ti	0.001	160	Y	0.0003	7.5×10^3	Sm	1.7×10^{-6}	180	Bi	0.00002	4.5×10^4
V	0.002	1.0×10^4	Nb	0.00001	300	Eu	4.6×10^{-7}	300	Th	0.00005	350
Cr	0.00005	350	Mo	0.01	5.0×10^5	Gd	2.4×10^{-6}	260	U	0.003	5.0×10^5
Mn	0.002	1400	Ag	0.00004	2.1×10^6	Dy	2.9×10^{-6}	460	Ho	$8.8 \times 10{-7}$	530

12-10 바닷물에 존재하는 각종 원소의 밀도와 바다의 연대[436]

거로 젊은 지구 지지자들은 만일 지구의 연대가 1억 년 되었다고 하면 바다 연니의 두께는 5m에서 수백 Km에 이르렀을 것이지만 세계 해저 어디에도 수십억 년 되었다고 할 정도의 연니(軟泥)가 형성된 곳이 없음을 지적한다.[437]

둘째, 바다로 유입되는 각종 침전물들의 양으로부터도 연대측정이 가능하다. 개를스(R. M. Garrels)와 맥켄지(F. T. Mackenzie)의 계산에 의하면 오늘날 바다로 유입되는 각종 침전물의 총량은 대략 연간 280억 톤에 이른다고 한다. 만일 현재와 같은 유입이 수십억 년 계속되었다고 하면 대륙은 수백 번 씻겨져 내려갔을 것이고 바다에는 백여 마일 두께의 해저 퇴적층(ocean sediment)이 존재해야 할 것이라고 추정하였다. 그러나 젊은 지구 지지자들은 대양의 바닥에 침전된 퇴적층의 두께는 평균 수천 피트에 불과하며 대

435 Cook, Prehistory and Earth Models, pp. 340–1; Chemical Oceanography, edited by J. Riley and G. Skirrow, vol.1(New York: Academic Press, 1965), pp. 164–5; B. Bolin, The Atmosphere and the Sea in Motion(New York: Rockefeller Institute, 1959), p. 155; L. Sillen, "The Ocean as a Chemical System," 〈Science〉, 156(1967), p. 1189.
436 J. Riley가 제공한 것을 Wysong, The Creation–Evolution Controversy, p. 162에서 재인용.
437 Randy L. Wysong, The Creation–Evolution Controversy(Midland, Michigan: Inquiry Press, 1976), p. 164.

륙이 씻겨져 내려갔다는 증거도 없다고 한다.[438]

  셋째, 지구 연대와 관련하여 미시시피 강 하류의 삼각주의 성장 속도로부터 삼각주의 연대를 계산할 수도 있다. 미시시피 강은 1년에 약 3억 입방 야드의 퇴적물을 멕시코만으로 흘려보낸다. 그리고 강과 바다가 만나는 어귀에 새발자국 모양의 삼각주를 형성하는데, 삼각주는 지난 150년 동안 약 $130Km^2$나 확장되었다.[439] 그러나 만일 과거에도 퇴적물이 이러한 속도로 유입되었고 이 강이 수백만 년 되었다고 하면 멕시코 만은 오래 전에 다 메워졌어야 한다는 결과가 나온다. 젊은 지구 지지자들은 현재 미시시피 강 하류의 삼각주가 성장하는 속도가 매년 75m 정도라고 하므로 삼각주의 연대는 4,000년 정도라는 결과가 나온다.[440]

C. 나이아가라 폭포단의 마모

  미국과 캐나다 접경에 있는 나이아가라 폭포(Niagara Falls)의 나이는 폭포단(端)이 마모되는 율로부터 대략적인 계산을 할 수 있다.[441] 나이아가라 폭포단의 마모 속도에 대해서는 몇몇 사람들이 추정했다. 1678년, 프랑스 탐험가이자 선교사였던 헤네팽(Hennepin)이 처음 나이아가라의 폭포 지도를 만든 이래 1842년까지 폭포는 1년에 약 2m(7피트)씩 마모되었다는 계산 결과가 발표되었다. 좀 더 최근의 다른 계산 결과에 의하면 1년에 1m(3피트)씩 마모된다고 한다. 그러므로 나이아가라 폭포가 있는 계곡의 길이가 11Km이므로 폭포의 나이는 기껏해야 5,000 내지 10,000년 정도에 불과하다는 결론이 나온다.[442]

438 RWM. Garrels and F. T. Mackenzie, *Evolution of the Sedimentary Rocks*(New York: W. W. Norton, 1971), pp. 102–111; 또한 H. Sverdrup and Others, The Oceans(New York: Prentice-Hall, 1942).

439 "미시시피 강" (Mississippi R.), 〈두산세계대백과 EnCyber〉 참조. 인터넷 홈페이지 http://100.naver.com/search.naver?where=100& command=show&mode=m&id=67094&sec=1를 보라.

440 Wysong, *The Creation–Evolution Controversy*, p. 163.

441 미국 5대호 중에서 이리 호(湖)와 온타리오 호로 통하는 나이아가라 강에 있는 나이아가라 폭포는 하중도(河中島)인 고트 섬(Goat Island, 미국령) 때문에 크게 두 줄기로 갈린다. 고트 섬과 캐나다의 온타리오 주와의 사이에 있는 폭포는 호스슈(Horseshoe) 폭포, 또는 캐나다 폭포라고도 하며 높이 48m, 너비 900m에 이르는 것으로, 중앙을 국경선이 통과하고 있다. 고트 섬 북동쪽의 미국 폭포는 높이 51m, 너비 320m에 이른다. 나이아가라 강물의 94%는 호스슈 폭포로 흘러내린다.

442 Wysong, *The Creation–Evolution Controversy*, p. 175; 우리나라의 「학원세계백과대사전」에서도 폭포단의 마모 속도를 1.2–1.5m/년으로 추정하여 나이아가라 폭포의 나이를 10,000년 정도로 추산하고 있다 – 「학원세계백과대사전」 4권 (학원출판공사, 1983), p. 387.

창조와 격변

12-11 나이아가라 폭포. 젊은 지구 지
지자들은 나이아가라 폭포단의
마모율이 연 1-2m 정도이므로
11Km에 이르는 나이아가라 폭
포 계곡의 연대는 기껏 5,000-
10,000년 정도라고 주장한다.

D. 바다 연대가 지구 연대일까?

이런 증거들은 바다, 나아가 지구가 젊은 증거로 제시될 수 있을까?

우선 젊은 바다의 증거들은 앞에서 언급한 젊은 지구 증거들과 동일한 균일설 가정의 문제에 직면한다. 즉, 바다로 유입되는 각종 원소들이나 바다 연니, 해저 퇴적층 등은 모두 현재와 동일한 비율로 쌓였다는 가정 하에 바다는 젊다는 결론에 이른다. 하지만 만일 지구 역사에서 창세기 대홍수와 같은 전 지구적 격변이 일어났다면 위의 연대 추정은 의미가 없어진다.

둘째, 나이아가라 폭포단의 마모율은 나이아가라 폭포의 연대를 추정하는 데는 어느 정도 도움이 되겠지만 그것을 지구의 나이와 동일시하는 것은 과도한 외삽이라고 할 수 있다. 아마 나이아가라 폭포가 생성되는 것과 같은 큰 지각 변화가 일어난 시기가 10,000년 내외일 것이라는 추정은 가능할 것이다.

325

8. 젊은 우주 연대

현대 우주론에서는 우주의 나이를 150억 년 내외로 잡고 있다. 그러나 젊은 우주 지지자들은 지구와 같이 우주도 젊다는 증거들을 제시하고 있다. 아래에서는 젊은 우주의 증거로 제시되는 몇몇 예들을 살펴본다.

A. 젊은 우주의 증거들

먼저, 혜성의 존재와 붕괴를 생각해볼 수 있다. 태양을 돌고 있는 혜성들은 여러 가지 요인에 의해서 공전할 때마다 일정량의 질량을 잃는 것으로 알려져 있다. 그리고 태양계에는 혜성이 새로 생성된다는 증거는 발견되지 않고 있다. 따라서 태양계 내에 아직도 수백 개의 혜성이 존재한다는 사실은 태양계가 젊다는 것을 시사한다고 주장한다.[443]

둘째, 태양계 내의 운석이나 우주진과 같은 미세한 물질들은 태양의 중력에 의하여 태양 속으로 나선형으로 빨려 들어가는 포인팅-로버트슨 효과(Poynting-Robertson Effect)에 의하여 태양은 하루에 약 10만 톤에 해당하는 운석을 빨아들이는 진공청소기의 역할을 한다. 그러므로 수십억 년 이상의 태양계의 역사를 가정한다면 태양 주위에는 작은 운석이 없어야 한다. 그러나 아직도 많은 운석이 존재한다는 것은 태양계가 젊다는 것을 암시한다고 한다.[444]

셋째, 수소의 양이다. 수소(H_2)는 우주 속에서 일정하게 헬륨(He)으로 변하고 있지만 우주에는 헬륨으로 변환되는 수소량에 해당하는 수소가 다른 원소들로부터 생성된다는 증거가 없다. 수소가 다른 근원으로부터 공급되지 않으면서 헬륨으로 변환되기만 한다면 현재의 풍부한 우주의 수소는 우주가 아직 젊다는 것을 암시한다.[445]

넷째, 달에 짧은 반감기를 가진 우라늄-236(U-236)과 토륨-230(Th-230) 등의 존재다. 현재 달에는 이러한 짧은 반감기를 가진 원소들이 새롭게 만들어지고 있다는 어떠한 증거도 없다. 현존하는 U-236과 Th-230 등을 과거 달이 생성될 때 함께 생성된 것으로 보고 이들의 붕괴 속도가 크게 변하지 않았다고 가정하면 달의 생성 연대가 오래되지 않

443 R. A. Littleton, *Mysteries of the Solar System*(Oxford: Clarendon, 1968), p. 147.
444 G. Abell, *Exploration of the Universe*(New York: Holt, Rinehart and Winston, 1969), p. 364; J. Poynting, "Radiation Pressure," 〈Nature〉, 71(1905), p. 377; R. Semec, "Effect of Radiation on Micrometeoroids, and Existence of Micrometeoroids as Evidence of a Young Solar System", 〈Creation Research Society Quarterly〉, 12(June, 1975), p. 7.
445 Fred Hoyle, *The Nature of the Universe*(New York: Harper, 1960), p. 125.

았다고 할 수 있다.[446]

다섯째, 큰 별의 존재다. 별을 이루고 있는 물질은 별의 중심으로 당기는 중력보다 별로부터 방출되는 복사압이 더 크면 폭발해 버리기 때문에 별은 무한히 클 수 없다. 그런데도 오늘날 우주에 어마어마한 속도로 에너지를 방출하면서 타고 있는 거대한 별들이 많이 있음은 우주가 젊다는 것을 보여준다.[447]

마지막으로 달 표면의 먼지다. 젊은 우주 지지자들은 달 표면의 먼지가 예상보다 적다는 사실로부터 달이 최근에 생겼다는 주장을 하였다. 이들은 이의 증거로, 실제로 아폴로 11호가 달 착륙에 사용한 우주선의 다리가 길었음을 지적하였다. 달이 수십억 년 되었다고 믿은 과학자들은 달 표면에 두터운 먼지가 쌓여 있으리라 추정했고 그래서 달에 착륙한 아폴로 11호 우주선에는 긴 삼각다리를 달았다는 것이다. 그러나 막상 도착해 본 결과 달 표면에는 우주인 암스트롱(Neil A. Armstrong)과 올드린(Edwin E. Aldrin, Jr.)의 발자국이 겨우 날 정도의 먼지밖에 없었으며, 이것은 달의 나이가 젊다는 것을 말해 준다고 하였다.[448]

B. 젊은 우주 연대의 문제

위에서 제시한 증거들 역시 앞에서와 같이 균일설 가정 위에 해석된 것임을 지적할 수 있다. 즉, 현재와 같은 혜성의 붕괴 속도나 포인팅-로버트슨 효과, 수소가 헬륨으로 전환되는 속도를 가정할 때, 다시 말해 균일설의 가정을 받아들일 때 그들로부터 계산한 연대는 의미가 있다. 만일 우주의 역사에서 어떤 격변이 일어났다면 그러한 동일과정설 가정 위에 세워진 주장은 의미가 없어진다.

때로는 부정확한 정보로 인해 잘못된 주장을 하기도 한다. 한 예로, 달 표면에 먼지가 쌓이는 속도는 기존에 알려진 속도보다 훨씬 더 느리다는 것으로 알려져 있다. 젊은 우주 지지자들이 사용한 달 표면의 먼지가 쌓이는 속도는 부정확하며, 좀 더 최근 데이터에 의하면 이 속도가 훨씬 느리다고 한다. 최근 데이터에 의하면, 적어도 달 표면의 먼지가 축

446 〈Proceedings of the Second Lunar Science Conference〉, 2(1971), p. 1571; 〈Proceedings of the Third Lunar Science Conference〉, 2(1972), p. 1636; 〈Lunar Science〉, IV(1973), p. 239; 좀 더 많은 참고문헌을 보려면 J. Read's Presentation to the California State Board of Education, May 8, 1975 – 이 내용은 〈Bible-Science Newsletter〉, 13(1975), p. 5에 다시 게재되었다.

447 W. A. Fowler, "Formation of the Elements," 〈Scientific Monthly〉, 84(1957), p. 84.

448 위 사진-http://www.cmgallery.com/display_up/mn/moon/j_7.htm; 아래 사진- http://www.cmgallery.com /display_up/mn/moon/j_8.htm.

적되는 속도만을 근거로 한다면, 달은 상당히 오래되었다는 결과가 나온다.[449]

9. 짧은 인류 연대

젊은 우주나 지구, 바다의 증거를 제시하는 사람들은 인류의 역사도 수십만 년 혹은 수백만 년이 아니라 수천 년에 불과하다는 증거들을 제시하고 있다. 오늘날 우리가 알고 있는 세계 4대 문명의 발상지라고 한다면 유프라테스 강과 티그리스 강(힛데겔 강) 유역, 인더스 강과 갠지스 강 유역, 나일 강 유역, 황하 유역 등이다. 이들 중 고고학적 증거로 볼 때 가장 오래된 문명은 에덴동산이 있었다고 추측되는 유프라테스 강과 티그리스 강 하류의 메소포타미아 문명이다. 이 지역에서는 현존하는 문헌 중 가장 오래된 BC 3,500-4,000년경의 문헌이 나오고 있다.

왜 BC 3,500년 이전에는 인류 문명의 흔적이 나타나지 않는가? 그때 이미 고도로 발달된 문화가 있었는데도 그 문화를 발달시켰을 전단계가 존재했다는 증거가 거의 없다. 원시 문명이란 것은 단순히 "다양한 상황을 통해 고도로 발달된 사회가 파괴되어 훨씬 단순하고 덜 발달된 생활"로 변화된 것에 불과하다.[450] 적어도 기록된 문헌을 기준으로 살펴볼 때 인류 문명은 지금부터 5,000-6,000년 전에 갑작스럽게 시작된 듯하다. 그러면 기록된 문헌 이외에는 인류의 역사가 짧음을 보여주는 증거들은 어떤 것이 있는가?

한 가지 중요한 증거는 인구 증가율이다. 인구 증가율은 인류의 연대에 대한 힌트를 제공한다. 미국 ICR의 모리스(Henry M. Morris)는 다음과 같은 방정식을 사용하여 세계의 인구 증가를 계산하였다.[451]

$$P(n) = 2C^{n-x+1}(C^x-1)/(C-1)$$

여기서 n은 세대 수, P(n)은 n 세대 후의 세계 인구이고, x는 세대로 표시한 수명, 2C는 가족당 자녀의 수다. 만일 한 세대를 35년으로 잡고 한 가정에 자녀가 셋 있었다고 하면, 그리고 한 사람이 평균적으로 35세까지 살았다고 한다면 50세대, 즉 1,750년 후의 지구 위에는 약 47억 명의 인구가 있어야 한다. 오늘날의 인구인 약 65억이 되는 데 불과 2,000년이 채 걸리지 않는다. 근대 이전까지 높은 유아 사망률, 전쟁이나 기근, 질병, 그

12-12 알려진 것들 중에서 가장 오래된 문자로 생각되는 상형문자(象形文字). 이 문자들은 설형문자(楔形文字)의 전신으로 BC 3,500년경의 것으로 보인다. 이 상형문자는 수메르 인들의 언어를 표현하고 있으며 수메르의 Inanna 사원에서 발견되었다.

외 천재지변으로 인한 평균 수명의 감소를 고려하더라도 현재만큼 인구가 증가하는 데는 5,000년을 넘지 않을 것이라고 할 수 있다.

적어도 문자나 그 외 직접적인 유물 등으로 미루어 본 인간의 역사나 인구의 증가 등을 고려한다면 인류의 역사는 1만 년 이전으로 거슬러 올라가기는 어려운 것으로 보인다. 물론 오스트랄로피테쿠스나 직립원인 등 인류 진화론자들이 말하는 인류 조상의 연대를 그대로 받아들인다면 이러한 연대는 훨씬 더 오래 전으로 거슬러 올라갈 것이다. 하지만 그런 경우에는 과연 이들이 인간의 진정한 진화 조상인가에 대한 새로운 논쟁이 기다리고 있다.

449 이 내용에 대한 자세한 비판을 위해서는 Howard J. Van Till, Davis A. Young and Clarence Menninga, *Science Held Hostage* (Downers Gorve, IL: IVP, 1988), Ch. 4: Ross, *Creation and Time*, Ch. 10을 참고하라.

450 *Science Year*(1966), p. 256.

451 Henry M. Morris, "World Population and Bible Chronology," *Scientific Studies in Special Creationism*, Edited by W. Lammerts (Philadelphia: Presbyterian and Reformed, 1971), pp. 198–205.

10. 연대 논쟁의 한계

시간에 매여 사는 인간은 과거에 대한 지식이 제한될 수밖에 없다. 과거로 거슬러 올라 갈수록 우리의 지식은 더욱 제한된다. 특히 목격자나 구체적인 문헌을 통해 연구를 할 수 없는 과거의 일들일수록 추론과 상상에 의존하는 비율이 높아진다. 그리고 추론과 상상에 의존하는 비율이 높을수록 주관적이 되기 쉽고 따라서 논쟁에 휘말릴 가능성이 높아진다. 기원에 관한 연구는 인간의 근원적인 호기심이 있는 영역임에도 불구하고 많은 부분을 추론과 상상에 의존할 수밖에 없는 대표적인 연구 분야라고 할 수 있다. 생명과 우주가 6천 년 전에 탄생했든, 46억 년 전에 탄생했든 100년도 채 못 사는 인간에게는 둘 다 까마득한 옛날에 일어난 사건이기 때문이다.

위에서 연대에 대한 과학적 고찰에서는 젊은 지구와 우주, 바다, 인류의 연대를 보여주는 많은 증거들을 소개하였다. 그럼에도 불구하고 오랜 연대를 보여주는 증거가 대부분의 사람들에게 받아들여지고 있는 가장 큰 이유는 무엇일까?

첫째, 오랜 연대 지지자들 중에 전문 과학자들이 많다는 점을 들 수 있다. 이에 반해 상대적으로 젊은 연대 지지자들 중에는 전문 과학자들이 많지 않으며, 따라서 젊은 연대를 보여주는 대부분의 증거들이 엄격한 정량적 분석 위에 세워져 있지 않고, 또한 연대측정법들의 근저에 있는 가정들의 타당성을 검증할 수 있는 방법이 부족하다. 예를 들어 위에서 젊은 연대의 증거로 제시한 표토의 두께, 대기 중 헬륨의 양, 대기 중의 산소량, 지표면의 화산수나 화산암의 양 등은 원리적으로 정확한 값을 얻는 것 자체가 어렵다. 그러므로 그런 것들을 기초로 지구의 연대를 계산한다는 것은 그만큼 오차의 가능성이 커질 수밖에 없다.

둘째, 젊은 연대를 보여주는 연대측정법들과는 달리 오늘날 주류 과학계에서 받아들여지고 있는, 오랜 연대를 보여주는 연대측정법들은 상당히 정량적이며 세워져 있는 가정들도 여러 가지 방법으로 상호검증을 하기 때문이다. 한 예로, 지난 50여 년 간 사용되어 온 탄소 연대측정법이나 지난 100여 년 간 사용되어 온 다른 방사성 연대측정법들은 고고학, 고생물학, 지질학 등에서 표준적인 절대연대측정법으로 자리를 굳히기까지는 정량화와 기본 가정의 정당성에 대한 수많은 비판자들의 혹독한 반증 시도를 견뎌왔다. 천문학에서 천체의 연대를 결정하는 것도 서로 다른 방법으로 얻은 다양한 연대측정 결과들의 상호검증을 통하여 이루어진다.

하지만 오랜 연대를 지지하는 이들이나 젊은 연대를 지지하는 이들 모두 현재 일어나

창조와 격변

고 있는 변화가 과거에도 동일하게 일어났다는, 소위 균일설, 즉 동일과정설 가정 위에서 있음을 기억해야 할 것이다. 이것은 연대측정에 관련된 대부분의 방법들이 원리적으로 증명할 수 없는 가정들 위에 세워져 있음을 의미한다. 동일과정설 가정 자체가 원리적으로 엄밀한 증명이나 반증이 불가능함을 생각한다면 연대 문제에 있어서의 어느 정도의 부정확성은 불가피한 것이라고 할 수 있다.

1. 창조 연대 논쟁이 창조와 진화 논쟁에서 차지하는 비중을 논의해보라. 오랜 연대 지지자들과 젊은 연대 지지자들이 의견의 일치를 볼 수 있는 가능성이 있을까? 있다면 어떻게, 없다면 왜 그럴까를 말해보라.

2. 젊은 지구 연대를 주장하는 사람들이 오랜 지구 연대를 주장하는 것을 진화론과 동일시하는 것은 타당한가? 젊은 연대를 주장하는 이들이 오랜 연대에 대해서 예민하게 반응하는 이유는 무엇일까?

3. 본 장에서 언급한 우주, 지구, 바다, 인류 등의 여러 연대측정법들 중 방사성 연대측정법을 제외한 하나를 선정하여 연구해보라.

제13장
창세기 대홍수

Creation and Catastrophes

이로 말미암아 그때 세상은 물의 넘침으로 멸망하였으되 _베드로전서 3:6

성경에 있는 많은 얘기들 가운데 지상에서 일어난 가장 큰 사건으로는 노아의 홍수를 들 수 있다. 이 사건은 창세기 6장부터 시작하여 9장에까지 이르는, 단일 사건으로는 성경에서 가장 긴 지면을 할애하여 기록된 전 지구적 사건이었다. 이처럼 노아의 홍수가 전 지구적으로 일어난 사건이라면, 그것도 수백만 년 전의 일이 아니라 불과 5천 년도 채 되지 않은 일이라면 전 세계적으로 이에 대한 많은 증거들이 남아 있을 것임을 기대할 수 있다. 그러면 구체적으로 홍수에 대한 어떤 증거들이 남아 있는가? 본 장에서는 노아의 홍수와 관련된 역사적, 성경적, 과학적 측면을 살펴보고 이의 영적 의미를 살펴보고자 한다.

1. 전 세계적인 홍수 이야기

과거 언젠가 전무후무한 대홍수가 지구를 뒤덮은 적이 있다는 얘기는 지역과 민족을 막론하고 유사 이래 세계 곳곳에 다양한 형태로 전해져 내려오고 있다. 오늘날 지구 위에는 200여 부족이 갖고 있는 270여 개의 홍수 이야기가 남아 있다. 물론 이들은 조금씩 서로 다르다. 홍수가 일어난 이유도 다르고 홍수의 진행이나 홍수를 피하기 위한 인간의 노력도 다르게 전해지고 있다. 그러나 홍수가 전무후무한 크기였다든가, 홍수를 피하기 위해 큰 배를 지었다든가, 그 배에는 사람뿐 아니라 각종 동물들까지 태웠다든가, 홍수를

피한 것은 소수의 사람뿐이었다는 등 이야기의 주요 뼈대가 대체로 공통적이라는 사실은 과거 언젠가 노아의 홍수와 같은 큰 홍수가 실제로 일어났음을 간접적으로나마 보여주는 예라 할 수 있다.[452]

우선 이집트의 홍수 전설을 살펴보자. 이집트의 피라미드 벽화에는 홍수 전설을 표현 하는 그림들이 발견되고 있다. 가운데 신(神)이 있고 그 옆에 노아와 같이 생긴 사람이 서 있다. 그림에서 배가 3층으로 지어진 것이나, 배에 수많은 짐승들이 탄 것이나, 사람들이

452 Harold W. Clark, *Fossils, Flood, and Fire*(Escondido, CA: Outdoor Pictures, 1968), Ch. 5 "Flood Legends"; Byron C. Nelson, *The Deluge Story in Stone*(Minneapolis, MN: Bethany Fellowship, 1968), "Appendix I"(pp. 165–90).

13-2 길가메시 서사시가 기록된 점토 평판의 일부. 이 평판에 기록된 홍수 전설은 비록 등장인물이나 지명은 다르지만 노아의 홍수와 여러 가지 면에서 놀라울 정도로 공통된 점이 많다.

8명이 탄 것, 특히 남자와 여자가 각각 4명이 탄 것 등은 성경의 홍수 기사와 너무나 흡사하다.

다음에는 길가메시 서사시(The Epic of Gilgamesh)를 통해 남아 있는 바벨론의 전설을 살펴보자. 1850년대에 영국의 고고학 팀은 이라크 니느웨에서 주전 627년에 죽은 앗시리아 왕 아수르바니팔(Ashur-Bani-Pal, BC 669-627)의 왕실 서고(The Royal Library)에서 길가메시 평판들(Gilgamesh Tablets)이라 불리는 수천 개의 점토 평판을 발견하였는데, 이 중 길가메시 서사시(바벨론의 창조 서사시인 에누마 엘리쉬와 비슷하게)는 12개의 평판들에 기록되어 있었다. 이때 발견된 길가메시 평판들 중에서 홍수를 기록한 평판은 완전하지는 않았지만 11번 평판이었다. 하지만 한 신문사의 노력으로 길가메시 홍수 전설은 완전히 밝혀지게 되었다.

1873년, 영국의 한 신문사는 한때 '대영박물관'(British Museum)에서 일했던 스미스(George Smith)를 니느웨에 보냈는데 스미스는 놀라운 집념으로 잃어버린 홍수 평판들을 다른 곳에서 발견하였다. 이 평판에는 창세기의 대홍수 사건과 많은 유사성을 가진 홍수 이야기가 적혀 있었다. 이 두 홍수 이야기는 동일한 이야기는 아닐지라도 동일한 사건

에 근거를 두고 있음을 쉽게 알 수 있다.[453]

중국 본토에는 또 다른 홍수 전설이 있다. 트윙(E. W. Thwing) 박사는 중국의 홍수 이야기와 창세기 기록 사이에 어떤 관계가 있을 것이라고 주장하면서 다음과 같이 설명한다. 중국 본토의 전설에 의하면 모든 중국인은 대홍수를 극복함으로써 이름을 떨친 옛 선조 '누와'(Nu-wah, 女媧)의 자손이라고 한다. 여기서 '누'는 '여자'(woman), '와'는 '꽃 같은'(flowery)이란 의미다. 흥미로운 것은 '누와'는 성경의 노아와 발음이 유사하다는 사실이다.[454]

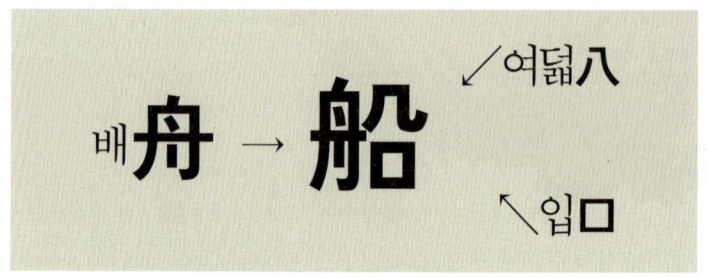

13-3 배에 여덟 사람
이 탔음을 의미
하는 배 '船' 자

또한 글자 하나하나가 의미를 지니고 있는 표의문자(表意文字)인 한자에서도 노아 홍수의 흔적을 찾아볼 수 있다. 우리가 잘 아는 배 '선'(船)자는 배 '주'(舟)자와 여덟 '팔'(八)과 입 '구'(口)로 구성되어 있다. 왜 하필이면 여덟 자를 사용했을까? 이것은 8명이 방주에 탔음을 암시한다.[455]

미국의 인디언들은 무려 58개의 대홍수 이야기를 가지고 있다. 특히 인디언들이 많이 살았던 미시간 주 일대에서는 오래된 홍수 전설 토판들이 많이 발견되었다. 각 토판의 그림들은 대부분 몇 개의 부분으로 나누어져 있으며 토판마다 그림의 모양이나 조각수가 다소 다르긴 하나 대체로 다음과 같은 공통점을 갖고 있다.

이 그림의 첫 부분에는 일그러진 태양과 즐겁게 만세를 부르는 사람, 그리고 그들 중에

453 N. K. Sandars, "The Story of the Flood", *The Epic of Gilgamesh*(London: Penguin Books, 1972), Chapter 5 - 한국어판: 이현주 역, 『길가메시 서사시』(서울: 범우사, 1978), pp. 75-81. 길가메시는 이 서사시의 주인공으로 홍수 이후 제 5대 왕으로 우룩을 통치하였으며 위대한 건축가와 사자(死者)의 심판관으로 알려져 있다.

454 '女와'의 '와'는 古女聖名으로 여자 이름 '와' 혹은 '왜' 자(字)다. 노아가 남자인데 누와가 여자 이름인 것은 중국 홍수 전설과 성경의 기록이 다른 점이다.

455 Dave Balsiger and Charles E. Sellier, Jr., *In Search of Noah's Ark*(Los Angeles, CA: Sun Classic Books, 1976), pp. 31-2 - 한국어판: 권명달 역, 『노아 방주의 발견』(서울: 보이스사, 1977), pp. 88-9.

창조와 격변

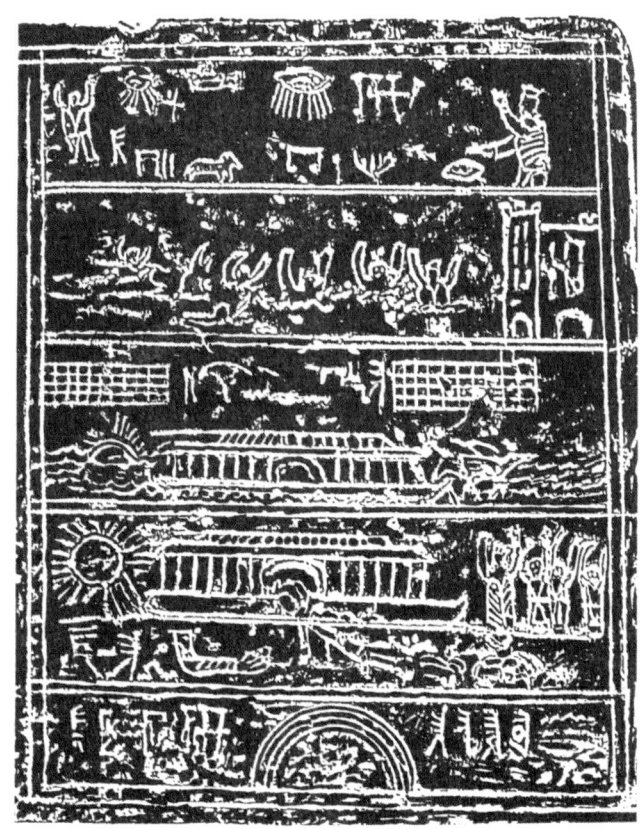

13-4 미국 인디언들이 남겨 놓은 토판. 창세기 대홍수 내용을 그대로 몇 폭의 그림으로 나타낸 듯하다.

한 노인이 하늘을 보며 경배하는 모습이 보이며, 둘째 부분에는 큰 비가 내리고 있으며 물에 빠져 허우적거리는 사람들을 보여준다. 셋째 부분에는 큰 배가 물 위에 떠 있고, 그림의 좌우 상단에는 40주야를 나타내는 듯한 네모진 40칸이 있으며, 나뭇잎을 물고 있는 새 한 마리가 보인다. 넷째 부분에는 첫째 부분의 일그러진 태양과는 달리 둥근 태양이 방사상의 빛을 발하며, 큰 배에서는 온갖 종류의 동물들이 쌍쌍이 내려오고 있으며, 먼저 나온 네 명의 남자들이 만세를 부르는 모습이 있고, 마지막 부분에는 선명한 무지개가 있다.

미국 인디언들이 남겨 놓은 토판은 노아의 홍수를 정확하게 잘 나타내 보이고 있다고 할 수 있다. 만일 우리가 창세기 6장에서 9장까지를 읽고 그 내용을 몇 폭의 그림으로 그려 오라는 숙제를 받는다면 위의 토판 그림 이상으로 그리기가 힘들 것이다.

홍수 전설은 멕시코와 중남미 지역에도 널리 남아 있다. 멕시코 원주민 역사가

(Ixtlilxochitl) 한 사람은 멕시코 원주민 톨텍 족(The Toltec)의 전설을 소개하는데, 이는 창세기의 기록과 너무나 흡사하다.

> 톨텍의 역사에서는, 그들의 말로 한다면, 이 세대와 첫 번째 세계는 1716 년간 지속되었다. 그런데 사람들은 거대한 비와 하늘과 심지어 땅으로부터 온 번개들에 의해 하나도 남김없이 모조리 멸망당했고, 가장 높은 산들이 묻혀서 15큐빗(eaxtolmolatli) 깊이의 물속에 잠겼다. 그리고 그들은 이 파멸로부터 탈출한 몇몇 사람들로부터 어떻게 사람들이 번성하게 되었는지, … 인간이 번성한 후에 그들이 파멸로부터 피하기 위해, 오늘날로 말하자면, 높은 탑 자쿠알리(zacuali)를 세웠는데 이로 인해 두 번째 세계(세대)가 멸망했다는 얘기를 첨가했다. / 지금은 그들의 언어들이 혼돈되었고 서로를 이해할 수 없게 되었기 때문에 그들은 지구의 서로 다른 곳으로 갔다. 일곱 친구들과 그들의 다섯 아내들로 된 톨텍 족은 같은 언어를 이해해서 이 지방으로 오게 되었는데 처음에는 큰 땅과 바다를 지나 굴 속에서 살았다. 그리고 많은 어려움을 견딘 후에 비로소 이 땅에 도착하게 되었다. 그들은 이 세상의 서로 다른 지방에서 104년을 방황하였고 홍수 후 520년 후에 비로소 세 텍파틀(Ce Tecpatl)에 있는 후에 후에 틀라팔란(Hue Hue Tlapalan)에 이르렀다.

또한 중앙아메리카의 전설에 의하면 "…그래서 하늘의 중심에서 홍수가 발생했다. 대홍수가 일어나서 나무 인간들 위로 쏟아져 내렸다. … 지상은 어두워졌고 검은 비가 밤낮없이 계속해서 내렸다. … 나무 인간들은 전멸했고, 파괴되었고, 부서졌으며, 죽음을 당했다"고 기록하고 있다.[456]

역사가들의 말에 의하면 한반도에도 과거 우리 조상이 이주해 살기 전에 사람들이 살았으나 그 후 어느 날 갑작스럽게 어디론지 사라져 버렸다가 오랜 후에 다시 나타났다고 한다. 이것은 노아 홍수 이전에 이미 한반도에 사람들이 살고 있었으나 홍수 때문에 멸망하고, 오랜 시간이 지난 후 노아의 후손이 중앙아시아로부터 바이칼 지방을 거쳐 다시 한반도에 들어와 살게 되었기 때문이라 생각된다.

2. 홍수 설화들의 공통점

홍수에 관한 세계의 많은 전설들을 연구한 커스탄스는 그의 논문 '세계의 홍수 전설'에서 여러 가지 홍수 전설은 성경의 기록과는 조금씩 다르지만 다음 네 가지 점은 공통적이라고 주장하였다. 첫째, 홍수의 원인을 인간의 부패와 타락, 불경스러움 등에 두었다는 점, 둘째, 노아가 홍수에 대한 직접적인 경고를 받았던 것과 같이 어떤 형태로든지 예고가 있었다는 점, 셋째, 몇몇 생존자들을 제외한 지상의 모든 사람들은 전멸했으며 현재의 인류는 그때 생존자들의 후예라는 점, 넷째, 동물들이 홍수를 미리 알려 주거나 홍수가 끝난 후의 상황을 알려 주는 역할을 하였는데 특히 새들이 많이 등장한다는 점 등이다.[457]

성경의 기록과 똑같지는 않지만 비슷한 점도 많다. 홍수가 났을 때 성경에서는 먼 나라의 아라랏 산에 방주가 머물렀다고 하지만 대부분의 다른 전설들은 인근 지역의 산으로 피난하였다는 점,[458] 성경에서와 같이 일부 전설들에서는 생존자가 8명이었다는 점, 홍수의 상황이 예상 외로 자세하고 생생하게 전해 내려오고 있다는 점, 날짜의 계산이나 수심의 정확한 기록 등으로 미루어 목격자가 직접 기록한 것으로 여겨진다는 사실 등이다.

3. 창세기 기록의 역사성

그러면 창세기에 기록된 노아의 홍수 기록은 어떤가? 어떤 사람들은 전 세계적으로 200여 민족이 270여 가지 이상의 홍수 전설이 있다고 하는데, 유독 유대인들의 홍수 이야기인 창세기의 기록만이 역사적 사실이고 나머지 모든 민족의 홍수 이야기는 여기에서 파생되어 나온 신화나 전설이라고 하는 것은 기독교인들의 편견이 아닌가라고 항의한다. 여기에 대하여 우리는 과학적 증거를 제시하기 이전에 신화나 전설이 갖는 일반적 특징

---

456 Popol Vuh, p. 90.

457 Arthur C. Custance, "Flood Traditions of the World," *The Flood: Local or Global?*(Grand Rapids, MI: Zondervan, 1979), pp. 67–106.

458 아라랏 산의 최고봉(해발 5,160m)은 노아의 가족들이 살았다고 생각되는 이라크 남부 지방의 유프라테스 강 하류 평원지대로부터 북쪽으로 멀리 떨어진, 현재 이라크, 터키, 아르메니아 등 세 나라의 국경 지역에 있다. 그러나 아라랏 산은 최고봉과 더불어 이라크 남부 지방에 이르는 긴 산맥으로 이루어져 있다. 그러므로 노아의 방주가 아라랏 산맥 어딘가에 머물렀다면 성경의 홍수 기록과 다른 홍수 이야기들이 일치한다고도 볼 수 있다.

	인간의 죄로 인한 홍수	신의 진노로 인한 심판	은혜를 입은 한 가족	구원의 방주가 준비	물에 의한 멸망	사람의 종자를 보존	동물의 종자를 보존	전 세계적인 홍수	방주가 산에 머무름	새들을 날려 보냄	생존자들의 예배	생존자들에게 신의 은혜
앗시리아-바벨론 1	■	■	■	■	■	■	■	■	■	■	■	■
앗시리아-바벨론 2		■	■	■	■	■	■	■	■	■	■	■
페르시아 1			■	■						■	◈	■
페르시아 2	◈		■	■	■	■	■	■				
시리아				■	■				■			
소아시아				■	■				■			
그리스	■	■		◈	■	◈			■			■
이집트	■	■			■	■						■
이탈리아	■	■	■	■	■	■						■
리투아니아				■			■					
웨일스(영국)				■			■					
스칸디나비아 1				■								
스칸디나비아 2				◈								
라플란드(북유럽)				■								
러시아		■		◈			◈					■
중국									■			
인도 1									■	◈		
인도 2	■											
알래스카								■				
에스키모(캐나다)						◈						
틀린컷 1(캐나다)	◈			◈				■				
틀린컷 2(캐나다)						■						
크리(캐나다)						■		■				
체로키(미국)						■		■				
만단(미국)											■	
레니 레나페(미국)	■											
타코(미국)				■		■						
파파고스(멕시코)	■									◈		
피마스(멕시코)	■											
톨텍스(멕시코)	■		■					■				
아즈텍스(멕시코)				■		■		■				
미코아칸(멕시코)				■						■		
니카라과				◈				■				
페루				◈								
브라질				◈								
레워드군도		■		◈				■				
피지군도 1				■								
피지군도 2	■			■				◈				
안다만 섬(벵갈만)										◈		
하와이				■							■	■
수마트라				■					■			

13-5 성경의 홍수 기록이 아닌 여타 주요한 홍수 전설들의 특징. ■ 는 성경의 아이디어와 완전히 일치하는 것을, ◈ 는 성경의 아이디어와 부분적으로 일치하는 것을 나타낸다.[459]

들을 살펴봄으로 노아 홍수에 대한 구약 성경의 기록이 단순한 전설이나 신화가 아닌 사실의 기록임을 말할 수 있다.

A. 실제적인 인물

많은 경우 신화나 전설에 등장하는 인물들은 가공적인 경우가 많다. 예를 들면, "옛날 옛적에 갑돌이와 갑순이가 살았는데…" 등과 같이 말이다. 이런 경우 우리는 쉽게 그 인물들이 가공적인 존재임을 알 수 있다. 이에 비해 노아의 홍수에 등장하는 노아나 그의 세 아들 셈, 함, 야벳은 히브리 사람들의 족보는 물론, 세계 인류 역사에 구체적으로 등장하는 실존 인물이다. 그 아들들의 이름을 따라 셈족, 함족, 야벳족 등의 이름이 아직도 사용되고 있는 것이다.

물론 수천 년 전에 실재했던 사람이라도 오랜 세월이 지나면 신화화 될 수 있다. 그러나 노아로부터 시작된 셈, 함, 야벳의 족보는 예수님 시대까지, 아니 지금까지 전해져 내려오고 있다. 이것은 노아와 그의 세 아들의 존재뿐 아니라 그들을 둘러싼 전 지구적 홍수 얘기가 단순한 전설이 아니라 실제적인 사건이었음을 보여준다고 할 수 있다.

B. 실존 지명과 홍수 일지

홍수에 등장하는 지명들이 실존 지명이라는 사실도 노아 홍수의 사실성을 뒷받침한다. 일반적으로 신화나 전설에 등장하는 지명이나 강 이름, 마을 이름은 가공적인 경우가 많다. 그러나 노아의 홍수에 등장하는 아라랏 산이나 창세기 2장에 나오는 유프라테스 강, 힛데겔 강(티그리스 강의 히브리어 명칭) 등은 오늘날에도 엄연히 존재한다.

실존 지명이나 인물에 더하여 분명한 숫자나 날짜가 등장하는 것도 노아의 얘기를 단순한 전설로 볼 수 없는 근거가 된다. 많은 신화나 전설에서는 사건의 전개 과정에 있어서 숫자나 날짜 개념이 불분명하다. 그러나 노아의 홍수 이야기에서는 홍수 진행 과정을 표현하는 숫자들이 놀랄 정도로 매우 분명하다. 이것은 마치 항해사의 항해 일지나 신문기자가 사건 현장에 특파되어 사건을 취재하고 사건의 전말을 기사로 작성한 것처럼 6하(六何) 원칙(누가, 언제, 어디서, 무엇을, 어떻게, 왜)에 의하여 기록되어 있음을 볼 수 있다.

---

459 Byron C. Nelson, *The Deluge Story in Stone* (Minneapolis, MN: Bethany Fellowship, 1968), p. 169에 있는 표를 다소 수정하였다.

창세기 6장에서 9장 중반까지에 있는 노아 홍수 기록을 읽노라면 홍수를 직접 겪은 사람이 기록했던지 혹은 직접 겪은 사람으로부터 생생하게 구전되어온 이야기를 후세의 누군가가 정리한 것이라는 인상을 강하게 받는다. 성경은 대홍수가 시작된 후 40일 동안 밤낮 비가 땅에 쏟아졌으며, 이로 인해 물이 지면에 창일하여 천하의 높은 산이 다 덮였다고 기록하고 있다. 그리고도 물은 계속 불어서 높은 산꼭대기보다도 15규빗(7m) 이상 덮였으며, 이러한 물은 150여 일간 범람함으로써 방주에 탄 노아 식구와 동물들 외에는 육지에서 코로 기식하는 모든 동물들이 다 죽었다고 기록한다.[460]

	날짜	일수	누적일수	사건	창세기구절
기다림	2월 10일	7일을 기다림	7	노아의 가족이 방주에 들어감	7:4, 10
150일간	2월 17일	40일간 계속됨	47	비가 내리기 시작함	7:4-6, 11, 12
땅에 물이	3월 27일	40일이 끝남	87	비가 멈춤	7:4, 11
창일함	7월 17일	150일이 끝남	157	방주가 아라랏 산에 머묾	7:24, 8:4
150일간	10월 1일	40일간 기다림	197	산들의 봉우리가 보임	8:5-6
물이 줄어듦	11월 10일	1일을 기다림	237	까마귀를 내어보냄	8:7
	11월 11일	7일을 기다림	238	비둘기를 내어보냈는데 다시 돌아옴	8:8-9
	11월 18일	7일을 기다림	245	다시 보낸 비둘기가 감람 새잎을 물고 옴	8:10-11
	11월 27일		252	비둘기를 내어보냈는데 돌아오지 않음	8:12
	12월 17일	150일이 끝남	307	물이 충분히 물러감	8:3
땅이 마름	1월 1일		321	방주 뚜껑을 열어젖힘	8:13
	2월 27일		377	땅이 말랐으며 사람들이 방주에서 나옴	8:14-19

13-6 홍수의 전개 과정. 홍수가 시작된 날로부터 노아의 가족들이 방주로부터 나온 날까지는 1년을 약간 넘는 기간이었다. 여기서 한달은 30일로 계산되었으며, 노아의 가족들이 방주 속에서 보낸 총 기간은 1년 17일, 즉 377일간이었다.[461]

C. 복수형의 아라랏 산

노아의 홍수 기록 중에서 아라랏 산에 대한 기술은 특히 흥미롭다. 모세는 방주가 노아의 나이 600세 되던 해, 7월 17일에 드디어 '아라랏 산'에 도착했다고 기록하고 있다.[462] 그런데 아라랏 산은 터키와 이란, 아르메니아의 국경선 부근에 위치하는 산으로 해발 5,160m와 3,920m의 두 봉우리를 갖고 있다. 한글판 성경에는 아라랏 산으로 되어 있지만 히브리어 성경에는 '산들'이라는 복수형을 사용하고 있다. 모세는 아라랏 산에서

13-7 (a) 아라랏 산 전경. 터키 동부, 러시아와의 접경 지역에 자리 잡고 있는 아라랏 산은 터키에서 가장 높은 산으로 해발 5,137m와 3,920m 두 봉우리를 갖고 있다. 앞쪽에 보이는 돌은 노아 방주의 닻이라고 전해지고 있다. (b) 베개 모양의 현무암. 이것은 용암이 물 속에서 식을 때 생긴다.

1,280Km나 떨어진 느보 산에서 죽었으므로 아라랏 산을 한 번도 본 적도 없었을 터인데 정확히 '아라랏 산들'이라는 복수형을 사용한 점은 놀라운 일이다.

또한 아라랏 산의 2,100m 근방에서는 귤 크기의 소금 덩어리가 발견되고 4,200m 근방에서는 둥근 베개 모양의 현무암(pillow basalt)이 발견된다.[463] 이러한 베개 용암은 물

---

460 창세기 8:21-24.
461 이 표는 J. H. Walton이 작성한 것을 『오픈성경』(서울: 아가페 출판사, 1986), p. 8에 전재한 것을 인용, 수정하였다.
462 창세기 8:4.
463 현무암은 용암이 흘러나와 식은 암석이며, 용암이 수중으로 흘러나올 때는 급격하게 식기 때문에 베개 모양의 용암(pillow basalt)이 되고 공기 중으로 분출되는 등 천천히 식으면 주상 현무암(columnar basalt)이 된다.

속에서 용암이 분출되어 급격히 식을 때 생기는 것이므로, 이것은 노아 홍수 때 아라랏산이 물 속에 잠겨 있었음을 나타낸다. 이런 것들은 노아 홍수에 대한 창세기 기록이 사실에 근거한 것임을 보여준다.

4. "궁창 위의 물"

그러면 노아의 홍수는 어떻게 시작되었을까? 창세기 7장 11절에 의하면 노아의 홍수는 큰 깊음의 샘들(The springs of the great deep)이 터지며 하늘의 창들(The flood gates of the heavens)이 열림으로 시작되었다. 우리는 보통 노아의 홍수라 하면 비만 많이 왔다고 생각하지만 성경에는 분명히 이 두 가지 사건이 동시에 일어남으로 홍수가 시작되었다고 기록되어 있다. 즉 먼저 '깊음의 샘들'이 터지고 그 후 '하늘의 창들'이 열렸다고 말한다. 그러면 '깊음의 샘들'은 무엇이고, '하늘의 창들'은 무엇인가? 이것을 이해하기 위해서는 먼저 창세기 1장에서 언급하고 있는 "궁창 위의 물"에 대해서 살펴보아야 한다.

A. 궁창 위의 물이란?

하늘의 창들이 열려 비가 땅에 쏟아졌다는 말은 하늘 어딘가에 엄청난 양의 물이 존재했음을 나타낸다. 그러면 땅 위의 가장 높은 산을 덮을 정도의 홍수를 일으킨 이 엄청난 양의 물은 어떻게 존재하게 되었는가?

성경에서 이 사실을 찾아보기 위해서는 하나님께서 천지를 창조하시던 창조주간의 둘째 날 사역을 살펴보아야 한다. 창세기 1장에 보면 하나님께서 천지를 창조하실 때 궁창 아래의 물과 궁창 위의 물로 나누셨다는 기록이 있다. "하나님이 가라사대 물 가운데 궁창이 있어 물과 물로 나뉘게 하리라 하시고 하나님이 궁창을 만드사 궁창 아래의 물과 궁창 위의 물로 나뉘게 하시매 그대로 되니라"(창 1:6, 7). 여기서 궁창(expanse)이란 흔히 새들이 나는 대기권 공간을 의미하므로 궁창 아래의 물은 오늘날 우리가 볼 수 있는 강이나 바다, 호수 등의 지표수를 가리킨다고 해석할 수 있다. 문제는 궁창 위의 물이 무엇인가 하는 점이다.

어떤 사람들은 오늘날의 상황으로부터 유추하여 궁창 위의 물은 구름이거나 대기에 포함된 수증기라고 한다. 그런데 문맥으로 볼 때 궁창 위의 물은 궁창 아래의 물과 병렬 접속사로 연결되어 있으므로 만일 궁창 아래의 물이 오늘날의 지표수라고 한다면 궁창 위

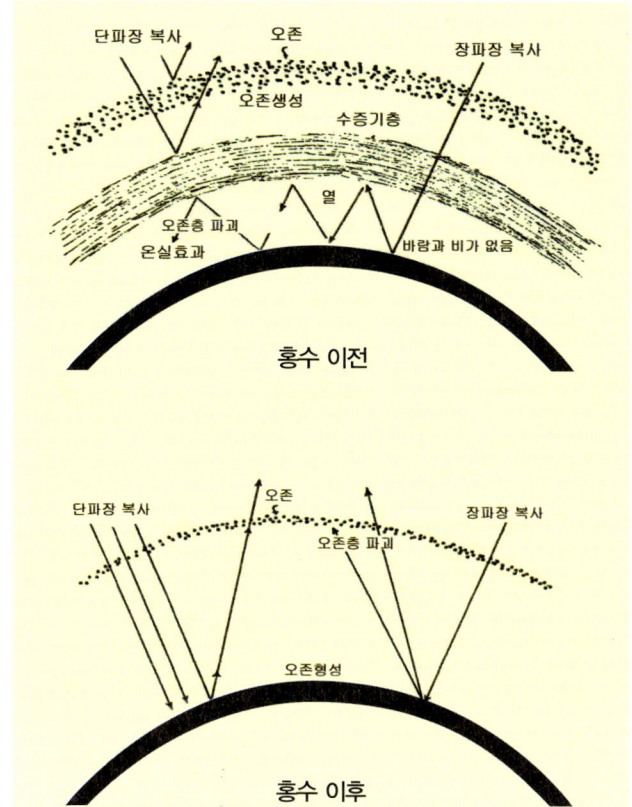

단파장 복사　오존　　　장파장 복사

오존생성　수증기층

열

오존층 파괴

온실효과　　　　바람과 비가 없음

홍수 이전

단파장 복사　오존　　　장파장 복사

오존층 파괴

오존형성

홍수 이후

13-8 (위) 홍수 전과 (아래) 홍수 후의 궁창 위 물의 변화. 궁창 위의 물은 아마 대기권 상층에 포화 수증기압 상태로 있었던 두터운 수증기층이었을 것으로 생각된다.

의 물도 이와 비슷한, 혹은 어느 정도 비교할 수 있을 정도의 양이어야 할 것이다. 그러나 오늘날 구름이나 대기 중의 수증기 총량은 지표수 총량에 비하면 무시할 수 있을 정도로 적다. 그러므로 궁창 위의 물은 오늘날에는 존재하지 않지만 대홍수 이전에 대기권 상층에 존재하다가 홍수 때 지상으로 떨어진 수층(水層)이었다고 보는 게 자연스럽다.[464]

B. 궁창 위의 포화 수증기층

그러면 궁창 위의 물은 어떤 형태로 존재했을까? 만일 궁창 위의 물이 액체 상태의 물

---

[464] 궁창 위의 물에 대해서 가장 자세하게 연구한 책은 Joseph C. Dillow, *The Waters Above : Earth's Pre-flood Vapor Canopy*, revised edition(Chicago: Moody Press, 1981). 이 책은 Dallas 신학교에 제출한 저자의 구약학 박사학위 논문이다.

이었다면 중력에 의해 당장 땅 위에 떨어졌을 것이다. 그렇다고 고체 상태의 얼음으로도 존재할 수 없다. 중력을 견딜 수 없기 때문이다. 궁창 위의 물이 존재할 수 있는 유일한 방법은 수증기 상태로 존재하는 것이다. 그러면 수증기가 존재했다면 오늘날의 구름과 같은 상태였을까?

궁창 위의 수층은 태양광을 대부분 투과시킬 수 있는 포화 수증기층이었던 것으로 생각된다. 이 수증기층은 거의 투명하기 때문에 대부분의 태양광을 투과시킬 수 있었다. 홍수 이전에는 이들을 응결시켜서 구름을 만들 수 있는 응결핵이 존재하지 않았다. 이는 홍수 이전에는 매우 깨끗한 대기를 갖고 있었던 것으로 생각되기 때문이다. 그러면 어떻게 이러한 수증기층이 엄청난 강수를 일으켰을까?

5. "깊음의 샘"은 무엇인가?

이것은 창세기 7장 11절의 기록으로 보아 깊음의 샘들이 터진 것과 관계가 있음을 짐작할 수 있다. 그러면 깊음의 샘이란 무엇인가? 성경에 구체적인 언급은 없지만 깊음의 샘, 즉 깊은 곳에서 솟아오르는 샘이란 일차적으로 화산과 지하수를 의미하는 것으로 해석할 수 있다. 지구의 내부 깊은 곳으로부터 분출될 수 있는 대표적인 것으로는 화산과 지하수 외에는 생각할 만한 것이 없기 때문이다. 그러므로 깊음의 샘이 터지는 것은 화산과 지하수의 폭발을 가리키는 것이라고 해석할 수 있다.

A. 수증기의 응결핵이 된 화산재

화산이 폭발할 때는 마그마(magma)뿐 아니라 엄청난 양의 화산재도 분출되며, 이 미세한 화산재는 화산 폭발 때의 강한 상승기류를 타고 대기권 상층(上層), 즉 성층권으로까지 올라가게 된다. 그러면 화산재 입자들이 응결핵(凝結核)이 되어 포화 수증기압 상태의 수증기들을 응결시키고 물방울이 점점 커짐에 따라 중력이 상승기류에 의한 부력(浮力)을 이기게 되었을 때 강수(降水)가 시작되었을 것이다. 이 과정은 오늘날 인공강우를 위하여 구름에 응결핵을 뿌리는 것과 유사하다. 아무리 하늘에 수증기가 많다고 해도 이들을 응결시키는 핵이 없으면 비는 내리지 않는다. 그러므로 창세기 7장 11절이나 8장 1, 2절에서 하늘의 창이 열리거나 닫히는 것을 말할 때 먼저 깊음의 샘이 터지거나 닫혔음을 언급하는 것은 우연이 아니다.

그러나 과학자들이 인정하듯이 오늘날과 같은 형태의 강우라면 아무리 억수 같은 소나기가 쏟아질지라도 40일간의 강우만으로는 모든 산들을 덮을 정도의 홍수가 되기에는 턱없이 부족하다. 뿐만 아니라 단순한 강우에 의해서만 생긴 홍수라면 유프라테스 강 하류 평원지대에서 건조되었다고 생각되는 방주가 유프라테스 강 하류를 따라 흘러 페르시아 만으로 떠내려가야 한다. 방주는 스스로 움직일 수 있는 엔진이나 돛을 달고 있지 않기 때문이다. 그런데 성경에는 방주가 강 상류 최북단에 있는 아라랏 산, 그것도 아라랏 산의 꼭대기 부근에 도착했다고 기록되어 있다.[465] 이것을 어떻게 해석할 것인가?

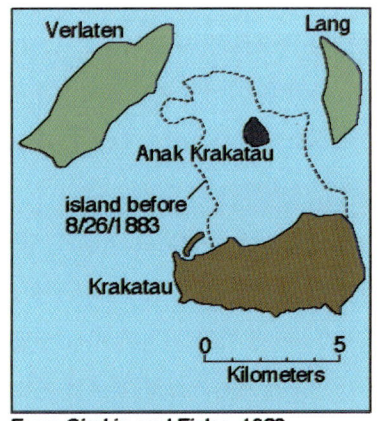

From Simkin and Fiske, 1983

이것은 큰 깊음의 샘들이 터졌다는 사실로부터 설명할 수 있다. 즉, 수많은 화산들이 동시에 폭발함으로 엄청난 양의 마그마와 화산 먼지가 분출된 것은 물론, 육지는 가라앉고 바다는 솟아오르는 격렬한 지각변동이 일어나 엄청난 양의 바닷물과 지하수가 육지에 침범해 들어왔을 것이다. 현재 많은 해저 및 육지 화산을 가지고 있는 환태평양 화산대는 당시의 화산 폭발 흔적이라고 생각된다.

B. 크라카타우와 세인트 헬렌스 화산

이와 같이 화산 폭발로 인한 강우와 해일(海溢)은 오늘날에도 실제로 관찰되고

13-9 1883년 8월 27일, 크라카타우 섬에서 일어난 화산 폭발로 남단의 라카타 섬만 제외하고 섬의 부분들은 완전히 파괴되었다. 그 후 다시 솟아난 아낙 크라카타우로부터 화산재와 가스가 분출하고 있다.

있으며 그 대표적인 예가 1883년에 폭발한 인도네시아 크라카타우(Krakatau) 섬 화산과 미국 세인트 헬렌스 화산의 폭발이라고 할 수 있다.

크라카타우 화산은 1883년 8월 27일 오전 10시 경에 폭발했다. 이때 마그마와 암석, 화산재 따위가 섞인 거대한 불기둥이 5Km 상공에까지 솟구치면서 섬의 대부분이 삽시간에 바다 속으로 빨려 들어갔고 오직 남쪽 일부만이 바다 위에 남았다. 섬의 동식물들도 모두 죽었다. 이때의 화산 폭발은 TNT 100-150메가톤에 상당하는 폭발이었으며(히로시마에 투하된 원자탄의 5,000-7,500배 위력), 이 폭발로 인해 40m 높이의 해일이 일어나 자바와 수마트라 섬 해변을 덮쳐 37,000명이 사망했다. 이때 분출된 화산재는 50Km 이상의 상공으로 치솟았고, 이 화산재로 말미암아 햇빛이 차단되어 반경 수십Km의 지역이 칠흑 같은 어둠에 휩싸여 주민들은 대낮에도 등불을 켜야 했으며, 수천만 톤의 화산먼지가 3년에 걸쳐 천천히 지상에 떨어져 마을과 숲을 덮었다. 화산 폭발 후에는 6주일 동안이나 전 세계적으로 호우가 계속되었으며, 3년 간 사진(砂塵)으로 인해 기온이 곤두박질쳤고 몇 년 동안 화산먼지로 인한 아름다운 노을이 계속되기도 했다.[466]

또한 크라카타우 화산에 비해서는 폭발 규모가 작았으나 1981년 5월 18일에 폭발한 미국 워싱턴 주의 세인트 헬렌스 화산도 화산 폭발이 강수량의 변화 등 국부적인 기상 변화를 일으키는 것을 보여준 좋은 예다.

세인트 헬렌스 화산은 1980년 5월 18일, 주일 오전 8시 32분에 폭발했다. 리히터 지진계(Richter scale)로 5.1의 진도를 기록한 지진이 1857년 이래 잠자고 있던 세인트 헬렌스 화산을 깨웠다. 그 동안에도 가끔씩 꿈틀거리기는 했으나 큰 폭발은 없었던 세인트 헬렌스는 123년 동안 축적한 모든 힘을 이 청명한 주일 아침, 우렁찬 함성과 함께 쏟아 놓았다. 히로시마 원자탄 500개에 해당하는 가공할 위력(TNT 1,000만 톤)으로 폭발한 세인트 헬렌스 화산은 바로 한국에서 광주민중항쟁이 일어나던 날 폭발했다. 이날의 폭발은 무려 9시간 동안 지속

13-10 폭발하기 전의 세인트 헬렌스 화산

13-11 세인트 헬렌스 화산의 장대한 폭발

13-12 화산의 폭발. 화산이 폭발할 때는 엄청난 규모의 화산재가 분출되어 뜨거운 상승기류를 타고 수십 Km까지 올라가게 된다. 일단 올라간 화산 먼지들은 궁창 위의 포화 수증기들을 응결시키는 핵이 되었을 것이고 응결핵이 되지 않은 화산 먼지들은 매우 느린 속도로 지표면에 떨어졌을 것이다.

되었으며, 그동안 엄청난 규모의 뜨거운 화산 먼지가 분출되었다. 폭발 직후 15분간은 시속 350–1,100Km(220–670마일)의 초강풍이 인근 숲과 집들을 초토화 시켰다. 강풍과 이류(泥流, mudflow)로 인해 500Km² 지역에서 약 600만 그루의 나무들(1만 m³)이 성냥개비처럼 뿌리째 뽑히거나 쓰러졌다. 화산 북쪽에 있던 삼림들은 5월 18일의 폭발로 완전히 사라졌다. 이때 분출된 세인트 헬렌스의 화산 먼지는 520Km²(230 평방마일)를 덮었고 20Km 상공의 성층권 하늘로 치솟았다. 이 폭발로 인하여 인근 지역은 유례없는 호우로 고통을 겪었으며, 화산 먼지는 시애틀까지 뒤덮었으며, 기온도 급강하하였다. 화산 폭발이 일어난 지 네 시간도 되지 않았을 때 화산으로부터 136Km 지점에 위치한 인구 51,000명의 야키마(Yakima) 시를 비롯하여 동부 워싱턴 주 도시들은 몰려온 화산 먼지들로 인해 대낮이지만 한밤중보다도 더 어두운 암흑천지로 변했다.[467]

만일 크라카타우나 세인트 헬렌스 화산과 같은 규모의 화산이 동시에 여러 개 폭발한

---

466 Edward O. Wilson, *The Diversity of Life*(Harvard University Press, 1992), Ch. 2 – 한국어판: 황현숙 역, 『생명의 다양성』(서울: 까치, 1995), pp. 26–34.

467 리더스 다이제스트, 『인류가 겪은 대재앙』, pp. 272–5.

다면 지구에는 큰 재난이 닥칠 것이다. 운석의 충돌 등으로 인해 환태평양 조산대에 속한 수많은 화산들이 동시에 폭발했다면 지구 역사상 전무후무한 재난이 닥쳤을 것이다.

C. 화산 폭발의 원인은?

노아의 홍수 때는 이런 화산 폭발들이 동시다발적으로, 그리고 전 지구적으로 일어났을 것이다. 만일 이러한 깊음의 샘들이 동시다발적으로 전 지구적 차원에서 일어났다면 지구 위의 생명체들에게는 엄청난 재앙이 되었을 것이다. 그러면 왜 화산들이 동시에 폭발했을까?

깊음의 샘들, 즉 지구상에 산재해 있는 수많은 화산들의 동시 폭발은 운석의 충돌로 일어났을 가능성이 있다. 초속 수십 Km의 초고속으로 지표면을 향하여 돌진하는 운석의 경우 그 크기가 100m 이상만 된다면 지표면에 주는 충격은 엄청나게 된다. 이 충격으로 인해 지구상의 수많은 화산들이 폭발하지 않았을까?

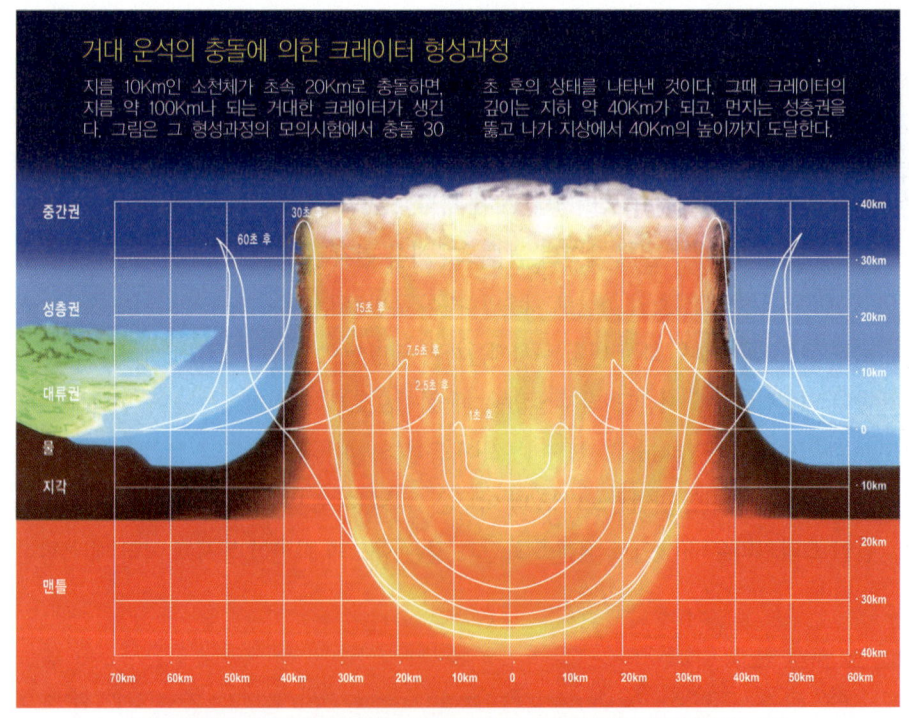

13-13 지름 10Km의 운석이 초속 20Km의 속도로 지표면과 충돌했을 때 운석구가 형성되는 과정. 운석구는 지하 40Km에 이르고 먼지는 성층권을 뚫고 40Km에 이를 것이다.

많은 동물들도 운석 충돌과 화산 폭발에 이은 홍수 대격변으로 인해 멸종했을 것이다. 거대한 운석이 지구에 떨어짐으로, 엄청난 충격이 지구에 가해져 오늘날 지진계로는 측정할 수조차 없는 강한 지진이 전 지구적으로 일어났을 것이다. 그리고 그 지진의 결과 전 지구적 화산 폭발과 지하수의 폭발이 일어났을 것이다. 이 화산 폭발로 인해 궁창 위의 물이 한꺼번에 땅 위로 쏟아졌을 것이다. 성경에 운석에 대한 언급은 없으나 세계 도처에 흩어져 있는 거대한 운석 흔적과 홍수 흔적을 고려해 볼 때 노아의 홍수와 이로 인한 생물의 멸종을 운석 낙하와 연관짓는 것은 무리한 가설이 아니라고 생각된다.

6. 궁창 위의 물의 역할

이러한 격변은 대홍수를 전후한 대기권의 급격한 변화를 일으켰으리라 생각된다. 현재의 대기권에서 궁창 위의 물은 거의 없으며 얇은 오존층만이 지구를 둘러싸고 있다. 그러므로 홍수 이전의 대기권 구조는 오늘날의 대기권 구조와 전혀 달랐다고 할 수 있다. 만일 궁창 위의 물이 존재했다면 당시의 기후와 생태계도 오늘날과는 전혀 달랐으리라 생각할 수 있다. 그러면 궁창 위의 물은 어떤 역할을 했을 것인가?

먼저 이 궁창 위의 물은 지표로 날아오고 있는 각종 고주파 방사선을 완전히 제거해 주는 역할을 했을 것이다. 우주선(宇宙線), 자외선, X선, 방사능 등의 고주파 방사선은 인간의 세포를 파괴하고 돌연변이를 일으키며 급격한 노화를 일으킨다.

그러나 궁창 위의 물이 있었다면 인간이나 생물들에게 유해한 각종 고주파 방사선이 완전히 제거되어 지구는 현재보다 훨씬 더 좋은 환경이었을 것이다. 오존층을 파괴하는 장파장의 열선이 갇혔기 때문에 오존층이 두터워졌을 것이다. 두터운 오존층과 수증기층에 의해 생물들의 돌연변이를 일으키는 고에너지 전자기 복사파들이 거의 지표면에 도달하지 못할 것이며, 따라서 거의 돌연변이가 일어나지 않았을 것이고 인간을 포함한 각종 생물들의 수명은 현재보다 훨씬 더 길었을 것이다.

둘째, 만일 궁창 위의 수증기층이 존재했다면 지구가 매우 온난했을 것이다. 이것은 태양으로부터 오는 저주파(底周波) 중 열선을 흡수하고 산란시키며 재반사시켜 전 지구상에 태양열을 골고루 분산시키는 역할을 했을 것이다. 현재 수증기(H_2O)와 이산화탄소(CO_2)는 열선인 원적외선(遠赤外線)을 가장 잘 흡수하는 물질로 알려져 있다. 이것은 마치 온실의 온도가 높아지는 것과 같은 원리여서 온실효과(Greenhouse Effect)라고 부른다.

수증기층은 마치 온실의 비닐과 같은 역할을 하기 때문에 지구는 남북극 지방과 적도 지방의 온도차가 별로 없었을 것이며, 밤낮의 일교차는 물론 여름과 겨울 사이의 연교차도 적었을 것이다. 온실효과가 있었을 때 지구는 전체적으로 연평균 기온이 아열대와 비슷한 기후였을 것으로 생각된다. 그렇다면 과연 궁창 위의 물이 존재하였다는, 그래서 홍수 이전의 세계는 홍수 이후의 세계와 전혀 달랐다는 성경적인 증거는 무엇이며, 궁창 위의 물은 구체적으로 어떤 역할을 했을 것인가?

7. 홍수 전후의 세계

앞에서 언급한 것과 같이 홍수 이전의 대기권 구조는 오늘날의 대기권 구조와 전혀 달랐을 것이다. 대기권의 구조가 달랐다는 것은 기후와 생태계도 오늘날과는 전혀 달랐을 것임을 의미한다. 궁창 위의 물이 없는 현재는 태양으로부터 오는 열선이 골고루 분산되지 못하기 때문에 열선을 수직으로 많이 받는 적도 지방은 덥고 비스듬하게 적게 받는 극지방은 춥게 되었다. 그러나 궁창 위에 수증기층이 있을 때는 온실 효과가 일어나 지구는 전체적으로 연평균 기온이 일정한 아열대와 비슷한 기후가 형성되었을 것이다. 성경은 온실효과 등에 대해 직접적인 언급을 하고 있지는 않지만, 성경에 기록된 몇 가지 사실들로부터 홍수 이전의 궁창 위에 물이 존재했음을 추리해 볼 수 있다.

A. 창세기 2장 5, 6절

첫째 증거로서는 창세기 2장 5-6절을 들 수 있다. "여호와 하나님이 땅에 비를 내리지 아니하셨고 경작할 사람도 없었으므로 밭에는 채소가 나지 아니하였으며 안개만 땅에서 올라와 온 지면을 적셨더라." 홍수 이전에 구체적으로 안개가 어떤 형태로 존재하였기에 온 지면을 적실 정도였는지 상황은 분명하지 않다. 그러나 다음과 같은 간단한 추리를 통해 홍수 이전의 기후가 지금과는 전혀 달랐을 것임을 알 수 있다.

일반적으로 안개는 바람이 없어야 형성된다. 그런데 바람은 지역과 지역 간의 기압의 차에 의하여 기단(氣團)이 움직이는 현상이다. 그리고 기압 차는 결국 온도차에 의해 발생한다. 그러므로 안개만 땅에서 올라와 온 땅을 적셨다는 것은 지구상에 온도차가 별로 없었음을 의미한다. 그리고 이것은 다시 큰 바람이 없었음을 간접적으로 나타낸다고 할

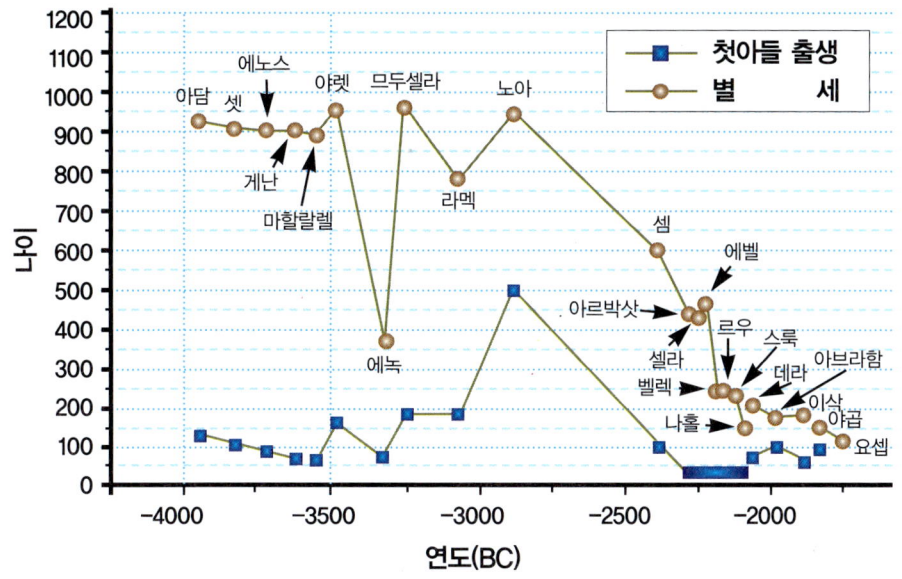

13-14 노아 홍수를 전후한 성경 인물들의 나이. (위) 노아의 홍수를 기점으로 하여 900세 정도의 수명이 줄어들고 있다. (아래) 결혼 연령으로 미루어 900세까지 산 것은 날짜 계산의 착오로 생긴 것은 아닌 듯하다.

수 있다. 온도차가 없었다는 것은 지구가 궁창 위의 수증기층에 의해 둘러싸여 강한 온실 효과의 영향 하에 있었음을 시사한다.

B. 사람들의 수명

둘째, 사람들의 수명이다. 창세기 초반에 보면 노아 이전에 살았던 사람들은 대부분 900세 이상 장수한 것을 알 수 있다. 아담은 930세, 인류 역사상 가장 장수한 므두셀라는 969세, 야렛은 962세, 노아는 950세를 살았다. 그 당시에는 800세를 넘기지 못하고 죽은 라멕(777세)과 같은 사람은 요절한 사람이라고 할 정도로 오늘날 사람들의 10배 이상을 장수하였다.

그러면 홍수 이전에는 어떻게 사람들이 그처럼 오래 살 수 있었을까? 사람의 수명과 대홍수 이전의 기후는 어떤 관계가 있는가? 현재의 조건으로는 인간이 900세 이상 살았다는 사실은 도저히 믿을 수 없는 일이다. 그러나 온도의 급격한 변화가 없이 사시사철 따뜻한 기후이며, 앞에서 언급한 바와 같이 사람에게 해로운 각종 고주파 방사선을 완전히 제거해 주는 창세의 생태계에서라면 어느 정도 이해될 수 있다.

어떤 사람은 그것은 당시의 연령을 계산하는 법이 오늘날과 달라서, 즉 다른 달력(예를 들면 한달을 1년으로 계산하는)을 사용해서 그렇다고 말할지 모른다. 그러나 이 주장은 창세기 7, 8장에 나오는 노아의 홍수일지 자체가, 당시의 달력이 오늘날의 달력과 크게 다르지 않음을 증거하고 있고, 또한 그 달력이 오늘날과 달랐다면 오늘날과 같은 달력을 사용하기 시작하면서부터는 사람들의 나이가 갑자기 줄어들었어야 할 것이나 그렇지 않고 나이가 연속적으로 줄어든다는 사실을 볼 때 타당성이 없다.

홍수 이전 사람들이 실제로 900세 이상 살았다는 또 하나의 증거는 이들이 첫 아들을 낳은 연령이다. 일반적으로 인간의 결혼 연령은 수명의 1/3정도인 20-30세이므로 900 살 살았다는 창세기 5장의 기록이 나이 계산이나 달력이 오늘날과 달라서 그렇다면, 이들의 결혼 연령도 300세 내외가 되어야 할 것이다. 그러나 창세기 홍수 전에는 첫 아들을 낳은 연령이 50-100세 정도로 수명의 1/9 이하에 불과하다. 따라서 창세기의 장수 기록이 단순히 나이 계산이나 달력의 차이 때문만은 아니라고 할 수 있다.

홍수 이후에 사람들의 수명이 점차로 감소했음을 보여주는 증거는 신약에서도 찾아볼 수 있다. 마태복음 1장 17절에 보면 "아브라함부터 다윗까지 열네 대요 다윗부터 바벨론으로 이거할 때까지 열네 대요 바벨론으로 이거한 후부터 그리스도까지 열네 대"라는 언급이 있다. 아브라함(BC 1996-1821)은 노아(BC 2948-1998)가 죽은 지 2년 후에 태어났고, 다윗(BC 1085-1015)은 아브라함보다 911년 후에 태어났다. 그리고 바벨론 이거는 다윗의 출생 후 500년 뒤인 BC 585년에 일어났고, 예수 그리스도는 바벨론 이거로부터 580년 뒤인 BC 5년에 태어났다. 그러면 같은 14대인데도 아브라함부터 다윗까지는 911년, 다윗으로부터 바벨론 이거까지는 500년, 바벨론 이거로부터 예수 그리스도의 탄생까지는 580년이 된다. 이것은 아브라함부터 다윗까지는 한 세대가 65년 정도였지만, 다윗 이후부터는 한 세대가 대략 35-40년 정도로 변치 않았음을 볼 수 있다.[468]

C. 음식물의 변화

대홍수와 더불어 일어난 지구 환경의 급격한 변화를 보여주는 또 하나의 간접적인 성경의 증거는 사람들이 먹는 음식물의 변화라고 할 수 있다. 먼저 인간이 타락하기 이전의

[468] 노아나 아브라함, 다윗, 바벨론 이거 등의 연대는 학자들마다 다소 다르다. 여기서는 다음을 참조하였다. *The Time Chart History of the World*(Chippenham, England: Third Millenium Press, 2001) Revised and updated edition.

음식물을 살펴보면(창세기 1장 29절에서) 오직 채식만을 말하고 있을 뿐, 육식에 대한 언급이 없다. 창세기 1장 30절에 보면 사람뿐 아니라 다른 모든 짐승과 새들도 푸른 풀만을 식물로 하였다. 그러므로 이때는 살육이 없는, 이사야 11장 6-9절에서 말하는, 그야말로 평화의 시대였다. 그 후 인간이 타락한 직후인 창세기 3장 18절에도 보면 여전히 육식을 하지 않았음을 보여주고 있다. 그러나 대홍수가 끝난 후인 창세기 9장 3절에 보면 비로소 사람들은 오늘날과 같이 채식과 더불어 육식을 하게 되었고, 따라서 동물들이 사람을 두려워하기 시작하였다(창 9:2)는 것을 알 수 있다.

오늘날의 과학은 이러한 음식물의 변화가 사람의 수명과 직결됨을 보여주고 있다. 대홍수 이전에는 사람들이 채식만으로도 충분히 체력을 유지할 수 있을 정도로 생존 환경이 좋았으며 따라서 장수하였다. 그러나 대홍수 이후에는 육식을 하여 고단백질, 고지방질을 섭취하지 않으면 체력을 유지할 수 없을 정도로 지구의 환경이 열악하게 변했으며, 이러한 육식의 시작은 인간의 수명 감소에 중요한 일조를 하였으리라고 생각된다.

D. 홍수 전의 거인들과 큰 동물들

홍수 이전의 환경에서는 사람의 수명이 길었을 뿐만 아니라 사람의 몸집도 현대인들보다 더 컸을 것으로 생각된다. 대홍수 이전의 인간으로 추정되는 네안데르탈인이나 크로마뇽인의 평균 두개골 용적은 1,620-1,650cc로 현대인의 1,500cc보다 무려 10% 가까이 크다. 창세기 6장 4절에 나타난 네피림이라는 거인족들도 이들과 관계가 있으리라고 보는 사람들이 있다.

홍수 이전의 세계는 지금과 달리 따뜻했고 일교차(밤낮의 기온 차)나 연교차(여름과 겨울의 기온 차)가 적었다면, 그때 존재했던 동식물들 중에는 지금은 존재하지 않는 것들이 있었을 것임을 예상할 수 있다. 한 예로, 욥기 40장 15절에 보면 하나님께서 욥에게 "이제 소같이 풀을 먹는 하마를 볼지어다 … 그 힘은 허리에 있고 그 세력은 배의 힘줄에 있고 그 꼬리치는 것은 백향목(百香木)이 흔들리는 것 같고 그 넓적다리 힘줄은 서로 연락되었으며 그 뼈는 놋관 같고 그 가릿대는 철장 같으니"라고 말씀하셨다. 오늘날 동물원에서 볼 수 있는 바와 같이 하마의 빈약한 꼬리를 가리켜 "꼬리치는 것이 백향목이 흔들리는 것 같다"고 했을 리가 만무하다. 아마 여기서 말하는 하마는 현재는 멸종했지만 홍수 전에 살았던 동물이 아니었을까 생각된다.

캐나다 맥매스터대학의 링크(Jack Rink) 교수는 키가 3m(10ft), 몸무게가 550Kg(1,200 파운드)나 되는 거인 원숭이(Gigantopithecus blackii)들이 인간과 공존한

13-15 세계 최대의 암모나이트
화석과 아일랜드 영양

적이 있었다는 주장을 하기도 했다.[469] 비록 대홍수 연대보다 훨씬 이전의 지층에서 발견되지만, 과거에 공룡과 같은 중생대의 거대 파충류들에 더하여 독일 세펜라데(Seppenrade)에서 발견된 암모나이트(Pachydiscus seppenradensis), 오늘날에는 사멸한 아일랜드 영양도 홍수 전에 살았던 거대 포유류의 하나였다고 생각된다. 아일랜드 영양(Irish deer)은 뿔과 뿔 사이의 넓이만도 근 3.5m에 이른다.

---

469 Jane Christmas, "Giant ape lived alongside humans," 〈Daily News〉 (McMaster University, Canada) (Nov. 7, 2005). See dailynews. mcmaster.ca/story.cfm?id=3637

13-16 나무 화석들의 나이테. 모든 나무 화석들이 다 나이테를 보여주는 것은 아니지만 많은 나무 화석에서 나이테가 나타난다. 만일 이 나무 화석들이 홍수에 의해 만들어진 것이라면 홍수 전에 분명한 계절이 있었다고 할 수 있다.

E. 홍수 전의 계절

홍수 이전 지구에 걸쳐 아열대 기후가 형성되어 있었음을 보여주는 증거들도 궁창 위의 물이 존재했다는 증거가 될 수 있다. 과학자들을 놀라게 한 사실 중의 하나는 시베리아와 알래스카, 남극 등에서도 아열대 지방에서만 자라는 활엽수 숲 화석이 발견된다는 사실이다. 또한 현재 시베리아에서 자라고 있는 가장 큰 나무는 2.5m 정도의 버드나무인데 화석으로는 초록색 잎을 지닌 2.7m 크기의 과일 나무가 발견된다. 이것은 시베리아 지방도 과거 대홍수 이전에는 궁창 위의 물로 인한 온실 효과로 인해 매우 따뜻한 아열대성 기후였던 때가 있었음을 보여준다.

그러나 이러한 아열대성 기후였다는 것이 계절이 없었음을 의미하지는 않는다. 지금까지 많은 홍수론자들은 홍수 전에는 계절이 없었을 것이라고 생각했다. 궁창 위의 물이 존재하는 조건 하에서는 이러한 각도의 변화로 인한 태양광 세기의 차이가 뚜렷하지 않기 때문에 계절을 만들 수 없었을 것이라고 생각했기 때문이다. 계절의 변화는 지축이 기울어져 공전궤도상의 위치에 따라 지구가 태양광을 받는 각도가 달라지므로 생긴다. 여름에는 태양광을 거의 수직으로 받기 때문에 덥고 겨울에는 비스듬히 받기 때문에 춥다. 남북극 지방이 추운 것도 태양광을 비스듬히 받기 때문에 단위면적당 태양광의 세기가 매우 약하기 때문이다.

만일 대부분의 화석이 홍수 때에 생겼다고 보는 홍수론적 견해를 받아들인다면 홍수 전에 계절이 없었다고 생각해서는 설명할 수 없는 증거들이 있다. 홍수 이전에 자랐다고 생각되는 나무 화석들 중에도 나이테가 뚜렷하게 나타나는 경우도 많기 때문이다. 나무의 나이테는 계절이 있었음을 보여주는 부정할 수 없는 증거다. 이 나이테들의 무늬가 선명하다는 것은 이 나무 화석이 만들어질 즈음에 계절의 변화가 매우 뚜렷했음을 나타낸다.

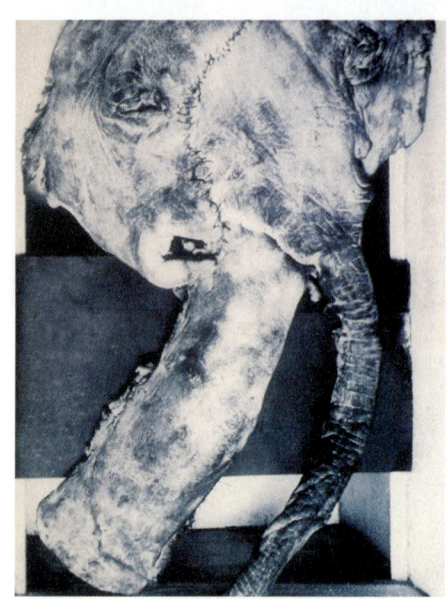

13-17 알래스카 동토에서 발굴된 매머드의 시체. 알래스카와 시베리아에는 매머드의 시체가 대량으로 발견되고 있으며, 이들 중에는 크게 부패하지 않은 채 잘 보존된 시체들도 있다. 북극권이 서서히 확장되므로 빙하기가 도래하여 죽었다면 이처럼 생생하게 시체가 보존될 수 있었을까?

F. 매머드 시체 발굴

대홍수 이전에 전 지구에 걸쳐 아열대 기후가 형성되어 있었음을 보여주는 또 하나의 증거는 알래스카나 시베리아에서 발견되는 매머드 시체들이다.

시베리아와 알래스카에서는 전신에 살점과 털이 남아 있는 수백 마리의 매머드 화석이 발견된다. 거대한 동물인 매머드가 거의 먹을 것이 없는 툰드라(tundra) 지대에서 살았다는 것도 이상한 일이지만 더욱 놀라운 사실은, 이 매머드를 해부했을 때 매머드가 먹었던 음식이 나왔는데 이것은 화산재가 섞여 있는 아열대성 활엽수의 잎이었다는 점이다. 이것은 매머드가 살 당시의 시베리아는 지금과 같은 추운 지방이 아니라 따뜻한 지방이었음을 말해준다.

그리고 툰드라 지방에서 발견된 일부 매머드의 시체가 크게 부패되지 않은 채로 발굴된다는 점이다. 이것은 이 지방에 추위가 갑자기 닥쳐와 죽은 직후 곧장 얼어붙었음을 보여준다. 오늘날 흔히 설명하듯이 빙하시대가 서서히 도래하여 매머드가 얼어 죽었다고 해서는 설명하기 어렵다. 북극권이 확장되어 빙하시대가 왔다면 시베리아나 알래스카가 서서히 추워지기 시작하였을 것이므로 매머드의 시체와 위장 속에 들어 있는 음식물들이 부패할 수 있는 충분한 시간적인 여유가 있었을 것이다.

8. 홍수의 물은 어디로…

이런 모든 홍수 이전의 상황들은 홍수로 인해 완전히 달라졌다. 홍수는 영원하지 않았고, 비가 쏟아지기 시작한 지 5개월 후부터는 물이 감하기 시작했다. 창세기 8장 3절에 보면 홍수가 시작된 지 150일 후에 물이 감하기 시작했으며, 노아가 601세 되던 해, 2월 27일에 노아의 가족들이 방주에서 나왔다고 한다. 그러면 대홍수 때 지구상의 높은 산까지 덮었던 물은 어디로 갔을까?

A. 남북극의 빙산

여기에 대해 창세기 8장 1절에는 "바람으로 땅 위에 불게 하시매 물이 감하였고"라고 기록되어 있다. 수면 위에 부는 이 큰 바람은 물을 증발시켰을 것이다. 또한 적도에서 극지방으로 부는 바람으로 인해 극지에는 방대한 규모의 빙산이 형성되어 물의 감소에 크게 기여했을 것이다. 바람이 불어 남북극으로 물들이 밀려가면서 물이 얼었을 것이다.

그러면 오늘날 남북극의 빙산이 다 녹는다면 과연 성경의 기록대로 지상의 높은 산들이 모두 묻힐 것인가? 아마 해수면이 높아져 육지의 많은 부분이 물에 잠길 것이다. 그러나 남북극의 얼음과 지하수를 다 합친다고 해서 해발 8,880m나 되는 에베레스트 산이나 해발 5,160m나 되는 아라랏 산과 같은 "천하의 높은 산"(창 7:19)이 다 덮일 정도가 되지는 못한다. 진화론자이며 미국의 반창조론 고생물학자인 뉴웰(Norman D. Newell)의 주장에 의하면 에베레스트 산이 묻히려면 현재 총 지표 수량의 3배 정도가 필요하다고 한다. 그러면 천하의 높은 산이 다 덮였다는 성경의 기록이 잘못된 것인가?[470]

이에 대답하기 위해서는 대홍수 이전에는 현재와 같이 높은 산이나 깊은 해구(海溝)가

470 Norman D. Newell, *Creation and Evolution—Myth or Reality* – 한국어판: 양승영 역, 『창조와 진화—창조론 무엇이 문제인가?』(명지사).

없었다고 가정해야 한다. 이 가정은 깊음의 샘이 터진 것을 화산 폭발로 볼 때 상당한 설득력을 가진다. 즉, 일시에 많은 화산들이 폭발함으로 지하에 대규모 동공(洞空, cavity)들이 생기고 이들을 메우기 위해 국부적으로 거대한 함몰이 일어나 깊은 해구들이 생기고 함몰된 지각이 다른 지역의 융기를 일으킴으로 높은 산과 산맥들이 형성되었을 것이다.

하지만 홍수 전에 지구가 평평하다면 바닷물은 거의 2,400m 깊이로 전 지구표면을 덮었을 것이다. 대홍수 당시에 있었던 화산 폭발과 지각변동에 의하여 엄청난 양의 바닷물이 육지로 침범해 들어와 온 육지를 덮었다. 시편 104편에 보면 대홍수를 표현하면서 "옷으로 덮음같이 땅을 바다로 덮으시매 물이 산들 위에 섰더니"라고 하여 대홍수 당시에 육지가 바다로 덮였음을 보여준다.

9. 내륙 염호의 기원

거대한 홍수로 인해 바닷물이 육지로 침범해 들어온 다른 증거로는 내륙 염호(鹽湖)를 들 수 있다.[47] 한 예로, 이스라엘에 있는 사해는 염호로 유명하다. 터키 동부 지방에 위치한 만호는 해발 1,700m에 있는데 다량의 염분을 함유하고 있으며 바다에 사는 청어가 이 호수에 서식하고 있다. 또한 이란에 있는 우르미아 호는 해발 1,470m에 있으며 염분의 함유량이 23%에 이른다. 그 외에도 바다로부터 멀리 떨어져 있는 몽고 지방의 고비 사막에는 사라져 가는 수많은 염호가 있으며 해발 3,800m의 안데스 산맥에 있는 티티카카호는 그 넓이가 480Km²나 된다. 또한 카스피 해와 고비 사막에 남아 있는 내지해(內地海)는 염호로서 육지 깊숙한 곳에 위치해 있다.

현대 과학은 어떻게 해서 바닷물이 이렇게 내륙 깊숙이 높은 데까지 침범하였는지 설명하지 못한다. 그러나 과거에 바닷물이 범람한 대홍수가 있었음을 받아들이면 이러한 염호들의 존재를 자연스럽게 설명할 수 있다.

염호	해발
이스라엘 사해	해수면 아래
터키 반호	1,700m
이란 우르미아 호	1,470m
안데스 티티카카 호	3,800m

13-18 전 세계에 흩어져 있는 내륙 염호들

10. 홍수의 마침

그러나 전 지구를 덮는 엄청난 대홍수도 언제까지나 지속되지는 않았다. 바람이 불어서 남북극 쪽으로 물러가고 궁창 위의 물이 없어지게 되자 홍수 전의 온난하고 낙원과 같았던 지구는 이제 우리가 볼 수 있는 대기권을 갖게 되었다. 태양열을 거의 수직으로 받는 적도 지방은 매우 더워지게 되었고 비스듬히 받는 극지방은 매우 추워지게 되었다. 그래서 극지와 적도 사이에 커다란 온도 차이가 생기게 되었고 큰 일교차와 연교차가 생기기 시작했다. 극지의 물은 얼어붙어 빙산이 형성되었다. 창세기 8장 22절의 말씀과 같이 하나님께서는 4계절과 추위와 더위가 쉬지 않고 반복되게 하셨다. 오늘날 우리가 보는 지구가 된 것이다.

지구 생태계는 홍수 전에 비해 엄청나게 피폐되었고, 앞에서 언급한 바와 같이 사람들의 수명은 감소하기 시작했다. 노아는 홍수 후에도 거의 350년을 살아서 총 950년의 향년을 누리게 되었지만 그의 후손들의 수명은 격감하였다. 대홍수 이후 800여 년 뒤에 살았던 모세는 자신이 120세까지 살았으면서도 "우리의 연수가 칠십이요 강건하면 팔십"이라고 말했다.[472]

11. 동식물들의 이동 속도

어떤 사람은 대홍수 이후 몇 천 년 동안 어떻게 동물들이 전 세계로 이동, 분산하게 되었겠느냐고 묻는다. 그러나 몇몇 연구 결과는 동물들이 큰 대륙과 산, 심지어 광막한 바다까지 놀라운 속도로 횡단하며 이동할 수 있음을 보여주고 있다. 한 예로 앞에서 언급한 크라카타우 섬의 화산 폭발 당시 동물들은 완전히 멸종하였다. 그런데 그 후 25년 뒤에는 수종의 포유동물과 도마뱀 등이 이 섬의 새로운 식구가 되었다. 그리고 지금은 많은 동식물들이 이 섬에 살고 있다. 어떻게 이와 같은 동물들이 바다를 건너 이곳에 도착했는지는 아직도 풀리지 않는 수수께끼다.[473]

---

471 일반적으로 염호란 물 1ℓ 중에 0.5g 이상의 염분을 가진 호수를 말한다.
472 시편 90:10.
473 Ian Thornton, *Krakatau: The Destruction and Reassembly of an Island Ecosystem*, (2003). 호주의 라트로우브대학(La Trobe University) 동물학 교수인 손톤(Ian Thornton)은 이 책에서 크라카타우 섬의 생태

1980년에 폭발한 세인트 헬렌스 화산도 좋은 예다. 화산이 폭발한 지 오래지 않아 세인트 헬렌스 인근에서 생물들도 무서운 속도로 복원되기 시작했다. 대폭발이 있은 후 3년도 되기 전에 이 지역에 원래 살고 있던 식물 종의 90%가 회복되었다. 동물들도 급속히 회복되기 시작했다. 개미와 땅다람쥐들은 화산 폭발 속에서도 살아남았는데, 이들은 지하 통로를 따라 화산재와 자양분이 있는 토양을 골고루 섞어주었다. 고라니와 검은 꼬리 사슴은 화산 폭발로 인해 몰살당했지만 이주성 고라니가 몰려들었고 개구리와 도롱뇽들도 돌아왔다.[474]

13-19 젊은 화산섬 랑기토토에서 볼 수 있는 생명의 약동. (a) 망그로브가 자라는 바닷가 (b) 섬 전경

뉴질랜드의 수도 오클랜드 해안에서 10Km 정도 떨어진 랑기토토 섬(Rangitoto Island)도 용암으로 뒤덮인 섬이 얼마나 빨리 생태계를 회복할 수 있는지를 보여주는 산 증거다. 오클랜드로부터 페리로 약 30분 거리에 있는 랑기토토는 지금으로부터 600년 전(1,400년 경)에 화산활동으로 인해 만들어진 섬이다. 이 섬은 160만 m³의 용암이 분출하여 가운데 260m 높이의 봉우리를 가진 화산섬이 되었다. 이 화산이 처음 바다 속에서 솟아오르기 시작했을 때는 순수한 용암 덩어리였으며, 물론 어떤 생명체도 존재할 수 없었다. 그러다가 식은 용암 덩어리들 사이로 포후투카와 나무들(Pohutukawa trees)이

계가 완전히 파괴된 후에 급속도로 회복되는 것에 관해 자세히 설명하고 있다. 그는 이 섬의 열대 숲 생태계가 외부에서 다시 유입된 종들(colonizing species)에 의해서 어떻게 변화하는가의 패턴을 도서 생물지리학의 평형이론(Equilibrium Theory)으로 분석했다.

474 리더스 다이제스트, 『인류가 겪은 대재앙』, p. 275.

13-20 제주도 만장굴 내에 설치된 수은등 불빛이 비치는 바위벽에 자라고 있는 식물들. 어떻게 이처럼 깊숙한 용암동굴 속에 다양한 식물들이 들어올 수 있었을까? 발이 없는 식물이지만 놀라운 속도로 이동할 수 있음을 보여준다.

자라기 시작했다. 이어서 이들의 그늘 아래서 다른 여러 식물들이 자라기 시작했고, 지금은 울창한 숲이 랑기토토 섬을 뒤덮고 있다. 육지에서 멀리 떨어지지는 않았으나 어떻게 불과 600년 사이에 시뻘건 용암섬이 이처럼 울창한 숲과 그리고 각종 동물들이 서식할 수 있는 섬이 될 수 있었는지는 신비로운 일이다.

　제주도 만장굴도 생명의 이전이 얼마나 빠를 수 있는가를 보여준다. 만장굴은 용암동굴로서 한라산이 폭발하여 분출된 마그마가 식을 때 생겼다. 용암동굴은 지표면에 가까운 부분들은 먼저 식어서 굳어졌으나 내부는 아직 뜨거운 액체 상태의 용암이 흘러나가면서 형성되었기 때문에 형성 당시에는 어떠한 생명도 존재할 수 없다. 그럼에도 불구하고 동굴 내부에 설치된 수은등이 비치는 곳에는 바위 위에 파란 이끼류를 비롯한 여러 식물들이 빽빽하게 자라고 있다. 생명은 우리가 상상할 수 없는 속도로 이동될 수 있음을 보여주는 것이다. 이런 것들을 생각한다면 대홍수 이후 수천 년 동안 각종 동식물들이 온 세계에 퍼지게 된 것은 결코 놀라운 일이 아니다.

12. 국부적 홍수였을까?

　이러한 성경의 기록으로 미루어 보면 노아의 홍수는 전 지구적 사건임이 매우 분명하다. 그런데 어떤 사람들은 노아의 홍수가 전 지구적이 아니라 유프라테스 강 유역에서만 일어난 국부적(局部的)인 홍수였다는 국부홍수론(Local Flood Theory)을 주장한다. 그 이유는 그 당시 사람들은 에덴동산이 있었으리라고 예측하는 유프라테스와 티그리스 강 (히브리 방언으로 힛데겔 강) 하류 평원지대에 몰려 살았을 텐데 하나님께서 구태여 사람들을 전멸시키기 위해 전 세계를 덮을 필요가 있었겠느냐는 것이다. 과연 노아의 홍수는 지역적인 홍수였는가?

A. 메소포타미아에서의 발굴

　많은 사람들이 노아의 홍수의 증거를 찾기 위한 노력을 했지만 그 중 가장 대규모로 진행된 발굴 작업의 하나는 1929년 영국의 울리(C. Leonardo Wooley)가 주도한 발굴이었다. 그는 유프라테스 강 인근의 메소포타미아 지역을 발굴하면서 홍수의 뚜렷한 흔적을

13-21 메소포타미아 우르(Ur)에서 발굴 인부들이 BC 3200 년경, 유프라테스 지역의 홍수가 남긴 8피트의 퇴적층 앞에서 있다.

발견했다. 그는 BC 3,500년경의 것으로 추정되는 수메르 인들의 매장지를 발굴하면서 8피트의 홍수 퇴적층을 발견했다. 그리고 그 홍수 퇴적층 밑에서는 수메르 이전 문명이 남긴, 전혀 다른 인공 유물들을 발굴하였다. 그 인공유물 위에 덮인 충적층은 한 문명이 갑작스럽게 끝나고 다른 문명이 시작되었음을 보여주었다. 이 결과를 두고 울리는 "우리는 노아의 얘기가 근거하고 있는 홍수를 발견했다"고 결론 내렸다.[475]

　그렇다면 노아의 홍수는 유프라테스 강 유역에서 일어난 국부적인 홍수였다는 말인가? 대부분

의 퇴적층들이 홍수에 의해 형성되었지만 특히 홍수의 흔적을 보여주는 퇴적층이 있다. 흔히 홍적세라고도 하는 이 시대의 지층은 전 세계적으로 발견되며, 이것은 노아의 홍수가 전 세계적이었음을 의미한다.

B. 성경의 증거

대홍수가 전 지구적이었음을 보여주는 또 다른 성경적 증거로는 홍수 때 사람만을 멸절시킨 것이 아니라 천하에 코로 기식하는 모든 짐승을 멸절시킨 사건이었음을 들 수 있다.[476] 또한 만일 노아의 홍수가 국부적이었다면 하나님은 거짓말하는 분이 된다. 홍수 직후 하나님께서는 사람들에게 다시는 홍수로 사람을 멸하지 않겠다는 약속을 하셨다.[477] 그

13-22 언약의 무지개. 요즘과 같이 홍수 전에도 무지개를 늘 볼 수 있었다면 하나님께서 무지개를 증표로 언약을 세우지 않으셨을 것이다. 홍수 전에 궁창 위의 물이 두터운 포화수증기층이었다고 한다면 홍수 전에는 한 번도 무지개가 생기지 않았을 가능성이 있다.

런데 노아의 홍수가 한강이 범람하는 것과 같이 유프라테스 강의 범람에 의한 국부적인 홍수였다면, 그러한 국부적인 홍수는 오늘날에도 얼마든지 일어나고 있으므로 하나님께서 거짓말을 하고 있는 셈이 된다.

C. 방주의 크기와 이동 경로

또한 노아의 방주가 하나의 강이 범람하는 정도의 국부적인 홍수를 피하기에는 너무 크고 또한 홍수의 기간도 너무 길다. 방주의 크기는 300규빗×50규빗×30규빗(137m×23m×13m)에 이르는데 이것은 배수 톤수 15,000톤에 이르는 미니 항공모함 정도의 크

475 Champ Clark and The Editors of Time-Life Books, *Flood* (Alexandria, Virginia: Time-Life Books, 1982), p. 21.
476 창세기 6:5-7, 17, 7:21-23.
477 창세기 9:13-16.

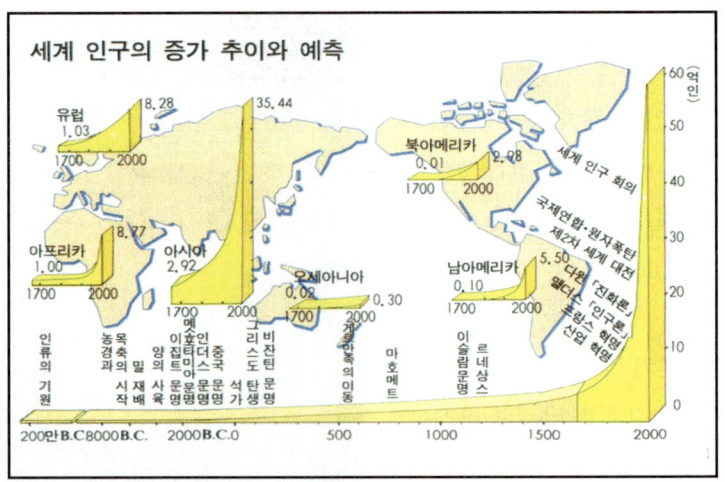

13-23 인구 증가율. 진화론자들은 현재의 인구에 이르기까지 소요 시간을 수십만 년으로 잡지만 그것은 BC 4,000년 이전에는 인구가 거의 정체되어 있다고 가정했기 때문이다. 실제로 현재의 세계 인구가 되는 데는 수천 년이면 충분하다. 인구 증가에 영향을 미칠 수 있는 모든 요인들을 다 고려하더라도 오늘날 진화론에서 말하는 인류의 연대는 찾기가 어렵다.

기였다. 이 정도의 방주는 강이 범람하는 정도의 국부적인 홍수에 대한 대비로는 지나치게 크다.

또한 방주의 이동경로도 노아의 홍수는 전 지구적이었음을 보여준다. 유프라테스 강 하류에서 건조된 노아의 방주가 홍수 후에 유프라테스 강 최상류에 있는 아라랏 산, 그것도 산꼭대기 근처에 머물렀다는 사실은 무엇을 보여주는가? 일반적으로 강이 범람하는 홍수에서는 인공적인 동력이 없는 한 배는 물의 흐름을 따라 하류로 떠내려온다. 그러므로 만일 노아의 홍수가 국부적인 홍수였다면 방주는 유프라테스 강물이 흘러가는 페르시아 만으로 떠내려갔을 것이나 실제로는 정반대 방향으로 움직였다. 이것은 노아의 홍수가 강이 범람하는 홍수와는 무관한, 바닷물이 넘치는 홍수였음을 입증하는 것이다.

D. 인구 증가율

다음에는 인구 증가율을 생각해보자. 오늘날의 인구 증가율로 볼 때 인류는 노아 홍수 이후 살아남은 여덟 식구를 통해서 형성되었다고 보는 데 무리가 없다. 만일 연간 인구 증가율이 0.5%만 되어도 현재의 세계 인구만큼 증가하는 데는 4,000년이면 충분하다. 0.5%는 현재 세계 인구 증가율 2%의 4분의 1에 불과함을 고려한다면 인구 증가율로 볼 때 인류 역사는 아무리 늘려 잡아도 1만 년을 넘을 수 없다. 전쟁, 기근, 질병, 그 외 천재지변으로 인해 죽은 사람들을 충분히 고려한다고 해도 인류의 역사를 수십만 년이나 수백만 년으로 잡는 진화론적 연대를 산출해 낼 수 없다.

모리스(Henry Madison Morris)의 계산에 의하면 한 가족당 3명의 자녀를 두었다고 하고 한 세대를 35년으로 잡으면 50세대, 1,750년 동안 증가한 인구는 약 48억 명이 된다. 모리스의 계산에 의하면 아무리 한 세대의 길이나 한 가족당 자녀의 수를 보수적으로 잡고 천재지변이나 전쟁 등으로 죽은 사람을 많이 잡아도 대홍수 이후 날의 길이를 1만 년 이상 잡을 수 없다.[478]

13. 네피림은 홍수 때 살아남았는가?

전 지구적 홍수에 대한 주장에 대한 반론도 없지는 않다. 그 중의 하나가 네피림의 후손들에 대한 언급이다. 분명히 네피림은 홍수 전에 살았던 사람이며 홍수 때 노아의 가족들만 구원받았다면 홍수 후에는 이들이 살아 있지 않았어야 할 것이다. 그러나 출애굽 하던 이스라엘 민족이 가나안을 정탐하기 위해 보낸 정탐꾼들 중에는 네피림의 후손인 아낙 자손을 보았다는 보고를 하고 있다. 여기서 이스라엘 정탐꾼이 말하고 있는 이 네피림이 홍수 전, 창세기 6장 4절에서 말하는 바로 그 네피림이었다면 홍수는 전 지구적 홍수도, 노아의 가족을 제외한 모든 사람들을 멸망시킨 대홍수도 아니었다고 할 수 있다.

이 문제에 대한 분명한 대답을 위해서는 당시 사람들에게 있어서 네피림이란 말이 의미하는 바가 무엇인지를 정확히 알아야 한다. 만일 정말 민수기의 네피림이 창세기 6장의 네피림과 같은 사람들이었다면 명백히 노아의 홍수는 국부 홍수로 보아야 한다. 그러나 네피림이 단지 체구가 큰 거인들을 가리키는 말이었다면 민수기의 네피림은 노아의 후손들 중에서 생겨난 사람들이라고 볼 수 있을 것이다. 홍수 전에 살았던 전설적인 거인 네피림에 대한 얘기는 노아의 후손들 사이에 구전으로 전해지고 있었을 것이다. 그래서 사람들 중에 체구가 큰 사람이 태어나면 '네피림' 혹은 '네피림 같은 사람'이라고 불렀을 것이다.

478 Henry M. Morris, "World Population and Bible Chronology," in *Scientific Studies in Special Creationism*, edited by W. Lammerts (Philadelphia: Presbyterian and Reformed, 1971), pp. 198–205.

그러나 만일 아낙 자손들이 정말 네피림의 후예들이라고 한다면 여기에 대한 한 가지 가능한 해석은 네피림의 후손들이 노아의 아내나 노아의 세 자부들의 혈통을 통해 노아의 가계 속으로 들어왔을 것이라는 점이다. 이들을 통해 노아의 가계로 들어온 네피림의 유전자가 여러 세대 잠복해 있다가 적절한 때에 발현되어 한 족속을 이루었다고 볼 수 있다.

14. 노아의 방주

끝으로 노아의 방주에 대해 살펴보자. 노아의 홍수가 났을 때 노아의 가족들과 짐승들을 구한 방주는 초대 교회 이래로 사람들의 관심사였다. 특히 방주가 머물렀다고 하는 아라랏 산이 현존하는 산일 뿐 아니라 방주의 크기(300규빗×50규빗×30규빗, 즉 137m×23m×13m)를 비롯한 창세기의 기록이 너무나 생생하기 때문에 사람들은 방주 잔해의 실존 여부에 관심이 많다. 정말 성경에 나타난 방주의 크기가 모든 동물들을 수용하기에 충분한 크기인가? 방주의 잔해가 아직도 아라랏 산에 남아 있지는 않을까? 만일 방주의 잔해가 발견된다면 이것은 고고학사에서 가장 중요한 발견의 하나가 될 것이 분명하다.

A. 방주 탐사

그동안 아라랏 산에서 방주를 찾으려는 사람들의 시도는 끊임없이 계속되었다. 1856년 이래로도 23회 이상 200여 명의 사람들이 빙하에 파묻혀 있는 방주를 아라랏 신에서 목격하였다고 주장하고 있다. 1883년 8월 10일자 〈시카고 트리뷴지〉(The Chicago Tribune)에는 그 해 8월 터키 정부가 노아 방주를 발견하였다고 정식 발표하였다고 보도했다.

1955년에는 프랑스의 나바라(Fernand Navara)라는 사람이 방주를 발견하고 방주의 일부라고 믿어지는 목재를 가지고 하산했다. 그런데 그 나무는 유프라테스 평원에서만 자라는 나무(gopherwood)임이 밝혀졌다고 하니 방주 조각일 가능성이 있다.[479]

많은 사람들이 방주를 찾으려고 노력하고 있지만 방주를 발견하는 것은 여러 가지 조건으로 미루어 쉽지 않은 일임을 생각할 수 있다. 우선 대홍수 이후 이미 5,000여 년의

479 Fernand Navarra, *Noah's Ark: I Touched It* (Plainfield, NJ: Logos Int'l, 1974).

13-24 노아의 방주와 같은 스케일로 지어졌다는 미국 전함 USS Oregon의 모습. 지금은 퇴역하였다.

세월이 흘렀기 때문에 아무리 추운 곳에 묻혀 있다고 해도 방주가 원형 그대로 보존되기는 극히 어렵다는 사실을 들 수 있다. 또한 방주는 아라랏 산의 꼭대기 근처 땅에 머물렀다고 하는데 홍수 후에 아라랏 산 꼭대기는 만년설과 빙하로 덮여 있어서 평상시에는 탐험가들이 직접 빙하 속을 볼 수 없다는 점을 들 수 있다. 현재 아라랏 산이 터키, 이란, 아르메니아 등 여러 나라의 국경선에 위치한 군사지역이어서 입산이 통제되고 있는 것도 방주 탐사의 어려움에 일조하고 있다.

B. 방주의 안정성

노아의 방주는 실물이 발견되지는 않았지만 성경에 그 재원이 비교적 자세히 기록되어 있기 때문에 대략적인 모습을 재현할 수 있다. 방주는 길이가 300규빗(약 137m), 넓이가 50규빗(약 23m), 높이가 30규빗(약 13m)으로 직육면체에 가까운 형태였다. 오늘날의 날렵하게 생긴 선박들에 비해 속도를 낼 이유가 없었기 때문에 볼품은 없었다. 방주는 풍랑이 이는 바다 위에 1년간을 떠다녀야 하므로 안정성이 가장 중요했다. 놀라운 사실은 위에서 언급한 방주의 길이, 넓이, 높이의 비율은 배가 엔진을 끈 채 풍랑이 이는 바다 위에 떠 있을 때 롤링(rolling)과 피칭(pitching)으로부터 가장 빨리 안정을 되찾을 수 있는 비율임이 밝혀졌다는 점이다.

한국의 모든 선박 안정성에 대한 연구 업무를 총괄하는 한국기계연구원 선박·해양공학연구센터의 홍석원 박사 팀은 노아 방주의 안전성에 대한 조선공학적인 연구를 하였다. 한국창조과학회의 연구비 지원으로 이루어진 이 연구에서 홍 박사 팀은 12가지 비교 선형을 선정하여 동일한 조건 하에서 이론적인 평가를 하였다. 그리고 실제로 세 척의 모

13-25 성경에 나타난 방주의 규모를 기초로 만든 방주 모형. 사진에서 노란색으로 표시된 버스의 크기를 근거로 방주의 크기를 추측해보라. 전문가들에 의하면 이 배는 속도는 느리지만 엔진을 끄고 풍랑이 이는 바다 위에 있을 때 가장 안정성이 뛰어난 배라고 한다. 그리고 현존하는, 코로 기식하는 모든 동물들을 다 싣고도 남는 충분한 크기였다.

형선을 제작하여 시험을 하였고, 이로부터 이론적인 평가의 신뢰성을 확인하였다. 이 연구 결과에 의하면 현대 여객선 기준과 비교해 볼 때 노아의 방주는 30m의 파고에서도 안전한 것으로 밝혀졌다.[480]

홍석원 박사의 연구 외에도 미국의 전함 설계 전문가인 디키라는 사람은 노아의 방주의 크기 비율대로 '유에스에스 오레곤'(The USS Oregon, 1890년에 건조되어 1924년에 퇴역)이라는 전함을 설계했는데, 이 배는 미국 전함 중 엔진을 끈 채 풍랑이 이는 바다 위에서 가장 안정된 배라고 한다. 창세기를 기록한 모세가 조선공학과에서 현대 조선 기술을 공부하지 않았음을 생각한다면 이것은 창세기의 영감성을 보여주는 것이라고 할 수 있다.

C. 방주의 용량

어떤 사람은 그 많은 동물들이 과연 방주에 다 탈 수 있었겠는가라고 질문한다. 그러나 방주의 크기를 고려해 볼 때 이것은 아무런 문제가 되지 않음이 밝혀졌다. 노아의 방주는 요즘 배의 배수, 톤수를 따져 약 15,000톤 정도로서 적재 화물의 양은 화물열차 522량에 실을 수 있는 화물의 양에 이른다고 한다. 이 크기는 평균동물의 크기를 양(羊) 정도로 계산할 때 현존하는 동물의 3배(약 12만 마리) 이상을 실을 수 있는 크기라고 한다.

또 어떤 사람은 그 많은 동물들을 8명의 노아 식구가 어떻게 매일 먹이를 줄 수 있었으며 또한 배설물을 치울 수 있었겠느냐고 묻는다. 그러나 이것은 동면으로 간단히 설명할

480 홍석원, 나승수, 현범수, 홍사영, 공도식, 강국진, 서상현, 이경호, 제양규, "노아 방주의 운항 안전성," 『창조과학 국제학술대회 논문집』(서울: 한국창조과학회, 1993. 8. 6.-7), pp. 105-20.

수 있다. 이제까지는 뱀이나 개구리 등 몇몇 종류의 동물들만 동면을 하는 것으로 알려져 왔으나 최근의 연구 결과에 의하면 거의 모든 동물들이 어느 정도 이하로 기온이 하강하고 대기 중의 산소의 함량이 어느 정도 이하로 떨어지면 동면을 한다고 한다. 한 예로 조류는 동면을 하지 않는다는 통념과는 달리 푸우월 새는 요즘도 동면을 하는 것으로 알려져 있다. 동물들이 동면을 하면 먹이를 먹지 않으므로 이들에게 먹이 주느라고 고생할 필요도 없었거니와 먹이를 먹지 않으니 배설도 하지 않았을 것이므로 배설물을 처리하느라고, 또한 배설물들의 냄새로 인해 고심할 필요도 없을 것이다.

15. 대홍수의 교훈

지금까지 우리는 사람들과 더불어 많은 동식물들을 멸절시킨 창세기 대홍수에 대하여 살펴보았다. 대홍수 사건은 단지 과거에 일어난 스릴 있는 이야기에 그치지 않고 오늘날 인류에게도 매우 중요한 의미가 있다. 이는 우선 그것이 마지막 날 예수 그리스도의 재림과 심판을 직접적으로 상징하는 것이기 때문이다. 신약성경은 노아의 홍수를 예로 들면서 중요한 몇 가지 사실을 경고하고 있다. 아래에서는 마태복음과 베드로후서에 나타난 말씀을 중심으로 대홍수의 교훈을 살펴본다.

A. 재림에 대한 경고

마태복음 24장 37-39절에는 종말과 심판에 대한 예수님의 직접적인 경고가 있다. "노아의 때와 같이 인자의 임함도 그러하리라 홍수 전에 노아가 방주에 들어가던 날까지 사람들이 먹고 마시고 장가들고 시집가고 있으면서 홍수가 나서 저희를 다 멸하기까지 깨닫지 못하였으니 인자의 임함도 이와 같으리라" 먹고 마시는 것이나 시집가고 장가가는 것이 잘못된 것은 아니지만 그 일에만 탐닉하여 예수께서 재림하실 각종 징조를 분변치 못할 정도가 되어서는 안 될 것이다. 비단 이것은 먹고 마시며 시집가고 장가가는 일에만 국한되는 것이 아니라 세상에서 하는 모든 일이 예수님의 재림과 연관지어져야 함을 의미한다.

또한 대홍수 사건은 구원에 관한 직접적인 메시지를 담고 있다. 대홍수 사건에서 예수님을 상징하는 것은 방주요, 대홍수의 물결은 죄악의 물결이라 말할 수 있다. 모든 사람들이 자기의 죄로 인하여 죽게 되었을 때 하나님은 예수 그리스도라는 구원의 방주를 예비하시고 이를 통해 죄악의 물결 속에서 죽어가는 사람들을 구원하고자 하셨다. 누구든지 이 방주에 타기만 하면 아무리 큰 홍수라 할지라도 안전하게 피할 수가 있는 것이다.

반면에 방주 밖에 있으면 사람의 어떤 수단과 방법으로도 구원받을 수 없다. 아무리 세계적인 수영선수라 해도 일년 내내 격렬한 풍랑 속에서 수영할 수 없고, 아무리 철봉을 잘하는 사람이라도 방주 껍데기에 일년 동안이나 매달려 있을 수는 없기 때문이다. 반면에 아무리 돈도, 재주도, 학식도 없는 어수룩한 사람일지라도 하나님의 심판의 경고를 단순한 믿음으로 받아들이고 방주 되신 예수님 안에 있기만 하면 자신의 공로가 아니라 그분의 공로로 구원받을 수 있다.

B. 동일과정설 경고

다음으로는 동일과정설 주장자들에 대한 경고다. 사도 베드로는 말세에 나타날 징조를 이렇게 말한다. "먼저 이것을 알지니 말세에 기롱하는 자들이 와서 자기의 정욕을 좇아 행하며 기롱하여 가로되 주의 강림하신다는 약속이 어디 있느뇨 조상들이 잔 후로부터 만물이 처음 창조할 때와 같이 그냥 있다 하니 이는 하늘이 옛적부터 있는 것과 땅이 물에서 나와 물로 성립한 것도 하나님의 말씀으로 된 것을 저희가 부러 잊으려 함이로다 이로 말미암아 그때 세상은 물의 넘침으로 멸망하였으되 이제 하늘과 땅은 그 동일한 말씀으로 불사르기 위하여 간수하신 바 되어 경건치 아니한 사람들의 심판과 멸망의 날까지 보존하여 두신 것이니라."[481]

베드로는 말세의 징조로서 종말을 부정하는 자들이 등장할 것을 말하고 있다. 이들은 재림의 약속을 부정하면서 세상은 처음 창조된 이래로 아무런 변화 없이 영원히 지속될 것이라고 말한다. 베드로는 이들이 온 세상이 대홍수로 멸망한 것을 일부러 잊으려 하는 자들임을 지적하고 있다.

이들을 현대 지질학적 용어를 빌어서 표현한다면 균일론자들, 혹은 동일과정설 주장자들이라고 할 수 있을 것이다. 이들은 '현재는 과거의 열쇠'라고 주장한다. 그러면서 현재 천천히 일어나고 있는 침식이나 퇴적, 융기의 과정이 과거에도 그랬을 것이라고 가정하며 현재의 모든 지층과 화석들을 해석한다. 이들은 현재 일어나고 있는 국부적인 격변들이 과거에도 일어난 것일 뿐이며, 노아의 홍수와 같이 전 세계적인 격변은 없었다고 주장

481 베드로후서 3:3-7.

한다. 이런 자들을 가리켜 성경은 '기롱하는 자들'(scoffers)이라고 정죄한다. 이것은 말 그대로 종말과 심판이 있다고 주장하는 자들을 조롱하는 자들이라는 의미다.

토의와 질문

1. 당신은 정말로 노아의 대홍수가 전 지구적이며, 역사적 사실임을 믿는가? 믿는다면 어떤 이유에서, 믿지 않는다면 어떤 이유에서 그러한가?

2. 지금으로부터 불과 5천 년도 채 되지 않은 과거에, 전 지구적 규모의 대홍수가 있었다고 할 때 이것이 여러 학문 분야에서 갖는 의의를 말해 보자. 특히 사람들의 세계관에 어떤 영향을 미칠 것으로 생각하는가?

3. 노아의 방주를 찾으려는 노력은 계속되고 있다. 노아의 방주를 찾는 것이 성경적으로, 신학적으로 어떤 의미가 있다고 보는가? 그것이 불신자들에게 기독교는 믿을 만한 종교라는 확신을 심어 주는 데 도움이 될 것이라고 생각하는가?

4. 성경을 해석하는 데 있어서 현대 과학의 여러 성과들을 활용하는 것에 대한 장점과 위험성을 지적해보라. 특히 노아 홍수의 증거를 지질학적으로 해석하는 데 있어서 주의해야 할 점들을 나누어보자.

Discussion & Questions

제14장
대홍수와 다중격변

Creation and Catastrophes

우주와 지구, 생명의 기원에 관한 논쟁은 비
단 신자와 불신자들 사이의 논쟁으로만 국한되지 않는다. 신자들 내에서도, 심지어 복음
주의자들 내에서도 의견이 동일한 것은 아니다. 20세기 복음주의자들의 기원 논쟁에서
가장 뜨거운 이슈는 다음 두 가지 질문으로 요약될 수 있다. (1) 지구의 연대는 얼마나 되
었는가? (2) 현재의 지층과 지형은 어떻게 해석할 수 있는가? 이 두 가지 질문은 서로 밀
접하게 연관되어 있으며, 이에 대한 대답을 어떻게 하는가에 따라 창조론자들은 격변론
자 그룹과 균일론자 혹은 국부홍수론자 그룹으로 나눌 수 있다.[482]

본 장에서는 격변의 범위와 특성, 횟수 등을 성경의 기록과 지질학적 증거들을 비교하
며 살펴본다. 특히 축자적 성경 해석을 믿는 미국 창조과학연구소(Institute for
Creation Research)를 중심으로 제시되고 있는 대홍수론 입장과 진보적 복음주의 과학
자들의 모임인 미국 기독과학자협회(American Scientific Affiliation)를 중심으로 제시
되고 있는 균일론 혹은 국부홍수론의 주장을 비교, 검토한다. 그리고 이 두 이론의 난점
을 극복하기 위한 이론으로서 200여 년 전, 프랑스 고생물학자인 퀴비에(George

---

[482] 균일론은 지질학에서 사용하는 말이며 국부홍수론은 대홍수론에 대하여 기독학자들이 사용하는 용어다.
이 두 용어는 엄밀하게 같은 용어는 아니지만 국부홍수론을 주장하는 사람들은 대부분 지질학의 균일론을
그대로 수용한다는 점에서 혼용할 수도 있다. 국부홍수론자들은 지구의 역사에서 국부적 홍수와 같은 사건
들이 '균일'하게 발생했다고 믿는다는 점에서 균일론의 한 부분이라고도 할 수 있다. 본고에서는 꼭 필요
한 경우가 아니라면 이 두 용어를 구별하지 않고 사용한다.

Cuvier)가 제창한 다중격변모델을 바탕으로 한 개정된 다중격변론을 제시한다.

1. 균일론과 격변론

　오늘날의 지질학과 생물학체계는 동일과정설 위에 세워져 있다고 할 수 있다. 현재 대부분의 지질학자들은 동일과정설을 구체적인 어떤 증거에 의해 지지되는가의 차원이 아니라 일종의 배경 신념(background belief)[483] 내지 패러다임(paradigm)[484]으로 받아들이고 있다. 즉, 동일과정설은 의심할 여지가 없는, 당연히 맞는 이론이므로 모든 증거는 명시적, 암시적으로 그 위에서 해석되어야 한다는 것이다. 만일 동일과정의 가정 위에서 해석될 수 없는 듯한 현상이 있다면 그것은 동일과정설이 틀린 것이 아니라 예외적인 현상이거나 동일과정의 가정 내에서 사람들의 해석 능력이 부족하기 때문이라고 생각한다.

　반면에 격변론자들은 현재 지구의 모습은 과거에 지구에 일어난 엄청난 격변들, 그 중에서도 운석 충돌, 전 세계적인 화산 폭발이나 지진, 나아가 대륙 이동, 빙하기 등에 의해 형성되었다고 본다. 만일 대격변론이 맞는다고 한다면 오늘날의 지질학, 생물학체계는 척추뼈를 바꾸어야 하는 대격변(?)이 불가피하다고 할 수 있다. 이러한 대격변은 비단 생물학, 지질학에만 국한되는 것이 아니다. 이들 학문과 직접적으로 관계를 맺고 있는 다른 많은 자연과학의 분야도 커다란 변화를 겪을 수밖에 없다. 뿐만 아니라 동일과정설의 해석 체계나 방법론적 특징으로부터 간접적인 영향을 받고 있는 인문, 사회 과학의 제 분야에서도 상당한 변화가 일어날 수밖에 없다. 그러므로 동일과정인가, 대홍수인가에 대한 논쟁은 지질학 분야에만 한정된 일이 아니라 현대 학문체계 전체, 나아가 이 시대의 정신에도 지대한 영향을 미친다고 할 수 있다.

　만일 지구 표면이 격변에 의해 형성되었다면 그것은 다시 단일격변론(대홍수론 혹은 대격변론)과 다중격변론으로 나누어질 수 있다. 단일격변론에서는 지구 역사에는 한 차례의 전 지구적 대홍수(노아의 홍수)만이 일어났으며 현재의 대부분의 지층과 화석, 지표

483 Nicholas Wolterstorff, *Reason Within The Bound Of Religion*, 2nd. edition(Grand Rapids, MI: Eerdmans, 1976).
484 Thomas S. Kuhn, *The Structure of Scientific Revolution*, 2nd. edition(Chicago: The University of Chicago Press, 1970).
485 Larry Vardiman, *Rocks of Ages or Rock of Creation*(Answer in Genesis/ Institute for Creation, 2003), DVD series.

14-1 동일과정설 지질학을 제창했던
영국의 라이엘(Charles Lyell)

면의 모습은 그로 인해 형성되었다고 본다. 반면에 다중격변론에서는 지구 역사에 수많은 격변들이 일어났으며, 노아의 홍수는 그중 최후의 대격변이었다고 본다.

단일격변론 혹은 대홍수론을 지지하는 사람들은 대부분 젊은 지구의 연대를 받아들이며, 균일론(국부홍수론이라고 불림)을 지지하는 사람들은 오랜 지구의 연대를 받아들인다. 다중격변론에서는 격변은 받아들이지만 지구의 연대를 오랜 것으로 본다. 지구 역사에서 단 한 차례의 대규모 홍수만 있었다는 대홍수론의 가장 큰 어려움은 기존의 연대측정 결과와 맞지 않는다는 점이다. 즉 방사성 연대법(radioactive dating)은 지구의 연대가 1만 년 이내라거나 모든 지층과 화석의 연대가 동일하다는 주장을 지지하지 않는다.

지구의 절대 연대를 측정하는 대표적인 방법인 방사성 동위원소 연대측정법은 이 논쟁의 출발점이요 핵심이라고 할 수 있다. 방사성 연대 비판자들이 가장 집중적으로 제기하는 의문은 308면에서 언급한 것처럼 크게 (1) 방사능 원소의 반감기는 일정한가? (2) 용융 상태의 마그마가 굳기 시작했을 때 모원소만 있었는가? (3) 외부로부터 모원소나 자원소의 유출이나 유입이 없었는가? 등 세 가지로 요약될 수 있다.[485] 제12장에서 논의한 것처럼 방사성 연대측정법은 100% 정확하다고는 할 수 없지만 지금까지 제안된 다른 어떤 연대측정법들보다 재현 가능하고, 상호검증이 가능한 방법으로 알려져 있다. 그렇다면 연

381

대 문제 이외의 지질학적 측면에서 대홍수론과 국부홍수론을 비교한다면 어떨까?

2. 대홍수론과 국부홍수론

국부홍수론은 현대 지질학의 근간을 이루고 있는 균일론(均一論, Uniformitarianism)에서 출발한다. 흔히 동일과정설(同一過程說)로도 알려진 균일론의 기초는 1790년에서 1830년까지의 기간 동안 영국의 허튼, 라이엘, 스미스 등에 의해 세워졌다.[486] 이들은 대부분의 지표면의 모양과 지층은 강, 바다, 빙하, 바람과 같은 물리적인 요인들의 작용에 의해 설명될 수 있다고 하였다. 지질학적 현상을 설명하기 위하여 전 지구적 규모의 홍수와 같은 격변을 가정해야 할 필요가 없었다. 이들에게 '현재는 과거의 열쇠'(The present is the key to the past)였다. 오늘날과 같은 점진적인 퇴적 과정이 과거에도 있었고, 이러한 점진적인 과정에 의해 지층이 형성되기 위해서는 장구한 세월이 소요되었다고 생각한다. 그리고 지층 속에서 출토되는 화석은 오랜 세월에 걸쳐 일어난 진화 과정을 보여준다고 설명하였다. 그러므로 이 이론에서는 지질학적 현상들을 설명하기 위해 일회적이고 전 지구적인 격변을 가정할 필요가 없었다.[487]

여기에 비해 창조과학자들이 받아들이고 있는 대격변론(大激變論, Catastrophism) 혹은 대홍수론(大洪水論, Great Flood Theory)에 의하면 현재의 지층과 화석, 지표면의 모양은 과거에 일어난 전 지구적 규모의 홍수에 의해 단시간 동안에 갑작스럽게 형성되었다고 한다. 즉 지구의 주요한 지질학적 구조들은 일회적이며, 전 지구적이고, 파괴적인 대홍수에 의해 불과 10개월의 짧은 기간 동안 형성되었다고 본다.[488] 이 기간 동안 급속한 퇴적과 침식, 화산활동, 조산운동 및 조륙운동 등이 일어났으며, 대부분의 화석화나 지층 형성도 이 대홍수 기간에 일어났다고 본다.[489] 지층과 화석이 단시간에 형성되었기 때문에 지층 속에서 발견되는 화석은 진화 계열과는 아무런 관계가 없으며 단지 홍수 때 매몰

---

486 허튼(James Hutton, 1726–1797): 영국의 지질학자. 지구의 수성론(水成論, Neptunism)을 부정하고 화성론(火成論, Plutonism)을 제창: 라이엘(Charles Lyell, 1797–1875): 스코틀랜드 태생의 영국 지질학자. 진화론적 지질학의 기초를 놓은 『지질학 원론』(Principles of Geology)을 저술: 스미스(William Smith, 1769–1839): 영국의 토목기술자이자 지질학자.
487 Davis A. Young, *Christianity and the Age of the Earth*(Grand Rapids, MI: Zondervan, 1982), p. 52.
488 Hugh Norman Ross, *Creation and Time: A Biblical and Scientific Perspective on the Creation–Date Controversy*(Colorado Springs, CO: NavPress, 1994), pp. 110–1.
489 Young, *Christianity and the Age of the Earth*, p. 137.

되는 순서에 불과하다고 본다. 그리고 빙하기는 대홍수 후기나 직후에 일어난 현상이라고 한다. 그러므로 대홍수론은 지층이 수십만, 수백만 년 동안 천천히 형성되었다고 주장하는 균일론과는 정면으로 충돌한다.[490]

아래에서는 먼저 대홍수에 대한 성경 기록과 지질학적 증거들을 재검토함으로서 바른 지질학적 모델을 제시하고자 한다. 이를 위해 먼저 지금까지 양측에서 제시하고 있는 홍수에 대한 주장들을 살펴보자.

A. 홍수의 범위

노아의 홍수에 대해 살펴볼 때 우리는 먼저 그 규모가 전 지구적(global flood)이었을까, 아니면 중동의 유프라테스 강과 티그리스 강 하류에 국한된 국부적 홍수(local flood)였을까 하는 점을 살펴보아야 한다. 우선 노아의 홍수가 전 지구적이었다는 주장은 미국 창조과학연구소(ICR)의 창립자이자 초대 소장이었던 모리스(Henry Morris)와 그의 아들이자 현 ICR 소장인 존 모리스(John Morris), ICR 지질학자인 오스틴(Steven A. Austin) 등 창조과학자들에 의해 지지되고 있다.

오스틴을 비롯한 창조과학자들은 우선 성경의 기록을 근거로 전 지구적 홍수를 주장한다. 그는 "온 지면에 물이 있으므로…"라는 창세기 8장 9절의 말씀은 대홍수의 규모를 보여준다고 주장한다. 그는 대홍수가 전 지구적이었다는 사실은 창세기 7장 19절에 대한 히브리어 문맥상 피할 수 없는 결론이라고 주장한다. "물이 땅에 더욱 창일하매 천하에 높은 산이 다 덮였더니"[491] 그는 비록 창세기 기자의 지질학적 지식은 제한된 것이었지만 창세기 7장 19절은 의심할 나위 없이 전 지구적 홍수였음을 보여준다고 주장한다.[492] 심지어 신약성경의 기자들조차 대홍수는 전 지구적이었음을 보여준다고 주장한다.[493]

더욱이 오스틴은 창세기 7장 11절에서 "그 날에 큰 깊음의 샘들이 터지며 하늘의 창들이 열려"라는 말은 대양의 해저에서까지 거대한 격변이 일어났음을 의미하기 때문에 대홍수는 전 지구적일 수밖에 없다고 주장한다. 그는 1883년, 인도네시아 크라카토아

---

490 Davis A. Young, *Creation and the Flood*, p. 176. 현대 지질학의 지층 연대표는 모든 지질학 책에 소개되고 있다. 예를 들면, "Geologic Time and Geologic Time Scale" in *The Earth through Time*, 7th edition, p. 14; "Historic Positions on the Age of the Earth" in *The Earth through Time*, 7th edition, p. 3; The Founders of Historical Geology, pp. 20–1.

491 Ronald Youngblood, *The Genesis Debate: Persistent questions about Creation and the Flood*(Nashville, TN: Nelson, 1986), pp. 210–1.

492 Youngblood, *The Genesis Debate*, pp. 225–6.

493 마태복음 24:37; 히브리서 11:7; 베드로전서 3:20; 베드로후서 2:5, 3:3–7을 보라.

383

(Krakatoa) 화산이 폭발한 것을 노아 홍수 때 깊음의 샘들이 터진 것에 비유한다.[494] 또한 공룡의 화석이 전 지구적으로 출토되고 있는 것이나 이리듐을 풍부하게 함유하고 있는 중생대 백악기와 신생대 제3기 경계면인 K–T 경계면이 전 지구적으로 출토되고 있다는 점도 전 지구적 홍수의 증거라고 주장한다.[495]

이에 비해 국부홍수론자들은 대홍수가 전 지구적이었다는 주장에 반대한다. 복음주의 진영에서 국부홍수를 주장하는 대표적인 학자는 칼빈대학교 교수였던 영(Davis Young)이라고 할 수 있다. 그는 대홍수론을 비판하면서 홍수를 일으킨 수원이라고 하는 궁창 위의 물, 즉 수증기층은 단순한 구름이었을 뿐이라고 주장한다. 이의 증거로 그는 창세기 7장 11절의 "하늘의 창들"(the floodgates of the heavens)이 시편 104편 13절의 "누각" (upper chambers), 시편 148편 4절의 "하늘 위에 있는 물들"(waters above the sky)이 대홍수를 일으킨 물이었을 것이라고 추정한다. 또한 창세기 7장 11절의 대홍수를 일으킨 "깊음의 샘들"(the springs of the great deep)(창 7:11)이 잠언 8장 28절의 "바다의 샘들" (the fountains of the deep)과 같다고 주장한다.[496] 하지만 영은 "하늘의 창들"이 시편의 "누각"이나 "하늘 위에 있는 물들"과 같은 것임을, "깊음의 샘들"이 잠언의 "바다의 샘들"과 동일한 것임을 증명하지 못했다.

B. 대홍수론에 대한 비판

이들의 주장을 비교해 보면 우리는 성경의 기록으로는 전 지구적인 홍수의 증거가 압도적이지만 지질학적인 면에서는 국부홍수론의 주장이 만만지 않음을 알 수 있다. 국부홍수론자들도 화석이나 화석 집산지 등의 형성은 급속하고 격변적인 매몰에 의해 일어난다는 점을 인정한다. 영은 폭풍, 지진, 해일, 화산 폭발, 홍수, 산사태(mud–slide) 등에 의해 화석이 형성된다는 점에는 동의한다. 그러나 그는 격변론자들과는 달리 이런 화석 형성이 전 지구적 격변에 의해 일어난다는 것은 반대한다. 그는 그런 국부적 격변은 오늘날에도 일어나고 있으며, 화석이나 화석 집산지 등의 형성도 꼭 전 지구적 홍수를 가정해야만 설명할 수 있는 게 아니라고 주장한다.[497] 또한 영은 대홍수론자들은 대홍수 이전까지

494 Youngblood, *The Genesis Debate*, pp. 212–5. cf. Henry Madison Morris, *The Biblical Basis of Modern Science*(Grand Rapids, MI: Baker, 1986) – 한국어판: 『현대 과학의 성서적 기초』, pp. 372–3; Youngblood, *The Genesis Flood*, pp. 683–6.

495 "Evidences of a World–Wide Flood from a Study of the Dinosaurs", (Pittsburgh, PA: Creation Science Fellowship, 1990), vol.1, p. 16.

496 Young, *Creation and the Flood*, pp. 120–4.

지구가 수증기층으로 덮여 있었고, 따라서 온실효과에 의해 전 지구적 기후는 따뜻하고 기온의 변동이 거의 없었다고 하지만 이것은 페름기 암석에 남아 있는 빙하기의 증거와 모순 된다고 주장한다.[498]

또한 대홍수론은 판구조론(plate tectonics)에서도 비판을 받는다. 판구조론에 의하면 지구는 중생대 삼첩기 이전에는 하나의 거대한 대륙, 즉 팡게아(Pangaea)로 존재하다가 그 후 북쪽의 로라시아(Laurasia) 대륙과 남쪽의 곤드와나(Gondwana) 대륙으로 분리되었으며, 이어 현재와 같은 5대양, 6대주가 형성되었다고 본다. 그러나 대홍수론에서는 지금으로부터 5천 년 전, 즉 대홍수가 일어나기 전까지, 심지어 대홍수가 발생했던 해의 초까지 대륙들은 하나로 존재했다고 본다. 그러므로 대홍수론자들은 하나로 존재하던 대륙이 불과 수천 년 동안 현재의 위치로 이동했음을 설명할 수 있어야 한다. 만일 수천 년 동안에 하나였던 대륙이 현재와 같은 형태로 이동했다면 엄청난 속도로 이동했어야 하는데 역사 기간 내에 대륙이 그렇게 빠른 속도로 이동했다는 증거를 찾기는 어렵다.[499]

대홍수론에 대한 비판은 지표면 혹은 지구 내부에서 마그마가 식으면서 형성된 화성암 연구에서도 제기된다. 대홍수론자들은 화성암은 홍수 중이나 홍수 후에 형성되었다고 하지만 영(Young)은 홍수 중이나 홍수가 끝난 직후에 결정화되었다고 보기에는 시간이 너무 짧다고 주장한다.[500] 그는 비교적 얕은 지표면에서 식은 화성암이라고 해도 냉각되어 결정화가 일어나기 위해서는 적어도 수백 년이 걸리며, 깊은 곳에서 퇴적암 속으로 관입된 거대한 화성암들은 식는 데 수만 년 내지 수십만 년, 때로는 수백만 년이 걸리기도 한다고 주장한다.[501]

결론적으로 성경의 기록이나 영적이고 신학적인 의미를 살펴본다면 대홍수는 전 지구적이었다는 것을 부정하기 어렵다. 창세기의 기록으로 미루어볼 때 대홍수를 국부적 홍수라고 해석하는 것은 맞지 않다. 하지만 지질학적인 증거들을 볼 때 지층들을 포함하여 현재 지구상의 여러 격변의 증거들을 모두 전 지구적인 일회적 홍수만으로 설명하는 것도 어색하다.[502]

---

497 Young, *Christianity and the Age of the Earth*, pp. 75–6.
498 Young, *Creation and the Flood*, pp. 199–200.
499 Young, *Creation and the Flood*, pp. 209–10.
500 Young, *Creation and the Flood*, p. 177.
501 Young, *Creation and the Flood*, p. 184.
502 Ross, *Creation and Time*, p. 112.

C. 홍수의 특성: 파괴적인가, 조용한가?

노아 홍수가 전 지구적이라는 것과 밀접한 관련이 있는 것은 노아 홍수의 특성이다. 대홍수론자들은 홍수가 파괴적이었다는 데 동의하며, 전 지구적으로 분포되어 있는 화석 산지들은 파괴적인 격변의 부정할 수 없는 증거라고 본다.

또한 성경은 반복해서 창세기 대홍수는 온 지면의 생명체들을 멸절시킨 파괴적인 사건이었음을 말해주고 있다. 창세기 7장 19-24절의 기록은 전 지구적 홍수의 증거일 뿐 아니라 파괴적인 홍수의 증거라고도 볼 수 있다. 노아의 홍수가 파괴적이었다는 것은 신약에서도 언급되고 있다. 예수님은 분명히 노아의 홍수가 인류를 멸망시킨 전 지구적 홍수였음을 말씀하셨다. "노아의 때와 같이 인자의 임함도 그러하리라 홍수 전에 노아가 방주에 들어가던 날까지 사람들이 먹고 마시고 장가들고 시집가고 있으면서 홍수가 나서 저희를 다 멸하기까지 깨닫지 못하였으니 인자의 임함도 이와 같으리라"(마 24:37-39). 신약에서 노아의 홍수에 대한 가장 분명한 언급은 베드로후서 3장 6절이라고 할 수 있다. "이로 말미암아 그때 세상은 물의 넘침으로 멸망하였으되" 이것은 하나님의 심판이 전 지구적 홍수로 나타났음을 말해준다.

이런 성경의 분명한 증언에도 불구하고 영(Young)은 소위 '조용한 홍수'(tranquil flood)를 주장한다. 이의 증거로 그는 "성경은 홍수 후의 지표면의 모양은 근본적으로 홍수 전의 지표면의 모양과 같았음을 강력히 시사한다"고 주장한다.[503] 영은 모세가 창세기를 기록할 당시 창세기 2장 10-14절에 기록된 에덴동산의 위치와 관련하여 언급된 티그리스 강(성경에는 힛데겔 강)과 유프라테스 강이 이스라엘 사람들에게는 꽤 친숙한 것이었음을 제시한다. 그래서 그는 "만일 홍수 전 지표면의 모양이 이스라엘 사람들이 익숙해져 있었던 홍수 후의 모양과 전혀 달랐다면 모세가 티그리스 강과 유프라테스 강을 언급한 것이 별 의미가 없었을 것이다"라고 주장한다. 그러면 그는 이 두 강은 홍수 전에도, 홍수 후에도 존재했으며 이는 홍수가 홍수 전 지구 표면을 바꿀 정도의 전 지구적이 아니었음을 보여준다고 했다.[504]

그러나 노아의 대홍수가 조용한 홍수였다는 영의 주장은 바로 같은 창세기 2장의 내용에 의해 부정된다. 창세기 2장에는 에덴동산에서 발원하는 강으로서 기혼(Gihon) 강, 비손(Pishon) 강, 티그리스 강, 유프라테스 강 등 네 개의 강이 언급되어 있다. 그러나 홍수 후 현재는 그 중 두 개만이 남아 있고 기혼 강과 비손 강은 홍수 기간 동안 물길이 사라졌거나 물줄기가 다른 강들과 합쳐진 것으로 보인다. 비록 네 개의 강들 중 두개는 아직까지 그 이름이 남아 있으나 나머지 두개의 강이 사라진 것은 노아의 홍수가 매우 파괴적이

었음을 보여주는 간접적인 증거가 된다.[505]

D. 격변의 횟수: 한 번인가, 여러 번인가?

다음에는 격변의 횟수를 생각해보자. 일반적으로 대홍수론자들은 노아의 홍수와 같은 전 지구적 격변은 한 차례만 일어났다고 주장한다. 즉 대홍수론자들은 화석을 포함하고 있는 지층의 존재나 지구의 주요한 지질학적인 현상들을 단회적인 전 지구적 홍수로 설명하려고 한다.[506] 그러나 국부홍수론자들은 지구 역사에는 국부적 홍수를 비롯하여 크고 작은 국부적 격변들이 많이 일어났다고 본다. 이들은 노아의 홍수나 인간의 타락 이후 경과한 시간은 오늘날 볼 수 있는 많은 화석들을 포함하고 있는 퇴적암들을 만들기에는 불충분하다고 주장한다.[507]

성경 기록과 관련하여 국부홍수론자들은 "과거에 창세기 홍수와 같은 규모의 다른 지질학적 재앙들이 있었을 것이라고 가정하는 것은 정당하다. 다만 성경이 다른 사건들은 언급하지 않을 뿐이다"라고 주장한다. 성경이 다른 지질학적 격변들을 언급하지 않는 것은 그런 격변들이 없어서가 아니라 그것들이 노아의 홍수와 같이 하나님의 계획에서 의미 있는 중요한 역할을 하지 않기 때문이라는 것이다. 영은 성경의 주요한 관심은 지질학보다 인간의 죄와 하나님의 은혜, 심판과 구원이라고 말한다.[508]

지금까지 노아의 홍수가 어떤 홍수였는가를 비교한 결과는 그림 14-2와 같이 요약될 수 있다. 결국 대홍수론은 지질학적인 증거들을 설명하기가 어렵고, 균일론 혹은 국부홍수론은 성경의 기록들과 양립하기 어렵다고 할 수 있다. 방사성 연대측정 결과를 부정할 수도 없고, 성경적으로나 지질학적으로 노아의 홍수가 전 지구적이며, 파괴적임을 받아들이지 않을 수가 없다면 이 딜레마를 해결할 수 있는 한 가지 가능성은 다중격변모델 (multiple catastrophism)이다.

---

503 Young, *Creation and the Flood*, p. 210 – "the Bible strongly suggests that prediluvian geography did basically resemble postdiluvian geography."

504 Young, *Creation and the Flood*, p. 211 – "If prediluvian geography had been radically different from that familiar to the Israelites, there would have been little point to Moses' reference to the Tigris and Euphrates."

505 이성균, VIEW Graduating Essay(2005).

506 Young, *Creation and the Flood*, p. 172.

507 Young, *Creation and the Flood*, p. 175.

508 Young, *Creation and the Flood*, p. 173. – "It is perfectly legitimate to assume that in the past there may have been other geological cataclysms which performed as much activity as the Genesis flood. However, Scripture does not mention any other such events."

	Features	Science says it is	The Bible says it is
Scale of Catastrophe	Global	Supportive -K-T Boundary -Large Meteor Craters	Strong -Gen. 8:9; 7:11, 19
	Local	Supportive	Negative
Nature of Catastrophe	Destructive	Strong -Fossils and Fossiliferous Strata -Universal Geological Column	Strong -Gen. 6:17; 7:22; 8:21 -Longevity: Gen. 5; Matt. 1
	Tranquil	Negative	Negative
Number of Catastrophe	Single	Negative	Supportive
	Multiple	Strong -Multiple Ice-Ages -Universal Geological Column -Meteor Craters	Supportive -Gen. 1:2; 1:9; 1:16

14-2 대홍수론과 국부홍수론의 비교. 여기서 'Strong' 이란 결정적인 증거가 있음을, 'Supportive' 란 그렇게 해석할 수 있는 여지가 있음을, 'Negative' 란 전혀 혹은 거의 증거가 없음을 의미한다.

3. 퀴비에의 다중격변모델

다중격변모델은 노아의 대홍수 이전에도 지구 역사에는 현재 우리가 볼 수 있는 지층과 화석들이 만들어질 수 있는 여러 차례의 격변이 있었으며, 노아의 대홍수는 그들 중 마지막 격변이라는 이론이다.[509] 이 모델이 본격적으로 수면 위에 드러나게 된 것은 19세기 초, 프랑스 비교 해부학자이자 척추동물 고생물학자인 퀴비에(Georges Cuvier, 1769-1832)에 의해서였다.

퀴비에는 파리 주변 지형에 대한 방대한 탐사를 통해 지층들의 거대한 그룹들이 때로

---

509 퀴비에의 다중격변모델은 Martin J. S. Rudwick, Georges Cuvier, *Fossil Bones, and Geological Catastrophes: New Translations & Interpretations of the Primary Texts*(University of Chicago Press, 1998); Georges Cuvier, Discourse on the Revolutionary Upheavals on the Surface of the Earth(Discours sur les revolutions du globe)(Discourse on the Revolutionary Upheavals on the Surface of the Earth) was the introduction to Georges Cuvier's Recherches sur les ossemens fossiles des quadrupedes(Research on the Fossil Bones of Quadrupeds) was first published in France in 1812.

510 Harold L. Levin, *The Earth Through Time*, 7th edition(John Wiley & Sons, 2002), p. 9.

511 Young, *Christianity and the Age of the Earth*, p. 50.

14-3 퀴비에. 다중격변모델의 주창자이자
반진화론자였다.

부정합들(unconformities)에 의해 분리되어 있음에 유의했다. 한 지층이 부정합을 거쳐 그 위 지층으로 변화해감에 따라 화석으로 출토되는 동물들의 종류가 현저히 변하는 것을 보고 지구에서 생명의 역사는 대륙을 덮는 거대한 홍수나 갑작스럽고 엄청난 규모의 지각의 융기 등과 같은 격변들을 겪었다는 결론을 내렸다. 그리고 이러한 격변들 중 마지막 격변이 바로 창세기에 기록된 노아의 대홍수라고 생각했다. 그는 각 격변이 일어날 때마다 전 생명체들이 멸종되었으며 그 다음에 이어 새로운 생명체들이 출현하게 되었다고 제안했다.[510]

퀴비에는 개별적인 지층이나 지층군에는 독특한 동물군의 화석들이 출현함을 발견했다. 한 지층이나 지층군에서 발견되는 동물군은 얼마 동안 살다가 사라지고, 이어지는 더 젊은 지층에서는 완전히 새로운 동물군이 출현하는 것을 발견했다. 그는 이러한 화석분포를 단 한번의 전 지구적인 홍수로는 도저히 설명할 수가 없었다. 그래서 그는 과거에 전 지구적인 대격변이 여러 차례 일어났으며, 그들의 마지막 대격변이 바로 노아의 홍수라는 결론을 내렸다. 그리고 이런 일련의 대격변들은 긴 시간 간격을 두고 일어났으며, 현재의 지표면의 모양을 만든 마지막 노아의 홍수는 수천 년 전에 일어났다고 주장했다.[511] 퀴비에는 성경 기록을 구하기 위해 과학적 증거를 희생하지도 않았지만, 과학적 증거를 구하기 위해 성경 해석과 타협하지도 않았다.

그러나 그가 다중격변모델을 처음 제시했을 때는 현대 지질학이 시작 단계에 있었고, 탐사 자료들도 많지 않았다. 이제 그가 다중격변모델을 제시한 지도 근 200여년이 지났고 우리는 그때와는 비교할 수 없이 많은 야외 경험과 자료들에 더하여 성경에 대한 다양한 해석들도 알고 있다. 그러면 지금까지의 연구 결과들에 기초하여 만들어낼 수 있는 다중격변모델은 무엇이며, 지구 역사에서 여러 차례의 전 지구적 규모의 대격변이 일어났다는 지질학적, 성경적 증거는 어떤 것이 있는가?

4. 다중격변모델

개정된 다중격변모델은 크게 다음 몇 가지를 가정한다.

첫째, 방사성 동위원소를 이용한 연대측정은 부분적으로 부정확하고 개선되어야 할 점들이 있지만 전반적으로 신뢰할 만하다는 가정에서 출발한다.

둘째, 다중격변모델에서는 고생대 이후 지층 기둥의 모든 퇴적층들은 대부분 지구가 거대한 운석들과 충돌하는 것과 같은 크고 작은 격변들, 그리고 이 격변들에 이어 일어난 2차적인 격변들(홍수나 지진, 화산 폭발, 낙진 등)에 의해 급속하게 퇴적된 것이라고 가정한다.[512] 그리고 노아의 대홍수는 지구 역사에서 일어난 최후의 전 지구적 격변으로서 지질학적으로는 신생대 제4기 홍적세(Pleistocene, Diluvium)에 일어난 것으로 보며, 이를 전후하여 지구상에는 엄청난 생태계의 변화가 일어난 것으로 본다.

그러면 한 지층 내에서도 여러 개의 작은 지층들이 있으며, 또한 같은 시대의 지층이라도 아래 지층에서 발굴되는 화석과 위 지층에서 발굴되는 화석이 다른 것은 어떻게 설명할 수 있을까? 이것은 하나의 큰 격변이 여러 단계를 거치면서 진행되었다고 보거나, 큰 격변과 큰 격변 사이에 독립된 작은 격변들이 일어난 것으로 해석할 수 있다. 어떤 메커니즘에 의해 작은 지층들이 형성되었는지를 구별하는 것은 쉽지 않다. 이것을 그림으로 표시하면 다음과 같다.

512 일반적으로 소행성과 운석은 크기에 의해 분류된다. 편의상 직경 100m 이상 되는 물체는 소행성, 그보다 작은 물체는 운석으로 분류한다. 운석공(隕石孔)이란 말은 있지만 소행성공(小行星孔)이란 말은 없음을 고려하여 본 장에서는 꼭 필요한 경우가 아닌 경우에는 소행성이란 용어 대신 운석 혹은 거대 운석이라는 용어를 사용한다.

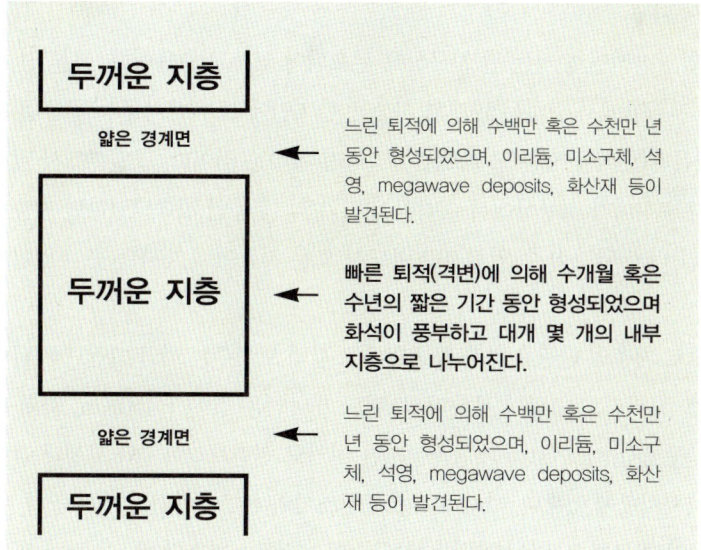

느린 퇴적에 의해 수백만 혹은 수천만 년 동안 형성되었으며, 이리듐, 미소구체, 석영, megawave deposits, 화산재 등이 발견된다.

빠른 퇴적(격변)에 의해 수개월 혹은 수년의 짧은 기간 동안 형성되었으며 화석이 풍부하고 대개 몇 개의 내부 지층으로 나누어진다.

느린 퇴적에 의해 수백만 혹은 수천만 년 동안 형성되었으며, 이리듐, 미소구체, 석영, megawave deposits, 화산재 등이 발견된다.

14-4 다중격변모델에서의 지층 해석

셋째, 다중격변모델에서는 전 지구의 역사는 오래되었을지라도 고생대로부터 신생대에 이르는, 화석을 포함하는 대부분의 지층들은 격변들에 의해 극히 짧은 기간에(지질학적 스케일에서 보았을 때) 형성되었다고 가정한다. 격변과 격변 사이의 긴 시간에는 거의 퇴적이 이루어지지 않고 화석들도 형성되지 않았다고 가정한다.

다중격변모델은 전 지구적인 홍수, 궁창 위의 물의 존재, 대홍수를 전후한 지구 생태의 급격한 변화, 빙하기 설명 등 대홍수 모델이 예측하는 주요한 부분들을 설명할 수 있는 동시에 완전한 지질주상도의 부재, 지층들 사이에 빠진 지층의 존재 등 기존의 국부홍수론 내지 균일론에서 제시하는 자료들의 상당 부분도 설명할 수 있다.

5. 다중격변의 증거들

그러면 다중격변의 증거들은 무엇인가? 위에서 언급한 바와 같이 다중격변모델은 기존의 지질학과 대홍수론에서 제시하는 자료들의 상당 부분을 재해석할 수 있으며, 이는 이들을 지지하는 증거들이 곧 다중격변모델을 위한 증거들로 사용될 수 있음을 의미한다.

A. 불완전한 지층 기둥

다중격변의 가장 일반적인 증거는 전 지구상에 분포되어 있는 지층들이다. 물론 전 세계 어디에도 현대 지질학에서 말하는 12개의 지층을 한꺼번에 모두 보여주는 곳은 존재하지 않으며, 이것은 기존의 균일론 모델로는 설명하기 어려운 점이다. 균일론에서 말하는 것과 같이 한 지질 시대가 지구상에서 수백만 내지 수억 년 동안 지속되었다면 지층의 두께는 지역에 따라 다소 달라질 수 있겠지만 반드시 모든 지층이 존재하는 곳이 있어야 한다.

하지만 세계적으로 지층의 단면을 가장 광범위하고 깊게 보여주는 미국 그랜드 캐니언 (Grand Canyon)을 보더라도 그렇지 못하다. 그랜드 캐니언은 길이가 450Km, 최대 넓이 28Km, 깊이가 근 2Km에 이르는 대협곡이지만 여기도 선캄브리아기와 고생대 캄브리아기에서 페름기까지밖에 없으며, 그나마 오르도비스기와 실루리아기는 빠져 있다. 만일 각 지질시대가 전 지구적으로 수백만 년 내지 수억 년 동안 지속되었다고 한다면 각 지층의 두께는 다르더라도 반드시 존재해야 하기 때문이다.

그러나 다중격변 모델로는 이러한 현상들을 비교적 용이하게 설명할 수 있다. 즉 격변의 위치, 격변의 크기에 따라, 다시 말하면 운석에 의한 격변이라면 운석이 떨어진 위치와 운석의 크기에 따라 특정 지층이 빠질 수도 있으며, 도리어 모든 지층이 한꺼번에 발견되는 것은 불가능하다. 물론 대홍수론으로도 이런 점들을 설명할 수 있지만 대홍수론에서는 이를 위해 방사성 연대와 현대 지질학의 시대 구분 자체를 받아들이지 말아야 하는 부담감을 안아야 한다.

B. 캐니언 형성

또한 전 세계적인 캐니언들의 분포도 다중격변의 증거가 된다. 노아 홍수와 같은 단일 격변만으로도 캐니언 등에서 드러나는 모든 지층을 설명하기가 어렵다. 대홍수 모델에서는 대부분의 지층 형성과 캐니언 형성이 대홍수에 의해 거의 동시에 이루어졌다고 본다. 그러나 단기간의 대홍수론만으로는 수십 Km에 이르는 지층의 형성과 깊이 20Km에 이르는 그랜드 캐니언과 인근 캐니언들의 형성(인근 모든 캐니언 지층들을 합친 두께)을 설명하기가 어렵다. 다시 말해 불과 10개월 동안(비가 내리기 시작한 2월 17일부터 물이 충분히 물러갔다고 하는 그해 12월 17일까지)의 대홍수로 인해 현재의 모든 지층과 그 속에 화석들이 형성되었다고 보기에는 지층이 지나치게 두껍다. 만일 노아의 홍수로만 현재의 지층 형성을 설명하려면 홍수가 있었던 10여 개월 동안 쉬지 않고 시간당 평균 2-3m의

창조와 격변

속도로 지층이 퇴적되었다고 가정해야 하는데 이것은 상상하기 어렵다.

여기에 대해서 제기되고 있는 이론은 소위 혼탁류 혹은 저탁류(turbidite 혹은 turbidity current) 이론이다. 일종의 해저 산사태(underwater avalanche)라고 할 수 있는 저탁류는 강과 바다가 만나는 강어귀 등에 쌓여 있던, 무겁고 뻑뻑한 물과 진흙의 혼합물이 무게로 인해 혹은 지진으로 인해 바다 쪽으로 쏟아져 들어가면서 생기는 현상이다. 이러한 저탁류에 의해 형성된 지층은 미국의 유타 주(Shepherd's Point), 캘리포니아 주(Ventura Basin), 애리조나 주(Grand Canyon), 텍사스 주(Marathon), 스위스(Blonay, Le Sepey), 뉴질랜드(Castle Point) 등 전 세계적으로 발견되고 있다.[513]

저탁류 이론은 기존의 국부홍수론으로 설명할 수 없는 급격한 지층 퇴적을 설명할 수 있는 획기적인 이론이었다. 하지만 10여 개월 동안 지속된 노아 홍수 기간 중에 저탁류만으로 전 지구상의 대부분의 퇴적층을 설명하는 것은 무리가 따른다. 저탁류에 의해 형성된 지층은 균일한 입자의 크기 등 독특한 특징을 갖기 때문에 구별이 가능한데 전 세계적으로 저탁류에 의해 형성되지 않은 지층들이 많이 있다. 그리고 저탁류에 의해 형성된 퇴적층들이라도 단 한 차례의 전 지구적 홍수 기간 중에 형성되었다고 보기보다는 여러 차례의 격변 중에 이루어졌다고 보는 것이 적절한 것으로 보인다.

6. 지구를 덮고 있는 운석공들

지구 역사에서 다중격변을 가장 분명하게 보여주는 증거는 지구 곳곳에서 발견되는 크고 작은 운석공들(隕石孔, meteor craters)이라고 할 수 있다. 지표면은 기상 현상으로 인해 운석 충돌 자국들이 쉽게 풍화, 침식될 수 있음에도 불구하고 현재까지 지구상에서 확인된 운석공은 부록에 첨부한 것과 같이 171개에 이른다. 운석공(隕石孔)들은 캐나다, 미국, 호주, 시베리아 등 전 세계적으로 발견되고 있으며 어떤 것들은 수십 킬로미터 이상 되는 운석공도 있다. 몇몇 대표적인 운석공들의 예를 들면 다음과 같다.

---

513 Ariel Roth et al, "Evidences: The Record and the Flood," Video, (Geoscience Research Institute, Loma Linda, CA, 1990).

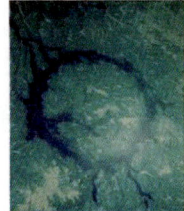

14-5 (위) 미국 애리조나에 있는 베링거 운석공
(Barringer Meteor Crater)은 직경 1,200m이며
지금부터 2.5-4.9만 년 전에 충돌하였다. (아
래 왼쪽) NASA의 Space Shuttle 9호에서 찍
은 캐나다 퀘벡에 있는 매니쿼건 충돌구조
(Manicouagan Impact Structure), 직경이
100Km 이상 된다. (아래 오른쪽) 직경이
875m에 이르는 서부 호주 울프 크릭(Wolf
Creek) 운석공(약 30만 년 전 낙하)

A. 배링거 운석공

많은 운석공들 중에서 전 세계적으로 가장 널리 알려진, 그리고 가장 분명하게 남아 있
는 운석공은 미국 애리조나 주 윈슬로 인근의 배링거 운석공(Barringer Meteor Crater)
이라고 할 수 있다. 1900년대 초, 광산 기술자 배링거(Daniel Barringer)는 인근에서 용
융되었다가 식은 많은 쇠 조각들에 대한 보고를 듣고, 이것이 운석공이라는 확신을 가졌
다. 그리고 그는 지하에 묻혔을지도 모르는 거대한 운석을 발굴하기 위해 그곳에 갔다.
그러나 그는 운석이 떨어지면서 용융, 증발하여 산산조각이 났기 때문에 운석 본체를 찾
는 데는 실패했지만 이것이 화산 분화구가 아니라 운석공이었음을 밝히는 데 결정적인
역할을 하였다. 윈슬로에 있는 배링거 운석공은 직경 50-100m 크기의 운석이 초속
20Km 정도의 속도로 충돌하여 만들어진 것으로 추정된다. 이로 인해 만들어진 운석공
은 깊이 175m, 지름 1,250m에 이르는 반구형 구조이며, 대략 메가톤급 수소폭탄 50개가
일시에 폭발한 위력이 있었을 것으로 보인다.

B. 그 외 운석과 운석공들

지구 역사에서 여러 차례의 거대 운석이 떨어졌다는 증거들을 잘 볼 수 있는 곳 중의
하나는 캐나다 순상지(Canadian Shield)라고 알려진 북미주 북동부 지역이다. 이 지역은
지난 수백만 년 동안 지질학적으로 안정되어 있었기 때문에 떨어진 운석들의 흔적을 잘
보존하고 있다. 이곳에 남아 있는 거대 운석공의 예로는 직경 100Km에 이르는 매니쿼건
구조(Manicouagan Impact Structure)를 들 수 있다. 이 운석공의 중앙에는 대규모 운

CRATER NAME	LOCATION	DIAMETER(Km)	Age (Ma)*	EXPOSED	Drilled
Keurusselka	Finland	30	⟨1800	Y	N
Shoemaker(formerly Teague)	Western Australia, Australia	30	1630 ± 5	Y	N
Slate Islands	Ontario, Canada	30	~ 450	Y	N
Yarrabubba	Western Australia	30	~ 2000	Y	N
Manson	Iowa, U.S.A.	35	73.8 ± 0.3	N	Y
Clearwater West	Quebec, Canada	36	290 ± 20	Y	Y
Carswell	Saskatchewan, Canada	39	115 ± 10	Y	Y
Saint Martin	Manitoba, Canada	40	220 ± 32	N	Y
Mjølnir	Norway	40	142.0 ± 2.6	N	Y
Woodleigh	Australia	40	364 ± 8	N	Y
Araguainha	Brazil	40	244.40 ± 3.25	Y	N
Montagnais	Nova Scotia, Canada	45	50.50 ± 0.76	N	Y
Kara-Kul	Tajikistan	52	⟨ 5	Y	N
Siljan	Sweden	52	361.0 ± 1.1	Y	Y
Charlevoix	Quebec, Canada	54	342 ± 15*	Y	Y
Tookoonooka	Queensland, Australia	55	128 ± 5	N	Y
Beaverhead	Montana, U.S.A.	60	~ 600	Y	N
Kara	Russia	65	70.3 ± 2.2	N	Y
Morokweng	South Africa	70	145.0 ± 0.8	N	Y
Puchezh-Katunki	Russia	80	167 ± 3	N	Y
Chesapeake Bay	Virginia, U.S.A.	90	35.5 ± 0.3	N	Y
Acraman	South Australia, Australia	90	~ 590	Y	N
Manicouagan	Quebec, Canada	100	214 ± 1	Y	Y
Popigai	Russia	100	35.7 ± 0.2	Y	Y
Chicxulub	Yucatan, Mexico	170	64.98 ± 0.05	N	Y
Sudbury	Ontario, Canada	250	1850 ± 3	Y	Y
Vredefort	South Africa	300	2023 ± 4	Y	Y

14-6 직경 30Km 이상 되는 운석공들
* Ma는 Million years ago

석공에서 흔히 보이는 작은 봉우리가 선명하게 남아 있다.

또 뉴펀들랜드의 미스타스틴 호수 운석공(Mistastin Lake Crater)은 빙하가 운석공의 흔적을 많이 침식시켰음에도 불구하고 여전히 직경 28Km에 이르는 운석공 흔적이 남아 있다. 하지만 미스타스틴 호수 운석과 매니쿼건 운석공은 운석들이 떨어진지 오래 되어 주변에서 운석 조각들이 발견되지 않는다.[514] 또한 클리어워터 호수(Clearwater Lakes)는 직경이 각각 32Km, 22Km인 두개의 인접한 운석공으로 이루어진 것인데 이것은 쌍소행성(binary asteroid)이 떨어져서 형성된 것으로 알려져 있다. 이 외에도 캐나다 사스카체완 주의 딥베이(Deep Bay)에서도 직경이 13Km에 이르는 운석공이 발견되었다.[515]

지금까지 알려진 모든 운석공들의 숫자는 171개에 이르고, 이의 가장 최근의 완전한 목록은 화이트헤드(James Whitehead)가 관리하는 웹사이트에 실려 있으며, 앞의 도표는 화이트헤드의 목록에서 직경이 30Km를 넘는 27개의 운석공들을 정리한 것이다.[516]

앞의 도표에서 제시한 것들 외에도 (부록에 제시한 것처럼) 현재 지구상에서 확인된 총 171개의 운석공들 중에 지구에 엄청난 재앙을 가져다 줄 수 있는 직경 2Km 이상인 것들은 140여 개에 이른다. 지난 4,000년의 인류 역사를 돌아볼 때도 화산 폭발이나 지진 등의 자연 재해, 일식이나 월식, 행성들의 합(合, conjunction), 초신성 탄생 등의 천문 현상 등의 기록은 많이 남아 있지만 운석이 지구에 충돌하여 한 문명이나 지역이 황폐되었다는 기록은 찾아보기 어렵다. 결국 이 말은 현재 남아 있는 수많은 운석공들은 현재의 인류 역사보다 훨씬 이전에 일어났다는 말이다. 이는 개별 운석공의 연대를 받아들이지 않더라도 운석공들의 숫자만으로도 지구의 역사가 6,000년보다는 훨씬 더 길다는 섬을 시사한다.

514 떨어진 운석이 철질운석인지, 석질운석인지는 주변에 떨어진 운석 조각들로부터 알 수 있다. 그러나 떨어진 지 오래된 운석의 경우에는 주변 지형이 침식, 혹은 퇴적됨으로 인해, 혹은 대홍수 등으로 인해 운석 조각들을 찾기 어려운 경우가 많다.

515 Duncan Steel, *Target Earth: The Search for Rogue Asteroids and Doomsday Comets That Threaten Our Planet*(Pleasantville, NY: Reader's Digest Association, 2000), pp. 54-5.

516 http://www.unb.ca/passc/ImpactDatabase/CIDiameterSort.html 를 보라.

517 "퉁구스카 미스터리", 〈월간 Newton 과학〉 (1996. 1), pp. 78-85.

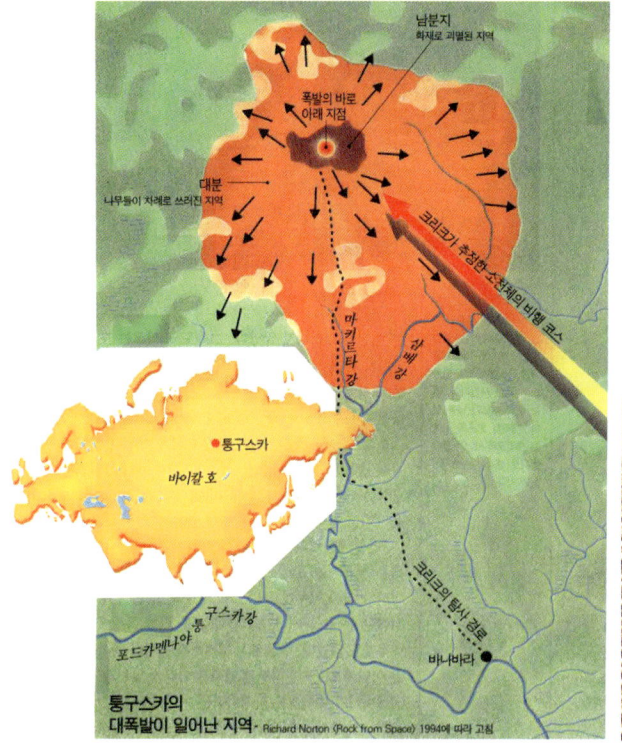

14-7 구소련의 지도와 대폭발이 일어난 퉁구스카 지역. 소천체는 바이칼 호 북안에서 북서쪽으로 날아와 퉁구스카 8Km 상공에서 폭발한 것으로 보인다. 폭발한 바로 아래의 나무들은 거의 불탔고 폭발의 충격이 동심원상으로 퍼지면서 폭발 중심으로부터 나무들이 방사상형으로 쓰러졌다.

7. 퉁구스카 운석

지난 6천 년의 인류 역사 중에는 거대 운석의 충돌로 인한 재앙이 일어난 기록은 거의 없다. 지난 100여 년간 지상에 떨어진 가장 큰 운석이라고 한다면 시베리아 퉁구스카의 타이가(Taiga, 침엽수 대삼림) 한가운데 떨어진 것을 들 수 있다. 이 거대한 운석은 1908년 6월 30일 오전 7시 17분, 시베리아 퉁구스카(Tunguska) 지방에 떨어졌다. 지구 표면에 낮은 각도로 진입한 이 소천체는 초속 25-40Km/초의 속도로 바이칼 호 북안 상공에서 포드카멘나야퉁구스카 강의 북쪽을 향해 약 640Km를 비행한 후 퉁구스카 상공 8Km 지점에서 폭발하였다.[517]

퉁구스카 운석이 공중에서 폭발하여 산산조각으로 떨어졌다고 해도 그 충격은 엄청났다. 이 운석의 낙하 충격이 얼마나 굉장했는가는 몇몇 기록들로부터 짐작할 수 있다. 운석 낙하지점으로부터 남동쪽으로 320Km 떨어진 니주네 카렐린스크 마을에서는 충격

14-8 화성과 목성 사이에는 무수한 소행성으로 이루어진 소행성대(Astroid Belt)가 형성되어 있으며 지구가 이 근처를 지날 때 큰 운석들이 지구 중력에 끌려서 떨어질 가능성이 있다. 소행성대는 크게 두 개의 그룹, 즉 아폴로 그룹과 아모르 그룹으로 나뉘어져 있다.

진동으로 천장의 물건들이 떨어졌고 사람들은 굉장한 굉음과 진동으로 인해 지구 최후의 심판의 날이 왔다고 생각하여 무릎을 꿇고 기도를 했다. 먼 곳에 있는 건물들의 유리창이 깨어지고, 사람들이 넘어졌으며, 인근에 있는 커다란 나무들이 마치 성냥개비처럼 방사상형으로 쓰러졌다. 낙하지점으로부터 1,300Km 떨어진 곳을 지나던 시베리아 횡단열차 기관사는 탈선을 염려하여 급정거를 했다. 당시의 신문 기사에 따르면 대지가 입을 벌리고 연기와 거대한 불기둥을 뿜어 올렸으며 태양보다 더 밝게 탔다고 한다. 멀리 떨어진 통나무집이 무너졌고 밭에서 일하고 있던 농부는 셔츠가 타는 듯한 느낌을 받았으며 많은 사람들이 폭발음으로 인해 한때 귀머거리가 되었다고 하였다.[518]

한밤중이었던 런던에서는 뉴욕 타임지의 작은 활자까지 완전히 읽을 수 있을 만큼 밝았으며, 스톡홀름에서는 새벽 한 시에 그때의 대낮 같은 빛으로 찍은 사진이 남아 있다. 이때의 충격파는 가라앉을 때까지 지구를 두 바퀴나 돌았으나 천만 다행스럽게도 이 엄청난 재난은 사람들이 살지 않는 시베리아 삼림지대에서 일어났다. 그래서 사람들의 기억에서 쉽게 잊혀져 갔으며 운석에 대한 본격적인 조사는 그 후 13년이 지난 1921년 9월에야 이루어지게 되었다. 소련 과학아카데미는 이 운석 낙하의 조사를 레오니드 크리크(Leonid Crick)에게 맡겼는데 그는 그 후 여러 해에 걸쳐 이 지역을 네 차례나 자세히 조사하였으며 이 조사에 의하면 이때 쓰러진 삼림의 면적은 2,600Km²에 달하였다.

이 퉁구스카의 폭발이 일어난 1908년 6월 30일은 베타 토리드(Beta Taurid)라는 유성우(流星雨)의 궤도와 지구의 궤도가 교차하는 날로써 유성 소나기가 쏟아졌다. '황소자리 유성군 복합체'(Taurid Complex)라고도 불리는 이 소천체들의 모임은 태양을 초점으로 타원 궤도를 돌고 있으며, 매년 6–8월, 10–11월에 절정을 이루는데, 특히 매년 6월 말부터 7월 초에 걸쳐서 지구 궤도와 만나는 것으로 알려져 있다. 이 유성들 중 하나가 유달리 커서 대기권을 통과하면서 다 연소하지 못하고 남은 부분이 지구 표면에 낙하하여 일어난 것이 바로 퉁구스카에 떨어진 것으로 생각된다.

8. 소천체의 충돌 빈도

소천체의 충돌 빈도는 생각보다 높다. 미군의 조기 경보 위성이 1977년부터 1994년 12월까지 관측한 바에 의하면 연평균 11.5개의 폭발이 확인되었다. 슈메이커–레비 혜성의 공동 발견자인 슈메이커에 의하면 TNT 2만 톤 크기의 공중 폭발이 매년 한 차례씩 일어난다고 한다. 또한 애리조나대학의 망원경으로 실시하고 있는 '스페이스 워치'(Space Watch)에 의하면 TNT 2만 톤 크기의 공중 폭발이 매달 한 차례씩 일어난다.[519]

이런 점들을 고려한다면, 우리는 쉽게 지구 역사상 크고 작은 수많은 운석들이 지구에 떨어졌다고 생각할 수 있다. 다만 그것들은 풍화와 침식 등으로 인해 알아볼 수 없을 정도로 희미해졌을 뿐이다. 그러므로 운석에 의한 중생대 말기의 대격변은 상당한 설득력을 가진다.[520]

9. K-T 경계면

운석의 충돌에 의해 일어난 가장 유명한 격변이라고 한다면 중생대 말기에 일어난 사건일 것이다. 이때 일어난 대격변은 현재 K–T 경계면으로 남아 있다. 이 경계면은 중생

---

518 Colin and Damon Wilson, "The Great Tunguska Explosion", *The Encyclopedia of Unsolved Mysteries*(London, 1987) – 한국어판: 황종호 역, "시베리아 대폭발의 진상," 『세계 불가사이 백과 Ⅱ』(서울: 하서, 1990), pp. 57–63.

519 슈메이커(Eugene M. Shoemaker, 1928–1997): 미국 지질학자이자 행성천문학자. 아내 캐롤린(Carolyn Shoemaker), 레비(David Levy)와 함께 1994년에 목성에 충돌한 슈메이커–레비 혜성을 발견하였다.

520 《월간 Newton 과학》, (1996년 1월호), p. 84.

14-9 백악기-제3기(K-T) 경계면. 중간에
보이는 하얀 띠가 이리듐을 많이
포함하고 있는 K-T 경계면이다.

대 백악기(독일어로 Kreide)와 신생대 제3기(독일어로 Tertiary)의 경계면으로서 파충류의 시대와 포유류의 시대를 구분하는 경계면이기도 하다. 이 경계면을 중심으로 양쪽에서 발굴되는 화석의 모습이 완전히 달라지는 것을 안 것은 불과 100여 년 전의 일이었다.

K-T 경계면을 중심으로 지구 역사에서 육상생물이든 해양생물이든 적어도 75% 이상의 생물들이 대규모로 멸종하였다. 이때 멸종한 대표적인 예가 바로 공룡이었다. 그러나 거대한 공룡의 멸종은 다른 동식물들의 멸종의 작은 부분에 불과했다. 해양에서는 적어도 플랑크톤의 90% 이상이 멸종하였으며, 이것은 불가피하게 해양 생태계의 붕괴(collapse of the oceanic food chain)로 이어졌다.

백악기와 제3기 지층을 나누고 있는 지층은 그림 14-9에서 보여주는 것과 같이 전 세계적으로 곳곳에서 볼 수 있는 얇은 진흙층이다. 이것은 노벨물리학상 수상자인 루이스 알바레즈(Luis Alvarez)와 그의 아들이자 지질학자인 캘리포니아대학 버클리 분교의 월터 알바레즈(Walter Alvarez) 등이 1981년에 처음으로 발견하였다.[521] 덴마크, 이탈리아, 뉴질랜드 등지의 고대 지층을 조사하고 있었던 알바레즈 팀은 북부 이탈리아 구비오(Gubbio)에서 지각에서는 희귀광물이지만 운석에서는 많이 발견되는 이리듐(Ir)을 풍부하게 함유하고 있는 얇은 진흙층을 발견하였다.[522]

---

521 알바레즈(Walter Alvarez, 1940-): 스페인과 아일랜드 계통의 미국 지질학자로서 프린스턴 지질학과에서 박사 학위를 받았으며, 노벨물리학상을 수상한 루이스 알바레즈(Louis Alvarez)의 아들이기도 한다. 현재 캘리포니아대학 버클리 분교의 교수로 재직하고 있다. 알바레즈의 팀은 그의 아버지인 루이스 알바레즈(Louis Alvarez), 아사로(Frank Asaro), 미쉘(Helen Michel) 등이다.

522 이리듐(Iridium): 원소 기호 Ir, 원자번호 77번, 용융점 2,466°C인 금속원소. 내마모성이 가장 강하여서 이의 합금은 시계의 베어링이나 펜촉, 과학기기 등의 제작에 사용된다. 백금광맥 속에서 발견된다.

400

14-10 다양한 곳에서 발견되는 K-T 경계면

 일반적으로 이리듐은 지구에 있는 암석에서는 평균 100억분의 3(0.3 ppb) 정도의 비율로 존재하는 등 희귀 원소에 속하지만 운석이나 소행성, 혜성 등에는 아주 풍부하게 함유되어 있는 것으로 알려져 있다. 그런데 구비오에서 발견된 진흙층에서는 지표면의 평균치보다 무려 30배 이상 높은 이리듐 밀도가 확인되었다. 이리듐과 더불어 석영 알갱이나 미세 다이아몬드, 아미노산 등도 발견되는데 이들은 모두 운석과만 관련된 것들이었다.

 이로부터 알바레즈 팀은 6,500만 년 전, 중생대가 끝날 때 엄청난 운석이 지구에 떨어졌다는 결론을 내렸다. 그들은 운석이나 혜성이 지구에 충돌하여 이리듐이 풍부한 지층이 형성되었으며, 이로 인해 대규모 생물 멸종이 일어났다고 제안했다. 그리고 이리듐을 포함하고 있는 K-T 경계면이 전 세계적으로 발견되고 있기 때문에 중생대와 신생대의 경계 시대에 전 지구적으로 공룡의 멸종을 비롯한 대규모 멸종이 일어났다는 주장을 제시했다.

A. 유카탄 반도의 칙술럽 운석공

 그러면 K-T 경계면을 형성하게 한 운석은 어디에 떨어졌을까? 알바레즈 팀의 제안은 곧 다른 학자들을 자극하였다. 이들의 발견으로 인해 7명의 학자들이 중생대 말기에 대규모 멸종을 일으켰던 운석공을 찾아 나섰다. 하지만 넓고 넓은 지구에서, 그것도 바다가

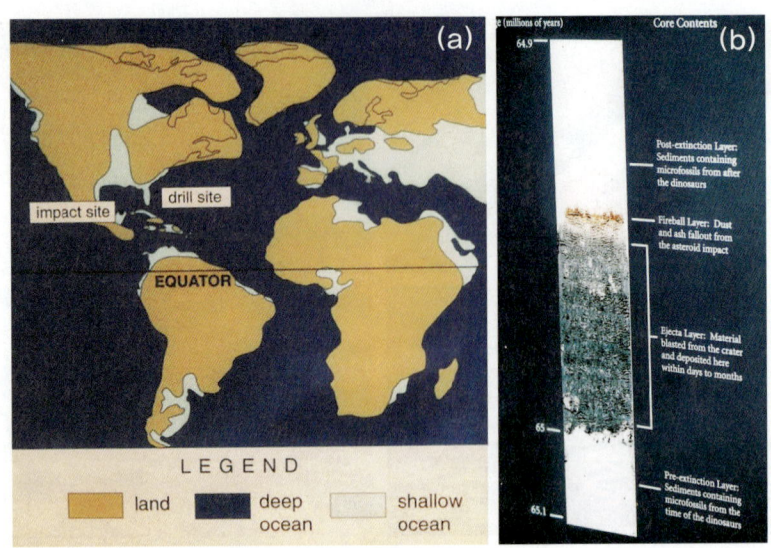

14-11 ⓐ 운석이 떨어졌다고 생각하는 6,500만 년 전 지구의 모습과 시추 지점 ⓑ 시추로 채취한 원통형의 샘플

지구 표면의 70%를 차지하는 상태에서 운석공을 찾는 작업은 그야말로 넓은 사막에서 바늘을 찾는 것과 같았다. 그러나 1991년 멕시코의 유카탄 반도를 촬영한 한 장의 위성사진에 큰 운석공 흔적이 나타나면서 학자들은 본격적인 탐사를 시작하였다. 결국 탐사 팀은 멕시코 유카탄 반도(Yucatan Peninsula)의 칙슐럽(Chicxulub)에 있는 직경 170Km의 운석공(隕石孔)이 가장 유력한 후보임을 발견하였다. 해저 시추를 통해 운석 속에 포함된 이리듐이 발견되는 지층의 생성 연도가 6,498만 년 전임이 밝혀지면서 이 운석공이 바로 중생대 말기의 대멸종을 초래한 흔적임이 확인되었다.

시추 샘플을 보면 가장 아래 부분에는 멸종 직전 지층, 즉 중생대 지층에도 미시화석이 포함되어 있었다. 중간에는 운석이 충돌함으로 튀어나온 물질들이 만든 층(ejecta layer)이 있었다. 아마 이 층은 수일간이나 수개월간에 걸쳐 급격하게 퇴적된 것으로 보인다. 그 위 지층에는 운석 조각이나 운석이 충돌함으로 일어난 먼지나 재 등이 떨어져서 만든 지층이 있다. 가장 윗부분에는 멸종이 끝난 후에 형성된 지층을 보여주고 있으며 그 속에도 미시화석들은 포함되어 있다. 많은 과학자들은 바로 이 유카탄 반도에 떨어진 운석이 공룡과 중생대 말기 대부분의 동물들을 멸절시킨 대격변의 원인이었을 것이라고 믿고 있다.

창조와 격변

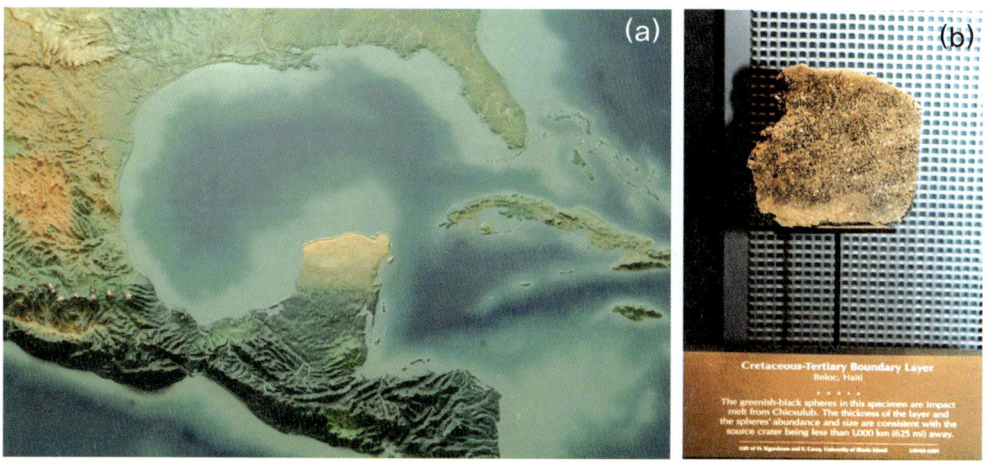

14-12 (a) 멕시코 유카탄 반도, (b) 하이티 벨록(Beloc, Haiti)에서 발견된 K-T 경계층 암석. 이 암석에 포함된 지층의 두께와 표면의 조성, 크기 등으로 미루어 볼 때 이것은 그곳으로부터 1,000Km 정도 떨어진 유카탄 반도의 칙술럽에 운석이 떨어질 때 형성되어 튀어나온 것으로 보인다.

칙술럽 운석공을 만든 운석이나 혜성의 직경은 아마 10Km 정도였을 것으로 추정된다. 이런 크기의 물체가 지표면에 충돌하면 이때의 충격 에너지는 TNT 1억 메가톤에 해당하며, 1980년에 폭발한 세인트 헬렌스 화산 위력의 6백만 배에 이르는 것으로 추산된다. 이 충돌로 인해 지표면 아래 수 킬로미터에 이르는 깊이의 암석들이 튕겨 나와 직경 100여 Km에 이르는 사발모양의 운석공이 만들어질 것이다. 그리고 이때 만들어진 지진은 진도 10에 이르며 지구 역사상 최대의 지진이 될 것이다.

10. 운석 충돌의 피해

그러면 이런 거대 운석이 지구에 충돌하면 어떤 결과가 초래되는가? 다음 도표는 지표면에 떨어지는 운석의 크기에 따른 피해를 예측한 것이다. 지구에 충돌한 운석의 실제 크기는 운석공 직경의 대략 10-20분의 1 정도임을 감안한다면, 화이트헤드가 제시하는 총 171개의 운석공들 중에 '국부적 문명 파괴'를 가져올 수 있는, 즉 직경 20Km를 넘는 운석공들은 41개, '일부 생명체가 생존하는 전 지구적 피해'를 가져올 수 있는, 즉 직경 50Km를 넘는 운석공들은 15개, '생명체가 완전히 멸종하는 전 지구적 피해'를 가져올

수 있는, 즉 직경 100Km를 넘는 운석공들은 5개에 이른다.[523]

운석 직경(운석공 추정 직경)	충돌 에너지(메가톤)	충돌 확률(년/회)	충돌 예상 피해
10Km(150Km) 이상	1억 이상	1억~10억	생명체가 완전히 멸종하는 전 지구적 피해
2-10Km(30-150Km)	100,000~1억	100만~1억	일부 생명체가 생존하는 전 지구적 피해
0.2-2Km(3-30Km)	1,000~100,000	10,000~100만	국부적인 문명 파괴
30-200m(0.5-3Km)	1,000~100,000	100~10,000	지역의 대규모 피해
10-30m(0.2-0.5Km)	3~1,000	1~100	지역의 소규모 피해

14-13 지표면에 떨어지는 운석의 크기에 따른 피해 예측[524]

과거에 많은 운석이나 혜성이 지표면에 떨어졌다는 점과 이들로 인한 충격이 얼마나 컸는지는 지구 이외의 행성들에 남아 있는 운석공 흔적으로도 알 수 있다. 물론 운석공은 달에서도 볼 수 있다. 1975년 6월 말, 아폴로 달 표면 지진계에서 관측한 바에 의하면 달 표면에 1톤 정도의 몇몇 소천체들이 충돌했다. 이들은 황소자리 유성군 복합체에서 나온 것으로 생각된다. 달은 지구보다 중력이 1/6에 지나지 않지만 바람에 의한 풍화작용이나 물에 의한 침식작용이 없기 때문이다. 달에는 공기가 없기 때문에 충돌 흔적이 잘 사라지지 않으며 달 표면은 운석공들로 가득 차 있다고 해도 과언이 아니다. 그렇다면 당연히 지구에도 비슷한 밀도의 운석들이 충돌했을 것임을 짐작할 수 있다.[525]

근래 토성과 그 주변의 위성들을 조사하기 위해 유럽우주국(European Space Agency)에서 발사한 카시니(Cassini) 우주선이 보내온 자료들도 이를 잘 보여주고 있다. 카시니는 2004년 6월 30일 토성에 도착한 이후 토성에 대한 자료는 물론 그 주변 위성들에 대한 귀중한 자료들을 계속 보내오고 있다. 이 자료들을 보면 직경 960Km의 위성 테티스(Tethys)에는 직경 140Km에 이르는 운석공을 위시하여 수많은 운석공들이 선명하게 보이고 있으며 때로는 운석공 위에 다시 운석이 떨어져서 운석공이 형성된 경우도 있다. 미마스(Mimas)는 직경이 396Km에 불과한 위성인데 직경이 무려 130Km에 이르는 허셸 운석공(The Crater Herschel)을 비롯하여 역시 수많은 운석공들이 관찰되고 있다.

523 http://www.unb.ca/passc/ImpactDatabase/ClNameSort2.htm를 보라.
524 http://sundu.co.kr/5-information/5-3/5f3-3-5-12asteroid-4.htm.
525 달의 수많은 운석공들은 괜찮은 쌍안경으로 보더라도 선명하게 보인다. cf. Steel, *Target Earth*, pp. 30-5.

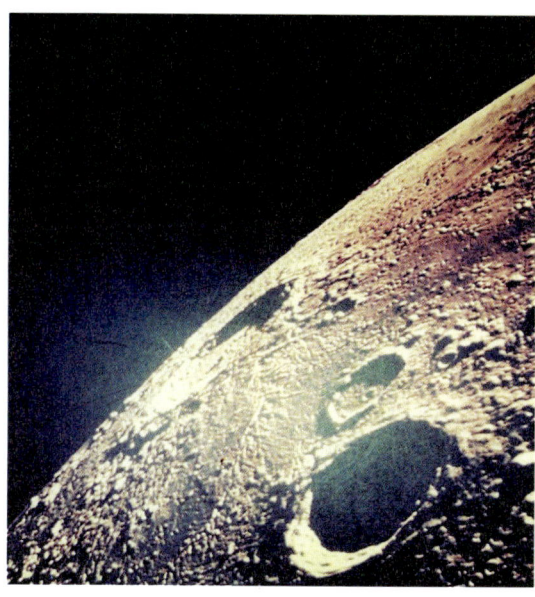

14-14 달 표면은 수많은 운석공들로 덮여 있다. 달의 중력은 지구보다 훨씬 작기 때문에 큰 별똥별이 떨어질 가능성이 더 작지만 풍화와 침식이 없기 때문에 그 흔적이 그대로 보존되고 있다.

14-15 운석공으로 뒤덮인 토성 위성들. (위 왼쪽) 직경 960Km의 테티스. (위 오른쪽) 거대한 운석공 허셸이 보이는 미마스. (아래 왼쪽) 흰색 줄무늬들이 보이는 레아. (아래 오른쪽) 적도 부근에 높이 13Km의 산맥이 1,300Km나 뻗어 있는 이아페투스.

그 외에 레아(Rhea)와 이아페투스(Iapetus)에도 크고 작은 수많은 운석공들이 표면을 뒤덮고 있다.[526]

천문학자들은 지구에 떨어진 거대 운석의 숫자와 이들의 운석공의 풍화(weathering) 정도를 계산한다. 그리고 이것을 태양계 내의 수성, 금성, 달, 화성 그리고 목성 위성들이나 토성 위성 위에 떨어진 운석공들과 비교한 연구 결과에 의하면 거대 운석들은 특정한 시기에 한꺼번에 낙하한 것이 아니고 전 지구 역사에 걸쳐서 낙하한 것이라는 결론을 내렸다. 호주 중부 헨베리(Henbury)에 있는 일련의 운석공들과 같이 불과 4천 년 전에 만들어진 것이 있는가 하면 남아프리카의 브레데포르트(Vredefort) 운석공처럼 20억 년 전에 형성된 것들도 있다. 이것은 결국 지구 역사에서 반복적으로 대규모 격변이 일어났음을 보여주는 예라고 할 수 있다.[527] 다음 도표들은 각 지질 시대가 시작될 즈음에 낙하한 운석공들을 보여준다.

실제로 근래에 몇몇 사람들은 지질 시대의 구분과 운석의 충돌을 관련짓기 위한 시도

지질시대	기	세	연대(Ma)	운석공 이름	운석공 직경	운석공 형성 시기(Ma)
고 생 대	캄브리아기		570	Beaverhead	60Km	~600
				Acraman	90Km	~590
	실루리아기		438	Slate Islands	30Km	450
				Woodleigh	40Km	364±8
	미시시피기		360	Siljan	52Km	361.0±1.1
	펜실베이니아기		326	Charlevoix	54Km	342±15
	페름기		286	Clearwater East	26Km	290±20
				Clearwater West	36Km	
중 생 대	삼첩기		245	Araguainha	40Km	244.40±3.25
	쥬라기		208	Manicouagan	100Km	214±1
	백악기		144	Morokweng	70Km	145.0±0.8
				Tookoonooka	55Km	128±5
				Mjølnir	40Km	142.0±2.6
				Chicxulub	170Km	64.98±0.05
신 생 대	제 3기	시신세	54	Montagnais	45Km	50.50±0.76
		점신세	38	Popigai	100Km	35.7

14-16 각 지질 시대의 시작과 비슷한 시기에 형성된 운석공들. 전 지구적 재앙을 불러올 수 있는 직경 30Km 이상 되는 운석공들만 모은 것이다.[528]

들을 하고 있다.[529] 그러나 위 그림에서 볼 수 있는 바와
같이 지질학적으로 모든 멸종을 운석과 결부시키기는 곤
란하다. 즉 화석 기록과 운석 낙하의 연대가 정확하게 일
치하지는 않는다.[530] 맥클레오드는 이 데이터와 판구조론
적 요인을 고려하여 지난 6억 년 동안 대격변과 대규모
생물 멸종의 관계를 요약하면서 14차례의 해수면 변화들
중 7차례가, 지난 2억 5천만 년 동안 10차례의 대륙의 대
규모 현무암 분출(continental flood basalt eruptions)
모두가, 17차례의 소행성 충돌 중 1차례가 대규모 멸종과
관련되어 있음을 제시했다. 그러면서 대규모 현무암 화산
활동(flood-basalt volcanism)과 해수면의 변화는 생물
의 대규모 멸종과 크게 관련되어 있지만 운석 충돌은 대
규모 멸종과 크게 관련되어 있지 않다고 주장했다.[531]

그러면 맥클레오드의 주장은 어떻게 설명할 수 있을
까? 즉 왜 운석 충돌보다 화산 폭발이나 해수면 변화가
생물 멸종과 더 깊은 관련성이 있는가? 물론 지구 역사에
서는 운석과 전혀 무관한 격변들도 일어났을 것이다. 하
지만 이와 더불어 운석 충돌보다 화산 폭발이나 해수면
변화가 훨씬 더 광범위하고 쉽게, 그리고 분명하게 검출
될 수 있음을 들 수 있다. 운석 충돌은(아주 크지 않다면)
대부분 국부적 흔적만을 남기지만 이로 인한 2차적 격변
들, 즉 대규모 지진이나 화산 폭발, 그리고 이어지는 해수
면 강하 등은 쉽게 전 지구적 흔적을 남길 수 있다. 운석

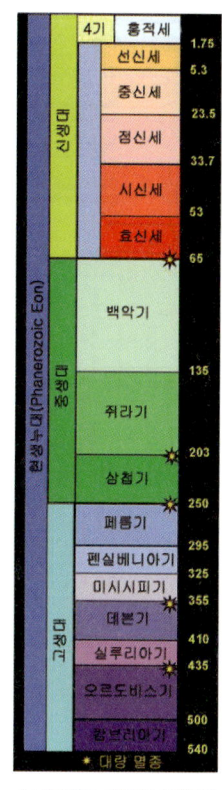

14-17 미국 애리조나대학에
서 그린, 지질시대와
운석공의 그림. 모든
지질시대의 구분을 운
석공과 연관지을 수는
없지만 적어도 지금까
지 다섯 개의 멸종과
지질시대 구분은 운석
과 관련이 있다는 증
거가 제시되고 있다.

526 John Shibley, "Cassini's 4-Year Oddyssey: Saturn's Beauty is more than Ring Deep," 〈Explore the
Universe〉 〈Astronomy〉, Special Issue(2006), pp. 8-15.

527 Ross, *Creation and Time*, p. 111.

528 http://www.unb.ca/passc/ImpactDatabase/CINameSort2.htm에 있는 표를 근거로 재작성한 것임.

529 http://www.student.oulu.fi/~jkorteni/space/boundary/timeline.jpg에서는 중생대 백악기로부터 신생대 제
3기에 이르는 기간의 운석공과 멸종한 생물종의 관련성을, http://www1.tpgi.com.au/tps-seti/crater.html 에
서는 고생대로부터 현대에 이르기까지의 운석공과 멸종한 생물종의 관련성을 그래프로 그렸다.

530 Charles Officer and Jake Page, *The Great Dinosaur Extinction Controversy* (Perseus Books, 1996).

531 Normal MacLeod, www.firstscience.com/SITE/articles/mac_f2.asp (1999). cf. J. J. Sepkoski, Jr.,

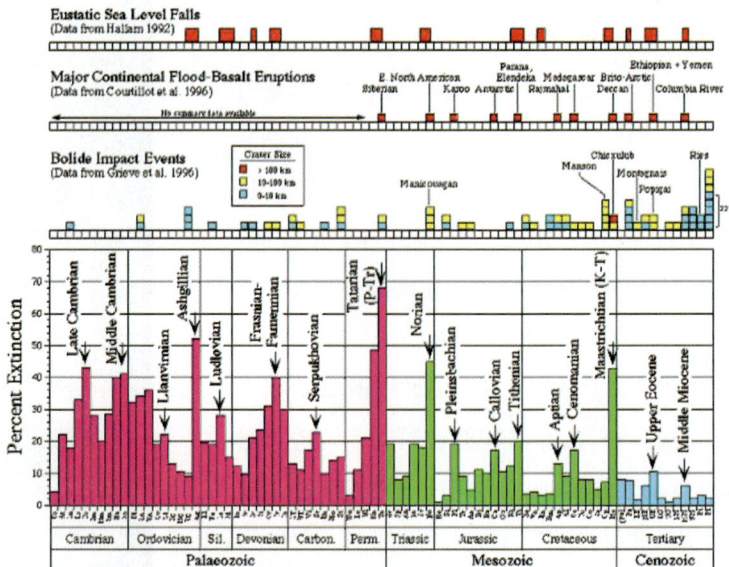

14-18 세프코스키(J. J. Sepkoski)의 데이터를 근거로 매클레오드(Norman MacLeod)가
운석의 충돌과 멸종한 생물학적 종의 숫자를 고생대로부터 현대에 이르기까지의
지질학적 시대에 따라 그린 것이다.

이 충돌하게 되면 대규모 지진과 더불어 많은 화산들이 동시에 폭발할 것이며, 이때 분출
된 화산재로 인해 태양광이 차단되고, 지표면의 온도가 급강하한다. 지표면의 온도가 급
강하하면 남북극의 빙산이 급격히 두꺼워지고 일부 저위도 지방을 제외한 대부분의 지역
이 빙하로 뒤덮일 것이다. 그리고 이것은 급격한 해수면의 강하로 이어지게 될 것이다.

　지금까지의 논의를 종합해 본다면, 지구 역사에서는 수많은 거대 운석들이 충돌했으며
이들의 크기에 따라 전 지구적인 규모로부터 국부적인 규모에 이르기까지 다양한 격변들
이 지구에서 일어났다고 할 수 있다.

"Extinction and the Fossil Record," 〈Geotimes〉(1994. 3), pp. 15-7. See also V. Courtillot, J-J. Jaeger, Z.
Yang, G. Feraud and C. Hofmann, "The Influence of Continental Flood Basalts on Mass Extinctions:
Where Do We Sand?" in G. Ryder, D. Fastovsky and G. Gartner, editors, 〈The Cretaceous-Tertiary
Event and Other Catastrophesin Earth History: The Geological Society of America〉, Special Paper
307(1996), pp. 513-25; R. Grieve, J. Rupert, J. Smith and A. Therriault, "The Record of Terrestrial
Impact Cratering," 〈The Geological Society of America Today〉, 5(1996), pp. 193-5; A. Hallam,
Phanerozoic Sea-Level Changes(New York: Columbia University Press, 1992).

14-19 운석이 충돌하면 마치 거대한 핵폭탄이 투하되어 일어나는 '핵겨울' 과 비슷한 현상이 일어나 공룡과 같은 거대 피충류들은 생존하기 어렵게 된다.

11. 운석 충돌만이었을까?

그러면 이렇게 많은 운석들이 충돌했다고 해서 운석의 충돌만으로 지구의 모든 대격변을 모두 설명할 수 있을까? 과연 K-T 경계 지층에 존재하는, 이리듐을 함유하는 얇은 지층이 운석의 충돌에 의해서만 형성된 것일까? 이리듐은 운석이나 혜성에만 풍부하게 들어 있을까?

이리듐은 운석과 더불어 지구 중심부에도 많이 포함되어 있으며, 화산 폭발이 일어날 때 화산재 등에 많이 포함되어 분출되는 것으로 알려져 있다. 운석의 충돌로 인해 일어난 전 지구적인 화산 폭발, 그리고 이어 일어난 전 지구적인 대홍수에 의해 지구 생물의 대멸종이 일어난 것으로 보는 것이 자연스럽다. 그러면 구체적으로 운석의 충돌, 화산의 폭발, 전 지구적인 대홍수 등이 어떻게 지구의 대격변을 일으켰을까?

거대한 운석이 지구에 떨어지게 되면 오늘날 지진계로는 측정할 수조차 없는 강한 지진이 전 지구적으로 일어난다. 그리고 그 지진의 여파로 전 지구적으로 화산 폭발과 지하수 분출을 일으킬 수 있다. 지표면에 도달하는 운석이 얼마나 큰 충격을 줄 수 있는지에 대해서는 많은 컴퓨터 모의실험들을 통해 비교적 자세히 알려져 있다. 컴퓨터 모의실험에 의하면 직경 수 킬로미터의 소천체 하나가 지구에 충돌하면 지구에는 소위 핵겨울(nuclear winter)과 같은 대격변이 일어난다고 한다. 실제로 환태평양 조산대에 속한 수많은 해저화산들이 비슷한 시기에 동시에 폭발했다는 증거가 있는데 이것은 바로 동시다발적인 화산 폭발을 일으킨 어떤 요인이 있었을 것을 시사한다. 이의 가장 유력한 후보가 바로 운석 충돌이다.

중생대 말기의 생물의 대규모 멸종도 운석이 떨어지는 충격과 더불어 이에 의해 전 지구적으로 일어난 엄청난 규모의 지진과 화산 폭발 등 2차, 3차 재앙 등이 합쳐진 결과로 보는 것이 더 설득력이 있는 것으로 보인다. 특히 운석에만 있는 것으로 알려졌던 이리듐이 화산재 속에도 다량 함유되어 있음이 확인되면서 그 신빙성은 더욱 커졌다. 지구 역사에서는 운석 충돌로 인한 격변과 이로 인한 지진이나 화산 폭발, 해일 등 2차 격변들, 혹은 운석과는 무관한 많은 격변들이 일어났을 수도 있을 것이다. 이 모든 것들은 현대 지질학의 제1원리인 동일과정의 예측과는 상반되는 것이라고 할 수 있다. 그러면 실제로 지구 역사에서 수많은 격변을 보여주는 어떤 증거들이 있는가?

12. 갑작스런 격변의 증거들

격변의 증거가 곳곳에 남아 있지만 그 중에서 가장 뚜렷한 증거는 화석들의 존재라고 할 수 있다. 화석들은 천천히 매몰되어서는 만들어지지 않는다. 특별히 화석들 중에서도 격변을 통해 갑작스럽게 매몰되지 않는다면 다른 방법으로는 설명할 수 없는 화석들이 많다. 몇 가지 예를 살펴보자.

A. 생생한 화석들

격변론자들의 주장의 근거가 되는 것은 많은 화석들의 모습이 매우 자세하다는 사실과 더불어, 산 채 혹은 죽은 직후에 매몰되었다고 생각하지 않으면 설명할 수 없는 화석이 출토되기 때문이라는 점이다. 이런 화석의 대표가 바로 다른 물고기를 먹고 있는 중에 화석이 된 물고기 화석이다.

드물기는 하지만 어떤 물고기 화석은 큰 물고기가 작은 물고기를 잡아 입에 물고 먹고

14-20 다른 물고기를 먹는 도중에 매몰된 물고기들. (위) 미국 와이오밍 화석호수(Fossil Lake)에서 발견된 물고기(Mioplosus labracoides) 화석. 진화론에서는 5,200만 년 전, 제3기 Eocene기의 화석이라고 한다. (아래) 잡아먹는 물고기(predator)와 잡아먹히는 물고기(prey)(둘 다 Diplomystus dentatus). 격변에 의해서가 아니라면 어떻게 이처럼 급하게 매몰될 수 있었을까?

있던 중에 화석이 된 것들이 있다. 큰 물고기가 작은 물고기를 잡아먹는 데는 결코 오랜 시간이 걸리지 않음을 고려한다면 이러한 화석은 홍수와 같은 격변에 의해 갑작스럽게 형성되었다고 설명할 수밖에 없다. 이것은 진화론적 동일과정설로서는 설명하기가 곤란하다.

　물고기의 화석들 중에는, 뼈는 물론 비늘이나 지느러미의 미세한 무늬들이 그대로 보

411

14-21 뼈는 물론 지느러미와 비늘의 무늬까지도 선명하게 보존된 물고기 화석들. 오랜 기
간 동안 천천히 묻혔다고 해서는, 작은 물고기들의 골격의 모양이 그대로 화석으로
남는 다는 것을 설명할 수 없다.

존된 채 발견되는 화석들이 많이 있다. 이처럼 미세한 신체의 부위들은 죽은 후에는 빠른
속도로 부패하기 때문에 화석에 이런 정교한 형태의 무늬들이 존재하기 위해서는 매우
빠른 속도로 매몰되어야 한다. 죽은 지 오래된 물고기들이 천천히 지층 속에 묻혔다고는
볼 수 없다.

B. 뒤틀린 화석들

진화론에서 흔히 어류로부터 양서류로 진화하는 중간형태라고 추정하는 실러캔스 (Coelacanth)의 화석들 중에는 몸체 가운데가 뒤틀린 채 화석으로 된 것들이 있다. 이것은 실러캔스가 죽어 묻힌 뒤 지각의 변동에 의해 그렇게 되었다고 설명할 수도 있으나 화석의 모양으로 미루어 볼 때, 물 속에 다니다가 방향을 바꾸었던지, 진흙에 묻힌 후 꿈틀거리다가 화석이 된 듯하다. 이것 역시 천천히 퇴적되는 물질에 의해 화석화가 되었다기보다 대홍수 등의 격변에 의해 갑자기 매몰되어 화석이 되었다는 설명이 더 타당하다고 할 수 있다.

또한 브라질에서 발견되는 물고기 화석들 중에는 천천히 퇴적되었다고 생각해서는 설명할 수 없는 물고기 화석들이 많이 있다. 위의 그림이 보여주는 바와 같이 물고기가 자신을 묻는 토사 더미 속에서 꿈틀거리다가 화석이 된 경우가 많다.

삼엽충 화석들 중에는 죽은 후에 그 화석들을 포함하고 있는 지층이 늘어나서 화석까지도 함께 늘어난 것들이 있다. 암석들도 오랜 기간 동안 압력을 받게 되면 미세하게 변형되는 경우가 있다. 하지만 위의 그림에서 보여주는 암석은 명백히 암석화가 일어나기 전에 변형된 것이 분명하다. 늘어난 정도가 엄청나

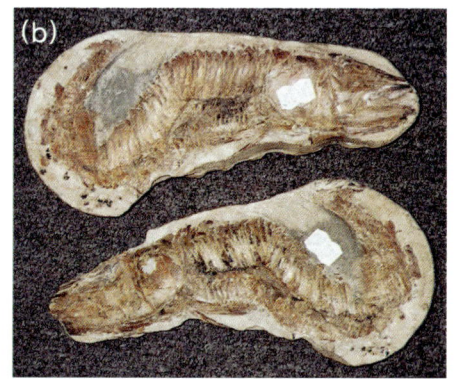

14-22 (a) 몸체가 뒤틀어진 채 발견되는 실러캔스의 화석. 매몰된 후 심한 습곡작용으로 뒤틀렸을 가능성이 있다. (b) 브라질에서 발견된 물고기 화석들. 살아서 꿈틀거리다가 화석이 된 듯하다.

게 크기 때문이다. 이것은 삼엽충이 홍수 때에 매몰되었고, 이 화석을 포함하고 있는 지층이 굳어지기 전에 어떤 형태의 힘을 받았던 것으로 보인다. 그리고 늘어난 삼엽충 화석이 아무런 금이 간 흔적없이 균일하게 늘어난 것으로 미루어 보아 이 화석들을 포함하고 있었던 지층이 삼엽충을 매몰시킨 직후에 변형된 것으로 보인다. 이러한 화석 역시 점진적인 화석화의 과정으로는 설명할 수가 없다.

14-23 미국 매사추세츠에서 발견된 늘어난 삼엽충 화석들. 왼쪽 화석은 변형되지 않은 화석들이고 오른쪽 화석들은 변형되어 늘어난 화석들이다.

C. 다지층 나무화석

격변에 의한 갑작스런 화석형성을 보여주는 또 다른 증거로는 다지층 나무화석(polystratic tree fossil)을 들 수 있다. 다지층 나무화석은 전 세계적으로 발견되고 있다. 석탄층 속에 수 미터에 이르는 다지층 나무화석이 거의 수직으로 들어 있다는 것은 석탄층이 틀림없이 급격하게 형성되었음을 말해준다. 만일 천천히 나무가 묻혔다고 한다면 이 나무는 완전히 묻히기까지 수십만 년 내지 수백만 년을 수직으로 서 있이야 한다. 그러나 나무에 관한 오늘날의 상식으로 미루어 볼 때 나무가 그토록 오랫동안 서 있었다는 것은 이해하기 매우 어렵다. 현재 살아 있는 나무로서 가장 오래된 나무라고 해도 고작 나무의 나이가 일만 년 이내임을 고려한다면 다지층 나무화석은 거대한 홍수 등의 격변에 의해 급격히 형성된 것이라고 보아야 할 것이다.

D. 화석 공동묘지

세계 도처에서 발견되는 화석 공동묘지도 격변의 증거라고 할 수 있다. 화석 공동묘지에서는 각종 생물의 화석이 집단으로 발굴된다. 흔히 진화론에서는 어류가 양서류로, 양서류가 파충류로, 파충류가 조류나 포유류로 진화되었다고 생각한다. 그러므로 동일과정설로 진화를 설명하는 데 가장 중요한 요지는 이들 진화 계열에서 오래된 생물일수록 아래 지층에서 출토된다는 것이다. 그런데 화석 공동묘지에서는 온갖 종류의 화석이 한꺼

14-24 세계 도처에서 발견되는 다지층 나무화석. 여러 개의 지층을 뚫고 우뚝 서 있는 다지층 나무화석은 천천히 일어나는 퇴적 과정으로는 도저히 설명할 수 없다.

번에 출토됨으로 진화론의 예측과는 정면으로 충돌하게 된다.

그러나 격변론으로는 이러한 증거들이 당연하게 예기되는 것이다. 즉, 격변으로 인해 죽은 각종 생물들의 시체들이 부패하기 전에 산사태나 급류 등에 의해 한꺼번에 묻혔다고 생각할 수 있는 것이다.

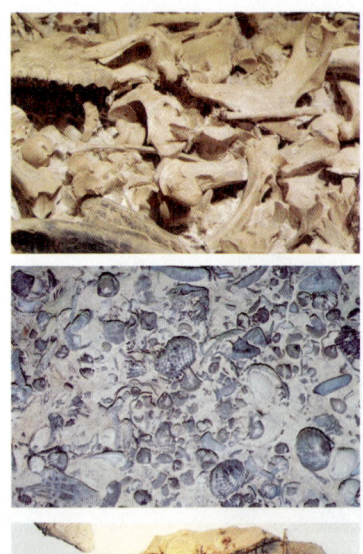

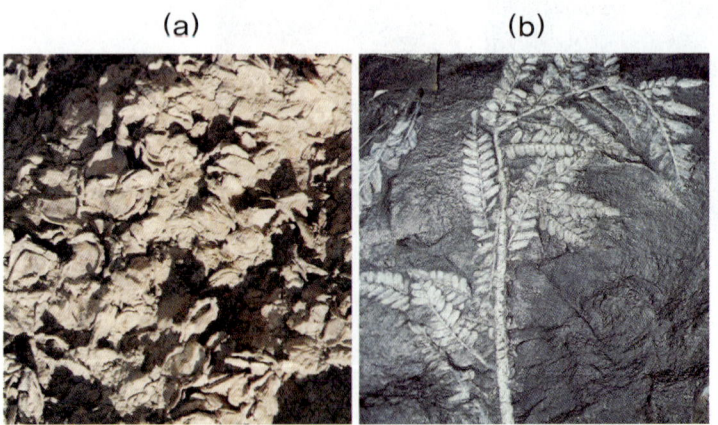

14-25 많은 화석들이 한꺼번에 출토되는 화석 공동묘지들. 때로는 식물, 어류, 파충류, 포유류 등의 화석들이 한꺼번에 대량으로 출토되는 경우도 있다. 즉 화석 공동묘지는 거대한 홍수 때 죽은 시체들이 한 곳에 모여 매몰됨으로 형성되었다고 설명하는 것이 자연스럽다.

(a)   (b)

14-26 (a) 스플릿 산맥 주립공원(Split Mountains State Park)에서 발견되는 조개들의 화석. 화석들이 아직 광물질로 치환되지 않았으며 화석들 사이에 아직 석화되지 않은 니토들이 많이 발견되는 점 등으로 미루어 오래되지 않은 대홍수에 의해 매몰된 것으로 보인다. (b) 고사리 화석들. 이처럼 떼를 이루어 화석이 된 것은 흔히 볼 수 있다.

14-27 수많은 바다 생물들이 떼를 지어 화석으로 출토된다. 이처럼 선명하게 화석이 된 것으로 보아 대홍수 등의 격변에 의해 갑작스럽게 매몰되어 화석이 된 것으로 보인다.

동일한 화석들이 떼를 이루어 발견되는 것은 흔한 일이며, 이것 역시 격변의 증거들 중의 하나다. 미국 남서부에 있는 스플릿 산맥 주립공원(Split Mountains State Park)에서 발견되는 조개들의 화석은 격변을 보여주는 대표적인 한 예다. 현재는 건조한 사막이지만 조개 화석들이 더미를 이루어 발견되는 것은 과거에 이곳에 물이 침범한 적이 있음을 보여주는 한 예다.

특별히 물고기를 비롯한 바다 생물들의 경우 일반적인 상황 하에서는 화석이 되기 극히 힘들다. 왜냐하면 물고기는 죽으면 물위에 떠 있다가 다른 물고기에게 잡혀 먹히거나 부패되어 형체 없이 사라져 버리기 때문이다. 그런데 미국의 크로마이티와 오크니 고지대에서는 뒤틀리고 구부러진 수억 마리의 물고기 화석이 발견된다. 물고기가 화석이 되려면 몇 가지 조건이 필요하다. 물 속에서 노닐던 물고기에게 갑자기 침전물이 덮쳐서 물고기가 침전물에 파묻히게 되고 다음에 침전물을 덮고 있던 물이 빠지고 그 침전물이 급격히 굳어야 화석이 된다. 이처럼 격변에 의한 급격한 화석화의 과정을 보여주는 화석들이 오늘날 세계 도처에서 발견되고 있다.

13. 전 지구적 격변의 증거들

그러면 이 지질학적 대격변들은 국부적(局部的)이었을까, 아니면 전 지구적이었을까? 물론 어떤 격변들의 영향은 국부적이었을 것이다. 그러나 지구의 지질역사를 구분하는 변화들은 명백히 전 지구적인 대격변이었을 것이다. 앞에서 다룬 중생대 말기 대격변의 가장 중요한 증거로 제시되고 있는 K-T 경계면이 전 세계적으로 흩어져 있다는 사실은 부인할 수 없는 전 지구적 격변의 증거다. K-T 경계면은 최초로 이탈리아에서 발견되었지만, 후에 멕시코, 미국, 캐나다에서도 발견되었다. 이것은 중생대 말기의 대격변, 즉 K-T 경계면을 만들었던 격변은 전 지구적이었음을 말해준다. 이 외에도 많은 대격변들의 규모가 전 지구적이었다는 여러 가지 증거들이 있다.[532]

A. 공룡의 멸종

우선 공룡의 멸종부터 생각해보자. 현대 지질학에서는 중생대 공룡의 갑작스런 출현과 멸종, 중생대 말기의 대격변에 대한 정확한 이유를 모르고 있다. 하지만 발굴된 화석으로부터 이처럼 거대한 동물들이 살기 위해서는 최소한 다음 두 가지 조건이 필요함을 지적할 수 있다. 첫째, 거대한 동물들은 온도 변화에 약하기 때문에 기후의 변화가 심하지 않아야 하며, 둘째, 거대한 체구를 유지하기 위해서는 풍부한 식물이 있어야 한다. 실제로 여러 화석들의 증거로 볼 때 중생대나 그 이전의 시대가 오늘날과는 달리 매우 따뜻했고, 엄청난 크기의 동물들과 식물들이 번성했음을 보여준다.

공룡 화석은 전 세계적으로 풍부하게 출토되고 있음으로써 과거 언젠가 엄청난 수의 공룡이 지구상에 살았음을 증거하고 있다. 그런데 공룡이 진화되었다고 볼 때 당면하는 큰 수수께끼는 그처럼 다양하고 번성했던 공룡이 고생대 말기에 진화 조상의 화석이 없이 갑자기 중생대 지층에서 나타났다가 무슨 영문인지 모르게 중생대 말기에 갑자기 지구상에서 사라졌다는 점이다. 공룡이 갑자기 사라졌다는 것은 지구에 대격변이 일어났음을 의미한다. 그러면 어떤 대격변에 의해 공룡이 멸종했을까?

여기에 관해서는 학자마다 설이 분분하다. 어떤 사람은 기후의 갑작스런 변화나 특수

---

532 오래되었지만 대격변론에 대한 문헌들은 미국창조과학연구소(Institute for Creation Research)의 지질학 교수인 오스틴이 편집한 책에 잘 소개되어 있다. Steven A. Austin, *Catastrophes in Earth History: A Source Book of Geologic Evidence, Speculation and Theory* (El Cajon, CA: ICR, 1984).

14-28 (a) 미국 위스콘신 주에 있는 수상유원지 위스콘신델(Wisconsin Dells)과 (b) 부산 태종대 절벽의 지층 (c) 로키 산맥의 아타바스카 폭포(Athabasca Falls)가 만들어낸 퇴적암 협곡. 이러한 지층은 규모의 차이는 있을지언정 세계 도처에서 발견되고 있다. 이와 같이 세계 도처에 수성 퇴적암이 풍부하게 존재하는 것은 이 모든 퇴적층을 형성시켰던 과거의 대격변이 있었음을 보여준다.

한 바이러스에 감염되었기 때문이라고 한다. 어떤 이들은 외계별의 폭발로 인한 방사선 때문이라고 하고, 기후의 변화나 바이러스의 감염 때문이라고도 하며, 어떤 이는 배설물을 밖으로 내보내지 못해서 죽었다고도 한다. 그러나 근래에 와서는 거대한 운석이 떨어져 공룡이 멸종했다는 주장이 가장 널리 받아들여지고 있다. 또한 이런 공룡 화석이 전 지구적으로 어디에서나 발견된다는 점은 공룡을 멸종시킨 대격변의 규모가 전 지구적이었음을 의미한다.

419

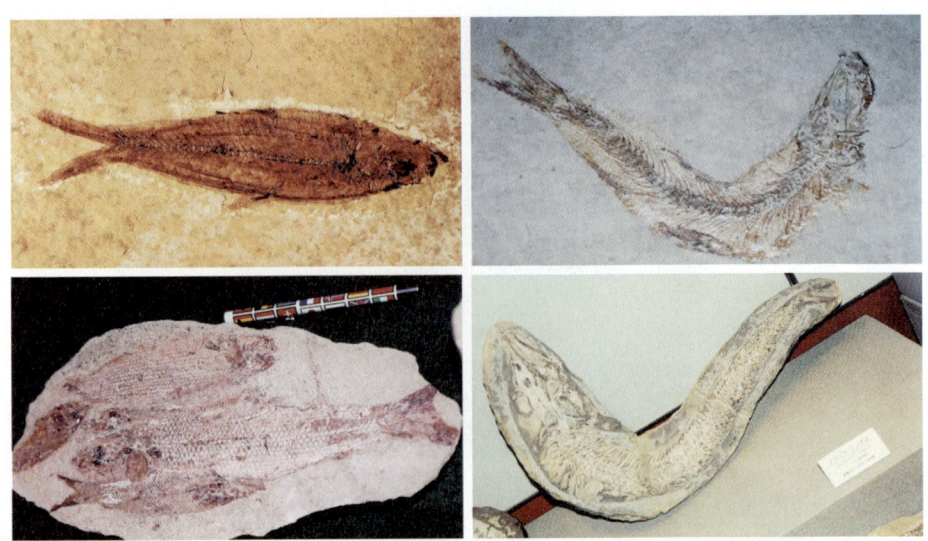

14-29 전 세계적으로 출토되는 다양한 물고기 화석들

B. 지층의 분포

공룡의 화석과 더불어 아마 가장 중요하면서도 보편적인 전 지구적 격변의 증거로서는 어디서나 볼 수 있는 지층의 분포를 들 수 있을 것이다. 오늘날 지구의 대부분을 덮고 있는 암석은 퇴적암이다. 퇴적암은 침전물이 암석화 과성을 거쳐 형성된 것이므로 전 지구적으로 다른 연대의 퇴적암층들이 존재한다는 사실은 전 세계적인 여러 격변들과 대홍수 등이 일어났다는 증거가 된다. 지구 전체에 지층이 없는 곳이 없고 퇴적암이 없는 곳이 없음은 대격변의 가장 중요한 증거로 볼 수 있다.

C. 화석의 분포

대격변이나 대홍수는 어떻게 해서 이 지구상에서 그렇게 많은 화석이 발견될 수 있는지를 잘 설명해 준다. 오늘날 발견되는 모든 화석들이 퇴적암에서 발견되는 것은 이상한 일이 아니다. 전 세계적으로 석탄, 석유를 포함하여 각종 화석이 발굴되지 않는 곳이 없다. 만일 화석이 대격변이나 대홍수 등에 의해 생긴 것이라고 한다면 전 세계적인 화석 분포는 대격변의 직접적인 증거가 된다.

지구상에는 수많은 화석들이 있으나 현재는 화석이 만들어지고 있다는 증거가 없다.

특별히 수많은 화석이 발굴되는 물고기의 경우 일반적인 상황 하에서는 화석이 되기 극히 힘들다. 왜냐하면 물고기는 죽으면 물 위에 떠 있다가 다른 물고기에게 잡혀 먹히거나 부패되어 형체도 남기지 않고 사라져 버리기 때문이다. 그런데 미국의 크로마이티와 오크니고 지대에서는 뒤틀리고 구부러져 있는 수억 마리의 물고기 화석이 발견된다.

물고기가 화석이 되려면 몇 가지 조건이 필요하다. 물 속에서 노닐던 물고기에게 갑자기 침전물이 덮쳐서 물고기가 침전물에 파묻히게 되고 다음에 침전물을 덮고 있던 물이 빠지고 그 침전물이 빠른 속도로 굳어야 화석이 된다. 특히 작고 연질 부위가 많은 물고기들의 화석은 죽은 후 곧바로 매몰되지 않으면 화석이 되지 않는다. 세계 곳곳에는 죽은 지 얼마 지나지 않아서 매몰되었거나 아예 매몰로 인해 급작스럽게 죽은 물고기들의 화석이 많이 출토된다. 이처럼 급격한 화석화의 과정을 보여주는 화석들이 오늘날 세계 도처에서 발견되고 있다.

D. 석탄과 석유의 형성

가장 흔히 볼 수 있는 화석으로서는 석탄을 들 수 있을 것이다. 석탄은 갑작스런 화석화를 보여주는 대표적인 예라고 할 수 있다. 현재의 에너지원으로 중요한 석탄도 대격변으로 인해 형성된 것으로 추정된다. 석탄은 대량의 식물 유기체가 탄화되어 형성된 것이

14-30 석탄 광맥이 형성되기 위해서는 이처럼 엄청난 정글이 매몰되어야 한다.

다. 석탄 광맥은 작은 관목으로 이루어진 숲이 묻혀서는 형성되지 않는다. 거대한 정글이 급속히 묻혀야 가능하다. 그러므로 시베리아나 알래스카를 포함하여 심지어 남극 대륙에서까지 전 세계적으로 석탄이 나오지 않는 대륙이 없으며 그 매장량도 엄청난 것으로 미루어 과거 언젠가 무성한 숲이 극지방까지 포함하여 전 세계적으로 우거져 있다가 갑자기 매몰되었음을 알 수 있다.

석탄이 식물 화석 자료인데 비해 대표적인 화석 연료의 하나인 석유는 미생물 화석자료라고 할 수 있다. 오늘날 가장 널리 인정받고 있는 석유 생성 이론에 의하면 석유는 유공충(有孔蟲, foraminifera)이라는 미생물들이 떼를 지어 살다가 어느 날 갑자기 배사구조(背斜構造)를 가진 지층 속에 매장되어 오랜 시간 동안 탄화된 잔존물이라 생각된다. 대규모의 유공충 군거지역이 매몰되는 것도 동일과정설보다는 거대한 대격변에 의해 갑작스럽게 매몰되었다는 격변론으로 설명하는 게 더 자연스럽다.

E. 스플릿 산맥의 증거들
미국 캘리포니아 주 스플릿 산맥 주립공원에서 발견된 양파껍질 모양의 암석(Onion-shaped Rock)은 대격변과 대홍수를 보여주는 또 한 예다. 이 암석은 홍수에 의해 니토들

14-31 스플릿 산맥 주립공원(Split Mountains State Park)의 양파껍질 모양의 암석(Onion-shaped Rock). 홍수에 의해 니토들이 여러 층을 이루며 퇴적되었다가 국부적인 습곡작용이나 지각의 변동 등으로 인해 현재와 같이 모양이 되었다. 각 지층들이 천천히 퇴적되었다면 이러한 암석은 형성될 수 없다.

14-32 거대한 진흙 덩어리 속에 마모된 암석들이 골고루 흩어져 박혀 있는 것은 거대한 홍수의 증거로 볼 수 있다.

이 여러 층을 이루며 퇴적되었다가 국부적인 습곡작용이나 지각의 변동 등으로 인해 현재와 같이 양파껍질 모양이 되었다. 그리고 난 후에 강한 압력과 열 등으로 인해 현재와 같이 암석이 되었으며 다시 융기되어 지표면에 드러난 것으로 보인다. 대홍수 등에 의해 형성된 퇴적층이 굳은 후에는 현재와 같은 양파껍질 모양을 만들 수 없기 때문에 퇴적된 직후에 양파껍질 모양으로 변형된 것으로 보인다. 어떤 지각변동으로 양파껍질 모양이 만들어졌는지 정확한 원인은 알 수 없으나 분명한 것은 각 지층들이 오랜 세월 동안 천천히 퇴적되었다면 이러한 암석은 절대로 형성될 수 없다는 사실이다.

또한 스플릿 산맥 주립공원에서 흔히 발견되는, 진흙 덩어리 속에 작은 화강암이나 퇴적암들이 많이 박혀 있는 것도 대격변과 대홍수의 증거가 된다. 동일과정설에서 가정하듯이 현재와 같이 천천히 퇴적되었다면 어떻게 몇십 kg씩 되는 암석들이, 그것도 금방 깨어진 것이 아니라 표면이 잘 마모된 암석들이 골고루 진흙 덩어리 속에 흩어져 박혀있는지를 설명할 수 있을 것인가? 대홍수와 같은 격변이 일어날 때 거대한 물결이 소용돌이치면서 암석들을 진흙 속에 골고루 박히게 하였다는 것은 어색하지 않은 설명이다.

14. 그렇다면 빙하기는?

다중격변론에서 노아의 홍수를 홍적세 말기에 일어난 대규모 홍수라고 볼 수 있는 근거의 하나는 빙하기다. 빙하기란 고위도 지방의 대부분의 지역이 얼음으로 덮여 있었던 시기를 말한다. 이 시기에는 현재 캐나다 대부분과 미국 북부, 유럽의 많은 부분이 얼음에 덮여 있었다. 북미주의 경우 눈이 많이 쌓여 얼음처럼 단단해진 빙하가 덮고 있었다. 이러한 빙하는 마치 점도가 높은 액체와 같이 천천히 낮은 곳으로 흘러갔다. 빙하가 움직인다는 것은 아직까지 부분적으로 남아 있는 세계 도처의 빙하들로부터 쉽게 확인해 볼 수 있다.

A. 빙하기의 기원

그러면 이러한 빙하시대는 어떻게 도래하게 되었으며, 어떻게 물러가게 되었는가? 과거에 빙하기가 존재했다는 사실은 지구에 대격변이 있었음을 증명하는 가장 좋은 증거라고 할 수 있다. 빙하시대는 현재와 같은 자연 조건으로서는 설명하기 어렵다. 지금까지 빙하기의 자연적 원인을 설명하기 위한 수십 가지의 가설들이 제시되었지만 어느 것도 만족스럽지 못했다.

일반적으로 빙하기가 도래하기 위해서는, (1) 대양으로부터 많은 수분이 증발되어야 하고, (2) 눈이 많이 와야 하고, (3) 그리고 눈이 적게 녹아야 한다. 이러한 조건이 만족되기 위해서는 먼저 대양은 화산 폭발 등으로 인해 지금의 대양보다 수온이 높아서 대규모 수증기 증발이 일어나야 한다. 그리고 화산재가 태양열을 차폐함으로 인해 지표면의 온도가 급속히 내려갔고 따라서 대양과 육지 사이의 큰 온도 차이로 인해 강력한 폭풍우와 더불어 많은 눈이 내렸을 것이다. 따라서 내린 눈이 녹지 않음으로 인해 빙하기가 도래했다고 본다.

B. 빙하기는 여러 차례?

흔히 동일과정설 지질학에서는 빙하기가 홍적세(洪積世, Pleistocene) 기간에 적어도 네 차례, 많게는 60차례가 있었다고 말한다. 그리고 마지막 빙하는 수천 년 전에 물러갔다고 한다. 다중 빙하에 대한 증거로서는 미국 5대호에서 오하이오 강 계곡(Ohio River Valley)까지 여러 빙하퇴적물들(glacial deposits)이 있음을 지적한다. 그러나 이 빙하퇴적물들은 양이 적을 뿐 아니라 하나의 빙하가 전진과 후퇴를 반복한 결과로 이해하는 것

14-33 캐나다 록키 산맥의 콜
롬비아 빙원에 있는 빙
하가 물러간 자국. 무거
운 빙하가 물러가면서
지면과의 심한 마찰을
하였기 때문에 단단한
돌까지도 닳아버렸다.

이 더 적합하다. 빙하기의 흔적을 조사해 보면 마지막 빙하의 흔적만이 뚜렷하며 또한 넓
은 지역을 덮고 있을 뿐, 그 이전의 빙하들의 흔적은 흔적이 뚜렷하지 않고 따라서 해석
도 다양하다.

14-34 (a) 아르헨티나 페리토 모레노 빙하(Graciares Perito Moreno). (b) 캐나다 로키 산맥의 컬럼비아 빙원(Columbia Icefield)의 아타바스카(Athabasca) 빙하.

또한 동일과정설에서는 다중 빙하의 근거로 빙하점토층들 사이에 따뜻한 지방의 동물 군 또는 식물군을 포함하고 있는 지층을 제시한다. 그리고 이 지층은 빙하기와 빙하기 사이의 오랜 간빙기가 있었음을 보여준다고 말한다.[533] 그러나 우선 빙하점토층들 사이의 간빙기가 길었다고 가정할 만한 근거가 별로 없다는 사실을 기억해야 한다. 이것은 빙하가 일시적으로 잠시 퇴각했거나, 아니면 빙하 근처의 흐르는 물이나 호수로부터 흘러든 수성퇴적물로 이루어진 지층이라고 해석할 수도 있다. 혹은 흔히 알려진 것처럼 빙하기가 두 번 내지 네 번 정도 있었고, 이들 빙하기들 간의 간빙기가 오랜 시간이라고 가정할 필요가 없다. 간빙기는 이 대홍수 기간 동안 지역에 따라 국부적으로 홍수가 밀려왔다가 물러간 것이 반복된 흔적이라고 볼 수 있다. 혹은 홍수 초기에 전 지구적 화산 폭발이 몇 번의 커다란 주기로 이루어졌다고도 볼 수 있다.[534]

C. 빙하기와 홍적세

홍적세(洪積世, Pleistocene, Diluvium)는 말 그대로 홍수에 의해 퇴적된 지층을 의미한다. 180만 년 전부터 11,000년에 이르는 이 시기는 빙하기(氷河期, glacial ages)와 간빙기(間氷期, interglacial ages)가 여러 차례 반복되면서 해수면의 높이가 엄청나게 변한 시기였다. 홍적세 기간 중에는 4회 또는 6회의 빙하기와 이들 사이에 간빙기가 있었으며, 따라서 홍적세를 대 빙하기라고도 한다.

해수면의 변화는 빙하기와 간빙기를 직접적으로 보여준다. 빙하기에는 남·북반구의 고위도 지방이나 저위도 지방의 높은 산악지대에 많은 얼음층이 쌓였기 때문에 해수면이 하강하였으며, 반대로 간빙기에는 빙하가 녹아서 해수면이 상승하는 현상이 일어났다. 그 때문에 지구상의 동식물계에 많은 영향을 주었다. 이 시대에는 화산활동이 뚜렷하게 나타났으며, 인류의 조상이 나타나기도 했다. 한국의 각처에 발달하는 하안단구층(河岸段丘層)은 이 시기의 지층에 해당되며 제주도의 사구층(砂丘層)이나 고산지층도 이에 해당된다.

이런 빙하기는 비단 홍적세만의 현상은 아니다. 남아프리카의 암석을 연구한 일단의 지질학자들은 22억 년 전, 즉 지구의 원생대(Proterozoic era)에는 극지방으로부터 적도 지방에 이르기까지 얼음이 덮여 있었다는 증거들을 발견했다. 미국 캘리포니아 공과대학(California Institute of Technology)의 에반스(David A. Evans)와 그의 동료들은 남아프리카에서 빙하 퇴적물들을 연구하여 고대 빙하기의 범위를 결정하였다. 이 퇴적층 바로 위에는 빙하기나 빙하기 직후에 분출한 화산의 용암이 있었다. 그들은 용암 입자들의 자기 모멘트의 방향을 연구하여 이 지역이 원생대 빙하기(Proterozoic ice age) 동안에는 적도에 근접해 있었음을 발견하였다.

---

[533] 미국 사람들은 간빙기의 이름으로 네브래스카기, 캔자스기, 일리노이기, 위스콘신기 등 자기 나라 주의 이름을 붙였다.

[534] 대홍수 모델로 빙하기를 설명하는 것에 대해서는 John C. Whitcomb and Henry M. Morris, *The Genesis Flood*(Presbyterian and Reformed Publishing Company, 1961) – 한국어판: 이기섭 역, 『창세기 대홍수』(서울: 성광문화사, 1985), pp. 332–40을 보라.

이처럼 빙하기가 도래한 원인이나 종결된 메커니즘에 대해서는 학자들마다 의견이 분분하지만 지구 역사에서 빙하기가 여러 차례 있다는 점은 분명한 것으로 보인다. 홍적세 빙하기에 대해서는 성경도 구체적인 언급을 하고 있지 않다. 성경은 지질학 교과서가 아니라 사람의 구원을 위한 책이기 때문이다. 그러나 대홍수론에서 대홍수를 빙하기와 연결시키려는 구체적인 모델들을 제시하고 있음을 생각한다면 홍적세 대홍수를 노아의 홍수로 보지 않을 이유는 없다.

15. 대륙이동설

이번에는 다중격변론이 대륙이동설과 어떤 관계에 있는지 살펴보자. 대륙이동설은 처음에는 많은 논란과 의심이 있었지만, 1960년대를 지나면서 20세기 최고의 지질학적 업적으로 인정되고 있다. 이 이론은 지구의 과거를 연구하는 것에서부터 지진이나 화산 폭발 등의 연구에 이르기까지, 또 실제적인 삶의 영역에 이르기까지 많은 연구에 영향을 끼치고 있다.

15, 16세기에 유럽학자들은 대항해를 통해 만들어진 좋은 지도를 가질 수 있었다. 그래서 1596년 지도제작자였던 오르텔리우스(Abraham Ortelius)는 지구의 대륙들이 한때는 한데 붙어 있었다가 떨어져서 지금의 대서양을 만들었노라고 했다. 17세기 학자들도 대

14-35 1596년 오르텔리우스(Abraham Ortelius)가 발간한 지도

창조와 격변

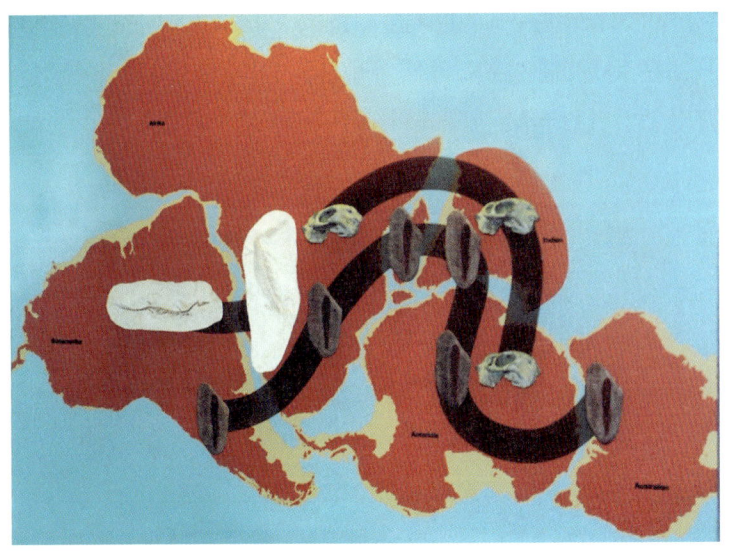

14-36 대륙들마다 발견되는 화석들을 비교함으로써 베게너는 대륙이동설을 제창하였다.

류들을 서로 맞추게 되면 잘 맞는 것을 발견하고 놀랐으나 20세기가 되어서야 비로소 학자들은 현재와 같은 대륙의 분포를 설명할 수 있었다.

A. 베게너와 대륙이동설

1912년, 독일의 기상학자 베게너(Alfred Wegener)는 2억 년 전, 즉 중생대 이전에는 모든 대륙이 팡게아(Pangaea)라는 하나의 커다란 대륙 덩어리를 이루고 있었으나 점차 분리되어 각기 다른 방향으로 이동함으로써 오늘날과 같은 대륙 분포를 갖게 되었다고 주장하였다.[535] 그리고 그는 이를 보여주는 몇 가지 중요한 증거들을 제시했다. 예를 들면 오늘날 동물들의 분포 패턴이나 떨어진 대륙에 분포하는 비슷한 화석들이나 암석들 등이었다. 그러나 그의 주장은 대륙을 분리시키고 이동시킬 수 있는 힘의 원천에 대한 확실한 원인 규명이 없었기 때문에 믿는 사람이 별로 없었다.

그러다가 1928년, 홈즈는 맨틀에 대류가 존재하며 이 맨틀의 대류에 의해 대륙이 이동

---

[535] 팡게아(Pangaea): 그리스어의 '모든 지구'(all the earth) 혹은 '모든 땅'(all land)라는 의미에서 온 말. Alfred Wegener, *The Origin of Continents and Oceans*(1915, 1920, 1922, 1929). 베게너(Alfred Lothar Wegener, 1880–1930): 판구조론(plate tectonics)을 제창한 독일 태생의 지구물리학자.

한다고 주장하여 오늘날 판구조론(板構造論, Plate Tectonics)의 근간을 세웠다.[536] 그리고 대륙이동설은 1960년대 이후로 암석 내의 잔류자기와 지자기의 극이동에 관한 연구로부터 지지를 받으며 판구조론과 함께 다시금 각광을 받게 되었다.

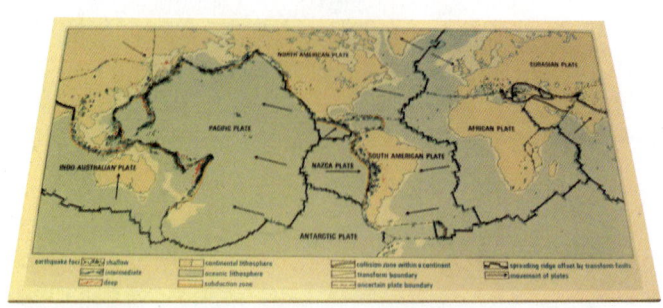

14-37 판구조론. 지구 표면이 여러 개의 판(Plate)으로 이루어져 있는데 이들은 정지해 있지 않고 천천히 움직인다는 소위 판구조론은 20세기의 가장 중요한 지질학적 발견으로 인정되고 있다.

대륙이 이동한다는 증거는 육지보다는 대양 한가운데서 발견되었다. 2차 대전 후에 새로운 해저 탐사 장비를 이용하여 해저 지형을 조사하던 과학자들은 놀랍게도 바다에도 산맥이 있다는 것을 발견하였다. 또한 오늘날 세계지도를 펴놓고 보면 5대양 6대주가 서로 맞출 수 있는 몇 조각의 퍼즐처럼 보임을 알 수 있다. 가장 손쉽게 확인할 수 있는 예로는 아프리카 서해안과 남아메리카 동해안을 들 수 있다. 동남아시아의 섬들과 반도도 그 일부가 바다에 잠기기 전에는 원래 서로 이어져 있는 대륙이었다. 또한 가깝게는 동지나해나 우리나라 황해도의 일부도 함몰됨으로 생긴 바다분지다.

그러면 다중격변론은 대륙이동설과 어떤 관계가 있는가? 지구 역사에서 일어난 많은 격변들은 대륙이동설에서 말하는 맨틀의 대류현상을 가속화시켰을 것이다. 대규모 운석충돌은 지각판들의 운동을 일으키는 방아쇠를 당겼을 것이다. 이어 대륙이동은 다시 대규모 지진이나 화산 폭발로 이어져서 제2, 제3의 격변으로 이어졌을 것이다. 대륙이동의 주 에너지로는 지구 내부의 열에너지를 생각해야 하지만 운석충돌 등의 외부적 요인은 대륙이동을 촉진시키는 역할을 했으리라 생각된다.

536 홈즈(Arthur Holmes, 1890~1965): 영국의 지구물리학자.

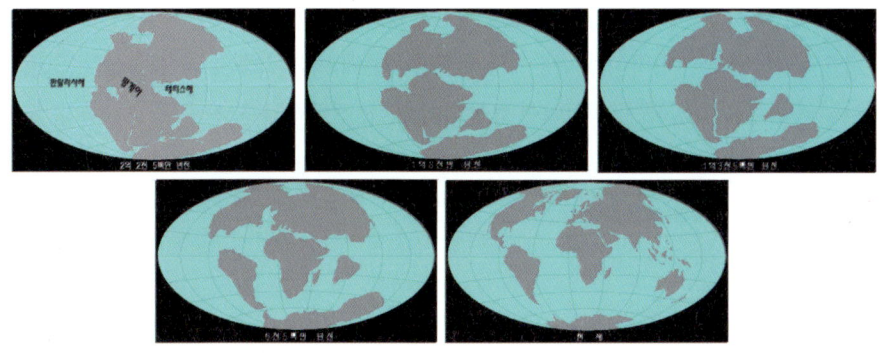

14-38 한 덩어리였던 대륙이 시간이 지나면서 이동을 하여 현재와
같은 모양이 되었다.

16. 다중격변모델의 성경적 함의

다중격변모델은 모든 것들을 완전하게 설명할 수는 없지만 적어도 종래의 대홍수론이
나 국부홍수론 등의 모델들보다는 더 많은 성경적, 과학적 증거들을 설명할 수 있다. 그
러면 이러한 다중격변론이 갖는 함의들과 문제점은 무엇인가?

A. 대홍수론과 국부홍수론의 보완

다중격변모델은 과학적 증거나 성경적 근거에 더하여 대홍수론이나 국부홍수론을 최
소한으로 수정함으로서 받아들일 수 있다는 강점이 있다. 다중격변모델은 대홍수를 부정
하는 것이 아니라 대홍수 이 외에도 성경에 명시적으로 기록되지 않은 격변들이 있었음
을 인정하는 것이다. 앞에서 언급한 것처럼 10여 개월 동안의 대홍수만으로는 현재와 같
이 두꺼운 지층이나 캐니언들의 형성을 설명하기가 어렵다. 또한 대홍수론만으로는 중생
대와 신생대 경계에서 일어난 대격변은 물론 고생대 데본기의 대 한발(旱魃) 등도 설명하
기 어렵다.

국부홍수론이나 균일론 역시 캐니언이나 지표면의 두꺼운 퇴적 지층을 설명하기 어렵
다. 이미 앞에서 언급한 바와 같이 어떻게 전 세계적으로 일정한 기준으로 분류할 수 있
는 지층들이 존재하는 것을 국부적 홍수만으로 설명할 수 있는가? 국부홍수론이나 균일
론이 그랜드 캐니언의 형성을 설명할 때 직면하는 문제들은 ICR의 오스틴(Steve

Austin) 등 대홍수론자들이 이미 충분히 지적하였다.[537]

다중격변모델은 기존의 대홍수론이나 국부홍수론에 비해 지층의 퇴적과 침식, 그리고 캐니언의 형성을 설명하는 데 있어서 융통성이 있다. 전체적인 지층의 두께나 구성, 그랜드 캐니언 지층이 대부분 수성층이지만 부분적으로 풍성층이 포함되어 있는 것 등을 설명하는 데에는 어려움이 없다.

B. 홍적세 지층과 대홍수

먼저 대홍수론자들은 전 지구적이고 파괴적인 대홍수로 인해 기껏 홍적세 정도의 지층만 만들어졌다는 것은 홍수의 위력을 너무 과소평가한 것이라고 비판할 수 있다. 그러나 홍적세 지층 역시 전 지구적으로 분포되어 있다는 점을 감안한다면 대홍수 모델의 핵심인 전 지구적이고 파괴적인 대홍수의 골격은 그대로 유지됨을 유의해야 할 것이다.

또한 홍적세와 대홍수의 연대가 정확히 일치하지 않는 점도 문제가 될 수 있다. 현대 지질학에서는 신생대(新生代) 제4기 홍적세가 지금으로부터 약 180만 년 전에 시작되어 11,000년 전에 끝났다고 본다. 이에 비해 창세기 5장과 11장에 나오는 계보를 근거로 윗콤과 모리스, 대부분의 홍수론자들은 대홍수가 단지 4,000-5,000년 전에 일어났다고 주장한다.[538] 홍적세의 연대가 불과 4,000-5,000여 년 전에 일어났다는 대홍수의 연대와 일치하지 않는 것은 어떻게 설명할 것인가?[539]

여기에 대해서는 성경에 빠진 계보 때문인지, 홍적세 지층의 연대측정의 문제인지 좀 더 많은 연구가 필요하다. 하지만 이 문제는 중생대 말기, 즉 6,500만 년 전의 K-T 경계면을 대홍수 시기와 동일시하던 기존의 대홍수론에 비해서는 훨씬 더 부담이 적다. 또한 대홍수 연대는 학자들에 따라 홍적세 연대와 부분적으로 겹친다고 주장하는 경우도 있음은 흥미로운 일이다. 예를 들면, 한때 ICR의 연대측정설을 만들고 책임지고 있었던 아스마(Gerald Aarsma)는 C-14 연대측정법으로 조사해보면 대홍수의 연대는 5,000년 전내외가 아니라 최대 12,000년까지 거슬러 올라간다는 내용을 발표한 적이 있다.[540]

537 Steven A. Austin, editor, *Grand Canyon: Monument to Catastrophe*(Santee, CA: Institute for Creation Research, 1994).

538 Whitcomb and Morris, *The Genesis Flood*, pp. 474-89.

539 홍적세는 플라이스토세 · 갱신세(更新世) · 최신세(最新世)라고도 한다.

540 *Proceedings of the Second International Conference on Creationism*(Pittsburgh, PA: Creation Science Fellowship, 1990), vol. 2, p. 9.

C. 대홍수와 운석공들의 분포

홍적세 마지막에 일어난 대홍수를 노아의 홍수로 보는 것은 간접적이나마 운석공의 분포들로부터도 지지된다. 그림 14-39에서 볼 수 있는 바와 같이 노아가 방주를 만들었으리라 생각되는 고대 메소포타미아 지역, 현재의 이라크 남부 바스라 인근 지역을 중심으로 반경 2,000Km 이내에는 1만 년보다 더 오래된 운석공들이 전혀 발견되지 않는다.

그러면 노아가 방주를 만들었다고 생각되는 지점으로부터 먼 곳에서만 운석공이 발견되는 것은 무엇을 의미하는가? 만일 노아의 홍수도 운석의 낙하로 인해 생긴 2차적인 격변이었다면, 그리고 그 운석이 노아가 살았던 유프라테스 강 하류 평원지대(고대 메소포타미아 지방)나 페르시아 만 어딘가에 낙하했다고 한다면 우리는 다음 두 가지의 가능성을 생각해 볼 수 있을 것이다.

첫째, 격변으로 인한 대홍수는 전 지구적인 파괴력을 가졌겠지만 그 파괴력은 메소포타미아 지방 유프라테스 강 하류 지역이 가장 컸을 것이다. 따라서 메소포타미아를 중심으로 퇴적된 홍적세 지층의 두께도 가장 두껍게 형성되었을 것이고, 홍수 전에 만들어졌던 운석공들은 사라졌을 것이다. 그리고 이 지역으로부터 멀리 떨어진 지역일수록 홍수로 인한 침식이나 퇴적 작용이 약하게 일어났을 것이며, 따라서 많은 운석공들이 남아 있을 것이다. 이것은 실제로 다른 어떤 지역보다도 유프라테스 강 하류 인근에서 홍적세 지층이 가장 두껍게 발견되고 있는 것으로 증명되고 있다.

둘째, 만일 메소포타미아를 중심으로 한 중동 지역에서 가장 급격한 홍수 퇴적층이 형성되었다면 중동 지역 인근에서는 노아 홍수보다 오래된 어떤 운석공도 찾아보기 어려울

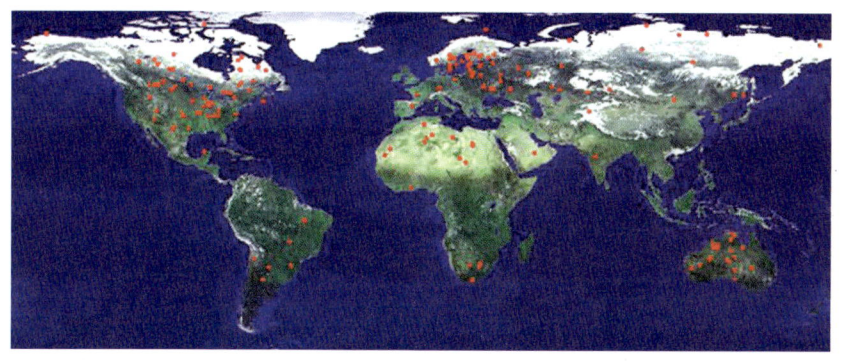

14-39 운석공의 분포. 노아가 방주를 만들었으리라 생각되는 고대 메소포타미아 지역, 현재의 이라크 남부 바스라 인근 지역을 중심으로 반경 2,000Km 이내에는 1만 년 이상 된 운석공이 하나도 발견되지 않는다.

것이다. 실제로 화이트헤드(James Whitehead)가 지난 2004년 5월 12일까지 업데이트한 운석공 리스트를 보면 놀랍게도 중동지방에는 4,000년 이상 된 큰 운석공이 단 하나도 없다. 유일하게 발견된 운석공은 바스라에서 불과 800Km 정도 떨어진 사우디아라비아 와바르에서 발견된 와바르 운석공(Wabar crater)인데 이것은 직경이 불과 116m에 불과하고, 낙하 연대도 1,000년 미만으로서 노아의 홍수보다 훨씬 더 후에 형성된 것이다.

D. 타락 이전의 죽음

신학적으로 볼 때 다중격변들이 하나님의 심판과 신학적으로 어떻게 관련될 수 있는지도 좀 더 연구해야 할 과제라고 할 수 있다. 대홍수론에서는 죽음은 아담의 범죄 때까지 존재하지 않았으므로 모든 화석들은 아담의 범죄 이후, 특히 대부분의 화석들은 대홍수 기간 중에 만들어졌다고 본다. 즉 아담의 범죄 이전에는 동식물의 죽음도 없었다고 본다.

그러나 만일 여기서 제시한 다중격변모델의 여러 격변들이 인간의 창조 이전에 일어난 것이었다면 인간의 타락 이전에도 동식물 세계에는 죽음이 있었다는 의미가 된다. 인간의 타락 이전에도 동식물의 죽음이 있었음을 추론하는 것은 어려운 일이 아니다. 한 예로 타락하기 이전 에덴동산에도 무수히 많은 미생물들이나(비록 아담과 하와는 알지 못했다고 해도) 땅에 기어 다니며 눈에 잘 보이지 않는 작은 곤충들이 많이 있었을 것이다. 그리고 이들은 아담과 하와가 발자국을 떼어놓을 때마다 (본의 아니게) 엄청난 숫자가 밟혀서 죽지 않았을까? 그리고 타락 이전이 창세기 1장 28절의 말씀처럼 만일 모든 생물들이 생육, 번성만 하고 죽음이 없었다면 이 세상은 어떻게 되었을 것이며, 먹이사슬은 어떻게 유지되었을 것인가?

인간의 타락 이전에는 동물 세계에서조차 아무런 죽음이 없었다고 한다면 사자나 호랑이와 같은 육식동물들은 언제 창조되었을까 하는 의문이 생긴다. 만일 그렇다면 육식동물들은 모두 인간의 타락 이후에 창조되었다고 가정하거나, 아니면 육식동물들도 인간의 타락 이전에는 초식동물들이었으나 타락 이후에 비로소 육식동물이 되었고, 평퍼짐 하던 앞니와 송곳니, 발톱 따위가 갑자기 날카롭게 변했다는 어색한 가정을 해야 한다. 그러므로 우리는 타락 이전에도 미생물을 포함한 동식물 세계에는 죽음이 일상적으로 존재하고 있었으며, 그들의 죽음은 저주가 아니라 피조세계를 유지하기 위한 하나님의 섭리였다고 봐야 할 것이다.

타락 이전의 죽음과 관련해서 영(Young)은 흥미로운 주장을 한다. 영에 의하면 노아가 방주를 짓기 위해 사용한 피치(pitch)는 홍수 전에 지구에 이미 대규모 격변과 죽음이 있었음을 시사한다. 만일 대홍수가 유일한 첫 격변이었다면 피치는 대홍수 때까지 존재할 수가 없어야 한다. 피치는 동식물들의 유해로부터 만들어지는 유기물질임을 생각한다면 노아 홍수 이전에도, 아마 인간이 타락하기 이전에도 대규모 격변과 죽음이 있었다고 가정해야 할 것이다. 그리고 그런 동식물의 대규모 죽음을 피치와 같은 물질로 변환시키기 위한 충분한 시간적 여유가 있었을 것이다.[541]

그러면 인간의 타락 이전에 동식물들의 대규모 죽음이 있었다는 주장은 하나님이 "보시기에 좋도록 창조하셨다"는 성경의 기록과 어떻게 조화를 이룰 수 있을까? 이 질문에 대해서는 먼저 다중격변에 의해 동식물의 대규모 멸종들이 과연 하나님이 보시기에 나빴을까를 생각해 봐야 한다. 생물들의 세계에 죽음이 없이 오직 생육과 번성만 있었다면 과연 에덴의 아름다움과 풍요로움이 지속될 수 있었을까? 여기에 대해서는 그렇지 않다고 말할 수 있다.

우선, 만일 반복된 대규모 격변, 다시 말해 대규모 멸종이 아니었다면, 오늘 인류가 사용하고 있는 엄청난 화석연료들이 전혀 생성될 수가 없다고 지적할 수 있을 것이다. 우리가 잘 아는 바와 같이 석탄과 석유, 천연가스는 생물들의 유해들이 대규모로 매몰, 탄화되어 형성된 것이다. 다시 말해 엄청난 규모의 죽음과 지각 변동이 없었다면 오늘날과 같이 인류를 '부양할' 수 있는 대규모 화석연료는 만들어질 수가 없었을 것이다.

둘째, 대규모 멸종이 없었다면 오늘날 인류가 사용하고 있는 엄청난 광물자원들의 상당 부분도 존재할 수가 없었을 것이다. 마그마 속에는 많은 광물질들이 존재하고 있으며, 이들은 다양한 형태로 지표면으로 관입된다. 하지만 이들이 지각의 대류현상 등을 통해 지표면이나 지표면 가까이로 드러나지 않는다면, 그리고 이러한 광물질들이 대홍수나 지진 등의 격변을 통해 대규모로 침전되지 않는다면 오늘 인류가 사용하는 광맥의 많은 부분은 형성될 수가 없다. 현대 문명에서 화석연료가 없는 세상을 생각할 수 없듯이 광물질들이 없는 세상도 상상하기가 어렵다.

셋째, 생육하고 번성하기에 최적의 조건을 갖춘 지구 생태계에서 아무런 죽음이 없었다면 불과 얼마의 시간이 지나지 않아서 지구는 생지옥이 될 것임이 분명하다. 지금도 볼 수 있는 바와 같이 생태계는 먹이사슬을 통해 예민하게 균형을 이루고 있다. 비록 인간의 타락이 생태계의 운행에 상당한 영향을 끼쳤을 것은 생각해 볼 수 있지만 먹이사슬 그 자

---

541 Young, *Creation and the Flood*, pp. 211-2.

체는 인간의 타락의 결과로 생긴 것이라고 보는 것보다 생태계를 '보시기에 좋도록' 운행하시려는 하나님의 지혜의 한 부분이라고 보는 것이 더 낫지 않을까 생각된다.

창세기 1장에서 말하는바 "보시기에 좋았더라"는 말은 인간의 죽음을 상정하고 있지는 않겠지만 동식물의 죽음까지 없었음을 의미하는 바는 아니라고 해석할 수 있다. 오히려 인간의 타락 이전에 일어났던 대규모 격변이나 멸종은 인간의 생존을 위한 하나님의 은혜로운 배려라고도 해석할 수가 있을 것이다. 그러므로 인간의 타락 이전에 대규모 격변과 멸종이 있었다는 것은 "보시기에 좋았더라"는 말씀과 상치되는 것이 아니라고 할 수 있다.

E. 다중격변과 성경 해석

다중격변에 대한 여러 지질학적 증거들에 더하여 직접적인 성경의 증거는 있는가? 성경은 지질학 교과서가 아니며 인간을 중심으로 한 우주의 구원의 역사와 영적인 일들에 주된 관심을 갖고 기록된 책이므로 지질학에서와 같은 구체적인 증거는 존재하지 않는다. 그러나 성경을 자세히 조사하면 몇몇 곳에서 다중격변의 증거들을 볼 수 있다. 특히 창세기 1장에서는 중요한 몇몇 증거들을 찾아볼 수 있다.

흠정역(Authorized Version) 관주 성경의 하나인 스코필드 성경은 창세기 1장 1절을 '최초의 창조'(The Original Creation)로 본다. 스코필드는 "이 최초의 창조 행위는 오랜 시간 전에 이루어졌으며 모든 지질학적 시대를 위한 여지를 준다"고 하였다.[542] 이러한 스코필드의 해석을 근거로 후대의 사람들은 창세기 1절과 2절 사이에 엄청난 시질학적 시간 간격이 있었다는 소위 '간격 이론'(Gap Theory)을 제시하였다.[543] 하지만 오늘날 많은 복음주의 성경학자들은 물론 지질학자들도 간격 이론에 대해서 반대한다. 이들은 우선 창세기 1장 2절을 천사들에 대한 하나님의 심판의 모습이라고 한 것은 과도한 해석이라고 비판한다.

하지만 스코필드가 창세기 1장 2절을 지구상에서 일어난 대격변의 모습이라고 해석한 것은 다중격변모델과 관련하여 주목할 만하다. 즉 대규모 운석 낙하와 같은 대격변이 지구 위에 일어나면 수많은 화산들이 폭발하고 지구의 판들(plates)이 빠른 속도로 움직이고 맨틀의 대류 현상이 빠르게 진행되면서 "땅이 혼돈하고 공허"한 상태가 될 것이다. 또한 대규모 운석 낙하가 일어나면 이로 인해 운석 먼지와 화산재가 온 천지를 뒤덮어서 "흑암이 깊음 위에 있고" 엄청난 화산 폭발과 호우, 강력한 지진과 산더미 같은 해일이 밀려오면서 온 지면은 물로 덮일 것이다.

지구 표면의 혼돈된 모습을 보여주는 창세기 1장 2절 외에도 성경은 몇몇 격변의 증거들을 보여주고 있다. 예를 들면 창세기 1장 9절의 둘째 날 사역에서 하나님께서 물 속에서 뭍이 드러나라고 하신 것은 조산운동 내지 조륙운동이라고 볼 수 있다. "하나님이 가라사대 천하의 물이 한 곳으로 모이고 뭍이 드러나라 하시매 그대로 되니라." 이것 역시 얼마 동안에 일어났는가에 따라 엄청난 격변이 될 수가 있는 것이다. 그 외에도 창세기 1장의 하루의 길이를 길게 잡는다면(그 긴 시간 동안 어떤 사건이 일어났는가를 성경은 자세히 기록하고 있지 않지만) 지층들이 보여주는 엄청난 격변들, 지상 생명체들을 대부분 멸종시킨 거대한 격변들이 일어나지 않았다고 말할 수는 없다. 여기서 바로 성경의 문자적 해석의 한계와 문제점이 드러나는 것이다.

성경이 말하는 인간 구속의 메시지는 세월이 흐르고 시대가 변해도 달라지지 않지만 그 메시지를 담기 위해 사용되는 용어나 주변 사건들에 대한 기술, 자연을 보는 관점 등은 시대마다 얼마든지 달라질 수 있다. 성경이 구속사적인 의미가 별로 없는, 단순한 지질학적, 천문학적 사건들을 자세히 기술하지 않은 것은 이상한 일이 아니다. 오히려 성경은 인간의 구속과 직접적으로 관련된 극소수의 자연적 사건들만을 기록하고 있고 나머지 대부분의 것들은 기록하지 않고 있다. 이런 관점에서 볼 때 성경이 구체적으로 지구 역사상 일어난 여러 격변들에 대해 언급하고 있지 않을지라도 다중격변모델은 성경의 기록과 자연의 증거들을 설명하는 모델이 될 수 있다.[544]

F. 창조 주간의 대격변

다중격변모델에서는 창조 주간에 많은 격변들이 일어났다고 본다. 창조 주간 동안 엄청난 지질학적 격변이 일어났다는 점에 대해서는 홍수론자들도 동의한다. 미국 창조과학연구소(ICR)의 지질학자인 오스틴(Steven Austin)은 창조 주간의 첫 사흘 동안 지구 역사 최대의 지질학적 변화가 일어났으며, 두 번째로 큰 격변은 바로 노아의 홍수가 진행되는 동안 일어났다고 주장한다. 그리고 노아의 홍수 이후에 일어난 지질학적 과정은 지수

---

542 "The first creative act refers to the dateless past, and gives scope for all the geologic ages." from C. I. Scofield, *The Scofield Reference Bible*, New and Improved Edition(London: Oxford University Press, 1909), p. 3. 각주 2번.

543 "Jer. 4.23-26, Isa. 24.1 and 45.18, clearly indicate that the earth had undergone a cataclysmic change as the result of a divine judgement. The face of the earth bears everywhere the marks of such a catastrophe." from Scofield, *The Scofield Reference Bible*, p. 3. 각주 3번.

544 Young, *Creation and the Flood*, p. 173.

적 감퇴(exponential decline)를 하고 있다고 주장한다. 오스틴은 다른 창조과학자들처럼 창조 주간의 하루하루를 현재와 같은 24시간으로 보고, 그 엄청난 지질학적 격변이 불과 72시간 내에 일어났다고 주장한다.[545]

그러나 과연 72시간 동안에 지구상에 일어난 대부분의 지질학적 격변들이 일어났다는 주장은 합당한가? 이것은 다른 격변들은 차치하고 500여 개 이상으로 추정되는 대규모 운석 충돌에 의한 격변들만을 생각해 볼 때도 받아들이기가 어렵다. 운석공들이 형성된 시기, 즉 운석들이 지구에 충돌한 연대가 모두 다르다는 사실이 잘 알려져 있는데 이 모든 격변들이 불과 72시간 내에 일어났다고 보는 것이 합당한가? 이것은 지질학적 자료들에 대한 바른 해석은 물론 바른 성경 해석과도 거리가 먼 것으로 보인다.

하지만 지구의 역사를 6천 년 프레임 속에 넣으려고 무리하게 시도하는 점을 제외한다면 오스틴의 주장은 다중격변이론과 크게 다르지 않다고 볼 수 있다. 비록 추정이기는 하지만 몇몇 사람들은 현재 태양계 내에서 지구의 공전궤도와 이에 인접한 여러 운석들의 공전궤도를 비교하여 지구가 대형 운석들과 충돌할 가능성을 계산하고 있다. 지표면에 존재한다고 추산되는 500여 개의 운석공들이 대부분 첫 '사흘' 동안에 형성된 것으로 보고, 이들을 형성한 운석들이 지구와 충돌하는 평균적인 시간 간격을 고려한다면 이들은 72시간보다 훨씬 더 긴 창조 주간의 시간 동안 지구와 충돌한 것이라고 보는 것이 자연스럽다.

17. 진리에 대한 겸손

본 장에서는 원칙적으로 지질학과 성경은 모순되지 않으며, 모순되는 듯이 보이는 것은 성경이나 과학에 대한 어느 한편 혹은 양편의 해석이 부정확하기 때문이라는 가정 위에서 지층과 화석 형성에 대한 새로운 해석으로서 다중격변모델을 제시하였다. 이 모델은 방사능 연대를 부정하며 젊은 지구를 주장하는 대홍수론과 오랜 지구 연대를 주장하는 균일론, 특히 국부홍수론에서 설명할 수 없는 것들을 설명하기 위해 제시된 것이다. 이 모델은 200여 년 전에 프랑스의 한 창조론 과학자 퀴비에가 제시한 것이지만 오늘날

545 Steven Austin, *Geologic Evidences for very Rapid Strata Deposition in the Grand Canyon*(Institute for Creation & Answers in Genesis, 2003), DVD.

창조와 격변

복음주의 진영 내에서 갈등을 빚고 있는 창조론의 핵심적인 문제들을 해결할 수 있는 온고지신(溫故知新)의 지혜를 제시하는 것으로 보인다. 본 장에서는 그동안 알려진 여러 지질학적 증거와 성경 해석학적 증거들에 근거하여 퀴비에의 모델을 다듬어서 제시하였다.

본 장에서 제시한 다중격변모델에서는 지구 역사상 여러 차례의 대격변이 일어났으며, 이 대격변들은 주로 대규모 운석들이 지구에 충돌함으로 일어났다고 본다. 그리고 지구 역사에서 일어난 최후의 전 지구적 격변은 노아의 홍수이며, 이는 신생대 제4기 홍적세 말기에 일어났다고 본다.

그러나 다중격변모델이 균일론이나 대홍수론에서 설명할 수 없는 많은 자료들을 설명할 수 있다고 해도 모든 문제들을 완전히 해결할 수는 없다. 인간은 전지전능하지 않으므로 최선을 다해 연구해도 알 수 없는 문제들은 상존한다. 이때 내 주장, 내 해석은 틀릴 수가 없다는 경직된 사고야말로 베이컨(Francis Bacon, 1561-1626)이 말한 바 '동굴의 우상'(idola specus)에 해당하며, 사람들로 하여금 하나님의 진리에 이르지 못하게 하는 가장 큰 장벽이라고 할 수 있다. 옛 수도사가 말한 것처럼 "모든 진리는 하나님의 진리"이며, 인간은 그 진리의 청지기일 뿐이다. 진리에 대한 열정보다 진리에 대한 겸손이 더 귀중한 이유가 바로 여기에 있다.

1. 본 장에서 제시한 지질학적 대격변들이 사실이라면 현대 지질학이나 지리학, 고생물학, 그리고 이들의 인근 학문 분야에 어떤 영향을 미칠 것이라고 생각하는가?

2. K-T 경계면의 발견으로 인해 지질학계에서는 신격변론(Neo-Catastrophism)이 대두되고 있다. 이것이 창조과학자들이 제시하는 홍수론을 지지한다고 생각하는가?

3. 근래의 매스컴 등에서 동일과정설에 근거한 보도를 한 것을 스크랩하여 발표해보자. 주변에서 발견할 수 있는 전 지구적 대격변의 증거가 있다면 말해보라.

4. 인간이 공룡과 더불어 살았던 때가 있었다는 홍수론자들의 주장에 대하여 어떻게 생각하는가? 만일 그것이 사실이라면 다른 화석들에 대한 해석은 어떻게 달라질 수 있다고 생각하는가?

제15장
창조와 설계

Creation and Catastrophes

하늘이 하나님의 영광을 선포하고 궁창이 그 손으로
하신 일을 나타내는도다 날은 날에게 말하고 밤은 밤
에게 지식을 전하니 언어가 없고 들리는 소리도 없으
나 그 소리가 온 땅에 통하고 그 말씀이 세계 끝까지
이르도다 _ 시편 19:1-4

지금부터 3,000여 년 전에 살았던 다윗은
망원경을 비롯한 천문관측 시설이 전무했던 시절에 하늘을 보고 하늘이 하나님의 영광을
선포한다고 노래했다. 또한 독일 천문학자 케플러(Johannes Kepler)는 시편 19편의 성
경 말씀에 근거하여 일생 동안 천문학의 제사장으로 살았다. 그는 천체의 운행에 나타난
하나님의 뜻을 발견하여 이를 사람들에게 전해 주는 것을 자신의 사명으로 생각했기 때
문에 일생 동안 춥고 배고픈 천문학자의 길을 갔다.

케플러와 같이 제사장적 소명을 가지고 과학을 연구했던 사람들은, 인간은 하나님의
형상대로 지음을 받았기 때문에 하나님이 만든 피조세계를 이해할 수 있다는 믿음을 가
지고 있었다. 자연은 불가해한 것이 아니라 이해할 수 있는 것이며, 인간에게는 자연의
질서에 동조할 수 있는 본래적인 능력, 즉 하나님의 형상이 있다고 믿었던 것이다.

1. 인간, 하나님의 형상

하나님의 형상을 따라 창조된 인간은 다른 동물들에 비해 대단한 능력을 갖고 있다. 날
개가 없지만 어떤 새보다 멀리, 그리고 높이 날 수 있을 뿐만 아니라, 아가미가 없지만 어
떤 물고기보다 깊은 물 속에서 빠르게 움직일 수 있다. 사람의 다리로 달리는 속도라야
기껏 초속 10m 정도로 타조에 비하면 3분의 1정도에 불과하지만 사람이 만든 초고속 열

차로는 초속 100m에 육박하며, 우주선으로는 무려 초속 10Km를 넘고 있다. 귀로는 20-20,000Hz 영역의 진동수만 들을 수 있지만 특수 마이크를 사용하면 대부분의 진동수를 들을 수 있다. 또한 사람의 육안으로는 0.1mm 이하 크기의 물체는 분간하지도 못하지만 현미경을 사용하면 10^{-8}cm 정도의 원자까지도 볼 수 있다. 인간의 수명은 기껏해야 100년도 못 되지만 수천 년의 인류 역사는 물론 그보다 훨씬 긴 지구나 우주의 역사까지도 연구할 수 있는 것이 인간이다.

이것은 인간이 하나님의 형상대로 창조되었기 때문이다. "하나님이 자기 형상 곧 하나님의 형상대로 사람을 창조하시되 남자와 여자를 만드시고"(창 1:27). 비록 인간은 "천사보다 조금 못하게" 창조되었지만 영화와 존귀로 관을 쓴 존재다(시 8:5). 하나님의 형상을 따라 지음을 받았고 또한 하나님이 창조하신 모든 세계를 관리하는 청지기로 부름을 받았기 때문에 인간은 이 세계를 연구하고 이 자연계의 이면에 있는 수많은 규칙들을 발견할 수 있는 능력을 갖고 있다. 비록 타락으로 인해 인간에게 있는 하나님의 형상은 크게 훼손되었고 그 능력은 크게 제한되게 되었지만, 인간은 피조 세계에 대한 연구를 통해 창조주와 인간과 우주에 대한 '핑계치 못할' 정도의 충분한 지식들을 습득할 수 있다.

2. 두 권의 책

15-1 갈릴레오. 그는 자연에 대한 연구가 하나님을 아는 한 방법이라고 믿었다.

이런 확신을 가졌던 대표적인 근대 과학자는 17세기 이탈리아의 과학자 갈릴레오(Galileo Galilei, 1564-1642)였다. 그는 하나님이 인간에게 두 권의 책, 즉 '성경'과 '자연'이라는 책을 주셨다고 했다. 그는 성경이라는 책은 인간이 '어떻게 천국에 가는지'(How to go to the heavens)를 보여주는 데 비해 자연이라는 책은 우리들에게 하나님의 솜씨를 증거한다고 했다. 갈릴레오는 자연은 하나님이 만든 '우주가 어떻게 운행되는가'(How the heavens go)를 보여준다고 보았다.

이러한 시대에 과학자들의 연구를 통해 밝혀진 다양한 증거들이 창조주를 어떻게 증거하고 있는지를 살펴보는 것은 매우 중요하다. 본 장에서는 우주와 지구, 생명 현상에 나타난 설계의 증거들을 살펴본다. 물론 본서에서 제시하는 증거들은 자연에 존재하는 설계 흔적들의 극히 일부일 뿐이지만 이 정도의 증거만으로도 자연계의 뒤에 설계와 설계자가 있음을 인정하는 데 결코 부족하지 않다.

3. 시계와 하드디스크

그림 15-2와 같은 바와 같은 시계와 컴퓨터 하드 디스크가 숲속에서 처음으로 발견되었다고 가정하자. 이들이 어디서 왔는지를 알기 위해 사람들은 그것을 분해해서 부속품들의 성분을 조사할 것이다. 그리고 이들의 구성 성분으로는 철, 크롬, 니켈, 구리 등의 금속과 플라스틱, 자성체, 실리콘 등을 발견할 수 있을 것이다. 그리고 이러한 성분들이 어디서 왔는지를 찾아보면 대부분 땅에서 온 것임을 알 수 있을 것이다. 여기까지는 누구나 동일한 의견을 가질 수 있을 것이다. 그러나 이 성분들이 어떻게 땅에서부터 나와서 이렇게 정교한 장치를 만들게 되었느냐는 질문에 이르게 되면 사람들마다 다른 답변을 할 것이다. 어떤 사람들은 저절로 땅에 있는 원소들이 오랜 시간 동안 확률적 과정을 거쳐서 이런 기계들을 만들었다고 할 것이고, 어떤 사람들은 누군가가 이 원료들을 땅에서 캐내어 정제하고, 설계하여 만들었다고 주장할 것이다. 하지만 생명이 저절로 생겼다고 생각하는 사람들은 마치 땅에 있는 원소들이 저절로 시계와 하드 디스크를 만들었다고 주장하는 것보다 훨씬 더 불가능한 사실을 믿고 있는 것이라고 할 수 있다.

15-2 시계와 컴퓨터 하드 디스크

이 비유는 생명체들에게도 적용될 수 있다. 생명체를 이루고 있는 원소들은 자연에 존재한다. 하지만 그런 물질들이 자연에 존재한다는 것과 그런 물질들이 모여서 생명체를 형성하는 것은 전혀 별개의 얘기라고 할 수 있다. 사실 자연계는 우연히 존재하게 되었다고는 볼 수 없는 설계의 흔적으로 가득 차 있다고 할 수 있다. 종교적 신앙의 유무와는 무관하게 많은 과학자들은 자연계에서 찾아볼 수 있는 다양한 설계의 흔적들을 지적하고 있다. 거시적 세계나 미시적 세계에서 흔히 볼 수 있는 대칭성, 통일성, 한계성을 비롯하여, 물질계에서 나타나는 유사함, 조화로움, 정교함, 그리고 지구상에 인간을 비롯한 다양한 생명체들이 살 수 있도록 세심하게 설계된 흔적들은 신앙인이 아니라고 해도 인정할 수밖에 없다.

4. 지적설계 운동

그래서 자연에 나타난 분명한 설계의 흔적을 보면서 1980년대 중반부터 일단의 과학자들은 지적설계운동(Intelligent Design Movement)이란 새로운 과학 연구운동을 전개하고 있다. 미국에서 시작된 지적설계운동은 유물론과 자연주의를 핵심으로 하고 있는 다윈주의에 대한 도전이라고 할 수 있다. 이들은 지적설계를 과학의 영역으로 끌어들여 "지적인 원인들의 영향을 연구하는 과학의 연구 프로그램이고, 다윈주의와 이의 자연주의적 유산에 대해 도전하는 지적인 운동이며, 하나님의 역사하심을 이해하는 한 가지 방법"이라고 주장한다.[546]

지적설계운동은 미국의 택스톤(Charles Thaxton)과 브래들리(Walter Bradley), 덴톤(Michael Denton), 캐니언(Dean Kenyon), 존슨(Phillip Johnson) 등에 의해 시작되었으며, 필립 존슨의 『심판대 위의 다윈』(Darwin on Trial)의 출판과, 이어 1996년 마이클 비히가 쓴 『다윈의 블랙박스』(Darwin's Black Box)를 통해 불이 붙었다고 할 수 있다.[547] 현재 지적설계운동은 비히(Michel Behe)와 마이어(Stephen Meyer), 넬슨(Paul Nelson), 웰스(Jonathan Wells), 그리고 뎀스키(William A. Dembski) 등에 의해 진행되

546 김영식, "지적설계운동의 역사"(2000).
547 Michael J. Behe, *Darwin's Black Box: The Biochemical Challenge to Evolution*(New York: Touchstone, 1996), pp. 39–45.

고 있다.

A. 자연주의의 파산

지적설계론자들은 자연계는 임의적인 자연의 힘만으로는 적절하게 설명할 수 없으며 지성에 기인한 것이라 설명할 수밖에 없는 특징을 나타내고 있다고 말한다. 지적설계는 성경이나 신학적, 종교적인 주장에 근거한 것이 아니라 과학적인 증거에 기초하고 있다. 그래서 지적설계운동가들은 지적설계론에 대한 반박을 신학이나 성경과 관련해서가 아니라 자연의 증거들을 통해 반박해 줄 것을 요청한다.[548]

자연의 가해성(comprehensibility)이라는 것 자체가 바로 이 세계 뒤에 지성이 있음을 함축적으로 내포하고 있으며, 과학이라는 것 자체가 이 세계의 가해성(intelligibility)을 가정하지 않는다면 불가능한 것임에도 불구하고,[549] 대부분의 과학자들, 심지어 일부 신학자들조차 자연주의야말로 가장 적절한 과학의 원리라고 주장한다. 아얄라(Francisco Ayala)가 지적한 것처럼 다윈의 가장 큰 업적도 결국 복잡한 유기체들에서 어떤 설계의 흔적도 찾을 수 없음을 보인 것이다.[550]

자연주의는 자연을 맹목적이고 완전한 자연법칙에 의해 작동되는, 그 너머에는 아무것도 존재하지 않는 일체가 완비된 시스템(self-contained system)이라고 본다. 자연주의에서는 자연의 모든 것들이 과학법칙이라는 잘 정의된 규칙이나 메커니즘에 의해 완전히 이해될 수 있을 것이라고 기대한다.[551] 지적설계는 바로 이러한 다윈주의에 도전하며, 기원이나 생명 진화에 대한 자연주의적 접근에 도전한다.[552]

B. 구체화된 복잡성과 환원 불가능한 복잡성

그러면 자연에서 설계의 흔적이나 유무를 어떻게 판별할 것인가? 여기에 대해 비히와 뎀스키는 말은 다르지만 본질적으로 같은 두 가지 기준을 제시한다. 만일 어떤 생물체에 설계의 흔적이 있다면 그것은 뎀스키가 말하는 바 '구체화된 복잡성'(specified complexity), 혹은 생화학자 비히(Michael Behe)가 말하는 바 '환원 불가능한 복잡성'

548 Dembski, *The Design Revolution*, p. 23.
549 Dembski, *The Design Revolution*, p. 24.
550 Dembski, *The Design Revolution*, p. 24.
551 C. S. Lewis, Miracles; Dembski, *The Design Revolution*, pp. 21-2.
552 Dembski, *The Design Revolution*, p. 33.

(irreducible complexity)으로 나타나야 한다.[553] 비히는 어떤 생물학적 시스템이 작동할 때 수많은 부품들이 필요하고, 그 부품들 중 어느 하나도 나머지 다른 모든 부품들이 존재하지 않으면 유용하게 작동하지 않을 때 그 시스템은 환원 불가능한 복잡성을 갖는다고 정의했다.

비히는 이의 중요한 예로서 박테리아 편모(bacterial flagellum)를 제시한다. 박테리아 편모는 산을 연료로 해서 돌아가는 로터리 분자 모터로서 1분에 2만 회 회전하는 채찍과 같은 꼬리가 있어서 이로 인해 박테리아는 액체 속에서도 마음대로 움직일 수 있다. 비히는 분자 모터에 있는 회전자(rotor)와 고정자(stator), 오링(O-ring), 브러시, 회전축 등이 제대로 작동하기 위해서는 적어도 서른 개 이상의 복잡한 단백질들이 긴밀하게 상호작용을 해야 함을 지적한다. 그리고 이들 단백질 중에서 하나라도 없으면 분자 모터는 전혀 작동할 수가 없다. 비히는 다윈주의자들의 메커니즘은 이처럼 더 이상의 환원이 불가능하게 복잡한 시스템을 설명할 수가 없으며, 따라서 편모에 있는 분자 모터는 설계된 것임을 지적한다.[554]

비히는 뎀스키가 말하는 바 환원 불가능한 복잡성이나 자신이 말하는 구체화된 복잡성의 개념은 실험적으로 지적인 원인을 찾아낼 수 있게 하며, 이로 인해 지적설계는 이전의 자연신학과는 달리 완전한 과학이론이 될 수 있다고 주장한다.[555]

C. 창조론과 지적설계론

넓게 볼 때 지적설계론은 창조론 운동의 일환이라고 할 수 있다. 하지만 종래에 제시되어 온 다른 어떤 창조론 모델들보다도 지적설계론은 포괄적이면서도 개방적이다. 그래서 이 운동에 다양한 배경의 사람들이 참여하고 있는 것이다. 아래 표는 대표적인 몇몇 기원론을 지적설계론과 비교한 것이다.

	대진화	노아 홍수 범위	창조 연대	성경의 영감성	창조주	설계
창조과학	불용	전 지구적	젊은 연대	수용	인정	인정
진행적창조론	부분적 수용	국부적	오랜 연대	수용	인정	인정
유신론적진화론	전폭적 수용	불용	오랜 연대	부분적 수용	인정	인정
자연주의적진화론	전폭적 수용	불용	오랜 연대	거부	거부	거부
지적설계론	무관	무관	무관	무관	인정	인정

15-3 기원에 관한 몇몇 이론들의 대표적인 주장과 지적설계론 비교

표 15-3에서 볼 수 있는 바와 같이 지적설계론은 창조론 논쟁의 가장 첨예한 이슈가 되고 있는 대진화와 노아 홍수, 창조 연대 등에 대해서 초연하다. 다시 말해서 대진화와 노아 홍수, 창조 연대 등에 대해서 어떤 견해를 갖고 있더라도 설계를 받아들이는 한 지적설계운동의 울타리 안에서 한편이 될 수 있는 것이다. 그러므로 지적설계 운동의 유일한 적이라고 한다면 무신론적 진화론뿐이다.

5. 지적설계론에 대한 비판들

우연적 변이에 의한 자연선택을 신봉하는 다윈주의자들은 자연에서 어떠한 지성과 설계의 존재도 부인한다.[556] 도킨스(Richard Dawkins)는 설계된 것처럼 보이지만 실제로는 그렇지 않은 것을 가리켜 '유사설계체'(designoid)라는 말을 만들어 내기도 했다. 하지만 지적설계론자들은 생명은 그것 안에 포함된 엄청난 양의 정보로 인해서 생명 아닌 것과 구별되며, 이러한 생명은 다윈주의자들의 말처럼 단순히 특정한 법칙과 우연(law and chance)에 의해서는 설명될 수 없다고 주장한다. 도킨스 외에도 엘스베리(Wesley Elsberry), 밀러(Kenneth Miller), 엇서리(David Ussery) 등은 예의 날카로운 비판을 제시한다.

A. '간격의 하나님' 개념이 아닌가?

우선, 이들은 19세기 자연주의 신학자들의 시계공 논증과 같이 지적설계 이론에도 이와 비슷한 '간격의 하나님'(God-of-the-Gaps) 개념이 들어 있다고 지적한다. '간격의 하나님' 논리란 인간이 그 시대의 지식으로 설명할 수 없는 현상을 만날 때 '이것이야말로 인간의 이성으로는 알 수 없는 것이고, 따라서 하나님께서 하신 일이다'라고 주장하는 것을 말한다.[557]

---

553 Dembski, *The Design Revolution*, p. 36; Michael Behe, *Darwin's Black Box*(1996).
554 Behe, *Darwin's Black Box*(1996).
555 Dembski, *The Design Revolution*, pp. 36-7.
556 O'Leary, *By Design or by Chance?*, p. 171.
557 김영식, "지적설계에 대한 반대들"(2000), 인터넷에서 발췌(2005. 4. 7.)Available from http://www.intelligentdesign.or.kr/bbs/view.php?id=board03&page=1&sn1=&divpage=1&sn=off&ss=on&sc=on&select_arrange=headnum&desc=asc&no=7&PHPSESSID =f0996139ea79de234fa3f77d1a6ee170

진화론자들은 지금 당장 현재의 자연주의적 과학의 메커니즘으로 설명되지 않는 자연현상이라고 해도 과거에 그랬던 것처럼 인간 지식의 발전과 축적으로 인해 머지않아 설명되어질 수 있을 것이라고 주장한다. 그런데 이를 기다리지 못하고 설명 불가능한 모든 것을 하나님에 의해 설계된 것이라 한다면 그것은 과학이 아닌 것이 되어버리고 만다고 주장한다. 과연 이런 진화론자의 주장은 정당한가?

이에 대해 오리어리는 '간격의 하나님' 비판은 '알고 있는 것'이 아니라 '모르는 것'에 기초할 때 타당하다고 반박하면서, 지적설계운동은 "이미 알고 있는 것들을 설명하는 것"이라고 한다.[558] 김영식 교수 역시 "오늘날의 지적설계 이론은 전혀 다른 방식으로 주장되고 있다. 구체적으로 설명하면 어떤 시스템이 설계된 것이라고 주장하기 위해서는 먼저 그 시스템에 대한 모든 메커니즘을 이해하고 난 후에야 가능하다. 왜냐하면 어떤 시스템이 환원가능한지 불가능한지를 파악하기 위해서는 그 시스템에 대해서 완전하게 이해하고 난 후에야 가능하기 때문이다"라고 말한다.

B. 불완전한 설계와 악의 존재

지적설계에 대한 두 번째 비판은 선하고 완전한 하나님이 이 세계를 설계했다면 왜 '불완전한 설계'(imperfect design)와 '악'(evil)이 존재하는가 하는 점이다. 진화론자들은 이런 것들은 지적설계를 증명하는 것이 아니라 자연적 진화를 보여준다고 주장한다. 다윈주의자들은 "완전하지 못한 설계는 진정한 설계라고 할 수 없다"고 주장했다.[559]

그러나 이에 대해 지적설계론자들은 자연계 안에서는 얼마든지 완선하지 않은 설계가 존재할 수 있다고 말한다. 또한 김영식 교수는 뎀스키와 같이 지적설계는 완전한 설계를 의미하는 것이 아니고 "지적인 작인에 의한 설계"를 의미하는 것이라고 주장한다.[560]

C. 과학은 자연주의적 설명이 필요하다?

세 번째 비판으로는 "설계는 불가피하게 초자연적인 설명에 의존하는 반면에 과학적인 설명은 정의상 자연주의적인 설명을 필요로 하기 때문에 설계는 과학이 될 수 없다"는 것이다.[561]

558 O'Leary, *By Design or by Chance?*, p. 210.
559 O'Leary, *By Design or by Chance?*, pp. 215-6.
560 김영식, "지적설계에 대한 반대들"(2000).
561 김영식, "지적설계에 대한 반대들"(2000).

이에 대해 지적설계론자들은 자연신학자들의 시계공 논리와는 달리 과학 연구에 있어서 확률과 통계를 이용한 자연주의적 방법을 배척하지 않는다. 이를 위해 뎀스키는 '설명 여과장치'(Explanatory Filter)라는 개념을 제시한다.[562] 진화론자들은 지적설계가 실험 가능하지 않다고 하지만 지적설계론자들은 통계를 이용해서 실험 가능하다고 반박하며, 또한 반증 가능성에 대해서는 지적설계론자들은 물론 진화론자들까지도 진화론 역시 여러 가지 보조 가설을 사용하고 있다고 주장한다.[563]

6. 지적설계운동의 강점들

지적설계는 지난 150여 년간 신봉되어 온 유물론적, 자연주의적 진화론의 문제들을 극복할 수 있는 단초를 제공했다고 할 수 있다. 무엇보다도 지적설계는 다윈 이후로 배제되었던 '자연에 대한 유신론적 이해'를 다시 가능케 했다. 뎀스키에 의하면 설계를 가능하게 한 지성이 어떤 존재인가를 묻지 않고 '설명 여과장치'를 통해 생명체의 '구체화된 복잡성'(specified complexity)을 발견한다면 설계되었다고 할 수 있다. 이는 지적설계가 진화론자들과 더불어 하나의 과학적 프로그램으로 논할 수 있게 되었음을 의미한다. 지적설계 모델은 인간의 영혼이나 도덕, 생명의 존엄성 등과 같은 비물질적 존재에 대해서도 과학적으로 연구할 수 있는 가능성을 열었다고 할 수 있다.[564]

지적설계 모델은 기독교적인 용어로 표현하지는 않더라도 기독교와 양립할 수 있는 가능성이 많다. 레이놀즈는 이렇게 말한다. "창조에 있어서 설계 개념으로부터 기독교 신앙의 하나님에게로 옮겨 가는 것은 어렵지 않다. … 비록 타락했을지라도 자연 그 자체는 여전히 하나님의 영광을 드러내는 아이콘이다."[565] 비록 뎀스키 자신은 지적설계를 기독교 신앙의 변증 도구로 사용하는 것을 반대했지만, 현실적으로 지적설계 모델은 포스트모던 시대에 사용할 수 있는 가장 훌륭한 변증의 도구라는 것은 부인할 수 없다. 특히 뎀

562 William Dembski, *The Design Revolution: Answering The Toughest Questions About Intelligent Design*(Grand Rapids, IL: IVP, 2004), p. 88.
563 김영식, "지적설계에 대한 반대들"(2000).
564 Dembski, *The Design Revolution*, pp. 66-8.
565 John Mark Reynolds, "It is not hard for the believer to move from the idea of design in creation to the God of Christian faith. … Nature itself, even in its fallen state, remains an icon of the glory of God," from William A. Dembski & James M. Kushiner, *Signs of Intelligence: Understanding Intelligent Design*(Grand Rapids, MI: Brazos Press, 2001), p. 89.

스키의 지적과 같이 지적설계는 자연주의로부터 기독교 신앙을 가장 효과적으로 변증할 수 있는 도구다.

7. 지적설계론과 창조과학

지적설계론자들은 진화를 인정하기는 하지만 다윈주의자들처럼 진화가 모든 것을 설명할 수 있다는 데는 반대한다. 지적설계 모델은 창세기의 기사를 문자적으로 뒷받침하기 위함이 아니라 자연의 증거가 말해 주는 것을 결론으로 삼는다고 말한다.[566] 그래서 지적설계 이론은 성경을 문자 그대로 해석하고 이를 뒷받침하기 위해 과학을 동원하는 창조과학자들의 비판을 받는다. 지적설계운동은 기독교 신앙의 변증 도구로 사용되고 있음에도 불구하고 진화론을 신봉하는 유물론적 과학자들은 물론 상당수의 창조과학자들로부터도 비판을 받고 있음은 흥미로운 일이다.

지적설계론자들 역시 창조과학자들의 몇 가지 핵심적인 주장에 대해 반대한다. 오리어리는 이것을 다음 네 가지로 요약한다.

(1) 창조 주간의 하루를 24시간으로 하는 6일 동안 온 세상이 창조되었다. (2) 노아의 홍수가 현재 이해하는 지질학을 다 설명한다. (3) 진화가 전혀 일어나지 않았다. (4) 학교에서 진화론을 가르치지 말아야 한다.[567]

오리어리의 주장을 따른다면 지적설계는 창조과학과의 마찰을 피할 수 없을 것이다. 결국 창조과학과 지적설계는 학문적인 개방성의 차이라고 볼 수 있다. 성경을 문자적으로 엄격하게 해석하려는 창조과학자들은 진화론을 완전히 부정하지만, 지적설계는 진화론에서 주장하는 법칙과 우연을 인정하면서도 설계에 대한 과학적 가능성을 제시하고 있기 때문에 창조과학에 비해 포용적이라고 할 수 있다. 하지만 지적설계 운동가들도 지난 150여 년 간 다윈과 그의 추종자들이 진화론을 도그마로 만들었듯이 지적설계를 종교적 독단으로 만들 수 있는 위험성이 상존한다는 점을 인식하면서 지적설계에 대한 몇몇 예

566 "There are two important differences between creationism and intelligent design. First, unlike creationists, intelligent design advocates accept evolution but they doubt that it can do everything that Darwinists claim. Second, their purpose is not to support Genesis, but to follow the evidence wherever it leads." from O'Leary, pp. 169–170.

567 O'Leary, *By Design or by Chance?*

들을 살펴보자.

8. 거주적합대

먼저 우주적 차원에서 설계의 흔적이라고 할 수 있는 거주적합대 개념을 살펴보자. 1960년대 본격적인 우주탐사에 돌입한 이래 많은 사람들은 넓고 넓은 우주에 지구와 같이 생명체가 살기에 적합한 별이 무수히 많을 것이라고 생각했다. 특히 미국의 칼 새건 (Carl Sagan) 등은 각종 매스컴을 통해 우주에 무수히 많은 문명들이 존재할 것이라는 확신을 거침없이 밝혔다. 구체적으로 드레이크 등은 드레이크 방정식을 통해 우주에 존재하는 문명의 숫자를 계산하는 공식을 제안하기도 했다.

그러나 20세기를 접으면서, 그리고 21세기에 들어와서 많은 관측과 다양한 우주 탐사 프로젝트들이 수행되면서 학자들은 점점 어쩌면 우주 가운데 지구에만 생명이 존재할지 모른다는 생각을 조심스럽게 제기하기 시작했다. 그 대표적인 예가 바로 곤잘레즈 (Guillermo Gonzalez)와 리처드스(Jay W. Richards)가 제안하고 있는 거주적합대 (Habitable Zone) 혹은 거주적합성(Habitability) 개념이다.[568]

『드문 지구』(Rare Earth)라는 책을 통해 왜 지구 이외의 별들에서는 복잡한 생명체가 발견되는 것이 극히 어려운가를 밝힌 워싱턴주립대학 브라운리(Donald Brownlee) 등의 연구에서 한발 더 나아가 곤잘레즈와 리처드스는 생명체가 존재하기 위해서는 수 없이 많은 조건들이 동시에 만족되어야 함을 보였다. 그리고 이처럼 수많은 생명체 존재 조건들이 동시에 만족될 수 있는 별은 거의 존재할 수 없음을 주장하였다. 그러면서 이들은 생명체가 거주할 수 있는 다양한 거주적합대에 대한 개념을 제안했다.[569]

먼저 생각해 볼 수 있는 것은 은하 거주적합성(Galactic Habitability) 개념이다. 우주에는 우리 은하와 비슷한 크기의 은하들이 무수히 많이 존재하지만 어떤 은하들은 원천적으로 생명체가 존재할 수 있는 태양과 같은 항성을 품을 수 없다. 구체적으로 나선형 은하가 아니면, 나아가 나선형 은하라고 해도 태양이 은하의 중심부로부터 너무 떨어져

568 Guillermo Gonzalez and Jay W. Richards, *The Privileged Planet : How Our Place int the Cosmos is Designed for Discovery*(Washington DC: Regnery, 2004).
569 Peter Ward and Robert Brownlee, *Rare Earth: Why Complex Life is Uncommon in the Universe*(New York: Springer-Verlag, 2000).

있거나, 너무 가까이 있다면 생명체가 존재할 수 없다. 즉 은하계 내에서도 생명체가 거주할 수 있는 거주적합대는 결코 넓지 않다는 것이다.

둘째로는, 항성 거주적합성(Stellar Habitability)이다. 은하계 내에는 태양과 같은 항성들이 천억 개 이상 존재하며 이들은 H-R 도표를 통해 분류할 수가 있다. 다양한 여러 항성의 타입들 중에서 태양은 G2 형 항성에 속하며, G2 형 항성 주변에 존재하는 행성이라야 생명체가 존재할 가능성이 있다.

셋째로는, 행성 거주적합성(Circumstellar Habitability)이다. 태양계 내에서도 생명체가 존재할 수 있는 행성의 궤도는 매우 제한적이다. 현재 지구 바로 안쪽 궤도를 돌고 있는 금성은 너무 뜨거워서 어떤 생명체도 살 수 없으며, 지구 바로 바깥 궤도를 돌고 있는 화성은 너무 추워서 살 수가 없다. 태양으로부터 1억 5천만 Km 떨어진 지구의 공전 궤도, 반경 6,400Km의 적절한 크기, 공전면에 대해 23.5도 기울어진 지구 자전축, 지구의 크기에 비해 예외적으로 큰 달의 크기 등 무수히 많은 조건들이 지구에 생명체가 살 수 있는 조건들을 제공하는 것이다.

9. 미세 조정

거주적합대에 이어 설계의 증거라고 할 수 있는 미세 조정(Fine Tuning)의 개념을 살펴보자. 이것은 지구를 비롯한 우주의 각종 법칙들이나 상수들이 생명체가 존재할 수 있도록 미세하게 조정되어 있다는 것이다. 우주와 태양계 내의 각종 상수들은 물론 원자 세계도 미세하게 조정되어 있다는 것은 설계자가 존재한다는 강력한 증거이며 이는 우주가 창조된 것이라는 증거이기도 하다. 몇 가지 예를 들어보자.

A. 원자, 양성자, 전자

양성자의 질량은 그 자체의 안정과 전체 우주의 안정을 제공하기 위해서 정확하게 선정되었다는 사실이 판명되었다. 대조적으로, 약간 더 무거운 입자인 유리 중성자(free neutron)는 저절로 양성자와 전자, 그리고 12분의 반감기를 갖는 반중성미자(antineutrino)로 변화한다. 만일 양성자의 질량이 0.2%만 증가해도 양성자는 불안정해져서 중성자, 양전자, 그리고 중성미자(neutrino)로 붕괴한다. 그렇게 되면 양성자로 된 수소 원자핵은 존재할 수 없게 되며, 우주의 지배적인 원소인 수소 또한 존재할 수 없게 된다. 따라서 이것을 포함하고 있는 물, 태양, 그리고 모든 별들은 물론 우리 인체도 존재할 수조차 없다.

이러한 미세 조정은 1:1,836에 이르는 전자와 양성자의 질량비(Ratio of electron to proton mass)에서도 분명하게 드러난다. 만일 현재와 같은 질량비가 아니라면 분자들이 형성되지 않을 것이며, 따라서 지금과 같은 물질계를 이룰 수가 없다.

B. 전자기력과 중력

우주에서는 전자기력과 중력도 미세하게 조정되어 있음을 보여주는 대표적인 예다. 두 물체 사이에 작용하는 중력(F)은 물체의 질량(m, M)에 비례하고, 두 물체 사이의 거리(R)의 제곱에 정확하게 반비례한다($F=GmM/R^2$). 이때 지수는 적어도 소수점 이하 다섯 자리까지, 즉 2.00000까지 정확히 2로 조정되어 있다. 정확한 2 이외의 여하한 값도 천체들의 궤도운행을 불가능하게 만드는 것은 중력이 미세하게 조정되어 있음을 극명하게 드러낸다.

또한 전기를 띠고 있는 두 물체(전하량을 각각 q, Q) 사이에 작용하는 전자기력(F, 쿨롱의 힘)도 두 대전체 사이의 거리(R)의 제곱에 반비례한다($F=kqQ/R^2$). 이때 전자기력의 거리 의존도 역시 소수점 이하 16자리까지 정확하게 조정되어 있다(2.0000000000000000).

게다가 원자 내의 전자와 양성자를 묶는 전자기 결합 상수(k, the electromagnetic coupling constant)도 미세하게 조정되어 있다. 만약 이 상수가 지금보다 조금이라도 작거나 크다면 원자 내에 묶여 있는 전자의 수가 적거나 전자들이 원자핵에 너무 단단하게 결합되어 있어서 원자 결합을 이루지 못하며, 따라서 지금과 같은 물질세계를 구성할 수 없게 된다. 그러면 어떤 생명체도 존재할 수 없게 된다.

그 밖에도 오늘날 우주의 조화로움을 기술할 때 "놀라운 정밀도"(astonishing precision), "우주 질서의 동시 발생"(cosmic coincidences), "고안된 모습"(contrived appearance)이라는 말이 자주 사용되는데 이것을 요약한다면 우주에 대한 조망은 "인간 중심 원리"(Anthropic Principle)라는 용어로 요약된다. 이것은 흔히 자연주의자들이 말하는 바 "코페르니쿠스 원리"(Copernican Principle) 혹은 "평범의 원리"(Principle of Mediocrity)에 반대되는 것이다.[570]

---

[570] 인간 중심 원리는 우주가 인간이 살기에 적합하도록 특별히 설계되었다는 것임에 반해 "코페르니쿠스 원리" 혹은 "평범의 원리"에서는 우주에서 특별한 곳은 존재하지 않으며 어디나 평범하고 동일하다고 말한다.

이 외에도 아래에서 살펴볼 지구의 독특한 물의 성질, 중력의 크기, 자전축의 기울기, 자전 주기, 지구 자기장의 세기, 지표 두께, 대기 중 산소와 질소의 비율, 수증기량, 그리고 오존층 등도 생명체가 존재할 수 있도록 미세하게 조정되어 있다.

10. 물의 특성

먼저 우리 주변에서 가장 흔하게 볼 수 있는 물에 대하여 생각해 보자. 대부분의 물질은 냉각하면 수축하여 밀도가 높아진다. 한 예로 알코올은 실온에서 부피팽창계수가 1.12×10^{-3}, 수은은 0.183×10^{-3}으로서 온도가 낮아지면 부피가 줄어든다. 알코올, 석유, 황산 등의 액체뿐 아니라 알루미늄, 금, 은, 동, 철, 다이아몬드 등 대부분의 다른 물질들도 온도가 낮아지면 부피가 감소한다. 온도가 낮아짐에 따라 부피가 줄어든다는 말은 밀도가 증가한다는 말이다.

그러나 이러한 일반적인 성질과는 달리 온도가 낮아지면 도리어 부피가 증가하는 물질이 세 가지가 있는데 그것은 물(H_2O)과 갈륨(Ga), 그리고 비스무트(Bi)이다. 이중 갈륨과 비스무트는 흔하지도 않을 뿐더러 우리의 일상생활과 직접적인 관련도 없다. 그런데 우리 생활과 밀접한 관련이 있는 물은 4℃에서 밀도가 가장 크고 그 이하나 이상의 온도에서는 도리어 부피가 증가하며 밀도가 감소한다. 그래서 얼음은 수면에 뜨며, 따라서 물은 표면에서부터 언다.

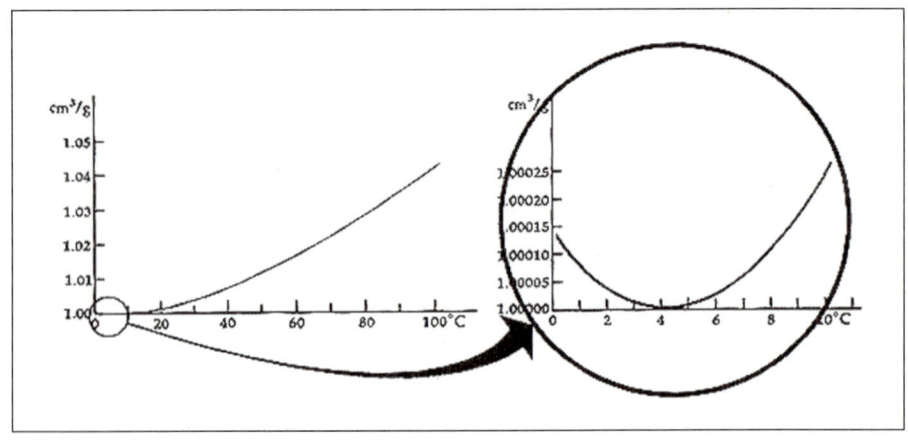

15-4 물은 4℃에서 부피가 가장 작다. 즉 밀도가 가장 크다.[57]

15-5 160Km 상공에서 우주인이 찍은 태평양.
지구 표면의 70%는 물로 덮여 있다.

　물의 이러한 특성은 생태계와 관련해서 대단히 중요한 의미를 갖는다. 만일 물도 다른 대부분의 물질들처럼 온도가 낮아질수록 밀도가 증가한다고 생각해 보자. 그렇다면 물은 얼면서 강이나 바다 밑바닥으로 가라앉을 것이다. 그러면 물풀을 비롯하여 강이나 바다 밑바닥에 서식하고 있는 대부분의 동식물들은 얼어 죽을 것이다. 그러나 다행히 얼음이 물 위에 뜨기 때문에 호수나 강, 바다의 생물들이 추운 겨울에도 살 수 있다. 고체보다도 4℃의 액체 상태가 가장 밀도가 큰 물의 신기한 특성은 창조주가 설계했다는 것이 가장 적절한 설명이 아닌가!

　물의 밀도 외에도 물은 다른 물질들보다 유전상수가 크고(즉, 전기전도도가 낮고), 분자량이 작은 것에 비해 녹는점과 끓는점이 높으며, 임계압력과 임계온도가 높다. 이러한 모든 특성들은 하나같이 물 속에 사는, 혹은 물과 밀접한 관계를 맺고 사는 대부분의 생물들의 생존을 위해 매우 긴요하다. 만일 물이 유전상수가 작고 전기전도도가 크다면 한번의 벼락이나 고압선의 누전으로도 엄청난 수중생물들이 죽을 것이다. 현재보다 녹는점과 끓는점이 낮다고 하면 더운 지방이나 추운 지방은 어류들이 살기에 부적합할 것이다.[572]

571 물의 부피와 온도의 관계를 보기 위해서는 Paul A. Tipler, *Physics*, 2nd Edition – 한국어판: 『물리학』(청문각, 1986), p. 390을 보라.
572 『학원세계백과대사전』8권(서울: 학원출판공사, 1983), pp. 69–71.

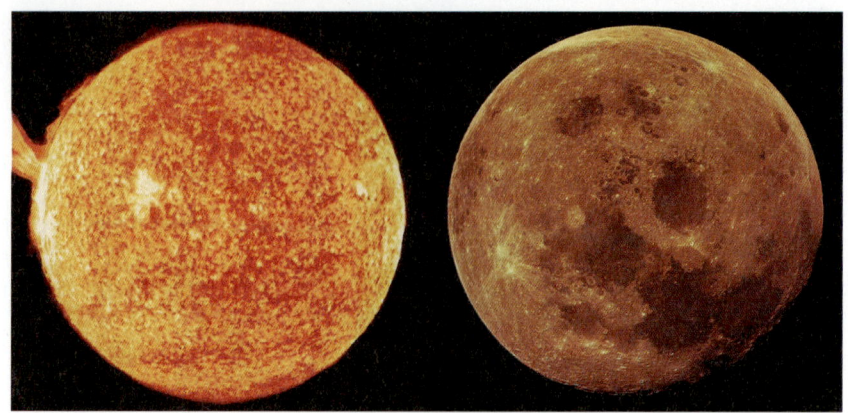

15-6 달과 태양의 겉보기 크기가 거의 같다는 것은 설계의 흔적이라고 하지 않으면 설명할 수가 없다.

11. 태양과 달의 시각(視角)

오늘날은 누구나 태양이 달보다도 훨씬 더 크다는 사실을 상식적으로 알고 있다. 그러나 놀라운 사실은 지구에서 볼 때 태양과 달이 거의 똑같은 크기로 보인다는 사실이다. 지구는 태양의 위성이고 달은 지구의 위성에 불과하며, 크기를 보면 태양의 직경은 1,391,980Km이지만 달의 직경은 3,476Km에 불과하다. 그런데 이처럼 커다란 크기의 차이는 거리의 차이에 의해 정확하게 상쇄된다. 태양과 지구의 평균 거리는 149,680,000Km인데 비해 달과 지구의 평균 거리는 370,327Km이다. 지구에서는 태양이 달의 직경에 비해 400.5배나 되지만 태양까지가 달까지의 거리에 비해 약 404.2배에 이르기 때문에 지구에서 겉보기 크기가 똑같이 보이는 것이다. 태양과 달의 겉보기 시각이 소수점 이하 둘째 자리까지 일치한다는 사실을 우연이라고 할 수 있을까!

지구에서 본 태양과 달의 겉보기 크기가 완전히 같다는 사실과 더불어 일식과 월식의 발생은 또 하나의 설계의 증거다. 월식은 태양−지구−달이 일직선으로 배열되어 지구의 그림자 속에 달이 들어갈 때 일어나며, 일식은 태양−달−지구가 일직선으로 배열되어 달이 태양을 가릴 때 일어난다. 이러한 일식과 월식은 달과 지구의 공전면이 완전히 일치할 때만이 가능하다. 특히 개기 일식은 지구와 달의 공전면이 단 0.1도(度)라도 다르면 불가능하다. 광활한 우주에서는 달과 지구, 심지어 태양까지도 먼지나 점에 불과함을 생각할 때 이들이 같은 평면에 있으면서 일직선으로 배열되어 일식과 월식을 일으킨다는 사실은

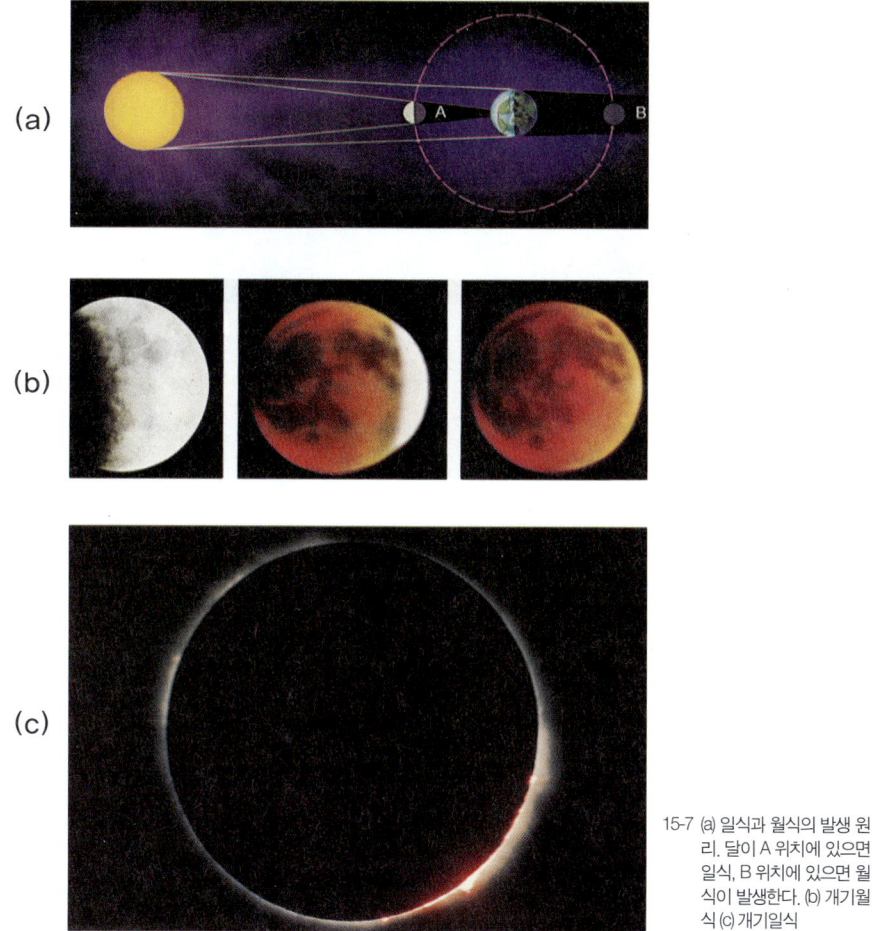

(a)

(b)

(c)

15-7 ⓐ 일식과 월식의 발생 원리. 달이 A 위치에 있으면 일식, B 위치에 있으면 월식이 발생한다. ⓑ 개기월식 ⓒ 개기일식

무엇을 말하는가? 이것은 해와 달과 별들을 만드시고 이들을 한 평면에서 운행하도록 설계하신 창조주가 있음을 나타내는 것이다.

12. 지구 자기장, 지구의 보호막

1600년, 영국의 길버트(William Gilbert)는 처음으로 지구가 거대한 자석임을 발견했다. 자기장의 세기는 적도에서는 32가우스(Gauss), 극지방에서는 62가우스로서 극지방

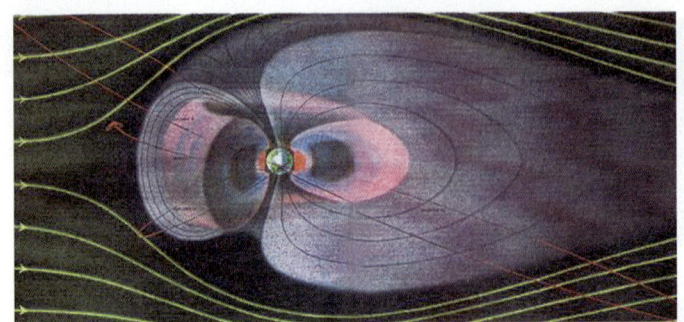

이 거의 두 배 정도로 더 크다.[573] 이러한 자기장으로 인해 공기 중에 전기를 띠고 있는 대전 입자들은 지자기의 영향을 받는다. 이처럼 대전 입자들이 지구 자기장의 영향을 뚜렷이 받는 영역을 자기권(磁氣圈)이라고 부른다.

지난 세기 후반에 들어와 자기권과 관련된 가장 중요한 연구 업적은 반알렌대(Van Allen Belt) 혹은 반알렌복사대(Van Allen Radiation Belt)의 발견이었다. 이는 대체로 지구를 도넛 형태로 둘러싸고 있으며, 반알렌대 내에서는 고에너지 대전 입자들이 자력선을 따라 나선형을 그리면서 남북반구 사이를 왕복한다. 이때 양으로 대전된 입자는 서쪽으로 이동하게 되고 음으로 대전된 입자는 동쪽으로 이동하게 되어 마치 입자들이 지구 자기장에 갇혀 있는 것같이 보인다.

그러면 이러한 지구 자기장의 역할은 무엇인가? 물론 우리는 지자기가 수백 년 전부터 나침반으로 먼 거리 항해에 응용되어 왔음을 알고 있다. 그러나 금세기 후반에 들어와 지구 자기장의 새로운 역할이 속속 밝혀지고 있는데 그 중의 대표적인 것은 외계로부터 쏟아지고 있는 다양한 우주선(宇宙線)을 차폐해 주는 역할을 한다는 것이다. 우주선은 지구 상의 어떤 입자 가속기로도 만들 수 없는 고에너지(고속) 대전(帶電) 입자선으로서 이것이 직접 지상에 쏟아진다면 어떤 생명체도 살아남기가 어렵다. 무서운 우주선으로부터 지구 위의 생명체를 보호하는 자기장의 존재는 우연히 존재하게 된 것일까?

지구 자기장이 고에너지 대전입자들을 차폐하는 메커니즘은 자기장이 클수록 자기력(차폐력)은 커지며, 자기력이 클수록 대전 입자들은 더욱더 효과적으로 차폐된다.[574] 그러면 우주선을 더욱더 효과적으로 차폐하기 위해 지자기장의 세기는 무한정 커질 수 있는가? 그렇지 않다. 지구 내부는 금속으로 이루어진 일종의 도체이며 도체가 자기장 내에서 회전하거나 움직이면 줄열(Joule Heat)이 발생한다. 줄열은 자장 내에 있는 도체의 회

15-9 태양은 지상의 생명체가 살아가는 데 필요한 에너지를 공급한다. 그러나 자기 차폐 막이 없다면 태양은 무서운 살인 광원이 될 것이다. 지구 자기장은 태양으로부터 쏟아지는 고에너지 우주선 입자를 차폐한다.

전속도가 빠를수록, 자기장이 강할수록 많이 발생한다. 그러므로 우주선을 차폐하기 위하여 무한정 지구 자기장의 세기가 강해지면 줄열이 발생하여 지상의 생명체들이 살 수 없게 된다.

여러 가지 증거로 미루어 볼 때 현재의 지구 자기장의 세기는 지상의 생명체들에게는 아무런 해를 끼치지 않으면서도 무서운 우주선을 효과적으로 차폐할 수 있는 적당한 크기다. 만일 지구 자기장의 세기가 현재보다 크다면 줄열은 물론 지구에는 엄청난 전자기 폭풍이 몰아칠 것이고, 현재보다 작다면 태양풍으로부터 지구가 차폐될 수 없어서 지표면의 모든 생명체는 전멸할 것이다.

더욱 놀라운 것은 지구 자기장의 세기가 외계에서 유입되는 우주선의 세기에 따라 약간씩 변한다는 사실이다. 우주선 중에는 은하로부터 오는 은하우주선(銀河宇宙線)도 있지만 태양으로부터 오는 태양풍이 가장 강하다. 그런데 태양풍은 태양의 흑점 주기와 직접 관련되어 있다. 흑점 활동이 강해져서 우주선이 많이 방출되면 1억 5천만Km나 떨어

---

573 가우스(Gauss): 자기력선속밀도(磁氣力線束密度), 즉 자석의 세기를 나타내는 CGS 단위.
574 Arthur Beiser and the Editors of Time-Life Books, *The Earth*, in Life Nature Library (Time-Life Books: New York, 1962), pp. 66-7.

진 지구의 자기장도 따라서 강해지고 우주선을 차폐하는 기능이 강화된다. 왜 그런지 정확한 메커니즘은 잘 알려져 있지 않지만 참으로 놀라운 설계의 흔적이다. 양파 껍질처럼 자기장으로 겹겹이 싸서 무서운 태양풍으로부터 지구를 눈동자와 같이 보호해 주는 자기 차폐막이 존재하는 것을 우연이라고 할 수 있을까? 이것은 창조주의 설계가 아니면 설명할 방법이 없다.

13. 지구의 중력

지구의 중력도 설계의 흔적을 보여준다. "중력은 두 물체의 질량을 곱한 값에 비례하며 두 물체의 떨어진 거리의 제곱에 반비례 한다"는 만유인력법칙은 지금부터 약 300여 년 전, 영국의 물리학자 뉴턴(Isaac Newton)에 의해 발견되었다. 그동안 중력의 본질에 대한 많은 연구가 이루어졌는데, 이 중 지구 중력이 지상의 생명체와 관련하여 갖는 의미가 밝혀지면서 우리는 다시 한번 인간과 생명체의 거처인 지구를 위한 창조주의 배려를 발견하게 된다. 현재 지구 표면에서의 중력가속도는 $9.8m/s^2$이다. 만일 중력가속도(중력)가 현재보다 더 크거나 작다면 어떤 일이 일어날까?

만일 중력의 크기가 현재보다 크다면 지구의 대기는 평균 분자량이 28.8인 현재의 대기(질소 78%, 산소 21%, 기타 1%)보다 분자량이 작은(가벼운) 암모니아(NH_3, 분자량 17)와 메탄(CH_4, 분자량 16)을 다량 포함할 가능성이 높아진다. 암모니아는 유독 기체로 잠시라도 호흡하게 되면 사람이나 동물은 질식하여 죽게 되며, 메탄 역시 생물들이 호흡할 수 없는 기체다.

만일 현재보다 중력이 더 작다면 어떤 일이 일어날까? 그러면 지구 표면에는 산소가 존재할 수 없고 대신 현재의 대기보다 무거운 이산화탄소(CO_2, 분자량 44)가 많아질 것이며, 따라서 허파로 호흡하는 모든 동물은 질식하고 말 것이다. 뿐만 아니라 대기 중에 포함된 수증기(H_2O, 분자량 18)의 함량이 현재보다 현저하게 줄어들 것이다. 수증기가 줄어들면 전반적인 생태계의 변화가 일어날 뿐 아니라 일교차나 연교차가 커져서 지구에는 생물이 살기가 어렵게 된다.

중력의 크기는 행성의 크기, 좀 더 정확히 말하면 행성의 질량과 직접적인 관련이 있다. 지구는 태양계 내의 아홉 개의 행성 중에서 다섯 번째로 크고 무거운 별이다. 별의 크기와 무게는 바로 중력의 크기를 결정하기 때문에 지구의 크기와 무게는 지구의 중력을

15-10 지구보다 작은 행성에는 이산화탄소가, 큰 행성에는 메탄이나 암모니아 기체가 많다.

결정한다. 실제로 지구보다 중력이 작은 화성의 대기는 대부분 공기보다 무거운 이산화탄소로 이루어져 있으나 지구보다 중력이 큰 목성과 토성의 대기는 공기보다 가벼운 메탄이나 암모니아 등으로 이루어져 있는 것으로 알려져 있다.

14. 대기의 층상구조

대기의 조성에 더하여 대기의 고도에 따른 분포도 설계의 흔적을 보여준다. 언뜻 보기에 대기는 단순히 지표로부터 올라갈수록 점점 더 희박해질 뿐이며 동일한 상태로 존재할 것으로 생각될 수 있다. 그러나 근래에 들어와 다양한 연구가 진행되면서 대기의 구조가 생각보다 단순하지 않음이 밝혀지고 있다. 대기 구조의 가장 특징적인 점은 이것이 층상구조(層狀構造)를 갖고 있다는 사실이다.

지표면에서 약 10Km 정도까지는 기상 현상들이 일어나고 대류 현상이 활발하게 일어나는 대류권(對流圈, Troposphere)이다. 대류권은 극지방에서는 지면으로부터 약 6Km까지이고 적도지방에서는 16Km까지로서 차이가 있다. 또한 대류권은 같은 위도에서라도 여름에는 더 높아지고 겨울에는 낮아진다.

대류권 꼭대기로부터 50Km에 이르는 영역은 "층이 형성되어 있다"고 하여 흔히 성층권(成層圈, Stratosphere)이라 불린다. 이곳에는 매우 빠른 대기의 흐름이 있지만 소용돌이 따위가 없이 대기가 안정되어 있기 때문에 장거리 제트 여객기들이 대부분 이 영역을 비행한다. 성층권 중간, 20–35Km 영역에는 매스컴에 자주 오르내리는 오존층이 있다. 오존층은 그 두께가 불과 수 mm에 불과하지만 태양으로부터 오는 자외선을 흡수하여 성층권의 온도를 일정하게 유지해 줄 뿐 아니라 지상의 생명체를 보호하는 중요한 역할

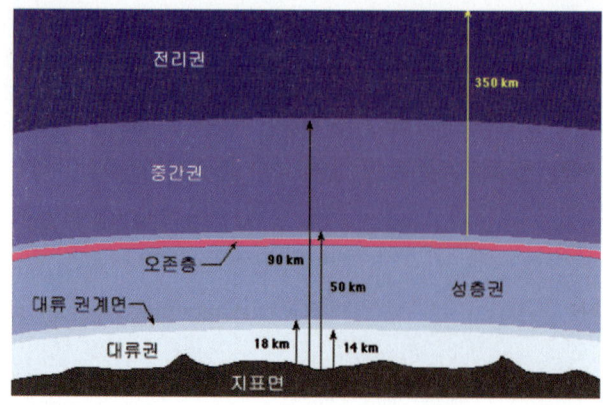

15-11 높이에 따라 여러 층으로
이루어진 대기권

을 한다.

성층권 위에는 다시 온도가 하강하는 중간권(中間圈, Mesosphere)이 있다. 지면으로 부터 50-90Km에 해당하는 중간권의 온도는 -2℃에서부터 -90℃에 이르러 대기권 중 가장 기온이 낮다. 여기에는 성층권과는 달리 구름이 생기기도 하지만 공기가 희박하여 기상 현상은 없다. 때때로 맑은 날씨의 일몰 직후에 볼 수 있는 야광운(夜光雲)은 중간권 에 있는 구름이다. 외계로부터 유입되는 수많은 별똥별의 대부분은 이 중간권에서 타서 없어지고 인간을 포함한 지상의 생명체들에게 이르지 못한다.

중간권 위에는 이온권 혹은 전리권(電離圈, Ionosphere)이 80-640Km에 걸쳐 형성되 어 있다. 이 이온권은 태양의 복사 에너지로 인해 전자를 잃어버려 전기를 띤 이온들과 전자들이 섞인 플라즈마 상태를 유지한다. 이 플라즈마 상태의 기체층의 특징은 전파를 반사한다는 사실이다.

이온권 위에는 외권(外圈, Exosphere)이 640-1,280Km에 걸쳐 있다. 이온권의 중간 으로부터 외권 전체는 고도에 따라 온도가 증가하기 때문에 흔히 온도권 혹은 열권(熱圈, Thermosphere)이라고도 부른다. 이곳에서는 공기 분자들이 외계로부터 날아오는 자외 선이나 X-선을 산란시키면서 매우 빠른 속도로 가속되므로 대기의 온도가 상당히 높아 낮에는 1,000℃까지 이르는 경우도 있다. 그러나 밤에는 기온이 많이 내려가므로 밤낮의 기온 차가 심하다.

이처럼 마치 양파 껍질과 같이 지구를 겹겹이 둘러싸고 있는 대기의 층상구조를 생각하 면 "암탉이 그 새끼를 날개 아래 모음같이",[575] "자기눈동자 같이"[576] 지키시는 창조주 하나

15-12 폴란드 극지방 연구소(Polish Polar Research Station)에서 찍은 북극지방의 오로라 장관

님의 섭리와 사랑을 생각하지 않을 수 없다. 인간을 포함한 모든 지상의 생명체들은 다양한 장치들에 의해 보호되고 있다. 생명체들을 보호하는 이 보호막은 누가 만들었을까?

A. 이온권, 통신시대의 준비

앞에서 살펴본 대기권의 층상구조에서 이온권은 태양의 복사에너지에 의해 공기 분자들이 이온화, 즉 전리(電離)되어 있다. 이온화된 공기 분자들은 전리층을 형성하여 지상으로부터 발사된 전자파들을 반사시켜 줌으로 지상의 원거리 통신을 가능하게 한다. 전리층은 크게 아래로부터 D층, E층, F1층, F2층 등으로 나뉘어져 있으며, 아래층에서는 주로 장파, 중파를 반사하고, 위층에서는 단파를 반사한다. 인간이 무선통신 기술을 발명

---

575 마태복음 23장 37절
576 신명기 32장 10절

하기 오래 전에 이미 하나님은 이온층을 만들어 20세기 통신시대를 준비하고 계셨던 것이다!

또한 북극지방의 열권에는 외부에서 유입되는 고에너지 우주선(宇宙線)이 지구 자기장으로부터 받는 힘(로렌츠힘)이 작아서 비교적 대기권 깊숙이 진입한다. 그리고 이 우주선은 대기 분자들과 충돌하여 이들을 전리(이온화)시킨다. 이 이온화된 입자들은 전기를 띠고 있기 때문에 자기권의 자기력선 속에 갇혀서 극을 향해 나선형으로 움직이게 된다. 이온화된 분자들이 나선형으로 극을 향해 움직이면서 비전리화 될 때 황록색 또는 청백색의 찬란하고 아름다운 아치 모양의 극광(極光, aurora)이 나타난다. 대부분의 오로라들은 지상에서 100–250Km 높이의 이온권에서 나타난다.

맨눈으로 보기에 대기권은 단순히 푸른 하늘이지만 대기는 잘 짜여진 층상구조를 갖고 있다. 그리고 그 중에는 20세기 첨단 무선 통신시대를 열기 위한 이온권도 포함되어 있다. 이 모든 것이 창조주의 주도면밀한 설계의 흔적이라고 할 수 있다.

15. 대기의 구성 성분

오늘날 대기는 질소(78.1%)와 산소(20.9%)가 전체의 99%를 차지하고 있으며 나머지 1% 속에 아르곤(0.9%), 이산화탄소(0.03%), 수증기, 헬륨, 네온 등의 기체들이 포함되어 있다. 흔히 지구 대기의 기원을 연구하는 사람들은 현재와 같은 대기 형성은 원시지구상에서 활발했던 화산활동으로부터 시작되었다고 주장한다. 화산 기체에는 산소가 거의 없었으나 원시식물들이 광합성 작용을 통해 지구에 산소를 공급하기 시작했고 나중에는 더 고등한 식물들이 지구에 산소를 공급하게 되었다고 주장한다. 그러나 이러한 자연적인 과정만으로는 지구 대기의 놀라운 조성을 설명할 수 없다. 지구의 대기 조성은 지구에 생명체, 나아가 인간이 살아가기에 적합하도록 설계되어 있다는 증거가 많다.

우선 대기 중의 산소와 질소의 비율을 생각해 보자. 현재 대기는 주로 질소와 산소로 이루어져 있다. 만일 산소의 함량이 현재보다 많다면 생명 기능이 너무 빨리 진행되어 생명체들은 얼마 지나지 않아 종말을 고하게 될 것이다. 아울러 순수한 산소 속에서는 쇠라도 쉽게 타는 것을 생각해 보면 현재보다 대기 중 산소의 함량이 높아지면 지구는 온통 불바다가 되어 어떤 생명체도 살 수 없게 된다. 또한 현재보다 대기 중의 산소 함량이 적다면 생명 기능이 너무 늦게 진행되어 지구상의 생명체들은 계속 존재할 수 없게 될 것이다.

지구의 대기를 생각할 때 그 양은 미미하지만 빼놓을 수 없는 기체가 오존이다. 오존은 산소 원자가 세 개 모여서 만들어진 분자(O_3)로서 대기권에서는 주로 성층권에 매우 얇은 층으로 존재한다. 이렇게 적은 양이지만 오존은 외계로부터 오는 자외선을 흡수함으로써 지표면에 도달하는 자외선을 감소시킨다. 과도한 자외선을 쬐게 되면 피부암이 발생할 가능성이 높아진다. 거대한 오존층 구멍이 있는 남극 대륙 가까이의 호주와 뉴질랜드에는 모든 암들 중에서도 피부암 환자가 가장 많음이 보고되고 있다.

대기는 눈에 보이지 않으면서도 얼마든지 있을 것 같지만 현재와 같은 대기의 구성은 지구만의 독특한 현상이다. 그나마 지구 표면에만 존재하는, 그것도 질소와 산소의 적절한 비율을 따라 존재한다는 사실은 우연이 아니다.

A. 수증기와 이산화탄소

대기의 조성과 더불어 지구상에 생명체가 살 수 있는 가장 중요한 요인으로는 일교차(日較差), 즉 밤낮의 기온 차와 연교차(年較差), 즉 여름과 겨울의 기온 차가 크지 않음을 들 수 있다. 지구와 가장 가까운 달, 화성, 금성, 수성만 해도 일교차, 연교차가 200℃ 이상 되기 때문에 어떤 생명체도 살 수 없다. 그러면 지구는 어떤가? 놀랍게도 지구에는 일교차가 20℃, 연교차가 40℃를 넘는 곳이 많지 않다. 그러면 무엇 때문에 지표면의 온도 변화가 이처럼 작은가?

	기체명	퍼센트		기체명	퍼센트
고정기체	질소	78.1	가변기체	수증기	0-4
	산소	20.9			
	아르곤	0.9		이산화탄소	0.035
	네온	0.002		메탄	0.0002
	헬륨	0.0005			
	크립톤	0.0001		오존	0.000004
	수소	0.00005			

15-13 대기의 조성. 정밀하게 조성 성분과 비율이 조정되어 있다.

우선 생각해 볼 수 있는 것은 대기 중의 이산화탄소와 수증기를 들 수 있다. 태양복사선 중에서 이산화탄소는 13.5-17μm의 원적외선(열선)을, 수증기는 5.5-7μm, 14μm 이상의 장파장의 원적외선을 흡수한다. 대기권에 입사할 때 이산화탄소와 수증기에 흡수

467

15-14 대기 중의 이산화탄소
와 수증기의 양이 너무
적다면 지구에는 빙하
기가 도래할 것이다.

되지 않은 단파장의 태양 복사선도 지표면에 흡수되어 재복사, 즉 지구 복사가 되면 장
파장의 원적외선이 되어 대부분 대기에 흡수되므로 지구의 온도는 일정한 범위 내에서
유지된다.

그러나 이산화탄소와 수증기가 많다고 무조건 좋은 것은 아니다. 대기 중에 이산화탄
소와 수증기가 너무 많으면 지구는 소위 온실효과(Greenhouse Effect) 때문에 남북극의
빙하가 녹고, 그러면 대부분의 거주와 농작물 재배가 가능한 저지대들이 물에 잠김으로
육상 생물들이 살 수 있는 지역이 매우 위축될 것이다.

또한 이들이 너무 적다면 태양으로부터 들어온 열이 흡수되지 못하고 대부분 대기권
밖으로 방출될 것이므로 빙하기가 도래할 것이다. 산업혁명 이후 지속적으로 대기 중 이
산화탄소의 양이 증가하여 지구온난화를 우려하는 목소리가 높기는 하지만 그러나 아직
은 대기 중의 이산화탄소와 수증기의 양은 태양으로부터 오는 열선, 즉 적외선을 잘 흡수
하여 지구를 따뜻하게 하는 데 적정한 수준을 유지하고 있다. 지구에 쏟아지는 태양 복사
를 효과적으로 흡수하여 지표면의 온도를 생명체가 서식하기에 적합하게 유지하는 수증
기와 이산화탄소의 존재는 부인할 수 없는 창조주의 설계의 흔적이다.

16. 물과 지구

지구에 생명체가 존재한다는 것은 물과 밀접한 관계가 있다. 사실 지구에 액체 상태의

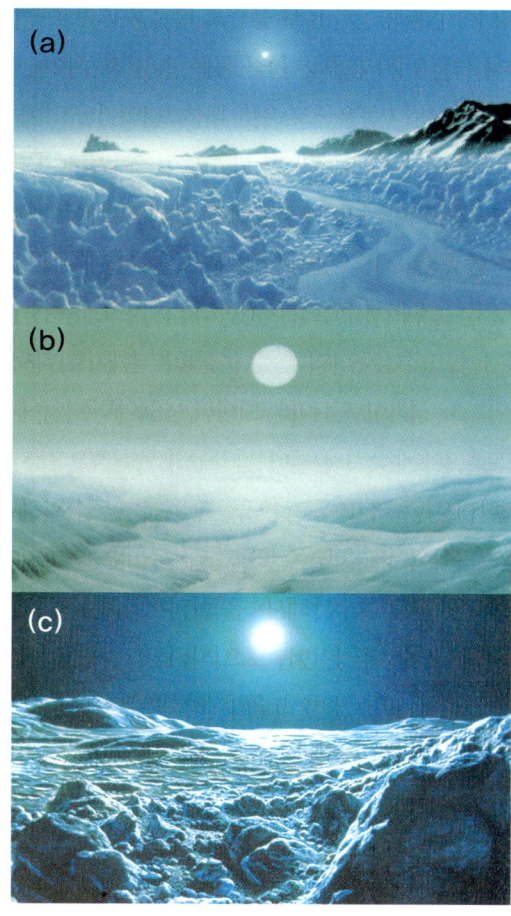

15-15 (a) 지구가 천왕성 등과 같이 태양으로
부터 너무 멀리 떨어져 있으면 물은
오직 고체 상태로만 존재하게 된다.
(b) 지구가 수성과 같이 태양에 너무
가까이 있으면 물은 수증기로만 존재
하게 된다. (c) 지구가 화성처럼 크기
가 작다면 대기압이 작기 때문에 물은
증발하여 수증기 상태로 존재하거나
대기권이 형성될 수 없다.

물이 있다는 것 자체가 설계의 흔적이라고 할 수 있다. 지금과 같은 크기, 위치, 대기가
아니라면 지구에 액체 상태의 물이 존재할 수 없기 때문이다. 물이 존재한다고 해도 수증
기나 얼음과 같은 상태로 존재해서는 생명체가 살 수 없다.

　우선 지구의 위치를 생각해 보자. 만일 지구가 수성과 같이 태양에 더 가까이 있다면
어떻게 될 것인가? 강과 호수, 바다의 물은 끓어 수증기로만 존재할 것이다. 반대로 지구
가 천왕성, 해왕성, 명왕성 등과 같이 태양으로부터 멀리 떨어져 있다면 지구의 모든 물
은 얼어서 고체로만 존재할 것이다. 뿐만 아니라 태양으로부터 멀리 떨어진 행성에서는
지구에서 기체 상태로 존재하는 이산화탄소나 질소 등의 기체들이 고체나 액체 상태로
존재하게 되어 생물들이 광합성 작용 등에 사용할 수 없게 된다.

그러면 지구의 크기는 어떤가? 만일 지구가 화성과 같이 현재의 크기보다 작다면 앞에서 지적한 바와 같이 지구는 현재의 대기를 붙잡고 있을 만큼 충분한 크기의 중력을 가질 수 없다. 그리고 현재보다 낮은 대기압을 갖는다면 액체 상태의 물은 쉽게 증발하여 수증기 상태로만 존재할 것이다. 반면에 현재보다 크고 무겁다면 지구는 현재보다 더 높은 대기압을 가질 것이고, 앞에서 언급한 것의 반대 현상이 나타날 것이다. 즉 물이 현재보다 더 높은 온도에서 증발할 것이므로 지구 표면의 물의 순환에 문제가 생긴다.

현재와 같은 지구의 크기와 질량, 그리고 이에 따른 적절한 중력의 크기로 인해 현재의 대기압과 액체 상태의 물이 존재하는 것을 우연이라고 할 수 있을까? 태양으로부터 1억 5천만Km 떨어져 있어서 지나치게 덥지도, 춥지도 않은 것, 그래서 생명체들이 살아가는 데 필요한 원소들이 액체나 기체, 혹은 고체 상태로 존재하는 것을 우연이라고 할 수 있을까?

17. 바람과 해류

수증기와 이산화탄소 외에도 지구의 온도를 따뜻하고 일정하게 유지하는 데 기여하는 것은 기단(氣團)의 이동, 즉 바람이다. 지구의 자전과 태양열은 열대 지방에서는 동쪽으로부터 무역풍을, 고위도 지방에서는 서쪽으로부터 편서풍을 일으켜 지구의 온도를 일정하게 유지한다.

지구의 온도를 일정하게 유지시켜 주는 또 하나의 중요한 요소는 해수의 흐름이다. 지구의 온도를 균일하게 하는 데는 태양열로 인한 해류의 순환이 매우 중요하다. 더워진 적도의 바닷물은 팽창하여 극지방으로 흐르고 극지방의 차가운 바닷물은 해저로 가라앉은 후에 적도를 향해 흐른다. 적도의 열을 극지방으로, 극지방의 냉기를 적도로 운반하여 지구 전체의 온도를 일정하게 유지하는 데 기여하는 것이다.

태양열이 가장 뜨겁게 쬐는 적도 부근이 대부분 바다라는 것도 놀라운 사실이다. 물은 육지에 비해 쉽게 움직일 수 있기도 하지만 무엇보다도 육지에 비해 비열이 크다. 비열이 크다는 말은 같은 열을 받아도 온도가 쉽게 올라가지 않으며, 열을 받지 않더라도 쉽게 식지 않는다는 의미다. 그러므로 지구 표면 전체의 70%가 바다인 것에 더하여 적도 직하에 쉽게 흐를 수 있고 비열이 큰 물이 몰려 있다는 사실은 결코 우연이라고 할 수 없다.

수증기와 이산화탄소에 의한 태양열의 흡수, 바람과 해류를 통한 태양열의 분산 등 지

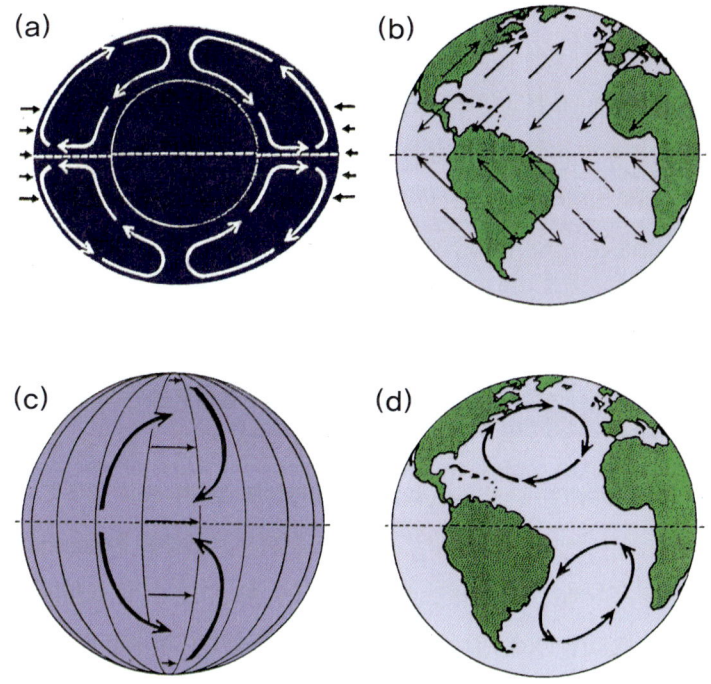

15-16 지표면이 온도를 일정하게 유지, 현재와 같이 태양열을 지면에 골고
루 흩어지게 하여 지구의 온도를 일정하게 유지시키는 것은 (a) 해수
(b) 바람 (c) 코리올리힘, 그리고 이들이 결합된 (d) 해류 등이다.

구의 온도를 적당하게 유지하는 여러 메커니즘들, 그리고 이처럼 다양한 방법들을 통해
지구가 인간을 포함한 각종 생명체들이 살기에 적합한 환경이 되고 있다는 것은 이를 창
조주 하나님이 설계하셨다는 사실을 부인할 수 없게 하는 증거들이다.

18. 태양광 반사율

지구가 오늘날과 같이 생물들이 서식하기에 적당한 온도를 유지하는 것은 앞에서 언급
한 지표면에서의 요인들 때문만이 아니다. 지구 자체가 생물들이 살기에 적당한 태양열
을 받을 수 있도록 정교하게 설계되어 있다는 천문학적인 증거들이 많다.
첫째는 지표면의 태양광 반사율로서 흔히 지표면의 알베도(Albedo)라고 불리는 것이

471

15-17 태양광은 지역에 따라 다르게 반사된다. 위쪽 왼쪽에서부터 목초지(14-37%), 눈이나 얼음(46-86%), 호수면(10%), 숲(3-14%), 들판(3-25%), 지면(맨땅)(7-20%)이다.

다. 알베도는 원래 어떤 면에 입사한 복사량에 대한 반사량의 비, 즉 반사율을 말하지만 천문학, 기상학에서 기술적인 용어로 사용할 때는 행성의 표면에서 입사 태양광에 대한 반사광 세기의 백분율을 나타낸다. 예를 들면, 대기가 없는 달의 알베도는 7%, 수성은 6%인데 비해 대기가 있는 금성은 85%(대기 중에 이산화탄소가 많기 때문에), 지구는 35%, 목성은 58%, 토성은 57% 정도, 대기가 희박한 화성은 15%이다. 목성과 토성은 알베도가 지구보다 큰 데다가 태양광의 입사량도 적으므로 완전히 얼어붙어 있으며, 달은 알베도가 작지만 태양광을 가두어 놓을 대기와 물이 없어서 밤낮의 일교차가 매우 크다. 화성은 지구에 비해 알베도가 작지만 태양과의 거리가 멀고 대기 역시 충분치 않아 생물이 살기에 부적합하다.[57]

또한 지면이라고 해도 지면의 종류에 따라 태양광 반사율은 많이 다르다.

지구의 예를 살펴보자. 대략적인 지구의 알베도를 살펴보면 대기가 8-14%, 숲은 3-14%, 들판은 3-25%, 목초지는 14-37%, 눈이나 얼음은 46-86%, 지면(맨땅)은 7-20%, 해수면 및 호수면은 10% 미만이고 구름은 50-55%로 추정된다. 지표면 전체의 알베도는 지구 표면의 대륙 및 해양의 분포, 호수 및 강의 분포, 대기의 조성, 구름의 분포, 극지방의 빙하의 분포, 삼림의 분포 등 다양한 요인에 의해 결정되지만 평균적으로 대략 35% 정도로 알려져 있다.[58]

이 정도의 알베도는 지구의 온도를 생물들이 살기에 적당하게 유지하는 최적치다. 만

창조와 격변

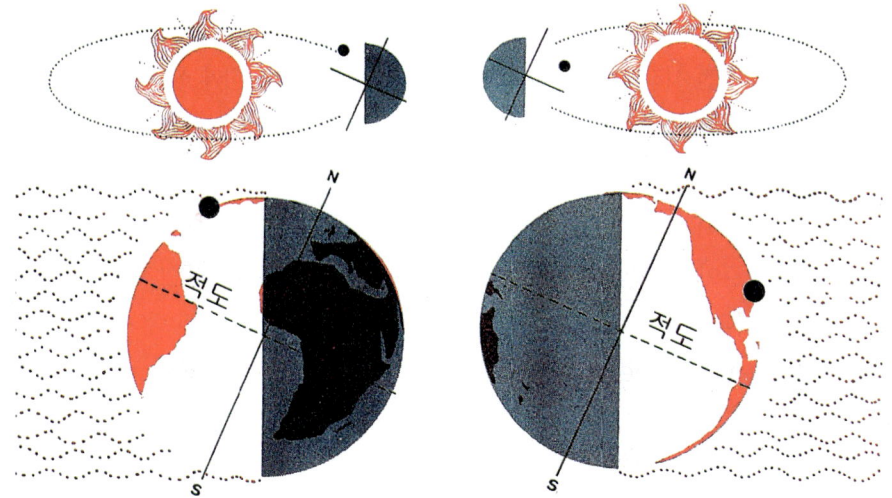

15-18 지구 자전축의 경사로 인해 계절이 생긴다.

일 알베도가 현재보다 크다면 지구에는 빙하기가 도래하여 추워서 생물이 살기가 곤란하다. 또한 만일 현재보다 알베도가 작다면 심한 온실효과로 인해 너무 뜨거워 역시 생물이 살기에 부적합할 것이다. 누가 이 지구의 알베도를 이렇게 정확하게 조절하였을까?

19. 지구 자전축의 경사와 하루의 길이

잘 알려진 바와 같이 지구의 자전축이 공전면에 수직한 방향으로부터 23.5도 기울어져 있다는 점도 지구를 생명체의 보금자리로 만드는 데 기여하고 있다. 지구상에 계절을 만드는 공전면에 대한 자전축의 경사는 우연한 것일까? 만일 현재보다 기울어진 각도가 크거나 작다면 어떤 일이 일어날까?

만일 현재보다 지축의 기울기가 크다면 여름과 겨울의 연교차와 밤낮의 일교차가 비례적으로 커질 것이다. 이것은 지구 표면의 온도차가 너무 커서 생물이 살기에 부적합할 것

577 『학원세계대백과사전』13권, "알베도" (학원출판공사: 1983), p. 153.
578 John Gabriel Navarra and Arthur N. Strahler, *Our Planet in Space*(New York: Harper & Row, 1967), pp. 128–9.

임을 의미한다.

또한 지구의 자전 시간, 즉 하루의 길이도 지구의 온도를 적당하게 유지하는 데 큰 기여를 한다. 현재 지구가 태양을 기준으로 한 번 자전하는 데 걸리는 시간, 즉 평균 태양일은 24시간 3분 57초이며, 항성을 기준으로 자전하는 데 걸리는 시간, 즉 항성일은 23시간 56분 4초 정도다. 약 24시간으로 알려져 있는 하루의 길이도 우연하지 않다. 만일 현재보다 하루의 길이가 길다면 낮에는 너무 더워서, 밤에는 너무 추워서 살기가 곤란할 것이다. 현재의 하루 길이는 낮 시간 동안 땅이 더워질 듯하면 밤이 되고, 밤 시간 동안 땅이 추워질 듯하면 해가 떠오르도록 정확하게 설계된 것이다.

20. 지구와 달의 중력적 상호작용

지구의 자전축이나 하루의 길이에 더하여 지구와 달의 거리도 지구상에 생명체를 유지하는 데 중요한 역할을 한다. 만일 지구와 달이 현재의 질량과 다르거나 이들 사이의 거리가 달라진다면, 그래서 중력적 상호작용이 현재와 다르다면 어떤 일이 일어날까?

15-19 지구와 달. 적절한 거리에서 적절한 중력적 상호작용을 함으로 지구상에 생명체들이 존재할 수 있게 한다.

만일 현재보다 중력적 상호작용이 크다면 대양과 대기에 대한 조수효과가 너무 클 것이며, 현재보다 작다면 연안 바다나 해류가 크지 않은 바다는 썩을 것이다. 조수간만의 차이가 지금보다 크다면 대부분의 저지대들이 바닷물에 잠길 것이며, 그렇다면 저지대에 위치한 대부분의 곡창지대가 불모지가 될 것이다. 이것은 지구가 인간을 포함한 생물들을 먹여 살릴 수 없음을 의미한다.

또한 달의 숫자도 문제가 된다. 만일 지구의 달이 하나 이상이라면 지구표면과 조수의 상호작용이 현재와는 달라질 것이므로 지구의 궤도가 흐트러질 것이다. 반면에 달이 하나도 없다면 달에 반사되어 지구에 유입되는 열이 불충분하여 지표면의 온도가 떨어질 것이고 생명체가 서식하는 데 어려움이 있을 것이다.

늘 보는 달이지만 달이 지구로부터 38만Km 떨어진 곳에서 약 한 달을 주기로 지구를 공전하는 것은 주도면밀한 설계의 결과다. 달의 운동과 같이 주변의 일상적인 현상들 중에도 창조주의 설계를 나타내는 것들이 너무 많다.

21. 지구의 내부 구조

지구가 생명체들의 서식을 위해, 특히 사람들이 거주하기에 적절하도록 설계되어 있다는 것은 지구의 내부 구조에서도 볼 수 있다. 지구의 대기뿐만 아니라 지구의 내부도 여러 층으로 이루어져 있다. 지구는 지표면 아래로 내려갈수록 더 무거운 물질들로 이루어져 있으며, 더 뜨겁고 밀도가 높으며 압력이 증가한다.

바깥에 있는 맨틀(Mantle)은 두께 2,750Km 정도이며, 지구의 가장 많은 부분을 차지하여 지구 부피의 82% 이상, 질량의 68% 이상을 차지한다. 맨틀은 다시 내맨틀, 점이층, 외맨틀로 나누어지며, 바깥에서 안으로 들어갈수록 점점 온도가 높아진다. 맨틀 안쪽에는 주로 철과 니켈로 이루어진 외핵(outer core)이 있으며, 외핵은 4,000℃ 정도의 고온으로서 태양의 표면보다 더 뜨겁다. 외핵은 지진파 중 P파는 전달하나 S파는 전달하지 않으므로 액체라고 생각된다.[579] 지표면으로부터 2,750Km 깊이에서 시작되는 외핵은 액체 상태로서 두께가 2,260Km이다. 지구가 회전할 때 외핵에 있는 용융상태의 물질들은 유체운동을 하며, 전기전도율이 높아서 지자기의 발생원이 된다. 액체인 외핵에 비해 내핵에서는 P파의 속도가 약 10% 빨라진다는 사실로부터 내핵은 고체라고 추정한다. 내핵(inner core)은 지표면에서 약 5,100Km 깊이에서 시작되며, 직경이 1,228Km 정도로 추정된다.[580]

---

579 지진파(地震波 seismic wave): 중심파(中心波)와 표면파(表面波)로 이루어진다. 지구 내부로 3차원적으로 전파하는 중심파는 P파(primary wave)와 S파(secondary wave)로 나뉜다. P파는 S파보다 전파 속도가 크며, P파는 핵을 통과하지만 S파는 핵을 통과하지 않는다. 즉, P파는 고체·액체를 모두 통과하지만 S파는 고체만을 통과한다. 이러한 지진파의 특성을 이용하여 지구 내부의 구조를 연구한다.

580 http://www.enchantedlearning.com/subjects/astronomy/planets/earth/Inside.shtml (1999. 10. 1).

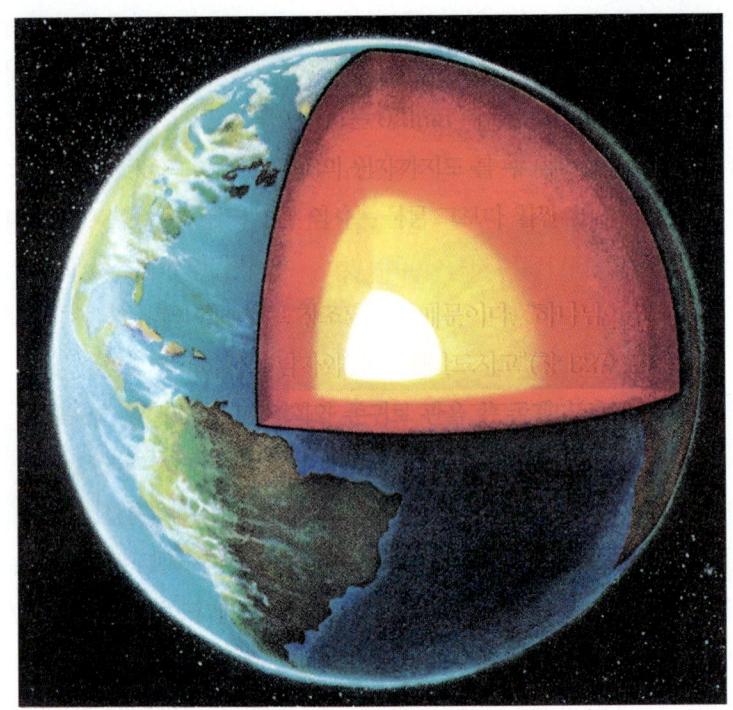

15-20 지구의 내부 구조

　이런 지구의 내부 구조는 여러 가지 면에서 설계의 흔적을 보여준다. 우선 지구 내부에 뜨거운 핵이 존재함으로 인해 지구는 생명체가 존재할 수 있는 따뜻함을 유지할 수 있다. 태양으로부터 유입되는 복사열만으로는 지상의 생명체가 살아가는 데 부족하다. 특히 지상이 아닌 지하에서 살아가는 수많은 동식물들과 미생물들은 지열이 없이는 생존할 수 없다.

　또한 지구의 내부 구조를 보면 단단한 지각 밑에 덜 단단한 맨틀이 있고 그 맨틀은 액체 상태의 외핵 위에 떠 있다. 그리고 지각과 맨틀, 맨틀과 외핵은 두 개의 불연속에 의해 분리되어 있는데, 이것은 외부에서 운석 등의 충돌이 있을 때 충격을 가장 잘 흡수할 수 있는 구조다. 현재 지구 곳곳에 직경 수Km 내지 수십Km에 이르는 운석들이 낙하한 흔적들이 남아 있는데, 이러한 대형 운석들이 낙하할 때의 엄청난 충격을 흡수하기 위해서는 지구 내부에 액체 상태의 층이 있는 것이 매우 중요하다. 지구 곳곳에서 일어나고 있는 지진도 지구 내부의 충격 흡수 메커니즘이 없다면 훨씬 더 파괴적이 될 것이다.

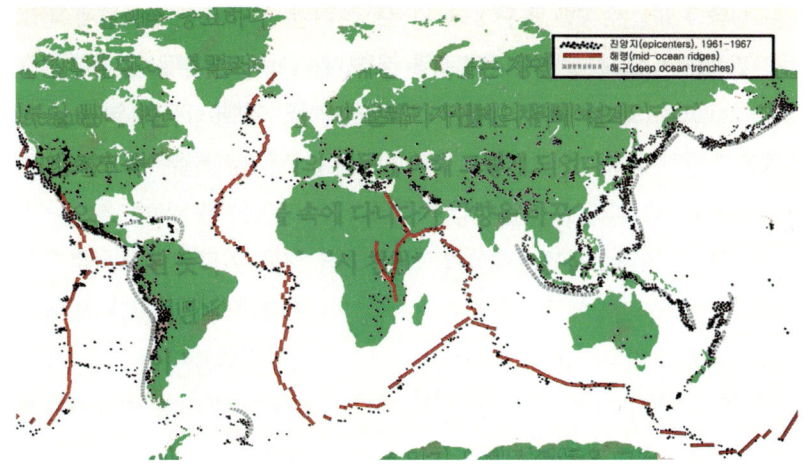

15-21 점으로 표시한 진앙지(epicenter) 분포와 지진파의 기록

22. 지진, 하나님의 설계?

다음에는 지구 설계의 마지막 예로서 지진에 대해서 생각해 보자. 많은 사람들이 지진을 천연재해라고 생각하며 이것은 인류에게 오로지 해만을 끼친다고 생각한다. 과연 지진은 재앙일 뿐인가?

지각과 맨틀의 일부를 포함하는, 지표면에서 50–250Km에는 단단한 여러 개의 지각판들(plates)이 있다.[581] 이 판들은 덜 단단한 맨틀 위에 떠 있어서 1년에 1–10cm씩 움직이며, 수평으로만 움직이는 것이 아니라 수직으로도 움직인다. 때로 이 판들은 맨틀 속으로 들어가서 없어지기도 하고 크기와 모양이 달라지기도 한다. 대륙판이 부딪히게 되면 산맥이 생기기도 하고 두 개의 판이 비스듬히 마찰을 일으키면서 미끄러지기도 하는데 이때 지진이 발생한다.

지난 한 세기 동안 지진으로 사망한 사람은 100만 명이 넘는다. 그래서 우리는 흔히 지진이라고 하면 항상 인간의 생존을 위협하는 것이라고만 생각한다. 물론 이것은 지진으

---

[581] 현재 알려진 판으로는 Eurasian plate, Australian-Indian plate, Philippine plate, Pacific plate, Juan de Fuca plate, Nazca plate, Cocos plate, North American plates, Caribbean plate, South American plate, African plate, Arabian plate, Antarctic plate 등 13개의 주요한 판들이 있으며 각 판들은 더 작은 판들로 세분되기도 한다.

로 인한 엄청난 피해를 생각할 때 타당한 말이다. 그러나 좀 더 자세히 생각해 보면 지진으로 인한 피해는 지진 그 자체로 인한 피해라기보다 건물로 인한 피해라고 할 수 있다. 콜로라도대학(University of Colorado)의 지구물리학자인 빌햄(Bilham) 박사는 "사람을 죽이는 것은 빌딩이지 지진이 아니다"라고 말한다. 하나님은 시골을 만드셨지만 인간은 도시를 만들었다는 속담도 지진 피해의 일차적인 책임이 인간에게 있음을 시사한다.[582]

흥미 있는 사실은 이처럼 사람들을 불안에 떨게 하는 지진과 화산 등 지구의 지각활동 덕분에 생명체가 지구상에 생존할 수 있다는 사실이다. 이러한 지각활동으로 인해 지구에 바다와 대기, 대륙과 비옥한 흙이 생겨날 수 있었으며, 전반적으로 지진의 위험이나 피해보다는 지진의 혜택이 훨씬 더 크다고 할 수 있다. 미국 국립과학아카데미(National Academy of Science)의 총재와 카터(Jimmy Carter) 대통령의 과학고문관을 역임했던 프레스(Frank Press) 박사는 "지각판의 활동(plate tectonics)이 없는 행성은 죽은 행성"이라고 했다.[583] 이렇게 본다면 지진도 분명히 하나님의 설계의 한 부분이라고 할 수 있다.

23. 생명체에 나타난 설계

지금까지 우리는 지구를 중심으로 설계의 흔적을 주로 살펴보았다. 하지만 설계의 흔적은 비단 지구에만 국한된 것이 아니다. 자연계 전체가 설계의 흔적으로 가득 차 있고, 특히 그 중에서도 생명체는 설계의 흔적이 가장 웅변적으로 드러난 존재라고 할 수 있다. 다음에서는 생명 현상 핵심이라고 할 수 있는 DNA의 구조와 설계만을 생각해 본다.

1865년 오스트리아 멘델이 유전의 법칙을 발견한 이래 사람들은 유전의 미시적인 메커니즘을 알아내기 위해 많은 노력을 기울여 왔다.[584] 그 결과 얻어진 가장 중요한 발견은

---

582 William J. Broad, "Earthquakes: A Matter of Luck, Most of It Bad," 〈New York Times〉(September 28, 1999).
583 Frank Press, *Understanding Earth*(Freeman, 1998).
584 멘델(Gregor J. Mendel, 1822~84): 오스트리아 부린의 작은 수도원 원장이었으며, 1865년에 유전법칙을 발표하여 유전학의 아버지가 되었다.
585 왓슨(James Dewey Watson, 1928~): 미국 과학자로 그의 영국인 지도교수 크릭과 더불어 DNA의 구조를 발견하여 노벨 생리의학상을 수상했다. 왓슨은 최근까지 Human Genome Project의 지도자로 활약하고 있다. 크릭(Francis Harry Compton Crick, 1916~): 영국 과학자로 왓슨(James Dewey Watson)과 더불어 DNA의 구조를 발견하여 노벨 생리의학상을 받았다.
586 Arthur Beiser and the Editors of Time-Life Books, *The Earth in Life Nature Library*(Time-Life Books: New York, 1962), pp. 148-9.

15-22 DNA 구조를 발견한
왓슨과 크릭

생물체 특유의 세포분열, 유전 현상, 생식 현상에 있어서 중심 물질이라고 할 수 있는 DNA(deoxyribonucleic acid)의 구조와 기능을 발견한 것이다. DNA의 구조는 왓슨과 그의 영국인 지도교수 크릭이 처음으로 발견하였다.[585]

　유전을 지배하는 물질은 세포 내에 있는 세포핵에 들어 있으며, 세포핵은 크게 핵단백질, DNA, RNA(ribonucleic acid) 등의 세 물질로 이루어져 있다. 이 중에서도 특히 DNA는 유전에 중심적인 역할을 한다. DNA는 당(糖), 인(燐), 염기로 이루어져 있다. 즉, DNA는 오탄당(五炭糖)과 인산(燐酸)이 번갈아 가면서 배열된 두 기둥 사이에 네 종류의 염기가 수소 결합으로 적당한 조합을 이루며 배열되어 있다. 네 종류의 염기는 A는 T와, G는 C와 쌍을 이루며 이들의 결합 형태가 곧 유전 정보를 포함하고 있다.[586] 네 가지 염기들이 적당히 배열되면 유전에 관한 지시를 내리는 암호가 된다. 이러한 구조는 거의 무한대의 유전 정보를 포함할 수 있기 때문에 아담과 하와로부터 태어난 수백억의 인류 중 한 사람도 같은 사람이 없는 것이다.

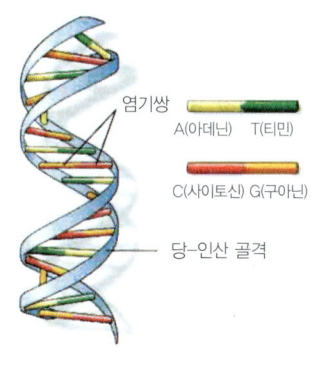

염기쌍

A(아데닌)　T(티민)

C(사이토신)　G(구아닌)

당-인산 골격

15-23 모든 생명체의 유전 정보는 네 개의 염기로 이루어져 있다.

479

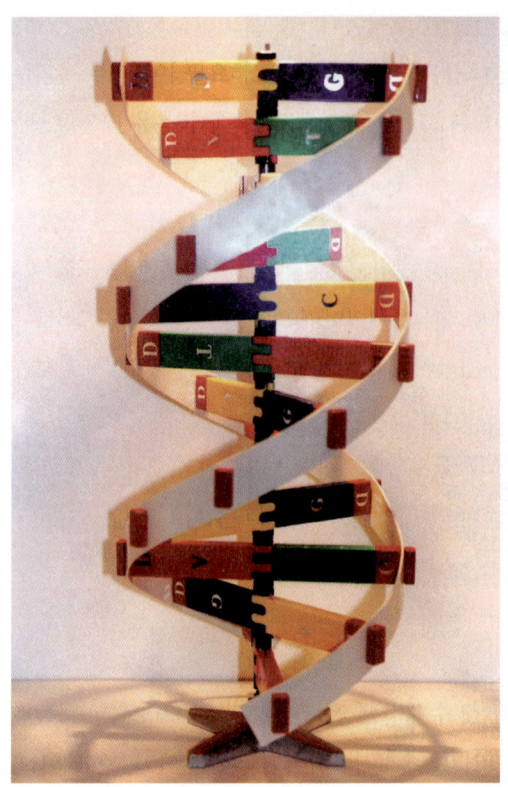

15-24 DNA의 구조. DNA의 구조가 알려지기 전까지 인간은 유전이 이루어지는 메커니즘이 얼마나 정교하고 복잡한지 상상도 하지 못했다. DNA의 구조가 밝혀진 지 50년이 지났지만 인간은 유전 메커니즘에 대하여 모르는 바가 너무나 많다. 누가 이처럼 기계적 정확성을 가지고 한 세대의 형질이 다음 세대에게 전달되도록 설계했을까?

　　DNA는 구조 그 자체가 설계의 증거를 보여준다. 평균적으로 세포의 크기는 1마이크론(1/1000mm) 정도인데 그 속에는 세포의 에너지를 공급하는 미토콘드리아와 세포핵 등이 있고, 그 작은 세포핵 속에 고분자 화합물 DNA가 있다. DNA는 기본 구조는 매우 간단하지만 전체적으로는 이중나선(二重螺線, Double Helix) 구조로 된, 상상할 수 없을 정도로 정교한 필라멘트다. 우리 몸에 있는 DNA를 다 연결해 본다면 지구에서 태양까지 가는 것만큼이나 길지만 무게는 1g도 안 된다. 핵 하나에 있는 DNA의 길이는 약 170cm 인데 이것이 1마이크론 정도밖에 안 되는 세포 핵 속에 밀집되어 있다고 생각해 보라. DNA를 얇은 녹음테이프로 비유하면 이것은 일생 동안 무한한 정보를 갖고 끝없이 풀려 나오면서 사람의 성장, 소화, 심장의 고동 등 생존 일체를 각본에 따라 지시하고 명령하는 기억장치에 비유할 수 있다. 한 개의 세포핵에 들어 있는 DNA의 정보량은 『브리태니커 백과사전』 10,000질 이상의 분량에 해당한다고 한다.

　　여러 가지 생물체에 있는 DNA의 화학 구조는 서로 비슷하다. 그러나 DNA가 들어 있

창조와 격변

는 세포핵 내의 염색체 수는 생물의 종류에 따라 다르다. 사람은 46개(23쌍)이며, 개는 22개, 소는 60개, 잉어는 104개, 원숭이는 54개, 고양이는 38개 등인데 이것을 보면 염색체 수가 진화론적 분류대로 되어진 것이 아님을 알 수 있다. 즉, 고등동물로 간다고 반드시 염색체 수가 더 많아지지는 않는 것이다. DNA의 구조가 비슷한 것은 이것이 한 설계자의 작품임을 보여준다고 할 수 있다.

DNA에는 각 생물체의 독특한 형질을 발현하게 하는 각종 유전 정보가 들어 있다. 모든 생물체에 다 DNA가 있으나 DNA의 염기 배열(base sequence)과 염기 조성은 다르다. 단세포 박테리아인 대장균 (Escherichia coli) 하나의 염색체 속에는 약 4,000개의 유전인자가 있고, 적어도 460만 개의 DNA 염기쌍이 있으며, 그 속에 약 10^{12} 비트(bits)라는 엄청난 유전 정보를 갖고 있는데, 이는 『대영백과사전』(Britanica Encyclopedia)에 약 1억 페이지나 쓸 수 있을 만큼 많은 정보라고 추산된다. 이 모든 증거들은 생명체 뒤에 있는 창조주를 보여주는 최고의 증거라고 할 수 있다.

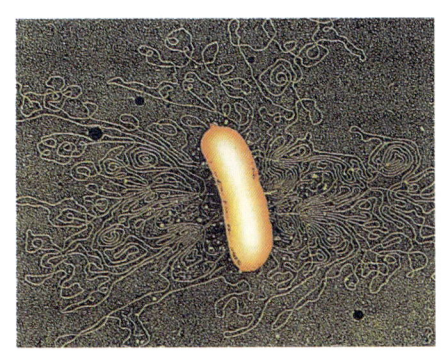

15-25 1개의 대장균(Escherichia coli)으로부터 나오는 DNA 가닥을 전자현미경으로 확대한 것. 가장 간단한 미생물의 DNA라고 할지라도 엄청난 정보가 그 속에 내장되어 있다.

24. DNA 복제와 단백질 합성

DNA의 구조와 그 속에 들어 있는 엄청난 유전 정보에 더하여 DNA의 복제 메커니즘, 즉 유전 정보가 한 세대로부터 다음 세대로 전달되는 정교한 과정도 창조주의 지혜의 절정을 보여준다. 세포핵에 있는 각 DNA는 자기의 특유한 유전 정보를 가지고 있으며 이 유전 정보는 놀라운 과정을 통해 다음 세대로 전달된다. 우선 DNA의 이중나선구조가 풀어지면서 한 가닥에 있는 유전 정보를 상보적인 폴리 리보뉴클레오티드 (polyribonucleotide)의 형태로 전사(轉寫, transcript)한다. 이때 폴리리보뉴클레오티드는 정보를 전달하는 역할을 하기 때문에 메신저 RNA(messenger RNA 혹은 mRNA)라

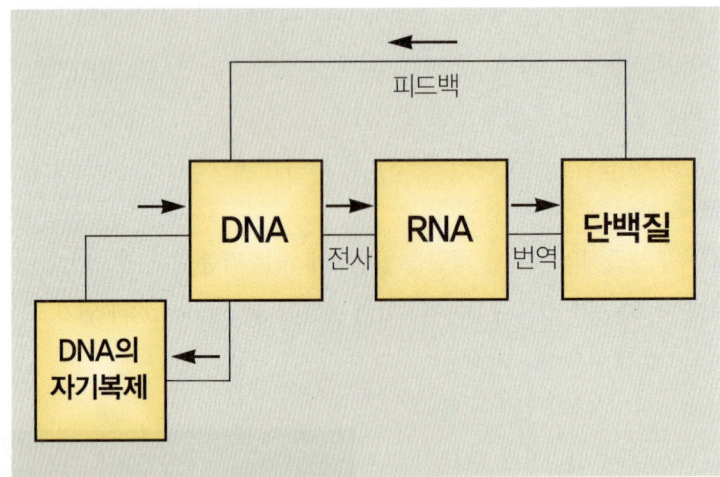

15-26 DNA 복제와 단백질 합성

고 부른다. mRNA는 단백질을 이루는 긴 아미노산 사슬의 배열 순서를 자세히 지시해 줄 암호를 갖고 있다. DNA의 유전 정보는 mRNA에 의해 RNA분자에 전사되고 이때 전사된 RNA의 염기 암호가 틀(template)이 되어 세포질의 리보소옴 표면에서 각 생물 특유의 단백질을 형성한다. 리보소옴 표면에서 단백질을 구성하는 각각의 아미노산이 순서대로 펩티드 결합을 이루어 각 생물 특유의 단백질을 형성하는 이 과정을 '번역'(translation)이라 한다. DNA의 이중나선이 풀어져 일정한 규칙에 따라 염기들이 다시 수소 결합을 이룰 때 아데닌(adenine)은 반드시 티민(thymine)과, 시토신(cytosine)은 구아닌(guanine)과 짝을 지어 새로운 DNA 분자가 복제된다. 이처럼 복잡하면서도 질서 있게 진행되는 과정이 자연적으로, 자발적으로 일어난다고 할 수 있겠는가? 이런 과정이 저절로 일어난다고 믿기 위해서는 엄청난 믿음이 있어야 한다!

A. '배선도'와 '배선공'

단백질이 저절로 만들어질 수 없는 또 하나의 이유로는 단백질 합성에 있어서 DNA(유전자)와 효소의 상호의존성을 지적할 수 있다. 유전자(gene)는 단백질을 암호화하는 DNA를 말한다.

단백질 합성을 지시하는 DNA 분자 자체의 유지 및 기능을 위해서는 효소가 필요하다.

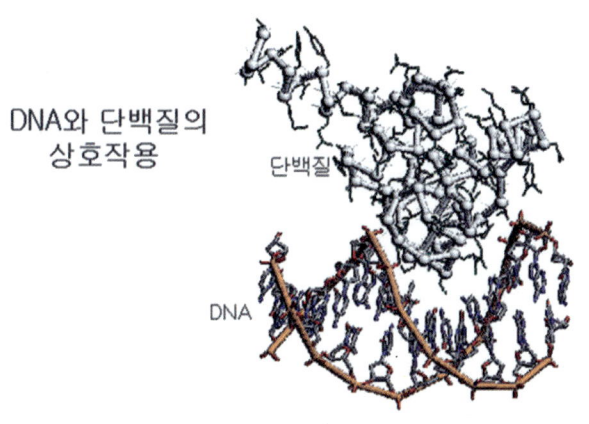

DNA와 단백질의
상호작용

단백질

DNA

15-27 생명체가 만들어지기 위해서는 배선공에 해당하는 단백질(위)과 배선도에
해당하는 DNA(아래)가 동시에 존재하여 상호작용 해야 한다.

그런데 효소는 고단백질 분자로서 생명 현상의 반응을 촉진하는 촉매물질이며 생체 내에서 합성되고 있다. DNA의 자기복제를 위해서는 효소가 필요하고, 효소가 만들어지기 위해서는 반대로 DNA가 필요한 것이다.

태초의 지구에서 화학진화의 과정을 통해 고분자 유기 중합체가 합성되었다고 하자. 그렇지만 어떻게 유전자와 같은 자기복제 물질이 되었고, 효소가 생겼으며, 증식하는 생명체가 되었는가? 이것은 현대 분자진화생물학의 과제로 남아 있다. 이들의 선재(先在)를 설명하기 위해서는 이들을 창조한 창조주가 있다고 가정하는 길밖에 없다.

25. 두가지 논쟁

지금까지 우리는 지구와 생명 현상에 나타난 다양한 하나님의 설계의 흔적들을 살펴보았다. 이러한 다양한 과학적 증거들은 이 지구가 우연히 저절로 존재한 것이 아니라 창조주의 설계로 인해 존재하게 되었음을 증거하고 있다. 지구상에 생명체가 존재하고 번성해 갈 수 있는 여러 가지 조건들도 우연히 형성된 것이 아니라 세심하게 준비된 것임을 알 수 있다.

창조주가 우주와 지구와 그 가운데 생명체를 주도면밀하게 설계했다는 주장은 결코 중세적인 지구 중심적 사고가 아니다. 이는 온 우주에서 지구만이 의미가 있고 다른 천체들은 무가치하다는 말도, 지구에서 인간만이 중요하고 다른 모든 생명체들은 무가치하다는 말도 아니다. 지구에 대한 연구가 진행되면 될수록 발견되는 수많은 설계의 흔적들은 지구와 지구 위에 있는 생명체들, 그 중에서도 인간을 향하신 하나님의 사랑과 관심이 얼마나 큰 것인지를 웅변적으로 말해 주고 있다.[587]

지금까지 논의를 요약한다면 기원에 관한 논쟁은 크게 두 가지로 나누어 생각해 볼 수 있다. 하나는 누가 무엇을 위해 이 세상을 창조했는가 하는 창조의 주체와 관련된 논쟁이고, 다른 하나는 어떻게 창조했는가 하는 창조의 과정과 방법(메커니즘)에 관련된 논쟁이다. 창조의 주체가 누구냐 하는 질문은 신앙적 결단이 걸린 문제라고 할 수 있지만 창조의 방법과 관련된 질문은 열린 자세로 진지하게 연구하는 것이 필요한 문제라고 할 수 있다. 만일 창조의 방법에 관련된 논쟁을 창조주에 대한 논쟁으로 착각하면 창조론자들 사이에서도 심각한 갈등과 분열이 일어날 수 있다. 그러므로 창조의 방법에 관한 한 잠정적이고 열린 마음으로 다른 의견을 경청하는 겸손한 자세가 필요하다. 그런 문제에 집중하여 창조론 진영을 분열시키기보다는 그런 문제들은 잠시 제쳐놓고 먼저 창조주가 누구냐 하는 질문에 집중하여 자연주의적 이론들을 배격하는 것이 지혜로울 것이다.

이 점에 대해서는 지적설계론자 필립 존슨이 핵심을 잘 지적하고 있다. 그는 "창조의 핵심은 창조주가 사용한 타이밍이나 메커니즘이 아니라, 설계(design)나 목적에 관계한다. 가장 넓은 의미에서, '창조론자'는 단순히 세계(특히 인간)가 '설계된' 것이며, 어떤 '목적'을 위해 존재한다고 믿는 사람이다"라고 했다. 그는 먼저 창조론자들이 우주와 생명이 설계되었다는 것을 주장하는 데서 연합하여 무신론적 견해와 싸워야 하며, 그 이후에 연대 문제와 같은 세부사항을 논해야 한다고 주장한다. 그런 의미에서 본 장에서 논의한 지적설계운동은 창조론자들을 대동단결시키는 끈이 될 수 있다고 할 수 있다.

587 로마서 1:20.

토의와 질문

1. 본 장에서는 주로 지구의 설계에 대한 증거들을 제시하였지만 인체나 동식물, 천체나 우주 등의 연구에서도 다양한 설계의 흔적들을 찾아볼 수 있다. 자신이 생각할 때 설계의 흔적이라고 생각하는 증거들이 있다면 아는 대로 제시해 보라.

2. 본 장에서 논의한 내용은 자연신학적 함의가 내포된 것으로서, 역사적으로 인과론적 방법, 본체론적 방법과 더불어 '신 존재 증명법'의 하나에 해당한다고 할 수 있다. 그러나 인간의 전적 타락을 주장하는 개혁주의 학자들은 자연의 증거로는 하나님을 알 수 없다고 주장하면서 자연신학적 방법을 부정한다. 자연신학에 대한 평가와 더불어 본 장에서 논의된 내용의 가치를 평가해 보라.

3. 위 질문과 관련하여 로마서 1장 20절에서 바울은 이 세상을 창조한 이래로 하나님의 영원하신 능력과 신성이 그 만드신 만물에 분명히 보여 알게 되므로 사람들이 하나님을 보지 못했다고 핑계할 수 없음을 지적하고 있다. 그렇다면 이것은 자연의 증거만으로 하나님을 발견할 수 있다는 얘기로도 해석할 수 있는가?

4. 1980년대 중반부터 미국을 중심으로 일어나고 있는 지적설계운동(Intelligent Design Movement)에서는 무신론적, 자연주의적 진화론에 반대하여 다양한 지적설계의 증거들을 제시하고 있다. 본 장에서 제시한 내용들은 지적설계운동가들이 제시하는 구체성(specification)과 복잡성(complexity)이라는 조건과 어떤 관계가 있는지 논의해 보자.

제16장
기원 논쟁과 세계관

Creation and Catastrophes

그대의 기원을 생각하라. 그대는 짐승처럼 살기 위해 지음 받은 것이 아니요, 오직 덕과 지식을 따라 살도록 지음을 받았느니라. _ 단테[588]

인간은 어떻게 이 지구 위에 존재하게 되었는가? 우주와 그 가운데 있는 생명체는 진화한 것인가, 아니면 창조된 것인가? 이것은 인간이 지구상에 탄생하여 주변 세계를 인식하기 시작하면서부터 자연스럽게, 그리고 끊임없이 제기되어 온 질문이다. 소위 철학에서의 존재론적인 질문인 것이다. 어떤 사람은 만물이 저절로 진화했건, 창조주에 의해 창조되었건 아득한 옛날에 일어난 일이 오늘날 우리들에게 뭐 그리 중요하냐고 반문할지 모른다. 그러나 기원에 관한 한 사람의 신념은 자신의 존재에 대한 본질적인 의미와 궁극적 운명에 관한 견해뿐 아니라 주변 세계와 사회 구조를 바라보는 세계관 형성의 기초가 되기 때문에 매우 중요하다.

1. 끝나지 않는 논쟁

현대 생물진화론을 주장한 다윈은 그의 저서 『종의 기원』에서 "나는 유추를 통하여 모든 동물과 식물은 어떤 하나의 원형으로부터 왔다고 하는 신념에 이르게 되었다"고 했다.[589]

---

[588] Dante Alighieri, *Divina Commedia* "Inferno" canto 26, 1.118 ; 단테(Dante Alighieri, 1265–1321): 중세 이탈리아 Durante Alighieri 출신의 시인.
[589] 다윈(Charles Robert Darwin, 1809–1882): 영국 박물학자이자 현대 진화론의 창시자.

그러면 유추를 통해 신념에 이르게 된 진화론이 다윈이 죽은 지 100여 년이 지나 기원에 관한 과학적 연구가 많이 진행된 오늘날은 어떻게 받아들여지고 있는가? 미국 유전학자 뮬러 등이 서명한 "인본주의 선언서"(Humanist Manifesto)에서는 "인류를 포함한 모든 생물이 최초의 생명체에서, 아니 더 나아가 무생물에서 진화했다는 것은 지구가 둥근 것이 사실이듯 확실하게 정립된 사실이다"라고 했다.[590]

　　그러면 왜 이렇게 많은 연구가 진행되고 있음에도 불구하고 기원에 관한 논쟁은 끝날 기미가 보이지 않는가?

A. 서로 다른 세계관

　　이것은 기원에 관한 논쟁이 판이한 두 세계관 사이의 논쟁이기 때문이다. 진화론과 창조론은 판이한 세계관을 갖는다. 진화론은 우주진화로부터 출발하여 연속적으로 몇 개의 가상적 과정을 거쳐 유토피아에 이른다고 예측한다. 그러므로 이것은 자기 스스로 이상향(理想鄕, Utopia)에 이를 수 있다는 인간의 자부심에 기초하고 있다. 진화론은 물질과 에너지 그리고 그들을 조작하는 자연적 과정만을 강조하므로 어떠한 초자연적 존재나 과정의 개입도 인정하지 않는다.

　　이에 반해 창조론에서는 창조주만이 영원하고 이 우주와 그 가운데 있는 모든 생명체는 창조주에 의해 창조되었으며 시작과 끝이 있다고 생각한다. 우주는 초자연적 과정을 통해 무에서 유로 창조되었으며(Creatio ex nihilo), 창조되었을 때가 가장 완전했고, 그 후로는 붕괴와 퇴락만이 일어났다고 믿는다. 창조론자들은 생물은 처음부터 그 종류대로 완전하게 만들어졌으며 그 종류 내에서의 제한된 변이만이 일어난다고 생각한다. 창조론에서는 모든 자연과학 분야에서의 연구 결과들이 창조론의 예측과 일치한다고 주장한다.

B. 진화는 더 큰 믿음을 요구한다

　　일반적으로 사람들은 창조론은 믿음이 있어야 받아들일 수 있는 종교적인 것이고, 진화론은 증거에 근거한 과학의 범주에 속하는 것이라고 생각한다. 그러나 좀 더 자세히 들여다보면 진화를 믿는 것은 훨씬 더 큰 믿음을 요구한다.

　　진화의 모든 과정이 그렇지만 특히 화학진화의 모든 내용들은 진화가 얼마나 큰 믿음

590　뮬러(Hermann Joseph Muller, 1890–1967): 미국 뉴욕 출신의 유전학자이자 생물학자. 1946년에 노벨 생리 · 의학상을 수상하였다.

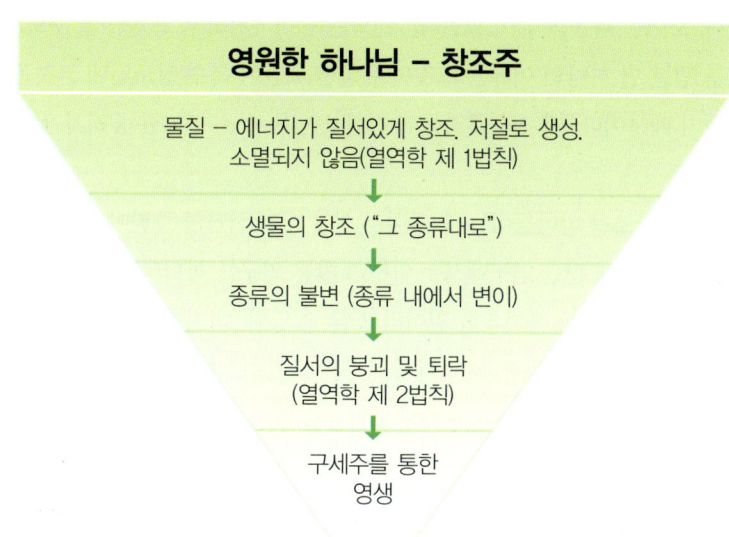

영원한 하나님 – 창조주

물질 – 에너지가 질서있게 창조. 저절로 생성.
소멸되지 않음(열역학 제 1법칙)

↓

생물의 창조 ("그 종류대로")

↓

종류의 불변 (종류 내에서 변이)

↓

질서의 붕괴 및 퇴락
(열역학 제 2법칙)

↓

구세주를 통한
영생

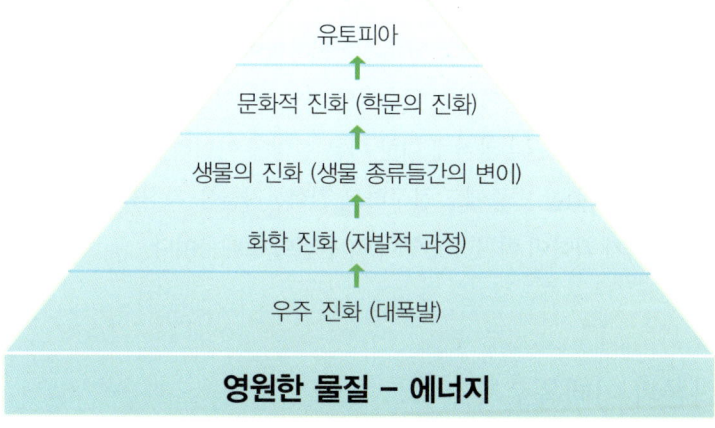

유토피아

↑

문화적 진화 (학문의 진화)

↑

생물의 진화 (생물 종류들간의 변이)

↑

화학 진화 (자발적 과정)

↑

우주 진화 (대폭발)

영원한 물질 – 에너지

16-1 창조론적 세계관의 구조(위), 진화론적 세계관의 구조(아래)

을 요구하는지를 극명하게 보여준다. 생명이 자연계에서 복잡하고 정교한 생화학적 과정을 거쳐 저절로 탄생했다는 것을 믿는 것은 어지간한 '신앙적 결단'이 없이는 불가능하다. 그것을 믿는 것은 기독교의 핵심을 요약한 사도신경을 믿는 것보다 훨씬 더 큰 믿음

491

을 요구한다. 모어는 다음과 같이 말한다. "진화는 증명되지도 않고 증명될 수도 없다. 우리가 진화를 믿는 단 하나의 이유는 그것의 유일한 대안이 특수 창조인데 그것은 생각할 가치조차 없기 때문이다."[591] 진화론자들이 진화를 믿는 것은 분명한 증거가 있어서가 아니다.

창조론자들은 창조를 받아들이는 데 있어서 신앙 내지 신념의 차원이 있음을 부인하지 않는다. 이것은 기원에 관한 연구에서는 아무리 많은 연구를 하더라도 시간과 공간 속에 제한되어 있는 인간에게는 불가피한 일이라고 할 수 있다. 하지만 정직하고 객관적인 시각으로 자연의 증거들을 연구한다면, 이 우주에는 초자연적인 창조주가 있고 모든 생명체들은 그의 설계와 섭리를 따라 존재하게 되었음을 인정할 수밖에 없다. 그 창조주가 구체적으로 누구인가를 아는 것은 개인의 신앙적 결단이지만, 적어도 이 물질계 바깥에 그러한 창조주가 있다는 것을 인정하는 데는 큰 믿음이 필요하지 않다.

본서에서 필자는 진화가 만물의 존재를 설명하는 데 근원적인 한계가 있고, 여러 기존의 과학적 사실들이나 법칙들과 상충됨을 지적하였다. 밀러-유레이 실험도, 폭스 실험도 원시지구의 상태에 대한 정확한 모의(simulation)가 아니며, 생명의 자연발생설은 자연주의적 신념에 근거한 순수한 억측임을 살펴보았다. 헥켈의 계통발생설은 날조된 것이고, 버밍햄의 불나방 보고도, 인체의 흔적기관도, 동물들 간의 상동 및 상사 기관도 진화의 증거로서 부적합함을 살펴보았다. 인류 진화론자들이 제시하고 있는 수많은 중간형태 화석들도 온전한 사람의 것이 아니면 원숭이의 것일 뿐, 진정한 중간형태가 아님을 지적하였다. 동일과정설은 지구의 과거에 대한 바른 설명이 아니라는 여러 증거들도 살펴보았다. 이러한 여러 명백한 반증에도 불구하고 진화론자들은 자신들의 주장을 철회하지 않는다. 이는 진화가 과학이 아니라 신앙이요, 신념이기 때문이다.

2. 진화론과 이데올로기

진화론 중에서도 무신론적, 자연주의적 진화론에 의하면 자연 만물은 자연 내적인 모

591 L. T. More, *Why I Believe in Creation*(Great Britain: Evolution Protest Movement pamphlet, 1968).

592 마르크스(Karl Heinrich Marx, 1818–83): 독일 라인 주(州) 출신의 경제학자이자 공산주의 이론 창시자. 유대계 그리스도인 가정에서 태어났으며, 런던에서 공산주의 이론서인 『자본론』(*Das Kapital, Kritik der politischen Oeconomie*)을 저술하였다.

16-2 마르크스. 그는 1873년 6월 16일, 자신의 『자본론』 속 표지에 "찰스 다윈 선생께, 그 분을 진심으로 숭배하는 칼 마르크스로부터"라는 헌정사를 썼다.

티브와 메커니즘에 의해 생성, 변화, 발전해 간다. 이러한 진화론은 현대의 다양한 조류들과 결합하여 반기독교적인 조류들을 만들어내는 진원지로서의 역할을 하고 있다. 그러면 구체적으로 진화론은 현대의 어떤 조류들과 결합하고 있는가? 몇 가지 예를 들어보자.

우선 진화론이 인본주의(여기서는 세속적 인본주의를 지칭한다)와 결합하면서 인간의 이성을 우상시하는 계몽주의적 진보주의 이데올로기가 등장하게 되었다. 또한 진화론이 현대 과학과 결합하면서 지식의 무한한 진보를 믿는 진보주의 이데올로기가 생성되었다. 특히 근래에 눈부신 발달을 보인 컴퓨터와 통신망의 발달로 지식에 대한 무한한 욕망을 가진 인간은 무한대의 지식을 소유할 수 있다는 생각을 갖게 되었다. 또한 유전공학의 지식을 통해 인간은 피조물로서의 아이덴티티를 망각하고 전능한 창조주의 위치로 자신을 격상시키고 있다.

진화론이 이데올로기라는 것은 곳곳에서 관찰된다. 마르크스는 다윈의 '자연선택'(Natural Selection) 혹은 '생존경쟁'(Struggle for Survival)이라는 개념을 사용한 대표자라고 할 수 있다.[592] 다윈은 생존경쟁에 의해 생물계가 진화한다고 생각했지만, 마르크

16-3 영국의 웹 부부(Sidney and Beatrice Webb). 이들은 진화론에 기초한 사회적 변혁을 추구한 Fabian 협회를 창설하였다.

스는 계급투쟁에 의해 인류가 발전한다고 생각했다. 실제로 마르크스는 1873년 6월 16일, 그의 『자본론』(Das Kapital) 속표지에 "찰스 다윈 선생께, 그분을 진심으로 숭배하는 칼 마르크스로부터"라는 헌정사를 쓰기도 했다.

이러한 마르크스의 계급투쟁 개념은 여러 분야에서 받아들여졌는데, "힘이 정의다"(Might makes right)라는 서양 속담은 이런 생각을 나타내는 한 예다. 공산주의자들의 자본주의 필망론(必亡論) 등은 다윈의 적자생존(Fittest Survival) 개념과 마르크스의 계급투쟁 개념을 확장하여 적용한 것이라 할 수 있다. 베커(C. Becker)를 비롯한 여러 정치학자들은 현대 사회에서의 생존경쟁이라는 진화론적 사고를 사회를 이끄는 지배적인 원리로 생각했다.

3. 진화론과 이데올로기적 만행

진화론의 영향은 단순한 이론의 영역에 머물러 있지 않고 실제로 인류에게 위해를 끼친 여러 이데올로기들을 만들어 냈다. 근대 인류 역사는 진화론이 인류에게 얼마나 유해한 사상의 근원이 될 수 있는가를 웅변적으로 보여주고 있다.

16-4 인종 청소. 같은 종들끼리 집단학살을 자행하는 존재는 인간뿐이다.

A. 인종 차별

진화는 인종 차별의 직접적인 근거를 제공한다. 헥켈의 진화론에 의하면 흑인은 백인보다 덜 진화된, 열등한 인종이다. 인종 차별주의자들에게 있어서 흑인은 원숭이와 사람의 중간쯤 되는 존재였다. 노예제도를 지지하는 사람들은 흑인들은 짐승과 같고 인권이 없기 때문에 이들을 노예로 부리는 것은 하등의 죄가 아니라고 생각하였다.

히틀러의 유대인 학살은 "힘이 정의다"라는 명제의 당연한 결과였다. 그는 유대인이야말로 인간이 원숭이로부터 진화하는 과정에서 가장 열등한 존재라는 확신을 가졌다. 그리고 이들을 살해하는 것은 자연의 순리라고 보았다. 히틀러는 흑인인 파푸아 원주민들을 원숭이와 인간의 중간 정도의 존재라고 본 진화론자 헥켈(Ernst Haeckel)의 영향을 받았다.[593]

히틀러는 헥켈(Haeckel)이나 니체(Nietzsche)처럼 튜톤 족(Teutonic race)이 다른 종족들보다 우월하며 진화론적 투쟁에서 이길 것이라고 믿었다. 케이스(A. Keith)는 히틀러에 대해 이렇게 말하고 있다. "그 독일의 지도자(The German Fuhrer)는 의도적으로

---

[593] 헥켈(Ernst Haeckel): 독일의 생물학자이자 진화론자. 다윈의 진화론을 옹호 보급하는 데 엄청난 열정을 갖고 있었다.

16-5 죽음의 수용소로 수송되기 위해 기다리고 있는 유대인들

독일의 행동을 진화론과 일치하게 하려고 노력했다."[594]

B. 침략주의

진화는 침략주의를 정당화한다. 히틀러는
진화론의 광신자였다. 그는 자신의 저서
『나의 투쟁』에서 노골적으로 "살아 있는 자
는 싸워야 한다. 끝없는 싸움이 삶의 법칙인
세상에서 싸우기를 원치 않는 자는 존재할
권리가 없다"고 했다.[595] 이탈리아의 독재자
무솔리니(Mussolini)도 니체가 그랬던 것처

16-6 히틀러는 진화론의 광신자였다.

594 Arthur Keith, *Evolution and Ethics*(New York: G. P. Putnam's, 1949), p. 230. 히틀러(Adolf Hitler, 1889–1945): 오스트리아 태생의 독일 나치(Nazi) 독재자(1933–1945)이자 2차 대전을 일으킨 전범.

595 Adolf Hitler, *Mein Kampf*, "He who would live must fight, he who does not wish to in this world where permanent struggle is the law of life, has not the right to exist." – ICR 박물관 설명문(2000. 8).

596 R. Clark, *Darwin: Before and After*(London: Paternoster, 1948), p. 115; Oscar Levy, *The Complete Works of Nietzsche*(1930), p. 75; 무솔리니(Benito Mussolini, 1883–1945): 히틀러와 더불어 2차 세계대전을 일으킨 이탈리아의 Fascist 수상(1922–1943).

창조와 격변

16-7 진화론은 침략주의를
정당화한다.

럼 전쟁은 진화론적 진보를 위한 도구를 제공한다면서 전쟁을 정당화했다.[596] 구소련의 공산주의도 독일의 나치즘이나 무솔리니의 파시즘과 철학적 차이가 없다. "힘이 정의다"라는 진화론적 모토를 레닌은 "정의는 총구에서 나온다"는 말로 바꾸었다. 구소련 지도자들의 생각은 진화론적 견해에 깊숙이 뿌리박고 있다.

C. 공산주의

또한 진화의 메커니즘이라고 하는 적자생존 사상은 얼마 후에 마르크스에 의해 계급투쟁이라는 말로 바뀌어서 공산주의 사상의 근거가 되기도 하였다. 전 인류의 1/3을 70년 이상 유물론적 공산주의의 쇠사슬에 묶어둔 사상의 근저에 진화론이 있었다면 믿을 것인가?

16-8 레닌. 마르크스와 엥겔스, 그리고 다른 모든 공산주의 지도자들과 같이 레닌도 무신론자이자 진화론의 열렬한 신봉자였다.

공산주의 이론을 만든 마르크스는 바로 진화론으로부터 자신의 계급투쟁의 아이디어를 얻었음을 밝히고 있다. "…(다윈의 종의 기원은) 대단히 중요하며 내게 역사 속에서 계급투쟁에 대한 자연과학적 기초를 제공한다."[597] 또한 혁명의 이름으로 천만 명 이상을 살해한 스탈린도 진화론의 광신자였다. 그는 "진화는 혁명을 준비하며, 그것을 위한 토대를 창조한다"고 주장했다.[598]

결국 정신분석학자 아이젠베르그가 "우리가 지구 중심의 천문학을 선택한다고 해도 행성들의 운동은 별 영향을 받지 않는다. 그러나 인간의 행동은 사람들이 선택하는 인간 행동 이론과 무관하지 않다"라고 지적한 것은 합당하다고 할 수 있다.[599] 진화론은 그것이 신념이요, 신앙이기 때문이 아니라, 나쁜 신념이요, 나쁜 신앙이며, 나아가 나쁜 행동 이론의 근거가 될 수 있기 때문에 더 큰 문제인 것이다.

창조와 격변

---

597 ICR 박물관 설명문(2000 .8).
598 ICR 박물관 설명문(2000. 8).
599 L. Eisenberg, "On the Humanizing of Human Nature", in 〈Impact of Science on Society〉, 23(1973), p. 213.

4. 진화론, 인본주의 세계관

결국 진화론은 자연주의적, 유물론적 세계관이며, 인본주의적 신념이라고 할 수 있다. 이 이론은 인간과 모든 세계가 어떤 초월적 창조주에 의해서가 아니라 스스로 존재했다고 하는 자존철학이요, 자존신앙이라고 할 수 있다. 진화론은 "생물학적 변화의 중재자(mediator)로서 '의지' 를 '우연' 으로 대체함으로 나머지 우주에 대한 인간의 관계를 변화시켰다."[600] 이것은 결국 진화론에 의해 우주를 창조한 창조주와 인간의 관계가 변화된 것을 의미한다.

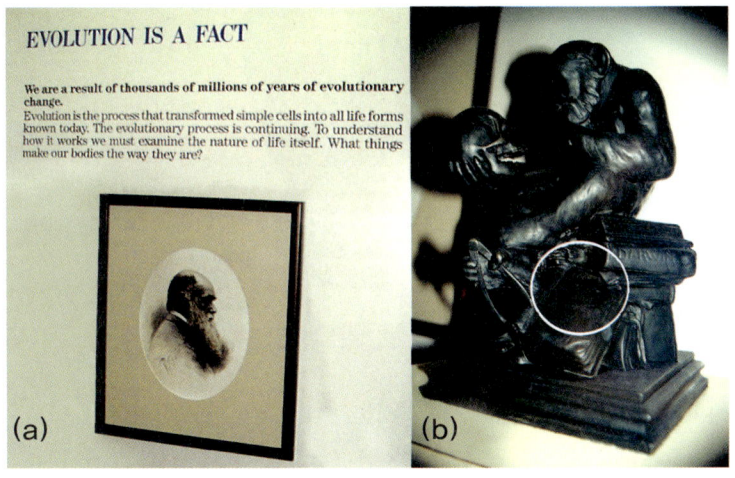

16-9 (a) 자연사 박물관들은 "진화는 사실이다" 라고 단호하게 선포한다. (b) 그러나 다윈의 조각상 받침대 (원으로 표시)에는 "그대는 신과 같이 될 것이다" (ERITIS SICUT DEUS)라는 신앙고백이 적혀 있다.[601]

"우주는 스스로 존재하며 창조되지 않았다고 생각한다" 는 인본주의자들의 선언은 진화론의 핵심인 "나는 스스로 존재한다" 는 자존철학을 천명한 것이라고 할 수 있다.[602] 사

---

600 Leslie E. Orgel, *The Origins of Life : Molecules and Natural Selection*(New York: John Wiley, 1973), p. 183.
601 그 밑받침에는 라틴어로 "ERITIS SICUT DEUS"(YOU WILL BE LIKE A GOD)라고 기록되어 있다.
602 "The Humanists regard the Universe as self-existing and not created," quoted from 〈Humanist Manifesto I〉, Tenet #1(1933).

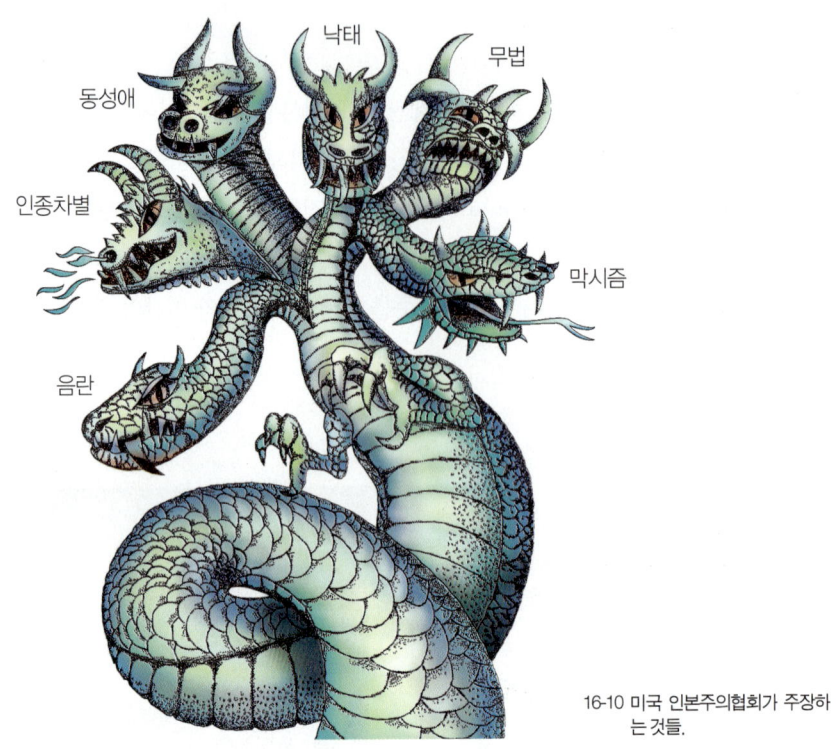

동성애

낙태

무법

인종차별

막시즘

음란

16-10 미국 인본주의협회가 주장하는 것들.

람들이 인격적 창조주를 부정하고, 창조주 앞에서 자신의 의미와 책임을 거부하며, 스스로 창조주임을 선언하는 진화론적 확신이 사라지지 않는 한 인간의 비극은 계속될 것이다. 참된 지식은 그것의 진리 여부에 더하여 인간을 참된 행복의 길로, 구원의 길로 이끄는 것이어야 한다.

인본주의자들은 인간의 이성을 궁극적인 판단의 척도로 생각한다. 초월적, 절대적 윤리 개념을 배격하며 시대에 따라 윤리의 근거도 변화한다는 상대주의적 윤리관을 받아들인다. 진화론적 철학이 동성연애나 난혼(亂婚), 낙태, 안락사, 인종차별, 뉴에이지 등의 이슈에 있어서 사사건건 기독교와 충돌하는 것도 이 때문이다. 그래서 미국 창조과학연구소(Institute for Creation Research)의 존 모리스(John D. Morris) 박사는 진화론적 인본주의(evolutionary humanism)를 가리켜 머리가 여러 개인 용(multi-headed dragon)이라고 불렀다.

A. 미국시민자유연맹(ACLU)

현대 인본주의자들의 입장을 가장 잘 대변하고 있는 단체를 들라면 미국시민자유연맹 (American Civil Liberties Union, ACLU)을 들 수 있다. 이들은 공개적으로 마약, 포르노, 동성연애, 성전환(transgender), 일부다처, 사탄숭배, 매춘을 지지하고 있다. 진화론을 지지함은 물론이다. 도대체 ACLU는 어떤 단체이기에 이런 주장을 하고 있을까?

ACLU가 찬성하는 것	ACLU가 반대하는 것
어린이 포르노 등 모든 포르노의 합법화	학교에서 자발적으로 기도하는 것
모든 종류의 마약의 합법화	모든 노상 음주 검문(sobriety checkpoint)
사탄숭배자들의 면세 혜택	교회의 면세 혜택
매춘의 합법화	공개적인 종교적 표시
원하는 사람에 대한 낙태	의료 안전과 관련된 규정과 보고 의무
의무적인 성교육	성교육 전에 부모 동의를 받는 법
흑인과 백인을 융합시키기 위한 강제 통합버스 운행(busing)	교육보증인(educational voucher) 제도나 홈 스쿨링 등 부모가 자녀들의 교육을 결정하는 것
법정 피지정인(court appointee)의 사상검사	정부윤리위원회 설치
자동집행유예(automatic entitled probation)	형사범들에 대한 감옥형(prison term)
나치주의자나 공산주의자들을 위한 공개 데모	낙태반대운동가들(direct action pro-lifers)을 지지하는 공개 데모
일부다처제의 합법화	공립학교에서 "결혼제도 안에서의 일부일처제와 부부간의 성관계"를 가르치는 것
동성연애자들에 대한 이성 부부와 같은 권리	AIDS 환자의 전염경로를 추적하는 의사나 치과의사들의 권리

16-11 미국시민자유연맹(American Civil Liberties Union)의 입장[603]

더더욱 놀라운 것은 이것이 사회의 이면에서 몇몇 사람들 사이에 은밀하게 회자(膾炙)되는 주장이 아니며, 더더욱 어떤 지하단체에서 주장하는 바도 아니라는 사실이다. 이것은 마피아나 '천국의 문', 영생교와 같은 특수한 집단에서 주장하는 것이 아니라 미국에서 가장 막강한 힘을 가진, 기라성 같은 교수, 의사, 변호사 등이 주축을 이루고 있는

---

603 George Grant, *Trial and Error: The American Civil Liberties Union and Its Impact on Your Family* (Brentwood, Tennessee: Wolgemuth & Hyatt, Publishers, 1989), p. 45. Grant가 미국시민자유연맹(American Civil Liberties Union)의 입장을 요약한 표를 다소 수정한 것이다.

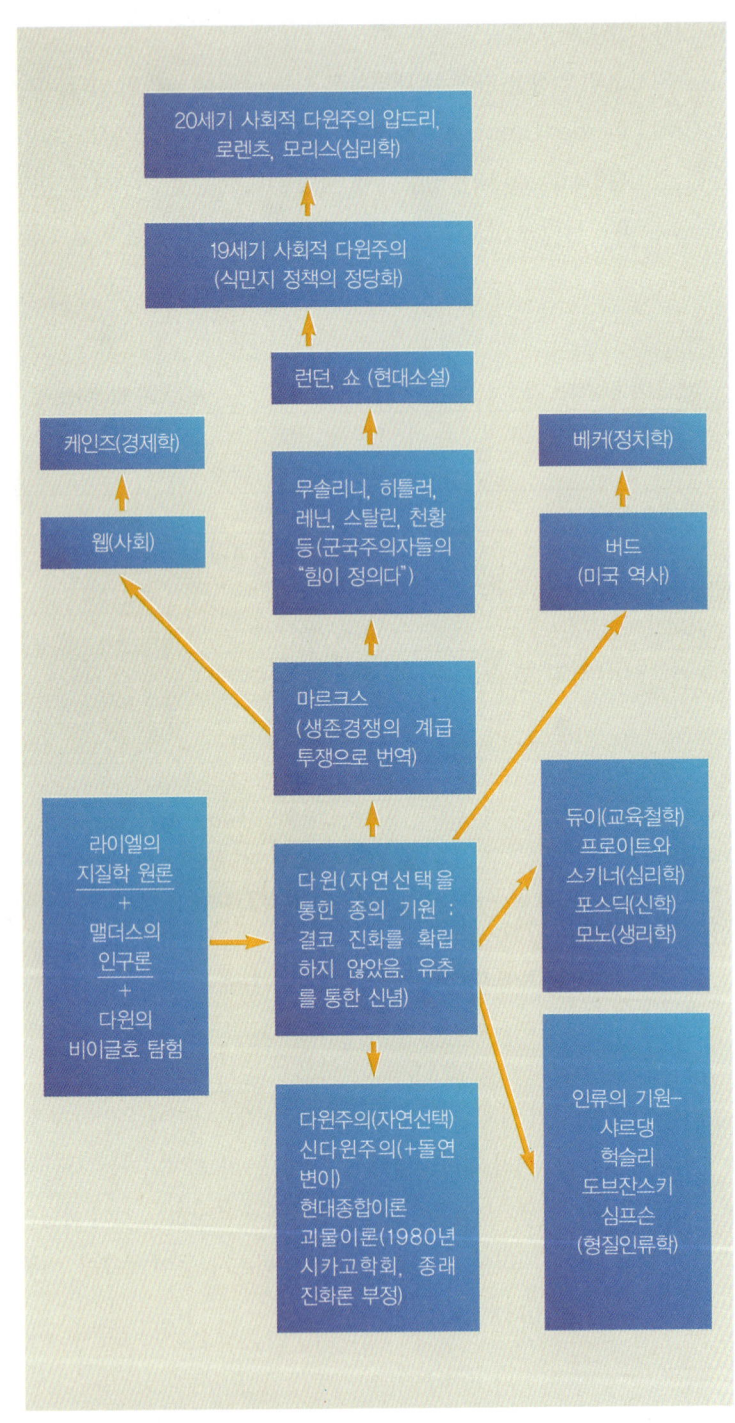

16-12 진화론의 영향. 진화론은 단순히 생물학이나 지질학의 이론에만 국한된 것이 아니다. 학문의 전 분야, 아니 문화의 전 영역에서 하나의 배경 신념(background belief)으로서 작용하고 있다.604

ACLU라는 일종의 '시민 단체'에서 공식적으로 주장하는 것이다.

ACLU의 주요 공격 목표는 교회다. 이들은 결혼, 가정, 교육, 사회 전반에 걸쳐서 고의적으로 성경의 가르침에 반하는 주장을 하면서 기회만 있으면 교회나 교회 관련 단체나 운동들을 상대로 소송을 제기하고 있다. 많은 기독교인들은 이러한 단체가 있는지조차 모르는데….

ACLU 외에도 우리 주변에는 바른 성경적 가치에 도전하는 어둠의 세력들이 많이 있다. 그러나 ACLU 만큼 막강한 돈과 인력과 로비력을 가진 단체는 없다. 비록 이들의 본거지가 태평양 건너 미국에 있지만 이들의 입김은 여러 경로를 통해 한국 사회에도 알게 모르게 많은 영향력을 미치고 있다. 언론에서는 이들이 어떤 단체인지 모르면서 저들의 성명서나 주장을 그대로 보도하기도 한다. 저들의 활동을 보면 우리의 대적 "마귀가 우는 사자같이 두루 다니면서 삼킬 자를 찾고" 있다는 느낌을 받는다(벧전 5:8).

5. 진화론과 학문

자연주의적, 유물론적, 인본주의적 이데올로기로서의 진화론은 당연히 모든 학문 분야에도 지대한 영향을 끼쳤다. 과학의 다른 영역에서 볼 수 있는 대부분의 이론이나 법칙들은 비교적 쉽게 검증, 혹은 반증될 수 있으며, 실험이나 관찰이라는 과정을 통해 사실 여부를 쉽게 판정할 수 있다. 어떤 이론을 주장하는 사람들이나 반대하는 사람들 사이에 감정적인 부담도 별로 크지 않다.

이에 비해 진화론은 직접적인 관찰이나 실험이 불가능하다. 그리고 그 내부에 인류 역사상 출현한 어떤 이데올로기보다 더 강력한 세계관적 요소를 내포하고 있다. 아래에서는 무어(John N. Moore)의 책 『기원을 어떻게 가르칠 것인가?』(How to Teach Origins)에 소개된 몇몇 분야를 중심으로 학문 분야에서 진화론의 영향을 간략히 소개한다.[605]

---

604 Moore, *How To Teach Origins*, p. 80에 있는 그림을 기초로 다시 그린 것이다.

605 John N. Moore, *How to Teach Origins, Without ACLU Interference* (Milford, MI: Mott Media, 1983), pp. 1–13.

A. 진화론과 인문과학

우선 문학에서 진화론적 영향을 생각해 보자. 미국 작가 잭 런던(Jack London)의 소설,[606] 아일랜드 태생의 영국 극작가 버나드 쇼(George Bernard Shaw)의 희곡,[607] 심지어 테니슨(Alfred Tennyson)의 시에서조차 인류 진화의 영향이 나타난다.[608]

더블린에서 출생한 쇼는 1876년 런던으로 나오면서부터 점차로 사회 문제에 흥미를 가지기 시작하였다. 그는 시드니 웹 등과 더불어 온건좌파 단체인 '페이비언협회'를 설립하였다. 제1차 세계대전 후에 '형이상학적 생물학 5서(書)'라는 부제를 단 『메투셀라로 돌아가라』(*Back to Methuselah*, 1921)를 써서 『인간과 초인』 이래의 창조적 진화론 철학의 집대성을 희극화하였다.

테니슨은 다윈의 『종의 기원』이 발표되기 전부터 진화론적 입장을 표명했다. 실제로 런던과 쇼는 영국 사회주의자였고 페이비언협회(The Fabian Society)의 추종자들이었으며, 페이비언협회의 창시자인 웹은 마르크스의 추종자였다. 런던과 쇼는 그들의 작품을 통하여 생존경쟁의 개념을 명시적으로 표현했고 마르크스의 견해를 최상의 것으로 제시했다. 이들 외에도 미국 소설가 노리스 등의 작품 속에는 진화론적 사고가 끊임없이 사용되었다.[609]

16-13 1925년, 노벨문학상을 수상했던 영국 극작가 버나드 쇼(G. B. Shaw)는 사회주의자, 채식주의자, 여권 운동가였으며 여러 희곡들을 통해 진화론적 사상을 표현하였다.

그러면 철학에서는 어떤가? 철학에서 진화론을 전적으로 받아들인 대표적인 철학자로는 20세기 '신철학'의 발달에 많은 영향을 미친 존 듀이(John Dewey)를 들 수 있다.[610] 진화론적 사고의 철학은 실존주의에도 영향을 미쳤고 동방 종교의 신비주의에 대해서도 개방 압력을 가했다.

심지어 신학조차도 진화론에 큰 영향을 받았다. 그라프-벨하우젠(Graff-Wellhausen)의 문서설에 의하면 성경도 진화하였다. 성경의 진화에 관해 가장 많은 영향을 끼친 포스딕(Harry Emerson Fosdick)에 의하면 인간이 하나님을 경배하는 것은 태양신, 월신 숭배로 시작하여 산신령, 강신, 부족신 숭배를 거쳐 하나님 숭배로 진화된 것이라고 한다. 20세기 성경의 고등비평의 모든 입장도 이런 진화론적 견해에 근거한다.

B. 진화론과 사회과학

진화론은 사회과학에도 큰 영향을 미쳤다. 다윈은 『종의 기원』에서 후천적으로 얻어진 형질도 자손에게 유전한다는 라마르크(Jean de Lamarck)의 이론을 받아들였다.[611] 이 이론은 오늘날 생물학자들과 유전학자들에 의해 틀렸음이 완전히 밝혀졌다. 그러나 프로이트(Sigmund Freud, 1856-1939)가 이 이론을 받아들였기 때문에 아직까지 심리학에서 많은 환경론자들은 개인의 행동은 그의 성장과 발달이 일어난 환경의 결과라고 주장한다.[612] 오늘날 스키너(Burrhus F. Skinner, 1904-90),[613] 오드리(Robert Audrey), 로렌츠(Konrad Lorenz), 모리스(Desmund Morris) 같은 저명한 과학자들도 인류의 기원에 관한 비과학적 이론에 기초한 환경론자들의 주장을 받아들이고 있다.

C. 진화론과 자연과학

자연과학의 몇몇 분야는 진화론의 영향이 가장 뚜렷이 나타난다. 생물학이나 이와 관련된 분야에 진화론적 영향을 확대시켰거나 시키고 있는 대표적 인물로는 영국 생물학자

---

606 런던(Jack London, 1876-1916): 미국 샌프란시스코 출신의 소설가. 본명은 John Griffith Chaney. 많은 소설과 평론 등의 발표로 돈과 명성을 얻었으나 본능적인 명예욕 · 금전욕과 자기의 주의 · 주장과의 모순에서 오는 갈등으로 말미암아 자살하였다.

607 버나드 쇼(George Bernard Shaw, 1856-1950): 영국 더블린 출신의 극작가, 소설가, 비평가. 1925년에 노벨문학상을 수상하였다.

608 테니슨(Alfred Tennyson, 1809-1892): 영국 잉글랜드 랭카셔 출신의 계관시인(桂冠詩人).

609 노리스(Frank Norris, 1870-1902): 미국 시카고 출신의 자연주의 시인 및 소설가. 다윈주의 영향을 많이 받았다.

610 듀이(John Dewey, 1859-1952): 미국 버몬트 주 출신의 철학자이자 교육학자. 실용주의, 도구주의를 확립하였다.

611 라마르크(Jean de Lamarck, 1774-1829): 프랑스 바장탱 출신의 박물학자이자 진화론자. 다윈의 선구자였다.

612 프로이트(Sigmund Freud, 1856-1939): 오스트리아의 유태계 신경과 의사이자 정신분석의 창시자. 20세기의 사상가로 그만큼 큰 영향을 끼친 인물은 없으며, 심리학 · 정신의학에서 뿐만 아니라 사회학 · 사회심리학 · 문화인류학 · 교육학 · 범죄학 · 문예비평에도 큰 영향을 끼쳤다.

613 스키너(Burrhus Frederic Skinner, 1904-90): 미국 펜실베이니아 출신의 심리학자. 신행동주의 심리학의 대표로 꼽힌다.

헉슬리, 도브잔스키,[614] 샤르댕,[615] 심프슨(G. G. Simpson) 등을 들 수 있다.

실제적으로 진화론의 영향을 학문의 영역에 도입했던 사람의 예로는 구소련의 농생물학자 뤼셍코와 생화학자 오파린을 들 수 있다. 뤼셍코는 획득형질의 유전을 주장했는데 이것은 소련 공산당으로부터 인간은 훈련에 의해 무한히 발전할 수 있다는 공산주의 인간관을 지지하는 것으로 평가되었다.[616] 그래서 그는 1939년, 러시아 농업과학아카데미 회원 및 농업아카데미 총재로 선출된 후 멘델의 유전학설을 비판하고 뤼셍코학설을 주장하였으며, 1948년의 논쟁에서 반대파를 추방하는 데 성공하였다.

생화학자 오파린(A. I. Oparin)은 다윈의 생물진화론에 이어 생명이 무기물로부터 발생할 수 있다는, 소위 화학진화론을 주장하였다. 이러한 오파린의 이론은 생명을 단순한 물질적 현상으로 간주했던 소련 유물론자들의 주장과 완전히 일치하였다. 오파린의 가설은 가설의 특성상 쉽게 증명하기도 어려웠지만 뤼셍코의 이론처럼 쉽게 부정되지도 않았다. 지금까지도 그의 이론은 창조와 진화 논쟁의 핵심으로 남아 있다.[617]

6. 좁아진 지평

강력한 이데올로기로서의 진화론은 학문의 진보에도 많은 위해를 끼치고 있다. 진화론의 남용이 노정(露呈)하고 있는 문제 중의 하나는 유물론이다. 진화론이 자연주의와 결합하면서 인간의 지식은 오로지 물질적이고 우주 내적인 지식에 국한되게 되었다. 진화론이 인간의 지식의 지평을 넓힐 것이라는 자연주의자들의 예상과는 달리 도리어 인간의 지식은 극도로 제한되게 되었다.

둘째, 진보주의와 이로 인한 지식의 파편화도 문제다. 과학의 발달은 기술의 발달로, 기술의 발달은 산업의 발달로, 산업의 발달은 물질적 풍요로 이어지는 진보주의적 조류

614 도브잔스키(Theodosius Grigorievich Dobzhansky, 1900–1975): 미국의 유전학자, 진화론자.

615 샤르댕(Pierre Teilhard de Chardin, 1881–1955): 프랑스 오르신 출신의 가톨릭계 신학자, 철학자, 인류학자. 파리 가톨릭 학원에서 지질학, 생물학을 강의하였으며, 북경 원인(北京原人)을 비롯하여 많은 발굴에 참가하였다. 진화론을 인정하였으며 진화의 최종 도달점과 진화의 추진자로서의 그리스도를 주장한 '진화자로서의 그리스도'의 이론을 제창하였다.

616 뤼셍코(Trofim Denisovich Lysenko, 1898–1976): 러시아 우크라이나 출신의 농업생물학자.

617 A. I. Oparin, *The Origin of Life*(New York: Dover, 1953). 이 책의 러시아어 초판은 1923년에 처음 출판되었으며, 1938년에 MacMillan Company에서 처음으로 영어판을 출판하였다. – 한국어판: 양동춘 역, 『생명의 기원–생명 창조인가? 진화인가?』(한마당, 1990).

속에서 전문화라는 미명하에 인간의 지식은 극도로 파편화(fragmented), 국소화 (compartmentalized) 되게 되었다. 이로 인해 인간은 나무를 보고 숲을 보지 못하며 '등 산가형'의 식자(識者)에서 '두더지형' 식자로 전락하게 되었다. 과거에는 어느 한 분야의 공부를 많이 하게 되면 다른 분야에 대한 지식도 어느 정도 가질 수가 있었다. 그러나 지 식이 극도로 파편화되고 국소화되면서 사람들은 각자 자기가 연구하고 있는 매우 좁은 한 영역의 지식 외에는 거의 문외한과 같이 되었다. 그래서 현대에는 어느 한 분야를 깊 이 알면 알수록 더욱더 무식해진다는 웃지 못할 아이러니가 생기는 것이다.

셋째, 진화론과 진보주의의 결합은 제국주의적 지식관을 배태하게 되었다. 지식은 더 이상의 봉사적 동인(service motive)을 갖지 않게 되었으며, 모든 지식의 추구는 지배를 위한 힘의 도구로 전락하게 되었다. 이러한 타락한 지식관은 진화론과 결합하여, 진화한 종족은 더 나은 지식을 가진 종족을 가리키며 이러한 종족이 그렇지 않은 종족을 지배하 는 것이 약육강식의 자연의 법칙이라고 생각하기에 이르렀다. 이로 인해 지식의 빈익빈 부익부 현상이 가속화되고 있으며, 이는 곧 물질적 빈익빈 부익부로 이어져 우리는 역사 상 가장 심각한 지적, 경제적 불평등의 시대에 살고 있다.

7. 창조가 증거들과 더 잘 부합한다

본서에서 살펴본 것과 같이 자연의 여러 증거들은 태초부터 원시적이고, 하등하고, 단 순한 생명체가 질서 있고, 고등하고, 복잡한 생명체로 진화한 것이 아니라 도리어 모든 생명체들은 처음부터 완전하게 존재했음을 보여주고 있다. 즉, 모든 생명체들은 하나 혹 은 몇몇 공통 조상으로부터 진화한 것이 아니라 처음부터 "그 종류대로" 따로따로 존재 했음을 말해주고 있다. 이것은 진화론적 가설보다는 모든 생명체가 한 창조주에 의해 의 도적으로 설계되고 창조되었다는 창조론의 주장과 더 잘 부합한다.

많은 창조론자들이 지지하는 격변설도 진화론자들이 지지하는 동일과정설보다 더 설 득력이 있다. 현재 일어나는 지질학적 과정들이 과거에도 그대로 일어났다고 보는 동일 과정설 가정은 타당하지 않다. "현재는 과거의 열쇠"라는 동일과정설의 전제는 결코 증 명될 수 없는, 아니 여러 지질학적인 증거로 볼 때는 도리어 증거들에 반하는 주장이라고 할 수 있다. 현재 일어나고 있는 지질학적인 변화들로서는 설명할 수 없는 것들이 너무나 많기 때문이다.

동일과정설의 한계로 인해 진화론자들에 의해 새롭게 제시되고 있는 이론이 바로 신격변설이다. 특히 동일과정설 가정으로는 화석의 형성조차 설명할 수 없으며 특히 중생대 말기 거대 파충류들의 멸종 등을 설명할 수가 없다. 그래서 여러 학자들은 지구 역사에서 많은 격변들이 있었음을 주장하고 있다. 이 이론은 연대 문제와 격변의 구체적 내용에 있어서 창조론적 격변설과 다른 점이 많다. 하지만 이 이론은 종래의 동일과정설에 비해서는 창조론과 훨씬 더 많은 부분을 공유하고 있다.[618]

8. 두 개의 세계관

진화는 세계관이기 때문에 어떤 사람에게는 그처럼 분명한 창조의 증거가 진화론적 세계관을 가진 사람들에게는 전혀 다르게 보일 수 있다. 세계관이란 일종의 전제들의 다발이며, 이러한 전제들은 논리적인 구조 위에 세워진 것이 아니므로 한 사람의 세계관은 논리적 설득이나 증거 제시로 쉽게 바뀌지 않는다. 흔히 사람들은 창조와 진화의 문제가 순전히 지식의 문제라고 생각하지만 결국은 세계관의 문제임을 알게 된다. 창조론적 세계관을 가진 사람에게는 모든 것이 창조의 증거로 보이지만 진화론적 세계관을 가진 사람들에게는 모든 것이 진화의 증거로 보이는 것이다.

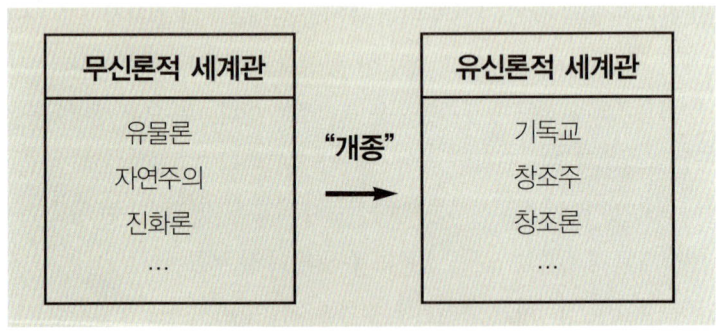

16-14 창조론과 진화론은 일종의 세계관이다.

창조론과 진화론은 같은 자연 현상을 두고 과학적인 면에서만 다른 해석을 하는 데 머물지 않고 자신의 정체감이나 신앙적인 문제에서까지 충돌하게 된다. 이 두 이론의 갈등이 세계관적, 신앙적, 나아가 영적 문제임을 받아들일 때 이 갈등의 본질적인 면을 보기 시작했다고 할 수 있다. 그러면 구체적으로 창조론을 받아들이는 것은 어떤 의미가 있는가?

기원에 관한 논의의 가장 큰 의의와 중요성은 이것이 자신과 주변 세상을 바라보는 세계관의 기초가 된다는 점이다. 사람들은 누구나 기원에 관해서 명시적이든, 암시적이든, 논리적이든, 비논리적이든 나름대로 어떤 견해를 갖고 있으며, 그리고 그 견해 위에 형성된 세계관을 갖고 살아간다. 그러므로 기원에 대한 바른 지식을 가질 때 자신은 물론 주변 사람들이나 사회, 우주, 자연, 윤리 등에 대한 바른 견해, 즉 바른 세계관을 가질 수 있다.[619]

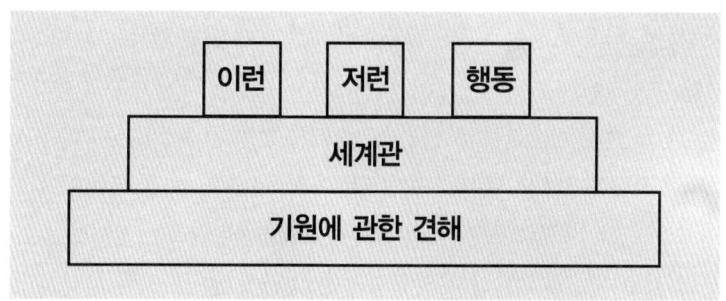

16-15 기원에 관한 견해는 세계관의 기초를 형성하며, 세계관으로부터 삶과 행동이 나온다.

진화론은 무신론이요 모든 초월적인 요소를 배제하려는 자연주의적 신념이라고 할 수 있다. 진화론자 헉슬리는 다음과 같이 이야기한다. "다윈이즘은 이성적 대화 영역에서 생물의 창조주와 같은 하나님의 모든 개념을 제거했다. 다윈은 어떤 초자연적인 설계자도 필요하지 않음을 지적했다. 자연선택이 알려진 모든 생명체들을 설명할 수 있기 때문에 진화에서 초자연적인 존재를 위한 여지는 없다."[620] 이것은 결국 인간의 기원에 관한 모든 초월적인 요소를 제거하고 남는 인간은 앙상한 단백질 덩어리로서의 물질뿐임을 지적하는 것이다.

---

618 예를 들면, W. A. Berggren and John A. van Couvering, *Catastrophes and Earth History* (Princeton: Princeton University Press, 1984), Vincent Courtillot, *Evolutionary Catastrophes* (Cambridge: Cambridge University Press, 2002)이나 James Lawrence Powell, *Night Comes to the Cretaceous* (Fort Washington: Harvest Books, 1999) 등은 진화론적 입장에서 전 지구적 격변을 설명하는 책이라고 할 수 있다. 특히 중생대 백악기와 신생대 제 3기 사이에 일어난 대격변을 다룬 Night Comes to the Cretaceous는 여러 가지 면에서 홍수론자들의 주장과 일치하는 면이 있다. 노벨 물리학상을 수상한 루이 알바레즈(Luis Alvarez)의 아들 월터(Walter)가 1970년대 이탈리아 북부 구비오(Gubbio)에서 발견한 K-T(백악기─제 3기) 경계면은 진화론자들에게 격변에 대한 새로운 지평을 열었다.

619 양승훈, 『기독교적 세계관』(서울: CUP, 1999), 1장.

620 J. Huxley, "At Random: A Television Preview," in *Evolution after Darwin,* edited by S. Tax(Chicago: University of Chicago Press, 1960), p. 41.

9. 창조와 자기 정체감

기원에 대한 견해는 자신의 정체감의 기초가 된다. 사람은 자신이 누구에 의해서, 무엇을 위해, 어떻게 존재하게 되었는지를 알 때 진정으로 자신이 누구인지를 알 수 있다.

다윈은 인간을 하등한 동물로부터 진화한 존재라고 보았다. 그는 인간이 "온갖 고상한 특성들을 갖고 있는 사람이라도 … 신체적으로는 여전히 하등한 데서 유래했다는 지워지지 않는 흔적을 갖고 있다"고 했다.[621]

이처럼 인간을 하등한 생물로부터 진화한 존재로 보게 되면 인간은 동물로서의 자신의 정체감만을 가질 수밖에 없다.

그러나 자신을 초월적인 하나님의 형상대로 지음 받은 존재라고 생각하는 사람은 그렇지 않다. 그런 사람은 자신을 존재하게 한 창조주가 누군지, 그 창조주 앞에서 자신이 어떻게 살아야 하는지, 자신과 더불어 살아가는 사람들과의 관계는 어떠해야 하는지, 자신을 둘러싸고 있는 세계의 의미는 무엇인지 등등 인간이 살아가면서 부딪치게 되는 기본적인 질문들에 대해 전혀 다른 답을 갖는다.[622]

우선 창조를 인정할 때 인간은 자신이 누구인지를 바로 알 수 있다. 자신이 어디서 와서 어디로 가는지를 알 때 자신이 세상에 사는 목적과 이유를 알 수 있다. 진화론자들은 인간 스스로가 아무에게도 의존되어 있지 않으며 스스로 자연의 거대한 법칙 속에서 가없는 세월 동안 진화해 왔다는 주장이야말로 인간에게 진정한 자유와 삶의 의미를 주며 인간을 인간답게 하는 것이라고 주장한다. 인간이 신에 의해 창조되었다는 주장은 인간 운명의 예속을 의미하므로 인간의 존엄을 파괴하는 것이라고 한다.

자신에 대한 정체감은 삶에 대한 궁극적인 의미로 연결된다. 자신이 어디에서 왔는지, 자신이 누구인지를 모르게 되면 삶의 의미를 찾지 못한다. 특히 사람이 초월적인 삶의 의미를 찾지 못하게 되면 삶의 의미를 눈에 보이는 말초적인 것으로부터 찾을 수밖에 없게 된다. 그래서 어떤 사람들은 마약이나 섹스에 몰입하기도 하고, 그런 것들을 통해서도 삶의 의미를 찾지 못하게 되면 마지막 수단으로 자살을 선택하기도 한다. 오늘날 많은 현대인들이 자신의 삶의 의미를 찾지 못하는 것은 자신의 기원에 관한 분명한 확신이 없거나

---

[621] "Man with all his noble qualities … still bears in his bodily frame the indelible stamp of his lowly origin." from Charles Robert Darwin, *The Decent of Man*(1871), closing words.
[622] Randy L. Wysong, *The Creation-Evolution Controversy*(Midland, MI: Inquiry Press, 1976), pp .4-5.

잘못된 확신을 갖고 있기 때문이다.

인간이 단순히 물질의 우연한 조합에 의해 존재하게 되었다고 믿는 사람이 과연 자신의 존재에 대한 진정한 목적을 발견할 수가 있을까? 자신의 기원에 관한 유물론적인 신념을 가진 사람은 자신의 궁극적 운명에 관해서도 물질적 차원 이상의 것을 생각할 수 없다. 시간이 경과함에 따라 물질이 분해되듯 육체가 해체됨으로써 인간의 존재가 소멸된다고 본다면 도대체 인생의 궁극적인 의미는 어디에서 찾을 수 있겠는가?

10. 창조 신앙, 바른 관계의 기초

창조에 대한 확신은 인생의 의미와 사물에 대한 바른 지식의 기초가 되고 개인의 건강한 윤리관의 기초가 될 뿐 아니라 인간이 자기를 둘러싸고 있는 여러 존재들과 건강한 관계를 맺는 것의 기초가 되기도 한다.

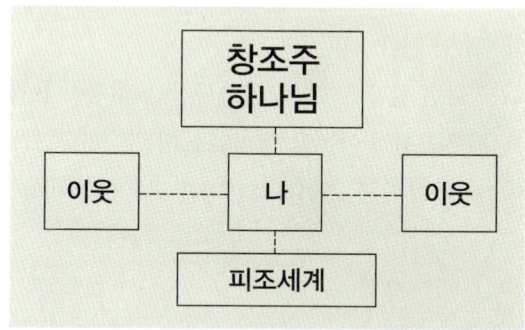

16-16 창조를 인정할 때 인간은 주변 세계에 대한 바른 조망을 가질 수 있다.

우선 창조를 인정하는 것은 인간과 창조주 하나님과의 바른 관계 수립을 위한 출발점이 된다. 하나님과의 바른 관계를 갖기 위한 가장 중요한 전제는, 그분은 온 우주와 그 가운데 사람까지 지으신 창조주임을 인정하는 것이다. 하나님께 나아가는 자는 반드시 그가 계신 것과 또한 그가 자기를 찾는 자들에게 상을 주시는 이심을 믿어야 하는 것이다(히 11:6). 진화론자 헉슬리가 "진화론적 사고에는 초자연적인 것이 필요가 없을 뿐만 아니라 그런 것을 다룰 여유조차도 없다"고 말한 것과는 대조적으로 창조론은 만물의 창조

주 하나님을 인정하는 것으로부터 시작한다.[623]

또한 창조를 인정할 때 바른 이웃관을 가질 수 있다. 우리는 자기 자신뿐 아니라 다른 사람들도 하나님의 형상대로 창조되었으며 하나님의 사랑의 대상임을 알 때 자신과 이웃이 어떤 관계에 있는지 바로 알 수 있다. 한 예로 약자의 생존권리는 창조를 인정하는 데서 찾을 수 있다. 만일 진화론이 가르치는 바와 같이 적자생존이 자연의 원리라고 한다면 가난한 자, 무식한 자, 불구자, 지체 부자유자, 노인과 같은 약자는 이 사회에 발붙일 데가 없다.

마지막으로 이 세계가 하나님의 피조세계임을 알 때 인간과 자연과의 바른 관계가 정립될 수 있다. 하나님은 천지 만물을 만드시고 인간에게 복을 주시며 그들에게 이르시기를 "생육하고 번성하여 땅에 충만하라, 땅을 정복하라, 바다의 고기와 공중의 새와 땅에 움직이는 모든 생물을 다스리라"(창 1:28)고 하셨다. 이 말씀이 의미하는 바는 두 가지로 나누어 생각해 볼 수 있다. 첫째, 모든 자연 만물은 인간의 관리의 대상이지 숭배의 대상이 아니라는 사실이다. 둘째, 하나님께서는 인간에게 자연의 소유권을 양도한 것이 아니라 자연의 관리를 위임했다는 사실이다. 자연의 주인은 하나님이요 인간은 관리자에 불과하므로 인간은 자연을 자기 마음대로 착취할 권리가 없으며 자연에 대하여 창조주의 뜻에 반하는 일을 해서는 안 된다.

위의 논의들을 요약한다면 성경에 나타난 창조사건의 의미는 다양한 관계와 관련된다고 할 수 있다. 하나님의 창조를 받아들일 때 비로소 사람은 하나님과의 관계는 물론, 자신과의 관계, 나아가 이웃과의 관계, 자연과의 관계를 회복할 수 있다.

11. 세계관 논쟁

지금까지 살펴본 바와 같이 창조론과 진화론의 논쟁은 과학적 논쟁이라고 볼 수 없다. 전통적인 견해에 의하면 과학의 대상이 되는 것은 재현 가능해야 하며(reproducible), 포퍼(Karl Popper)의 견해에 의하면 반증 가능해야(falsifiable) 한다. 인류 역사 이전에 일어난 일을 다루는 진화론과 창조론은 모두 완전한 재현도, 반증도 불가능하므로 엄밀한 의미에서 과학적이라고 볼 수 없다. 과학을 신앙적 범주로 이해하려고 한 쿤(Thomas Kuhn)의 용어를 사용한다면 진화론과 창조론은 세계를 보는 일종의 패러다임(paradigm)이요 세계관(Weltanschauung)인 것이다.[624]

기원론을 다룰 때 문제가 되는 것은 일부 사람들이 이를 과학적인 문제로 환원시키는 것이다. 이러한 문제는 특히 오늘날 진화론자들 사이에서 나타난다. 즉 대부분의 창조론자들은 창조론이 다분히 종교적임을 인정하는 데 비해 대부분의 진화론자들은 진화를 과학적 이론이라고 생각한다는 점이다. 이들은 생물학이나 지질학, 고생물학, 천문학 등에서의 연구가 곧 진화를 보여준다고 생각한다. 그러나 과학 데이터(raw data)는 어디까지나 단순한 데이터일 뿐 창조론도, 진화론도 아니다. 사람들이 이들을 진화론적으로 혹은 창조론적으로 해석할 뿐이다.

---

623 헉슬리(Julian Sorell Huxley, 1887–1975): 영국 런던 출신의 생물학자이자 진화론자. "다윈의 불독" 토머스 헉슬리의 손자. 런던대학교와 왕립협회 교수, 유네스코 사무국장을 역임하기도 하였다. 1958년에는 나이트 (기사) 작위(Sir)를 받았다.

624 Thomas Kuhn, *The Structure of Scientific Revolution*(Chicago: University of Chicago Press, 1961).

토의와 질문

1. 진화론적 관점이나 창조론적 관점이 개인적인 행동이나 국가적인 정책으로 나타난 예가 있는가? 그런 실제적인 예가 있다면 책이나 매스컴, 그 외 자료들을 통해 증거를 제시해 보라.

2. "진화는 종교적 신념이다" 혹은 "창조를 믿는 것보다 진화는 더 큰 믿음을 요구한다"는 비판에도 불구하고 진화론자들은 진화가 과학적으로 증명된 것이라고 주장한다. 심지어 "진화가 과학이 아니라면 과학은 없다"라고 극단적인 주장을 하는 사람들도 있다. 결정적인 증거가 없음에도 불구하고 진화가 과학으로서의 입지를 점점 더 공고히 해 나가는 배경은 무엇이라고 생각하는가?

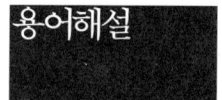

용어해설

ET(The Extra-terrestrial): 외계 생명체.

H-R 도표: 1905년, 덴마크 엔지니어이자 아마츄어 천문학자였던 헤르츠슈프룽(Ejnar Hertz-
        sprung, 1873-1967)이 히야데스(Hyades) 성단과 처녀(Pleiades) 성단 등 가까운 은하
        성단을 구성하는 별들을 스펙트럼형과 실시등급(實視等級)을 두 축으로 하여 그린
        도표.

UFO(Unidentified Flying Object): 미확인 비행물체.

가우스(Gauss): 자기력선속밀도(磁氣力線束密度), 즉 자석의 세기를 나타내는 단위.

개체변이(個體變異, individual variation) : 생물은 종족을 유지하기 위하여 필요한 수보다 많
        은 자손을 만들며 이 개체들 간에는 변이가 있다.

격변설(catastrophism): 지층은 과거에 일어난 거대한 전 지구적 홍수에 의해 형성되었으며 지
        층들 속에 있는 화석도 홍수 때 한꺼번에 형성되었다고 보는 견해.

계통발생설: 배아가 초기에는 비슷한 모습을 지니고 있다가 자라면서 자신이 진화해 온 가상적
        과정에서 거친 성체(成體)의 모습을 되풀이한다고 한다는 헥켈의 주장.

고생물학(古生物學): 지층과 화석으로 나타난 과거 생물들의 자취나 유해를 연구하는 학문.

기체 색층분석기(氣體 色層分析機, gas chromatography): 혼합기체의 성분을 분석하는 화학 기기.

대진화(macro-evolution): 종의 한계를 넘어서는 변이. 흔히 진화라고 하면 대진화를 의미한다.

돌연변이(突然變異, mutation): 생물의 형질이 갑자기 변화하는 것으로서 유전자 자체의 변화에 의한 경우와 염색체의 일부가 잘려나가거나 추가됨으로 생기는 경우가 있다.

동일과정설(gradualism): 지층이 오랜 시간에 걸쳐 점진적으로 형성되었다고 가정하는 이론. 균일설(uniformitarianism)이라고도 부른다.

디플러 이론: 미국 캘리포니아대학의 프랭크 디플러 교수의 주장으로 지구 이외에는 생명체가 없다는 이론.

라세미 혼합물(Racemic mixture) 혹은 라세미체: 빛을 비추었을 때 우회전성(右回轉性)을 갖는 광학 이성질체와 좌회전성(左回轉性)을 가지는 광학 이성질체가 같은 양으로 이루어진 광학 비활성의 물질.

만유인력법칙: 중력은 두 물체의 질량을 곱한 값에 비례하며 두 물체의 떨어진 거리의 제곱에 반비례 한다는 법칙.

만초(蔓草): 덩굴이 뻗는 풀.

몰(mole): molecular weight의 준말로서 분자량과 같은 숫자의 그램을 갖는 화합물의 양. 1몰 속에는 아보가드로 수(數)인 6.02214×10^{23}개의 분자가 들어있다.

미소구체(微小球體, microsphere): 폭스의 실험에서 프로티노이드를 따뜻한 물에 녹였다가 용액을 냉각시킴으로 얻은 $2\mu m$ 정도의 작은 입자.

범균설(汎菌論, Panspermia): 최초의 생명은 지구에서 자연적으로 발생한 것이 아니라 우주에서 온 미생물에 의해 시작되었다는 주장.

변온동물(變溫動物) 혹은 냉혈동물: 무척추동물, 어류, 양서류, 파충류처럼 주위 온도에 따라 체온이 변하는 동물.

변태(變態, metamorphosis): 동물이 알에서 부화하여 완전한 성체가 되기까지의 과정에서 시기에 따라 여러 가지 형태로 변하면서 자라는 현상.

병행진화설(parallelism): 고등동물의 배아는 배아 발달과정에서 하등동물의 성체의 모습을 갖는 단계를 거친다는 주장.

분자진화시계 이론(Molecular Evolutionary Clock Theory): 단백질의 아미노산 서열과 DNA의 유전정보에는 시간에 따른 변이가 축적되어 있어서 진화의 시간을 측정하는 시계로 이용될 수 있다는 이론.

상동기관: 구조적 유사성을 가진 신체기관.

생물발생설(biogenesis): 생물은 반드시 생물로부터만 발생한다는 학설.

생물진화(biological evolution): 화학진화 이후, 인류의 기원을 포함하여 각종 생물 종의 기원을 다루는 대진화(macro-evolution)의 영역.

샤가스씨병(Chagas' desease): 1909년, 이 병을 발견한 브라질의 내과의사 Carlos Chagas의 이름을 따서 붙인 질병. 주로 중남미에서 흔히 발견되며, 곤충(reduviid)에 의해 옮겨지는 트리파노소마(Trypanosoma cruzi)라는 혈액 속에 기생하는 편모충(鞭毛蟲)에 의해 발병한다.

선캄브리아기(Precambrian): 고생대의 첫 지질시대인 캄브리아기보다 앞선 지질시대라는 의미이며 시생대와 원생대로 구분됨.

소진화(micro-evolution): 종 내에서의 변이.

시준화석(index fossil) 혹은 표준화석: 지층의 계열을 구별하기 위해 사용되는 화석으로서 한 지층에서는 많이 발견되지만 다른 지층의 계열에선 거의 발견되지 않는 화석.

신다윈설(Neo-Darwinism): 돌연변이의 발견과 더불어 제안된 진화론. 흔히 생물체 내에 유익한 작은 돌연변이가 나타났다고 하면 그 돌연변이의 결과로 생물체는 자기의 경쟁자들보다 생존하는 데 더 유리하게 되며 따라서 자연선택, 진화된다는 이론.

양치류(羊齒類): 줄기가 대개 땅 속에 있고 잎은 대부분 새의 깃 모양을 한 소엽이 좌우 양쪽에 배열된 우상 복엽(羽狀 複葉)의 형태를 가지며, 자낭(子囊)이 잎의 뒷면에 생겨 포자(胞子)를 갖는 식물. 잎이 양의 치아와 흡사하다고 해서 붙여진 이름이다.

엘리뇨(El Niño): 태평양의 기단(氣團)이 비정상적으로 더워짐으로 인해 생기는 겨울철 기후 교란.

완족류(腕足類, brachiopod): 긴 팔모양의 발을 뻗어 바닥에 부착된 상태로 살아가는 해양 무척추동물.

외계기원론: 지구상의 생명체가 다른 천체에서 왔다는 학설.

외삽(外揷)의 원리(Principle of Extrapolation): 알려진 영역의 자료를 근거로 알려지지 않은 영역의 사실을 유추, 추리하는 것.

용불용설(用不用說, Use and Disuse Theory): 동물의 기관(器官)에서 잘 쓰이는 것은 점점 발달하고, 반대로 잘 쓰이지 않는 것은 퇴화하는데 이런 변화의 결과는 자손에게 유전되며 이런 과정이 여러 대를 지나면서 거듭되면 조상보다 훨씬 나은, 다시 말해 진화된 종이 된다는 학설.

우주진화(cosmic evolution): 시간과 공간과 물질의 기원을 진화론적으로 연구하는 영역.

운석(隕石): 외계로부터 지구에 떨어지는 모든 물체들.

원핵생물(原核生物, prokaryote): 진핵생물(眞核生物:eukaryote)에 대응되는 말로서 핵산(DNA)이 핵막으로 둘러싸이지 않고, 분자 상태로 세포질 내에 존재하며, 미토콘드리아 등의 구조체가 없다.

월식: 태양-지구-달이 일직선으로 배열되어 지구의 그림자 속에 달이 들어갈 때 달이 보이지 않는 현상.

유로파(Europa): 희랍 신화의 제우스가 사랑한 페니키아 공주의 이름을 따서 지은 목성 위성. 목성 위성들 중에서 네 번째로 크며 1610년 갈릴레오가 스스로 제작한 망원경으로 발견하였다.

유신론적 진화론(Theistic Evolutionism): 창조주가 최초의 진화를 일으키는 물질과 진화를 일으키는 법칙을 만들었다는 이론. 즉 생명체들을 창조주가 만들었지만 진화라는 방법을 통해 만들었다는 주장.

유인원(類人猿, Anthropoid): 진화론에서 원숭이로부터 현대인까지의 모든 형태들을 통칭하는 말.

일식: 태양-달-지구가 일직선으로 배열되어 달 그림자 속에 지구가 들어갈 때 태양이 보이지 않는 현상.

자연발생설: 지구상에 생명체가 지구에서 저절로 발생했다는 학설.

자연선택(自然選擇, natural selection): 다윈 진화론의 가장 핵심적인 메커니즘으로서 품종개량, 혹은 인위선택에 반대되는 용어. 진화론에서는 환경에 가장 잘 적응하는 개체를 선택하여 진화가 일어난다고 본다.

적자생존(適者生存, the survival of the fittest): 개체들 간에는 생존경쟁을 하며, 개체변이 중에서는 환경에 가장 잘 적응된 것이 보다 많이 살아남는다는 주장.

전성설(前成說): 모든 배아들은 발생 초기부터 그 종의 성체(成體)들이 갖고 있는 모든 독특한 특징들을 갖고 있다는, 다시 말해 성체의 모든 특징이 발생 초기부터 미리 형성되어 있다는 주장.

정향적 범균설(定向的 汎菌論, Directed Panspermia): 지구상의 생명은 35억 년 전 고도로 발달된 문명을 가진 은하계의 어느 행성으로부터 무인 우주선에 의해 실려 보내진 원시 포자에 의해 시작되었을 것이라는 가설.

종(種, species): 생물분류학의 하위단위.

종류(kind): 종과 속의 중간쯤 되는 분류 개념으로서 때때로 창조론자들이 종 대신에 사용하는 말.

중간형태: 종과 종을 연결시켜 진화를 보여준다고 제시하는 가상적 화석.

중합반응(重合反應, polymerization): 여러 개의 간단한 분자들이 결합하여 전혀 다른 물리적 성질을 갖는 복잡한 화합물을 생성하는 반응.

지진파(地震波, seismic wave): 중심파(中心波)와 표면파(表面波)로 이루어진다. 지구 내부로 3차원적으로 전파하는 중심파는 P파(primary wave)와 S파(secondary wave)로 나뉘어진다. P파는 고체·액체를 모두 통과하지만 S파는 고체만을 통과한다.

지층기둥(geological column) 혹은 지질주상도(地質柱狀圖): 고생대에서 신생대까지의 열두 개의 지층을 수직으로 배열한 것. 이것을 그림으로 그린 것.

집단(population): 지리적으로 서로 떨어져 있는 생물들의 군.

천체진화(stellar and planetary evolution): 천체진화는 별이나 행성들의 기원을 진화론적으로
연구하는 영역.

축합반응(縮合反應, condensation): 두 가지 이상의 화합물이 반응하여 공유결합에 의해 새로
운 화합물을 만들면서 물을 생성하는 반응.

캄브리아기 대폭발(Cambrian Explosion): 선캄브리아기 지층에서 뚜렷한 거시화석이 나오지
않다가 캄브리아기 지층에서 갑자기 다세포 화석들이 대거 발굴되는 현상.

코아세르베이트(coacervate): 단백질 등의 교질입자(膠質粒子, colloidal particle)가 결합하여
주위의 매질과 명확한 경계가 이루어져 분리, 독립된 입상구조(粒狀構造).

콘드룰(chondrule): 감람석(橄欖石, (Mg,Fe)₂SiO₄)과 휘석(輝石, (Ca,Mg,Fe)₂(Si,Al)₂O₆을 함유
하는 직경 1mm 정도의 둥근 알갱이로서 용융상태에서 급격하게 식을 때 형성됨.

특수창조론: 지구상의 생명체가 목적을 가지고 창조주에 의해 특별하게 창조되었다는 학설.

파링굴라(pharyngula) 혹은 **종형단계**(種型段階, phylotypic stage): "최초" 단계에서는 전혀
다른 모습으로 시작된 배아지만 중간 단계(헥켈이 초기 단계라고 했던)의 어떤 부분에
서는 배아들이 어느 정도 비슷해지는데 이 단계를 지칭하는 말.

평형파괴이론(平衡破壞理論, Punctuated Equilibria Theory): 진화는 다윈이 생각했던 것처럼
일정한 속도로 서서히 진행하는 것이 아니라 짧은 기간의 급격한 변화에 의해 야기되며,
그 후는 상당히 긴 기간 동안 생물에는 변화가 생기지 않는 상태가 계속되다가, 다시 급
격한 변화가 생긴다는 이론. 평형중단이론, 구두점이론, 단속평형설 등으로도 불린다.

표현형(phenotype): 관찰되거나 측정되는 형질.

프로티노이드(protenoid): 폭스의 실험에서 여러 가지 다른 L-형 아미노산들을 혼합하여 150-
180℃에서 4-6시간 동안 가열함으로써 얻은 단백질 같은 고분자 화합물.

필석류(筆石類, graptolite): 껍질이 컵이나 튜브 모양의 매우 질긴 유기질로 되어 있으며 여러
개의 가지들이 군체(群體)를 이루며 사는 바다 생물.

하디-바인버그 법칙(Hardy-Weinberg's Law): 한 생물 집단이 보통 때는 유전적 평형을 유지하다가 유전적 평형을 깨뜨리는 요인, 즉 돌연변이, 인위선택, 자연선택, 이주, 격리 등이 진화의 요인으로 작용하게 되면 돌연변이에 의하여 새로운 유전자 빈도가 형성되고 유전자 풀(pool)에 변화가 생겨 급격한 진화가 일어난다는 이론.

항온동물(恒溫動物) 혹은 온혈동물: 조류나 포유류처럼 주위 온도나 자신의 활동에 의해 체온이 거의 변하지 않고 일정하게 유지되는 동물.

현대종합이론(Modern Synthesis Theory): 진화의 단위는 집단(population)이며, 진화과정의 기본 메커니즘은 한 집단의 개체들 중에 나타나는 유전적인 변이(variation)라고 보는 이론.

호미니드(hominid): 유인원 중에서 사람과 사람의 진화 조상"(humans and their evolutionary ancestors)을 통칭하는 말.

호상철광층(鎬狀鐵鑛層, banded iron formation): 철과 산소의 결합 비율이 달라서 색깔이 다른 철광층이 교대로 호층(互層)을 이루고 있는 것.

홍수설(diluvialism): 격변설의 하나로서 지층은 과거에 일어난 거대한 전 지구적 홍수에 의해 형성되었으며, 지층들 속에 있는 화석도 홍수 때 한꺼번에 형성되었다고 보는 창조과학자들의 견해.

화학진화(chemical evolution): 무생명체로부터 생명이 자연발생했다는 학설. 원자나 각종 무기물 분자들로부터 최초의 생명체가 자연발생했다는 가정 하에 생명의 기원을 연구하는 영역.

창조와 격변

창조와 진화

창조와 격변

참조어 색인

창조회 후원교회 및 기관 (후원 당시 담임 목회자)

● 대전 영음교회 (권재천 목사)

● 여주 월송교회 (김경배 목사)

● 안양 반석감리교회 (김상종 목사)

● 천안 반석장로교회 (민경진 목사)

● 대천 제일감리교회 (박인호 목사)

● 춘천 남부제일감리교회 (백낙영 목사)

● 대전 대신고등학교 (서정식 목사)

● 서초 감리교회 (송상면 목사)

● 유성 감리교회 (유광조 목사)-회장

● 대전 갑동교회 (윤승호 목사)-총무

● 안산 부곡중앙교회 (이명근 목사)

● 홍성 홍주제일교회 (임종만 목사)

● 부천 중동제일감리교회 (조영성 목사)

● 대전 예수로침례교회 (조영진 목사)

● 김해 장로교회 (조의환 목사)

● 용인 한마음감리교회 (최호권 목사)

● 수원 에바다선교교회 (한규석 목사)

● 이천 양정감리교회 (황동수 목사)

● 함안 중앙감리교회 (황병원 목사)

양승훈

멀리 북쪽으로 소백산맥이 졸면서 누워 있고, 동네 뒤에는 낙동강 지류가 힘차게 흐르는 경상도 문경에 있는 촌 동네 창리에서 태어났다. 어릴 때는 멋도 모르고 자동차 정비공이 되려는 마음을 먹기도 하고, 음악가가 되었으면 하는 황당한 꿈을 가진 적도 있었다. 그러다가 1973년 경북대 사범대학 물리교육과에 진학하면서 24년간 물리학도로서의 훈련을 받았다. 대학을 졸업한 후에는 KAIST 물리학과에서 반도체 물성을 연구했으며 (MS, Ph.D), 졸업 후에는 곧바로 모교에서 근무하게 되었다. 대학에 근무하는 동안 미국 위스콘신대학에서 과학사(MA)를, 위튼대학에서 신학(MA)을 공부할 수 있는 축복을 누렸다. 그러면서 반도체 물리학 연구에 더하여 창조론, 기독교 세계관 등에 열정을 갖게 되었다. 그러나 이 모든 것을 다하기에는 인생이 너무 짧고 자신의 능력이 부족함을 통감하여 결국 대학을 사임하였다.

1997년부터는 기독학자들의 모임인 DEW(기독학술교육동역회)의 파송을 받아 밴쿠버에서 VIEW(밴쿠버기독교세계관대학원)를 설립, 운영하면서 창조론과 세계관 분야의 강의와 글을 쓰는 데 주력하고 있다. 그동안 어설픈 논문들과 책들을 몇 권 썼는데 그래도 사람들이 꾸준히 읽어주는 책으로는 『물리학과 역사』, 『과학사와 과학교육』, 『창조론 대강좌』, 『기독교적 세계관』 등이 있다. 또한 1980년 이후로는 기독교 세계관적 삶을 나누는 에세이를 비정기적으로 쓰고 있는데, 『낮은 자의 평강』, 『나그네는 짐이 가볍습니다』, 『상실의 기쁨』, 『세상에서 가장 작은 부엌』, 『기독교 세계관으로 들여다 본 세상』, 『하늘나라 철밥통』, 『기독교적 렌즈로 세상읽기』 등은 그런 에세이들을 모은 책이다. 일기를 따로 쓰지 않기 때문에 그때그때 지나가는 생각의 편린들을 앨범에 모아둔다는 마음으로 이런 저런 글들을 쓰기도 하지만, 그러나 역시 자신의 전문 영역은 창조론과 세계관이라고 생각한다.